Die arbeitnehmerähnliche Person in Fernsehunternehmen

AF814958

Studien zum deutschen und europäischen Medienrecht

herausgegeben von Dieter Dörr und Udo Fink

mit Unterstützung der Dr. Feldbausch Stiftung

Bd. 26

PETER LANG
Frankfurt am Main · Berlin · Bern · Bruxelles · New York · Oxford · Wien

Simone Naumann

Die arbeitnehmerähnliche Person in Fernsehunternehmen

PETER LANG
Internationaler Verlag der Wissenschaften

Bibliografische Information der Deutschen Nationalbibliothek
Die Deutsche Nationalbibliothek verzeichnet diese Publikation in der Deutschen Nationalbibliografie; detaillierte bibliografische Daten sind im Internet über <http://www.d-nb.de> abrufbar.

Zugl.: Mainz, Univ., Diss., 2006

D 77
ISSN 1438-4981
ISBN 978-3-631-56202-4

© Peter Lang GmbH
Internationaler Verlag der Wissenschaften
Frankfurt am Main 2007
Alle Rechte vorbehalten.

Das Werk einschließlich aller seiner Teile ist urheberrechtlich geschützt. Jede Verwertung außerhalb der engen Grenzen des Urheberrechtsgesetzes ist ohne Zustimmung des Verlages unzulässig und strafbar. Das gilt insbesondere für Vervielfältigungen, Übersetzungen, Mikroverfilmungen und die Einspeicherung und Verarbeitung in elektronischen Systemen.

www.peterlang.de

Für

meine Mutter

und Matthias

Vorwort

Die vorliegende Arbeit wurde im Sommersemester 2006 vom Fachbereich Rechts- und Wirtschaftswissenschaften der Johannes Gutenberg-Universität in Mainz als Dissertation angenommen.

Hätte mir jemand bei Abschluss meines Abiturs prophezeit, dass ich im Jahr 2006 promovierte Richterin sein würde, so hätte ich denjenigen für – neutral juristisch ausgedrückt - geschäftsunfähig gehalten. Im Rückblick betrachtet bin ich mir sicher, dass dieser für mich immer noch unbegreiflich glückliche Werdegang nicht nur dem Glück und meinem trotz dieser Arbeit immer noch währenden Interesse an der Rechtswissenschaft zu verdanken ist. Der entscheidende Faktor waren die Menschen, die auf unterschiedliche Weise dazu beigetragen haben.

Um chronologisch von der jüngsten Zeit in die weiter zurückliegende Zeit vorzugehen, sei zuerst meine Doktormutter Prof. Dr. Dagmar Kaiser genannt. Nachdem sie mich zunächst in meinem Interesse am Medienarbeitsrecht überzeugen musste, danke ich ihr nun für ihre Beharrlichkeit zu Beginn der Arbeit. Ihr Interesse an dem Rechtsgebiet hat ebenso wesentlich zum Gelingen dieser Arbeit beigetragen wie die Freiheiten, die ich als wissenschaftliche Mitarbeiterin an ihrem Lehrstuhl erfahren durfte. Herrn Prof. Dr. Curt Wolfgang Hergenröder danke ich für die zügige Erstellung des Zweitgutachtens und auch dafür, dass seine Vorlesungen im Arbeitsrecht mein Interesse an diesem Bereich gestärkt haben.

Ich weiß, dass ich gerade in der Zeit, in der die Richtertätigkeit und die Arbeit an der Dissertation parallel verliefen, für meine Umwelt nicht nur oft abwesend, sondern in den anwesenden Zeiten auch nicht immer genießbar war. Umso erstaunlicher ist es, dass die im Folgenden genannten Personen immer noch Teil meines Lebens sind, wofür ich ihnen sehr dankbar bin.

Meine Zeit als Wissenschaftliche Mitarbeiterin an der Universität wurde durch meine in der gleichen Situation befindlichen Kollegen sehr viel angenehmer. So verhalfen mir Nicole Herberich, Elke Pankatz, Andreas Lieb und Henning Müller dazu, dass ich nicht nur die Zeit an der Universität immer mit einem Lächeln in Erinnerung behalten werde. Auch die Zeit mit ihnen nach der Tätigkeit als Wissenschaftliche Mitarbeiterin ist eine Bereicherung, die ich nicht mehr missen möchte. Ein lieber Dank geht auch an Tina Knispel und an Florian Hoppe. Mit jedem dieser beiden Juristen konnte ich völlig unjuristische Abende verbringen, um die wirklich wichtigen und die wirklich unwichtigen Dinge des Lebens zu besprechen.

Erwähnen möchte ich auch meine Schwester Beate und meinen Schwager Thomas. Ihnen gebührt ein großer Dank für ihre Unterstützung und ihre – oft kulinarischen – Ablenkungen.

Nun komme ich zu den beiden wichtigsten Menschen in meinem Leben, denen ich in Liebe diese Arbeit widmen möchte.

Mein Lebensgefährte Matthias Holla gab mir – auch während der Zeit, in der diese Arbeit entstand – viel von seiner Zeit und seiner Kraft. Er gab mir einen Halt, indem er mich nicht nur juristisch unterstützte, sondern das Gefühl vermittelte, dass ich mit ihm an meiner Seite nie tief fallen kann. Ich bin sehr dankbar dafür, dass wir beide uns gefunden haben.

Den größten Anteil an allem trägt meine Mutter Hildegard Naumann. Sie hat mich immer in jeder Hinsicht unterstützt und immer an mich geglaubt. Ohne ihre Kraft und ihre Zuversicht hätte ich nicht das Urvertrauen, das mich in – fast – allen Situationen auf das Gute hoffen lässt.

Rüsselsheim im April 2007

Simone Naumann

Inhaltsverzeichnis

1. Teil: Einleitung und Definition der arbeitnehmerähnlichen Person

§ 1 Einleitung

In der Bundesrepublik Deutschland gibt es kaum eine Branche, in der im Verhältnis zu den Arbeitnehmern derart viele freie Mitarbeiter beschäftigt werden wie bei den Medien. Als sich Anfang der siebziger Jahre das Wachstum der Rundfunkanstalten abschwächte, begannen sich zahlreiche bis dahin freie Mitarbeiter um ihre Existenz zu sorgen. Sie erhoben Statusklagen mit dem Antrag auf Feststellung, dass sie nicht in einem Beschäftigungsverhältnis als freie Mitarbeiter, sondern als Arbeitnehmer stehen[1]. Mit der Statusklage wurde zugleich dem Grunde nach über den Gesamtkomplex arbeitsrechtlicher Schutzvorschriften, einschließlich Urlaub, Lohnfortzahlung und Bestandsschutz entschieden. Die Klagen vor den Arbeitsgerichten hatten weitgehend Erfolg[2]. Dadurch wurde gleichzeitig die Problematik der freien Mitarbeiter in das öffentliche Interesse gerückt.

Versucht man die Relevanz der freien Mitarbeiter in den Medien mit Zahlen zu belegen, stößt man sehr schnell auf eine unüberblickbare Anzahl von Quellen, die ihren Ausführungen sich widersprechende Zahlen zugrunde legen[3]. Insgesamt herrscht zwar weitgehend Übereinstimmung dahingehend, dass die Zahl der „festen Freien“, die in der Regel als arbeitnehmerähnliche Personen einzuordnen sind, zum Nachteil der Festanstellungen stetig zunimmt[4]. Doch auch vor dem Hintergrund dieses Konsenses herrscht Uneinigkeit darüber, von welcher Ausgangsgröße aus dieser Anstieg zu beurteilen ist. So wird für das Jahr 1998 teilweise von der sehr niedrig erscheinenden Zahl von 10.000 freien Mitarbeitern bei ARD und ZDF ausgegangen[5]. Dies ist jedoch nicht mit der Zahl der aufgrund der Versicherungspflicht nach dem KSVG[6] gesetzlich versicherten Mitarbeiter i.H.v. 108.000 für das Jahr 1999 zu vereinbaren[7]. Im Folgenden wird auf-

---

[1] Zur Entwicklung dieser Klagen siehe *Bitter*, RdA 1978, 24 ff.; zu den Statusprozessen siehe *Hilger*, RdA 1981, 256 (266 f.)

[2] Das Bundesverfassungsgericht weist in seinem WDR-Beschluss vom 13.1.1982 darauf hin, dass von den 550 seit 1974 eingegangenen Statusklagen 450 erfolgreich waren, BVerfGE 59, 231 (237).

[3] Siehe dazu umfassend *Götz von Olenhusen*, Freie Mitarbeit, Rn. 3-24.

[4] *Götz von Olenhusen*, Freie Mitarbeit, Rn. 14; *Blaes*, ZUM 2000, 616 ff.

[5] *Voß*, ZUM 2000, 614 ff.; gleiches gilt für die Zahlen von *Seidel*, ZUM 2000, 660 ff.

[6] Künstlersozialversicherungsgesetz.

[7] *Hummel*, S. 51. Zwar umfasst diese Versicherung generell alle künstlerisch Tätigen, jedoch gibt diese Zahl aufgrund des hohen Anteils an freien Mitarbeitern in Fernsehunternehmen zumindest eine Tendenz vor.

grund der kontroversen Ansichten zu den relevanten Größen von realistischen Zahlen ausgegangen, die jedoch keineswegs feste Richtwerte sind.

Im Jahr 1978 waren für die Sender der ARD insgesamt 82.712 freie Mitarbeiter tätig, von denen 2273 ständig, 5517 häufig und 74.992 gelegentlich für die Anstalten tätig waren. Diesen standen 20.532 festangestellte Mitarbeiter gegenüber, darunter 2155 programmgestaltende festangestellte Mitarbeiter[8]. Aktuellere Zahlen legten die Landesmedienanstalten für den Bereich des öffentlich-rechtlichen und des privaten Rundfunks Ende der neunziger Jahre vor[9]. So gab es Ende 1998 im privaten Rundfunk in Deutschland 9.673 voll- oder teilzeitbeschäftigte Arbeitnehmer ohne Auszubildende. Dem standen 6.285 freie Mitarbeiter gegenüber, wovon etwas mehr als die Hälfte regelmäßig für den gleichen Veranstalter tätig war[10]. Beim öffentlich-rechtlichen Rundfunk waren zum gleichen Stichtag 29.096 Personen beschäftigt, dem standen 12.486 freie Mitarbeiter gegenüber, die zum ganz überwiegenden Teil regelmäßig engagiert wurden. Im deutschen Rundfunk waren Ende 1998 demnach insgesamt ca. 58.000 Arbeitnehmer und rund 19.000 freie Mitarbeiter tätig. Betrachtet man die vom Statistischen Bundesamt für 1999 vorgelegten Zahlen des allgemeinen Verhältnisses von Arbeitnehmern zu Selbständigen, wird die besondere Bedeutung der freien Mitarbeiter in den Medien umso deutlicher: 31 Millionen Arbeitnehmern standen 3,6 Millionen Selbständige gegenüber.

Innerhalb der Gruppe der freien Mitarbeiter gibt es solche, die nur einmalig oder gelegentlich für einen Sender tätig werden und solche, die gerade aufgrund der häufigen Tätigkeit für einen Sender für den Laien nicht von einem Arbeitnehmer zu unterscheiden sind. Gerade bei den öffentlich-rechtlichen Anstalten erfolgt zumeist eine Entwicklung dahingehend, dass ein Mitarbeiter zunächst als freier Mitarbeiter beschäftigt wird und bei steigendem Arbeitsaufkommen den Status eines Arbeitnehmerähnlichen einnimmt. Je nach Art und Intensität der Beschäftigung stellt sich sodann die Frage, ob in Wahrheit ein Arbeitsverhältnis vorliegt. Zwar wird der Mitarbeiter in der praktischen Durchführung der Arbeitsbeziehungen von Anfang an oder im Laufe der Zeit zwar formalrechtlich nach den jeweils für die Anstalt maßgeblichen Tarifverträgen für Arbeitnehmerähnliche behandelt, tatsächlich wird er hingegen in der Praxis z.B. wie ein angestellter Redakteur, redaktioneller Mitarbeiter, Moderator oder Regisseur beschäftigt, jedoch unter Abgeltung der Leistungen mittels einer im Nachhinein übermittelten Honorarabrechnung. Ist es z.B. üblich, dass ein Redakteur einer Nachrichtensendung seine Arbeitsleistung zu festen Zeiten in der Redaktion verbringt

---

[8] *Wank*, Arbeitnehmer und Selbständige, S. 307.

[9] *Deutsches Institut für Wirtschaftsforschung (DIW)*, Beschäftigte und wirtschaftliche Lage des Rundfunks in Deutschland, S. 90.

[10] Bei RTL sollen neben 900 Angestellten 4000 freie Mitarbeiter und bei SAT.1 3500 „Freie" bei 650 „Festen" beschäftigt gewesen sein, siehe Fn. 4 bei *Laukemann*, ZUM 1999, 316 (317).

und hält sich seine Berichtrecherche in dem ihm zugewiesenen Bereich, den er anhand aktueller dpa-Mitteilungen an den Nachrichtensprecher weitergibt, ist seine eigene freie Gestaltung derart eingeschränkt, dass ein Arbeitsverhältnis vorliegt. Entscheidend dabei sind vor allem die inhaltlichen Vorgaben der Tätigkeit. Kann ein Moderator einer Politsendung, der zwar auch zeitlich an bestimmte Vorgaben gebunden ist, inhaltlich in der Sendung seine Meinung unabhängig äußern und somit auch politisch Stellung beziehen bzw. auch seine Thesen ohne Rücksprachen ändern, ist seine öffentliche Haltung also nicht beschränkt, ist er freier Mitarbeiter. Liegt der Schwerpunkt hingegen mehr auf der moderierenden Tätigkeit und wirkt er zwar gestalterisch an dem Programm mit, bleibt aber die eigene Meinung außen vor, spricht aufgrund des geringen Maßes an Gestaltungsfreiheit, Eigeninitiative und Selbständigkeit viel für ein Arbeitsverhältnis. Transportiert der Unternehmer über den Mitarbeiter als eine Art Bote seine Meinung nur nach außen, liegt eher ein Arbeitsverhältnis vor. Arbeitet der Mitarbeiter mit der ihm eigenen Meinung unter nur ungefähren Vorgaben, wobei natürlich kein politisch anderweitig orientierter Reporter von einem Unternehmer eingestellt würde, und kommuniziert er daher diese als seine eigene in die Öffentlichkeit, liegt eine freie Mitarbeiterschaft vor. Diese zwei im Grundsatz unterschiedlichen Arten der Ausübung sind grundsätzlich bei jeder Tätigkeit eines im Fernsehen auftretenden Reporters denkbar. So kann auch die Tätigkeit als Reporter einer Sendung, die neue Kinofilme vorstellt, im Rahmen eines Arbeitsverhältnisses oder freien Mitarbeiterverhältnisses ausgeübt werden. Wirkt der Reporter an der Gestaltung des Programms nicht nur mit, sondern unterliegt er bei dessen Herstellung und Moderation keinen inhaltlichen Weisungen, wählt er die vorzustellenden Filme selbst aus und entscheidet darüber, welche Ausschnitte gezeigt werden sollen, verfasst er die kommentierenden Texte und nimmt ohne Absprache mit der Redaktion die Bewertung des Films vor, ist er in seiner gestalterischen Tätigkeit frei. Trifft hingegen der Unternehmer die Auswahl der vorzustellenden Filme, gibt er dem Reporter ein festes Bewertungsschema der Filme an die Hand und stehen vorgegebene kommentierende Standardtexte fest, die nur geringfügig abgeändert werden können, liegt aufgrund der mangelnden Gestaltungsmöglichkeiten ein Arbeitsverhältnis vor.

Entscheidend für die Beurteilung des beschäftigungsrechtlichen Statusses ist somit die Möglichkeit der freien Meinungsäußerung und daher die grundrechtliche Relevanz der Tätigkeit sowohl des Mitarbeiters als natürlich auch des Unternehmers. Die Problematik und die Präsenz dieser Aufgabe im Kommunikationsmodell des Art. 5 Abs. 1 GG und dem sich daraus ableitenden Bedürfnis des Unternehmers nach Flexibilität beim Personaleinsatz zeigt sich darin, dass sich das Bundesverfassungsgericht mehrfach damit beschäftigt hat. Hintergrund dieser Entwicklung sind die bereits erwähnten Statusklagen der freien Mitarbeiter bei Rundfunkanstalten, die Ende der siebziger Jahre vermehrt auftraten[11]. Der

[11] Zur Prozesswelle siehe *Rüthers*, DB 1982, 1869 ff.

WDR erhob als Reaktion auf die zahlreichen gewonnenen Statusklagen insgesamt elf Verfassungsbeschwerden gegen Urteile des BAG und des LAG Düsseldorf. Bis auf eine verwies das Bundesverfassungsgericht in seiner Entscheidung vom 13.1.1982 alle Verfassungsbeschwerden zur erneuten Entscheidung an die Arbeitsgerichte zurück, weil die Rundfunkfreiheit in Form der Programmfreiheit nicht ausreichend berücksichtigt worden sei[12]. Ziel sei ein Programmangebot, das einer Vielfalt Rechnung trage, die sich nicht allein durch rechtlich normierte inhaltliche Anforderungen oder organisatorische Regelungen gewährleisten lasse. Programmliche Vielfalt setze voraus, dass die Sendungen von Personen gestaltet werden, die in der Lage sind, die gebotene Vielfalt in das Programm einzubringen[13]. Ständige feste Mitarbeiter seien jedoch nicht in der Lage, die ganze Vielfalt der in den Sendungen zu vermittelten Inhalte wieder zu geben und zu gestalten. Das Gericht folgerte daraus, dass nicht nur die Auswahl, der Inhalt und die Ausgestaltung des Programms gegen fremde Einflüsse geschützt sind, sondern auch die Auswahl, die Einstellung und Beschäftigung desjenigen, von dem jene Gestaltung abhängt. Durch diese Feststellung wurde der „programmgestaltende Mitarbeiter" gebräuchlich. Dieser Begriff umfasst den Kreis von Rundfunkmitarbeitern, die an Hörfunk- und Fernsehsendungen inhaltlich gestaltend mitwirken. Der Schutz der Rundfunkfreiheit in der Form der Programmfreiheit beinhalte dabei die Befugnis, bei der Begründung von Mitarbeiterverhältnissen den jeweils geeigneten Vertragstyp zu wählen[14]. Die freien Mitarbeiter können nach Ansicht des Bundesverfassungsgerichts weder unter Rückgriff auf Art. 12 Abs. 1 GG noch auf das Sozialstaatsprinzip eine andere Einschätzung der Sachlage durchsetzen, da diese die Rundfunkfreiheit bereits unmittelbar beschränken.

Diese Auffassung verfeinerte das Bundesverfassungsgericht in einer fast zehn Jahre später ergangenen Entscheidung[15]. Im Kern ging es in dieser Entscheidung um die Einordnung eines Radiomoderators als programmgestaltend, der Wortbeiträge der Redaktion verlesen, die Zeit ansagen sowie Musikstücke und Wortbeiträge durch eigene Texte verbinden musste. Der Senat führte aus, dass der Moderator zwar im Zusammenhang mit der Verwirklichung des Programms stehe, jedoch nur bei dessen technischer Realisation ohne inhaltlichen Einfluss beteiligt sei. Somit fehle der innere Zusammenhang mit der Erfüllung des Programmauftrags bei der Personalentscheidung, so dass diese nicht von der Rundfunkfreiheit erfasst sei. Durch diese Feststellung des Gerichts zeigt sich, dass bei der Beurteilung, ob eine programmgestaltende Tätigkeit vorliegt, nicht pauschal die abstrakte Relevanz des Art. 5 Abs. 1 GG entscheidend ist. Die inhaltliche

---

[12] BVerfGE 59, 231 ff.; BAG EzA Nr. 9 zu Art. 5 GG mit Anm. *Konzen*.

[13] BVerfGE 59, 231 (259).

[14] Die sog. „Vertragstypenwahl" beschäftigt seit diesem Ausspruch die Literatur sehr zahlreich, siehe statt vieler nur *Preis*, Vertragsgestaltung, S. 381 ff.

[15] BVerfG NZA 1993, 741 ff.

Gestaltung der Tätigkeit kann Art. 5 Abs. 1 GG berühren, ohne dass dies zu einem Eingriff in das Grundrecht führt, der eine andere als die arbeitsrechtlich notwendige Beurteilung bei der Auswahl und Beschäftigung des Mitarbeiters rechtfertigt. Andere Argumente der Rundfunkanstalten als der Eingriff in die Programmgestaltung aufgrund der Qualifikation eines Erwerbstätigen als Arbeitnehmer ließ das Bundesverfassungsgericht nicht gelten. So wies es den Hinweis auf zu hohe Aufwendungen für festangestellte Mitarbeiter zurück[16]. Bereits 1982 hatte der erkennende Senat dazu ausgeführt, dass Regelungen der Altersversorgung oder des Sozialversicherungsrechts die Entscheidungsfreiheit der Rundfunkanstalten bei der Auswahl, Einstellung oder Beschäftigung programmgestaltender Mitarbeiter nicht beschränken[17].

Programmgestaltende Mitarbeiter sind nach ständiger Rechtsprechung des Bundesverfassungsgerichts solche, die typischerweise ihre eigene Auffassung zu politischen, wirtschaftlichen, künstlerischen oder anderen Sachfragen, ihre Fachkenntnisse und Informationen, ihre individuelle künstlerische Befähigung und Aussagekraft in die Sendung einbringen, wie dies bei Regisseuren, Moderatoren, Kommentatoren, Wissenschaftlern und Künstlern der Fall ist. Dabei ist es unerheblich, worauf der inhaltliche Einfluss auf das Programm beruht. Programmgestaltende Mitarbeiter stehen als künstlerisch Tätige unter dem besonderen Schutz des Art. 5 GG, wobei sich die Rundfunkfreiheit auf alle Mitarbeiter bezieht, die, aus welchen Gründen auch immer, inhaltlich gestaltend die Sendungen und Programme beeinflussen. Unter den künstlerisch Tätigen lassen sich diejenigen mit künstlerischen Hauptfunktionen von denjenigen mit künstlerischen Hilfsfunktionen unterscheiden. Künstlerische Hilfsfunktionen definiert das Bundesverfassungsgericht als Tätigkeiten, die sich, wenn auch im Zusammenhang mit der Verwirklichung des Programms stehend, in dessen technischer Realisation erschöpfen[18]. Die mit künstlerischen Hilfsfunktionen Beschäftigten, wie Beleuchter oder Cutter, werden den Arbeitnehmern zugerechnet.

Innerhalb der Gruppe der mit künstlerischen Hauptfunktionen Beschäftigten finden sich Mitarbeiter, die an Hörfunk- und Fernsehsendungen gestaltend mitwirken,[19] und andere, die nicht zu den unmittelbar programmgestaltend tätigen Mitarbeitern gerechnet werden[20]. Die letztgenannte Gruppe wird ebenfalls den Arbeitnehmern zugerechnet. Zu diesen gehören Chor- oder Orchestermusiker im Gegensatz zum Solisten[21]. Auch filmgestaltende Beschäftigte, die in aller Regel dem inhaltlichen und zeitlichen Weisungsrecht unterliegen - mögen sie auch für

[16] BVerfG AfP 2000, 164 (166).
[17] BVerfGE 59, 213 (268).
[18] BVerfGE 59, 231 (261).
[19] BVerfGE 59, 231 (260).
[20] BVerfGE 59, 231 (272).
[21] Siehe zu dieser Abgrenzung *Otto*, RdA 1984, 261 ff.; kritisch dazu *Rüthers*, RdA 1985, 129 (142 ff.).

eine zeitlich begrenzte Produktion oder mehrere Produktionen, etwa Serien, verpflichtet und tätig werden - sind gerade in der privaten Film- und Fernsehwirtschaft typischerweise Arbeitnehmer[22].

Übrig bleiben somit die das Programm maßgeblich gestaltenden künstlerisch Tätigen. Im Betriebsverfassungsrecht bezeichnet man diese Erwerbstätigen als Tendenzträger. Warum gerade bei diesen Erwerbstätigen in Medienunternehmen der Anteil an freien Mitarbeitern derart hoch ist, lässt sich vor dem verfassungsrechtlichen Hintergrund leicht nachvollziehen. Die den Medien zugewiesenen Aufgaben können sie nur dann sachgerecht erfüllen, wenn sich in ihnen die verschiedenen Anschauungen und Strömungen der Gesellschaft auch personell widerspiegeln. So ist die Entscheidung eines Chefredakteurs oder Ressortleiters, wer ein bestimmtes Thema bearbeiten soll, bereits eine inhaltliche Entscheidung in Bezug auf das Ergebnis der Berichterstattung. Da in der aktuellen Berichterstattung laufend eine Vielzahl unterschiedlicher Themen anstehen, die in der Redaktion aufgrund des speziellen Fachwissens nicht immer bearbeitet werden können, spielen in diesem Konzept freie Mitarbeiter eine Rolle. In diesem Fall kann das Fernsehunternehmen auf spezialisierte freie Mitarbeiter zurückgreifen, die ein wissenschaftliches Fachthema beherrschen. Auch wenn das geforderte Spezialwissen in der Redaktion vorhanden ist und bereits zu einem aktuellen Thema in Form eines Berichts verwertet wurde, kann es gerade für das Abwechslungsbedürfnis der Medienberichterstattung wertvoll sein, einen freien Mitarbeiter zu eben diesem Thema zu beauftragen. Grund hierfür ist, dass der Beitrag eines Autors jeweils eng mit dessen Person verbunden ist, da er seine Sichtweise ausdrückt. Will der Sender zum einen für das Publikum interessant bleiben und zum andern die Vielfältigkeit der Berichterstattung gewährleisten, muss er die bei ihm tätigen Autoren wechseln[23]. Dazu ist der Unternehmer auf die Tätigkeit freier Mitarbeiter angewiesen, da eine solche Vielfalt schwerlich ausschließlich durch Festangestellte erreicht werden kann. Ein rein praktisches Argument ist in diesem Zusammenhang auch das Bedürfnis der Medienunternehmen nach aktueller Berichterstattung. Häufig sind Termine gerade nach der Arbeitszeit oder an Wochenenden wahrzunehmen, häufige Terminüberschneidungen auf der einen Seite und Schranken der Häufigkeit des Einsatzes angestellter Mitarbeiter auf der anderen Seite machen ein Ausweichen auf freie Mitarbeiter notwendig. Gerade im Fernsehbereich kommt hinzu, dass die Stimme oder das Gesicht eines Moderators nach dem Prinzip des „Anchorman“ prägen[24]. Ein verändertes Konzept kann häufig nur verbunden mit einem Wechsel des Moderators durchgesetzt werden. Ungeachtet der Bereitschaft und Leistungsfähigkeit des einzelnen Mitarbeiters[25] ist dabei das Bedürfnis des Unternehmers

[22] BAG AP Nr. 1, 3, 10 zu § 611 BGB Film; *Götz von Olenhusen*, Freie Mitarbeit, Rn. 44.
[23] *Riepenhausen*, RdA 1978, 17 ff.
[24] *Ory/Schmittmann*, Rn. 7.
[25] In diesem Zusammenhang prägte das BAG den Begriff des „Verschleißtatbestandes“ bei

nach einem Wechsel groß, da nur so den Bedürfnissen des Publikums nachgekommen werden kann[26]. Auch diese Bedürfnisse können nur unter Einsatz freier Mitarbeiter befriedigt werden.

Ist der Schutzbereich des Art. 5 Abs. 1 GG durch einen Eingriff verletzt, bedeutet dies jedoch nicht, dass der Erwerbstätige zwangsläufig als freier Mitarbeiter einzuordnen ist. Anfang 2000 entschied das BVerfG aus Anlass mehrerer Fälle des Saarländischen Rundfunks (SR)[27], dass zwischen unterschiedlichen Vertragsgestaltungen auf der einen Seite und den Gestaltungsmöglichkeiten bei der Dauer der Zusammenarbeit auf der anderen Seite unterschieden werden muss. Das Gericht warf dem SR vor, er habe versäumt darzulegen, dass durch Teilzeitbeschäftigung und Befristung Nachteile entstanden wären[28]. Wenn durch Teilzeitarbeit und Befristung ein Gestaltungsmittel zur Verfügung stehe, das die Belange der Rundfunkfreiheit sichert, müsse dieses von den Medienunternehmen statt des Rückgriffs auf freie Mitarbeiter eingesetzt werden. Dadurch wird bereits indirekt der Auffassung in der Literatur entgegengetreten, die bei jeder programmgestaltenden Tätigkeit eine freie Mitarbeiterschaft fordert und die Arbeitnehmereigenschaft verneint[29]. Auf Gestaltungsmöglichkeiten innerhalb eines Arbeitsverhältnisses kommt es nach dieser Ansicht gar nicht an, da es bereits genügt, wenn die Rundfunkfreiheit tangiert wird, um die Arbeitnehmereigenschaft zwangsweise zu verneinen. Das Bundesverfassungsgericht widersprach dieser Sichtweise in der bereits erwähnten Entscheidung aus dem Jahr 2000 explizit[30]. Die Rundfunkfreiheit müsse nicht stets schon bei der Zuordnung programmgestaltender Mitarbeiter zum Arbeitnehmerbegriff berücksichtigt werden. Denkbar ist dies, wenn die verfügbaren Vertragsgestaltungen – wie Teilzeit- oder Befristungsabreden – zur Sicherung der Aktualität und Flexibilität der Berichterstattung in tatsächlicher oder rechtlicher Hinsicht nicht in gleicher Weise geeignet sind wie die Beschäftigung freier Mitarbeit. Kommt es dem Unternehmer daher im Rahmen seines Bedürfnisses auf flexible Gestaltung darauf an, dass er für ein Projekt oder eine Dokumentarreihe auf einen über spezielle Kenntnisse verfügenden Reporter zugreifen kann, hält er sich aber dennoch inhaltliche Weisungen hinsichtlich der Arbeitsgestaltung und der Arbeitszeit vor, spricht der grundrechtliche Schutz der Unternehmertätigkeit nicht gegen die Beschäftigung in einem Arbeitsverhältnis. Ebenso ist natürlich abstrakt eine Teilzeittätigkeit eines Reporters oder Redakteurs denkbar, wenn für den Unternehmer absehbar ist, dass er für ein fortwährendes Projekt wie eine Politsendung

---

Bühnenberufen, BAG NZA 1999, 646 (647).

[26] Dem Programmveranstalter ist es aber auch möglich, eine derartige Gewöhnung des Publikums an einen Moderator erst gar nicht entstehen zu lassen, indem er einen ständigen Wechsel von Moderatoren unter Einsatz freier Mitarbeiter vornimmt.

[27] BVerfG AfP 2000, 164 ff.

[28] BVerfG AfP 2000, 164 (197).

[29] So *Dörr*, ZTR 1994, 355 ff.

[30] BVerfG AfP 2000, 556 f.

zur Gewährleistung der politischen Meinungsvielfalt einen Kenner einer kleineren politischen Gruppierung benötigt und dem Unternehmer aber auch bewusst ist, dass sich dieser benötigte Einsatz auf zehn Stunden in der Woche beschränkt. Konkret kann der Unternehmer den Redakteur aber nur dann in Teilzeit im Sinne des TzBfG einsetzen, wenn er auch in diesem Fall das Weisungsrecht hinsichtlich Art, Zeit und Ort der Tätigkeit ausübt. Maßgeblich ist somit stets die nähere Gestaltung der publizistischen Aufgabe im Einzelfall, insbesondere die tatsächliche „Freiheit“ des künstlerisch Tätigen bei seiner Arbeit. Ist es jedoch für den Unternehmer z.B. wegen fehlender Kenntnisse rein tatsächlich nicht praktikabel, Weisungen zu geben, nach denen der Redakteur oder Reporter tätig wird oder arbeitet der Redakteur nur unter der Prämisse der „völligen künstlerischen Freiheit“, ist es dem Unternehmer gar nicht möglich, auf die Art, den Ort und die Zeit der Tätigkeit Einfluss zu nehmen. In diesem Fall ist die Durchführung eines Arbeitsverhältnisses, selbst mit Teilzeit- oder Befristungsabrede nicht denkbar, sondern es kommt nur eine freie Mitarbeiterschaft in Betracht.

Oft kommt der Wunsch nach einem freiberuflichen Beschäftigungsverhältnis aber auch von den Mitarbeitern selbst[31]. Viele Erwerbstätige favorisieren den Umstand, nicht in die Arbeitsorganisation des Unternehmens eingebunden zu sein, sondern frei über ihren Einsatz entscheiden zu können. Gerade kreativ Tätigen missfällt häufig der Gedanke des „starren Arbeitsverhältnisses“. Problematisch ist die Rechtsstellung dieser kreativ Tätigen, wenn sie nicht nur gelegentlich, sondern ständig oder häufig beim Rundfunk beschäftigt werden. Hierzu gehören Redakteure, Regisseure, Autoren, Moderatoren, moderierende Präsentatoren, Sprecher eigener Texte, Kommentatoren, Entertainer, Adapteure, Korrespondenten und Reporter[32]. Man bezeichnet diese künstlerisch Tätigen zwar gemeinhin als freie Mitarbeiter. Die Tätigkeit als freier Mitarbeiter entspricht aber keiner rechtlichen Kategorie, sie ist nur eine Zusammenfassung eines empirischen Phänomens[33]. Da die Verwendung des Begriffs über den tatsächlichen Beschäftigungsstatus keinerlei Aufschluss gibt, muss dieser anhand der gängigen Abgrenzung zwischen Arbeitnehmer, arbeitnehmerähnlicher Person und Selbständigen[34] ermittelt werden.

Innerhalb der Gruppe der freien Mitarbeiter lassen sich drei typische Fallgestaltungen unterscheiden: die gelegentliche freie Mitarbeit, die Aneinanderreihung mehrerer Einzelaufträge und die Beschäftigung auf der Grundlage von Ketten-

[31] *Schaffeld*, AuA 1998, 408 (409).
[32] Zu einer umfassenden Darstellung der mittlerweile typischen Medienberufe und ihrer jeweiligen Einordnung in beschäftigungsrechtliche Gruppen siehe *Ory/Schmittmann*, Rn. 53 ff.
[33] *Wank*, Telearbeit, S. 54; *Dulle*, S. 58.
[34] Siehe dazu ausführlich unten § 2B.

verträgen[35]. Um diese Fallgestaltungen in arbeitsrechtliche Kategorien einteilen zu können, treten im medienrechtlichen Umfeld besonders häufig die Begriffe des „festen“ freien und des „freien“ freien Mitarbeiters auf. Die nur gelegentlich für einen Auftraggeber tätigen Mitarbeiter werden als „freie“ freie Mitarbeiter bezeichnet und agieren persönlich unabhängig in einem meist nur zeitlich beschränkten Rahmen. Der „feste“ freie Mitarbeiter ist aufgrund seiner ständigen Tätigkeit für einen Auftraggeber oft nicht von einem Arbeitnehmer zu unterscheiden. Er ist meist auf der Grundlage mehrerer aneinandergereihter Dienst- oder Werksverträge tätig, wobei jedoch auch andere Vertragstypen in Betracht kommen. Tarifvertraglich werden derartige Kettenverträge oft durch einen Rahmenvertrag miteinander verbunden, wodurch ein die einzelne Beschäftigung überwölbendes Dauerrechtsverhältnis entsteht.

Neben dem Weg der Statusklage, welche eine Differenzierung der eben genannten Beschäftigungsarten zum Ziel hat, verfolgten die freien Mitarbeiter bei den Rundfunkanstalten seit den siebziger Jahren noch einen weiteren Weg. Da der vertragliche und der gesetzliche Schutz ihrer Beschäftigungsverhältnisse ihnen zu gering erschienen, strebten die freien Mitarbeiter und die sie repräsentierenden Gewerkschaften einen Schutz in Form von tarifvertraglichen Regelungen an. Durch die Einführung des § 12a TVG wurde diesem Wunsch durch den Gesetzgeber nachgegeben. Seitdem wird der gesetzlich sehr lückenhafte Schutz der arbeitnehmerähnlichen Personen meist mit der Existenz dieser Norm gerechtfertigt. Da tarifvertraglich die Möglichkeit eines umfassenden Schutzes bestehe, müsse der Gesetzgeber eine der Schutzbedürftigkeit dieser Erwerbstätigen angepasste Sicherung der Bedürfnisse nicht gewährleisten.

Ob die medienrechtliche Praxis tatsächlich derart häufig von der durch § 12a TVG gewährleisteten Möglichkeit Gebrauch macht und dadurch die bestehende gesetzliche Regelungslücke kompensiert, ist zum einen Gegenstand dieser Arbeit. Zum andern hat die Arbeit auch eine umfassende Darstellung der Rechte der arbeitnehmerähnlichen Personen in Fernsehunternehmen zum Ziel, da diese Erwerbstätigen gerade in Fernsehunternehmen einen wichtigen Personenkreis darstellen, dessen gesetzliche und tarifliche Rechte bisher noch nicht umfassend behandelt wurden. Dazu wird im zweiten und anschließenden Teil der Arbeit eine Bestandsaufnahme der gesetzlichen Rechtsfolgen der Arbeitnehmerähnlichkeit eines Erwerbstätigen aufgezeigt, welche anhand des chronologischen Verlaufs eines Beschäftigungsverhältnisses erfolgt. Im Anschluss daran wird mit § 12a TVG die wichtigste Rechtsfolge der Arbeitnehmerähnlichkeit ausführlich dargestellt. Auf dem Herausarbeiten der gesetzlichen Rechtsfolgen liegt ein deutlicher Schwerpunkt der Arbeit, damit diese gesetzlichen Folgen mit den tariflichen Folgen im 3. Teil der Arbeit verglichen werden können. Dafür werden

[35] Siehe dazu mit im Einzelnen unterschiedlichen Bezeichnungen und Definitionen *Hilger*, RdA 1981, 265 (269).

im 3. Teil nach einer kurzen Betrachtung der gesetzlichen Vorgaben für die Tarifnomen in Form von bundes- und landesrechtlichen Regelungen die Tarifwerke anhand von selbst gewählten Schwerpunkten unter Berücksichtigung der gesetzlichen Schutzlücken und der Interessen der arbeitnehmerähnlichen Person in Fernsehunternehmen untersucht. Ob eine Kompensation der gesetzlichen Schutzlücken bei den Schwerpunkten durch die tariflichen Regelungen erfolgt, wird in dem Ergebnis der jeweiligen Untersuchung festgestellt. An die Untersuchung der Tarifwerke schließt sich der Entwurf eines Idealtarifvertrages an. Im 4. Teil erfolgt zum Abschluss der Arbeit eine Zusammenfassung der wesentlichen Ergebnisse.

§ 2 Definition der arbeitnehmerähnlichen Person

Die arbeitnehmerähnliche Person spielt im Medienbereich eine große tatsächliche Rolle. Welche Erwerbstätigen aber unter diesen Begriff zu subsumieren sind und wie eine notwendige Unterscheidung zu den Arbeitnehmern einerseits und den Selbständigen andererseits zu erfolgen hat, ist derart wenig bekannt, dass dies im Folgenden untersucht werden soll. Zum Verständnis ist es dafür notwendig, auf die Wurzeln des Begriffs zurückzugreifen.

A. Entstehungsgeschichte der Rechtsfigur der arbeitnehmerähnlichen Person

Die Rechtsgeschichte der arbeitnehmerähnlichen Person beginnt mit der Gewerbeordnung von 1869[36]. Neben den klassischen Fabrikarbeitern rückten damals erstmals auch die „außerhalb der Fabrikstätten für Fabrikarbeiter tätigen Personen" in den Schutz des Arbeitsrechts. Im Jahre 1878 wurde diese nur im Fabrikbereich tätige Personen begünstigende Definition der so genannten „Hausgewerbebetreibenden" in § 119 Gewerbeordnung des Deutschen Reichs[37] verallgemeinert auf Personen, welche außerhalb der Arbeitsstätte beschäftigt sind. Als Rechtsfolge dieser Definition wurden die arbeitnehmerähnlichen Personen durch §§ 134, 136[38] Gewerbeordnung des Norddeutschen Bundes[39] und §§ 115, 119 Abs. 2 Gewerbeordnung des Deutschen Reichs[40] den Arbeitnehmern gleichgestellt.

Durch das Krankenversicherungsgesetz von 1883 wurde der Begriff der „Hausindustriellen" geprägt, welche als erste und einzige Gruppe zu dieser Zeit den

[36] *Pfarr* in FS Kehrmann, S. 75 (77).
[37] In der Bekanntmachung vom 1.7.1883, RGBl., 177.
[38] Die Regelung des § 136 Gewerbeordnung des Norddeutschen Bundes bestand bis zum 31.12.2002 in § 119b GewO fort.
[39] In der Fassung vom 21.6.1869, BGBl., 245.
[40] In der Bekanntmachung vom 1.7.1883, RGBl., 177.

heutigen arbeitnehmerähnlichen Personen entspricht. Hausindustrielle waren selbständige Gewerbetreibende, welche in eigenen Betriebsstätten im Auftrag und für Rechnung anderer Gewerbetreibender mit der Herstellung oder Bearbeitung gewerblicher Erzeugnisse beschäftigt werden[41]. Dieser Typ von Gewerbetreibenden bildete nach der Begründung des Gesetzes eine Übergangsstufe zwischen selbständigen Gewebetreibenden und unselbständigen Arbeitern und unterschied sich in ihrer wirtschaftlichen Lage häufig kaum von den unselbständigen Arbeitern[42].

Den nächsten Schritt auf dem Weg zum Schutz der arbeitnehmerähnlichen Person stellte das Hausarbeitsgesetz vom 20.12.1911[43] dar, das für Hausarbeiter partiell ein Schutzbedürfnis vergleichbar dem für Arbeitnehmer anerkannte[44]. Ein Personenkreis, der außerhalb der Arbeitsstätte tätig wurde, wurde in den Schutz des Arbeitsrechts mit einbezogen. Zwingende arbeitsrechtliche Regelungen[45], später auch Tarifverträge und tarifgleiche bindende Festsetzungen der Heimarbeitsausschüsse sollen die Hausarbeiter[46] und die ihnen Gleichgestellten schützen[47].

Nachdem Ende des 19. und Anfang des 20. Jahrhunderts sinngemäß die arbeitnehmerähnliche Person bereits öfter in Gesetzen Einzug fand, tauchte der Begriff erstmals im Arbeitsgerichtsgesetz von 1926[48] auf[49]: nach § 5 Abs. 1 ArbGG 1926 waren die Arbeitsgerichte auch zuständig für Personen, die ohne in einem Arbeitsverhältnis zu stehen, im Auftrag und auf Rechnung anderer Arbeit leisten[50]. Diese Definition der arbeitnehmerähnlichen Person im Arbeitsgerichtsgesetz wurde 1934 um das Merkmal der „wirtschaftlichen Unselbständigkeit" ergänzt[51]. Im Arbeitsgerichtsgesetz 1953 wurde diese weite Definition in § 5 Abs. 1 S. 2 dann verkürzt auf „Personen, die wegen ihrer wirtschaftlichen Unselbständigkeit als arbeitnehmerähnliche Personen anzusehen sind"[52]. Diese Defini-

---

41 *Hromadka*, NZA 1997, 569 (573).
42 *Hromadka*, NZA 1997, 1249 ff.
43 RGBl., 976 ff.
44 Diese Rechte wurden im weiteren Verlauf durch das Heimarbeitsgesetz von 1934 und später das HAG von 1951erweitert, ohne dass sich an dem geschützten Personenkreis Wesentliches geändert hätte; siehe dazu umfassend *Hromadka*, NZA 1997, 1249 (1250).
45 Wie auch nach § 11 Abs. 2 Betriebsrätegesetz von 1920.
46 Später dann „Heimarbeiter" genannt.
47 *Stein* in Kempen/Zachert, § 12a TVG Rn. 1.
48 RGBl. I 1926, 507.
49 Zwar sollten bereits laut einem Entwurf des Arbeitsvertragsgesetzes 1923 die arbeitnehmerähnlichen Personen (mit dieser exakten Bezeichnung) den Arbeitnehmern gleichgestellt werden. Jedoch wurde dieses Gesetz nicht verabschiedet, *Pfarr* in FS Kehrmann, S. 75 (81).
50 Komplett abgedruckt in NZfA 1926, Sp. 303.
51 RGBl. I 1934, S. 319.
52 BGBl. I 1953, S. 2879.

tion wurde in das heutige ArbGG (§ 5 Abs. 1 S. 2) sowie in § 2 S. 2 BUrlG und § 1 Abs. 2 Nr. 1 Beschäftigtenschutzgesetz a.F. übernommen.

Die erste materiellrechtliche arbeitsrechtliche Regelung für arbeitnehmerähnliche Personen war in § 2 BUrlG 1963[53] enthalten. Erstmals wurden durch dieses Gesetz die arbeitnehmerähnlichen Personen als eine Gruppe eigenen Rechts erkannt. Die Arbeitnehmerähnlichen wurden nicht mehr nur als Sonstige den Heimarbeitern gleichbehandelt; die Heimarbeiter wurden jetzt umgekehrt als Untergruppe ausgewiesen[54]. Jedoch war die Einbeziehung der arbeitnehmerähnlichen Personen in das Urlaubsrecht und damit den gesetzlichen Mindesturlaub nicht aufgrund der Erkenntnis der Schutzbedürftigkeit dieses Personenkreises vorgenommen worden. Vielmehr enthielten einige der durch das BUrlG von 1963 abgelösten Landesurlaubsgesetze[55] entsprechende Bestimmungen[56]. Um die politische Diskussion um ein bundeseinheitliches Urlaubsrecht nicht mit „Randfragen" zu belasten[57], wurde der urlaubsberechtigte Personenkreis in das BUrlG 1963 ohne weitere Problematisierung aufgenommen[58].

Nachdem § 17 Abs. 1 HAG für die arbeitnehmerähnlichen Heimarbeiter[59] bereits die Möglichkeit der Schließung von Tarifverträgen und der tarifgleichen bindenden Festsetzungen der Heimarbeitsausschüsse vorsah, musste als Konsequenz hierzu auch den anderen arbeitnehmerähnlichen Personen solche tarifvertraglichen Regelungen zugestanden werden. Zu diesem Zweck wurde als „Markstein im Recht der Arbeitnehmerähnlichen[60]" § 12a TVG durch Art. II § 1 Heimarbeitsänderungsgesetz vom 20.10.1974 in das TVG aufgenommen. Mit der Anerkennung des kollektiven Selbstbestimmungsrechts für arbeitnehmerähnliche Personen sollte vor allem die gewerkschaftliche Organisation dieses Personenkreises gefördert[61] und deren Sozialschutz verstärkt werden[62].

Im heutigen Arbeitsrecht finden sich Regelungen zur arbeitnehmerähnlichen Person unter der spezifischen Verwendung dieses Begriffes in § 5 Abs. 1 S. 2 ArbGG, § 2 S. 2 BUrlG, § 138 SGB IX und § 12a TVG. Darüber hinaus genießen arbeitnehmerähnliche Personen nach § 2 Abs. 2 Nr. 3 ArbSchG, § 1 Abs. 1

---

[53] BGBl. I 1963, S. 2.
[54] *Hromadka*, NZA 1997, 1249 (1251).
[55] Alle Länder, mit Ausnahme von Bayern und Berlin, *Appel/Frantzioch*, AuR 1998, 93 (95).
[56] *Pfarr* in FS Kehrmann, S. 75 (78).
[57] *Reinecke* in Däubler, TVG, § 12a TVG Rn. 3.
[58] *Appel/Frantzioch*, AuR 1998, 93 (95).
[59] Siehe zu der Einordnung der Heimarbeiter als arbeitnehmerähnliche Personen und den dadurch entstehenden Rechtsfolgen noch unten § 3A.I.
[60] So *Hromadka*, NZA 1997, 1249 (1251).
[61] *Stein* in Kempen/Zachert, § 12a TVG Rn. 2.
[62] Zu der näheren Entstehungsgeschichte des § 12a TVG, der Intention des Gesetzebers und den weiteren Einzelheiten der Norm siehe unten § 4.

Nr. 3 JArbSchG Arbeitsschutz und nach § 1 Abs. 2 BeschäftigtenschutzG a.F., § 6 Abs. 1 S. 1 Nr. 3 AGG Schutz gegen sexuelle Belästigung am Arbeitsplatz.

Trotz anhaltender Diskussionen sind weitere materiellrechtliche Regelungen zu dem Personenkreis der arbeitnehmerähnlichen Personen nicht ergangen[63]. Zwar erkannte schon das Reichsgericht 1936, dass es geboten sein könne, arbeitnehmerähnlichen Personen in materieller Hinsicht die gleiche Behandlung wie den „Angehörigen der Gefolgschaft" des Unternehmens zukommen zu lassen, soweit wirtschaftliche und soziale Gründe dies erfordern und die geltenden gesetzlichen Bestimmungen eine entsprechenden Anwendung gestatten[64]. Jedoch griff die Gesetzgebung diesen Ansatz des Reichsgerichts nicht auf. Der Gesetzgeber ist zwar bis zu der Kodifikation des § 12a TVG dem Schutzbedürfnis der arbeitnehmerähnlichen Erwerbstätigen durch stetige Novellierungen entgegengekommen. Einen umfassenden Schutz genießen aber nur die Heimarbeiter als Teilgruppe der arbeitnehmerähnlichen Personen. Ihnen kommen durch das HAG und die Gleichstellung mit den Arbeitnehmern in zahlreichen Gesetzen[65] umfassende Vorschriften zum Arbeitsschutz, Entgeltschutz und zum Kündigungsschutz zugute. Zwar mögen die Heimarbeiter bei der Kodifikation des Hausarbeitsgesetzes 1911 die allein maßgebliche Gruppe von arbeitnehmerähnlichen Personen gewesen sein. Insoweit rechtfertigt sich auch die umfangreiche Regelung der Rechte dieser Mitarbeiter. Die deutlich geringere Beachtung der Rechte der anderen arbeitnehmerähnlichen Personen, insbesondere in der Entwicklung des gesetzlichen Schutzes nach 1974, ist jedoch offensichtlich. Dieser Stillstand in der Entwicklung wird meist mit der Existenz des § 12a TVG und der dadurch möglichen Erweiterung des Schutzes durch die Tarifvertragsparteien begründet. Ob diese These in Fernsehunternehmen auch tatsächlich begründet ist, wird im dritten Teil der Arbeit untersucht.

Um den Anwendungsbereich der die arbeitnehmerähnliche Person schützenden Normen klar zu erfassen, muss zunächst die Rechtsfigur der arbeitnehmerähnlichen Person von den Arbeitnehmern und den Selbständigen abgegrenzt werden. Erst wenn die jeweiligen Schutzbereiche der unterschiedlichen Formen der Erwerbstätigkeit feststehen, ist die Gefahr von Überschneidungen der diese Erwerbsformen schützenden Normen vermieden.

[63] *Appel/Frantzioch*, AuR 1998, 93 (95).
[64] RAG v. 25.4.1936, ARS 27, 7.
[65] Siehe zur genauen Auflistung der auf Heimarbeiter anwendbaren Vorschriften *Schaub/Koch/Linck*, § 10 Rn. 9.

B. Abgrenzung der arbeitnehmerähnlichen Person zu den Arbeitnehmern und den Selbständigen

Im Arbeitsrecht stehen sich auf der Seite der Erwerbstätigen grundsätzlich das Begriffspaar Arbeitnehmer und Selbständige gegenüber. Menschliche Arbeitsleistung kann entweder in der abhängigen und fremdbestimmten Stellung als Arbeitnehmer für einen anderen oder als freie unternehmerische und selbstbestimmte Tätigkeit als Selbständiger erfolgen. Dem Arbeitgeber werden Schutzpflichten auferlegt, weil er kraft Arbeitsvertrag das Recht hat, die Arbeit zu organisieren und das Arbeitsergebnis zu verwerten[66]. Diese Fürsorge- und Treuepflichten sind zum Schutz des Arbeitnehmers durch das Arbeitsrecht konkretisiert. Der typische Selbständige wechselt hingegen seine Vertragpartner öfter bzw. hat mehrere Vertragspartner parallel[67]. Er organisiert seine Arbeit selbst, er vermarktet sein Arbeitsergebnis und hat dabei die Chance, Gewinn zu erzielen. Da es folglich keinen Grund gibt, ihm die Risiken der Erwerbstätigkeit abzunehmen und einem anderen aufzuerlegen, kommt ihm dabei „nur" das je nach der besonderen Ausgestaltung des Einzelfalls anwendbare Vertragsrecht[68] zugute.

Problematisch ist, wie die arbeitnehmerähnliche Person in dieses Modell einzuordnen ist. Dies kann jedoch erst umfassend beurteilt werden, wenn diese beiden klassischen Erwerbsformen voneinander abgegrenzt wurden, was im Folgenden anhand der Definitionen und Merkmale der Begriffsgruppen getan wird.

I. *Definition des Arbeitnehmers*

Ein allgemein anerkannter Begriff des Arbeitnehmers existiert bis heute zwar nicht[69]. Die Klammerdefinition des § 622 Abs. 1 BGB will im Zusammenhang mit den Kündigungsfristen lediglich klarstellen, dass für Arbeitnehmer und Angestellte als „Arbeitnehmer" im Gegensatz zur früheren Rechtslage die gleichen Fristen gelten. Eine Begriffsbestimmung des Arbeitnehmers ist der Norm nicht zu entnehmen.

---

[66] *Hromadka*, NZA 1997, 1249 (1252).

[67] Zwar können Arbeitnehmer auch mehrere Arbeitgeber haben, wenn sie mehreren Teilzeitbeschäftigungen nachgehen; hier soll jedoch von der typischen Konstellation ausgegangen werden, in der ein Arbeitnehmer einen Arbeitgeber als Vertragspartner hat.

[68] Der Tätigkeit kann jedes andere, dem Erwerb dienende Vertragsverhältnis als ein Arbeitsvertrag zugrunde liegen.

[69] *Schaub/Koch/Linck*, § 8 Rn. 1.

Eine konkrete Ermittlung der Arbeitnehmereigenschaft im Einzelfall[70] ist aber unabdingbar, da es den Vertragsparteien nicht freigestellt ist, eine vertragliche Beziehung ohne weiteres als Arbeitsverhältnis oder als freies Mitarbeiterverhältnis zu qualifizieren. Ist nach einer konkreten Einzelfallbetrachtung der tatsächlichen Durchführung des Vertrages das Verhältnis als Arbeitsverhältnis einzustufen, so ist die gewählte Vertragsform irrelevant[71]. Die Parteien können auch nicht dadurch eine freie Mitarbeit begründen, dass die gestellten Rechnungen Umsatzsteuer ausweisen, eine Gewerbeanmeldung ausgewiesen wird oder eine Verpflichtung vereinbart wird, die Krankenversicherung selbst zu zahlen. Dies sind nur die Rechtsfolgen der Qualifikation als Selbständiger, die Zuordnung selbst kann dadurch jedoch nicht beeinflusst werden[72].

In arbeitsrechtlichen Gesetzen finden sich für die Ermittlung der Arbeitnehmereigenschaft nicht nur keine Legaldefinitionen, der Rechtsbereich bietet auch keine gesetzlichen Wertungen oder Anhaltspunkte. So spricht § 5 Abs. 1 S. 2 ArbGG nur von Arbeitnehmern im Sinne dieses Gesetzes, so dass über das ArbGG hinaus in der Norm keine für den Arbeitnehmerbegriff bedeutende Wertung liegt. Ebenso beschränkt § 2 S. 1 BUrlG den dort erwähnten Arbeitnehmerbegriff auf dieses das Urlaubsrecht regelnde Gesetz.

Jedoch bieten andere Rechtsbereiche Anhaltspunkte für den Arbeitnehmerbegriff. So spielt die Abgrenzung der Arbeitnehmer von den Selbständigen auch im Handelsrecht und im Sozialversicherungsrecht eine Rolle.

1. Handelsrechtliche Vorgaben nach § 84 Abs. 1 S. 2, Abs. 2 HGB

Nach § 84 Abs. 1 S. 2 HGB ist Selbständiger, wer im Wesentlichen frei seine Tätigkeit und seine Arbeitszeit bestimmen kann. Personen, auf die diese Voraussetzungen nicht zutreffen, gelten gemäß § 84 Abs. 2 HGB als Arbeitnehmer. Diese unmittelbar nur für das Handelsvertreterrecht geltende Vorschrift enthält

70 Auf die Feststellung der Arbeitnehmereigenschaft kann Feststellungsklage (Statusklage) erhoben werden, ohne dass es darauf ankommt, sofort den Inhalt des Arbeitsverhältnisses zu bestimmen, BAG AP Nr. 15, 17, 20, 22, 26 zu § 611 BGB Abhängigkeit; AP Nr. 26 zu § 267 ZPO; *Hohmeister*, NZA 1999, 1009 (1016 ff.).

71 BAG AP Nr. 21 zu § 5 ArbGG; BAG AP Nr. 122 zu § 611 BGB Lehrer, Dozenten.

72 Dieser in den letzten Jahren vermehrt in den Mittelpunkt des Interesses tretende arbeitsrechtliche Problemkreis der Scheinselbständigkeit findet sich zahlreich in Rechtsprechung und Literatur der letzten Jahre wieder, dazu statt vieler: BVerfG NZA 1999, 974 f.; BAG AP Nr. 5 zu § 92 HGB; BAG AP Nr. 38 zu § 5 ArbGG; Rundschreiben der Spitzenverbände und der BdA v. 19.1.1999 in NZA 1999, 365 ff.; *Griebeling*, RdA 1998, 208 ff.; *Mayer* in FS Däubler, S. 77 ff.; *Richardi*, DB 1999, 958 ff.; *Schmidt/Schwerdtner*, Scheinselbständigkeit.

eine gesetzliche Wertung, die über den Wortlaut hinaus als allgemeines Kriterium zur Abgrenzung des Dienstvertrages vom Arbeitsvertrag zu beachten ist[73].

Gibt diese Norm zwar eine gesetzliche Wertung als Vorgabe, so ist sie doch unvollständig, da allein an dem Kriterium der Bestimmung der Tätigkeit und der Arbeitszeit eine taugliche Abgrenzung im Einzelfall nicht möglich ist.

2. Sozialrechtliche Vorgaben nach § 7 SGB IV

§ 7 Abs. 1 S. 1 SGB IV stellt fest, dass unter (sozialversicherungspflichtiger) Beschäftigung die nichtselbständige Arbeit, insbesondere in einem Arbeitsverhältnis, zu verstehen ist[74]. Dabei sind nach S. 2 der Norm Anhaltspunkte für eine Beschäftigung eine Tätigkeit nach Weisungen und eine Eingliederung in die Arbeitsorganisation des Weisungsgebers. Wird der Beschäftigte als Scheinselbständiger und damit als Arbeitnehmer eingestuft, wird er in allen Zweigen der Sozialversicherung (Renten-, Kranken- und Arbeitslosenversicherung) versicherungspflichtig. Der Auftraggeber gilt fortan als Arbeitgeber und muss demgemäß die Beiträge abführen[75].

Zwar unterscheidet sich dieses Begriffsverständnis auf den ersten Blick nicht von dem des § 84 Abs. 1 S. 2 HGB. Dennoch kann zur Ermittlung des Arbeitnehmerbegriffs im Arbeitsrecht entgegen *Wank*[76] nicht auf diesen sozialversicherungsrechtlichen Begriff des Beschäftigten nach § 7 Abs. 1 SGB IV zurückgegriffen werden[77]. § 7 Abs. 1 SGB IV ist eine sozialversicherungsrechtliche Vorschrift und hat keine Auswirkungen auf das Arbeitsrecht[78]. Der Beschäftigten- und der Arbeitnehmerbegriff sind nicht identisch, sondern zwei selbständige Rechtsinstitute[79]. Zwar ist § 7 Abs. 1 SGB IV nach dem Willen des Gesetzgebers dahin auszulegen, dass eine Beschäftigung stets dann anzunehmen ist, wenn nach arbeitsrechtlichen Grundsätzen ein Arbeitsverhältnis besteht[80]. Jedoch geht das Beschäftigungsverhältnis z.B. insoweit über das Arbeitsverhältnis hinaus, als es auch im Rahmen eines öffentlich-rechtlichen Dienstverhältnisses be-

---

[73] BAG DB 1996, 381 (382); BAG AP Nr. 59 und 73 zu § 611 BGB Abhängigkeit; anders dazu *Wank*, Arbeitnehmer und Selbständige, S. 7, 258.

[74] Wenn noch kein Amtsermittlungsverfahren eingeleitet ist, können die Beteiligten nach § 7a SGB IV bei der BfA schriftlich eine Entscheidung darüber beantragen, ob eine Beschäftigung i.S.d. § 7 Abs. 1 SGB IV vorliegt.

[75] Rückständige Beiträge muss der Auftraggeber/Arbeitgeber dann im Regelfall allein tragen (§ 28e SGV IV). Er kann nicht davon ausgehen, dass er sie vom Auftragnehmer/Arbeitnehmer erstattet bekommt (§ 28g SGB IV).

[76] *Wank*, AuR 2001, 291 (292 ff.).

[77] BSGE 87, 53 (59 ff.); BAG AP Nr. 10 zu § 35 GmbHG; AP Nr. 104 zu § 611 BGB Abhängigkeit; *Bauer* in Küttner, Arbeitnehmer (Begriff) Rn. 14; *Jacobs*, ZIP 1999, 1549 (1553).

[78] *Rolfs* in ErfK, § 7 SGB IV Rn. 2; *Rieble*, ZfA 1998, 327 (332).

[79] BSG Die Beiträge 1991, 115 ff.

[80] BT-Drs. 7/4122, S. 31.

steht[81]. Auch der GmbH-Geschäftsführer steht in aller Regel nicht in einem Arbeitsverhältnis, sondern in einem freien Dienstverhältnis während das BSG Fremdgeschäftsführer, aber auch am Stammkapital nur gering beteiligte geschäftsführende Gesellschafter regelmäßig als Beschäftigte i.S.d. § 7 SGB IV einordnet.

§ 7 Abs. 4 SGB IV a.F. enthielt in seiner ursprünglichen Gesetzesfassung eine widerlegbare Regelung der Vermutung der Arbeitnehmereigenschaft einer erwerbstätigen Person[82]. Wenn mindestens drei Kriterien des fünf Kriterien umfassenden Katalogs erfüllt waren, wurde vermutet, dass die betreffende Person beschäftigt, also sozialversicherungspflichtiger Arbeitnehmer, ist. Dabei wurde durch die Norm in dieser Fassung die wirtschaftliche Abhängigkeit des Erwerbstätigen in den Vordergrund gestellt. So wurde auch zu § 7 Abs. 4 SGB IV a.F. die Ansicht vertreten, dass der Gesetzgeber mit der Norm einen einheitlichen Arbeitnehmerbegriff anhand einer Legaldefinition für das Arbeitsrecht und das Sozialrecht schaffen wollte[83]. Da es sich um eine rein rechtgeschichtliche Betrachtung handelt, sei hier nur erwähnt, dass nach der gesetzgeberischen Intention durch die Einführung des § 7 Abs. 4 SGB IV a.F. der Arbeitnehmerbegriff in seiner Substanz unangetastet bleiben sollte[84]. Die in der Norm enthaltene Vermutung war zum einen zur Erleichterung des Verwaltungsvollzugs gedacht. Vor allem wollte der Gesetzgeber mit der Norm jedoch den Umgehungsbemühungen der Scheinselbständigen entgegensteuern, welche die Anerkennung als Arbeitnehmer durch dementsprechende Vertragsgestaltungen vermeiden wollten[85].

Die sozialversicherungsrechtlichen Definitionen des Arbeitnehmers geben für den arbeitsrechtlichen Arbeitnehmerbegriff folglich keinen Aufschluss.

3. Definition der Rechtsprechung

Nach der gängigen Definition der Rechtsprechung[86] ist der Arbeitnehmer eine Person, die aufgrund eines privatrechtlichen Vertrags im Dienst eines anderen zur Leistung weisungsgebundener, fremd bestimmter Arbeit in persönlicher Abhängigkeit verpflichtet ist.

---

[81] *Sehnert* in Udsching, § 7 Rn. 23.
[82] Bei den in dieser Arbeit zu behandelnden journalistisch tätigen arbeitnehmerähnlichen Personen genügte es zur Widerlegung, wenn die Künstlersozialversicherung ihre Selbständigkeit bereits festgestellt hat, wobei ein Verweis auf diese Feststellung genügte, BSGE 83 , 246 (253); *Hohmeister*, NZA 1999, 337 (340).
[83] So vor allem *Wank*, AuR 2001, 291 (292 ff.); *Preis*, NZA 2000, 914 (918).
[84] Begründung des Gesetzesentwurf, BT-Drs. 14/45, S. 19.
[85] Begründung des Gesetzesentwurf, BT-Drs. 14/45, S. 19.
[86] St. Rspr. des BAG siehe nur BAG AP Nr. 35 zu § 611 BGB Rundfunk.

Bei dieser Definition geht die Rechtsprechung von § 84 Abs. 1 S. 2 HGB aus und zieht aus der Norm den Schluss, dass entscheidendes Merkmal der Grad der persönlichen Abhängigkeit ist, in dem sich der zur Dienstleistung Verpflichtete jeweils befindet. Eine wirtschaftliche Abhängigkeit des Erwerbstätigen ist für die Feststellung als Arbeitnehmer nach der Rechtsprechung nicht entscheidend[87].

Die persönliche Abhängigkeit dokumentiert sich dabei anhand von Indizien. Solche sind neben der Personengebundenheit der Arbeitsleistung das Weisungsrecht des Arbeitgebers nach Arbeitszeit und Arbeitsort, die Übernahme fremdgeplanter, fremdnütziger und von fremder Risikobereitschaft getragener Arbeit und die Eingliederung in einen fremden Produktionsbereich[88].

Das Weisungsrecht darf aber nicht mit den auch bei Dienst- oder Werkverträgen notwendigen Vorgaben des Auftraggebers gleichgestellt werden. Auch bei sonstigen Verträgen steht dem Auftraggeber ein Leistungsbestimmungsrecht zu. Macht der Auftraggeber davon in Bezug auf eine TV-Sendung derart Gebrauch, dass er die Art der Produktion und Präsentation der Sendung festlegt, liegt nicht automatisch eine Weisungsabhängigkeit des Erwerbstätigen m Sinne des Arbeitsrechts vor. Die Redaktion kann vielmehr vorgeben, wie viele Filme pro Sendung vorgestellt werden, ob die Kommentare „Off" oder vor der Kamera gesprochen werden, wie der Vor- oder Abspann gestaltet werden soll, ob die Sendung live ausgestrahlt oder vorproduziert werden soll und ob sie Kolumnen- oder aber Reportagecharakter besitzen sollte[89].

Ausgegangen werden kann nur von einem Normalfall, anhand dessen der Arbeitnehmerbegriff in Form eines Typus beschrieben wird. Anhand dieser Indizien erfolgt eine wertende typologische Würdigung des Einzelfalls[90], der Grad der persönlichen Abhängigkeit hängt dabei von der Eigenart der jeweiligen Tätigkeit ab. Kein Indiz wiegt dabei derart schwer, als dass es jedes andere Kriterium oder jede Kumulation anderer Kriterien überspielen könnte. Selbst die Weisungsbindung sei dabei nicht immer typisch[91]. Diese typologische Methode wurde vom Bundesverfassungsgericht mit dem Hinweis auf die Schwierigkeit der Abgrenzung gebilligt[92]. Gegen diese Art der typologischen Betrachtung lässt sich mit Recht einwenden, dass sie dem Rechtsanwender keinen gangbaren Weg an die Hand gibt[93]. Es gibt nach der Rechtsprechung schlechthin kein Kriterium

---

[87] BAG AP Nr. 1, 59, 74 zu § 611 BGB Abhängigkeit.

[88] Das Kriterium der Eingliederung übernimmt die neuere Rechtsprechung von *Nikisch* (dazu gleich unten § 2B.I.4), so BAG AP Nr. 15, 24, 42, 45 zu § 611 BGB Abhängigkeit.

[89] BAG AP Nr. 6 zu § 1 KSchG 1969 Wiedereinstellung.

[90] BAG AP Nr. 34 zu § 611 BGB Abhängigkeit.

[91] BAG AP Nr. 26, 42 zu § 611 BGB Abhängigkeit; AP Nr. 47 zu § 5 BetrVG 1972.

[92] BVerfG AP Nr. 82 zu § 611 BGB Abhängigkeit.

[93] So *Preis* in ErfK, § 611 BGB Rn. 66; ebenso *Richardi* in MünchArbR, § 24 Rn. 49.

der Abhängigkeit, das nicht auch bei freien Mitarbeitern erfüllt sein kann[94] und auch kein Einzelmerkmal, das unverzichtbar vorliegen muss[95]. Solche vermeintlich unverzichtbaren Merkmale werden hingegen in der Literatur konstruiert.

4. Definition der Literatur

Nach der herrschenden Literatur ist Arbeitnehmer, wer aufgrund privatrechtlichen Vertrages oder eines ihm gleichgestellten Rechtsverhältnisses im Dienst eines anderen zur Arbeit verpflichtet ist[96]. *Nikisch* stellt daneben noch auf die Eingliederung der Person in dem Betrieb des Dienstgebers ab[97], wobei auch die Rechtsprechung dies mittlerweile als Indiz wertet[98].

Nach *Wank*[99] ist statt der von der Rechtsprechung favorisierten persönlichen Abhängigkeit das Merkmal der wirtschaftlichen Abhängigkeit[100] des Erwerbstätigen als weiteres Kriterium der Arbeitnehmereigenschaft entscheidend. Hierdurch werden die Arbeitnehmerähnlichen in den Begriff des Arbeitnehmers einbezogen[101]. Mit dieser Ansicht lassen sich gerade die mittlerweile zahlreichen Teilzeitarbeitsverhältnisse nicht mit dem Begriff des Arbeitnehmers vereinbaren, da diese in mehreren Arbeitsverhältnissen tätigen Personen sich gerade nicht nur für einen Auftraggeber entschieden haben. Auch kann ein Arbeitnehmer neben seiner abhängigen Arbeit noch eine selbständige Tätigkeit ausüben. Nach *Wank* wäre der Erwerbstätige dann aber generell als Selbständiger einzuordnen, ohne die unterschiedlichen Erwerbstätigkeitsformen isoliert betrachten zu können. Die konsequente Anwendung dieser Definition hätte daher eine fehlende Differenzierungsmöglichkeit im Einzelfall zu Folge. Ferner fehlt in dieser Definition auch der konkrete vertragliche Bezug[102]. *Wank* definiert die Erwerbsform, ohne das Verhältnis zwischen den Vertragspartnern näher zu betrachten. Gerade in einem Dauerschuldverhältnis kann aber eine isolierte Betrachtung anhand eines Typusbegriffs ohne Vertragsbezug nicht erfolgen. Es muss vielmehr noch ein zusätzliches vertragsbezogenes Merkmal herangezogen werden. Dieses Merkmal ist das von der Rechtsprechung bevorzugte Kriterium der persönlichen Abhängigkeit. Zwar möchte *Wank* auf dieses Merkmal bewusst verzichten[103].

---

[94] BAG AP Nr. 34 zu § 611 BGB Abhängigkeit.
[95] BAG AP Nr. 15 zu § 611 BGB Abhängigkeit.
[96] *Hueck/Nipperdey*, Band I, § 9 II; *Schliemann* in RGRK, § 611 Rn. 950 ff.; *Richardi* in Staudinger, Rn. 132 ff. vor § 611 BGB.
[97] *Nikisch*, § 14 I.
[98] Siehe dazu oben § 2B.I.3.
[99] So wie *Wank* auch *Neuvians*, S. 33, 194.
[100] Teilweise verwendet er auch mit der gleichen Zielrichtung statt diesem Begriff den Terminus des unternehmerischen Entscheidungsspielraums oder des Unternehmerrisikos.
[101] Siehe zu der kritischen Auseinandersetzung mit dieser Konsequenz unten § 2B.II.1.
[102] So auch *Preis*, ZHR 158, 1994, 567 ff.
[103] *Wank*, Arbeitnehmer und Selbständige, S. 146 ff.

Jedoch widerspricht ein Verzicht auf das Merkmal der persönlichen Abhängigkeit, die sich im Direktionsrecht des Arbeitgebers manifestiert, der Konzeption des Gesetzgebers. Insoweit enthält § 84 Abs. 1 S. 2 HGB mit der Abgrenzung des (selbständigen) Handelsvertreters vom angestellten Vertriebsmitarbeiter einen allgemeinen Rechtsgedanken, auf den für die rechtliche Einordnung als Arbeitnehmer zurückzugreifen ist[104]. Selbständig ist danach, wer im Wesentlichen seine Zeit frei gestalten und seine Arbeitszeit bestimmen kann. Dagegen obliegt im Arbeitsverhältnis die Konkretisierung nach § 243 Abs. 1 BGB der nur der Gattung nach geschuldeten Leistung dem Arbeitgeber. Näher ausformuliert zeigt sich dies auch in § 106 GewO, wonach der Arbeitgeber Inhalt, Ort und Zeit der Arbeitsleistung nach billigem Ermessen festsetzen kann. Auf das Merkmal der persönlichen Abhängigkeit kann daher nicht zugunsten des Merkmals der wirtschaftlichen Abhängigkeit verzichtet werden.

Nach *Richardi* wird die Arbeitnehmereigenschaft vertragsrechtlich festgelegt. Sie beziehe sich auf ein rechtsgeschäftliches Leistungsversprechen, durch das jemand zeitlich einem anderen zur Erbringung von nur der Art nach bestimmten Dienstleistungen zur Verfügung steht. Daraus ergebe sich die Abhängigkeit, die den Grundtatbestand für das Arbeitsverhältnis bildet, nicht aber aus einer vorgegebenen persönlichen Abhängigkeit des Arbeitnehmers[105]. Der Anknüpfungspunkt, den *Richardi* wählt, ist somit der konkrete vertragliche Inhalt, aus dem sich aufgrund der darin enthaltenen Verpflichtung die Abhängigkeit ergibt. Dass eine solche Abhängigkeit und die Weisungsgebundenheit des Arbeitnehmers hinsichtlich Art, Zeit und Ort der Arbeitsleistung jedoch besteht, sieht auch *Richardi* als maßgebliches Kriterium an.

Nach *Wiedemann* charakterisiert den Arbeitnehmer für die Dauer der Beschäftigung die „Unmöglichkeit eigener Teilnahme am Marktgeschehen"; der „Verlust freier wirtschaftlicher Dispositionsmöglichkeiten" sei daher die Grundlage für die Schutzbedürftigkeit. Folglich sei ihm „Verantwortung und Vorsorge für die Gefahren der Arbeit und für die Wechselfälle des Lebens von demjenigen abzunehmen, in dessen Wirtschaftsorganismus er eingegliedert ist"[106]. *Lieb* sieht ebenfalls als entscheidendes Kriterium der Arbeitnehmereigenschaft an, ob die Beschäftigten „noch die Möglichkeit eigener unternehmerischer Disposition über ihre Arbeitskraft haben oder ob diese Möglichkeit auf den Auftraggeber, der dadurch zum Arbeitgeber wird, übergegangen ist"[107]. Er hebt damit die seiner Meinung nach entscheidende Schutzbedürftigkeit des Arbeitnehmers, welche

---

104 Siehe dazu schon oben § 2B.I.1.

105 *Richardi* in MünchArbR § 24 Rn. 45 ff.; *Jacobi*, S. 48 ff.; *Preis* in ErfK, § 611 BGB Rn. 73 ff.

106 *Wiedemann*, Das Arbeitsverhältnis als Austausch- und Gemeinschaftsverhältnis, S. 14 ff., Zitat auf S. 15 und S. 19.

107 *Lieb*, RdA 1977, 210, 215.

auch wirtschaftliche Aspekte enthalte, hervor[108]. Ähnlich wie *Lieb* will auch *Beuthien* entscheidend auf die soziale Schutzbedürftigkeit abstellen, wenn er als Arbeitnehmer nur den dienstvertraglich Beschäftigten qualifiziert, „der persönlich abhängig und (weil daseinsvorsorgeunfähig) sozial schutzbedürftig ist"[109].

Sieht man als maßgebliches Kriterium der Arbeitnehmereigenschaft die soziale Schutzbedürftigkeit an, die sich an der Unfähigkeit zur eigenen Daseinsvorsorge orientiert, so wird dies zum einen den tatsächlichen Gegebenheiten, zum andern aber auch den unterschiedlichen Daseinsformen eines Arbeitsverhältnisses nicht gerecht. Der Arbeitgeber wird keineswegs umfassend mit der Daseinsvorsorge für den Arbeitnehmer belastet: Die dem Arbeitgeber obliegenden sozialen Pflichten im Interesse des Arbeitnehmers führen nur in sehr beschränktem Umfang dazu, dass der Arbeitgeber sich an den Lebensrisiken der Arbeitnehmer beteiligen muss[110]. Selbst der Kündigungsschutz hat nicht seine Wurzel in der Daseinsvorsorge, sondern er verwirklicht nur einen relativen Bestandsschutz des Arbeitsverhältnisses, indem er die Kündigungsfreiheit des Arbeitgebers insoweit ausschließt, als er „keine objektiv anerkennenswerten Gründe für die Auflösung des Vertragsverhältnisses vorbringen kann"[111]. Zudem kann ein Arbeitverhältnis auch nur kurzfristig oder in Teilzeit ausgeübt werden. Gerade in diesen Fällen ist der Anteil des Arbeitgebers an der Daseinsvorsorge des Arbeitnehmers verschwindend gering.

Nach *Rancke* ist der normative Ansatz für eine Neubestimmung des Arbeitnehmerbegriffs die Garantie der Koalitionsfreiheit in Art. 9 Abs. 3 GG[112]. Zwar greift *Rancke* dadurch auch auf einen materieller Geltungsgrund für die Anwendung von Arbeitsrecht zurück, nämlich die fehlende Marktorientierung als Anknüpfungspunkt für die Tarifautonomie und das Recht des Arbeitskampfes. Art. 9 Abs. 3 GG legt jedoch nicht die Definition des Arbeitnehmers fest. So zeigt sich gerade durch die Möglichkeit des Abschlusses von Tarifverträgen für arbeitnehmerähnlichen Personen gemäß § 12a TVG und die damit notwendig einhergehende verfassungsrechtliche Legitimation in Art. 9 Abs. 3 GG[113], dass der Geltungsbereich des Art. 9 Abs. 3 GG unter dem Aspekt des Regelungsadressaten weiter ist als im Bereich des Individualarbeitsrechts. Auch möchte *Rancke* den Arbeitnehmerbegriff nach den wirtschaftlich-sozialen Existenzbedingungen einer Person bestimmen, wobei „das Selbstverständnis der Betroffenen als zusätzliches Kriterium des Arbeitnehmerbegriffs herangezogen wird"[114]. Das Selbstverständnis des Beschäftigten kann jedoch vor dem Hintergrund der not-

---

[108] So deutlich in *Lieb*, Arbeitsrecht, § 1 Rn. 13.
[109] *Beuthien/Wehler*, RdA 1978, 2, 5.
[110] *Richardi* in MünchArbR, § 24 Rn. 37 ff.
[111] *Preis*, Prinzipien des Kündigungsrechts bei Arbeitsverhältnissen, S. 125.
[112] *Rancke*, S. 115 ff.
[113] Siehe dazu noch ausführlich unter § 4A.III.2.
[114] *Rancke*, AuR 1979, 9, 16 f.

wendigen zweifelsfreien Zuordnung und der daran anzuknüpfenden Rechtsfolgen kein taugliches Kriterium sein.

II. *Definition des Selbständigen*

Der Arbeitnehmer wird nach der Legaldefinition des § 84 Abs. 1 S. 2 HGB negativ gegenüber dem Selbständigen nach drei Hauptkriterien abgegrenzt: der Arbeitnehmer hat keine eigene Unternehmensorganisation, keinen eigenen Marktauftritt und es erfolgt im Vertrag mit dem Auftraggeber keine angemessene Verteilung von Chancen und Risiken[115]. Wer als Erwerbstätiger nicht als Arbeitnehmer qualifiziert werden kann, ist als Selbständiger einzustufen.

Problematisch ist nun, wie sich die arbeitnehmerähnliche Person in diese Systematik der beiden Begriffspaare einordnen lässt. Da sich je nach Klassifizierung entweder ein sehr umfassender Schutz der arbeitnehmerähnlichen Person oder aber ein nur nach den allgemeinen Vertragsregeln zu beurteilender Tätigkeitsschutz ergibt, muss im Folgenden die systematische Einordnung der arbeitnehmerähnlichen Person in dieses Begriffspaar geklärt werden.

1. Arbeitnehmerähnliche Person als Untergruppe der Selbständigen

Im Rahmen der systematischen Einordnung kommen zwei mögliche Modelle in Betracht.

So kann die arbeitnehmerähnliche Person einerseits subordinierter Begriff zu einem der beiden anderen sein, sei es des Arbeitnehmers oder des Selbständigen[116]. Andererseits können die Arbeitnehmerähnlichen eine dritte Gruppe neben den Arbeitnehmern und den Selbständigen bilden.

Sieht man die arbeitnehmerähnlichen Personen als eine eigene dritte Gruppe[117] der Erwerbstätigen an, stünden sie zwischen den Arbeitnehmern und den Selbständigen. Eine Abgrenzung der Gruppe der arbeitnehmerähnlichen Personen müsste sowohl zu den Arbeitnehmern als auch zu den Selbständigen erfolgen. Belässt man es bei dem dualen System der Erwerbstätigen, so muss nach der allgemeinen Abgrenzung zwischen den klassischen Gruppen Arbeitnehmer – Selbständige die genauere Feinunterscheidung innerhalb einer dieser Gruppen

---

[115] Ausführlich dazu Institut für Arbeitsmarkt- und Berufsförderung der Bundesanstalt für Arbeit (IAB), NZA 1997, 590 ff.

[116] Siehe zu der graphischen Darstellung dieser Modelle *Wank*, Arbeitnehmer und Selbständige, S. 235.

[117] *Hanau/Strick*, AuA 1998, 185 (188); *Buchner*, NZA 1998, 1144 (1149); so wohl auch *Hromadka*, NZA 1997, 569 (576); anders aber *Hromadka*, NZA 1997, 1249 (1253); *Schubert*, S. 20.

hinsichtlich der Eigenschaften einer arbeitnehmerähnlichen Person vorgenommen werden.

Beginnt man mit dem Versuch, die arbeitnehmerähnliche Person in eine der gegenpoligen Begriffe einzuordnen, so liegt zunächst die Gruppe der Arbeitnehmer[118] nahe. Mit der Gruppe der Arbeitnehmer verbindet die arbeitnehmerähnliche Person die soziale Schutzbedürftigkeit und die regelmäßig auch bei den Arbeitnehmern vorhandene wirtschaftliche Abhängigkeit[119]. Eine Einordnung der arbeitnehmerähnlichen Person als Arbeitnehmer misslingt jedoch aufgrund ihrer fehlenden persönlichen Abhängigkeit. Zwar kann die arbeitnehmerähnliche Person wie der Arbeitnehmer keine Verfügungsmacht über ihren Arbeitsplatz haben, d.h. zeitlich, örtlich, organisatorisch und abrechnungsmäßig (Entgelt/Steuer/Sozialversicherung) in den Betrieb des Auftraggebers eingegliedert sein. Arbeitnehmerähnliche Personen sind jedoch in wesentlich geringerem Maße persönlich abhängig als Arbeitnehmer[120] und können diesen daher nicht zugeordnet werden. Neben den rein begrifflichen sprechen auch entscheidende dogmatische Argumente gegen die Einordnung in die Gruppe der Arbeitnehmer. Wäre der Typus der arbeitnehmerähnlichen Person eine Untergruppe der Arbeitnehmer, so wäre auf ihn zwingend das Arbeitsrecht anwendbar. Dann würden jedoch die auf die Rechtsfolgen der Arbeitnehmer verweisenden Normen in § 12a TVG, § 5 Abs. 1 S. 2 ArbGG, § 2 S. 2 BUrlG, § 1 Abs. 2 Nr. 1 BeschäftigtenschutzG a.F. und § 2 Abs. 2 Nr. 3 ArbSchG[121] keinen Sinn machen. Die arbeitnehmerähnliche Person wäre ohnehin als Untergruppe der Arbeitnehmer mit in den Anwendungsbereich der jeweiligen Gesetze einbezogen, ohne dass es der ausdrücklichen Eröffnung des Schutzbereichs bedurft hätte.

Auch mit der den Arbeitnehmern gegenüberstehenden Gruppe der Selbständigen hat die arbeitnehmerähnliche Person mehrere Merkmale gemein. Bei beiden Erwerbstätigkeitstypen ist eine wirtschaftliche Abhängigkeit vorhanden, ein Arbeitsverhältnis liegt aber gerade nicht vor. Eine definitionsgerechte Zuordnung der arbeitnehmerähnlichen Person zu der Gruppe der Selbständigen ist hier anders als bei der Gruppe der Arbeitnehmer jedoch nicht vorrangig notwendig. Geht man von dem klassischen dualen System der Erwerbstätigen aus[122], verbleibt bei Verneinung der Arbeitnehmereigenschaft nur die Gruppe der Selbständigen als mögliche Erwerbstätigenform. Von dieser zwingenden Einordnung der arbeitnehmerähnlichen Person als Selbständige ließe sich nur Abstand nehmen, wenn man der Figur der arbeitnehmerähnlichen Person in diesem System

[118] Diese Zuordnung bejahend *v. Einem*, BB 1994, 60 (62); *Herschel*, AuR 1982, 336 ff.
[119] *Neuvians*, S. 29.
[120] St. Rspr. des BAG vgl. nur AP Nr. 75 zu § 2 ArbGG.
[121] Ebenso natürlich die zahlreichen Normen, in denen zwar nicht der ausdrückliche Begriff der „arbeitnehmerähnlichen Person" verwendet wird, jedoch dieser Personenkreis nach den verwendeten Umschreibungen gemeint ist.
[122] Siehe dazu oben § 2B.II.1.

eine eigenständige Rolle zubilligen würde. Fraglich ist daher, ob es statt der Zweiteilung einer Dreiteilung der Erwerbsformen bedarf. In diesem Zusammenhang führte das BAG in einer Entscheidung vom 20.09. 2000[123] aus, dass das gesetzliche System von einer Dreiteilung der Erwerbstätigen ausgehe. Der erkennende Senat scheint daher auf den ersten Blick die Klassifizierung der arbeitnehmerähnlichen Personen als eine eigenständige Gruppe für notwendig zu erachten. Das zitierte Urteil entstand jedoch im Rahmen der Suche nach der Definition des Arbeitnehmerbegriffs und hatte keine systematische Klassifizierung der arbeitnehmerähnlichen Person zum Inhalt. Mit dieser Intention des Spruchkörpers kann dieses System der Dreiteilung nicht in dem Sinne verstanden werden, dass den arbeitnehmerähnlichen Personen neben bzw. zwischen den Arbeitnehmern und den Selbständigen eine eigene dritte Gruppe eingeräumt wird. Vielmehr liegt nach dem Zusammenhang, in dem der Senat von einem dreigeteilten System sprach, eine andere Beurteilung dieser Wortverwendung nahe. So führt die 5. Kammer des BAG in diesem Urteil aus, dass weder der Umstand der wirtschaftlichen Abhängigkeit noch die Tätigkeit für nur einen Auftraggeber den Arbeitnehmerstatus begründen könne. Die gesetzliche Abstufung gehe nicht von einem dualen System, sondern von einem dreigeteilten System aus, das zwischen Arbeitnehmern, arbeitnehmerähnlichen Personen und Selbständigen differenziere. Damit ist aber lediglich gesagt, dass ein wirtschaftlich abhängiger Erwerbstätiger, der nur für einen Auftraggeber tätig ist, nicht automatisch als Arbeitnehmer zu klassifizieren ist[124]. Dann bräuchte man die Figur der arbeitnehmerähnlichen Person gerade nicht, sondern könnte alle unter diese Kategorie zu subsumierenden Personen als Arbeitnehmer klassifizieren[125]. Der erkennende Senat sprach sich folglich gegen die Einordnung der nur wirtschaftlich abhängigen Erwerbstätigen in die Gruppe der Arbeitnehmer aus. Eine Aussage zu der systematischen Klassifizierung machte der Senat nicht.

Es ist auch entgegen *Hochrathner*[126] nicht dogmatisch überzeugender, den eigenständigen Status der arbeitnehmerähnlichen Person als dritte Säule zu bejahen. Eine Klassifizierung als eigene dritte Gruppe wäre systematisch unstimmig, da es zwischen der Gruppe der arbeitnehmerähnlichen Personen und dem gegenpoligen Begriffspaar Arbeitnehmer-Selbständige entscheidende Unterschiede gibt, die gegen diese systematische Klassifizierung sprechen. Stehen sich die beiden Typen dieses Begriffspaares in ihren Merkmalen jeweils konträr gegenüber, enthält der Typus der Arbeitnehmerähnlichen wie eben dargelegt Merkmale von beiden Gruppen[127]. Mithin kann man den Typus der arbeitneh-

---

[123] BAG AP Nr. 35 zu § 611 BGB Rundfunk.

[124] Die Entscheidung erging zu einem programmgestaltenden Rundfunkmitarbeiter, der trotz Aufnahme in die Dienstpläne vergeblich seine Eigenschaft als Arbeitnehmer festzustellen versuchte, hierzu auch die Anm. *Hochrathner*, ZUM 1991, 218 f.

[125] So *Wank*, Arbeitnehmer und Selbständige, S. 32 ff.

[126] *Hochrathner*, ZUM 1991, 218 (219).

[127] Siehe zu der sehr detaillierten Auflistung der jeweils mit den Arbeitnehmern und Selbstän-

merähnlichen Person nicht den üblichen Erwerbsformen gegenüberstellen, da er nicht außerhalb dieses Begriffspaares steht[128]. Für die arbeitnehmerähnlichen Personen werden im Gegensatz zu den Arbeitnehmern und Selbständigen auch keine eigenständigen Rechtsfolgen an die Qualifizierung geknüpft, sondern lediglich Regelungen des Arbeitsrechts auf die arbeitnehmerähnliche Person ausgedehnt. Demnach kann es keine eigene Kategorie der arbeitnehmerähnlichen Person geben.

Es bleibt daher mangels Klassifizierung der arbeitnehmerähnlichen Personen als eigenständige Gruppe bei dem klassischen dualen System der Erwerbstätigen. Da die arbeitnehmerähnlichen Personen nicht unter die Gruppe der Arbeitnehmer gefasst werden können, stellen sie eine Untergruppe der Selbständigen dar, nämlich eine Gruppe bestimmter wirtschaftlich abhängiger Selbständiger[129]. Erst wenn die Abgrenzung zwischen den beiden klassischen Begriffen Arbeitnehmer - Selbständige vorgenommen wurde, kann innerhalb der Säule der Selbständigen geprüft werden, ob bei dem Erwerbstätigen die Voraussetzungen der Arbeitnehmerähnlichkeit vorliegen.

2. Abgrenzung im Medienbereich

Auch im Medienbereich ist der Ausgangpunkt der Abgrenzung der arbeitnehmerähnlichen Person vom Arbeitnehmer die bei einem Arbeitnehmer notwendig vorhandene persönliche Abhängigkeit[130]. Ursprünglich wurde als Indiz für die persönliche Abhängigkeit eines Medienmitarbeiters gewertet, wenn der Mitarbeiter auf den technischen Apparat (wie Studios, Kameras) der Rundfunkanstalt sowie auf die Arbeit in einem Team angewiesen war[131]. Dementsprechend stufte das BAG auch die Tätigkeit einer Filmautorin und Regisseurin als Arbeitsverhältnis ein[132]. Das BAG dehnte auf diese Weise den Arbeitnehmerbegriff aus, um alle sozial schutzbedürftigen Beschäftigten in das Arbeitsrecht einzubeziehen[133]. So wurden über mehrere Jahre z.B. Redakteure, Reporter, Regisseure,

---

digen gemeinsamen Merkmale *Herschel*, DB 1977, 1185 (1186 ff.).

[128] So im Ergebnis *Wank*, Arbeitnehmer und Selbständige, S. 235 ff.; *Wank* in Wiedemann, § 12a Rn. 2; *Hromadka*, NZA 1997, 1249 (1253); *Neuvians*, S. 29.

[129] So im Ergebnis BAG AP Nr. 35 zu § 611 BGB Rundfunk; siehe auch *Wank*, Arbeitnehmer und Selbständige, S. 235 ff. (240); *Wank* in Wiedemann, § 12a Rn. 2; *Hromadka*, NZA 1997, 1249 (1253); *Herschel*, DB 1977, 1185 (1186); *Reinecke* in Däubler, TVG, § 12a Rn. 22.

[130] *Wank* kritisiert die gängige Differenzierung anhand der Weisungsgebundenheit gerade auch bei Rundfunkmitarbeitern mit dem Argument, dass es gerade in diesem Bereich bei der Weisungsgebundenheit derartige Unterschiede gibt, dass sich daraus kein sachliches, teleologisches Differenzierungskriterium ableiten ließe, *Wank*, Arbeitnehmer und Selbständige, S. 307 f.

[131] BAG AP Nr. 26, 74 zu § 611 BGB Abhängigkeit.

[132] BAG AP Nr. 26 zu § 611 BGB Abhängigkeit.

[133] *Bietmann*, NJW 1983, 200 (203); kritisch dazu *Beuthien/Wehler*, RdA 1978, 2 ff.

Drehbuchautoren und Hörfunkkorrespondenten als Arbeitnehmer eingestuft, wenn sie in persönlicher Abhängigkeit nach den Kriterien der Judikatur arbeiteten. Diese Rechtsprechung wurde jedoch ausdrücklich aufgehoben[134]. Nunmehr stellt das BAG darauf ab[135], inwieweit der Sender innerhalb eines bestimmten zeitlichen Rahmens über die Arbeitsleistung des Mitarbeiters verfügen kann[136]. Wird ständige Dienstbereitschaft erwartet oder der Mitarbeiter in nicht unerheblichem Umfang ohne entsprechende Vereinbarung herangezogen, sei dies ein starkes Indiz für die Arbeitnehmereigenschaft[137]. Dabei komme der Einbindung des Mitarbeiters in die Dienstpläne der Anstalt maßgebliche Bedeutung zu[138]. Sind die einzelnen Einsätze im Voraus nicht mit dem Mitarbeiter abgesprochen und ist der Mitarbeiter daher für die Anstalt zeitlich immer verfügbar, sei die Arbeitnehmereigenschaft zu bejahen. Dies sei selbst dann der Fall, wenn der Mitarbeiter der Einteilung in den Dienstplan im Einzelfall widersprechen kann[139]. Auch die Einteilung eines Mitarbeiters in Dienst- oder Rufbereitschaft spreche für die zeitliche Dispositionsmöglichkeit der Anstalt und damit für die Arbeitnehmereigenschaft eines Mitarbeiters.

Kein Indiz ist hingegen der zeitliche Umfang der Tätigkeit. Zwar wird von Beschäftigten teilweise geltend gemacht, der zeitliche Umfang der Tätigkeit für ein Medienunternehmen mache es unmöglich, Aufträge Dritter anzunehmen, worin sich die persönliche Abhängigkeit für das Unternehmen ausdrücke[140]. Dies ist jedoch nur ein Ausdruck der wirtschaftlichen Abhängigkeit, nicht jedoch der persönlichen Abhängigkeit des Erwerbstätigen. Auch eine Vereinbarung zwischen den Parteien dahingehend, dass der Erwerbstätige dem Auftraggeber ausschließliche Nutzungsrechte an den einzelnen Beiträgen einräumt, spielt bei der Beurteilung der persönlichen Abhängigkeit keine Rolle. Der Auftraggeber ist in diesem Fall „Großkunde“[141], ohne dass dieser Umstand die Zusammenarbeit zu einem Arbeitsverhältnis macht.

Auch tarifvertragliche Regelungen haben keinerlei Auswirkungen auf die Einordnung eines Mitarbeiters als Arbeitnehmer oder Selbständiger. Zwar soll durch einen so genannten Bestandsschutz-Tarifvertrag nach Auffassung des BAG die eindeutige Zuordnung zum Status des Arbeitnehmers beeinflusst werden, wenn der Mitarbeiter an sich auch dem Typus des bestandsgeschützten frei-

---

[134] BAG AP Nr. 74 zu § 611 BGB Abhängigkeit.
[135] Zu den nach Berufsgruppen dargestellten Urteilen siehe *Bezani/Müller*, Rn. 44 ff.
[136] BAG AP Nr. 24, 25, 37, 66, 73 96, 98 101 zu § 611 BGB Abhängigkeit.
[137] BAG AP Nr. 74 zu § 611 BGB Abhängigkeit.
[138] BAG AP Nr. 65, 74, 96 zu § 611 BGB Abhängigkeit; AP Nr. 15, 23, 24, 33 zu § 611 BGB Rundfunk.
[139] BAG AP Nr. 74 zu § 611 BGB Abhängigkeit; anders *Bezani*, NZA 1997, 856 ff.
[140] So der Klägervortrag in dem Urteil des BAG AP Nr. 33 zu § 611 BGB Rundfunk.
[141] *Hromadka*, NZA 1997, 569 (577).

en Mitarbeiters zugeordnet werden können[142]. Das BAG hat offenbar mit dem LAG aufgrund der Tatsache, dass bei der Anstalt ein besonderer Bestandsschutz-Tarifvertrag für Arbeitnehmerähnliche gilt, den Status des Klägers als freier Mitarbeiter bestätigt. Dogmatisch ist dieser Ansatz jedoch nicht haltbar, da aus einem Tarifvertrag keine Definition oder Abgrenzungskriterium für die Arbeitnehmereigenschaft abgeleitet werden kann. Auch wird durch die Argumentation, es bestehe ein tariflicher Schutz, demnach könne der Erwerbstätige als arbeitnehmerähnliche Person eingeordnet werden, Definition und Rechtsfolge vertauscht.

Die „freien" freien Mitarbeiter sind persönlich unabhängig, so dass ihnen gegenüber keine Weisungen ausgesprochen werden können. Sie arbeiten mit dem Auftraggeber nur in einem lockeren und meist auch nur zeitlich begrenzten Rahmen. Der Auftraggeber hat sich dabei auf Angebote zu beschränken, denen der freie Mitarbeiter nicht nachkommen muss, ohne dass sein Verhalten Nachteile nach sich zöge. Regelungen des Arbeitsrechts für Arbeitnehmer gelten nicht. Die Tarifparteien haben keine Befugnis, für diesen Personenkreis normativ bindende Konditionen festzulegen.

„Feste" freie Mitarbeiter oder auch „12a-ler" genannt sind die in der rechtlichen Diskussion als arbeitnehmerähnliche Personen bezeichneten Erwerbstätigen. Die Grundlage für diese Form der Zusammenarbeit bietet eine sich oft wiederholende Aneinanderreihung von Einzelverträgen, sei es in Form der Kettenverträge oder der Einzelverträge[143]. Den Grundfall der vertraglichen Grundlage stellt der Dienstvertrag nach §§ 611 ff. BGB dar. Doch auch ein Werkvertrag nach §§ 631 ff. BGB wie bei der Vereinbarung, dass der Werkunternehmer ein sendefähiges Drehbuch abzuliefern hat, ist als Vertragsgrundlage möglich[144]. Daneben können dem Beschäftigungsverhältnis auch Pacht- oder Lizenzverträge, Werklieferungsverträge, Aufträge und Geschäftsbesorgungsverträge, Subunternehmer- oder Franchiseverträge oder auch gemischte Verträge zugrunde liegen[145]. Häufig werden die Bedingungen für die Einzelverträge in sogenannten schriftlichen Formularrahmenverträgen von den Anstalten geregelt[146], die regelmäßig befristet sind.

---

[142] BAG AP Nr. 37 zu § 611 BGB Rundfunk.

[143] Aus einer faktischen Kette von vertraglich begründeten und zeitlich begrenzten Dienst- oder Werkverträgen als arbeitnehmerähnliche Person kann jedoch nicht ohne derartige individualrechtliche oder tarifvertragliche Vereinbarung ein ungewolltes Dauerrechtsverhältnis entstehen,; es kann ohne dementsprechende Abrede nicht zu einem Nebeneinander zwischen befristetem Vertrag und Dauerrechtsbeziehung kommen, dazu auch *Otto*, RdA 1984, S. 261, 277.

[144] *Götz von Olenhusen*, Medienarbeitsrecht, S. 69.

[145] Zu diesen Verträgen als vertragliche Grundlage im Sinne des § 12a TVG siehe unten § 4B.I.1.

[146] Vgl. z.B. den früheren Rahmenvertrag mit ständigen freien Mitarbeitern beim SWF und

Problematisch ist, ob als vertragliche Grundlage eines „festen“ freien Mitarbeiterverhältnisses auch ein Arbeitsvertrag in Betracht kommt. So grotesk dies auf den ersten Blick erscheinen mag, zeigt sich die praktische Relevanz in folgendem Beispiel: ein Mitarbeiter kann auf der Grundlage eines Arbeitsvertrages von einer Rundfunkanstalt mehrfach hintereinander mit jeweils kurzen beschäftigungslosen Zeiten dazwischen beschäftigt werden; eine Zusammenfassung zu einem Arbeitsverhältnis ist in der Regel nicht möglich, wenn der Mitarbeiter – vielleicht für mehrere Redaktionen – für unterschiedliche Aufgaben eingesetzt war[147]. Die Tarifparteien des WDR wollten diese Konstellation dahingehend lösen, dass der Tarifvertrag für arbeitnehmerähnlichen Personen auch „für die sich aus der Wiederholung einzelner kurzfristiger Beschäftigungsverhältnisse i.S. des Tarifvertrages für auf Produktionsdauer Beschäftigte des WDR v. 1.12.1976 ergebenden Dauerrechtsbeziehungen“ gilt. Diese auf Produktionsdauer Beschäftigten sind indessen während dieser Zeit in der Regel Arbeitnehmer, da sie in den Herstellungsprozess integriert sind[148]. *Lieb* löst dieses Problem derart, dass der wiederholt auf Produktionsdauer beschäftigte Mitarbeiter zwar während der einzelnen Beschäftigung Arbeitnehmer ist, gleichzeitig aber im Hinblick auf eine die einzelnen Beschäftigungsverhältnisse überwölbende Dauerrechtsbeziehung eine arbeitnehmerähnliche Person ist[149]. Dies führt jedoch dazu, dass eine doppelt rechtliche Einordnung vorliegen kann[150], wenn der auf Produktionsdauer Beschäftigte in dem einzelnen Vertragsverhältnis Arbeitnehmer ist. Zwangsläufig stellt sich die Frage, warum eine derart dogmatisch fragwürdige Konstellation notwendig ist: der Arbeitnehmer ist sowohl individualrechtlich als auch tarifrechtlich geschützt. Er bedarf des Schutzes über eine derartige rechtliche Konstruktion des übergreifenden Beschäftigungsverhältnisses nicht. Zwar schlug *Kunze* vor, dieses übergreifende arbeitnehmerähnliche Beschäftigungsverhältnis für tariflich regelbar zu erklären[151]. Der Gesetzgeber ist diesem Vorschlag jedoch nicht gefolgt. Mehrere befristete Arbeitsverhältnisse können daher nicht die Grundlage eines arbeitnehmerähnlichen Beschäftigungsverhältnisses bilden. Dies scheinen auch die Tarifparteien des WDR mittlerweile so zu sehen: der Tarifvertrag gilt zwar nach wie vor auch für die wiederholt aufgrund einzelner kurzfristiger Beschäftigungsverhältnisse im Sinne des Tarifvertrages für auf Produktionsdauer Beschäftigten, jedoch nur soweit bei ihnen eine Arbeitnehmerähnlichkeit im Sinne des § 12a TVG vorliegt[152].

---

den jetzigen beim SWR.

[147] Siehe dazu auch *Lieb*, Anm. zu BAG EzA Nr. 4 zu § 611 BGB Arbeitnehmerbegriff, S. 32 a, b.

[148] *Otto*, RdA 1984, S. 261, 276.

[149] *Lieb*, Anm. zu BAG EzA Nr. 4 zu § 611 BGB Arbeitnehmerbegriff, S. 32 a, b.

[150] So auch *Otto*, RdA 1984, S. 261, 276.

[151] *Kunze*, S. 55, 65, 75 f.

[152] § 1 Abs. 1 Tarifvertrag über den Sozial- und Bestandsschutz von Beschäftigten, die der Westdeutsche Rundfunks[152] für einzelne Programmvorhaben über lange oder längere Zeit

Ungeachtet der vertraglichen Grundlage ist jedoch allen „festen Freien“ eines gemeinsam. Sie sind zwar dem Grunde nach freie Mitarbeiter, jedoch arbeiten sie derart eng mit dem Auftraggeber zusammen, dass sie mit einem Arbeitnehmer eher vergleichbar sind als die anderen freien Mitarbeiter. Bei der Beurteilung der persönlichen Abhängigkeit ist jedoch gerade bei Medienmitarbeitern zu berücksichtigen, dass die Beschäftigung von Mitabeitern für das Medienunternehmen der notwendige Schritt zur Verwirklichung der Presse- bzw. Rundfunkfreiheit aus Art. 5 Abs. 1 S. 2 GG ist. Fraglich ist daher, inwieweit Art 5 Abs. 1 S. 2 GG die Beurteilung der persönlichen Abhängigkeit beeinflusst.

3. Aufgabe des Rechtsformzwangs wegen Art. 5 Abs. 1 S. 2 GG

Die Einordnung eines Mitarbeiters als Arbeitnehmer berührt unter folgenden Überlegungen indirekt die nach Art. 5 Abs. 1 S. 2 GG geschützte Presse- und Rundfunkfreiheit des Medienunternehmens. Die Qualifikation eines Mitarbeiters als Arbeitnehmer hat zur Folge, dass das KSchG Anwendung findet und damit die Kündigung einer Rechtfertigung bedarf. Damit wird die Möglichkeit der Trennung der Anstalt von diesem Mitarbeiter erschwert. Jedoch sollte in Fernsehunternehmen insbesondere der Wechsel von programmgestaltenden Mitarbeitern zur Sicherung der Programmvielfalt möglich sein[153].

Zur Sicherung der grundrechtlichen Interessen könnte es daher geboten sein, den an sich bestehenden Rechtsformzwang dahingehend aufzugeben, dass der Auftraggeber die Möglichkeit hat, bei einem programmgestaltenden Mitarbeiter über das Vorliegen eines Arbeits- oder Dienstverhältnisses zu disponieren[154]. An die Stelle der aufgrund des Rechtsformzwangs vorzunehmenden objektiven Abgrenzung[155] zwischen Arbeitsverhältnis und Dienstverhältnis tritt die subjektive Entscheidung des Auftraggebers. Somit würde im Medienbereich der Anwendungsbereich sämtlicher Arbeitnehmerschutzgesetze dem Willen des Medienunternehmers obliegen.

Der mit der Qualifikation als arbeitnehmerähnliche Person einhergehende Minimalschutz[156] sei nach einer Ansicht daher in Anbetracht der Bedeutung der Rundfunkfreiheit für die Meinungsbildung und das demokratische System ausreichend[157]. Eine bloße Einschränkung des arbeitsrechtlichen Bestandsschutzes genüge nach dieser Ansicht gerade nicht. Insbesondere bei Auslandskorrespondenten oder bei der Produktion von Serien, deren Dauer vom Erfolg abhängt, sei

---

verpflichtet vom 1.4.2002.

[153] BVerfGE 59, 231 (256 f.); E 64, 256 (260).

[154] *Wank*, RdA 1982, 11 ff.; *Dörr*, ZUM 2000, 666 (666 f., 668 ff.); *ders.*, FS Thieme, S. 911 (917 ff.); *Bietmann*, NJW 1983, 200 (202).

[155] Zum Rechtsformzwang siehe *Konzen*, ZfA 1982, 259 (292 ff.).

[156] Zu den Rechtsfolgen der Qualifikation siehe ausführlich unter § 3.

[157] *Dörr*, ZUM 2000, 666 (672); *Götz von Olenhusen*, Freie Mitarbeit, S. 51 f.

zur Wahrung der grundrechtlich geschützten Interessen eine subjektive Festlegung der Beschäftigungsform nötig[158].

Jedoch ist eine derartig weitgehende Entscheidungsmöglichkeit zur Wahrung der grundrechtlichen Interessen der Medienanstalt nicht nötig, um Art. 5 Abs. 1 S. 2 GG zu genügen und die Erfüllung des Programmauftrags sicherzustellen[159]. Es reicht aus, wenn das Unternehmen infolge der Beschränkung des arbeitsrechtlichen Bestandsschutzes in der Lage ist, das Personal schnell auszuwechseln, um auf die Programmgestaltung einzuwirken und so die Programmvielfalt zu sichern[160]. Dies kann aber auch durch die Zweckbefristung, die das Beschäftigungsverhältnis an die Produktionsdauer knüpft, ausreichend Rechnung getragen werden[161]. Nur die Feststellung eines unbefristeten Arbeitsverhältnisses von Rundfunkmitarbeitern, nicht schon die Feststellung eines befristeten Arbeitsverhältnisses, kann das Grundrecht der Rundfunkfreiheit des beklagten Senders berühren. Zwischen diesen Vertragstypen - einerseits die Festanstellung in einem Arbeitsverhältnis auf unbestimmte Zeit, andererseits die befristete Beschäftigung in einem Dienst- oder Arbeitsvertrag - darf die Rundfunk- oder Fernsehanstalt wählen, und nicht zwischen dem Arbeitsvertrag und dem Dienstvertrag[162]. Die Rundfunkfreiheit soll die Anstalten in die Lage versetzen, dem Gebot der Vielfalt der zu vermittelnden Programminhalte Rechnung zu tragen. Das ist aber schon dann in ausreichender Weise möglich, wenn die Rundfunkanstalten jedenfalls zunächst einmal darüber befinden können, ob und wie lange sie einen Mitarbeiter benötigen[163]. Die befristete Beschäftigung in einem Arbeitsverhältnis berührt diese Entscheidungsbefugnis nicht. Ferner können die grundrechtlich geschützten Interessen auch bei der Kündigung selbst berücksichtigt werden.

Zudem findet das Grundrecht der Rundfunkfreiheit seine Schranken u.a. in den Vorschriften der allgemeinen Gesetze. Zu den im Lichte des Grundrechts der Rundfunkfreiheit anzuwendenden Rechtsregeln gehören "die für die Feststellung eines unbefristeten Arbeitsverhältnisses maßgeblichen Kriterien"[164]. Damit sind die Rechtsregeln gemeint, die über die Wirksamkeit von Befristungen entscheiden. Denn der Schutz der Rundfunkfreiheit "steht nur arbeitsrechtlichen Regelungen und einer Rechtsprechung entgegen, welche den Rundfunkanstalten die zur Erfüllung ihres Programmauftrags notwendige Freiheit und Flexibilität nehmen würde"[165]. Freiheit und Flexibilität gefährdet "nur im Falle der gerichtli-

[158] *Dörr*, FS Thieme, S. 911 (927); *ders.*, ZUM 2000, 666 (672).
[159] BAG AP Nr. 26 zu § 611 BGB Rundfunk; AP Nr. 12, 42 zu § 611 BGB Abhängigkeit; *Buchner*, ZUM 2000, 624 (632 f.); *Götz von Olenhusen*, Freie Mitarbeit, S. 51 f.
[160] *Buchner*, ZUM 2000, 624 (632).
[161] BAG EzA Nr. 43 zu § 611 BGB Arbeitnehmerbegriff.
[162] BAG AP Nr. 42 zu § 611 BGB Abhängigkeit, a.A. aber *Rüthers*, DB 1982, 1869, 1877.
[163] BAG AP Nr. 42 zu § 611 BGB Abhängigkeit.
[164] BVerfGE 59, 231, 265 und 267, 268.
[165] BVerfGE 59, 231, 265 und 267, 268.

chen Feststellung unbefristeter Arbeitsverhältnisse". Die Möglichkeit befristeter Arbeitsverträge wird durch den notwendigen Schutz der Rundfunkfreiheit nicht ausgeschlossen[166].

Die Parteien können sich gerade nicht - auch nicht einverständlich über zwingende gesetzliche Bestimmungen zum Schutz der Arbeitnehmer, etwa zum Urlaub, zum Recht der Lohnfortzahlung im Krankheitsfalle und zum Kündigungsschutz, hinwegsetzen. Zwingende Rechtsfolgen, die an das Vorliegen eines Arbeitsverhältnisses geknüpft werden, können nicht abbedungen werden. Insoweit wird das Ende der Vertragsfreiheit durch die rechtliche Einordnung des betreffenden Schuldverhältnisses markiert[167]. Der Rechtsformzwang bleibt damit bestehen, das Arbeitsrecht wird nur so weit wie nötig zurückgenommen[168]. Die Abgrenzung der unterschiedlichen Beschäftigungsformen untereinander kann damit weiterhin anhand der auch sonst geltenden objektiven Kriterien ohne Rücksicht auf die subjektiven Wünsche der Medienanstalt vorgenommen werden.

Hat man diese Unterscheidung zwischen Arbeitnehmern und Selbständigen im Groben vorgenommen, muss im nächsten Schritt die feinere Abgrenzung der arbeitnehmerähnlichen Personen von den sonstigen Selbständigen erfolgen. Dies soll im Folgenden anhand einer Begriffsbestimmung der Rechtsfigur der arbeitnehmerähnlichen Person vorgenommen werden.

C. Definition der arbeitnehmerähnlichen Person

Der Begriff der arbeitnehmerähnlichen Person findet sich in arbeitsrechtlichen wie auch sozialrechtlichen Gesetzen. Zu klären ist dabei, ob die dort erwähnten Merkmale allgemeingültig für eine Definition der arbeitnehmerähnlichen Person sind oder ob sie jeweils nur für das entsprechende Gesetz gelten. Es bedarf dieser grundsätzlichen Klärung des Begriffs, da die Begriffsbestimmung zur verbindlichen Festlegung im Einzelfall nicht den Parteien überlassen werden kann. Der Rechtsbegriff der arbeitnehmerähnlichen Person ist wie der Begriff des Arbeitnehmers[169] nicht vertragsdispositiv[170]. Auch Tarifverträge können den zwingenden Begriff nicht abweichend regeln[171]. Darüber hinaus existiert auch eine

[166] BVerfGE 59, 231, 265 und 267, 268.

[167] Dazu BAG AP Nr. 26 zu § 611 BGB Abhängigkeit.

[168] BAG AP Nr. 12, 42 zu § 611 BGB Abhängigkeit; *Buchner*, ZUM 2000, 624 (632 f.); *Stein* in Kempen/Zachert, § 12a Rn. 8.

[169] Siehe dazu oben § 2B.I.

[170] BAG AP Nr. 1 zu § 12a TVG.

[171] BAG AP Nr. 1 zu § 12a TVG; BAG AP Nr. 26 zu § 611 BGB Abhängigkeit; dazu nun auch BAG AP Nr. 6 zu § 12a TVG, wonach es den Tarifvertragsparteien zwar explizit gestattet ist, den Geltungsbereich von Tarifverträgen zu bestimmen, jedoch nur, sofern sie sich an dem gesetzlichen Leitbild des § 12a TVG orientieren.

allgemeine Verkehrsanschauung hinsichtlich des Begriffs der arbeitnehmerähnlichen Person nicht, weil es sich hierbei um eine Rechtsfigur handelt, die nicht allgemein bekannt ist[172].

Daher wird im Folgenden auf die gesetzliche Verwendung des Begriffs der arbeitnehmerähnlichen Person zurückgegriffen und versucht anhand dieser eine Definition zu bestimmen.

I. *Sozialrechtliche Vorgaben nach § 2 S. 1 Nr. 9 SGB VI*

Nach dem Rentenversicherungsrecht werden als schutzbedürftig eingestufte Selbständige in den Anwendungsbereich einzelner Vorschriften des SGB VI mit einbezogen. Nach § 2 S. 1 Nr. 9 SGB VI wurden[173]. Durch das Gesetz zur Förderung der Selbständigkeit vom 20.12.1999[174] wurde neben einige Modifikationen der Kriterien auch dieser Klammerzusatz herausgenommen. Nach der Begründung handelte es sich um eine Folgeänderung im Hinblick auf die Änderungen in § 7 Abs. 4 SGB[175] VI[176]. Dem Abschlussbericht der Kommission „Scheinselbständigkeit" lässt sich jedoch entnehmen, dass die in das Rentenversicherungsrecht einbezogenen Selbständigen bewusst nicht mehr als arbeitnehmerähnliche Selbständige im Gesetz bezeichnet werden. Die Kommission kam zu der Überzeugung, dass der in § 2 S. 1 Nr. 9 SGB beschriebene Typ der Selbständigen mit dem kennzeichnenden Begriff der „Arbeitnehmerähnlichkeit" nicht ganz zutreffend beschrieben werde[177]. Mangels einer plausibleren Lösung bei der Abgrenzung des versicherungspflichtigen Personenkreises[178] blieb es jedoch bei dieser Typenbeschreibung. Sinn und Zweck der Bereichsaufnahme der in § 2 S. 1 Nr. 9 SGB VI erwähnten Erwerbstätigen war daher nur, die nach Ansicht des Gesetzgebers schutzwürdigen Personen in das Rentenversicherungsrecht aufzunehmen, ohne diese durch den Begriff der arbeitnehmerähnlichen Person zu benennen oder diese Personen auch nur für das Rentenversicherungsrecht zu definieren. Die gesetzliche Vermutung nach § 2 S. 1 Nr. 9 SGB VI bezieht sich folglich nur auf das Rentenversicherungsrecht. Die Arbeitsgerichte sind daran nicht gebunden. fallen darunter Personen, die keine weiteren versicherungspflichtigen Personen beschäftigen und weitgehend nur für einen Auftraggeber tätig sind. Sie müssen allerdings die Vermutung einer abhängigen Beschäftigung mit Erfolg widerlegt haben. Hierfür können geeignete Tatsachen aller Art genannt werden.

---

172 *Wank* in Wiedemann, § 12a TVG Rn. 12.
173 Zu dieser Fassung siehe *Buchner*, DB 1999, 2514 (2517).
174 BGBl. 2000 I, S. 2.
175 Siehe zu der Norm in ihrer alten Fassung und den Veränderungen schon oben § 2B.I.2.
176 BT-Drs. 14/1855, S. 8.
177 Abschlussbericht der Kommission „Scheinselbständigkeit", NZA 1999, 1260 (1261).
178 Abschlussbericht der Kommission „Scheinselbständigkeit", NZA 1999, 1260 (1261).

Die durch das Gesetz zu Korrekturen in der Sozialversicherung und zur Sicherung der Arbeitnehmerrechte vom 17.11.1998 (Korrekturgesetz)[179] neu in das SGB VI aufgenommene Norm enthielt in ihrer ursprünglichen Fassung den Klammerzusatz, in dem die in der Vorschrift beschriebenen Personen als arbeitnehmerähnliche Selbständige bezeichnet

II. *Arbeitsgesetzliche Vorgaben*

Versucht man eine Definition in arbeitsrechtlichen Gesetzen zu finden, so gelangt man zu den bereits erwähnten[180] Normen, in denen der Begriff der arbeitnehmerähnlichen Person verwendet wird. Neben § 12a TVG sind dies § 2 Nr. 2 BUrlG, § 5 Abs. 1 S. 2 ArbGG, 138 SGB IX, § 2 Abs. 2 Nr. 3 ArbSchG, § 1 Abs. 1 Nr. 3 JArbSchG Arbeitsschutz, § 6 Abs. 1 S. 1 Nr. 3 AGG und § 1 Abs. 2 Nr. 1 BeschäftigtenschutzG a.F. Ein Vergleich der Normen zeigt, dass zwar alle Vorschriften möglicherweise dieselbe Personengruppe ansprechen. In § 2 S. 2 BUrlG, § 6 Abs. 1 S. 1 Nr. 3 AGG, § 1 Abs. 2 Nr. 1 BeschäftigtenschutzG a.F., § 5 Abs. 1 S. 2 ArbGG sowie dem auf diese Norm verweisenden § 2 Abs. 2 Nr. 3 ArbSchG wird jedoch nur auf die wirtschaftliche Abhängigkeit des Erwerbstätigen abgestellt. In § 12a TVG hingegen wird neben der wirtschaftlichen Abhängigkeit noch die soziale Schutzbedürftigkeit der Person als Merkmal der arbeitnehmerähnlichen Person hervorgehoben. Darüber hinaus bietet außer § 12a TVG keine dieser Normen nähere Anhaltspunkte für die Begriffsbestimmung der arbeitnehmerähnlichen Person, sie setzen den Begriff vielmehr voraus. Auch wird jeweils nur der Anwendungsbereich des entsprechenden Gesetzes festgelegt, eine Legaldefinition enthalten die Normen hingegen nicht. In § 12a TVG findet sich im Gegensatz dazu eine Definition der arbeitnehmerähnlichen Person. Fraglich ist, ob diese Definition sich auf dieses Gesetz beschränkt oder ob sie über das Tarifrecht hinaus eine verallgemeinernde Begriffsbestimmung enthält.

1. Definition nach § 12a TVG

Nach § 12a Abs. 1 Nr. 1 Hs. 1 TVG sind solche Erwerbstätige arbeitnehmerähnlich, die wirtschaftlich abhängig und vergleichbar einem Arbeitnehmer sozial schutzbedürftig sind.

Bei dem Wortlaut dieser Norm fällt erneut auf, dass ausdrücklich auf die Vorschriften des Tarifvertragsgesetzes Bezug genommen wird, so dass daraus auch hier wieder auf den beschränkten Anwendungsbereich der Begriffsbestimmung auf den Schutzbereich dieses Gesetzes geschlossen werden könnte. Jedoch ent-

---

[179] BGBl. 1998 I, S. 3843.
[180] Siehe oben § 2A.

hält der Wortlaut mit der Verwendung des Begriffs als Klammerzusatz die typische Form einer Legaldefinition. Zudem knüpft § 12a Abs. 1 Nr. 1 Hs. 1 TVG an die von der Rechtsprechung entwickelten Kriterien an und fasst sie zum Begriff der arbeitnehmerähnlichen Person in einer Definition zusammen[181]. Dabei umfasst die Legaldefinition des § 12a TVG keinen anderen Kreis an schutzwürdigen Personen als die übrigen arbeitsrechtlichen Regelungen. Zwar stellen § 5 Abs. 1 S. 2 ArbGG und § 2 BUrlG nur auf die wirtschaftliche Abhängigkeit, § 12a TVG hingegen kumulativ noch auf die soziale Schutzbedürftigkeit ab. Jedoch deckt die Bezugnahme auf die soziale Schutzbedürftigkeit des Beschäftigten in § 12a TVG nur die Wertung auf, die hinter dem Begriff der wirtschaftlichen Abhängigkeit steht. Sie bringt zum Ausdruck, dass die wirtschaftliche Abhängigkeit des Beschäftigten typischerweise mit seiner sozialen Schutzbedürftigkeit verbunden ist[182]. Eine andere Auslegung dieses zusätzlichen Merkmals wäre aus dogmatischen Gründen auch gar nicht möglich. Würde die soziale Schutzbedürftigkeit als zusätzliches Kriterium hinzutreten[183], wäre die Legaldefinition enger als § 2 S. 2 BUrlG und § 5 Abs. 1 S. 2 ArbGG, ohne dass hierfür eine teleologische Rechtfertigung erkennbar wäre[184]. Vielmehr besteht zwischen der Legaldefinition und der in den übrigen arbeitsrechtlichen Gesetzen gebrauchten Umschreibung der wirtschaftlich abhängigen Person Bedeutungsäquivalenz[185].

Darüber hinaus bietet § 12a TVG neben diesen allen arbeitsgesetzlichen Regelungen immanenten Merkmalen der arbeitnehmerähnlichen Person eine weitere Konkretisierung der abstrakten Umschreibung. Die Personen unterfallen dann den Vorschriften des Tarifvertragsgesetzes, wenn sie auf Grund von Dienst- oder Werkverträgen für andere Personen tätig sind, die geschuldeten Leistungen persönlich und im wesentlichen ohne Mitarbeit von Arbeitnehmern erbringen und dabei überwiegend für eine Person tätig sind oder mehr als die Hälfte (bzw. mindestens ein Drittel) ihres Einkommens aus Erwerbstätigkeit von einer Person erhalten. Jedoch zeigt sich schon aus der Stellung dieser zusätzlichen Kriterien nach dem Klammerzusatz, dass § 12a Abs. 1 Nr. 1 lit. a, b TVG auf das Tarifvertragsrecht beschränkt sind und nicht zu der Legaldefinition gehören. Sie sind auch keine allgemeingültige Konkretisierung der Legaldefinition[186]. Zwar verleitet die Gesetzesfassung zu diesem Missverständnis. Daher wird auch teilweise

---

[181] Begründung des Regierungsentwurfs des Heimarbeitsänderungsgesetzes, BT-Drs. 7/975, S. 20; *Neumann/Fenski*, § 2 Rn. 72; *Herschel*, DB 1977, 1185 ff.; *Schubert*, S. 9; anders *Wank* in Wiedemann, § 12a TVG Rn. 37 ff.; *Neuvians*, S. 50 ff.

[182] *Schubert*, S. 9.

[183] So *Pauly*, S. 101 f.; *Lepke*, BB 1979, 526 (530); *Beuthien/Wehler*, RdA 1978, 2 (9).

[184] *Schubert*, S. 9.

[185] Begründung des Regierungsentwurfs, BT.- Drucks. 7/975, S. 20; *Schubert*, S. 9; *Herschel*, DB 1977, 1185 ff.

[186] *Stein* in Kempen/Zachert, § 12a Rn. 21; *Wank* in Wiedemann, § 12a Rn. 35 ff.; *Wlotzke*, DB 1974, 2252 (2257).

die Ansicht vertreten, dass der Klammerzusatz falsch platziert sei und richtigerweise nach § 12a Abs. 1 Nr. 1 lit. b TVG stehen müsste, da die Legaldefinition ansonsten unvollständig sei[187]. Die in § 12a Abs. 1 Nr. 1 lit. a und b TVG genannten Kriterien haben aber alle einen spezifisch tarifrechtlichen Bezug und sind daher nicht übertragbar. Sie sind vielmehr eine Erweiterung des persönlichen Anwendungsbereichs der Norm, so dass auch Personen in den Genuss des Tarifvertragsrechts kommen, bei denen zweifelhaft wäre, ob die Legaldefinition sie erfasst[188]. Auch die Privilegierung der Medienmitarbeiter durch § 12a Abs. 3 TVG ist nicht Bestandteil der Legaldefinition. Zwar sieht § 12a Abs. 3 TVG vor, dass die Absätze 1 und 2 der Norm auf Personen, die künstlerisch, schriftstellerisch oder wissenschaftlich tätig sind, bereits dann Anwendung finden, wenn ihnen mindestens ein Drittel des Entgelts von einer Person zusteht. Die wirtschaftliche Abhängigkeit der Medienmitarbeiter wird daher abweichend von der Grundregel nach § 12a Abs. 1 und 2 TVG bestimmt[189]. Diese Regelung in § 12a Abs. 3 TVG hat jedoch keine Auswirkung auf die grundlegende Definition der arbeitnehmerähnlichen Person. Auch im Medienbereich bestimmt sich die wirtschaftliche Abhängigkeit einer Person nicht prinzipiell danach, ob sie mindestens ein Drittel ihres Erwerbs von einem Auftraggeber bezieht. § 12a Abs. 3 TVG enthält ebenso wie § 12a Abs. 1 lit. a und b TVG eine eigenständige abschließende Regelung für das Tarifvertragsrecht[190]. Der in § 12a Abs. 3 TVG enthaltene Richtwert ist für die im Medienbereich Tätigen nur für die Anwendbarkeit des TVG mit den sich anknüpfenden Rechtsfolgen relevant[191].

Andererseits nimmt die Norm auch ausdrücklich als arbeitnehmerähnliche Person anerkannte Erwerbstätige aus dem Anwendungsbereich des Tarifvertragsgesetzes aus. So fallen die in Heimarbeit Beschäftigten und nach § 12a Abs. 4 TVG auch die Handelsvertreter, einschließlich der arbeitnehmerähnlichen Einfirmenvertreter, nicht in den Schutzbereich des Tarifvertragsgesetzes. Der Gesetzgeber wollte also im Rahmen des § 12a TVG nicht alle arbeitnehmerähnliche Personen erfassen[192].

Zusammenfassend ist damit festzuhalten, dass § 12a Abs. 1 Nr. 1 Hs. 1 TVG zwar eine Legaldefinition enthält. Eine arbeitnehmerähnliche Person ist ein Selbständiger, der wirtschaftlich abhängig und einem Arbeitnehmer vergleichbar sozial schutzbedürftig ist. Die in § 12a TVG zusätzlich aufgeführten Kriterien und Konkretisierungen, insbesondere § 12a Abs. 3 TVG, können als spezifisch

[187] So *Kunze*, UFITA 74 (1975), 19 (21).
[188] *Wank* in Wiedemann, § 12a TVG Rn. 74; *Pauly*, S. 109 ff.
[189] *Wank* kritisiert die dadurch bedingte „Verwässerung“ des Begriffs der arbeitnehmerähnlichen Person, *Wank* in Wiedemann, § 12a TVG Rn. 74.
[190] *Reinecke* in Däubler, TVG, § 12a TVG Rn. 45.
[191] Statt vieler *Schaub* in ErfK, § 12a TVG Rn. 7.
[192] BAG AP Nr. 9 zu § 5 ArbGG.

tarifliche Kriterien jedoch nicht verallgemeinernd als Merkmale der arbeitnehmerähnlichen Person aufgefasst werden.

2. Konkretisierung durch die Rechtsprechung und die Literatur

Das in § 12a TVG enthaltene maßgebliche Merkmal der wirtschaftlichen Abhängigkeit und der daraus resultierenden sozialen Schutzbedürftigkeit wird gesetzlich nicht näher konkretisiert.

Nach der Rechtsprechung kann eine arbeitnehmerähnliche Person zwar für mehrere Auftraggeber tätig sein. Kennzeichnend ist für sie jedoch, dass die Beschäftigung für einen der Auftraggeber wesentlich ist und die daraus fließende Vergütung die entscheidende Existenzgrundlage darstellt[193]. Entscheidend ist eine Existenzgrundlage, wenn sie mehr als die Hälfte des Einkommens ausmacht[194]. Eine nur kurzfristige Tätigkeit ist nicht geeignet, eine wirtschaftliche Abhängigkeit im Sinne einer Arbeitnehmerähnlichkeit zu begründen. Vielmehr muss es sich um eine länger dauernde oder auf längere Zeitdauer abgeschlossene Tätigkeit handeln[195].

Wann eine soziale Schutzbedürftigkeit vergleichbar einem Arbeitnehmer vorliegt, kann unter Berücksichtigung der Verkehrsanschauung nur den gesamten Umständen des Einzelfalles entnommen werden[196]. Die Voraussetzungen liegen nicht vor, wenn ein Dienstnehmer über den Umfang und den Ablauf seines Arbeitseinsatzes selbst entscheidet[197]. An der vergleichbaren Schutzbedürftigkeit fehlt es, wenn der Dienstnehmer Bezüge erzielt, wie sie für Geschäftsführer oder Vorstandsmitglieder typisch sind, und im wesentlichen Arbeitgeberfunktionen wahrnimmt[198] oder seinerseits wie ein Unternehmer im eigenen Namen Arbeitnehmer beschäftigt[199]. Für seine soziale Schutzbedürftigkeit spricht, wenn seine Verdienstmöglichkeiten im Vergleich zu einem Angestellten bei größerem Zeitaufwand und übernommenem wirtschaftlichen Risiko nicht höher liegen[200]. Entscheidend sei, ob das Maß der Abhängigkeit nach der Verkehrsanschauung einen solchen Grad erreicht, wie er im Allgemeinen nur in einem Arbeitsverhältnis vorkommt und die geleisteten Dienste nach ihrer sozialen Typik mit denen eines Arbeitnehmers vergleichbar sind[201]. Wegen der Überbetonung der Ähn-

[193] BAG AP Nr. 9, 30 zu § 5 ArbGG; AP Nr. 2 zu § 2 BUrlG.
[194] So auch BAG AP Nr. 7 zu § 5 ArbGG; BAG AP Nr. 5 zu § 611 BGB Abhängigkeit.
[195] BAG AP Nr. 14 zu § 611 BGB Abhängigkeit; BAG Urt. v. 15.11.2005 - 9 AZR 626/04 – n.v., siehe **juris**.
[196] BAG AP Nr. 12 zu § 5 ArbGG.
[197] BAG AP Nr. 1 zu § 12a TVG; OLG Köln AP Nr. 5 zu § 12a TVG.
[198] BAG 22. 2. 1999 Rz K I 10 a Nr. 43) = EzS 130/447.
[199] BGH NZA 1999, 110; BGH NZA 2000, 391.
[200] BGH NZA 1999, 53.
[201] BAG AP Nr. 1 zu § 12a TVG.

lichkeit mit einem Arbeitnehmer besteht bei einem derartigen Maßstab die Gefahr, dass der Kreis der arbeitnehmerähnlichen Personen in gesetzwidriger Weise eingeengt wird[202]. Die neuere arbeitsrechtliche Rechtsprechung verwendet diese Formulierung, nachdem es zwischenzeitlich nach einer Abkehr aussah[203], nun wieder[204].

Der h.L. gelingt keine über die Rechtsprechung hinausgehende Konkretisierung der gesetzlichen Merkmale. Es gibt nur sehr vereinzelte Stimmen in der Literatur, die sich mit eigenen Ansätzen abheben. Die h.L.[205] definiert den arbeitnehmerähnlichen Erwerbstätigen als eine Person, die, ohne Arbeitnehmer zu sein, aufgrund eines Dienst-, Werk-, oder ähnlichen Vertrages tätig wird. Er soll wirtschaftlich abhängig, seine Arbeitsleistung persönlich und im Wesentlichen ohne Mitarbeit von Arbeitnehmern erbringen und vergleichbar einem Arbeitnehmer sozial schutzbedürftig sein. Diese Begriffsbestimmung bringt gegenüber den gesetzlichen Definitionen wenig Neues, da sie die maßgeblichen Kriterien der wirtschaftlichen Abhängigkeit und sozialen Schutzbedürftigkeit nicht näher konkretisiert.

Eine Ansicht in der Literatur[206] wendet sich gegen den Ansatz des BAG, die soziale Schutzbedürftigkeit zu verneinen, wenn der Beschäftigte ein sehr hohes Einkommen hat. Vergegenwärtigt man sich den Begriff der sozialen Schutzbedürftigkeit, so ist dieser aber nicht mit einem Erwerbstätigen vereinbar, der selbst zur wirtschaftlichen Lebenssicherung in der Lage ist. Das BAG bejahte ein derart hohes Einkommen in seiner Entscheidung aus dem Jahr 1990 bei einem Jahresverdienst von DM 280.000,-- zuzüglich weiterer existenzsichernder Einkünfte[207]. Zwar ist dieser Literaturansicht insofern zuzustimmen, dass mit zusätzlichen Kriterien wie „sehr hohes Einkommen" dem Bedürfnis nach Rechtssicherheit und Rechtsklarheit nicht entsprochen wird: man füllt einen zu konkretisierenden Begriffe mit einem anderen zu konkretisierenden Begriff. Würde man bei der Konkretisierung dieses Begriffes aber das Gesamteinkommen gänzlich unberücksichtigt lassen, liefe das Merkmal der sozialen Schutzbedürftigkeit leer.

---

[202] So auch *Müller-Glöge* in Germelmann, § 5 ArbGG Rn. 20 ff.

[203] BAG AP Nr. 75 zu § 2 ArbGG.

[204] BAG Urt. v. 15.11.2005 - 9 AZR 626/04 – n.v., siehe **juris**; vgl. auch BGH NJW-RR 2003, 277 ff.

[205] *Preis* in ErfK, § 611 BGB Rn. 133; *Richardi* in MünchArbR, § 29 Rn. 3 ff.; *Müller-Glöge* in Germelmann, § 5 ArbGG Rn. 20 ff.; *Schaub*, § 8 Rn. 10 ff.; *Bram* in Bader/Bram/Dörner/Wenzel, § 1 KSchG Rn. 77.

[206] *Hase/Lembke*, BB 1997, 1095 (1096); *Kempen/Zachert*, § 12a TVG Rn. 25; siehe zu dem Streitstand auch *Reinecke* in Däubler, § 12a TVG Rn. 51 ff.; a.A. *Hromadka*, NZA 1997, 1249 (1254); *Rost* in KR, Arbeitnehmerähnliche Personen Rn. 24; *Löwisch/Rieble*, § 12a TVG Rn. 10.

[207] BAG AP Nr. 1 zu § 12a TVG.

Nach *Hromadka*[208] ist eine arbeitnehmerähnliche Person, wer ohne Arbeitnehmer zu sein, persönlich und im wesentlichen nur für einen anderen tätig ist, wenn ihm von diesem im Durchschnitt ein Entgelt zusteht, das mindestens einem Drittel oder höchstens dem vollen Betrag der Bezugsgröße nach § 18 SGB IV entspricht. Dieser finanzielle Maßstab entspricht jedoch dem in § 12a Abs. 1 Nr. 1 lit. b, Abs. 3 TVG festgesetzten Wert. Diesen Wert wollte der Gesetzgeber gerade nicht als allgemeingültig festschreiben, sondern auf das Tarifrecht beschränken. Daher ist diese Ansicht abzulehnen.

Wank[209] vertritt, wie bereits ausgeführt[210], bereits bei der Definition des Arbeitnehmers einen eigenen Ansatz. Er ist der Ansicht, man könne den Erwerbstätigen von arbeitsrechtlichen Schutzbestimmungen ausnehmen, der das Unternehmerrisiko "freiwillig" auf sich genommen habe. Die Schutzbedürftigkeit hängt aber nicht von den Motiven für das Selbständigmachen ab. Private Umstände, die mit dem Verhältnis zum Auftraggeber nichts zu tun haben, können nicht über Rechtspflichten in diesem Verhältnis entscheiden.

Seidel[211] und *Herschel*[212] möchten die wirtschaftliche Abhängigkeit der arbeitnehmerähnlichen Person verneinen, wenn der Selbständige ein größeres Vermögen besitzt oder auskömmliche Einkünfte sonstiger Art. Dieser Ansatz passt dogmatisch unter den Begriff der „sozialen Schutzbedürftigkeit“. Die wirtschaftliche Abhängigkeit beurteilt sich nach dem konkreten Beschäftigungsverhältnis. Bei dem Vermögen des Erwerbstätigen handelt es sich um private Umstände, die mit der wirtschaftlichen Abhängigkeit zu einem Auftraggeber in keinem Zusammenhang stehen[213].

Maus[214] konkretisiert das Kriterium der sozialen Schutzbedürftigkeit dahingehend, dass dieses Merkmal insbesondere dann vorliege, wenn der Erwerbstätige seine Dienste nicht beliebig frei Dritten anbieten kann, weil dafür nur ein begrenzter Kreis an Abnehmern in Frage kommt. Dabei stellt sich die Frage, was unter einem begrenzten Kreis zu verstehen ist. Reicht es, dass nur Fernsehunternehmen als Abnehmer des Berichts eines Redakteurs in Frage kommen oder müssen es Sender mit speziell ausgerichteten Interessen wie DSF oder Kinderkanal sein. Reicht es für einen Autor, um als sozial schutzbedürftig eingeordnet zu werden, wenn für sein Skript nur Verlage als Abnehmer in Betracht kommen oder ist es notwendig, dass nur Fachverlage in Frage kommen. Unabhängig von diesen Problemen bei der Abgrenzung ergibt sich noch ein anderes: bei einer

[208] *Hromadka*, NZA 1997, 1249 (1254).
[209] *Wank*, Arbeitnehmer und Selbständige, S. 99ff., 120, 122ff., 243.
[210] Siehe dazu schon ausführlich oben § 2B.I.4.
[211] *Seidel*, BB 1970, 971 (972).
[212] *Herschel*, DB 1977, S. 1185 (1188).
[213] So auch *Wank*, Arbeitnehmer und Selbständige, S. 134 ff, 215.
[214] *Maus*, RdA 1968, 367 (373).

Differenzierung nach dem Kreis der Abnehmer ist eine Einordnung von Zufällen abhängig. Je nachdem, ob ein Thema eines Berichts gerade aktuell ist oder der Moderator gerade populär ist, bietet sich ein entsprechender Kreis an Abnehmern. Dieser kann sich gerade im Medienbereich sehr schnell auch wieder verkleinern, wenn das Thema oder auch die Person nicht mehr gefragt sind. Macht man die Qualifizierung als arbeitnehmerähnliche Person von solchen Zufälligkeiten abhängig, ist sie weder kalkulierbar noch interessengerecht.

Zusammenfassend lässt sich daher nur den von der Rechtsprechung entwickelten Grundsätzen zur Konkretisierung der gesetzlichen Merkmale der wirtschaftlichen Abhängigkeit und der sozialen Schutzbedürftigkeit folgen. Die in § 12a TVG anders lautenden Richtwerte sind für die allgemeingültige Definition irrelevant. Auch bei Medienmitarbeitern ist für die allgemeingültige Definition maßgeblich, ob der Erwerbstätige mehr als die Hälfte seines Einkommens von einem Auftraggeber bezieht. Steht ihm von einem Auftraggeber weniger als die Hälfte jedoch mindestens als ein Drittel seines Einkommens zu, ist er nicht arbeitnehmerähnlich im Sinne der Definition, der Anwendungsbereich des TVG ist jedoch nach § 12a Abs. 3 TVG eröffnet.

2. Teil: Rechte der arbeitnehmerähnlichen Person in Fernsehunternehmen nach dem Gesetz

§ 3 Gesetzliche Rechtsfolgen der Arbeitnehmerähnlichkeit

Die wichtigste Rechtsfolge der Qualifikation als arbeitnehmerähnliche Person ist die grundsätzliche Nichtanwendbarkeit des Arbeitsrechts. Als Rechtsschutz steht in erster Linie das allgemeine Vertragsrecht zur Verfügung. Für einige Gruppen von arbeitnehmerähnlichen Erwerbstätigen existieren daneben noch besondere Regelungen. Daher werden diese speziellen vor den allgemeinen, auf alle arbeitnehmerähnlichen Personen anwendbaren, Regelungen dargestellt.

A. Sonderregelungen für einzelne Gruppen

Sonderregelungen kommen zuvorderst den Heimarbeitern und in deutlich geringerem Maße auch den Handelsvertretern zugute. Einen im Ausmaß der Rechtsfolgen einzigartigen Schutz von arbeitnehmerähnlichen Personen normiert § 138 SGB IX für das Schwerbehindertenrecht.

I. *Heimarbeitsgesetz und andere für Heimarbeiter geltende Rechtsfolgen*

Die in Heimarbeit beschäftigen Personen genießen durch ein gesondert für sie ausgestattetes Gesetz eine Sonderstellung unter den arbeitnehmerähnlichen Personen. Die Heimarbeit spielt seit jeher eine Rolle in gewissen Wirtschaftsbereichen wie dem Textil- oder Bekleidungsgewerbe, der Spielzeug- oder Schmuckwarenherstellung. Derzeit entwickelt sich als „neuere“ Form der Heimarbeit insbesondere die Büroheimarbeit oder Tätigkeiten im Bereich der Elektro- und Kunststoffindustrie[215]. Ob ein Rechtsverhältnis das eines Heimarbeiters oder eines Hausgewerbebetreibers oder ein sonstiges Dienst- bzw. Werkverhältnis ist, entscheidet sich nicht nach der Bezeichnung, sondern nach der tatsächlichen Durchführung[216].

Durch das HAG genießen die in § 2 Abs. 1 HAG definierten Heimarbeiter, die nach § 2 Abs. 2 HAG definierten Hausgewerbetreibenden und die ihnen nach § 1 Abs. 2 HAG gleichgestellten Erwerbstätigen einen sehr umfangreichen Schutz. Dieser Personenkreis wird zum einen in zahlreichen arbeitsrechtlichen Gesetzen den Arbeitnehmern gleichgestellt[217]. Zum andern enthält das HAG

---

[215] *Rost* in KR, Arbeitnehmerähnliche Personen Rn. 79.
[216] BAG AP Nr. 11 zu § 2 HAG.
[217] Insbesondere ist hier auf folgende Vorschriften zu verweisen: § 5 Abs. 1 S. 2 ArbGG, § 7

zahlreiche Vorschriften, die denen der Arbeitnehmerschutzvorschriften stark ähneln bzw. auf diese verweisen. Exemplarisch sei hier nur auf die nach § 27 HAG entsprechend anwendbaren Vorschriften über den Pfändungsschutz von Lohn und Gehalt verwiesen. Ebenso gelten gemäß § 29 Abs. 5 HAG die Kündigungsvorschriften nach §§ 622 Abs. 4 bis 6 BGB, nach § 29 Abs. 6 HAG die Regelungen zur außerordentlichen Kündigung aus wichtigem Grund gemäß § 626 BGB entsprechend. Ferner sind auch die Grundsätze des Arbeitsvertragsrechts anwendbar, soweit sich nicht aus den strukturellen Umständen der Heimarbeit etwas anderes ergibt[218]. Grund für diese überwiegende Gleichstellung mit den Arbeitnehmern ist die große wirtschaftliche Abhängigkeit der Heimarbeiter, Hausgewerbetreibender und ihnen Gleichgestellten, die oftmals größer ist als bei Arbeitnehmern[219].

Die in dieser Arbeit behandelten arbeitnehmerähnlichen Mitarbeiter in Fernsehunternehmen können jedoch nicht in den Genuss dieses umfangreichen Schutzes durch das HAG kommen. Heimarbeiter ist nur derjenige, der erwerbsmäßige Arbeit leistet. Der Heimarbeiter muss demnach aus der Tätigkeit seinen Lebensunterhalt gewinnen, aber auch die Tätigkeit selbst muss dem Erwerb dienen. Nicht geklärt ist dabei, was unter dem Merkmal "erwerbsmäßig" zu verstehen ist. Es ist in der Literatur umstritten, ob dieser Begriff alle Formen einer Angestelltentätigkeit umfasst, die unter den sonstigen Bedingungen der Heimarbeit erfolgen[220] oder ob qualifizierte Angestelltentätigkeiten, die nach der Verkehrsanschauung nicht als Heimarbeit im Sinne des HAG anzusehen sind, nicht von § 2 Abs. 1 HAG erfasst werden[221].

Das bewusst gewählte Merkmal der „Erwerbsmäßigkeit" der Tätigkeit fordert ein Gewinnstreben. Dieses steht aber bei kreativ wirkenden Tätigen gerade nicht wie bei rein mechanisch Tätigen allein im Vordergrund. Schriftstellerische oder künstlerische Tätigkeit höherer Art, erfordert eine Qualität der erforderlichen Ausbildung und zeichnet sich durch den Charakter der erbrachten Dienstleistungen, bestimmt durch höhere Bildung und von daher durch eine gewisse ideelle Motivation, die vor allem im persönlichen Einsatz bei der Berufsausübung zum Ausdruck kommt und das für eine gewerbliche Betätigung typische Gewinnstreben überlagert

---

ArbPlSchG, § 6 Abs. 1 S. 2 BetrVG, §§ 1, 2, 20 EFZG, § 20 Abs. 2 BErzGG, §§ 1 Nr. 2, 7 Abs. 4, 8 Abs. 5, 9 Abs. 1 S. 2, Abs. 3, 18 Abs. 2, 24 MuSchG, § 127 SGB IX, § 12 BUrlG, § 1 Abs. 2 Nr. 5 VermBG.

218 BAG AP Nr. 12 zu § 242 BGB Gleichbehandlung; AP Nr. 6 zu § 611 BGB Urlaubsrecht.

219 *Schaub/Koch/Linck*, § 10 Rn. 8.

220 *Kappus*, S. 162, 166; *Müllner*, S. 99.

221 *Maus/Schmidt*, § 2 Rn. 63; *Brecht*, § 2 Rn. 9; *Grafe*, S. 65 ff.

[222]. Wissenschaftliche, künstlerische oder schriftstellerische Tätigkeit höherer Art kann daher nicht in den Anwendungsbereich des HAG fallen[223].

Selbst wenn man die Ansicht vertritt, auch ein schriftstellerisch oder künstlerisch Tätiger könne eine erwerbsmäßige Tätigkeit im Sinne des HAG ausüben, so scheitert eine Subsumtion der in Fernsehunternehmen arbeitnehmerähnlich tätigen Mitarbeiter unter § 2 Abs. 1 HAG dennoch. § 2 Abs. 1 HAG setzt voraus, dass der Heimarbeiter im Auftrag von Gewerbetreibenden oder Zwischenmeistern arbeitet. Der Anwendungsbereich des § 2 Abs. 2 HAG umfasst ausdrücklich nur solche dort aufgezählten Rechtsträger, die die Herstellung, Bearbeitung oder Verpackung von Waren betreiben. Zwar hat das Gesetz insoweit auf das Merkmal der Gewerbsmäßigkeit verzichtet, als es nicht auf die Absicht der Gewinnerzielung ankommt. Dadurch stellte der Gesetzgeber unter diesem Gesichtspunkt die eigennützigen mit den gemeinnützigen Auftraggebern gleich. Daraus lässt sich aber nicht der Schluss ziehen, dass von § 2 Abs. 4 HAG auch solche Personen oder Rechtsträger als Auftraggeber erfasst werden, die zwar gemeinnützig handeln, sich aber nicht mit der Herstellung, Bearbeitung oder Verpackung von Waren befassen[224]. Vielmehr bleiben Personen und Rechtsträger von § 2 Abs. 4 HAG unberührt, wenn sie gewerberechtlich den sogenannten freien Berufen zuzurechnen sind[225]. Der Begriff des Gewerbetreibenden ist in Übereinstimmung mit dem entsprechenden Begriff der Gewerbeordnung auszulegen[226]. Danach ist Gewerbetreibender, wer als Selbständiger eine auf Dauer angelegte Tätigkeit, einen bestimmten Kreis von Geschäften, planmäßig und in der Absicht betreibt, sie als ständige Einnahmequelle berufsmäßig auszunutzen, d. h. aus ihnen einen Gewinn zu erzielen[227]. Nach allgemeiner Auffassung werden von diesem Gewerbegriff nicht die freien Berufe im Sinne wissenschaftlicher, künstlerischer oder schriftstellerischer Tätigkeit höherer Art erfasst[228]. Die von den Fernsehsendern verfolgten Zwecke unterfallen dem Gewerbebegriff nicht, weil sie eine wissenschaftliche und publizistische Tätigkeit höherer Art darstellen. Dies ergibt sich aus den Satzungen der Fernsehsender, welche die Vermittlung von Informationen und einen objektiven Überblick über das Weltgeschehen zum Inhalt haben. Mitarbeiter, die von diesen Auftraggebern beschäftigt werden, unterliegen den Regelungen des Heimarbeitsgesetzes auch dann nicht, wenn die Tätigkeit in der eigenen Wohnung ausgeübt wird[229]. Für

---

[222] *Landmann/Rohmer*, Einl. Rn. 65.
[223] *Neumann/Pahlen/Majerski-Pahlen*, § 127 Rn. 5.
[224] BAG NZA 1992, 899 ff.
[225] BAG NZA 1992, 899 ff.
[226] *Maus/Schmidt*, § 2 Rn. 20; *Brecht*, § 2 Rn. 12; *Grafe*, S. 78.
[227] BGH NJW 1955, 766; *Landmann/Rohmer*, Einl. Rn. 32.
[228] *Landmann/Rohmer*, Einl. Rn. 65 f. m.w.N.
[229] *Maus/Schmidt*, § 2 Rn. 19; *Brecht*, § 2 Rn. 12; *Grafe*, S. 65 ff.; *Kappus*, S. 175; *Müllner*, S. 102.

diese Erwerbstätigen bleibt nur die Möglichkeit der Gleichstellung nach § 1 Abs. 2 HAG.

II. *§ 92a HGB*

Auch die Handelsvertreter haben im Gesetz eine besondere Stellung innerhalb der Gruppe der arbeitnehmerähnlichen Personen. Für das Vertragsverhältnis eines Einfirmen-Handelsvertreters, der nur für einen Unternehmer tätig wird, können nach § 92a HGB Mindestarbeitsbedingungen festgesetzt werden. Diese Mindestarbeitsbedingungen werden von dem Bundesminister der Justiz im Einvernehmen mit dem Bundesministerium für Wirtschaft und Arbeit nach Anhörung von Verbänden der Handelsvertreter und der Unternehmer durch Rechtsverordnung festgelegt. Von dieser Möglichkeit des Erlasses einer Rechtsverordnung ist indessen noch kein Gebrauch gemacht worden. Die praktisch wesentlich wichtigere Auswirkung ist der nach § 5 Abs. 3 ArbGG für Einfirmen-Handelsvertreter eröffnete Rechtsweg zu den Arbeitsgerichten, da diese Norm auf § 92a HGB verweist.

III. *§ 138 SGB IX*

Eine besonders weit reichende und einmalige Regelung stellt § 138 SGB IX dar. Diese Norm definiert zum einen den Begriff der arbeitnehmerähnlichen Person für das Schwerbehindertenrecht und legt zum andern auch die daran anzuknüpfenden Rechtsfolgen fest.

Nach § 138 SGB IX stehen behinderte Menschen im Arbeitsbereich einer Werkstätte für Behinderte zu dieser Werkstatt in einem arbeitnehmerähnlichen Rechtsverhältnis, wenn sie nicht Arbeitnehmer sind. Eine inhaltliche Abgrenzung zwischen den Arbeitnehmern und anderen Beschäftigten einer Werkstätte für Behinderte nimmt der Gesetzgeber nicht vor[230]. Auch kommt es auf die konkrete Ausgestaltung des Werkstattvertrages gerade nicht an[231]. Durch die Position als arbeitnehmerähnliche Person wird die Rechtsstellung des behinderten Menschen im Arbeitsbereich soweit an diejenigen von Arbeitnehmern angenähert, wie es mit dem Rehabilitationsauftrag der Werkstätte für Behinderte zu vereinbaren ist[232]. Dadurch werden primär die arbeitsrechtlichen Gesetze anwendbar, die den Schutzbereich explizit für arbeitnehmerähnliche Personen eröffnen. Dabei kommt es jedoch beispielsweise bei § 2 S. 2 BUrlG nicht darauf an, dass der behinderte Mensch auch wirtschaftlich unselbständig ist im Sinne der Norm, da eine zusätzliche Prüfung von Merkmalen dem Schutzzweck des

---

[230] Im Referentenentwurf zur Sozialhilferechtsreform war diese inhaltliche Konkretisierung indessen vorgesehen, *Schorn* in Müller-Wenner/Schorn, § 138 Rn. 7.

[231] *Schorn* in Müller-Wenner/Schorn, § 138 Rn. 4.

[232] *Schorn* in Müller-Wenner/Schorn, § 138 Rn. 7.

§ 138 Abs. 1 SGB IX widerspricht[233]. Somit sind die den arbeitnehmerähnlichen Personen unmittelbar zugänglichen Schutzgesetze direkt für die behinderten Menschen i.S.d. § 138 SGB IX anwendbar, auch wenn die den einzelnen Gesetzen immanenten Kriterien der arbeitnehmerähnlichen Person nicht erfüllt sind.

Weitere gesetzliche Schutzvorschriften finden zwar keine direkte Anwendung. Jedoch müssen nach Ansicht des Gesetzgebers laut Gesetzesbegründung zu der Vorgängerregelung in § 54b SchwbG die arbeitsrechtlichen Vorschriften und Grundsätze über Arbeitszeit, Entgeltfortzahlung im Krankheitsfall, Entgeltzahlungen an Feiertagen, Elternzeit, Mutterschutz sowie über Persönlichkeitsschutz und die Haftungsbeschränkungen anwendbar sein[234]. Dabei finden diese Normen über § 138 Abs. 1 SGB IX kraft Gesetzes und nicht lediglich aufgrund vertraglicher Verweisung nach § 138 Abs. 3 SGB IX[235] entsprechend Anwendung, da dies aufgrund der besonderen Schutzbedürftigkeit von behinderten Menschen im Arbeitsbereich der Werkstätte für Behinderte geboten ist[236]. Die fehlende inhaltliche Konkretisierung in der Norm und die beispielhafte Aufzählung der anwendbaren Gesetze durch den Bundestag ermöglichen die Einbeziehung der Arbeitsrechtsentwicklung in das arbeitnehmerähnliche Rechtsverhältnis nach § 138 Abs. 1 SGB IX[237].

Im Unterschied zu einem Arbeitnehmer fehlt einem arbeitnehmerähnlich beschäftigen Menschen im Arbeitsbereich der Werkstätte für Behinderte hingegen die Verpflichtung zur Arbeitsleistung, da dies der Art der Beschäftigungsform widerspricht[238].

Der Gesetzgeber zeigt durch seine sehr begrenzte Auswahl an Sonderregelungen, dass er den Arbeitnehmerähnlichen keineswegs ein besonderes Schutzbedürfnis anerkennt. Die Heimarbeiter, die Handelsvertreter und die schwerbehinderten Arbeitnehmerähnlichen bilden keineswegs eine regelungsnotwendige Mehrheit der arbeitnehmähnlichen Personen. Ob diese dadurch umso mehr deutliche Schutzlücke durch die allgemeinen Rechtsfolgen der Arbeitnehmerähnlichkeit kompensiert wird, wird im Folgenden dargestellt. Vor den arbeitsrechtlichen und zivilrechtlichen werden die sozialversicherungsrechtlichen Folgen der Arbeit der Arbeitnehmerähnlichen aufgezeigt.

---

[233] *Knittel*, § 138 Rn. 8.
[234] BT-Drs. 13/3904, S. 48.
[235] *Schorn* in Müller-Wenner/Schorn, § 138 Rn. 7.
[236] Vgl. die Antwort der Bundesregierung zu einer Kleinen Anfrage vom 29.10.1997, BT-Drs. 13/8880.
[237] *Schorn* in Müller-Wenner/Schorn, § 138 Rn. 7.
[238] *Schorn* in Müller-Wenner/Schorn, § 138 Rn. 9.

B. Sozialversicherungsrechtliche Stellung

Die arbeitnehmerähnliche Person ist nach § 2 S. 1 Nr. 9 SGB VI rentenversicherungspflichtig. Im Bereich der Medien besteht neben § 2 S. 1 Nr. 9 SGB VI für selbständige Künstler[239] und Publizisten[240] nach näherer Bestimmung des KSVG[241] eine spezielle Rentenversicherungspflicht (§ 2 S.1 Nr. 5 SGB VI). Für arbeitnehmerähnliche selbständige Journalisten und andere Mitarbeiter der Medien ist daher die Entscheidung zu treffen, ob sie nach Nr. 5 über die Künstlersozialkasse (KSK) oder nach Nr. 9 und damit zu anderen Konditionen versicherungspflichtig sind. Im Verhältnis der beiden Vorschriften gilt das Günstigkeitsprinzip, so dass die Versicherungspflicht einschlägig ist, die für den Betroffenen den im Einzelfall günstigsten sozialen Schutz gewährt. Da dies die Versicherung nach dem KSVG[242] ist und diese auch die speziellere Vorschrift darstellt, sind die freien Publizisten und Künstler nach § 2 S. 1 Nr. 5 SGB VI über die KSK und nicht nach § 2 S. 1 Nr. 9 SGB VI als eigenständige Selbständige zu versichern[243]. Die Rentenversicherungsbeiträge muss der Selbständige allein finanzieren, bei Künstlern und Publizisten wird gemäß § 15 KSVG die Hälfte der Beiträge von der KSK getragen[244]. Außerhalb der Rentenversicherungspflicht bleibt es für den Selbständigen prinzipiell bei der Versicherungsfreiheit. Für arbeitnehmerähnliche Künstler und Publizisten besteht hingegen neben der Rentenversicherungspflicht nach § 1 KSVG auch eine Versicherungspflicht in der gesetzlichen Krankenversicherung und der sozialen Pflegeversicherung in der KSK. Wie Arbeitnehmer zahlen die arbeitnehmerähnlichen Personen nur eine Hälfte der Versicherungsbeiträge, die andere Beitragshälfte trägt gemäß §§ 16, 16a KSVG die KSK. Die hierfür erforderlichen Mittel werden nach § 34 KSVG aus einem Zuschuss des Bundes und aus einer nach §§ 23 ff. KSVG zu erhebenden Abgabe der Unternehmen finanziert, die künstlerische und publizistische Leistungen verwerten (Künstlersozialabgabe)[245]. Für die Durchführung der Renten-, Kranken-, und Pflegeversicherung ist die KSK aber nicht zuständig. Sie meldet die versicherten Künstler und Publizisten lediglich bei den Kranken- und Pflegekassen (Allgemeine Ortskrankenkassen, Ersatzkassen, Betriebs- und In-

---

[239] Künstler ist nach § 2 KSVG, „wer Musik, darstellende oder bildende Kunst schafft, ausübt oder lehrt".

[240] Publizist ist nach § 2 KSVG, „wer als Schriftsteller, Journalist oder in anderer Weise publizistisch tätig ist".

[241] Zu der Entstehungsgeschichte des KSVG siehe *Heußner*, RdA 1978, 12 (15 f.)

[242] Zu der Verfassungsmäßigkeit des Gesetzes siehe BVerfG NJW 1987, 3115 ff.

[243] Einen Überblick zu dem KSVG bieten *Ory/Schmittmann*, Rn. 211 ff.

[244] Für freie Mitarbeiter wurden an die Pensionskasse für freie Mitarbeiter der Rundfunkanstalten und an das Presseversorgungswerk 1999 22, 5 Millionen DM abgeführt, bei Auftragsproduktionen 3,3 Millionen DM, an die KSK 15,4 Millionen DM, so *Hummel*, ZUM 2001, 660 ff.

[245] Das BVerfG hat die Verfassungsmäßigkeit dieser Abgabepflicht der Verwerter ausdrücklich bestätigt, BVerfG NJW 1987, 3115 (3118).

nungskrankenkassen) und bei dem Rentenversicherungsträger[246] an und leitet die Beiträge dorthin weiter. Leistungen aus dem Versicherungsverhältnis (Rente, Krankengeld, Pflegegeld etc.) erbringen ausschließlich die BfA als Rentenversicherungsträger und die von dem Erwerbstätigen selbst gewählten gesetzlichen Kranken- und Pflegekassen. Das Krankengeld wird für Mitglieder der KSK erst ab dem 43. Tag der Arbeitsunfähigkeit gezahlt, bzw. ab dem 15. Tag, sofern eine entsprechend höhere Beitragszahlung vereinbart war. Die Höhe des von der gesetzlichen Krankenkasse[247] bei bestehendem Versicherungsvertrag gezahlten Krankengeldes beträgt nach § 47 Abs. 1 S. 1 SGB V[248] als Regelsatz 70 % des regelmäßigen Arbeitsentgelts und darf nach § 47 Abs. 1 S. 2 SGB V 90 % des Nettoarbeitsentgelts nicht überschreiten. Das Krankengeld der gesetzliche Krankenkassen wird gemäß § 47 Abs. 1 S. 6 SGB V für Kalendertage gezahlt.

Auf Antrag haben die arbeitnehmerähnlichen Personen auch einen Anspruch auf Mutterschaftsgeld ab Beginn der Mutterschutzfrist[249] für die Dauer von sechs Wochen vor und acht Wochen nach der Entbindung. In der Höhe entspricht das Mutterschaftsgeld der gesetzlichen Krankenkassen dem Krankengeld; es beträgt folglich 70 % des Einkommens. Die Höhe bemisst sich dabei wie alle Leistungen nach dem gemeldeten Arbeitseinkommen[250]. Das Mutterschaftsgeld ist steuerfrei. Freiwillig Versicherte bleiben während dieser Zeit für einen Mindestbeitrag in ihrer Krankenkasse; über die KSK Versicherte bleiben beitragsfrei renten-, pflege- und krankenversichert. Geht die Frau in der Schutzfrist einer versicherungspflichtigen Arbeit nach, so verliert sie während dieser Zeit den Anspruch auf Mutterschaftsgeld.

Die Pflichtversicherungen in der Krankenversicherung, der Pflegeversicherung und der Rentenversicherung sind die einzigen gesetzlichen Versicherungen, zu welche der arbeitnehmerähnliche Künstler oder Publizist neben dem Auftraggeber Beiträge leisten muss. Der bei den Arbeitnehmern noch relevante Beitrag zur Arbeitslosenversicherung entfällt bei der arbeitnehmerähnlichen Person, da diese keine Berechtigte im Sinne des SGB III ist. Arbeitnehmerähnliche Personen können als Selbständige kein Arbeitslosengeld beziehen. Zwar sind Arbeitnehmer im Sinne des SGB nach § 13 SGB III auch Heimarbeiter. Eine Ausweitung auf alle arbeitnehmerähnlichen Personen erfolgt nach dem Gesetz jedoch

---

246 Bundesversicherungsanstalt für Angestellte.

247 Hier kann nur eine Berücksichtigung der Leistungen der gesetzlichen Krankenversicherung erfolgen, da nur diese kraft gesetzlicher Vorgaben klar festgestellt werden können. Die Leistungen der unterschiedlichen privaten Krankenversicherungen sind zu verschieden als dass sie hier alle aufgeführt werden könnten.

248 Auf die Rechtsbeziehungen zwischen der KSK und den Versicherten, den Zuschussberechtigten und den zur Abgabe Verpflichteten findet nach § 36a KSVG das Sozialgesetzbuch Anwendung.

249 Am 42. Tag vor der voraussichtlichen Entbindung.

250 Da viele Freie aufgrund dieser Tatsache ihr Jahreseinkommen bei der KSK zu niedrig angeben, fallen auch die Versicherungsleistungen sehr niedrig aus.

nicht und verbietet sich, da das Sozialversicherungsrecht klar abgrenzbar sein muss, um Unsicherheiten bei dem berechtigten Versichertenkreis und den mit dieser Materie beschäftigten Mitarbeitern bei den Versicherungsanstalten zu vermeiden.

Als fünfter Zweig der gesetzlichen Sozialversicherung muss noch die Versicherung der arbeitnehmerähnlichen Person in der gesetzlichen Unfallversicherung geklärt werden. Nach § 2 Abs. 2, Abs. 1 Nr. 1 SGB VII sind auch Personen versichert, die wie Beschäftigte tätig werden. Unter diese Formulierung sind alle arbeitnehmerähnlichen Personen zu fassen, die einer dienstvertragsähnlichen Tätigkeit nachgehen[251]. Personen, die auf der Basis eines Werkvertrages[252], eines entgeltlichen Geschäftsbesorgungsvertrages[253], eines Auftrags mit Werkvertragscharakter[254] oder eines Mietvertrages mit untergeordneter Werkleistung[255] tätig werden, unterliegen nicht der gesetzlichen Unfallversicherung. Grund dieser Differenzierung ist, dass eine dienstvertragliche Tätigkeit einer Beschäftigung als Arbeitnehmer ähnlich ist im Sinne des § 2 Abs. 2 SGB VII, eine Beschäftigung auf werkvertraglicher oder werkvertragsähnlicher Grundlage jedoch unternehmerähnlich ist.

Der Beitrag zu der zuständigen[256] Berufsgenossenschaft[257] oder Gemeindeunfallversicherungen wird bei den dienstvertragsähnlich Beschäftigten wie bei den Arbeitnehmern nach der gesetzlichen Unfallversicherung nur vom Auftraggeber getragen. Zum einen sind von diesem Schutz jedoch wie gesagt alle Beschäftigten ausgenommen, die auf einer anderen als dienstvertraglicher oder dienstvertragsähnlicher Grundlage für das Unternehmen tätig sind. Zum andern muss auch die auf dienstvertraglicher Basis tätige arbeitnehmerähnliche Person für alle Tätigkeiten, die sie außerhalb konkreter Dienstverträge ausübt, selbst durch ausreichenden Schutz für den Fall von Arbeits- und Erwerbsunfähigkeit aufgrund von Berufs- und Wegeunfällen vorsorgen. Neben einer privaten Unfallversicherung können sich die arbeitnehmerähnlichen Personen auch freiwillig in der zuständigen Berufsgenossenschaft versichern. Daneben sind auch spezielle

---

[251] Siehe dazu umfassend *Keller*, NZS 2001, 188 (189 ff.).
[252] LSG Nordrhein-Westfalen HVBG-INFO 2000, 3290 ff.
[253] BSG EzS 40/422.
[254] BSG USK 87140; LSG Nordrhein-Westfalen HVBG-INFO 2000, 3290 ff.; LSG Rheinland-Pfalz EzS 40/601.
[255] LSG Niedersachsen HVBG-INFO 1997, 2053 ff.
[256] Für Kameraleute und alle, die mit der „Herstellung und Vorführung von Lichtbildstreifen" befasst sind, ist die Berufsgenossenschaft der Feinmechanik und Elektrotechnik zuständig; für Fotografen, Fotodesigner, Bildberichterstatter und Grafikdesigner die Berufsgenossenschaft Druck und Papierverarbeitung und für alle anderen Künstler und Publizisten die „Verwaltungs-Berufsgenossenschaft der Banken, Versicherungen, Verwaltungen, freien Berufe und besonderen Unternehmen".
[257] Zu den von der Berufsgenossenschaft erlassenen Unfallverhütungsvorschriften siehe noch unten § 3E.V.3.c).

Unfallversicherungen, welche die berufstypische Relevanz einzelner Körperteile berücksichtigen, sinnvoll.

C. Anwendbarkeit der betrieblichen Mitbestimmungsrechte

Vor der detaillierten Betrachtung der Rechtsfolgen der Arbeitnehmerähnlichkeit einer Person, muss noch grundsätzlich die Anwendbarkeit des BetrVG und der jeweils anwendbaren Personalvertretungsgesetze geklärt werden, da die Mitbestimmung auf betrieblicher Ebene in jedem der nun folgenden Abschnitte eine Rolle spielen kann.

I. *Anwendbarkeit des BetrVG*

Aktiv und passiv wahlberechtigt im Sinne des BetrVG sind grundsätzlich nur Arbeitnehmer, wobei der Arbeitnehmerbegriff des Gesetzes in § 5 BetrVG von dem allgemeinen Arbeitnehmerbegriff ausgeht [258]. Jedoch sind nach § 5 Abs. 1 S. 2 BetrVG auch die in Heimarbeit Beschäftigten in den Geltungsbereich des Gesetzes mit einbezogen. Arbeitnehmerähnliche Personen werden hingegen von § 5 BetrVG nicht erfasst[259]. Auch der neu eingefügte § 7 S. 2 BetrVG ändert hieran nichts, da es sich bei dem in dem Betrieb tätigen Erwerbstätigen im Sinne dieser Norm auf jeden Fall um einen Arbeitnehmer handeln muss[260]. Warum gerade die Gruppe der arbeitnehmerähnlichen Personen vom Gesetzgeber nicht in den Anwendungsbereich des Gesetzes einbezogen wurden, ist aus teleologischer Sicht nicht verständlich. Anknüpfungspunkt für das BetrVG sind der Betrieb und die dort tätigen Erwerbstätigen. Sind die arbeitnehmerähnlichen Personen in die betrieblichen Abläufe integriert, müsste ihre Gruppe auch im Betriebsrat repräsentiert werden. Gerade im Medienbereich, wo arbeitnehmerähnliche Personen zur Aufnahme ihrer Tätigkeit im Sender oder Verlagshaus anwesend sein müssen, da sie auf technische Einrichtungen etc. angewiesen sind, kann diese Integration in die Betriebsabläufe durchaus bestehen[261]. Zumindest besteht diese Möglichkeit des Betriebsbezugs der Tätigkeit weitaus öfter als bei den in Heimarbeit Beschäftigten, die gerade nur in dislozierter Form tätig sind. Warum dann die Heimarbeiter in den Genuss der Anwendung des BetrVG kommen und die übrigen arbeitnehmerähnlichen Personen nicht, kann mit teleologischen Argumenten nicht nachvollzogen werden. Eine folgerichtig zu überlegende analoge Anwendung des § 5 Abs. 1 S. 2 BetrVG auf alle anderen arbeitnehmerähnlichen Personen muss trotz des rechtspolitischen Wunsches[262] dennoch abgelehnt wer-

---

[258] BAG AP Nr. 52 zu § 5 BetrVG 1972.

[259] *Fitting*, § 5 Rn. 87 ff.; *Löwisch/Kaiser*, § 5 BetrVG Rn. 8; *Richardi*, § 5 Rn. 13, 37 ff.

[260] Ob es sich tatsächlich um so genannte Leiharbeitnehmer handeln muss oder auch anderweitige Arbeitnehmer erfasst sind, ist umstritten, dazu *Brors*, NZA 2002, 123 (126).

[261] So auch *Bauschke* in AR-Blattei SD, Arbeitnehmerähnliche Personen, Rn. 97.

[262] *Rost*, NZA 1999, 113 (121).

den[263]. Eine Einbeziehung der arbeitnehmerähnlichen Personen durch eine analoge Anwendung des § 5 Abs. 1 S. 2 BetrVG würde sich nur unter Inkaufnahme erheblicher Einbußen an Rechtssicherheit praktizieren lassen[264]. Auch gingen damit fundamentale Veränderungen der Betriebsverfassung einher, die dem Gesetzgeber vorzubehalten ist[265]. Eine Einbeziehung der Arbeitnehmerähnlichen kann auch nicht durch die Tarifparteien in Tarifverträgen erfolgen. Auch hier muss wieder konstatiert werden, dass dies Sache des Gesetzgebers ist. Die Tarifparteien können allenfalls eine eigene kollektive Vertretung der Arbeitnehmerähnlichen schaffen[266]. Von der Mitbestimmung auf Unternehmensebene nach dem MitbestG sind arbeitnehmerähnliche Personen nach § 3 Abs. 1 Nr. 1 MitbestG ebenfalls nicht erfasst, da diese Norm auf § 5 Abs. 1 BetrVG verweist.

Somit ist ein weit reichender Schutz des Arbeitsrechts den arbeitnehmerähnlichen Personen versperrt. Alle Mitwirkungs- und Mitbestimmungstatbestände nach dem BetrVG knüpfen an Arbeitsverhältnisse an. Arbeitnehmerähnliche Personen spielen nur insoweit eine Rolle, als der Betriebsrat nach § 80 Abs. 2 BetrVG ein umfassendes Unterrichtungsrecht gegenüber dem Arbeitgeber auch in Bezug auf die Beschäftigung von Personen hat, die nicht Arbeitnehmer sind[267]. Daneben beeinflussen die zentralen Normen des BetrVG wie §§ 75, 87 und 99 BetrVG die Rechte der arbeitnehmerähnlichen Person prinzipiell jedoch nicht[268]. Nur in atypischen Fällen kommt eine Mitwirkung des Betriebsrats nach § 99 BetrVG in Betracht, z.B. wenn der Beschäftigte tatsächlich in den Betrieb aufgenommen und in die Arbeitsorganisation eingegliedert ist[269]. Die Mitwirkung des Betriebsrats rechtfertigt sich sachlich dann aber nicht aus Gesichtspunkten des Schutzes des Eingegliederten, sondern aus den kollektiven Interessen der Belegschaft[270]. Hervorgehoben werden muss noch einmal, dass ein derartiges Mitbestimmungsecht die absolute Ausnahme ist. Aus dieser Ausnahme lässt sich keine Zuständigkeit des Betriebsrats für arbeitnehmerähnliche Personen in anderen Angelegenheiten ableiten.

---

263 *Fitting*, § 5 Rn. 87 ff.; *Eisemann* in ErfK, § 5 BetrVG Rn. 5; *Richardi*, § 5 Rn. 13, 37 ff.; a.A. *Hromadka*, NZA 1997, S. 1249 (1255 f.); *Beuthien/Wehler*, RdA 1978, 2 (10).

264 Ausführlich hierzu *Plander*, DB 1999, 330 (331 ff.).

265 *Otto*, Anm. zu BAG AP Nr. 48 zu § 5 BetrVG 1972; *Plander*, DB 1999, 330 (331).

266 *Plander*, DB 1999, 330 (334); siehe dazu noch ausführlich unten § 4C.III.5.

267 Diese Norm wurde durch die BetrVG-Novelle 2002 in das Gesetz aufgenommen. Sie beruht auf der Rechtsprechung des BAG. Streitgegenstand war in diesem Fall der Anspruch des Betriebsrats eines großen Hamburger Verlagshauses, umfassend über die Beschäftigung freier Mitarbeiter unterrichtet zu werden, BAG AP Nr. 56 zu § 80 BetrVG 1972.

268 Siehe dazu *Ory/Schmittmann*, S. 118 ff.

269 BAG AP Nr. 6 zu § 99 BetrVG Einstellung.

270 *Reinecke* in Däubler, TVG, § 12a TVG Rn. 73.

II. *Anwendbarkeit der jeweiligen Personalvertretungsgesetze*

Für die Rundfunkanstalten des öffentlichen Rechts gelten hinsichtlich der Mitbestimmung grundsätzlich die Personalvertretungsgesetze der Länder. Nur für die Deutsche Welle (gemäß § 90 BPersVG), den Mitteldeutschen Rundfunk (nach § 38 MDR-StV[271]) und den Norddeutschen Rundfunk (gemäß § 39 NDR-StV[272]) gilt das Bundespersonalvertretungsgesetz (BPersVG). Die arbeitnehmerähnlichen Personen gehören nach § 4 BPersVG jedoch nicht zu dem von dem Gesetz erfassten Personenkreis.

Für das ZDF und die übrigen Anstalten der ARD gelten die Landespersonalvertretungsgesetze. Eine Besonderheit besteht für die personalrechtliche Mitbestimmung des Südwestdeutschen Rundfunks, da dieser drei Dienststellen beinhaltet: in Baden-Baden, Stuttgart und Mainz. Da der Sitz des Intendanten in Stuttgart ist, findet nach § 99 LPersVG BW auf den bei jeder Dienststelle gebildeten Personalrat das Landespersonalvertretungsgesetz Baden-Württemberg (LPersVG BW) Anwendung[273]. Dieses schließt jedoch die arbeitnehmerähnlichen Personen nicht in ihren Anwendungsbereich mit ein, da nach § 4 LPersVG BW als Beschäftigte nur Beamte, Angestellte und Arbeiter gelten.

Wie das LPersVG BW schließen auch die übrigen Landespersonalvertretungsgesetze fast ausnahmslos die arbeitnehmerähnlichen Personen nicht in ihren Anwendungsbereich ein. Auch das hessische LPersVG kodifiziert nach § 106 Abs. 1 Satz 2, 104 Abs. 3 Satz 1 für die Beschäftigten mit vorwiegend künstlerischer Tätigkeit und die in der Programmgestaltung verantwortlich Tätigen grundsätzlich, dass die Mitbestimmung und Mitwirkung des Personalrats in Personalangelegenheiten entfällt. Gemäß § 104 Abs. 3 Satz 2 wirkt der Personalrat nur auf Antrag des betroffenen Beschäftigten in dessen Angelegenheiten mit.

Eine einmalige Ausnahme enthält lediglich das Saarländische Personalvertretungsgesetz (SPersVG), welches die Mitbestimmung des Personalrats des Saarländischen Rundfunks regelt. Die insoweit geltenden Sonderregelungen für diese Anstalt nach §§ 110-112 SPersVG dehnen in § 110 Abs. 3 SPersVG den an sich von dem Gesetz nach § 4 SPersVG erfassten Personenkreis auf die arbeitnehmerähnlichen Personen aus, weil durch diese Norm die ständigen freien Mitarbeiter berücksichtigt werden.

Das auf das ZDF anwendbare Landespersonalvertretungsgesetz Rheinland-Pfalz (RhPfPersVG) regelt in der für das ZDF geltenden Sondernorm des § 112 Abs. 2

[271] MDR-Staatsvertrag, siehe dazu noch unten § 6B.II.
[272] NDR-Staatsvertrag, siehe dazu noch unten § 6B.II.
[273] Landesstudios oder Außenstellen wie Studio Konstanz, Freiburg oder Ulm können keinen eigenen Personalrat bilden; die außerhalb des Sendegebiets Beschäftigten gehören nach § 99 Abs. 2 Nr. 1 LPersVG BW der Dienststelle Baden-Baden an.

RhPfPersVG sogar explizit, dass arbeitnehmerähnliche Personen nach § 12a TVG keine Beschäftigte im Sinne dieses Gesetzes sind, wenn sie wesentlich an der Programmgestaltung mitwirken. Prinzipiell sind damit arbeitnehmerähnliche Personen vom Anwendungsbereich des RhPfPersVG erfasst[274]. Die programmgestaltenden Mitarbeiter, die aufgrund ihrer programmgestaltenden Tätigkeit keine Arbeitnehmer, sondern arbeitnehmerähnliche Personen sind, werden jedoch vom Geltungsbereich ausgenommen.

Da die betrieblichen Mitbestimmungsrechte mit Ausnahme des saarländischen Personalvertretungsgesetzes keine Anwendung finden, muss ein ausreichender individualrechtlicher Schutz den Bedürfnissen der arbeitnehmerähnlichen Person gerecht werden. Ob dies der Fall ist, wird im Folgenden anhand des chronologischen Verlaufs des Schuldverhältnisses untersucht.

D. Begründung des Vertragsverhältnisses

Die Begründung des Vertragsverhältnisses zwischen arbeitnehmerähnlicher Person und Auftraggeber fällt grundsätzlich unter die Vertragsfreiheit der Parteien. Da die arbeitnehmerähnliche Person jedoch wirtschaftlich abhängig und dadurch sozial schutzbedürftig ist[275], bestehen zu ihren Gunsten einige Einschränkungen der Vertragsfreiheit. Dabei unterliegen sowohl der Abschluss an sich als auch der Inhalt des Vertrages rechtlichen Beschränkungen. Solche können sich z.B. aus Tarifverträgen auf der Basis des § 12a TVG ergeben. Im Folgenden werden jedoch die allgemeinen, von tariflichen Regelungen unabhängigen Beschränkungen aufgezeigt.

I. *Abschlusspflichten*

Den deutlichsten Eingriff in die Vertragsfreiheit stellen Abschlusspflichten dar. Abschlusspflichten können aus unterschiedlichen gesetzlichen Beschäftigungspflichten resultieren. Im Medienbereich könnte sich ein derartiger Kontrahierungszwang von vornherein aufgrund der durch Art. 5 GG vorgegebenen Wertung verbieten, wenn sich jeglicher Zwang des Auftraggebers zum vertraglichen Abschluss nicht mit dieser grundrechtlichen Wertung vereinbaren lässt[276]. Eine derartige kategorische Verneinung der gesetzlichen Beschäftigungspflichten im Medienbereich würde jedoch die einfachrechtliche Wertung zugunsten der ver-

[274] Dies noch einmal klarstellend BAG AP Nr. 1 zu § 112 LPVG Rheinland-Pfalz.

[275] Da sich die arbeitnehmerähnliche Person durch ihre wirtschaftliche Abhängigkeit gegenüber einem Auftraggeber kennzeichnet, ist auch nur dieses Verhältnis zwischen dem Arbeitnehmerähnlichen und dem Auftraggeber hier entscheidend. In den anderen Vertragsverhältnissen der arbeitnehmerähnlichen Person bestehen mangels sozialer Schutzbedürftigkeit keine Besonderheiten gegenüber anderen freien Vertragsverhältnissen.

[276] Zu dem grundrechtlichen Schutz des Medienunternehmers siehe § 1

fassungsrechtlichen Wertung völlig aushebeln. Dies hätte zur Folge, dass der hinter den Abschlusspflichten stehende verfassungsrechtliche Schutz nach Artt. 2, 12, 14 GG leer liefe. Auch führte dies zu erheblichen Unterschieden zwischen den Pflichten der medienrechtlichen und der nicht medienrechtlichen Auftraggeber. Dies widerspreche einer anderen grundrechtlichen Wertung, der Gleichbehandlung nach Art. 3 GG. Daher ist Art. 5 GG gerade vor dem Hintergrund des Art. 3 GG erst im Rahmen einer nachträglichen Korrektur heranzuziehen, um den Besonderheiten der Medienunternehmen auch im Rahmen der Beschäftigungspflichten gerecht zu werden.

1. Beschäftigungspflicht nach §§ 71 Abs. 1, 80 Abs. 1 SGB IX

§ 71 Abs. 1 SGB IX verpflichtet den Arbeitgeber aus sozialstaatlichen und beschäftigungspolitischen Gründen zur Beschäftigung von Schwerbehinderten, wenn sein Betrieb mehr als 20 Arbeitsplätze hat. Aus zwei Gründen stellt diese Norm jedoch keine Abschlusspflicht zugunsten der arbeitnehmerähnlichen Person dar. Zum einen ist diese Pflicht rein öffentlich-rechtlicher Natur, sie bietet der behinderten Person keinen Einstellungsanspruch und stellt auch keine Form des Kontrahierungszwanges dar. Die Beschäftigungspflicht besteht nur gegenüber dem Staat und erlegt dem Arbeitgeber auf, Arbeitsplätze für behinderte Menschen bereitzustellen und mit ihnen zu besetzen[277]. Zum andern bezieht sich diese Beschäftigungspflicht nicht auf Arbeitsplätze, die mit einer arbeitnehmerähnlichen Person besetzt werden sollen. Nach §§ 71 Abs. 1, 73 Abs. 1 SGB IX sind von dem Regelungsbereich des § 71 Abs. 1 SGB IX nur solche Arbeitsplätze erfasst, die mit Arbeitnehmern zu besetzen sind[278]. Mangels planwidriger Regelungslücke kann auch nicht im Wege einer Rechfortbildung eine analoge Anwendung des § 71 SGB IX derart konstruiert werden, dass als Arbeitsplatz im Sinne des § 71 Abs. 1 SGB IX entgegen dem ausdrücklichen Wortlaut des § 73 Abs. 1 SGB IX auch Arbeitsplätze arbeitnehmerähnlicher Personen gelten.

Daneben kann als Abschlussgebot im weiteren Sinn auch § 613a BGB angesehen werden, der im Falle eines Betriebsüberganges dem Betriebserwerber kraft Gesetzes den Übergang der in dem Betrieb bestehenden Arbeitsverhältnisse anordnet. Aufgrund des engen Bezuges zum materiellen Kündigungsschutz wird diese Form des Abschlussgebotes erst im Rahmen der Vertragsbeendigung erörtert.

---

[277] BVerfGE 57, 139 (158 f.).

[278] Bis zum 30.04.1974 waren in dem damals mit § 73 Abs. 1 SGB IX vergleichbaren § 7 Abs. 1 SchwbG noch die Heimarbeitsplätze aufgeführt, so dass auch die in dieser Form tätigen Mitarbeiter durch die Beschäftigungspflicht geschützt waren. Dieser weite Anwendungsbereich der Beschäftigungspflicht wurde jedoch durch die Streichung der Heimarbeitsplätze verringert, so dass auch diese spezielle Form der arbeitnehmerähnlichen Personen nicht mehr in den Genuss der Beschäftigungspflicht kommt.

2. Wettbewerbsrechtlicher Kontrahierungszwang

Neben diesen gesetzlich angeordneten Fällen der Beschäftigungspflicht, können sich Abschlusspflichten insbesondere durch die rechtlich anerkannten Formen des Kontrahierungszwanges ergeben. Wenn der Auftraggeber marktbeherrschend ist und beim Vertragsschluss unsachlich zwischen den Bewerbern differenziert, obwohl sie einander gleichwertig waren, erlegt das Wettbewerbsrecht nach §§ 20 Abs. 1, 33 GWB dem Auftraggeber einen Kontrahierungszwang auf.

Ein nach §§ 20 Abs. 1, 33 GWB vorliegender Missbrauch von Marktmacht durch die Verweigerung eines Vertragsschlusses mit einer arbeitnehmerähnlichen Person kann höchstens vorliegen, wenn eine Mehrzahl von Freiberuflern bei einem Auftraggeber tätig ist, die somit auf dem gleichen Markt agieren[279]. Bejaht man einen derartigen Machtmissbrauch, so muss des Weiteren eine unberechtigte Diskriminierung des Beschäftigten vorliegen, die durch einen Schadensersatz in Geld nicht zu kompensieren ist. Selbst wenn auch diese Voraussetzung vorliegt, ist vor der Bejahung eines Kontrahierungszwanges noch die Zumutbarkeit für den Auftraggeber nach § 3 GWB zu prüfen. Wegen des weit reichenden Eingriffs in die Rechtstellung des Auftraggebers und seine Wettbewerbspositionen besteht ein Kontrahierungszwang nur, wenn keine andere Möglichkeit für den Schutz der wirtschaftlichen Interessen des arbeitnehmerähnlichen Beschäftigten existiert[280]. Ein Kontrahierungszwang aus §§ 20 Abs. 1, 33 GWB erfolgt daher generell nur im Ausnahmefall. Im Medienbereich scheitert ein derartiger Anspruch hingegen bereits an der Voraussetzung der absoluten Marktbeherrschung des Auftraggebers. Eine derartige herausragende Stellung eines Medienunternehmens liegt in Deutschland abstrakt nicht vor. Man kann höchstens diese Stellung einzelner Medienunternehmen in spezifischen Spartenbereichen[281] bejahen, was jedoch die absolute Ausnahme darstellen wird.

Ist der Auftraggeber anders als nach §§ 20 Abs. 1, 33 GWB nicht marktherrschend, kann eine Kontrahierungszwang nicht begründet werden. Zwar greift zugunsten der bei einem relativ marktmächtigen Auftraggeber beschäftigten Erwerbstätigen § 20 Abs. 1 und 2 GWB ein. Diese Norm regelt jedoch nur die unternehmensbedingte Abhängigkeit, welche aber keinen Kontrahierungszwang auslöst, da diese Form der Abhängigkeit erst im Laufe der Geschäftsbeziehungen entsteht[282].

---

279 *Schubert*, S. 183 f.

280 BGH WuW/E BGH 2683 (2687); *Immenga/Mestmäcker/Emmerich*, § 35 Rn. 60.

281 So könnte man den Kinderkanal im Bereich des Kinderfernsehens, ARTE im Bereich des Kulturfernsehens und DSF im Bereich des Sportfernsehens als solche Marktführer ansehen.

282 OLG Düsseldorf WuW/E OLG 3036 (3037 f.); *Immenga/Mestmäcker/Emmerich*, § 26 Rn. 127.

3. Zivilrechtlicher Kontrahierungszwang

Im Zivilrecht wird der Kontrahierungszwang insbesondere auf § 826 BGB gestützt. Als Voraussetzung für diesen Anspruch muss auf Seiten des Auftraggebers ein Monopolist tätig sein, wobei auch relative Monopole genügen[283]. Damit diese Monopole von dem Anwendungsbereich des § 826 BGB erfasst werden, müssen sie derart wichtige Güter vertreiben oder Versorgungsaufgaben gegenüber der Allgemeinheit erfüllen, dass ihre Weigerung eine Gefährdung notwendiger Lebensbedürfnisse und Belange des einzelnen sowie der Allgemeinheit zur Folge hätte[284]. Kann man bei einem Medienunternehmen zwar noch bejahen, dass das Bedürfnis nach Information ein notwendiges Lebensbedürfnis ist, lässt es sich doch nicht begründen, warum die Weigerung eines Senders die Gefährdung dieses Lebensbedürfnisses eines einzelnen oder der Allgemeinheit zur Folge hätte. Ist somit der Schadensersatz in Form eines Kontrahierungszwangs im allgemeinen schon nur im Ausnahmefall zu gewähren, da er mit erheblichen Belastungen für den zum Vertragsschluss Verpflichteten verbunden ist[285], ist eine derartige Situation im heutigen Medienbereich im speziellen gar nicht denkbar.

II. *Abschlussverbote*

Neben den Kontrahierungszwängen können auch gesetzliche Abschlussverbote den Auftraggeber in seiner Vertragsabschlussfreiheit beschränken. Anhaltspunkte für derartige Abschlussverbote finden sich zum einen im Jugendarbeitsschutzgesetz und zum anderen im Mutterschutzgesetz.

1. Abschlussverbote zum Schutz der jugendlichen Beschäftigten

Kinder und Jugendliche sind eine wesentliche Zielgruppe der Fernsehsender. Es gibt Fernsehsender wie den Kinderkanal, die sich auf diese Zielgruppe spezialisiert haben, aber auch bei anderen Sendern gibt es einige Kindersendungen. In diesen Sendungen treten neben den Erwachsenen auch sehr häufig Kinder oder Jugendliche als Moderatoren auf, wie dies z.B. bei LOGO oder dem Tigerenten-Club der Fall ist. Diese von den Kindern durchgeführten Moderationen sind meist auf die Sendungen und damit auf einen einmaligen Einsatz beschränkt. Ein Kind kann aber auch über einen längeren Zeitraum Mitglied des Sendungsteams als Moderator sein, wie das bei Anke Engelke im Tigerenten-Club der Fall war. Auch als Schauspieler werden Kinder eingesetzt. Dabei sind sie neben

---

[283] Anders als das RG, das noch den Missbrauch absoluter Monopole forderte (RGZ 99, 107 (109), erweitert der BGH den Anwendungsbereich des § 826 BGB auf den Missbrauch relativer Monopole, dazu BGH BB 1960, 1352 (1353).

[284] BGH BB 1960, 1352 (1353).

[285] *Busche*, S. 131 f.

einmaligen Rollen in einem Fernsehfilm in vielen Serien auch dauerhaft als Schauspieler im Einsatz.

Nach § 5 JArbSchG ist die Beschäftigung von Kindern generell verboten, wobei ein Kind im Sinne des § 2 Abs. 1 JArbSchG ein Mensch unter 15 Jahren ist.

Für Kinder ab drei Jahren normiert § 6 JArbSchG die Möglichkeit, dass die zuständige Aufsichtsbehörde Ausnahmen von dem generellen Verbot bewilligt. Ausnahmen sind für Kinder ab sechs Jahren nach § 6 Abs. 1 Nr. 1 JArbSchG für Theatervorstellungen möglich, wenn das Kind höchstens bis zu vier Stunden täglich in der Zeit von 10 bis 23 Uhr beschäftigt wird. Für die angesprochenen Moderatoren und Schauspieler ist eine Ausnahmemöglichkeit der behördlichen Genehmigung in § 2 Abs. 1 Nr. 2 JArbSchG vorgesehen: neben Musikaufführungen und Werbeveranstaltungen können Kinder bei Aufnahmen im Hörfunk und Fernsehen, auf Ton- und Bildträgern sowie bei Film- und Fotoaufnahmen tätig werden. Aber auch mit behördlicher Genehmigung dürfen beispielsweise Kinder über drei bis sechs Jahre bei diesen Aufnahmen nur bis zu zwei Stunden täglich in der Zeit von 8 bis 17 Uhr und Kinder über sechs Jahre bis zu drei Stunden täglich in der Zeit von 8 bis 22 Uhr gestaltend mitwirken und an den Proben teilnehmen[286]. Die Aufsichtsbehörde bestimmt nach § 6 Abs. 3 JArbSchG die Dauer und Lage der Beschäftigungszeit und der Ruhepausen. Der Arbeitgeber darf das Kind nach § 6 Abs. 4 JArbSchG erst nach Empfang des Bewilligungsbescheids der Behörde beschäftigen.

Kinder über 13 Jahre können nach § 5 Abs. 3 JArbSchG beschäftigt werden, wenn der Personenberechtigte einwilligt, soweit die Beschäftigung leicht und für Kinder geeignet ist. Die zeitliche Begrenzung liegt bei zwei Stunden täglich in dem Zeitraum zwischen 8:00 Uhr und 18:00, nicht vor dem Schulunterricht und nicht während des Schulunterrichts.

Der Begriff der leichten Beschäftigung im Sinne der Norm wird durch die Kinderarbeitsschutzverordnung[287] konkretisiert. Nach der Verordnung sind u.a. übliche Tätigkeiten in der Unterhaltung, Kultur und Sport gestattet; demnach ist auch eine moderierende oder schauspielernde Tätigkeit möglich. Die Tätigkeit darf nach § 1 S. 2 JArbSchG die Gesundheit, die Entwicklung und die schulische Laufbahn des Kindes nicht negativ beeinflussen.

Jugendliche Menschen über 15 Jahre, die vollzeitschulpflichtig sind, können darüber hinaus nach § 5 Abs. 4 JArbSchG während der Schulferien, jedoch höchstens vier Wochen im Jahr tätig werden. Für sie finden sich Beschäfti-

---

286 Im Fernsehen werden gerade bei Serien deshalb auch gerne Zwillinge eingesetzt, um die Drehzeiten ausdehnen zu können.

287 KindArbSchV v. 23.06.1998, BGBl. I S. 508; es handelt sich bei der Konkretisierung um eine Rechtsverordnung, zu der die Bundesregierung nach § 5 Abs. 4a JArbSchG ermächtigt wurde.

gungsverbote für bestimmte Tätigkeiten in den §§ 22 Abs. 1, 23 Abs. 1, 24 Abs. 1, 25 JArbSchG.

Bei allen Kindern und Jugendlichen müssen vor allem die im Gesetz genannten jeweiligen Tageszeiten von den Arbeitgebern berücksichtigt werden. Zu beachten ist, dass bei mehreren Arbeitgebern die Arbeitszeiten im Sinne des § 4 Abs. 5 JArbSchG zusammengerechnet werden. Weiß der Arbeitgeber, dass das Kind im Rahmen mehrere Sendungen tätig ist, ist es als Absicherung für den Arbeitgeber sinnvoll, wenn er sich von den Eltern des Kindes einen Nachweis hierüber geben lässt.

Diese aufgezeigten Beschäftigungsverbote im JArbSchG wenden sich prinzipiell nur gegen die tatsächliche Beschäftigung. Ist der Vertrag jedoch insgesamt undurchführbar, richten sich diese Verbote auch gegen den Vertrag selbst[288]. § 134 BGB i.V. mit der entsprechenden Norm führt dann zu einem Abschlussverbot. Diese Grundsätze gelten ebenso für arbeitnehmerähnliche Personen. Dies betrifft insbesondere die jugendlichen Moderatoren und Schauspieler. Erneut als Gruppe besonders hervorgehoben sind dabei die Heimarbeiter nach § 1 Abs. 1 Nr. 3 JArbSchG i.V.m. § 2 Abs. 2 HAG. Für die übrigen arbeitnehmerähnlichen Personen eröffnet § 1 Abs. 1 Nr. 3 JArbSchG den Schutzbereich, soweit die „Dienstleistungen, [...] der Arbeitsleistung von Arbeitnehmern [...] ähnlich sind". Bei der Begriffsbestimmung ist dabei die wirtschaftliche Abhängigkeit der Jugendlichen anders als bei den Erwachsenen nicht entscheidend[289]. Das JArbSchG bezweckt vielmehr einen umfassenden Schutz aller erwerbstätiger Kinder und Jugendlicher vor Überforderung und Überanspruchung in der Arbeitswelt, sowohl in seelisch-geistiger als auch in körperlicher Hinsicht[290]. Daher wird nach § 1 Abs. 1 Nr. 3 JArbSchG die Zugehörigkeit zu der Gruppe der arbeitnehmerähnlichen Personen im Sinne des Gesetzes mittels einer tatsächlichen soziologischen Vergleichbarkeit mit der Gruppe der Heimarbeiter oder Arbeitnehmer erreicht[291]. Entscheidend ist dabei, ob eine dritte Person die Bestimmungsgewalt über das Kind oder den Jugendlichen hat und dadurch dessen freie Entwicklung beeinflussen kann. Dazu bedarf es jedoch weder des wirksamen Vertrages oder der Entgeltlichkeit der Tätigkeit292 noch der Weisungsabhängigkeit des Kindes oder Jugendlichen. Letztlich geht der Anwendungsbereich des § 1 Abs. 1 Nr. 3 JArbSchG wohl eher über den Kreis der arbeitnehmerähnlichen Personen hinaus statt ihn einzuschränken.

---

288 *Molitor/Volmer/Germelmann*, § 5 Rn. 54, § 23 Rn. 47, § 25 Rn. 25.
289 *Molitor/Volmer/Germelmann*, § 1 Rn. 44; die Formulierung in § 1 Abs. 1 Nr. 3 JArbSchG dem Terminus der arbeitnehmerähnlichen Person gleichsetzend *Lorenz*, § 1 Rn. 15 ff.
290 *Gröninger/Gering/Taubert*, Einführung Rn. 1.
291 OVG Münster NJW 1987, 1443 ff.; *Gröninger/Gering/Taubert*, § 1 Rn. 25.
292 *Molitor/Volmer/Germelmann*, § 1 Rn. 45; *Gröninger/Gering/Taubert*, § 1 Rn. 25 f.

2. Abschlussverbote aus dem Mutterschutzrecht

Ähnliche Beschäftigungsverbote wie im JArbSchG finden sich in den §§ 3, 4, 6 MuSchG. Auch diese wenden sich prinzipiell gegen die tatsächliche Beschäftigung und lassen die Wirksamkeit des Vertrages unberührt. Die bloße Suspendierung der Beschäftigungspflicht genügt, um dem Schutz der Schwangeren und Mütter nachzukommen. Der Konstruktion als Verbotsgesetze i.S.d. § 134 BGB bedarf es dazu nicht. Vielmehr hat die schwangere Frau bzw. junge Mutter gerade ein Interesse daran, ihr Beschäftigungsverhältnis nach Ablauf des Beschäftigungsverbotes weiter zu führen. Eine andere Beurteilung der rechtlichen Folgen ist auch dann nicht möglich, wenn die Beschäftigte bereits bei Vertragsschluss schwanger war. Zwar beurteilte das BAG in einer Entscheidung aus dem Jahr 1959 einen Arbeitsvertrag nach § 134 BGB i.V.m. § 4 MuSchG als unwirksam, da eine ohne ihr Wissen bereits bei Abschluss des Arbeitsvertrages schwangere Arbeitnehmerin einen Vertrag schloss, nach dem sie nur mit Arbeiten beschäftigt werden kann, die nach § 4 des MuSchG verboten sind[293]. Die Nichtigkeit eines unbefristeten Vertrages aufgrund der Schwangerschaft der Beschäftigten widerspricht nach Ansicht des EuGH jedoch der Richtlinie 76/207/EWG, die eine Benachteiligung von Frauen aufgrund ihres Geschlechts verbietet[294]. Die Schwangere ist nur zeitweilig von der Arbeitspflicht zu befreien[295]. Jede darüber hinausgehende Rechtsfolge führt zu einer gegen Art. 2 Abs. 1 der Richtlinie verstoßenden Benachteiligung der Frau wegen ihres Geschlechts. [296] Nach einer richtlinienkonformen Auslegung führen daher die §§ 3, 4, 6 MuSchG nicht zu einer Nichtigkeit eines unbefristeten Beschäftigungsvertrages. Dies muss auch für arbeitnehmerähnliche Personen gelten, da sich der Geltungsbereich der Richtlinie auf Selbständige erstreckt[297].

Fraglich ist, ob diese Grundsätze bei einem befristeten Beschäftigungsvertrag unter Berücksichtigung des Verhältnismäßigkeitsgrundsatzes bei Herstellung einer praktischen Konkordanz gelten[298]. Diese Abwägung könnte dazu führen, dass das Beschäftigungsverbot dann zu einer Nichtigkeit des gesamten Vertrages führt, wenn die Beschäftigte aufgrund des Beschäftigungsverbotes ihre vertragliche Leistung während der gesamten Laufzeit nicht erfüllen muss. Jedoch widerspricht auch diese Annahme nach der Rechtsprechung des EuGH der Richtlinie 76/207/EWG. Der EuGH spricht dem Diskriminierungsverbot einen generellen Vorrang gegenüber den Interessen des Arbeitgebers zu, so dass der

---

[293] So aber BAG AP Nr. 2 zu § 4 MuSchG.

[294] EuGH Slg. 1994, I-1657 (1676 f.).

[295] EuGH Slg. 1994, I-1657 (1676 f.).

[296] EuGH Slg. 1994, I-1657 (1676 f.).

[297] Siehe Art. 1 I RL 76/207/EWG v. 09.02.1976, ABL. EG Nr. L 39 v. 14.02.1976, S. 40.

[298] Dagegen BAG AP Nr. 2 zu § 4 MuSchG; LAG Berlin BB 1977, 1554 f.; *Stürmer*, NZA 2001, 526 (529 f. m.w.N.); anders *Buchner* in MünchArbR, § 40 Rn 37 m.w.N., der ein Anfechtungsrecht des Arbeitgebers genügen lässt.

Beschäftigungsvertrag auch dann wirksam bleibt, wenn die Beschäftigte während der überwiegenden Vertragslaufzeit aufgrund des Beschäftigungsverbotes nicht arbeiten muss[299].

III. *Abschlussbeschränkungen*

Neben der generellen Frage, ob der Abschluss eines Vertrages möglich ist, kann nach dem Bejahen dieser Frage auch die Wahl des Vertragspartners durch das Gesetz eingeschränkt werden.

1. Verbot der Diskriminierung nach dem AGG

Bei den Bedingungen – einschließlich Auswahlkriterien und Einstellungsbedingungen – für den Zugang zu unselbständiger und selbständiger Erwerbstätigkeit dürfen nach §§ 7, 1, 2 Abs. 1 Nr. 2 AGG keine Benachteiligungen aus Gründen der Rasse, der ethnischen Herkunft, der Religion, der Weltanschauung, einer Behinderung, des Alters oder der sexuellen Identität erfolgen. Somit ist ein umfangreicher Diskriminierungsschutz bei der Einstellung gewährleistet. Zu dem persönlichen Anwendungsbereich des Gesetzes[300] gehören nach § 6 Abs. 1 Nr. 3 AGG ausdrücklich auch die arbeitnehmerähnlichen Personen. Da eine Bewerberin weder unter den Begriff der arbeitnehmerähnlichen Person noch unter den des Arbeitnehmer in dem erst zu beginnenden Vertragsverhältnis fällt, wurde der Kreis des Anwendungsbereichs in § 6 Abs. 1 AGG auch auf die Bewerber für ein Beschäftigungsverhältnis erstreckt. In den Anwendungsbereich mit aufgenommen sind natürlich auch die Vertragspartner der Erwerbstätigen. Leider erfolgte in § 6 Abs. 2 AGG aber nur eine ausdrückliche Aufnahme der Auftraggeber der in Heimarbeit Beschäftigten und die ihnen Gleichgestellten. Jedoch muss der persönliche Anwendungsbereich auf alle Auftraggeber ausgedehnt werden, die arbeitnehmerähnliche Personen beschäftigen, da ansonsten die Bereichsaufnahme der arbeitnehmerähnlichen Person sinnentleert wäre. Der Gesetzgeber kann bei der Formulierung des § 6 Abs. 2 AGG schlicht nur übersehen haben, dass nicht nur der Vertragspartner der Heimarbeiter und der ihnen Gleichgestellten der Auftraggeber ist, sondern dies für alle arbeitnehmerähnlichen Personen zutrifft. Eine Analogie zu § 6 Abs. 2 AGG ist daher zu bejahen.

Für Sachverhalte, die sich vor Inkrafttreten des AGG ereigneten, ist das bis dahin geltende Verbot der geschlechtsbezogenen Benachteiligung des § 611a BGB a.F. relevant.

---

299 EuGH EAS RL 76/207/EWG Art. 5 Nr. 16; dazu sehr kritisch *Stahlhacke*, Anm. zu EuGH, Urt. v. 4.10.2001 EAS RL 76/207/EWG.

300 Das AGG dient der Umsetzung der EU-Richtlinien 2000/43/EG, 2000/78/EG und 2002/73/EG; zu den Umsetzungserfordernissen der Richtlinien siehe *Thüsing*, NZA 2001, 1061 ff.

2. Verbot der geschlechtsbezogenen Benachteiligung nach § 611a BGB a.F.

§ 611a BGB a.F. schränkt die Wahl des Vertragspartners für den Arbeitgeber ein und verpflichtet diesen, ohne Benachteiligung wegen des Geschlechts einzustellen. Die Vorschrift soll tatsächliche Gleichbehandlung von Frauen und Männern im Arbeitsleben verwirklichen. Sie setzt das Gleichbehandlungsgebot der RL 76/207 EWG, neu gefasst durch RL 2002/73/EG, um und konkretisiert zugleich Art. 3 Abs. 2 GG für das Arbeitsrecht. Normadressaten des § 611a BGB a.F. sind auch die Tarifparteien, wie sich aus den Vorgaben der Art. 3 bis 5 der RL 76/207/EWG ergibt. Geschützt werden Beschäftigte beiderlei Geschlechts[301] auch im Auswahlverfahren und bei der Vertragsanbahnung[302]. Benachteiligungen, die erst nach dem Ende des Vertragsverhältnisses entstehen, wie die Verweigerung eines Zeugnisses, sind gleichfalls vom Verbotstatbestand erfasst[303].

Möchte man diese Norm auf arbeitnehmerähnliche Personen anwenden, so scheitert man zunächst am eindeutigen Wortlaut des § 611a BGB a.F., da er den Anwendungsbereich nur für Arbeitnehmer eröffnet. Eine unmittelbare Anwendung ist daher nicht möglich[304]. Betrachtet man die verfassungsrechtlichen und europarechtlichen Grundlagen, findet sich eine derartige Beschränkung auf persönlich abhängig Beschäftigte jedoch nicht. Art. 3 Abs. 2 GG ist ohnehin sehr allgemein gehalten und bietet keinerlei Anlass zu Beschränkungen in Bezug auf die Beschäftigungsform. Auch die Richtlinie 76/207/EWG hat einen weiten Anwendungsbereich und beinhaltet als Schutzzweck auch die geschlechtsbezogene Gleichbehandlung selbständig beruflich Tätiger beim Zugang zur Beschäftigung[305]. Eine ausdrückliche Erstreckung des Anwendungsbereichs auf Selbständige nimmt auch die parallel das Gebot der Gleichbehandlung enthaltene Richtlinie 86/613/EWG vor[306]. Da der Gesetzgeber mit der Kodifizierung des § 611a BGB a.F. nur die Richtlinie umsetzen und zudem die grundrechtliche Wertung des Art. 3 Abs. 2 GG in das einfache Recht transformieren wollte, ist eine analoge Anwendung auf arbeitnehmerähnliche Personen geboten. Vor diesem Hintergrund kann auch der Gedanke, ob das in Art. 3 Abs. 2 und 3 GG enthaltene allgemeine Gebot der Gleichbehandlung zumindest unmittelbar die Auftraggeber der öffentlich-rechtlichen Medienunternehmen bindet, dahinstehen.

---

301 LAG Hamm AP Nr. 15 zu § 611a BGB.

302 So auch *Schlachter* in ErfK, § 611a BGB Rn. 6; *Weidenkaff* in Palandt, § 611a BGB Rn. 2; a.A. *Brechmann*, S. 200, 266 ff. m.w.N.; *Schubert*, S. 193.

303 EuGH AP Nr. 15 zu EWG-RL 76/207.

304 So aber *Linck* in Ascheid/Preis/Schmidt, § 611a BGB Rn. 13.

305 EuGH Slg. 1985, 1459 (1482 f.).

306 Richtlinie v. 11.12.1986, ABl. EG Nr. L 359 v.19.12.1986, S. 56.

3. Fragerecht des Auftraggebers

Der Vertragspartner entscheidet meist nach einem direkten persönlichen Gespräch oder nach der Beurteilung eines Einstellungsfragebogens, ob er mit einem Bewerber einen Vertrag abschließt. Dafür steht dem Auftraggeber ein Fragerecht zu. Dieses ist nötig, da er erst anhand der Kenntnisse über den Bewerber eine Entscheidung hinsichtlich der Chancen und Risiken des Vertragsverhältnisses treffen kann. Um dieses Recht des Auftraggebers nicht zu weit zu fassen, sind ihm nur solche Fragen gestattet, die einen unmittelbaren objektiven Bezug zu dem in Aussicht genommenen Vertragsverhältnis haben[307]. Diese Einschränkung leitet sich aus dem allgemeinen Persönlichkeitsrecht ab und findet ihre Rechtsgrundlage in § 241 Abs. 2, § 311 Abs. 2 Nr. 1 BGB. Da diese allgemeinen Regelungen des Schuldrechts gerade nicht nur bei Arbeitsverhältnissen bzw. bei der Anbahnung Anwendung finden, können sie problemlos auf die arbeitnehmerähnliche Person übertragen werden. Es muss demnach auch bei der Bewerbung einer arbeitnehmerähnlichen Person unter Berücksichtigung der Grundrechte ein Ausgleich zwischen dem Persönlichkeitsschutz des Bewerbers und dem berechtigten Informationsinteresse des Auftraggebers geschaffen werden[308]. Persönliche Angaben, die für das Vertragsverhältnis irrelevant sind, dürfen nicht gestellt werden[309].

Gerade in Fernsehunternehmen ist es relevant, ob der Auftraggeber berechtigt ist, das religiöse oder weltanschauliche Bekenntnis der bei ihm tätigen Erwerbstätigen zu erforschen. Dies ist er nur dann, wenn er sich hinsichtlich der betreffenden Information auf ein berechtigtes, auf die Durchführung des Vertragsverhältnisses bezogenes Interesse stützen kann[310]. In einem Unternehmen, das keinen Tendenzbezug hat, liegt diese Voraussetzung nicht vor, so dass eine entsprechende Frage des Auftraggebers als rechtswidriger Angriff auf das Grundrecht des Arbeitnehmers auf informationelle Selbstbestimmung zu bewerten ist. Tendenzträger in Tendenzunternehmen haben aber die vertragliche Aufgabe, die Politik des Tendenzunternehmens intern mit zu entwickeln und zu begründen sowie dann nach außen zu vertreten. Die Erfüllung dieser Aufgabe setzt voraus, dass die Tendenzträger die Tendenz in der Regel von ihrer eigenen weltanschaulichen, politischen und gewerkschaftlichen Überzeugung her mittragen. Sie würden andernfalls in einen permanenten Widerspruch zwischen ihrer Überzeugung und der vertraglich zu vertretenden Meinung geraten. Es geht dabei nicht um mit dem Vertragsverhältnis nicht zusammenhängende Umstände, sondern um die Feststellung der Qualifikation für den vorgesehenen Aufgabenbereich. Auf tendenzbezogene Fragen muss der Tendenzbewerber demnach un-

---

307 LAG Düsseldorf BB 1972, 706 (706).

308 *Schubert*, S. 199; für das Arbeitsrecht so *Buchner* in MünchArbR, § 41 Rn. 11 ff.

309 Zu der Beurteilung der Zulässigkeit der am häufigsten gestellten Fragen im Einzelnen siehe *Schaub/Koch/Linck*, § 26 Rn. 14 ff.

310 BAG AP Nr. 26, 38 und 40 zu § 123 BGB.

ter Berücksichtigung des Grundsatzes der Verhältnismäßigkeit antworten: es ist ein praktische Konkordanz zwischen Art. 5 Abs. 1 S. 3 GG mit Art. 2 Abs. 1 GG herzustellen. Zu detaillierte oder tendenzferne Fragen muss der auch Bewerber für eine Tendenztätigkeit nicht beantworten. Dazu gehören auch Fragen nach der Intimsphäre oder der Ehre des Bewerbers. Bewirbt sich ein Erwerbstätiger als Sportreporter, ist seine politische Gesinnung für seine spätere Tätigkeit nicht ausschlaggebend. Er entwickelt weder die politische Tendenz des Fernsehunternehmens intern mit, da er an dieser nicht beteiligt ist, noch trägt er diese nach außen, da sein Wirkungsbereich keine politischen Äußerungen bedingt. Ähnlich verhält es sich bei einem Bewerber, der Artikel über Kinofilme und das Leben und Wirken der Prominenten außerhalb des politischen Bereichs verfasst. Steht bei diesen Bewerbern bereits im Zeitpunkt der Bewerbung fest, dass sie in diesem Bereich tätig werden und bleiben, ist eine Frage nach der politischen Orientierung unzulässig. Hingegen ist es offensichtlich, dass diese Frage nach der politischen Orientierung bei einem Reporter zulässig sein muss, dessen Tätigkeit im innen- oder außenpolitischen Bereich liegt. Doch auch bei Tätigkeitsfeldern, die weniger offensichtlich politisch sind, können sich Bezugspunkte ergeben, die ein Fragerecht nach der politischen Orientierung eröffnen. So berichtete ein Reisereporter zwar in erster Linie über die Menschen und die Landschaft eines Landes. Ein Bericht ist jedoch zwangsläufig mit der politischen Situation in dem Land verknüpft, da sich aus dieser Besonderheiten ergeben können, die ein potentieller Besucher des Landes kennen sollte. Eine kritische Äußerung eines Reporters, welche nicht von dem Fernsehunternehmen geteilt wird, verletzt das Unternehmen in seinem Grundrecht aus Art. 5 Abs. 1 S. 3 GG. Um einen derartigen Eingriff zu verhindern, ist ein Fragerecht nach der politischen Ansicht des Bewerbers zulässig. Sehr schwierig wird die Grenzziehung, wenn Fragen nicht eine bestimmte Tendenz, sondern umgekehrt die Unabhängigkeit der Berichterstattung sichern sollen. So wurde bei Wirtschaftsredakteuren nach Nebentätigkeiten und privatem Aktienbesitz gefragt. Dies ist jedoch nur bei signifikanten Interessenkollisionen und in engen Grenzen der Verhältnismäßigkeit zu rechtfertigen[311].

Häufig Gegenstand der Rechtsprechung war in den letzten Jahren die Frage nach einer früheren Tätigkeit für das Ministerium für Staatssicherheit. Diese Frage ist für die Übernahme in den öffentlichen Dienst prinzipiell zulässig[312]. Für Vorgänge, die vor dem Jahre 1970 abgeschlossen waren, ist sie wegen Verletzung des allgemeinen Persönlichkeitsrechts unzulässig[313]. Der öffentliche Auftraggebers hat prinzipiell kein Fragerecht nach früheren Tätigkeiten für das MfS, es sei denn, der Erwerbstätige führt Aufgaben aus, die der öffentlichen Verwaltung

[311] BAG AP Nr. 39 zu § 87 BetrVG Ordnung des Betriebes.

[312] BAG AP Nr. 46 zu § 123 BGB; BAG AP Nr. 8 zu Art. 20 Einigungsvertrag.

[313] BVerfG NJW 1997, 2307; bei einer verschwiegenen besonders schwerwiegenden Mitarbeit für das MfS auch für Tätigkeiten vor 1970 BAG AP Nr. 58 zu § 123 BGB.

zuzurechnen sind oder aber nur mit öffentlich-rechtlichen Aufgaben eng verbunden sind[314]. Eine derartige Zurechnung kommt bei Tendenzträgern in Fernsehunternehmen mangels Bezugs der Tätigkeit zur öffentlichen Verwaltung nicht in Betracht. In privaten Fernsehunternehmen ist ein Fragerecht anzuerkennen, wenn der ehemalige Stasi-Mitarbeiter oder -Informant nach außen in Erscheinung tritt[315].

Stellt der Auftraggeber eine unzulässige Frage, so steht es der arbeitnehmerähnlichen Person grundsätzlich zu, die Antwort zu verweigern. Da der Auftraggeber aus der Nichtbeantwortung seinerseits Schlüsse ziehen kann, muss der arbeitnehmerähnlichen Person für einen effektiven Rechtsschutz darüber hinaus grundsätzlich auch ein Recht zur Lüge bei unzulässigen Fragen zustehen[316]. Nach einer Ansicht in der Literatur steht dem Bewerber in einem Tendenzunternehmen kein Recht zur Lüge zu, wenn ihm eine zwar tendenzgerichtete aber unzulässige Frage gestellt wird[317]. Es sei dem Bewerber zuzumuten, eine für unzulässig gehaltene Frage zurückzuweisen und nicht etwa tendenzkonforme Ansichten oder biographische Details vorzutäuschen. Sinn und Zweck des Rechts auf Lüge ist, dass dem Bewerber aus einer unzulässigen Frage und dessen Zurückweisung keine negativen Folgen erwachsen. Es steht daher allen Bewerbern zu, denen eine unzulässige Frage gestellt wird. Weshalb bei Bewerbern für eine Tätigkeit in einem Tendenzunternehmen eine Einschränkung des Grundsatzes vorgenommen wird, ist nicht nachvollziehbar und auch nicht mit der grundrechtlichen Relevanz erklärbar. Wird ein Bewerber für die Tätigkeit als Sportreporter nach seiner politischen Orientierung gefragt, muss es ihm freistehen, eine wahrheitswidrige tendenzkonforme Antwort zu geben. Könnte er die Frage nur zurückweisen, besteht gerade die Standardsituation des Bewerbungsgesprächs, für die das Recht auf Lüge entwickelt wurde: der Auftraggeber kann aus dem Verweigern der Antwort Schlüsse ziehen. Für den Bewerber in Tendenzunternehmen stellt sich die Situation aber nicht anders da als für einen Bewerber, der sich in einem tendenzneutralen Unternehmen bewirbt: ihm wird eine Frage nach der politischen Einstellung gestellt, die nicht gerechtfertigt ist. Warum dann beide Fälle unterschiedlich gehandhabt werden sollen, ist nicht erkennbar. Der einzige Unterschied besteht darin, dass es in dem Tendenzunternehmen Bewerber gibt, denen Fragen nach der politischen Ansicht gestellt werden können, wenn sie sich denn auf eine Stelle bewerben, bei der dies relevant ist. Dies rechtfertigt aber keine Differenzierung. Jeder Bewerber für die Tätigkeit in einem Tendenzunternehmen wie dem Fernsehunternehmen wäre bereits an sich schlechter gestellt, nur weil Tendenzträger in dem Unternehmen Tendenzen verwirklichen.

---

314 BAG EzA Nr. 191 zu § 626 BGB n.F.

315 So für Tendenzunternehmen allgemein Fitting, § 94 Rn. 18; Wohlgemuth, AuR 1992, 46, (48 f.).

316 *Schubert*, S. 202; für das Arbeitsrecht siehe statt aller *Dieterich in* ErfK, Art. 2 GG Rn. 98.

317 *Dieterich* in ErfK, Art. 5 GG Rn. 73, jedoch ohne Begründung.

Eine derartige Einschränkung lässt sich jedoch mit dem Persönlichkeitsrecht des Bewerbers, das im Rahmen der praktischen Konkordanz zu beachten ist, nicht vereinbaren. Der Bewerber muss gerade nicht seine politische Ansicht preisgeben, wenn diese für die Tätigkeit nicht maßgeblich ist. Er gibt sie indirekt jedoch doch kund, wenn er die Frage nur zurückweist. Dieser Eingriff in das Persönlichkeitsrecht ist nicht durch Art.5 Abs. 1 S. 3 GG gerechtfertigt. Der Tendenzunternehmer hat kein berechtigtes Interesse daran, die politische Einstellung eines Bewerbers zu erfahren, der bei seiner potentiellen späteren Tätigkeit weder die Tendenz des Unternehmens intern mitgestaltet noch nach außen trät. Es bleibt daher auch bei Bewerbern in Tendenzunternehmen bei dem Grundsatz: Wenn die politische Orientierung für die konkrete Stelle nicht maßgeblich ist, ist die Frage unzulässig und dem Bewerber steht ein Recht zur Lüge zu.

Als Rechtsfolge einer unzulässigen Frage des Auftraggebers stehen der arbeitnehmerähnlichen Person Schadenersatzansprüche aus §§ 280, 311 Abs. 2 Nr. 1, 241 Abs. 2 sowie aus §§ 823, 253 Abs. 2 BGB zu. Von weitaus größerer praktischer Bedeutung ist hingegen die Möglichkeit einer Anfechtung des Vertragsverhältnisses für den Auftraggeber nach §§ 119 II, 123 BGB bei einer unvollständigen oder wahrheitswidrigen Beantwortung seiner Frage. Ist die Frage des Auftraggebers unzulässig, scheitert eine Anfechtung nach § 119 II BGB jedoch an der fehlenden Verkehrswesentlichkeit der Eigenschaft, da der unmittelbare Bezug zum Vertragsverhältnis fehlt. Der Anfechtungsmöglichkeit nach § 123 BGB fehlt es bei einer unzulässigen Frage an der Widerrechtlichkeit der wahrheitswidrigen Auskunft. Ferner berechtigt sie den Auftraggeber zu einer außerordentlichen Kündigung[318].

Liegt hingegen eine wirksame Anfechtung vor, so stellt sich die Frage, ob dies zu der Rechtsfolge der ex-tunc Nichtigkeit des Vertragsverhältnisses und einer sich anschließenden Rückabwicklung über das Bereicherungsrecht führt. Im Arbeitsrecht verneint man eine ex-tunc Wirkung der Anfechtung nach § 142 BGB. Es bestand für die Zeit nach Dienstaufnahme vielmehr ein fehlerhaftes Arbeitsverhältnis, das grundsätzlich nicht mehr rückwirkend beseitigt werden kann. Die Anfechtung führt demnach nur zu einer ex-nunc Nichtigkeit des Vertragsverhältnisses, so dass die bereits erbrachten Leistungen nicht der Rückabwicklung unterliegen. Die Rückabwicklung nach dem Bereicherungsrecht ist unbillig, da die Arbeitsleistung als solche nicht herausgegeben werden kann und der Wertersatz nach § 818 Abs. 2 BGB eventuell geringer ausfällt als der vereinbarte Lohn[319]. Diese Grundsätze müssen auch für das Vertragsverhältnis der arbeitnehmerähnlichen Person gelten[320]. Dehnt man wie das BAG den Anwendungsbereich der Grundsätze des fehlerhaften Vertrages sogar auf einen nichti-

[318] BAG AP Nr. 2, 3, 4 zu § 119 BGB; BAG AP Nr. 65 zu § 626 BGB.
[319] Siehe zu diesem Problemkreis statt vieler *Schaub/Koch/Linck*, § 35 Rn. 34 f.
[320] So auch *Schubert*, S. 205.

gen Vertrag eines GmbH-Geschäftsführers aus[321], so steht einer Anwendung auf arbeitnehmerähnliche Personen nichts entgegen. Wie der GmbH-Geschäftsführer ist auch die arbeitnehmerähnliche Person vor den unbilligen Folgen der Anwendung der §§ 812 ff. BGB zu schützen. Dies gilt für auf werkvertraglicher Basis Verpflichtete gleichermaßen wie auf dienstvertraglicher Basis Tätige. Insbesondere bei Werken, die aufgrund ihrer Beschaffenheit nicht zurückgegeben werden können, ist eine Modifikation der Rückabwicklung unabdingbar. So kann im Fernsehbereich eine bereits fertig gestellte Reportage oder ein fertig gestelltes Programm nach der Ausstrahlung nicht zurückgegeben werden, da sich der Sinn dieser abgeschlossenen Werke mit der Ausstrahlung zumindest zu einem Teil erschöpft.

Hat der Beschäftigte den Vertrag durch arglistige Täuschung erschlichen, ist er nicht schutzwürdig. Er kann nicht darauf vertrauen, dass das Vertragsverhältnis auch für die Zeit, in der es nicht mehr praktiziert worden ist, bis zur Anfechtungserklärung des Arbeitgebers als rechtsbeständig behandelt wird[322]. Der typische Fall dieses Vertragsverhältnisses, das außer Vollzug gesetzt wurde, ist die Krankheit des Erwerbstätigen. Wendet man die Lehre vom fehlerhaften Vertrag in diesem Fall an, erhält der Erwerbstätige gleichwohl einen Lohnanspruch[323]. Der Auftraggeber, der nur durch eine arglistige Täuschung des Erwerbstätigen zu dessen Einstellung bewogen worden ist, bezahlt den Erwerbstätigen ohne Gegenleistung. Verneint man eine Abwicklung nach Bereicherungsrecht aber auch aus Billigkeitsgesichtspunkten, so greifen diese bei einem arglistig Täuschenden Erwerbstätigen in diesem Fall nicht ein. Der Erwerbstätige erbringt in dieser Zeit keine Arbeitsleistung. Dann bestehen auch keine Rückabwicklungsschwierigkeiten, die als Argument gegen eine Abwicklung nach Bereicherungsrecht herangezogen werden könnten. In einem solchen Fall ist die Lehre vom fehlerhaften Vertrag nicht anzuwenden und der Vertrag nach Bereicherungsrecht abzuwickeln[324]. Dass der Erklärende bei einer arglistigen Täuschung vor den Rückwirkungen der Anfechtung nicht geschützt werden soll, kommt auch in der Regelung des § 122 BGB zum Ausdruck; danach entsteht bei einer arglistigen Täuschung kein Anspruch auf Ersatz des Vertrauensschadens, wenn der andere Teil die Anfechtung erklärt.

Ficht der Auftraggeber wegen widerrechtlicher Drohung des Erwerbstätigen an, ist der Erwerbstätige ebenfalls nicht schutzwürdig. Dies gilt unabhängig davon, ob das Vertragsverhältnis teilweise außer Vollzug gesetzt wurde oder nicht. In

---

[321] BGHZ 41, 282 (286 ff.).

[322] So für das Arbeitsrecht BAG AP Nr. 49 zu § 123 BGB; zu dem Streitstand, wann eine Rückabwicklung nach Bereicherungsrecht vorzunehmen ist, siehe *Richardi* in Staudinger § 611 Rn. 234 ff.

[323] Bei einer arbeitnehmerähnlichen Person etwa aus § 616 BGB, siehe dazu noch ausführlich unten § 3E.II.2.c)(d).

[324] BAG AP Nr. 49 zu § 123 BGB.

diesem Fall ist es nicht gerechtfertigt, dass der Anfechtungsgegner die Früchte behalten darf, die er sich durch widerrechtliche Drohung verschafft hat[325]. Beachtet man, dass die Beschränkung der Nichtigkeitsfolge contra legem ist, bedeutet die Wiederherstellung der Rückwirkung nichts anderes, als dass die vom Gesetz bestimmte Rückwirkung der Nichtigkeitsfolge sachgerecht ist, wenn der Erwerbstätige wegen seines Verhaltens keinen Schutz verdient[326].

Ferner ist die arbeitnehmerähnliche Person nicht schutzwürdig, wenn der Vertrag mit dem Auftraggeber noch nicht lange bestanden hat. Als Maßstab ist hier erneut von einer Mindestdauer des Vertrages von einem Jahr auszugehen. Die Lehre vom fehlerhaften Vertrag wird demnach nur angewendet, wenn die Arbeitnehmerähnlichkeit der Person bereits feststeht, wenn der Auftraggeber die Nichtigkeit des Vertrages geltend gemacht hat.

4. Nachweisgesetz

Eine Abschlussbeschränkung könnte auch durch die Anforderungen nach dem NachwG vorliegen. Die wesentlichen Vertragsbedingungen eines Arbeitsverhältnisses müssen nach § 2 NachwG, deren Änderungen nach § 3 NachwG von dem Arbeitgeber zwingend schriftlich niedergelegt werden. Allerdings wird weder die Begründung des Arbeitsverhältnisses noch dessen materieller Inhalt durch das NachwG an eine Formvorschrift gebunden. Der Nachweis dient der Beweissicherung. Zivilrechtlich drohen dem Arbeitgeber bei Nichteinhaltung der Vorschriften in erster Linie Erfüllungsansprüche und vertragliche Schadensersatzansprüche[327]. Arbeitnehmerähnliche Personen werden vom Anwendungsbereich des NachwG wie auch von der dem NachwG zugrunde liegenden Nachweis-RL (Richtlinie 91/533/EWG v. 18.10.1991) nicht erfasst[328], obwohl gerade bei diesen Erwerbstätigen ein Schutzbedürfnis offensichtlich ist. Jedoch muss von einer bewussten Gesetzeslücke ausgegangen werden, da zur Zeit der Verabschiedung des Gesetzes im Jahre 1995 die Gruppe dieser Erwerbstätigen durchaus bekannt war[329].

IV. *Zusammenfassung zu D*

Bei der Begründung des Vertragsverhältnisses unterliegt die Abschlussfreiheit des Auftraggebers trotz der sozialen Schutzbedürftigkeit der arbeitnehmerähnlichen Person nur wenigen Einschränkungen. Ein Kontrahierungszwang durch das

---

325 Statt vieler *Richardi* in Staudinger, § 611 Rn. 245.

326 *Richardi* in Staudinger, § 611 Rn. 244.

327 Ausführlich zu den Rechtsfolgen siehe *Preis* in ErfK, Einf. NachwG Rn. 11 ff.

328 So auch LAG Köln ZTR 2000, 515.

329 Für den Bereich der Heimarbeit gelten besondere Unterrichtungspflichten nach §§ 7a, 9 HAG.

Schwerbehindertenrecht besteht nicht. Ein solches ergibt sich nur im Ausnahmefall aus den wettbewerbsrechtlichen Regelungen der §§ 20, 33 GWB bei absoluter Marktbeherrschung durch den Auftraggeber, wobei dies jedoch in der heutigen Fernsehlandschaft nicht zu finden ist, sowie aus § 826 BGB, wobei eine diese Norm bejahende Situation im heutigen Medienbereich ebenfalls nicht vorstellbar ist. Als anzuwendende Abschlussverbote bestehen indessen die Vorschriften zum Schutz der Kinder und Jugendlichen nach §§ 5 Abs. 1, 22 Abs. 1, 23 Abs. 1, 24 Abs. 1 und 25 JArbSchG. Auch das Verbot der geschlechtsbezogenen Benachteiligung findet auf arbeitnehmerähnliche Personen analog Anwendung, so dass auch diese Norm zu einem Abschlussgebot führen kann. Eine Anwendung der §§ 3, 4, 6 MuSchG führt sowohl bei unbefristeten als auch bei befristeten Verträgen nur zu einer Suspendierung der Beschäftigungspflicht, ein Abschlussverbot eines Vertrages beinhalten sie hingegen nicht.

In der Auswahl des Vertragspartners ist der Tendenzunternehmer insoweit wenig eingeschränkt als ihm ein sehr umfassendes Fragerecht zusteht. Das Tendenzunternehmen hat als Auftraggeber ein weitergehendes Fragerecht als der tendenzneutrale Auftraggeber, soweit die Beantwortung dieser Fragen mit der Tendenz des Unternehmens im Zusammenhang steht. Eine Anfechtung des Vertragsverhältnisses kann daher bei tendenzbezogenen Unternehmen auch aufgrund der Falschbeantwortung einer Frage nach der politischen oder religiösen Gesinnung erfolgen. Dem Erwerbstätigen steht aber bei unzulässigen Fragen, auch wenn sie tendenzbezogen sind, ein Recht zur Lüge zu. Die Rückabwicklung eines angefochtenen Schuldverhältnisses erfolgt gemäß der Lehre vom fehlerhaften Vertrag nicht nach den §§ 812 ff. BGB. Dies gilt jedoch nur dann, wenn die arbeitnehmerähnliche Person schutzwürdig ist. Dafür muss u.a. die Geschäftsbeziehung im Zeitpunkt der Anfechtungserklärung zu dem Auftraggeber schon für eine gewisse Dauer bestanden haben, ansonsten erfolgt die Rückabwicklung über das Bereicherungsrecht.

E. Inhalt des Vertragsverhältnisses

Besteht ein Vertragsverhältnis zwischen einer arbeitnehmerähnlichen Person und einem Auftraggeber, erwachsen aus dem Schuldverhältnis für beide Vertragspartner Pflichten. Bei der Beurteilung dieser Pflichten sind stets die wirtschaftliche Abhängigkeit der arbeitnehmerähnlichen Person und die daraus resultierende Schutzbedürftigkeit zu beachten.

I. *Hauptpflichten der arbeitnehmerähnlichen Person*

Durch den Vertrag wird zum einen festgelegt, welche Form der Erwerbstätigkeit vorliegt, also ob ein erfolgsabhängiger Werkvertrag, ein Auftrag oder eine Geschäftsbesorgungsvertrag oder ein erfolgsunabhängiger Dienstvertrag geschlossen wird. Zum anderen wird auch die konkrete Tätigkeit des Erwerbstätigen näher spezifiziert. Diese Pflicht der Beschäftigung aus dem Vertrag kann jedoch in bestimmten Situationen beschränkt sein oder er kann davon befreit werden. Ferner sind auch Konstellationen denkbar, in denen der arbeitnehmerähnlichen Person ein Leistungsverweigerungsrecht bezüglich ihrer Leistungspflicht zusteht.

1. Beschränkungen und Konkretisierungen der vertraglich vereinbarten Leistungspflicht

Die Gestaltungsfreiheit der Vertragsparteien hinsichtlich der Leistungspflicht der arbeitnehmerähnlichen Person unterliegt einigen Beschränkungen. Diese Beschränkungen führen jedoch entweder zur Nichtigkeit oder Teilnichtigkeit des Vertrages (so §§ 5, 8, 22-25 JArbSchG) oder sie suspendieren nur die tatsächliche Beschäftigung und lassen die vertraglich vereinbarte Leistungspflicht unberührt (so §§ 3, 4, 6 MuSchG und §§ 9-19 JArbSchG). Als tatsächliche Schranken der vertraglich vereinbarten Leistungspflicht der arbeitnehmerähnlichen Person existieren nur die vertragliche Inhaltskontrolle und das Arbeitszeitrecht.

a) *Allgemeine Geschäftsbedingungen*

Neben der wettbewerbsrechtlichen Inhaltskontrolle[330] spielt insbesondere auch die Inhaltskontrolle der allgemeinen Geschäftsbedingungen der Verträge eine wichtige Rolle.

Die Inhaltskontrolle nach §§ 305 ff. BGB ist mittlerweile Teil des Verbraucherschutzrechts. Im Umkehrschluss aus § 310 Abs. 1 und 3 BGB ergibt sich, dass die AGB-Kontrolle nicht auf Verbraucher i.S.d. § 13 BGB beschränkt ist, sondern auch Verträge mit Unternehmern davon erfasst werden. Demnach kann eine Inhaltskontrolle auch bei Verträgen von arbeitnehmerähnlichen Personen durchgeführt werden[331]. Dem steht nicht entgegen, dass die Verträge der arbeitnehmerähnlichen Person zusätzlich noch einer Inhaltskontrolle nach § 242 BGB unterliegen[332]. Die §§ 305 ff. BGB sind für vorformulierte Vertragsbedingungen gegenüber der allgemeinen Regelung des § 242 BGB legi speciali und damit vorrangig zu prüfen.

Die allgemeinen Geschäftsbedingungen sind jedoch trotz der prinzipiellen Anwendbarkeit der §§ 305 ff. BGB nur anhand des § 307 BGB zu kontrollieren. Arbeitnehmerähnliche Personen sind Unternehmer i.S.d. § 14 BGB, so dass nach § 310 Abs. 1 S. 1 BGB die §§ 305 Abs. 2 und 3, 308, 309 BGB nicht gel-

---

[330] Dazu ausführlich *Schubert*, S. 214 ff.

[331] So zum AGBG *Roth*, BB 1987, 977 (981 f.); *Brandner* in Ulmer/Brandner/Hensen, Einl. Rn. 28, 29 m.w.N.

[332] So aber *Fastrich*, S. 249 f.

ten[333]. Man könnte eine Bejahung der Unternehmereigenschaft der arbeitnehmerähnlichen Person zwar mit dem Argument verneinen, dass sie aufgrund ihrer strukturellen Unterlegenheit gegenüber dem Auftraggeber eher einem Verbraucher im Sinne des § 13 BGB ähneln[334]. Dies widerspricht jedoch zum einen dem Wortlaut der §§ 13, 14 BGB. Zum anderen macht es auch eine sichere Zuteilung zu der Gruppe der Verbraucher oder Unternehmer derart kompliziert, dass diese Vorgehensweise praktisch nicht handhabbar ist. Ferner führt eine komplette Anwendung der Verbraucherschutzvorschriften eindeutig zu weit. Auch bei einem Arbeitnehmer ist die Verbrauchereigenschaft im Sinne des § 13 BGB nicht prinzipiell zu bejahen[335]. So differenziert das BAG zwischen den Verbraucherschutzvorschriften und bejaht z.B. die Verbrauchereigenschaft im Sinne des § 310 Abs. 3 BGB[336], ließ aber die Verbrauchereigenschaft im Sinne des § 288 Abs. 2 BGB[337] und § 312 BGB ausdrücklich offen[338]. Würde man nun im Gegensatz zu den Arbeitnehmern bei der arbeitnehmerähnlichen Person die Verbrauchereigenschaft im Ganzen bejahen, würden diese selbständigen Erwerbstätigen einen weiteren Schutz genießen als die persönlich abhängigen Erwerbstätigen. Diese Unbilligkeit lässt sich mit dem Arbeitnehmerschutz gar nicht vereinbaren. Auch eine nur partielle Anwendung der Verbraucherschutzvorschriften wie z.B. des § 310 Abs. 3 BGB kommt nicht in Betracht. Der Abschluss eines Vertrages dient der arbeitnehmerähnlichen Person im Rahmen ihrer beruflichen Beschäftigung gerade ihrer selbständigen beruflichen Tätigkeit im Sinne des § 13 BGB. Der arbeitnehmerähnliche Erwerbstätige fällt damit bereits nach dem eindeutigen Wortlaut nicht unter die Legaldefinition. Demnach erfolgt die Inhaltskontrolle der Vertragsbedingungen nicht anhand der § 305 ff i.V.m. § 310 Abs. 3 BGB, sondern nur anhand des § 307 BGB, d.h. anhand einer Abwägung der Interessen der Parteien unter Berücksichtigung von Treu und Glauben. Dabei beurteilt sich die Unangemessenheit nach § 307 Abs. 3 BGB insbesondere danach, inwieweit die vertragliche Vereinbarung von den Vorgaben der Rechtsnormen abweicht.

Problematisch ist, ob bei dieser Kontrolle die „Besonderheiten des Arbeitsrechts“ im Sinne des § 310 Abs. 4 S. 2 BGB zu berücksichtigen sind. Bisher war

---

[333] In Bezug auf § 305 Abs. 2 und 3 BGB die Anwendbarkeit auf arbeitnehmerähnliche Personen bejahend *Preis* in ErfK § 305-310 Rn. 13.

[334] *Brandner* in Ulmer/ Brandner/ Hensen, § 24a Rn. 23.

[335] Die Verbrauchereigenschaft verneinend *Bauer*, NZA 2002, 169 (171); *Hromadka*, NJW 2002, 2523 (2524); *Lieb*, FS Ulmer, S. 1231 (1236); *Löwisch*, NZA 2001, 465 (466); *Rieble/Klumpp*, ZIP 2002, 2153 (2155); die Verbrauchereigenschaft befürwortend dagegen *Müller-Glöge* in ErfK § 620 BGB Rn. 13; *Däubler*, NZA 2001, 1329 (1333 f.); *Preis*, Sonderbeilage NZA 16/2003, 19 (23 f.); *Reinecke*, DB 2002, 583 (587); *Singer*, RdA 2003, 194 (195).

[336] BAG AP Nr. 1 zu § 310 BGB; BAG NZA 2006, 423 ff.; BAG AP Nr. 8 zu § 6 ArbZG.

[337] BAG AP Nr. 9 zu § 55 InsO.

[338] BAG AP Nr. 1 zu § 312 BGB.

die Anwendung der Bereichsausnahme nach dem AGBG auf arbeitnehmerähnliche Personen streitig[339]. Nachdem die Kontrolle der Allgemeinen Geschäftsbedingungen nunmehr auch im Arbeitsvertragsrecht durchzuführen ist, können nach dem eindeutigen Wortlaut des § 310 Abs. 4 S. 2 BGB die Besonderheiten des Arbeitsrechts bei den Vertragsverhältnissen der arbeitnehmerähnlichen Personen nicht mehr berücksichtigt werden. Unabhängig von der vor der Integration der AGB-Kontrolle in das BGB streitigen Frage, ob der gesetzliche Schutzmechanismus der arbeitnehmerähnlichen Personen als „Besonderheiten des Arbeitsrechts" zu qualifizieren ist, findet eine derartige Berücksichtigung nur bei Arbeitsverträgen Anwendung[340]. Da es sich bei einem Vertrag zwischen einer arbeitnehmerähnlichen Person und einem Auftraggeber um einen oder mehrere Dienstverträge, Werkverträge oder Aufträge[341] handelt, aber nicht um einen Arbeitsvertrag, wird dieser Streit zu Recht als erledigt beurteilt[342].

Die auf das Vertragsverhältnis kraft beiderseitiger Tarifbindung anwendbaren Tarifverträge unterfallen nach § 310 Abs. 4 S. 1 BGB ebenso wie alle anderen Rechtsnormen denknotwendig nicht der Inhaltskontrolle nach §§ 305 ff. BGB[343]. Finden die tarifvertraglichen Regelungen kraft individualrechtlicher Bezugnahme Anwendung, unterliegen diese Normen nach § 310 Abs. 4 S. 3 BGB nur einer eingeschränkten Kontrolle. Insoweit ist jedoch zwischen Global-, Einzel- und Teilverweisungen zu unterscheiden[344].

Das Recht, gegen die allgemeinen Vertragsbedingungen vorzugehen, steht neben der arbeitnehmerähnlichen Person auch deren rechtsfähigen Interessenvertretungen nach § 3 Abs. 1 Nr. 2 und 3 UKlaG zu.

b) *Zivilrechtliche Inhaltskontrolle*

Neben der wettbewerbsrechtlichen und der AGB-Kontrolle ist als dritte Möglichkeit der Inhaltskontrolle die auf der Grundlage der zivilrechtlichen Generalklauseln fußende zivilrechtliche Inhaltskontrolle anerkannt. Es gibt jedoch nur beschränkte zivilrechtliche Vorgaben durch die Rechtsordnung, da die Privatautonomie und damit die individuelle Selbstbestimmung der Vertragspartner ausreichend berücksichtigt werden muss[345]. Grundgedanke und Voraussetzung

[339] Zu dem Meinungsstand siehe *Basedow* in MüKo-BGB, § 310 BGB Rn. 98; offenlassend BGH NJW 1984, 1112.

[340] Zu der Frage, ob auch Aufhebungsverträge von § 310 Abs. 4 . 2 BGB erfasst sind, siehe *Thüsing*, BB 2002, 2666, 2669.

[341] Zu den möglichen Vertragstypen siehe noch ausführlich unten § 4B.I.1.

[342] *Rolof* in Erman, § 310 Rn. 31; dazu auch *Thüsing*, BB 2002, 2666, 2669.

[343] Betriebsvereinbarungen und Dienstvereinbarungen, die nach § 310 Abs. 4 S. 3 BGB ebenfalls als Rechtsnormen anzusehen sind, gelten meist nicht für arbeitnehmerähnliche Personen, zu der Anwendbarkeit der betrieblichen Mitbestimmung siehe oben § 3C.

[344] Dazu umfassend *Preis* in ErfK, §§ 305-310 Rn. 16 ff.

[345] BVerfGE 81, 242 (260); *Söllner*, RdA 1989, 144 (146).

der Selbstbestimmungsfreiheit der Parteien ist jedoch die Überlegung, dass zwei gleichstarke Vertragspartner sich gegenüberstehen. Ansonsten besteht die Gefahr, dass das überlegene Privatrechtssubjekt den Vertrag und die Vertragsbindung der anderen Partei zur einseitigen Durchsetzung seiner Interessen ausnutzt. In dem Verhältnis der arbeitnehmerähnlichen Person zu ihrem Auftraggeber besteht jedoch keine Parität der Vertragspartner. Die arbeitnehmerähnliche Person ist wegen ihrer wirtschaftlichen Abhängigkeit gegenüber dem Auftraggeber strukturell unterlegen. Besteht wie in diesem Fall nun ein Übergewicht einer Partei, kann die Inhaltskontrolle dazu beitragen, dieses Übergewicht auszugleichen und dadurch zu beseitigen. Demnach ist das Selbstbestimmungsrecht der Parteien als immanente Schranke der Vertragsfreiheit anzusehen[346]. Ist das Selbstbestimmungsrecht durch eine strukturelle Unterlegenheit gestört, ist auch ein Eingriff in die Privatautonomie der überlegenen Partei durch eine vertragliche Inhaltskontrolle möglich. Dabei ist die allgemeine zivilrechtliche Inhaltskontrolle als Schutz- und Kompensationsinstrument so auszugestalten, dass sie in privatrechtskonformer Weise die Schwächen des liberalistischen Vertragmodells ausgleicht[347].

Verfassungsrechtlich rechtfertigt sich die zivilrechtliche Kontrolle durch Art. 12 GG. Die grundsätzlich bestehende Vertragsfreiheit der Parteien beruht zwar auf dem Prinzip der Selbstbestimmung, sie setzt aber voraus, dass auch die Bedingungen für eine Selbstbestimmung vorliegen. Der Gesetzgeber ist daher gehalten, zum Schutz der arbeitnehmerähnlichen Person und deren Selbstbestimmung zu intervenieren[348]. Als Rechtsgrundlage dient der zivilrechtlichen Kontrolle dabei zum Teil die Generalklausel des § 138 BGB. Insbesondere § 138 Abs. 2 BGB berücksichtigt dabei auch die individuelle Unfähigkeit eines Vertragspartners zur Selbstbestimmung[349]. Die Norm erfasst in ihren Auswirkungen jedoch nur die rechts- und sozialethischen Außengrenzen der Privatrechtsordnung. § 242 BGB betrifft hingegen konkret die inhaltliche Ausgestaltung des Schuldverhältnisses. Dies zeigt sich auch in dem Umstand, dass § 242 BGB vor der Einführung des AGBG dazu diente, eine Kontrolle der Allgemeinen Geschäftsbedingungen zu ermöglichen[350]. § 242 BGB korrigiert somit primär das strukturelle Ungleichgewicht der Parteien[351], § 138 BGB greift nur ein, wenn der Ver-

---

346 BVerfGE 81, 242 (255); *Wolf*, S. 10.

347 BVerfGE 89, 214 (233).

348 So für das Handelsvertreterrecht BVerfG E 81, 242 (255); *Höfling*, S. 55 ff. m.w.N.; die verfassungsrechtliche Rechtfertigung der zivilrechtlichen Inhaltskontrolle verneinend aber *Zöllner*, AcP 196 (1996), 1 (2 ff.); *Adomeit*, NJW 1994, 2467 (2467 f. m.w.N.).

349 *Fastrich*, RdA 1997, 65 (67 f.).

350 BGHZ 22, 90 (94 f.); 41, 151 (154); 60, 243 (245); auch die vertragliche Inhaltskontrolle im Arbeitsrecht fußte bis zur Neuregelung der Bereichsausnahme in § 310 Abs. 4 S. 1 BGB auf § 242 BGB, dazu BAG AP Nr. 1, 2 zu § 305 BGB Inhaltskontrolle.

351 BGHZ 22, 90 (97 f.); 60, 243 (245); 65, 364 (365); 71, 167 (169); *Fastrich*, RdA 1997, 65 (71, 73 f.); anders aber noch *Fastrich*, S. 70 ff.

tragsinhalt die Grenze der Sittenwidrigkeit überschreitet. § 315 BGB hat daneben bei der Inhaltskontrolle des Vertrages keinen Anwendungsbereich, da die Norm nur die Unangemessenheit der Ausübung der vertraglich bereits eingeräumten Rechte verhindern soll. Diese Norm greift daher erst in dem nächsten Schritt der Beurteilung der Ausübung des Vertragsverhältnisses ein, nicht jedoch bei der Vertragsgestaltung selbst.

Die damit maßgeblich an § 242 BGB orientierte inhaltliche Kontrolle des Vertragsverhältnisses beginnt jedoch erst, wenn die wirtschaftliche Abhängigkeit des Erwerbstätigen besteht. Eine solche kann erst entstehen, wenn der Erwerbstätige eine gewisse Dauer für einen Auftraggeber tätig ist, bei nur kurzfristigen Vertragsverhältnissen besteht keine besondere wirtschaftliche Abhängigkeit gegenüber einem Auftraggeber. Erst dann kann aufgrund dieser wirtschaftlichen Abhängigkeit ein strukturelles Untergewicht des Erwerbstätigen bestehen, dass durch eine zivilrechtliche Inhaltskontrolle ausgeglichen werden muss. Dies bedeutet, dass die vornehmlich an § 242 BGB orientierte Prüfung bei dem ersten Vertragsschluss des Erwerbstätigen nur dann durchzuführen ist, wenn ein unbefristetes Dauerschuldverhältnis mit dem Auftraggeber eingegangen wird. Alle Beschäftigten, die wiederholt Werkverträge oder befristete Dauerschuldverhältnisse mit dem Auftraggeber abschließen, müssen hingegen mindestens seit einem Jahr an den Auftraggeber gebunden sein, bevor sie als arbeitnehmerähnliche Person gelten. Erst nach Erreichen dieses Zeitraumes kann daher eine zivilrechtliche Kontrolle des Vertragsinhaltes erfolgen. Der Maßstab dieser inhaltlichen Kontrolle ist dem der AGB-Kontrolle ähnlich. Soweit Verbraucher betroffen sind, reagiert die AGB-Kontrolle ebenfalls auf ein typisches Machtungleichgewicht zwischen den Vertragsparteien und gewährt ihnen einen sozialstaatlichen Schutz. Auch die Kontrolle der Arbeitsverträge erfolgt nach dieser Richtschnur[352]. Für die ebenfalls sozial schutzbedürftigen arbeitnehmerähnlichen Personen ist daher ebenso vorzugehen. Der Maßstab der zivilrechtlichen Inhaltskontrolle ist daher an die §§ 307 Abs. 1, Abs. 2, 310 Abs. 3 BGB anzulehnen. Nichts desto trotz verbleibt neben der Überprüfung nach den §§ 305 ff. BGB für die zivilrechtliche Inhaltskontrolle noch ein eigener Anwendungsbereich, da sie anders als die Kontrolle nach §§ 305 ff. BGB auch die Prüfung der individualvertraglichen Vereinbarungen umfasst. Die zivilrechtliche Inhaltskontrolle wird auch nicht durch die Arbeitnehmerschutzgesetze und das Tarifvertragsrecht ausgeschlossen, soweit die arbeitnehmerähnliche Person mit darin eingeschlossen ist[353]. Zwar dienen auch diese Gesetze dem Ausgleich der strukturellen Unterlegenheit der arbeitnehmerähnlichen Person. Jedoch gelten die Arbeitnehmerschutzgesetze zum einen nur vereinzelt für arbeitnehmerähnliche

---

[352] So auch *Wolf*, RdA 1988, 270 (273).

[353] Für arbeitnehmerähnliche Personen so *Schubert*, S. 251; für das Verhältnis Arbeitnehmer zu Arbeitgeber *Fastrich*, S. 201; *Dieterich*, NZA 1996, 673 (675).

Personen, zum anderen passen sich diese Gesetze den Veränderungen der Wirklichkeit und insbesondere der Kautelarpraxis nicht an[354].

Ergibt sich nach einer zivilrechtlichen Inhaltskontrolle eine unangemessene Benachteiligung der arbeitnehmerähnlichen Person, so führt dies als Rechtsfolge zu der Unwirksamkeit der vertraglichen Vereinbarung, wobei § 139 BGB anzuwenden ist. Dadurch entstehende Vertragslücken werden durch die ergänzende Vertragsauslegung und das dispositive Gesetzesrecht gefüllt, insbesondere die Schutzpflichten nach § 241 Abs. 2 BGB gewährleisten den Schutz der Interessen der arbeitnehmerähnlichen Person. Eine geltungserhaltende Reduktion der vertraglichen Regelung ist abzulehnen[355], eine Vertragsanpassung ist nur unter den Voraussetzungen des § 313 BGB möglich.

c) *Arbeitszeitregelungen*

Die primären Regelungen der zulässigen Arbeitszeit finden sich im ArbZG, welches jedoch auf arbeitnehmerähnliche Personen keine unmittelbare Anwendung findet. Der Anwendungsbereich erstreckt sich nach § 1 Abs. 1 ArbZG auf Arbeitnehmer, die nach § 2 Abs. 2 ArbZG als Arbeiter und Angestellte sowie die zu ihrer Berufsausbildung Beschäftigten definiert werden. Dieses Gesetz geht folglich von der persönlichen Abhängigkeit des Erwerbstätigen aus. Anders als Arbeitnehmer sind arbeitnehmerähnliche Personen persönlich jedoch selbständig und können sich grundsätzlich ihre Arbeitszeit frei einteilen. Der Auftraggeber kann daher nicht wie bei einem Arbeitnehmer dazu verpflichtet sein, die arbeitnehmerähnliche Person nur zu bestimmten Zeiten bei ausreichenden Ruhepausen zu beschäftigen. Trotz der persönlichen Unabhängigkeit existieren jedoch gerade im Medienbereich Dienstpläne, die Arbeitszeitbestimmungen enthalten. Diese sind von ihrem Sinn her jedoch hauptsächlich bei erfolgsunabhängigen Dienstverträgen als Dauerschuldverhältnisse sinnvoll. Bei erfolgsabhängigen Werkverträgen hingegen wird nur die Fertigstellung des Werkes bzw. dessen Abnahme vertraglich festgelegt, so dass als zeitliche Bestimmung nur dieser Endpunkt feststeht. Doch kann der Auftraggeber auch dadurch Einfluss auf die Arbeitszeit des Erwerbstätigen nehmen. Ist die Frist bis zur Fertigstellung des Werkes derart kurz, dass der arbeitnehmerähnlichen Person nichts anderes übrig bleibt als sich vollständig dieser Arbeit zu widmen, nimmt der Auftraggeber durch diese Fristbestimmung zumindest mittelbar Einfluss auf die Arbeitszeit. Demnach sind die arbeitnehmerähnlichen Personen insoweit trotz ihrer prinzipiellen Möglichkeit der freien Zeiteinteilung hinsichtlich der Arbeitszeit schutzwürdig.

---

[354] *Fastrich*, S. 199 f.; *Preis*, Grundfragen der Vertragsgestaltung, S. 268 f.

[355] Für den Fall einer erheblichen Äquivalenzstörung eine geltungserhaltende Reduktion befürwortend *Fastrich*, S. 336.

Wie eine analoge Anwendung des ArbZG, so verbiete sich auch eine Analogie zu § 11 HAG, der den Auftraggeber dazu verpflichtet, die Leistungsfähigkeit des in Heimarbeit Beschäftigten zu berücksichtigen. Der Gesetzgeber kannte die soziale Schutzbedürftigkeit der arbeitnehmerähnlichen Personen hinsichtlich der Arbeitszeit und wählte sich bewusst nur die historisch gewachsene Sondergruppe der in Heimarbeit Beschäftigten für eine Sonderregelung aus. Demnach fehlt es an einer für eine Analogie nötigen planwidrigen Regelungslücke.

Die fehlende Anwendbarkeit des Arbeitszeitgesetzes und des § 11 HAG führt jedoch nicht zur Schutzlosigkeit der arbeitnehmerähnlichen Personen. Ein ausreichender vergleichbarer Schutz wird vielmehr über die allgemeinen zivilrechtlichen Regelungen erreicht.

(a) Tägliche und wöchentliche Arbeitszeit

Hinsichtlich der Begrenzung der täglichen bzw. der wöchentlichen Arbeitszeit ergibt sich der aus Art. 2 Abs. 2 S. 1 GG geforderte Minimalschutz der arbeitnehmerähnlichen Person aus den §§ 241 Abs. 2, 618 Abs. 1 BGB[356]. Insbesondere aufgrund der laufenden Geschäftsbeziehung verpflichten diese Normen den Auftraggeber, bei der Durchführung des Schuldverhältnisses und somit auch bei der Vergabe von Arbeiten Rücksicht auf die individuelle Leistungsfähigkeit der arbeitnehmerähnlichen Person zu nehmen, um dauerhafte Gesundheitsbeeinträchtigungen oder den Verlust der Erwerbsfähigkeit zu vermeiden. Die Nebenpflicht nach § 618 Abs. 1 BGB ist gemäß § 619 BGB einseitig zwingendes Recht, so dass die arbeitnehmerähnliche Person im Fall des Verstoßes gegen die Norm einen Schadensersatzanspruch und ein Leistungsverweigerungsecht gegenüber dem Auftraggeber hat.

Jugendliche – insbesondere auch arbeitnehmerähnliche jugendliche Erwerbstätige[357] - werden grundsätzlich bei der wöchentlichen Arbeit durch die gesetzlich festgelegte Fünf-Tage-Woche nach § 15 JArbSchG, die tägliche Freizeit nach § 13 JArbSchG und die Samstags-Ruhe nach § 16 JArbSchG[358] geschützt.

(b) Nachtarbeit

Die Nachtarbeit ist grundsätzlich weder im Arbeitsrecht noch für die Gruppe der arbeitnehmerähnlichen Personen verboten. Ein Schutz besteht bei den Arbeitnehmern zugunsten der werdenden und stillenden Mütter nach § 8 Abs. 1 MuSchG. Eine Analogie dieser Norm für arbeitnehmerähnliche Personen schei-

---

[356] Zur Anwendbarkeit des § 618 Abs. 1 BGB auf werkvertraglich Beschäftigte siehe statt vieler *Oetker* in Staudinger, § 618 Rn. 100; dazu noch ausführlich unten § 3E.V.3.a).

[357] In den Schutzbereich sind die arbeitnehmerähnlichen Personen nach § 1 Abs. 1 Nr. 3 JArbSchG mit einbezogen, siehe dazu oben § 3D.II.1.

[358] Zu den Einzelheiten umfassend *Molitor/Volmer/Germelmann*, §§ 13, 15, 16.

tert erneut an einer planwidrigen Regelungslücke. Jedoch widerspricht die Zulassung der Nachtarbeit für schwangere Arbeitnehmerähnliche Art. 2 Abs. 2 GG, da die Nachtarbeit grundsätzlich schädlich ist[359]. Ein ausreichender Schutz mit der Folge der rücksichtsvollen und das individuelle Leistungsvermögen berücksichtigenden Behandlung gebieten erneut §§ 241 Abs. 2, 618 BGB. Demnach kann die schwangere arbeitnehmerähnliche Person einen ähnlich umfangreichen Schutz wie § 8 Abs. 1 MuSchG fordern. Zudem steht ihr auch ein dementsprechendes Leistungsverweigerungsrecht aus § 275 Abs. 3 BGB zu.

Den jugendlichen Erwerbstätigen kommt grundsätzlich der Schutz der Nachtruhe nach § 14 JArbSchG zugute.

(c) Sonntagsarbeit und Arbeit an religiösen und gesetzlichen Feiertagen

§ 55e Abs. 1 S. 1 GewO und § 30 Abs. 3 StVO sowie einige Feiertagsgesetze der Länder[360] untersagen die Arbeit an Sonn- und Feiertagen. Ihr Zweck beschränkt sich jedoch auf den Schutz der Erholung und Ruhe der Allgemeinheit, so dass nur öffentlich bemerkbare wirtschaftliche Betätigungen unterbleiben müssen. Generell erlaubt sind geistige Tätigkeiten oder solche Beschäftigungen, die in der eigenen Wohnung bzw. Betriebsstätte stattfinden, die nicht dem öffentlichen Verkehr zugänglich sind[361]. Einen unmittelbaren Gesundheitsschutz gewähren diese öffentlich-rechtlichen Regelungen demnach nicht.

Die schwangeren Erwerbstätigen und stillenden Mütter sind vor der Sonntagsarbeit durch § 8 Abs. 1 MuSchG geschützt. Einen ausreichenden Schutz dahingehend, dass eine werdende oder stillende Mutter einen Ruhetag in der Woche genießt, bietet auch § 618 Abs. 1 BGB. Demnach bedarf es einer ohnehin an einer planwidrigen Regelungslücke scheiternden Analogie zu § 8 Abs. 1 MuSchG nicht, auch wenn dieser Ruhetag nicht zwingend auf einen Sonntag fallen muss. Ein garantierter sonntäglicher Ruhetag steht nämlich auch den Heimarbeiterinnen nach § 8 Abs. 5 MuSchG nicht zu. Auch ihnen wird durch die Modifikation des § 8 Abs. 5 MuSchG nur ein Ruhetag pro Woche garantiert. Die grundsätzliche Sonntagsruhe der jugendlichen Erwerbstätigen bestimmt § 17 JArbSchG.

Ebenso wie bei dem Verbot der Sonntagsarbeit enthalten § 55e GewO und die landesrechtlichen Feiertagsgesetze auch Verbote in Bezug auf die Arbeit an gesetzlichen und religiösen Feiertagen[362]. Jedoch dienen auch diese nur der Ruhe

---

359 BVerfGE 85, 191 (212 f.); statt vieler *Baeck/Deutsch*, 3 6 R. 3, 64.

360 FTG Baden-Württemberg v. 13.12.1954 i.F.v. 28.10.1970 (GBl. 1071, S.1), FTG Brandenburg v. 21.3.1991 i.F.v. 7.4.1997 (GVBl. I, S. 32); FTG Sachsen-Anhalt v. 22.3.1992 i.F.v. 16.12.1995 (GVBl. S. 1044); FTG Thüringen v. 21.12.1994 (GVBl. S. 12221).

361 *Dirksen*, S. 103; *Mattner*, S. 195.

362 Selbst die landesrechtlichen Regelungen enthalten (bis auf Sachsen-Anhalt) kein Verbot der Arbeit an gesetzlichen und religiösen Feiertagen, sondern nur das Gebot, dem Beschäf-

der Allgemeinheit und gewähren keinen Gesundheitsschutz durch eine verkürzte Wochenarbeitszeit. Einen gesonderten Schutz der Feiertagsruhe bietet jedoch § 18 JArbSchG.

d) *Leistungsbestimmungsrecht des Auftraggebers*

Neben den dargestellten arbeitszeitrechtlichen Schranken[363] der vertraglichen Gestaltung der Leistungspflicht der arbeitnehmerähnlichen Person wird diese auch durch das Leistungsbestimmungsrecht des Auftraggebers näher konkretisiert. Das Leistungsbestimmungsrecht kann die Arbeitsbedingung als konkretisierendes Leistungsbestimmungsrecht näher bestimmen oder als änderndes Leistungsbestimmungsrecht eine konkret umschriebene Arbeitsbestimmung ändern[364]. Bildet ein Auftrag i.S.d. § 662 BGB die vertragliche Grundlage des Schuldverhältnisses, wird das Weisungsrecht des Auftraggebers durch §§ 675, 665 BGB kodifiziert. Bei allen anderen zugrunde liegenden Vertragsverhältnissen ergibt sich dieses Weisungsrecht aus der vertraglichen Interessenwahrungspflicht des Erwerbstätigen, die ihn verpflichtet, die Vorstellungen des Auftraggebers zu berücksichtigen[365]. Das Leistungsbestimmungsrecht kann durch Umsetzungs- und Versetzungsklauseln vertraglich oder tarifvertraglich erweitert sein. Dabei ist jedoch zum einen diese vertragliche Vereinbarung der vertraglichen Inhaltskontrolle unterlegen. Zum anderen unterliegt das gesamte Weisungsrecht generell den allgemeinen zivilrechtlichen Schranken nach den §§ 134, 138, 242 BGB und den wettbewerbsrechtlichen Schranken der §§ 14, 16 GWB. Ist das Leistungsbestimmungsrecht vertraglich oder tarifvertraglich erweitert, ist eine Änderungskündigung nicht auszusprechen, da der Auftraggeber die Arbeitsbedingungen durch Ausübung des Leistungsbestimmungsrechts einseitig ändern kann[366].

Ob die Zuweisung einer anderen Arbeit noch vom Leistungsbestimmungsrecht umfasst ist, ist stets eine Frage des Einzelfalls[367]. Der Kernbereich des Vertragsverhältnisses, der nicht dem Direktionsrecht unterliegt, ist wie im Arbeitsrecht bei der vereinbarten Vergütung und der vereinbarten Arbeitszeit betroffen[368]. Eine über den vertraglichen Inhalt hinausgehende Weisung ist wie im Arbeits-

---

tigten die uneingeschränkte Vornahme religiöser Handlungen zu ermöglichen.

363 Darüber hinaus bestehen nach der EWG-Verordnung Nr. 3820/85 und dem Europäischen Übereinkommen über die Arbeit des im internationalen Verkehr beschäftigten Fahrpersonales (AETR) sowie nach dem Fahrpersonalgesetz und der Fahrpersonalverordnung Vorgaben für Lenk- und Ruhepausen für Berufsfahrer.

364 Dazu *Hromadka*, DB 1995, 1609 ff.

365 *Wittmann* in Staudinger, § 665 Rn. 1.

366 LAG Berlin LAGE Nr. 35 zu § 2 KSchG; *Rost* in KR, § 2 KSchG Rn. 37; *Hromadka*, DB 1995, 1609; *Stahlhacke/Preis/Vossen* Rn. 19 ff., 1258.

367 BAG AP Nr. 17, 24 zu § 611 BGB Direktionsrecht.

368 So zum Arbeitsrecht BAG AP Nr. 22 zu § 611 BGB Direktionsrecht; AP Nr. 172 zu § 611BGB Ruhegehalt.

recht als Vertragsänderung zu behandeln, die grundsätzlich nur durch zweiseitigen Änderungsvertrag oder Änderungskündigung möglich ist. Das Weisungsrecht darf jedoch auch nicht die persönliche Selbständigkeit der arbeitnehmerähnlichen Person in ihrem Kernbereich antasten[369]. Der Auftraggeber darf daher keine Weisungen erteilen, welche die Organisation oder die Führung des Unternehmens der arbeitnehmerähnlichen Person betreffen. Dies geht jedoch nicht so weit, dass die arbeitnehmerähnliche Person sich bei ihrer Tätigkeit nicht an Vorgaben halten muss. So entschied das Kammergericht Berlin[370] über die Klage einer Moderatorin, dass ein Fernsehsender im Rahmen seines Leistungsbestimmungsrechts auch gegenüber arbeitnehmerähnlichen Personen Moderationspläne erstellen kann, in denen der Einsatz und der Tätigkeitsumfang der Moderatoren festgelegt wird. Diese Pläne können auch geändert werden, ohne dass dies das Leistungsbestimmungsrecht überschreitet, da der Sender auch mit der Änderung der Moderationspläne sein im Dienstvertrag angelegtes Leistungsbestimmungsrecht in zulässiger Weise ausübe[371]. Hierbei müsse auch das Interesse des Auftraggebers, die von ihm – im Rahmen des ihr zustehenden Rechts auf Rundfunkfreiheit– geplante Programmgestaltung durchzuführen, berücksichtigt werden. Dieses rechtfertige jedenfalls im Rahmen der möglichen ordentlichen Kündigungsfristen eine Änderung der Moderationspläne. Mit Programmänderungen müsse der Moderator rechnen und könne auf die Durchführung der Moderationspläne nicht vertrauen.

Ist das Weisungsrecht überschritten, muss die arbeitnehmerähnliche Person der Weisung nicht folgen, bei einem Verschulden des Auftraggebers kann der Erwerbstätige von diesem Schadensersatz verlangen kann[372]. Der Auftraggeber hat in diesem Fall kein Recht zur Kündigung[373]. Möchte der Erwerbstätige sich gegen eine Maßnahme wehren, mit der der Auftraggeber sein Direktionsrecht ausübt, so ist die allgemeine Feststellungsklage nach § 256 ZPO statthaft[374].

2. Befreiungen von der Leistungspflicht

Besteht die durch den Auftraggeber konkretisierbare Leistungspflicht, so kann die arbeitnehmerähnliche Person nur in Ausnahmefällen davon ganz oder teilweise befreit sein. Nur wenn eine gesetzliche oder vertragliche Befreiung vorliegt, ist die Nichtleistung keine Pflichtverletzung. Aufgrund der unterschiedli-

---

[369] BGH NJW 1966, 882 (883).

[370] KGR Berlin 1999, 109-110.

[371] Das Gericht ließ es offen, ob der Moderator Arbeitnehmer oder arbeitnehmerähnlichen Person ist; es stützte seine Erwägungen sowohl auf das arbeitsrechtliche Direktionsrecht als auch auf das dienstvertragliche Leistungsbestimmungsrecht.

[372] So für die parallele Rechtslage bei der Sondergruppe der Handelsvertreter *Schröder* in Schlegelberger, § 86 Rn. 32.

[373] Siehe dazu noch unten § 3F.I.5.

[374] BAG AP Nr. 8 zu § 611 BGB Direktionsrecht.

chen Rechtsfolgen ist genau zu differenzieren, wie die einzelnen Befreiungen von der Leistungspflicht rechtlich einzuordnen sind.

a) *Ausschluss der Leistungspflicht nach § 275 BGB*

Die Leistungspflicht der arbeitnehmerähnlichen Person ist nach § 275 Abs. 1 BGB ausgeschlossen, wenn der geschuldeten Leistung ein tatsächliches oder rechtliches Hindernis entgegensteht.

(a) Tatsächliche Unmöglichkeit

Hauptfall der tatsächlichen Unmöglichkeit der Leistungserbringung ist die Krankheit der arbeitnehmerähnlichen Person. Im Arbeitsrecht ist umstritten[375], ob sich die Leistungsbefreiung des Arbeitnehmers im Falle der Arbeitsunfähigkeit wegen Krankheit nach § 275 Abs. 1 BGB[376] oder nach § 275 Abs. 3 BGB richtet[377].

Liegt eine jede berufliche Tätigkeit ausschließende Erkrankung vor, handelt es sich um eine die Leistungspflicht ausschließende Unmöglichkeit nach § 275 Abs. 1 BGB: dem Erwerbstätigen ist die Erbringung der Arbeitsleistung objektiv tatsächlich nicht möglich. Fraglich ist, ob auch der Fall unter § 275 Abs. 1 BGB zu subsumieren ist, in dem Erwerbstätige die Arbeit nur unter der Gefahr aufnehmen oder fortsetzen könnte, in absehbarer Zeit seinen Gesundheitszustand zu verschlimmern. Es ist durchaus denkbar, dass der kranke Arbeitnehmer trotz seiner Erkrankung arbeitet[378]. Objektiv ist der Erwerbstätige in dieser Situation zur Arbeitsleistung imstande. Dies zeigt sich bereits dadurch, dass er seiner Pflicht nachkommt, daher liegt kein Fall des § 275 Abs. 1 BGB vor[379]. Stattdessen befindet sich der Erwerbstätige in einer Pflichtenkollision im Sinne des § 275 Abs. 3 BGB. Seine Pflicht zur Arbeitsleistung kollidiert mit dem Risiko, dass sich sein Gesundheitszustand verschlimmert und er dadurch gesundheitliche Risiken eingeht[380]. Eine Interessenabwägung im Sinne des § 275 Abs. 3 BGB muss dabei zugunsten des Erwerbstätigen ausfallen: der Erwerbstätige muss seine Gesundheit auch dann nicht zu gefährden, wenn es um eine Arbeit

---

375 Zu dem Streitstand siehe *Preis* in ErfK, § 611 BGB Rn. 847.

376 *Berkowsky*, AuA 2002, 11 f.; *Canaris*, JZ 2001, 499, 501; *Däubler*, NZA 2001, 1329, 1332; *Heinrichs* in Palandt, § 275 Rn. 30; so zur Rechtslage vor der Schuldrechtsreform auch BAG NZA 1999, 824 f.

377 *Dedek* in Henssler/v. Westphalen, § 275 Rn. 32; dezidiert *Huber/Faust*, Rn. 2/13 Fn. 11; *Löwisch*, NZA 2001, 465 f.; BT-Drucks. 14/6857 S. 47.

378 *Löwisch* weißt darauf hin, dass derartiges bei Arbeitnehmern in verantwortlichen Positionen durchaus nicht selten ist, *Löwisch*, NZA 2001, 465.

379 So auch BAG AP Nr. 54 zu § 1 LohnFG, die den Sachverhalt unter den Schlagworten: Unzumutbarkeit, krankheitsbedingte Behinderungen auf sich zu nehmen, behandelten.

380 *Gotthardt*, S. 37; *Lindemann*, AuR 2002, 81, 82; *Preis* in ErfK, § 611 BGB Rn. 847; *Henssler/Muthers*, ZGS 2002, 219, 223; *Thüsing* in HWK, Rn. 393.

geht, von welcher der Bestand des Unternehmens abhängt, in dem er tätig ist[381]. Da es sich um eine Einrede handelt, bleibt dem Erwerbstätigen die Wahl, ob er die Arbeitsleistung erbringt oder sich auf die Unzumutbarkeit beruft.

Wenn eine nach § 275 Abs. 1 BGB zu beurteilende Erkrankung besteht, ist jedoch zu berücksichtigen, ob die arbeitnehmerähnliche Person die vertragliche Tätigkeit nachholen kann oder nicht. Da sie prinzipiell ihre Arbeitszeit selbst bestimmen kann, ist sie natürlich auch dahingehend flexibler, dass sie durch Krankheit versäumte Tätigkeit leichter nachholen kann als ein Arbeitnehmer. Gelingt es der arbeitnehmerähnlichen Person aufgrund ihrer flexiblen beruflichen Tätigkeit trotz einer überstandenen erheblichen Krankheit noch, die versäumte Zeit nachzuarbeiten, liegt kein Fall der Unmöglichkeit nach § 275 Abs. 1 BGB vor. Nur wenn eine absolute Fixschuld vereinbart ist, kann eine in dieser Zeit auftretende Krankheit zu einem Fall der tatsächlichen Unmöglichkeit nach § 275 Abs. 1 BGB führen. Wenn aktuelle Beiträge zu einem schnelllebigen Thema anzufertigen sind oder der Moderator einer Live-Sendung erkrankt, ist eine derartige Situation gegeben. Dies ist jedoch bei arbeitnehmerähnlichen Personen der Ausnahmefall. Der Nachholbarkeit steht auch nicht die Befristung eines Vertrages entgegen, es sei denn die Erbringung der Leistung wurde vertraglich auf einen bestimmten Zeitpunkt vereinbart. Die Tatsache, dass in den meisten Fällen folglich keine Unmöglichkeit im Sinne des § 275 Abs. 1 BGB mit der Folge des Ausschlusses der Leistungspflicht eintritt, führt jedoch auch hier nicht zu einer Schutzlücke. Statt des Ausschlusses der Leistungspflicht steht der arbeitnehmerähnlichen Person ein Leistungsverweigerungsrecht nach §§ 275 Abs. 2 und Abs. 3, 242 BGB zu[382].

(b) Rechtliche Unmöglichkeit

Neben der tatsächlichen Unmöglichkeit spielt auch die rechtliche Unmöglichkeit eine Rolle bei dem Ausschluss der Leistungspflicht. Rechtliche Unmöglichkeit tritt insbesondere durch die gesetzlichen Arbeits- und Beschäftigungsverbote ein. Dazu gehören insbesondere[383] mutterschutzrechtliche Beschäftigungsverbote sowie die bereits behandelten arbeitszeitlichen Regelungen.

Die Beschäftigungsverbote für werdende und stillende Mütter nach §§ 3, 4, 6 MuSchG gelten teils ab dem Eintreten einer konkreten Gesundheitsgefahr (§§ 3 Abs. 1, 6 Abs. 2 MuSchG), teils auch aufgrund der abstrakten Gefahr für Mutter und Kind (§§ 3 Abs. 2, 6 Abs. 1 MuSchG). Ab diesem Zeitpunkt darf die

---

[381] *Löwisch*, NZA 2001, 465.

[382] Siehe dazu unten § 3E.I.3.

[383] Dazu gehören neben den hier gesondert behandelten auch die fehlende oder abgelaufene Arbeitserlaubnis oder Arbeitsberechtigung für Ausländer aus Nicht-EU-Staaten, §§ 284 ff. SGB III sowie die fehlende Mitbestimmung des Betriebsrats nach §§ 99 ff. BetrVG bei Einstellungen und Versetzungen.

Schwangere bzw. Mutter nicht mit denen in den Normen geregelten Tätigkeiten betraut werden, was zu einer teilweisen Befreiung von der Leistungspflicht der Beschäftigten führt. Aufgrund der zwingenden Wirkung können sich weder der Arbeitgeber noch die Erwerbstätige darüber hinwegsetzen. Jedoch fallen unter den Schutzbereich des MuSchG nur Arbeitnehmerinnen, nicht jedoch Arbeitnehmerähnliche[384]. Somit greifen die Beschäftigungsverbote nicht ein. Da diese jedoch der Mutter und dem Kind dienen sollen, kann eine völlige Schutzlosigkeit dieser beiden Personen im Hinblick auf Art. 6 Abs. 4 GG und die Schutzpflicht des Staates aus Art. 2 Abs. 2 S. 1 GG nicht in Betracht kommen. Jedoch genügen diesen Schutzpflichten diejenigen aus § 241 Abs. 2 BGB. Der Auftraggeber wird dabei verpflichtet, bei der Aufgabenverteilung auf die Gesundheit der werdenden und stillenden Mütter ausreichend Rücksicht zu nehmen. Der konkrete Umfang und die nähere Konkretisierung dieser Pflicht bestimmen sich anhand der Wertung aus den Artt. 6 Abs. 4 und 2 Abs. 2 S. 1 GG. Da diese Pflicht aus § 241 Abs. 2 BGB jedoch dispositiv ist, können abweichende vertragliche Vereinbarungen existieren. Diese sind aber anhand der vertraglichen Inhaltskontrolle nach §§ 307 und 242 BGB zu überprüfen. Auch dabei spielen die grundrechtlichen Wertungen die entscheidende Rolle. Nimmt der Auftraggeber nicht in dem nötigen Maße Rücksicht im Sinne des § 241 Abs. 2 BGB, steht der Erwerbstätigen bei einer unzumutbaren Vertragserfüllung wegen einer konkreten Gesundheitsgefährdung ein Leistungsverweigerungsrecht aus § 275 Abs. 3 BGB zu[385]. Die Erwerbstätige befindet sich in der für § 275 Abs. 3 BGB typischen Pflichtenkollision zwischen der Pflicht zur Erbringung der Arbeitsleistung und der Gefahr für Leben und Gesundheit. Es ist der Erwerbstätigen nicht zumutbar im Sinne des § 275 Abs. 3 BGB, ihr Leben und das des Kindes zu gefährden, um ihre Arbeitsleistung zu erbringen. Voraussetzung hierfür ist jedoch, dass ein objektiver Verdacht besteht, dass eine mit der Schwangerschaft im Zusammenhang stehende Gesundheitsgefährdung bei der vorzunehmenden Tätigkeit droht. Dies sollte die Erwerbstätige zur Vermeidung von Unstimmigkeiten gegenüber dem Auftraggeber durch eine ärztliche Bescheinigung nachweisen.

b) *Ruhen der Leistungspflichten*

Spricht das Gesetz von einem Ruhen des Vertragsverhältnisses, so ist dies streng von der Unmöglichkeit der Leistungspflicht zu trennen. Die gegenseitigen Leistungspflichten sind suspendiert, so dass gar kein Anspruch auf die Leistung be-

---

[384] Siehe dazu schon oben § 3E.II.2.c)(c).

[385] Die Rechtsprechung billigte dem Erwerbstätigen vor der Schuldrechtsreform ein Zurückbehaltungsrecht aus § 273 BGB zu, wenn der Arbeitgeber seiner Pflicht aus § 618 BGB nicht nachkam, dazu BAG NZA 1999, 763 ff. § 275 Abs. 3 BGB geht jedoch darüber hinaus, da auch aus dem allgemeinen Lebensrisiko resultierende Gefahren von der Norm erfasst werden.

steht, die unmöglich werden könnte. Auch der Gegenleistungsanspruch auf Entgelt entfällt nicht nach § 326 Abs. 1 BGB, sondern kraft Suspension. Wichtigste Fälle sind dabei das Ruhen der unmittelbar kampfbetroffenen Vertragsverhältnisse der streikenden oder ausgesperrten Beschäftigten sowie das Ruhen des Vertragsverhältnisses während der Elternzeit und während des Wehr- bzw. Ersatzdienstes.

(a) Elternzeit nach § 15 BErzGG

Während der Elternzeit nach § 15 BErzGG ruht das Arbeitsverhältnis, es bestehen während dessen keine Hauptleistungspflichten. Statt eines gänzlichen Aussetzens der Erwerbstätigkeit ist auch eine Verringerung der Arbeitszeit nach § 15 Abs. 5 BErzGG möglich. Das Arbeitsverhältnis besteht aber in jedem Fall fort. Die Norm eröffnet ihren Schutzbereich jedoch explizit nur für Arbeitnehmer und Arbeitnehmerinnen. Eine Ausweitung des Anwendungsbereichs enthält § 20 Abs. 2 BErzGG, jedoch nur für Heimarbeiter und die ihnen Gleichgestellten. Da der Gesetzgeber bei anderen Gesetzen den Schutzbereich auch auf alle arbeitnehmerähnlichen Personen ausdehnt, ist ihm die Schutzbedürftigkeit dieses Personenkreises also bewusst. Von einer planwidrigen Regelungslücke kann daher nicht ausgegangen werden, § 15 BErzGG ist weder direkt noch analog anwendbar. Auch allgemein zivilrechtliche Regelungen vermögen diese Lücke im sozialen Schutz nicht zu schließen.

(b) Zivildienst und Wehrdienst

Nach § 1 Abs. 1 ArbPlSchG ruht das Arbeitsverhältnis nach der Einberufung des Arbeitnehmers während der Zeit des Wehrdienstes. Dieselbe Rechtsfolge tritt nach § 78 Abs. 1 ZDG, der die entsprechende Anwendung des ArbPlSchG anordnet, mit dem Beginn des Zivildienstes für dessen Dauer ein. Im Anschluss an den Wehrdienst wird nach § 6 ArbPlSchG das Arbeitsverhältnis fortgesetzt. Sämtliche Normen dieses Gesetzes sprechen jedoch als Adressatenkreis auf der Seite der Erwerbstätigen ausdrücklich von Arbeitnehmern[386]. Diesen sind einmal mehr nach § 7 Abs. 1 ArbPlSchG die in Heimarbeit Beschäftigten partiell gleichgestellt, so dass zumindest auch § 1 Abs. 1 ArbPlSchG auf sie Anwendung findet. Auch das Vertragsverhältnis der Handelsvertreter als Sondergruppe der arbeitnehmerähnlichen Personen wird nach § 8 Abs. 1 ArbPlSchG nicht durch die Einberufung gelöst. Zum einen zeigt also diese bewusste Herausnahme und Regelung dieser beiden Sondergruppen der arbeitnehmerähnlichen Personen, dass eine planwidrige Regelungslücke nicht vorliegt. Zum anderen wird dieses Ergebnis auch durch die Tatsache gestützt, dass nicht einmal die den Heimarbeitern Gleichgestellten in die Regelung und damit den Schutzbereich

[386] Daher die Anwendbarkeit des ArbPlSchG auf arbeitnehmerähnliche Personen ebenso ablehnend, BVerwG NZA-RR 1999, 63 (64 ff.).

des Gesetzes aufgenommen wurden. Der Gesetzgeber hat gerade anders als in § 1 Nr. 2 MuSchG nicht einmal die Gleichgestellten mit aufgenommen, so dass es an einer bewussten Regelung nur zugunsten gewisser arbeitnehmerähnlicher Personen kein Zweifel bestehen kann. Das Vertragsverhältnis der arbeitnehmerähnlichen Person ruht daher nicht während der Zivildienst-/Wehrdienstzeit. Diese Lücke wird jedoch durch ein Leistungsverweigerungsrecht nach § 275 Abs. 3 BGB geschlossen: der arbeitnehmerähnlichen Person ist es nicht zuzumuten, der Arbeitstätigkeit nachzugehen und den Wehrdienst bzw. Zivildienst nicht anzutreten. Die Rechtsprechung hatte einen derartigen Fall eines türkischen Arbeitnehmers zu entscheiden, der seinen – abgekürzten zweimonatigen - Wehrdienst in der Türkei antreten musste und bei Nichtbefolgen der Einberufung mit einer schweren Strafe zu rechnen hatte[387]. Die Pflicht zur Ableistung des Wehrdienstes erweise sich gegenüber der Arbeitspflicht wegen der bei der Verweigerung des Wehrdienstes einschneidenden Sanktionen als die stärkere. Sie gebe dem Beschäftigten ein Leistungsverweigerungsrecht, das er einredeweise geltend machen kann. Das Bestehen zweier Pflichten, die nicht gleichzeitig nebeneinander erfüllt werden können, und die zu berücksichtigenden schutzwürdigen Interessen beider Parteien zeigten, dass das Leistungsverweigerungsrecht aber nicht absolut sein kann, sondern sich Umfang und Grenzen streng an einer Abwägung der beiderseitigen Interessen ausrichten. Die Grenzen dieses Leistungsverweigerungsrechts ergeben sich nach dem BAG aus einer objektiven Abwägung der bei einer Kollision von Arbeits- und Wehrpflicht zu berücksichtigenden beiderseitigen schutzwürdigen Interessen. Die den türkischen Arbeitnehmern bei einer Verweigerung des Wehrdienstes drohenden Nachteile seien so einschneidend, dass ihre Arbeitspflicht für die Dauer des Wehrdienstes aufgehoben wird, sofern nicht ihre Arbeitsleistung für den geordneten Betriebsablauf von erheblicher Bedeutung ist und der Arbeitgeber durch den Ausfall von vornherein in eine Zwangslage gebracht wird, die er auch durch zumutbare Überbrückungsmaßnahmen nicht beheben kann. Für die Dauer der Inanspruchnahme des Leistungsverweigerungsrechts entfielen alle Entgelt- und Entgeltfortzahlungsansprüche des Arbeitnehmers.

Diese Grundsätze sind auf den arbeitnehmerähnlichen Erwerbstätigen übertragbar, da die Interessenkollision gleichermaßen besteht. Vergleichbar ist auch die rechtliche Situation: sowohl den türkischen Arbeitnehmer als auch die arbeitnehmerähnliche Person schützt das ArbPlSchG nicht. Die Geltendmachung des Leistungsverweigerungsrechts führt in diesen Fällen zur Suspendierung der beiderseitigen Hauptpflichten[388], so dass trotz der fehlenden Anwendbarkeit des ArbPlSchG keine wesentliche Schutzlücke der arbeitnehmerähnlichen Person verbleibt[389]. Zwar entschied das BAG diesen Fall nur bezüglich des türkischen

[387] BAG NJW 1983, 2783 ff.
[388] BAG NJW 1983, 2783.
[389] So im Ergebnis auch *Schubert*, S. 274.

abgekürzten Wehrdienstes von zwei Monaten. Dieser Zeitraum ist für den Arbeitgeber überschaubar und meist auch überbrückbar. Prinzipiell müssen die Grundsätze jedoch auch für einen längeren Wehrdienst gelten[390]. Die längere Dauer bei der Abwägung kann aber den Ausschlag zugunsten des Auftraggebers geben, wenn Überbückungsmaßnahmen für einen längeren Zeitraum nicht zumutbar sind.

Beruft sich der Erwerbstätige zu Unrecht auf § 275 Abs. 3 BGB, trägt er das Risiko einer verhaltensbedingten Kündigung. Übt die arbeitnehmerähnliche Person ihr Leistungsverweigerungsrechtes nach § 275 Abs. 3 BGB berechtigt aus, steht dem Auftraggeber auch kein Kündigungsrecht aus verhaltensbedingten Gründen zu: zwar verletzt der Erwerbstätige seine Vertragspflicht, diese Verletzung ist nach § 275 Abs. 3 BGB aber gerechtfertigt.

c) *Freistellung von der Leistungspflicht*

In seltenen Fällen hat der Erwerbstätige einen Anspruch auf Freistellung von der Arbeit. Hauptfall dieser Leistungsbefreiung ist der Anspruch auf Urlaub, sowohl in der Form des Erholungsurlaubs als auch des Bildungsurlaubs. Daneben besteht für die Stellensuche nach einer Kündigung eine Freistellungspflicht nach § 629 BGB391.

Nach § 1 BUrlG hat ein Arbeitnehmer einen Anspruch auf bezahlten Erholungsurlaub. Als Arbeitnehmer gelten dabei nach § 2 S. 2 BUrlG auch Personen, die wegen ihrer wirtschaftlichen Unselbständigkeit als arbeitnehmerähnliche Personen anzusehen sind[392]. Die arbeitnehmerähnliche Person hat daher einen Anspruch auf bezahlte Freistellung[393]. Ist sie für mehrere Unternehmer tätig, besteht der Anspruch nur gegen denjenigen, von dem sie wirtschaftlich abhängig sind[394]. Wendet man § 1 BUrlG auf die arbeitnehmerähnliche Person an, so ist die Norm so auszulegen, dass der Auftraggeber bei erfolgsbezogenen Verträgen verpflichtet ist, in der Urlaubszeit keine Aufträge an den Beschäftigten zu vergeben. Bei laufenden Verträgen muss der Auftraggeber bei dem Termin zur Fertigstellung und Abnahme den Urlaub der arbeitnehmerähnlichen Person berücksichtigen und demnach den Termin um die Urlaubszeit verschieben.

---

[390] So für einen zwölfmonatigen ausländischen Wehrdienst *Gotthardt*, Rn. 114; *Henssler*, AcP 190 (1990), 538, 559 ff.

[391] Siehe dazu unten § 3F.VI.1.a).

[392] Für den Bereich der Heimarbeit findet sich in § 12 BUrlG eine gesonderte Regelung.

[393] So nun auch ausdrücklich BAG Urt. v. 15.11.2005 – 9 AZR 626/04 – n.v., siehe **juris**.

[394] So wohl *Seidel*, BB 1970, 971 (974).

3. Leistungsverweigerungsrecht

Die Unzumutbarkeit der Leistungserbringung stellt keinen Fall der Unmöglichkeit dar, sondern begründet nur ein Leistungsverweigerungsrecht nach § 275 Abs. 3 BGB. Dabei ist jedoch immer zu beachten, dass die Norm nur dann Anwendung findet, wenn die arbeitnehmerähnliche Person die Leistung persönlich zu erbringen hat. Da die arbeitnehmerähnliche Person zu der persönlichen Leistungserbringung in der Regel verpflichtet ist, kompensiert die Norm partiell die Schlechterstellung der arbeitnehmerähnlichen Personen gegenüber den Arbeitnehmern. Ein Leistungshindernis nach § 275 Abs. 3 BGB kann sich dabei insbesondere aus den persönlichen Verhältnissen der arbeitnehmerähnlichen Person ergeben. Im Arbeitsrecht sind dabei insbesondere die Betreuung kranker Kinder (vgl. § 45 III 1 SGB V) und anderer Familienangehöriger sowie die „gewissensbelastende Arbeit" wie etwa die Mitwirkung an der Herstellung von tendenziösen Druckwerken anerkannt[395]. Entscheidend ist hierbei, dass sich die arbeitnehmerähnliche Person nicht auf eine ihr Gewissen belastende Arbeit berufen kann, wenn ihr der Gewissenskonflikt bereits bei Vertragsschluss bewusst war[396]. In diesem Fall war für sie die Rechtsgutsgefährdung vermeidbar, so dass sie nicht schutzwürdig ist. Auch der Tod eines nahen Angehörigen oder die Ladung zu Gerichten oder Behörden ist ein Fall des Leistungshindernisses im Sinne des § 275 Abs. 3 BGB[397]. Neben dem Leistungsverweigerungsrecht aus § 275 Abs. 3 BGB steht der arbeitnehmerähnlichen Person auch eine Einrede der Unzumutbarkeit aus § 242 BGB zu[398]. Gerade in den Fällen, in denen § 275 Abs. 3 BGB wegen der fehlenden Pflicht zur persönlichen Leistungserbringung nicht gilt, bliebe die arbeitnehmerähnliche Person ansonsten ungeschützt. Auch wird der Schutz der persönlichen und ideellen Interessen der Arbeitnehmerähnlichen durch § 275 Abs. 2 BGB nicht ausreichend gewährleistet. Ist eine erhebliche Rechtsgutsgefährdung, insbesondere der grundrechtlich geschützten Freiheiten, eingetreten, gebührt der arbeitnehmerähnlichen Person ein Leistungsverweigerungsrecht aus § 242 BGB. Die Gefahr des zu weit reichenden Schutzes zu ihren Gunsten besteht auch durch diese zusätzliche Ausweitung der Leistungsverweigerungsrechte nicht. Man muss dabei beachten, dass die wirtschaftliche Abhängigkeit den Erwerbstätigen dazu verleiten kann, seine Leistungsverweigerungsrechte nicht auszuüben, selbst wenn seine Rechtsgüter dabei Schaden nehmen.

---

[395] Als Sonderfall der das Gewissen belastenden Arbeit ist dabei die Streikarbeit anerkannt.

[396] So für das Arbeitsrecht *Larenz*, S. 26; diese Einschränkung verneinend aber *Schubert*, S. 283 f.

[397] Die weiteren Fälle, in denen sich die arbeitnehmerähnliche Person auf das Leistungsverweigerungsrecht nach § 275 Abs. 3 BGB berufen kann, wurden bereits bei den jeweiligen Stellen erläutert.

[398] So für das Arbeitsrecht BAG AP Nr. 23 zu § 123 BGB; AP Nr. 7 zu § 1 KSchG 1969 Verhaltensbedingte Kündigung.

4. Rechte am Arbeitsergebnis

Kommt die arbeitnehmerähnliche Person ihren Pflichten nach, da keinerlei Leistungsbefreiungen oder Leistungsverweigerungsrechte vorliegen, erstellt sie ein Arbeitsergebnis: der Autor erstellt ein Skript für ein Fernsehspiel oder eine Serie, der Redakteur einen Bericht oder eine Reportage, der Journalist ein Interview. Dabei stellt sich die dingliche Frage, wer Inhaber der Rechte an dem Skript, dem Bericht, der Reportage und dem Interview ist. Handelt die arbeitnehmerähnliche Person mit den Sachmitteln und auf Veranlassung des Auftraggebers, wird der Auftraggeber nach § 950 BGB Eigentümer der hergestellten Sache, der arbeitnehmerähnlichen Person verbleibt die Verweisung auf das Bereicherungsrecht nach §§ 951, 812 BGB. Der Auftraggeber ist somit stets Hersteller i.S.d. § 950 BGB, da eine fremdwirkende Verarbeitung eines Stoffes vorliegt[399]. Selbst wenn die arbeitnehmerähnliche Person Eigentümerin der Sachmittel ist, verpflichtet sie regelmäßig der Vertrag, das Eigentum an den Auftraggeber zu übertragen.

Diese Grundsätze des Mobiliarsachenrechts lassen sich jedoch nicht auf die Immaterialgüterrechte übertragen. Die Verteilung dieser Rechte des höchstpersönlichen geistigen Eigentums zwischen der arbeitnehmerähnlichen Person und dem Auftraggeber erfolgt nach dem UrhG und nach dem PatG[400].

Geschriebene Texte, Reportagen und Filmbeiträge sind geschützte Werke im Sinne des § 2 UrhG, ihr Schöpfer ist der Urheber gemäß § 7 UrhG. Insoweit gibt es auch keinen Unterschied hinsichtlich des Schutzes für ausübende Künstler (§§ 73 ff. UrhG), für Lichtbildner (§ 72 UrhG) oder für andere Leistungsschutzberechtigte (vgl. z.B. § 70 UrhG). Betrachtet man die Bereiche näher, so sind hier faktisch vor allem Autoren jeder Art, Komponisten, bildende Künstler, Publizisten und Journalisten, Fotografen und Designer angesprochen. Über § 73 UrhG werden auch Schauspieler, Sänger und Musiker erfasst. Die Urheberrechte sind nach § 29 Abs. 1 UrhG nur sehr eingeschränkt übertragbar, eine rechtsgeschäftliche Übertragung an den Auftraggeber ist in jedem Fall ausgeschlossen. Nur die Nutzungsrechte an diesen Werken kann der Urheber nach § 31 ff. UrhG einem Dritten einräumen bzw. übertragen. Der ausübende Künstler darf die ihm gewährten Rechte und Ansprüche nach § 78 UrhG abtreten. Das Leistungsschutzrecht darf als verwertungsrechtlich und persönlichkeitsrechtlich zusammengesetztes Gesamtrecht wie das Urheberrecht nicht abgetreten werden[401].

---

[399] So für die Arbeitnehmer und die Heimarbeiter *Bassenge* in Palandt, § 950 Rn. 7.

[400] Ein Sendevertragsgesetz, dass für den Rundfunk und das Fernsehen die Nutzung der Beiträge branchenspezifisch gesetzlich regelt, wurde von der Bundesregierung als nicht erforderlich erachtet, BT-Drs. 11/4929, S. 63; a.A. *Götz von Olenhusen*, Freie Mitarbeit, Rn. 265.

[401] *Götz von Olenhusen*, GRUR 2002, 11 (14).

Die Übertragung der Nutzungsrechte erfolgt grundsätzlich beim Abschluss eines Beschäftigungsvertrages. Liegt dem Vertragsverhältnis zwischen arbeitnehmerähnlicher Person und Auftraggeber ein Werkvertrag zugrunde, ergibt sich eine Einigung über die Übertragung der Nutzungsrechte im Sinne der §§ 31 ff. UrhG konkludent aus der Art des Vertragsgegenstandes. Für Medienunternehmen ist das Manuskript, der Film oder die Tonaufnahme des Vertragspartners wertlos, wenn ihm eine Veröffentlichung nicht möglich ist[402]. Auch einem Dienstvertrag als vertragliche Grundlage ist die Übertragung der Verwertungsrechte immanent, wenn der Vertragszweck die Erstellung eines verwertbaren Werkes ist[403]. Die Sonderregelungen für Arbeitsverhältnisse bezüglich des Umfangs der Nutzungsrechte nach §§ 43, 79, 69b UrhG gelten für die arbeitnehmerähnlichen Personen nicht[404]. § 43 UrhG hat im Arbeitsrecht zur Folge, dass die arbeitsvertraglich geschuldeten Werke des Arbeitnehmer-Urhebers wirtschaftlich dem Arbeitgeber zugeordnet werden und von diesem verwertet werden dürfen. Für ausübende Künstler im Arbeitsverhältnis regelt dies die parallele Norm des § 79 UrhG. Diese Vorschriften können jedoch nicht auf arbeitnehmerähnliche Personen angewendet werden, da der Arbeitnehmer-Urheber anders als die arbeitnehmerähnliche Person durch seine Ansprüche aus seinem Arbeitsverhältnis wirtschaftlich gesichert und deshalb nicht darauf angewiesen ist, aus seinem Werk Erträge zu erzielen[405]. Ebenso ist die vermögensrechtliche Befugnisse an Computerprogrammen regelnde Norm des § 69b UrhG als arbeitsrechtliche Sonderregelung auf arbeitnehmerähnliche Personen nicht anwendbar. Der Umfang der Nutzungsrechte ergibt sich bei fehlender Vereinbarung vielmehr aus dem Vertragszweck selbst[406].

Im Bereich des Films gelten die auch für arbeitnehmerähnlichen Personen maßgeblichen besonderen Auslegungsnormen bei der Übertragung von Nutzungsrechten auf Filmhersteller nach §§ 88 ff. UrhG. Gegenüber den sonstigen Regelungen des Urheberrechtsgesetzes stellen diese Vorschriften insoweit eine Ausnahme dar, als sie zu Lasten des Urhebers dem Filmhersteller die wirtschaftliche Verwertung seines Films erleichtern sollen. Zwar erhält der Hersteller kein originäres Filmrecht, es wird jedoch nach §§ 88, 89 UrhG widerleglich vermutet, dass der Werkurheber mit der Gestattung zur Verfilmung dem Hersteller bestimmte Nutzungsrechte in bestimmtem Umfang einräumt[407]. Laut Gesetz wird dabei zwischen dem Recht an zur Filmherstellung genutzten Werken und dem

---

402 So für das Arbeitsrecht *Kraßer* in FS Schricker, S. 77 (82 f.).

403 So für das Arbeitsrecht *Kraßer* in FS Schricker, S. 77 (82 f.).

404 *Rojahn* in Schricker, § 43 UrhG Rn. 18; *Kraßer* in FS Schricker, S. 77 (88); *Götz von Olenhusen*, GRUR 2002, 11 (14); *Loewenheim* in Schricker, § 69b UrhG Rn. 1 ff.; a.A. *Vinck* in Fromm/Nordemann, § 43 UrhG Rn. 2.

405 Begründung des Gesetzesentwurfs, BT-Drs. 14/6433, S. 18.

406 Sog. Zweckübertragungstheorie BGH AP Nr. 1 zu § 43 UrhG; *Kraßer* in FS Schricker, S. 77 (92).

407 *Götz von Olenhusen*, GRUR 2002, 11 (14).

Recht am Filmwerk selbst unterschieden. § 89 UrhG betrifft die Beteiligung von Personen am Filmwerk selbst, z.B. Kameramann, Cutter oder Regieassistenten und räumt dem Hersteller im Zweifel das umfassende und ausschließliche Nutzungsrecht am gesamten Filmwerk ein.

Durch die §§ 90, 92, 93 UrhG werden teilweise allgemeine Regelungen des Urheberrechtsgesetzes hinsichtlich der Rechte für Urheber und ausübende Künstler ausgeschlossen oder eingeschränkt, dabei sind jedoch die berechtigten Interessen der ausübenden Künstler angemessen zu berücksichtigen[408]. Die §§ 88 ff. UrhG sind als gesetzliche Auslegungsregeln dispositiv und werden in der Praxis häufig von vertraglichen Regelungen verdrängt. Für den Bereich der Presse gilt hinsichtlich der Nutzungsrechte insofern die Auslegungsregel des § 38 UrhG[409].

Neben dem Urheberrecht regelt auch das Patentrecht Rechte am Arbeitsergebnis immaterieller Güter. Die Rechte an der patenfähigen Erfindung gebühren nach § 6 PatG dem Erfinder[410]. Erfindet z.B. ein Redakteur eine neue Quizsendung oder eine neue Fernsehshowidee, hat er gemäß § 9 PatG das alleinige Benutzungsrecht des Erfinders. Dritte dürfen ohne seine Zustimmung sein Patent nicht gebrauchen bzw. verwenden.

Im Arbeitsrecht räumt § 7 ANErfG eine Inanspruchnahme der Rechte für den Arbeitgeber ein. Durch § 1 ANErfG wird der Anwendungsbereich des Gesetzes für Erfindungen und technischen Verbesserungsvorschläge von Arbeitnehmern im privaten und im öffentlichen Dienst, von Beamten und Soldaten eröffnet. Das ANErfG findet damit auf das Verhältnis zwischen Auftraggeber und arbeitnehmerähnlicher Person ausdrücklich keine Anwendung[411], so dass der Auftraggeber nicht schon kraft Gesetzes ein Nutzungs- und Verwertungsrecht an der Erfindung der arbeitnehmerähnlichen Person erhält. Selbst wenn man eine Regelungslücke bejahen würde, fehlt es zumindest an der für eine Analogie notwendigen vergleichbaren Interessenlage. In dem Verhältnis Arbeitnehmer zu Arbeitgeber trägt der Arbeitgeber das Erfindungsrisiko und die gesamten Herstellungskosten, so dass ihm auch die Vorteile der Erfindung zustehen sollen, ohne dass er mit dem Arbeitnehmer über eine Lizenz verhandeln muss. Bei Werkverträgen trägt die arbeitnehmerähnliche Person jedoch das Herstellungsrisiko und damit das Erfindungsrisiko selbst[412]. Auch das in den anderen Fällen der analogen Anwendung entscheidende Argument der Schutzbedürftigkeit der arbeit-

---

[408] *Katzenberger in* Schricker, Vorb. §§ 88 ff. Rn. 9 ff., 38 ff.; wegen der heute herrschenden Verhältnisse in der Filmproduktion werden diese Privilegierungen des Filmherstellers zunehmend kritisiert, dazu *Hertin* in Fromm/Nordemann, Vorb. §§ 88 Rn. 11.

[409] Siehe dazu umfassend *Löffler/Ricker*, Kap. 68 Rn. 5 ff.

[410] Für gewerbliche Muster und Modelle enthält § 1 GeschmMG eine parallele Regelung.

[411] Ebenso *Neuvians*, S. 152; *Schubert*, S. 288; dagegen *Volmer/Gaul*, § 1 Rn. 59; *Busse*, § 1 Rn. 4.

[412] Daher die Analogie bei dienstvertraglich beschäftigten arbeitnehmerähnlichen Personen bejahend *Schippel*, GRUR 1959, 167 (168 f.); *Reimer/Schade/Schippel*, § 1 Rn. 6.

nehmerähnlichen Personen greift hinsichtlich der möglichen Anwendbarkeit des ANErfG nicht. Dieses Gesetz schützt nicht die Seite der Erwerbstätigen. Doch auch der Auftraggeber ist nicht schutzwürdig, da ihm immer die Möglichkeit verbleibt, sich die Nutzungsrechte an der Erfindung vertraglich einräumen zu lassen. Ist dem Auftraggeber daran gelegen, kann er dies aufgrund der wirtschaftlichen Abhängigkeit der arbeitnehmerähnlichen Person sicherlich auch durchsetzen.

5. Zusammenfassung der Hauptpflichten der arbeitnehmerähnlichen Person

Die vertraglichen Inhalte des Schuldverhältnisses unterliegen nur einer beschränkten Kontrolle nach § 307 BGB, da die arbeitnehmerähnliche Person in ihrer Stellung als Erwerbstätiger kein Verbraucher im Sinne des § 13 BGB ist, sondern Unternehmer i.S.d. § 14 BGB, so dass nach § 310 Abs. 1 S. 1 BGB die §§ 308, 309 BGB nicht gelten. Neben der AGB-Kontrolle und diese ergänzend unterliegen die Vertragsinhalte einer zivilrechtlichen Inhaltskontrolle anhand der §§ 138, 242 BGB. Der Maßstab dieser inhaltlichen Kontrolle ist dem der AGB-Kontrolle ähnlich. Eine unangemessene Benachteiligung der arbeitnehmerähnlichen Person durch die Vertragsregelungen führt zur Unwirksamkeit der vertraglichen Vereinbarung, dabei ist § 139 BGB anzuwenden.

Die Hauptpflichten der arbeitnehmerähnlichen Person bei der Durchführung des Vertragsverhältnisses sind spezialgesetzlich nur sehr lückenhaft geregelt. So findet das Arbeitszeitgesetz zwar keine Anwendung auf arbeitnehmerähnliche Personen, auch eine Analogie zu § 11 HAG ist abzulehnen. Jedoch wird der Minimalschutz hinsichtlich der täglichen und wöchentlichen Arbeitszeit wie auch der Nachtarbeit durch die zivilrechtlichen Regelungen der §§ 241 Abs. 2, 618 BGB erreicht.

Das Leistungsbestimmungsrecht des Auftraggebers darf die Organisation oder die Führung des Unternehmens der arbeitnehmerähnlichen Person nicht tangieren. Um dies zu vermeiden unterliegt es den allgemeinen Schranken nach den §§ 134, 138, 242 BGB und den wettbewerbsrechtlichen Schranken aus §§ 14, 16 GWB. Die an sich bestehende Leistungspflicht der arbeitnehmerähnlichen Person kann nach § 275 BGB rechtlich oder gesetzlich unmöglich und demnach ausgeschlossen sein, bei lediglich vorübergehenden Hindernissen besteht nach § 275 Abs. 3 BGB ein Leistungsverweigerungsrecht. Hauptfall der tatsächlichen Unmöglichkeit ist die die berufliche Tätigkeit ausschließende Erkrankung des Erwerbstätigen. Bei einer die berufliche Tätigkeit nur erschwerenden Erkrankung liegt ein Fall der Unzumutbarkeit nach § 275 Abs. 2 BGB vor, der zu einem Leistungsverweigerungsrecht nach §§ 275 Abs. 2 und 3, 242 BGB führt. Die durch die fehlende Anwendbarkeit der tatsächlichen Beschäftigungsverbote des MuSchG resultierende Schutzlücke wird durch die Artt. 6 Abs. 4 und 2 Abs.

2 S. 1 GG konkretisierten Schutzpflicht aus § 241 Abs. 2 BGB ausgefüllt. Ebenfalls nicht anwendbar ist das BErzGG, so dass ein Ruhen des Vertragsverhältnisses während der Elternzeit nach § 15 BErzGG nicht eintritt. Die ebenfalls auf Arbeitnehmer beschränkten § 1 Abs. 1 ArbPlSchG, § 78 Abs. 1 ZDG werden im Gegensatz zu § 15 BErzGG jedoch durch ein Leistungsverweigerungsrecht nach § 275 Abs. 3 BGB kompensiert.

Die arbeitnehmerähnlichen Künstler, Autoren, Komponisten, Bildende Künstler, Publizisten und Journalisten sind in Bezug auf ihre bei der Beschäftigung erstellten Werke Inhaber der Immaterialgüterrechte und des Erfinderpersönlichkeitsrechts nach dem UrhG. Vergütet wird die Nutzung der Urheberrechte konkludent mit der Zahlung des vereinbarten Werklohnes bzw. im Dienstvertragsrecht mit dem unabhängig vom Erfolg vereinbarten Dienstlohn. Den arbeitnehmerähnlichen Personen stehen daneben die Rechte nach dem Patentgesetz zu. Diese Nutzungsrechte können sie Dritten einräumen. Der Auftraggeber erhält jedoch nicht kraft Gesetz ein Nutzungsrecht, da das ANErfG mangels vergleichbarer Interessenlage mit den Arbeitnehmern auf arbeitnehmerähnliche Personen keine Anwendung findet.

II. *Hauptpflichten des Auftraggebers*

Die Hauptpflicht des Auftraggebers ist die Zahlung des Entgelts als Gegenleistung für die vertragliche Leistung der arbeitnehmerähnlichen Person. Diese Pflicht ergibt sich auch in ihrer Höhe zumeist aus dem Vertrag zwischen den Parteien.

1. Vergütungspflicht

Die arbeitnehmerähnlichen Personen sind bei der Erfüllung ihres Vertrages nach §§ 614, 641 BGB, § 87a Abs. 1 HGB, § 396 Abs. 1 S. 1 HGB grundsätzlich vorleistungspflichtig. Liegt keine anderweitige vertragliche Abrede vor, erfolgt die Vergütung demnach erst nach Abnahme des Werkes bzw. nach Erbringung der dienstvertraglichen Leistung.

Die Höhe des vertraglich vereinbarten Entgelts ist zwar nach der h.M. nicht der vertraglichen Inhaltskontrolle nach §§ 305 ff. BGB oder § 242 BGB zugänglich[413]. Jedoch kommen die im Folgenden erläuterten rechtlichen Einschränkungen der Vergütungshöhe in Betracht.

---

[413] *Gotthardt*, Rn. 242; *Lingemann*, NZA 2002, 181 (188f.); *Annuß*, BB 2002, 458 (460); *Lindemann*, AuR 2002, 81 (86f.); a.A. *Däubler*, NZA 2001, 1329 (1334 f.); unentschieden: *Kittner*, SchuldR, Rn. 856, 1149; *Reinecke*, DB 2002, 583 (585).

Das Entgelt kann sowohl zeit- als auch erfolgsbezogen sein sowie aus einer Kombination dieser beiden Modelle bestehen[414]. Die Vereinbarung einer leistungsabhängigen Vergütung ist allerdings bei arbeitnehmerähnlichen Jugendlichen nach § 23 Abs. 1 JArbSchG unzulässig. Die parallele Unzulässigkeit dieser Entgeltform nach § 4 Abs. 3 S. 1 MuSchG ist hingegen auf arbeitnehmerähnliche Personen nicht anwendbar. Aus wettbewerbsrechtlicher Sicht ergeben sich aus den § 20 Abs. 1 und 2 GWB keine Besonderheiten für die Vergütungspflicht des Auftraggebers, da diese Normen keinen Anspruch auf ein angemessenes Entgelt gewähren, sondern nur das Ausnutzen von Marktmacht des Auftraggebers verhindern. Zum Schutz des Wettbewerbs verbieten § 20 Abs. 3 S. 1 GWB und § 1 UWG zugleich die ungerechtfertigte Vereinbarung von Vorzugsbedingungen, das sog. „Anzapfen von Lieferanten“.

Relevante Vorgaben zur Entgelthöhe enthalten indessen die allgemeinen zivilrechtlichen und arbeitsrechtlichen Regelungen.

a) *Gesetz über die Regelung von Mindestarbeitsbedingungen*

Arbeitnehmerähnliche Personen können nach § 12a TVG wie Arbeitnehmer in den Genuss von für sie abgeschlossenen Tarifverträgen kommen. Demnach können auch für arbeitnehmerähnliche Erwerbstätige Tarifverträge mit Entgeltregelungen oder gesonderte Entgelttarifverträge existieren[415]. Versagt dieses Tarifvertragssystem funktional, so gewährleistet das MindestarbeitsbedG einen Schutz durch Mindestentgelte[416]. Nach § 2 des Gesetzes wird bei dem Bundesministerium für Wirtschaft und Arbeit ein Ausschuss errichtet, der gemäß § 1 des Gesetzes bei fehlenden oder nur eine Minderheit der Arbeitnehmer oder der Arbeitgeber umfassenden Tarifparteien entgeltliche Mindestregelungen festsetzt. Von dieser Möglichkeit wurde bisher noch nie Gebrauch gemacht. Unabhängig davon kommt selbst bei einer analogen Anwendung des § 1 des Gesetzes auf arbeitnehmerähnlichen Personen[417] eine verwaltungsrechtliche Festlegung bei Fernsehunternehmen nicht in Betracht. Die sinngemäßen Voraussetzungen nach § 1 des Gesetzes sind im Moment nicht erfüllt, da bei öffentlich-rechtlichen wie bei privaten Fernsehunternehmen Tarifparteien bestehen, die auch nicht nur eine Minderheit der arbeitnehmerähnlichen Personen oder Auftraggeber umfassen.

---

[414] Zu den unterschiedlichen Modellen siehe umfassend *Lieb*, S. 30 ff.
[415] Siehe zu den hier relevanten tariflichen Regelungen für Entgelte unten § 10A.
[416] Die für Heimarbeiter parallele Regelung steht in § 19 HAG.
[417] Dazu ausführlich *Schubert*, S. 296 f.

b) *Schranke der Sittenwidrigkeit der Vergütungshöhe nach § 138 BGB*

Eine allgemein zivilrechtliche Entgeltschranke enthält § 138 BGB. Kontrolliert werden zum anhand von § 138 BGB zum einen inhaltlich die Hauptpflichten, zum anderen aber auch die Äquivalenz zwischen den Hauptpflichten.
Nach § 138 Abs. 2 BGB sind alle wucherischen Entgeltvereinbarungen nichtig. Dafür muss ein auffälliges Missverhältnis zwischen der Leistungspflicht der arbeitnehmerähnlichen Person und der Entgeltpflicht des Auftraggebers vorliegen. Als subjektive Voraussetzung muss der Auftraggeber die bei der arbeitnehmerähnlichen Person bestehende Schwächesituation im Sinne des § 138 Abs. 2 BGB bewusst ausgebeutet haben.

Nutzt der Auftraggeber nicht erkennbar ein eklatantes Ungleichgewicht zwischen der arbeitnehmerähnlichen Person und dem Auftraggeber aus und liegen daher die hohen subjektiven Voraussetzungen des § 138 Abs. 2 BGB nicht vor[418], kann die Lage dennoch nach § 138 Abs. 1 BGB als nichtig beurteilt werden. Dafür genügt es, dass der Auftraggeber sich nur leichtfertig der Kenntnis des wucherähnlichen Tatbestandes verschließt, dafür sind auf der anderen Seite an das Missverhältnis zwischen Leistung und Gegenleistung aber höhere Anforderungen zu stellen. Als wucherähnlich gilt dabei nicht schon die Unterschreitung des tariflichen Mindestlohnes, sondern eine Unterschreitung von ca. ⅓ bis ½ der üblichen Vergütung[419]. Ein auffälliges Missverhältnis verneinte das BAG, wenn der vereinbarte Lohn eines nicht tarifgebundenen Mitarbeiters 26% bis 30% unterhalb des Tariflohnes liegt[420]. Nicht nur die Beschäftigung zu unangemessenen niedrigem Lohn ist ein Fall des Lohnwuchers. Auch eine durchschnittliche Vergütung bei der Übernahme von zahlreichen Nebenverpflichtungen kann den Tatbestand des Lohnwuchers darstellen. Verpflichtet sich ein Autor, das einer Rundfunkanstalt angebotene Skript wiederholt zu ändern, ist diese Vereinbarung dann nicht sittenwidrig, wenn in jedem Fall eine angemessene Teilvergütung zu zahlen ist[421]. Die Verpflichtung eines Autors, auf Lebenszeit seine Werke einem Verlag zuerst anzubieten ist dann sittenwidrig, wenn ohne zeitliche oder gegenständliche Beschränkung für das gesamte künftige Schaffen des Verfassers gelten sollen und einen angemessene Gegenleistung fehlt[422]. Auch liegt die Sittenwidrigkeit nahe, wenn der Beschäftigte an den Verlusten

---

[418] Dies wird sehr häufig der Fall sein, da ein bewusstes Ausnutzen des Auftraggebers von dem Erwerbstätigen zumindest nicht bewiesen werden kann.

[419] Im Arbeitsverhältnis wurde die bei einem Bauarbeiter bezahlten 12,70 DM gegenüber dem tariflich vereinbarten Lohn von 19,05 DM als Wucher angesehen, BAG FA 2001, 366; die Entgeltvereinbarung von € 664, 69 für einen Rechtsanwalt (35 h Woche) ist gegenüber einer der üblichen Entgelthöhe von € 1431, 62 (bei Berufsanfängern in den Jahren 1996-1998) Lohnwucher, LAG Hessen NJW 2000, 3372 ff.

[420] BAG EzA Nr. 29 zu § 138 BGB.

[421] BGH LM Nr. 32 zu § 138 (Bb) BGB = MDR 1971, 373.

[422] BGHZ 22, 347.

des Auftraggebers beteiligt wird, ohne dafür einen angemessenen Risikoausgleich zu erhalten[423], oder wenn es ihm unmöglich ist, für diese Risiken vorzusorgen oder beispielsweise eine Versicherung abzuschließen. Ebenso sind Mankoabreden ohne wirtschaftlichen Ausgleich bei nur durchschnittlichem Lohn sittenwidrig[424].

In den Fällen des Lohwuchers wird als Rechtsfolge häufig nur die Vergütungsvereinbarung nichtig. Das führt dann nicht gemäß § 139 BGB zur Nichtigkeit des ganzen Vertrages, wenn dadurch der Schutz des Erwerbstätigen in sein Gegenteil verkehrt wird. Stattdessen kann die arbeitnehmerähnliche Person Nachzahlung verlangen. Maßgeblich ist bei der Nachzahlung der übliche Lohn nach § 612 BGB und nicht etwa der niedrigste zulässige Lohn[425].

c) *Verbot der Benachteiligung nach dem AGG und nach § 612 Abs. 3 BGB*

Nach §§ 7, 1, 2 Abs. 2 Nr. 1 AGG dürfen Benachteiligungen beim Arbeitsentgelt aus Gründen der Rasse, der ethnischen Herkunft, der Religion, der Weltanschauung, einer Behinderung, des Alters oder der sexuellen Identität nicht erfolgen. Da das Gesetz nach § 6 Abs. 1 Nr. 3 AGG auch auf arbeitnehmerähnliche Person anwendbar ist und aufgrund einer zu bejahenden Analogie zu § 6 Abs. 2 AGG auch die Auftraggeber der arbeitnehmerähnlichen Person erfasst[426], wird durch §§ 7, 1, 2 Abs. 2 Nr. 1 AGG ein umfassender Diskriminierungsschutz bezogen auf die Vergütungshöhe erreicht.

Für Sachverhalte, die sich vor Inkrafttreten des AGG ereigneten, wird ein Diskriminierungsschutz nach § 81 Abs. 2 SGB IX und § 4 TzBfG erzielt, wobei das TzBfG jedoch auf arbeitnehmerähnliche Personen nicht anwendbar ist[427]. Ein allgemeines Diskriminierungsverbot wird durch das Verbot der geschlechtsbezogenen Benachteiligung nach § 612 Abs. 3 BGB gewährleistet. Nach § 612 Abs. 3 BGB darf für gleiche oder gleichwertige Arbeit nicht wegen des Geschlechts eine andere Vergütung vereinbart werden[428]. § 612 Abs. 3 BGB setzt das in Art. 141 EGV verankerte Entgeltgleichheitsgebot in nationales Recht um[429] und ist somit grundsätzlich der vorrangige Prüfungsmaßstab für geschlechtsbedingte Entgeltunterschiede[430]. Nach Art. 141 Abs. 3 EGV wird der

---

[423] So für das Arbeitsrecht BAG AP Nr. 47 zu § 138 BGB.
[424] So für das Arbeitsrecht BAG AP Nr. 4, 45 zu § 611 BGB Haftung des Arbeitnehmers.
[425] BAG AP Nr. 2 zu § 138 BGB; *Preis* in ErfK, § 612 Rn. 4.
[426] Siehe dazu oben § 3D.III.1.
[427] Siehe dazu noch ausführlich unten § 3F.II.1.
[428] § 612 Abs. 3 BGB dient der Umsetzung der europarechtlichen Vorgaben aus Art. 141 EGV und der Richtlinie 75/117/EWG in das nationale Recht.
[429] BAG AP Nr. 42 zu Art. 119 EWG-Vertrag.
[430] BAG AP Nr. 48 zu § 612 BGB; BAG NZA 1997, 724; BAG AP Nr. 35 zu § 1 BetrAVG

Rat ermächtigt, „Maßnahmen zur Gewährleistung der Anwendung des Grundsatzes der Chancengleichheit und der Gleichbehandlung von Männern und Frauen in Arbeits- und Beschäftigungsfragen“ zu ergreifen. Die Richtlinien als Sekundärrecht stellen seine Konkretisierung dar. Maßgeblich sind dabei insbesondere die Entgeltrichtlinie 75/117/EWG[431] und die Richtlinie 76/207/EWG[432] bzw. jetzt 2002/73/EG. Dem Grundsatz der Gleichbehandlung wird man, wie seinem Teilgrundsatz der Entgeltgleichheit, auch unmittelbare vertikale und horizontale Wirkung nicht absprechen können. Die unmittelbare Wirkung hat zur Folge, dass die Kernaussagen der einschlägigen Richtlinien an ihr teilnehmen. § 612 Abs. 3 BGB geht insoweit über Art. 141 EWG-Vertrag hinaus, als er nicht nur gleiche, sondern auch gleichwertige Arbeit gleichmäßig entgolten sehen will. Im Falle eines Widerspruchs zwischen § 612 Abs. 3 BGB und dem Gemeinschaftsrecht ist Art. 141 EG unmittelbar anzuwenden[433].

Verboten sind nach § 612 Abs. 3 BGB wegen ihres Geschlechts benachteiligende Vereinbarungen, Gesamtzusagen und Einheitsregelungen sowie vertraglich übernommene kollektive Entgeltordnungen. Dabei kann eine unterschiedliche Behandlung auch dann auf einer Vereinbarung beruhen, wenn diese lediglich mit dem begünstigten, aber nicht mit dem benachteiligten Beschäftigten getroffen wurde[434]. Auch Tarifverträge und Betriebsvereinbarungen werden vom Benachteiligungsverbot erfasst, weil das Verbot alle Regelungen betrifft, die das Entgelt im Arbeitsverhältnis beeinflussen[435]. Jedoch fallen unter den Anwendungsbereich des § 612 Abs. 3 BGB ausdrücklich nur Arbeitsverhältnisse. Für arbeitnehmerähnliche Personen besteht insoweit eine Regelungslücke. Diese Lücke wird auch nicht durch eine auf § 242 BGB gestützte zivilrechtliche Inhaltskontrolle gefüllt, da jene nicht die Ungleichbehandlung der Erwerbstätigen untereinander, sondern nur das Verhältnis zwischen den Vertragsparteien berücksichtigt. Das Schutzbedürfnis der arbeitnehmerähnlichen Person in diesem Punkt ist jedoch nicht zu leugnen. Zwar könnte man anführen, dass bei Selbständigen der Lohn Ergebnis der Verhandlungen auf dem Markt ist und daher einer gesetzlichen Begrenzung grundsätzlich nicht zugänglich ist[436]. Die geschlechtsunabhängige Gleichbehandlung wird aber grundrechtlich durch Art. 3 Abs. 2 GG geschützt. § 612 Abs. 3 BGB ist also auch im Lichte dieses

---

Gleichbehandlung.

[431] Lohngleichheitsrichtlinie: Gleiches Entgelt für gleichwertige Arbeit.

[432] Richtlinie zur Verwirklichung des Grundsatzes der Gleichbehandlung von Männern und Frauen hinsichtlich des Zuganges zur Beschäftigung, zur Berufsausbildung und zum beruflichen Aufstieg sowie in Bezug auf die Arbeitsbedingungen.

[433] *Preis* in ErfK, § 612 BGB Rn. 46; a.A. *Thüsing* in Henssler/Willemsen/Kalb Rn. 50,der beide Vorschriften nebeneinander anwendet.

[434] BAG AP Nr. 1 zu § 612 BGB Diskriminierung.

[435] Vgl. dazu EuGH AP Nr. 21 zu Art. 119 EWG-Vertrag; BAG AP Nr. 8 zu § 1 BetrAVG Gleichberechtigung.

[436] So im Ergebnis *Schlachter*, EAS, B 4100 Rn. 7.

Grundsrechts auszulegen[437]. Eine Regelungslücke bei den arbeitnehmerähnlichen Personen diesbezüglich widerspricht der Verpflichtung des Staates, die faktische Gleichstellung der Geschlechter zu fördern[438]. Zwar wird dadurch natürlich in die bei Selbständigen noch weitgehend uneingeschränkte Privatautonomie eingegriffen, jedoch führt gerade diese Freiheit der Individuen bei Vertragsverhandlungen dazu, dass sich ihre Ungleichheit in den Verträgen verwirklicht[439]. Wie bei den Arbeitnehmern ist auch bei den überwiegend allein tätig werdenden arbeitnehmerähnlichen Personen die Vergütung ein Spiegel ihrer Arbeitsleistung. Demnach muss auch diese Tätigkeit mit der Folge der Vergütung miteinander verglichen werden können und somit § 612 Abs. 3 BGB auch auf arbeitnehmerähnliche Personen anwendbar sein[440]. Aufgrund der arbeitsorganisatorischen und auch steuerrechtlichen[441] Unterschiede zwischen Arbeitnehmern und den arbeitnehmerähnlichen Selbständigen kann dieser Lohnvergleich jedoch nur unter den bei diesem Auftraggeber ebenfalls tätigen arbeitnehmerähnlichen Personen erfolgen. Ein Vergleich mit den angestellten Arbeitnehmern ginge über das von Art. 3 Abs. 2 GG Geforderte hinaus, da es indirekt fast einer absoluten Festsetzung der Lohnhöhe gleichkäme[442].

Ein Verstoß gegen § 612 Abs. 3 BGB führt gemäß § 134 BGB zur Nichtigkeit der diskriminierenden Regelung. Gemäß Art. 4 der EntgeltRL gilt dies auch, wenn es sich um tarifliche Festlegungen handelt[443]. In den Fällen, in denen die Nichtigkeitssanktion ausscheidet, weil durch eine Vereinbarung bestimmte Erwerbstätige bevorzugt werden, aber keine Vereinbarung mit den benachteiligten Erwerbstätigen existiert, gebietet eine gemeinschaftsrechtskonforme Auslegung, dass auch der benachteiligten Gruppe das höhere Entgelt bezahlt wird[444].

d) *Arbeitsrechtlicher Gleichbehandlungsgrundsatz*

Problematisch ist, ob der im Arbeitsrecht als besonderer Gleichbehandlungsgrundsatz entwickelte arbeitsrechtliche Gleichbehandlungsgrundsatz Einfluss auf die Pflichten des Auftraggebers hat[445]. Die Anwendung des Gleichbehandlungsgrundsatzes auf das Verhältnis zwischen arbeitnehmerähnlichen Personen und Arbeitnehmern scheidet bereits deshalb aus, weil diese aufgrund des unter-

---

[437] BAG AP Nr. 48 zu § 612 BGB.

[438] *Starck* in v. Mangoldt/Klein/Starck, Art. 3 Rn. 286.

[439] *Leibholz*, S. 21 (30).

[440] Ebenso *Edenfeld* in Erman, § 612 Rn. 27; *Müller-Glöge* in MüKo-BGB, § 612 Rn. 45; *Schaub/Koch/Linck*, § 165 Rn. 27; *Preis* in ErfK, § 612 BGB Rn. 49: für eine Analogie *Raab* in Soergel, § 612 Rn. 48; die Anwendbarkeit ablehnend aber *Neuvians*, S. 160.

[441] Siehe zu den steuerrechtlichen Folgen der Arbeitnehmerähnlichkeit *Ory/Schmittmann*, Rn. 173 ff.

[442] *Schubert*, S. 304.

[443] BAG AP Nr. 33 zu § 1 TVG Tarifverträge Einzelhandel.

[444] BAG AP Nr. 1 zu § 612 BGB Diskriminierung.

[445] Dies ablehnend, aber ohne nähere Begründung *Hromadka*, NZA 1997, 1249 (1255 f.);

schiedlichen erwerbsrechtlichen Statusses bereits nicht mit den arbeitnehmerähnlichen Personen vergleichbar sind; die notwendige Gruppenbildung vergleichbarer Erwerbstätiger ist nicht möglich[446]. In Betracht kommt nur eine Gleichbehandlung mit anderen arbeitnehmerähnlichen Erwerbstätigen. Dabei stellt sich die Frage, ob es relevant ist, dass arbeitnehmerähnliche Personen meist nicht in die betrieblichen Abläufe eingegliedert sind, sondern ihre Tätigkeit auch am heimischen Arbeitsplatz ausüben. Maßgeblich ist dies vor dem Hintergrund, dass der arbeitsrechtliche Gleichbehandlungsgrundsatz nach früher h.M. nur für Arbeitnehmer desselben Betriebes bzw. derselben Dienststelle galt[447]. Der Grundsatz fuße auf der Eingliederung der Arbeitnehmer in den Betrieb als organisatorische Einheit, die zu einer Gleichbehandlung der Beteiligten verpflichtet[448]. Ausnahmen wurden nur zugelassen, wenn der Arbeitgeber eine überbetriebliche Regel aufstellte und anwendete[449]. Nach der inzwischen h.M. wird der Gleichbehandlungsgrundsatz dagegen grundsätzlich auf das gesamte Unternehmen ausgedehnt[450]. Begründet wird diese Neuorientierung mit der nicht immer eindeutigen Abgrenzung zwischen Betriebsteil und selbständigem Betrieb. Es erscheine zudem nicht sachgerecht, dass durch schlichte Betriebsaufspaltungen die Geltung des Gleichbehandlungsgrundsatzes umgangen werden kann[451]. Soweit man das Vorliegen einer Gemeinschaft der Arbeitnehmer untereinander fordere, ließe sich schließlich auch bei der Unternehmensbelegschaft von einer Gemeinschaft sprechen[452]. Die unternehmensbezogene Betrachtung stellt den Arbeitgeber in den Vordergrund und nicht mehr den Betrieb als örtlichen Anknüpfungspunkt: Die Arbeitnehmer eines Betriebes haben keinen örtlichen Bezug zu den Arbeitnehmern des anderen Betriebes, die nur unter einer einheitlichen Leitungsmacht arbeiten. Es kommt darauf an, dass der Arbeitgeber die konkrete Ausübung der Leitungsmacht ausübt und dabei an das Gebot der Gleichbehandlung gebunden ist. Wenn aber nicht mehr der örtlichen Bezug, die Nähe zum Betrieb ausschlaggebend ist, ist es auch nicht relevant, dass die arbeitnehmerähnliche Person nicht immer in diesen eingegliedert ist. Der Auftraggeber übt die dem Arbeitgeber entsprechende Rolle aus: er ist derjenige, der die Leitungsmacht innehat. Ebenso wie bei Arbeitnehmern unterschiedlicher Betriebe eines Unternehmens lassen sich die arbeitnehmerähnlichen Personen eines Fernsehunternehmens als Gemeinschaft zusammenfassen. Daher ist der arbeitsrechtliche Gleichbehandlungsgrundsatz für arbeitnehmerähnliche Perso-

---

[446] Die Rechtsprechung erkannte dies bereits für das Verhältnis von Arbeitnehmern zu Heimarbeitern, BAG AP Nr. 12 zu § 242 BGB Gleichbehandlung.

[447] BAG AP Nr. 105 zu § 242 BGB Gleichbehandlung.

[448] BAG AP Nr. 12, 105 zu § 242 BGB Gleichbehandlung; statt vieler *Richardi* in MünchArbR, § 14 Rn. 9 m.w.N.

[449] BAG AP Nr. 105, 112 zu § 242 BGB Gleichbehandlung.

[450] BAG AP Nr. 162 zu § 242 BGB Gleichbehandlung; zur Literatur statt vieler *Preis* in ErfK § 611 BGB Rn. 724 m.w.N.

[451] *Richardi* in MünchArbR, § 14 Rn. 9.

[452] So *Zöllner/Loritz*, § 17 III 1.

nen anwendbar, jedoch beschränkt auf die vergleichbaren arbeitnehmerähnlichen Erwerbstätigen[453].

e) *Vergütung für Nutzungsrechte und Patente*

Vergütet wird nicht nur die reine Erwerbstätigkeit. Auch eine Vergütung für die Gestattung der Nutzungsrechte nach dem UrhG und dem PatG[454] erfolgt gerade im Medienbereich häufig. Bei der Übertragung der Nutzungsrechte nach dem UrhG besteht nach § 32 Abs. 1 S. 1 UrhG[455] eine generelle Vergütungspflicht, nach § 32 Abs. 1 S. 2 UrhG bei fehlender vertraglicher Vereinbarung die Pflicht zu einer angemessenen Vergütung. Erfolgt eine vertragliche Vergütung, muss diese nicht separat erfolgen, sondern kann durchaus in der generellen Vergütungshöhe enthalten sein. So kann sich eine Vergütung aus verschiedenen Bausteinen zusammensetzen, wie z.B. ein Teil für die verrichtete Arbeit, ein Teil für die aufgewendeten Materialien und ein Teil für die Übertragung der Nutzungsrechte[456]. In einem solchen Fall der zusammengesetzten Entlohnung und Vergütung ist es für die Parteien jedoch ratsam, die Höhe der Vergütung für die Nutzungsrechte in dem Vertrag gesondert zu beziffern, da nur so eine Prüfung der Angemessenheit dieser Vergütung vorgenommen werden kann. Ist eine vereinbarte Vergütung nämlich unangemessen, kann die arbeitnehmerähnliche Person nach § 32 Abs. 1 S. 3 UrhG von dem Auftraggeber verlangen, dass dieser in die Änderung des Vertrages zu angemessenen Vergütungsvereinbarungen einwilligt. Dieses Recht hat der Urheber gemäß § 32 Abs. 4 UrhG jedoch nur bei fehlender tarifvertraglicher Bestimmung der Höhe. Die Regelung des § 32 Abs. 1 S. 3 UrhG ist somit ein gesetzlicher Korrekturanspruch zur Beseitigung von Äquivalenzstörungen. Die Angemessenheit beurteilt sich dabei aus einer objektiven Sicht ex ante nach der jeweiligen Verkehrs- und Branchenübung[457]. Dabei muss die Vergütung gemäß § 32 Abs. 2 S. 2 UrhG nach Art und Umfang der eingeräumten Nutzungsmöglichkeit und deren Dauer den üblichen Verhältnissen entsprechen. Ist ein auffälliges Missverhältnis zwischen der Entgeltvereinbarung und den Erträgen und Vorteilen aus der Nutzung des Werkes vorhanden, kann nach § 32a UrhG auch eine nachträgliche Anpassung der Entgelthöhe auf Verlangen des Urhebers erfolgen. Dabei ist der Auftraggeber erneut verpflichtet, in die Änderung des Vertrages in eine angemessene Höhe einzuwilligen.

Um bei der wiederholten Sendung eines bereits bezahlten Beitrages Streit um das Honorar zu vermeiden, muss vertraglich fixiert werden, ob mit dem (Erst-

---

453 So für arbeitnehmerähnliche Geschäftsführer BGH AP Nr. 37 zu § 35 GmbHG.
454 Siehe dazu oben § 3E.I.4.
455 §§ 32 und 32a UrhG wurden infolge der Urheberechtsreform vom 22.3.2002 m.W.v. 1.7.2002 in das Gesetz eingefügt.
456 Diese Möglichkeit besteht unabhängig davon, welches Vertragsverhältnis der Tätigkeit der arbeitnehmerähnlichen Person zugrunde liegt.
457 Bericht des Rechtsausschusses, BT-Drs. 14/8058, S. 18.

)Honorar auch Wiederholungen abgegolten sind oder unter welchen Umständen ein Wiederholungshonorar fällig wird[458]. Unterschieden wird dabei nach Wiederholungen, die am selben Tag oder am Tag nach der Erstsendung verwendet werden und Wiederholungen, die erst nach einiger Zeit verwendet werden. Erstere bleiben häufig honorarfrei, letztere werden nach den Honorarbedingungen der Anstalten in der Regel mit 75 % der Erstvergütung entlohnt. Nicht ein Wiederholungshonorar, sondern ein Übernahmehonorar wird fällig, wenn ein bereits einmal gesendeter Beitrag im Rahmen des ARD-internen Austausches von einer weiteren ARD-Anstalt übernommen wird. Die Spanne für Übernahmehonorare liegt zwischen 25 und 50 % der Erstvergütung[459]. Bei den privaten Fernsehunternehmen werden in den allgemeinen Honorarbedingungen häufig eine Bezahlung von Wiederholungshonoraren und eine Erlösbeteiligung an der Weiterverwertung der Beiträge ausgeschlossen. Dieser Umstand muss angesichts der häufigen Wiederholungen bei den Privatsendern bei den Verhandlungen um das Ersthonorar beachtet werden. Die Ersthonorare müssen sehr hoch sein, um die fehlenden Wiederholungshonorare auszugleichen[460].

Zur Bestimmung der Angemessenheit können nach § 36 Abs. 1 S. 1 UrhG Vereinigungen von Urhebern mit solchen von Werknutzern oder einzelnen Werknutzern gemeinsame Vergütungsregeln aufstellen[461]. Von dieser Möglichkeit haben ver.di und mehrere Verlage[462] durch „Gemeinsame Vergütungsregeln für Autoren belletristischer Werke in deutscher Sprache" Gebrauch gemacht. In Tarifverträgen enthaltene Regelungen gehen nach § 36 Abs. 1 S. 3 UrhG solchen Vergütungsregeln vor[463].

Im Gegensatz zu den gesetzlichen Urheberrechten fehlt eine Regelung zur angemessenen Vergütung im PatG. Etwas Vergleichbares regelt zwar § 9 ANErfG. Jedoch steht diese Norm im Zusammenhang mit der per Gesetz vorgegebenen

[458] Beim WDR heißen derartige Verträge über Nutzungsrechte W- und E-Verträge, bei anderen Anstalten HU1- und HU2-, FM1- und FM2- oder auch 41er und 42er Verträge, *Buchholz*, S. 252.

[459] *Buchholz* weist daraufhin, dass es aufgrund eines fehlenden Melde- und Kontrollsystem innerhalb der ARD sein kann, dass Beiträge übernommen und - weil der Autor es gar nicht bemerkt - nicht vergütet werden, *Buchholz*, S. 252 f.

[460] *Buchholz*, S. 253.

[461] Dieser mit der Urheberrechtsreform v. 22.3.2002 neu eingeführte § 36 UrhG entstand vor dem Hintergrund, dass sich der Gesetzgeber für den Gesamtbereich des kreativen Schaffens durch Selbstregulierung der Branchen Standards erhoffte, wie sie schon bei anderen freien Berufen existierten. Die bisherigen Erfahrungen mit § 12a TVG hatten gezeigt, dass die bloße Möglichkeit des Abschlusses von Tarifverträgen nicht zu einem Ergebnis führt, wenn die Gegenseite zu einem Abschluss nicht bereit ist, BMJ-Entwurf und Begründung Urhebervertragsrecht, Stand 30.05.2001, Begründung zu Nr. 6 (§ 36 UrhG), S. 48 f.

[462] Berlin-Verlag, Fischer, Hanser, Antje Kunstmann, Lübbe, Piper, Random House, Rowohlt und Seemann-Henschel.

[463] Umfassend zu den gemeinsamen Vergütungsregeln nach § 36 UrhG siehe *Thüsing*, GRUR 2002, 203 ff.

Nutzungsmöglichkeit der Patentrechte durch den Arbeitgeber nach § 7 ANErfG. Die analoge Anwendbarkeit des § 7 ANErfG auf arbeitnehmerähnliche Personen ist jedoch aufgrund der mangelnden Vergleichbarkeit der Interessenlage abzulehnen[464]. Dann muss konsequenterweise auch eine Anwendbarkeit des § 9 A-NErfG abgelehnt werden[465]. Man kann nicht die positiven Regelungen zur Vergütung der Nutzungsrechte im Wege einer „Rosinentheorie"[466] herauspicken, die negativen Folgen der kraft Gesetzes eingeräumten Nutzungsmöglichkeit aber ausschließen. Das Gesetz wollte mit § 9 ANErfG einen Ausgleich zwischen dem kraft Gesetzes eingeräumten Nutzungsrecht und dem finanziellen Interesse des Schöpfers erreichen. Ist dem Auftraggeber jedoch wegen einer fehlenden analogen Anwendung des § 7 ANErfG kein Nutzungsrecht zuzusprechen, so muss auch keine kraft Gesetz eingeräumte Vergütungspflicht erfolgen. Das vom Gesetz vorgesehene Synallagma besteht ja gerade nicht. Vielmehr verbleibt es bei der Möglichkeit der vertraglichen Verpflichtung zur Gestattung der Nutzungsrechte[467]. In diesem Vertrag kann dann auch die Höhe der Vergütung dieser Rechte vereinbart werden. Die Intention des Gesetzgebers würde jedoch nicht gewahrt, hätte die arbeitnehmerähnliche Person als Urheberin zunächst das Wahlrecht der vertraglichen Gestattung und dann einen gesetzlichen Vergütungsanspruch. Nur wenn der Auftraggeber gesetzlich zur Nutzung berechtigt ist, kann er auch gesetzlich zur Vergütung verpflichtet werden.

f) *Altersversorgung*

Als finanzieller Aspekt des Vertragsverhältnisses gewinnen gerade im Zuge der unsicheren gesetzlichen Renten Formen der betrieblichen Altersversorgung immer mehr an Bedeutung. Werden einer arbeitnehmerähnlichen Personen von dem Auftraggeber Leistungen der Alters-, Invaliditäts- oder Hinterbliebenenversorgung zugesagt, bezeichnet man dies generell als betriebliche Altersversorgung. Der Erwerbstätige erwirbt einen bedingten Anspruch, der bis zum Eintritt der Bedingung nur als Anwartschaft auf Erwerb eines Vollrechts anzusehen ist.

Problematisch ist die Qualifizierung des Ruhegeldes im Gefüge der Pflichten des Auftraggebers. Man kann die Pflicht als Hauptleistungspflicht einordnen, wenn man das Ruhegeld als Gegenleistung für die Gesamtheit der erbrachten Arbeitsleistung im vertraglichen Austauschverhältnis begreift[468]. Die Pflicht zur Zahlung von Ruhegeld kann auch als Nebenpflicht qualifiziert werden, wenn das Ruhegeld als Entgelt für geleistete Betriebstreue verstanden wird[469]. Jedoch

---

[464] Siehe dazu oben § 3E.I.4.

[465] Ebenso *Neuvians*, S. 152; anders *Bernhard/Kraßer*, S. 250; *Schubert*, S. 294 f.

[466] So *Neuvians*, S. 152.

[467] Siehe dazu oben § 3E.I.4.

[468] *Steinmeyer* in ErfK, Vorbem. BetrAVG Rn. 10; ähnlich auch *Lieb*, ZfA 1996, 319 (323 ff.).

[469] So BAG NZA 1995, 734 ff.; *Wackerbarth*, Entgelt für Betriebstreue.

muss die Einordnung dann zumindest als Nebenleistungspflicht erfolgen, da dem Erwerbstätigen nur in diesem Fall ein einklagbarer Anspruch und nicht nur der Verweis auf Sekundäransprüche verbleibt. Die Beantwortung dieser Frage ist nicht nur für die dogmatische Einordnung, sondern auch für die Frage des Bestandes des Anspruchs relevant. Qualifiziert man die Verpflichtung auf Zahlung der betrieblichen Altersversorgung als durch die Betriebstreue erdiente Nebenpflicht des Auftraggebers, sind noch zu erdienenende Anwartschaften des Erwerbstätigen weniger geschützt als bei einer Qualifizierung dieser Ansprüche als Gegenleistung zur Arbeitsleistung und damit als Hauptpflicht des Auftraggebers[470]. Maßgeblich ist dabei der von den Vertragparteien verfolgte Zweck der Ruhegeldzusage, eine allgemeingültige Aussage hinsichtlich der dogmatischen Einordnung lässt sich nicht treffen.

(a) Gesetz zur Verbesserung der betrieblichen Altersversorgung

Erhält die arbeitnehmerähnliche Person eine derartige Zusage des Auftraggebers, so sind die unterschiedlichen Gestaltungsmöglichkeiten der Zusage in Form von Pensionskassen, Unterstützungskassen oder Direktversicherungen mit den genauen Einzelheiten im Gesetz zur Verbesserung der betrieblichen Altersversorgung (BetrAVG) geregelt. Das BetrAVG stellt unabdingbare Mindestbestimmungen auf, die nur zum Teil gemäß § 17 Abs. 3 BetrAVG tarifdispositiv sind. Als wohl wichtigste Rechtsfolge erwächst zulasten des Arbeitgebers eine Ruhegeldverpflichtung gegenüber dem Arbeitnehmer. Die Entgeltansprüche können dabei ebenso auf einem Tarifvertrag beruhen, auch auf diese findet das BetrAVG Anwendung[471]. Der Schutzbereich des BetrAVG ist nach § 17 Abs. 1 S. 2 BetrAVG ausdrücklich auch für Personen eröffnet, die nicht Arbeitnehmer sind, denen aber aus Anlass ihrer Tätigkeit für einen Unternehmer eine derartige Zusage gemacht wird. Damit sind arbeitnehmerähnlichen Personen voll der Geltung der arbeitsrechtlichen Vorschriften des Gesetzes unterstellt[472]. Die Gleichstellung mit den Arbeitnehmern hat ihren Grund in der ähnlichen Schutzbedürftigkeit und der fehlenden Vertragsparität[473]. Auch Selbständige können auf gesetzliche Regelungen der betrieblichen Altersversorgung angewiesen sein, wenn sie aufgrund einer stärkeren Position des Vertragspartners ähnlich wie Arbeitnehmer nicht in der Lage sind ausreichend Einfluss auf die inhaltliche Gestaltung der betrieblichen Versorgungszusage zu nehmen[474]. Im Hinblick auf die unternehmerischen Einflussmöglichkeiten und den Kapitaleinsatz muss es sich dabei allerdings um eine Tätigkeit für ein fremdes Unternehmen handeln, aus

---

[470] Dazu BAG AP Nr. 1 zu § 1 BetrAVG Ablösung.
[471] Siehe zu den Ansprüchen auf betriebliche Altersversorgung, die bei arbeitnehmerähnlichen Personen in Fernsehunternehmen auf einem Tarifvertrag beruhen, unten § 12.
[472] *Blomeyer/Otto*, § 17 Rn. 81 ff.
[473] *Förster/Rühmann* in MünchArbR, § 113 Rn. 2.
[474] BT-Drs. 7/1281, S. 30.

der die Versorgungsleistungen erwachsen[475]. Das Gesetz gilt auch für die Mitarbeiter der öffentlich-rechtlichen Anstalten, die ihrer Tätigkeit als Teil des öffentlichen Diensts nachgehen[476]. Allerdings bestehen umfassende diesbezügliche Bereichsausnahmen durch § 17 Abs. 2 und § 18 BetrAVG. Bis auf die Vorschriften §§ 1, 1a, und 1b BetrAVG gelten die Vorschriften über die Unverfallbarkeit nicht. Es findet das Auszehrungs- und Anrechnungsverbot des § 5 BetrAVG ebenso wenig Anwendung wie die Anpassungsverpflichtung nach § 16 BetrAVG. Die Normen zur Insolvenzsicherung sind durch § 17 BetrAVG weitgehend ausgenommen. Jedoch setzt § 18 BetrAVG anstelle der entstandenen Lücken Sondervorschriften[477].

(b) Altersversorgung in öffentlich-rechtlichen Fernsehunternehmen

In den öffentlich-rechtlichen Fernsehunternehmen der ARD und beim ZDF wird die Zusatzversorgung[478] durch Ansprüche auf Zahlungen aus Pensionskassen gewährleistet. Eine Pensionskasse ist eine vom Unternehmer oder einer Gruppe von Erwerbstätigen errichtete Einrichtung einer selbständigen juristischen Person zum Zwecke der Versorgung ihrer Mitglieder. Der Gesetzgeber behandelt die Pensionskasse wie eine Versicherungsgesellschaft, so dass sie der Versicherungsaufsicht unterliegt. Die Gesellschaft ist als Versicherungsverein auf Gegenseitigkeit organisiert, in dem der freie Mitarbeiter Mitglied werden kann. Er ist in der Rechtsbeziehung zur Pensionskasse sowohl Versicherter als auch Versicherungsnehmer. Nur ihm steht das Bezugsrecht auf die Leistungen gegenüber der Kasse zu. Das Versicherungs- und Mitgliedschaftsrecht der Erwerbstätigen richtet sich nach dem VVG, dem VAG, dem BGB und der Satzung der Pensionskasse.

Ist ein freier Mitarbeiter zwischen 18 und 55 Jahren alt, kann er freiwillig Mitglied in der Pensionskasse werden, wenn er mindestens ein Jahr lang für Träger der Pensionskasse gearbeitet und in diesem Jahr mindestens 3.500 € an Honoraren und Lizenzen erhalten hat[479]. Die Versicherung kann auch bei Beendigung des Vertragsverhältnisses mit der Anstalt fortgeführt werden.[480] Träger der Pen-

---

[475] BGH AP Nr. 2 zu § 17 BetrAVG.

[476] Zur Neuregelung des § 18 BetrAVG und den Auswirkungen auf die Altersversorgung im öffentlichen Dienst siehe *Schaub*, NZA 2002, 1119 (1120 f.).

[477] Eine detaillierte Darstellung der Altersversorgung im öffentlichen Dienst findet sich bei *Lassner*, PersR 2003, 445 ff.

[478] Die arbeitnehmerähnlichen Personen erhalten aufgrund ihrer Tätigkeit als Grundversorgung auch Sozialversicherungsansprüche bei der BfA und evtl. auch bei der KSK.

[479] Siehe zu der Versorgung der freien Mitarbeiter umfassend *Götz von Olenhusen*, Handbuch, S. 358 ff.

[480] Voraussetzung hierfür ist allerdings, dass die Mitgliedschaft fünf Jahre bestanden hat und ein dementsprechender Antrag auf Fortführung der Versicherungsmitgliedschaft binnen zwölf Monaten am Ende des Kalenderjahres, in dem die Tätigkeit vom Mitarbeiter bei der Anstalt eingestellt wurde, vorliegt.

sionskassen sind alle öffentlich-rechtlichen Anstalten, aber bisher noch kein Privatsender. Diese Kassen werden durch Beiträge der freien Mitarbeiter und solche der Auftraggeber finanziert. Der Regelsatz für den Erwerbstätigen liegt bei 7% seiner Brutto-Honorareinkünfte, die Anstaltsmitglieder zahlen ebenfalls 7 % als Beitrag[481]. Die Anspruchsberechtigung der arbeitnehmerähnlichen Personen ergibt sich nach einer Wartezeit von zehn Jahren[482], mit der Vollendung des 65. Lebensjahres kann die Altersrente beansprucht werden.

Tritt der Rentenfall[483] ein, hat der freie Mitarbeiter nach § 1 Abs. 1 S. 2 VVG einen Anspruch gegen die Pensionskasse auf Rentenleistungen. Wie hoch der Anspruch auf Rentenleistungen ist, hängt von der Höhe der Beiträge ab. Die näheren Einzelheiten der Finanzierung sind meist in Tarifverträgen geregelt[484]. Weitere Einzelheiten ergeben sich auch aus Richtlinien für die Gewährung von Altershilfe an freie Mitarbeiter[485]. Diese Richtlinien gelten für sämtliche ARD-Anstalten und das ZDF.

2. Schicksal der Gegenleistung bei Wegfall der Leistungspflicht der arbeitnehmerähnlichen Person

Nachdem die Fragen der Vergütungshöhe und der Vergütungsbestandteile geklärt sind, stellt sich die Frage nach dem Schicksal der Vergütungspflicht bei Wegfall der Leistungspflicht. Nach § 326 Abs. 1 BGB gilt der Grundsatz: Kein Lohn ohne Arbeit. Tatsächlich wird dieser Grundsatz aber zum einen durch § 326 Abs. 2 BGB und zum andern durch zahllose Ausnahmen durchbrochen, die abweichende Vorschriften über die Preisgefahr enthalten.

a) *§ 326 Abs. 2 S. 1 Alt. 1 BGB*

Der Auftraggeber bleibt bei Befreiung der arbeitnehmerähnlichen Person von ihrer Leistungspflicht zur Gegenleistung verpflichtet, wenn er für den zur Unmöglichkeit führenden Umstand allein oder überwiegend verantwortlich ist im Sinne des § 326 Abs. 2 S. 1 Alt. 1 BGB. Der Anspruch wird aber gemäß § 326 Abs. 2 S.2 BGB durch die Anrechnung von Vorteilen, die der Erwerbstätige durch die Befreiung von der Leistung erlangt hat, gekürzt.

---

481 Besteht Rentenversicherungspflicht oder ist die arbeitnehmerähnliche Person Mitglied in der KSK, verringert sich der Beitragssatz für beide Seiten auf 4 %.

482 Für die Ehegatten- oder Waisenrente beträgt die Wartezeit fünf Jahre.

483 Für den Fall der Berufsunfähigkeit leistet die Pensionskasse nicht.

484 Siehe dazu deshalb noch unten § 12.

485 Zu den Richtlinien im Einzelnen siehe *Götz von Olenhusen*, Handbuch, S. 391 ff.

(a) Verantwortung bei Dienstverträgen

Hauptanwendungsfall dieser Konstellation sind im Dienstvertragsrecht die Arbeitsunfälle. Da die arbeitnehmerähnliche Person zumeist außerhalb des Betriebes tätig wird, sind nicht viele Fälle denkbar, in denen der Auftraggeber dafür die alleinige oder überwiegende Verantwortung trägt. Bei Arbeitsunfällen in dem Betrieb der arbeitnehmerähnlichen Person kommt nämlich eine Verantwortung des Auftraggebers nur in den seltenen Konstellationen in Betracht, in denen der Auftraggeber auf die Organisation und die Ausstattung Einfluss genommen hat. Daneben ist natürlich bei einem Tätigwerden der arbeitnehmerähnlichen Person in dem Betrieb, in dem der Auftraggeber die Organisationsgewalt innehat, eine dem § 326 Abs. 2 S. 1 Alt. 1 BGB entsprechende Sachlage denkbar.

(b) Verantwortung bei Werkverträgen

Im Bereich des Werkvertragsrechts regelt § 645 BGB die Gefahrtragungsrisiken des Werkbestellers speziell und weist ihm einzelne Risiken zu. So kann die arbeitnehmerähnliche Person, die aufgrund eines Werkvertrages tätig wird, für einen Teil der geleisteten Arbeit einen entsprechenden Teil der Vergütung verlangen, wenn das Werk infolge schlechten Materials des Auftraggebers untergegangen ist oder sich verschlechtert hat. Auch wenn der Auftraggeber falsche Anweisungen bezüglich der Ausführung des Werkes erteilt hat, besteht diese Möglichkeit der Teilvergütung trotz Verschlechterung oder Untergang des Werkes. Dazu gehören jedoch nur die einseitigen Anweisungen bei der konkreten Ausführung, vertragliche Bestimmungen über die Ausführung werden davon nicht erfasst[486]. Eine analoge Anwendung des § 645 BGB ist in den Fällen geboten, in denen der Werkbesteller das Werk gefährdet, indem er eine nicht gebotene Handlung vornimmt[487] oder in denen das Leistungsobjekt wegfällt, bevor es in die Sphäre des Werkbestellers gelangt[488]. Zu dieser Gruppe des § 645 BGB gehören auch zufällige Leistungshindernisse, die in der Person des Bestellers begründet sind[489] oder die jedenfalls dem Besteller nach einer Sphärenbetrachtung eher zuzurechnen sind als dem Unternehmer[490]. Auch bei zufälliger Zweckerreichung kann die nur zu Lasten des Bestellers gehen, so dass auch in dieser Konstellation die Rechtsfolge des § 645 BGB eintritt.[491]

Ist eine absolute Fixschuld vereinbart und hält der Werkunternehmer diese nicht ein, entfällt grundsätzlich die Vergütungspflicht des Bestellers nach § 326 Abs.

---

486 *Schwenker* in Erman, § 645 Rn. 3.
487 Dazu BGHZ 40, 71 (75); BGHZ 136, 303 (309).
488 *Schwenker* in Erman, § 645 Rn. 10.
489 BGHZ 60, 14 ff.
490 BGHZ 83, 197 ff.
491 *Schwenker* in Erman, § 645 Rn. 10.

1 Hs. 1 BGB: Stellt ein Redakteur den Bericht für die Nachrichten nicht rechtzeitig fertig, erhält er keine Vergütung. Kann er den Bericht nicht rechtzeitig fertig stellen, da der Computer bei dem Sender, an dem er seine Berichte schreibt, aufgrund eines Virusses nicht funktionsfähig ist, liegt ein Fall der unverschuldeten Unmöglichkeit im Sinne des § 326 Abs. 2 S. 1 Alt. 1 BGB vor. Müsste die arbeitnehmerähnliche Person dieses Risiko selbst tragen, stünde sie schlechter als der Dienstverpflichtete. Diese Unbilligkeit könnte man einerseits durch eine Analogie zu § 615 S. 3 BGB lösen. Andererseits genügt auch der bereits oben geschilderte Sphärengedanke, um diese Situation interessengerecht zu lösen. Vor der Schuldrechtsreform wurde dieser Ansatz auf § 324 BGB a.F. gestützt[492]. Der Arbeitgeber musste danach alle Störungen seines Betriebes und seiner Mitwirkungshandlungen bei der Vertragsdurchführung selbst verantworten. Bereits bei zufälligen Störungen im Betrieb, die zu einer Unmöglichkeit bei einer Fixschuld führen, muss er die Vergütung des Erwerbstätigen trotz § 326 Abs. 1 BGB weiter bezahlen. Dieser Grundgedanke ist auf den Auftraggeber, der die arbeitnehmerähnliche Person in seinem Betrieb einzelne Leistungen ausführen lässt, entsprechend anzuwenden. Sie kommt mit der Sphäre des Auftraggebers und mit den damit verbundenen Risiken ebenso in Berührung wie der Arbeitnehmer mit denen des Arbeitgebers.

b) *§ 326 Abs. 2 S. 1 Alt. 2 BGB*

Kommt der Auftraggeber in Annahmeverzug und kann der Beschäftigte daher seiner vertraglichen Pflicht nicht nachkommen, entfiele nach § 326 Abs. 1 BGB der Entgeltanspruch des Erwerbstätigen. § 326 Abs. 2 S. 1 Alt. 2 BGB erhält jedoch in diesem Fall den Anspruch des Beschäftigten aufrecht. Wie bei § 326 Abs. 2 S. 1 Alt 1 BGB wird gemäß § 326 Abs. 2 S.2 BGB durch die Anrechnung von Vorteilen, die der Erwerbstätige durch die Befreiung von der Leistung erlangt hat, der Anspruch gekürzt. Sowohl im Dienstvertrags- als auch im Werkvertragsrecht bestehen Sonderregelungen gegenüber § 326 Abs. 2 S. 1 Alt. 2 BGB.

(a) Annahmeverzug bei Dienstverträgen

Nach § 615 S. 1 BGB kann der Dienstverpflichtete bei einem Annahmeverzug des Dienstberechtigten ohne Verpflichtung zur Nachleistung die vereinbarte Vergütung verlangen. Die Norm erhält als Gefahrtragungsregel damit den ursprünglichen vertraglichen Anspruch auf Vergütung und schafft keine neue ei-

---

492 Siehe dazu *Emmerich* in MüKo-BGB³, § 324 Rn. 47; zum neuen Recht *Grothe* in Bamberger/Roth, § 326 Rn. 22.

genständige Anspruchsgrundlage[493]. Der Anspruch des Erwerbstätigen ist somit der ursprüngliche Erfüllungsanspruch und kein Schadensersatzanspruch[494].

§ 615 BGB ist auf alle Dienstverhältnisse anwendbar, es muss nicht notwendig ein Arbeitsverhältnis vorliegen. Innerhalb dieses Vertragsverhältnisses muss der Dienstverpflichtete dem Dienstberechtigten seine Dienste nach §§ 293 ff. BGB angeboten haben. Dabei ist im Grundsatz nach § 294 BGB ein tatsächliches Angebot, bei Verweigerung der Mitwirkungshandlung des Dienstberechtigten ein wörtliches Angebot nach § 295 BGB und bei einer nach dem Kalender bestimmten Zeit gemäß § 296 BGB gar kein Angebot nötig. Die Entbehrlichkeit des Angebots nach § 296 BGB ist im Arbeitsverhältnis sehr praxisrelevant, da der Arbeitgeber zur Bereitstellung des Arbeitsplatzes als kalendermäßig festgesetzte Mitwirkungshandlung verpflichtet ist[495]. Eine Mitwirkungshandlung in dieser Form ist gegenüber einem Arbeitnehmer denknotwendig, bei einer arbeitnehmerähnlichen Person jedoch selten. Der Arbeitgeber muss dem Arbeitnehmer den Arbeitsplatz zur Verfügung stellen. Da die persönlich selbständige arbeitnehmerähnliche Person jedoch anders als ein Arbeitnehmer meist nicht in den Betrieb eingegliedert ist, wird ihr auch kein Arbeitsplatz bereitgestellt. Stellt man als Mitwirkungshandlung des Auftraggebers nur auf das Zurverfügungstellen des Arbeitsplatzes ab, ist das Angebot der Leistung folglich nicht nach § 296 BGB entbehrlich, da es einer derartigen Mitwirkungshandlung nicht bedarf. Ist die Tätigkeit der arbeitnehmerähnlichen Person jedoch von anderen Mitwirkungshandlungen des Auftraggebers abhängig und unterlässt er diese Mitwirkungshandlung, ist das Angebot nach § 296 BGB entbehrlich. Dies ist z.B. der Fall, wenn der arbeitnehmerähnliche Redakteur in Ausnahmefällen darauf angewiesen ist, dass der Auftraggeber ihm Materialien wie ein zu überarbeitendes Skript oder einen Bericht aushändigt. In der Regel arbeitet die arbeitnehmerähnliche Person jedoch unabhängig von derartigen Mitwirkungshandlungen, so dass regelmäßig nur das tatsächliche Angebot nach § 294 BGB und das wörtliche Angebot nach § 295 BGB maßgeblich ist. Ob der Auftraggeber die Leistung verwenden oder absetzen kann, spielt dabei keine Rolle[496], da der Auftraggeber das Betriebs- und Wirtschaftsrisiko trägt[497]. Von Letzterem werden im Arbeitsrecht die Fälle erfasst, in denen der Arbeitsplatz des Arbeitnehmers im Betrieb wegen Stromausfällen, Organisations- oder Rohstoffmängeln nicht bereitsteht und demnach die Arbeitsleistung nicht erbracht werden kann[498]. Diese Fälle spielen bei arbeitnehmerähnlichen Personen jedoch nur im Ausnahmefall eine

---

[493] So auch BAG AP Nr. 99 zu § 615 BGB; *Preis* in ErfK, § 615 BGB Rn. 1; *Schaub/Koch/Linck*, § 95 Rn. 1; a.A. *Richardi* in Staudinger, § 615 Rn. 9.
[494] BGH NJW 67, 250 ff.
[495] BAG AP Nr. 53 zu § 615 BGB mit Abl. Anm. *Kaiser*; statt vieler *Preis* in ErfK, § 615 BGB Rn. 39; dazu kritisch *Löwisch* in Staudinger, § 296 Rn. 5.
[496] BAG AP Nr. 70 zu Art. 9 GG Arbeitskampf; BAG AP Nr. 56 zu § 615 BGB.
[497] Dies stellt indirekt nun auch § 615 S. 3 BGB fest.
[498] BAG AP Nr. 70 zu Art. 9 GG Arbeitskampf; BAG AP Nr. 56 zu § 615 BGB.

Rolle, da sie meist nicht in den Betrieb eingegliedert sind. Sind sie jedoch dazu verpflichtet, einzelne Leistungen in dem Betrieb auszuführen und ist dem Auftraggeber die Bereitstellung beispielsweise wegen eines Stromausfalls nicht möglich, so muss den Auftraggeber auch dieses Betriebsrisiko treffen. In einem solchen Fall kann die arbeitnehmerähnliche Person nicht anders gestellt werden als der Arbeitnehmer. Mit dem Angebot ihrer Leistung hat die arbeitnehmerähnliche Person vielmehr alles Erforderliche getan, um den geschuldeten Erfolg herbeizuführen. Auf die Risiken in dem Verantwortungsbereich des Auftraggebers hat der Erwerbstätige keinen Einfluss; zudem kann er wegen der vertraglichen Verpflichtung während der Annahmeunmöglichkeit des Auftraggebers auch keiner anderweitigen Tätigkeit nachgehen. Insofern ist die arbeitnehmerähnliche Person genauso schützenswert wie der Arbeitnehmer. Gerade der durch das Schuldrechts-Modernisierungsgesetz neu eingeführte § 615 S. 3 BGB bestätigt diese Annahme, dass die Annahmeunmöglichkeit als Sonderfall des Annahmeverzugs ebenfalls unter § 615 BGB zu subsumieren ist.

Als weitere Voraussetzungen des Annahmeverzugs nach § 615 BGB muss dem Dienstberechtigten die Diensterbringung möglich sein. Sie unterbleibt aber gerade in dem konkreten Fall, da der Dienstberechtigte sie für einen bestimmten Zeitraum nicht annimmt. Nach § 615 S. 2 BGB muss sich jedoch der Erwerbstätige wie nach § 326 Abs. 2 S. 2 BGB dasjenige anrechnen lassen, das er erspart oder durch anderweitige Verwendung seiner Arbeitskraft erworben hat bzw. böswillig nicht erworben hat. Dabei ist jedoch nur eine Anrechnung des erworbenen Entgelts relevant, dass der Dienstnehmer aufgrund einer Tätigkeit erworben hat, die er gerade infolge der frei gewordenen Arbeitskraft ausüben konnte[499]. Dass der Dienstnehmer prinzipiell für andere Auftraggeber tätig ist und dafür vergütet wird, genügt nicht. Auch erfolgt nach § 615 S. 2 BGB eine Anrechnung der nicht benötigten Materialien und deren Kosten. Zuschläge für Materialbeschaffung entfallen demnach zumindest anteilig für den Zeitraum, in dem sich der Auftraggeber im Annahmeverzug befand.

§ 615 BGB ist abdingbar[500] und somit auch zum Nachteil des Erwerbstätigen durch individualvertragliche oder tarifvertragliche Vereinbarungen ersetzbar. Die Abbedingung muss aber zweifelsfrei vereinbart sein[501] und unterliegt der vertraglichen Inhaltskontrolle nach § 307 BGB und § 242 BGB. So ist eine abweichende Regelung unangemessen im Sinne der Inhaltskontrolle, wenn sie zu einer Umgehung der gesetzlichen Kündigungsfrist führt[502] oder zusätzlich auf

---

[499] *Richardi* in Staudinger, § 615 Rn. 140, 142, 145; siehe dazu für die arbeitnehmerähnliche Person BAG AP Nr. 6 zu § 12a TVG.
[500] BAG AP Nr. 24 zu § 615 BGB.
[501] BAG AP Nr. 24 zu § 615 BGB.
[502] *Richardi* in Staudinger, § 615 Rn. 15.

den Erwerbstätigen abgewälzte Risiken nicht durch ein angemessen höheres Entgelt oder ähnliches ausgeglichen werden[503].

(b) Annahmeverzug bei Werkverträgen

Ist die arbeitnehmerähnliche Person auf werkvertraglicher Basis tätig, erhält sie ihre Vergütung nach § 641 Abs. 1 BGB erst mit der Abnahme des Werkes. Nimmt der Besteller das hergestellte und angebotene Werk nicht ab, wird er nach §§ 280 Abs. 2, 286 BGB wegen Verzugs der Abnahme schadensersatzpflichtig. Anders als im Dienstvertragsrecht bleibt der Werkunternehmer jedoch grundsätzlich zur Leistung verpflichtet. Unterlässt der Besteller jedoch eine notwendige Mitwirkungshandlung bei der Erstellung des Werkes, so kommt er nach § 642 Abs. 1 BGB auch dadurch in Verzug mit der Folge, eine dafür angemessene Entschädigung leisten zu müssen. Als weitere Konsequenz dieses Verzugs hat der Unternehmer nach § 642 BGB ein besonderes Kündigungsrecht im Falle des Verzugs und sich dem anschließend ein Recht auf anteilige Vergütung gemäß § 645 Abs. 1 S. 2 BGB. Wie auch § 615 BGB sind die §§ 642 ff. BGB dispositiv, abweichende Vereinbarungen unterliegen jedoch erneut der vertraglichen Inhaltskontrolle entsprechend den zu § 615 BGB erläuterten Grundsätzen.

c) *Sonderregelungen über die Preisgefahr*

Neben § 326 Abs. 2 BGB existieren zahlreiche Sondernomen, die die Preisgefahr abweichend von § 326 Abs. 1 BGB regeln.

(a) Urlaubsentgelt

Während des Urlaubs hat die arbeitnehmerähnliche Person trotz fehlender Leistungspflicht einen Anspruch auf Urlaubsentgelt. Der Anspruch auf Urlaubsentgelt ist der vertragliche Entgeltanspruch, der aber durch § 1 BUrlG vom Synallagma entkoppelt ist[504]. Die Höhe des Urlaubsentgelts bemisst sich gemäß § 11 BUrlG anhand des durchschnittlichen Arbeitsverdienstes der letzten dreizehn Wochen vor Urlaubsbeginn und wird nach § 11 Abs. 2 BUrlG vor Antritt des Urlaubs ausbezahlt. Die in § 12 BUrlG für das Urlaubsentgelt der Heimarbeiter und ihnen Gleichgestellten bestehende Sondervorschrift der Möglichkeit der Jahresberechnung ist nicht auf die übrigen arbeitnehmerähnlichen Personen anwendbar[505]. Es liegt hier keine für eine Analogie notwendige planwidrige Rege-

---

[503] *Richardi* in Staudinger, § 615 Rn. 11, 15.

[504] BAG AP Nr. 9 zu § 611 BGB Urlaubsrecht; BAG AP Nr. 7, 29 zu § 11 BUrlG; BAG AP Nr. 14 zu § 3 BUrlG Rechtsmissbrauch.

[505] *Seidel*, BB 1970, 971 (975).

lungslücke vor[506]. Der Gesetzgeber hat vielmehr bewusst für einen Teil der arbeitnehmerähnlichen Personen die Bemessung des Urlaubsentgelts gesondert geregelt. Für die übrigen arbeitnehmerähnlichen Personen ist § 11 BUrlG maßgebend[507].

§ 11 Abs. 1 BUrlG ist eine sehr stark an den Arbeitnehmern ausgerichtete Vorschrift, da von einem regelmäßig wiederkehrenden Verdienst ausgegangen wird. Bei der arbeitnehmerähnlichen Person kann dieser aufgrund schwankender Auftragslage hingegen erheblich differieren. Daher wird für eine sachgerechte Anwendung des § 11 BUrlG die tageweise Berechnung vorgeschlagen, indem der durchschnittliche Verdienst der letzten dreizehn Wochen durch die Werktage geteilt und mit der Zahl der Urlaubstage multipliziert wird[508]. Bei dieser Methode besteht allerdings seitens des Auftraggebers die Möglichkeit, besser bezahlte Aufträge vorzuziehen, damit sie nicht mehr in den nach § 11 Abs. 1 BUrlG maßgeblichen Zeitraum von dreizehn Wochen vor Urlaubsbeginn fallen. Sachgerechter ist die Ansicht des BAG, das zur Vermeidung dieser Unbilligkeiten eine Anpassung an die individuellen Verhältnisse zulässt. Insbesondere kann auf einen längeren als dreimonatigen Bemessungszeitraum bei Berechnung des Durchschnittsverdienstes abgestellt werden. Dabei sind auch solche Aufträge zu berücksichtigen, die vorgezogen erteilt wurden[509]. Unbillige Ergebnisse wegen starker Verdienstschwankungen sind über § 315 BGB einschließlich der Möglichkeit der gerichtlichen Bestimmung nach § 315 Abs. 3 BGB auszugleichen.

(b) Entgeltfortzahlung im Krankheitsfall und an Feiertagen

Ist ein Arbeitnehmer erkrankt, besteht trotz fehlender Leistungspflicht ebenfalls ein Vergütungsanspruch. Der Anspruch auf Entgeltfortzahlung im Krankheitsfall nach §§ 1, 3 EFZG besteht aber grundsätzlich nur für Arbeitnehmer. Für arbeitnehmerähnliche Personen ist das EFZG nicht anwendbar[510]. Für Heimarbeiter und die ihnen Gleichgestellten besteht eine Sonderregelung nach § 10 EFZG. Für sie greift kein Anspruch auf Entgeltfortzahlung im Krankheitsfall ein, sie haben vielmehr einen Anspruch auf Zahlung eines Zuschlags zum Arbeitsentgelt. Diesen können sie ansparen, um die Finanzierung ihres Lebensunterhaltes während der krankheitsbedingten Arbeitsunfähigkeit zu gewährleisten[511]. Eine analoge Anwendung dieser Norm auf die übrigen arbeitnehmerähnlichen Personen ist hingegen abzulehnen. Zwar wäre eine Analogie aus teleologischen Gründen an sich geboten. Jedoch muss man zum einen beachten, dass sich die

---

[506] So aber *Hase/Lembke*, BB 1997, 1095 (1100).
[507] *Seidel*, BB 1970, 971 (974); *Schaub/Koch/Linck*, § 102 Rn. 139.
[508] *Seidel*, BB 1970, 971 (975).
[509] BAG AP Nr. 12 zu § 11 BUrlG.
[510] *Wedde/Kunz*, § 1 Rn. 31; *Gola*, § 1 Anm. 3.5; *Kaiser/Dunkl/Hold/Kleinsorge*, § 1 Rn. 32.
[511] *Wedde/Kunz*, § 10 Rn. 1, 3.

arbeitnehmerähnliche Person in der Regel ihre Zeit frei einteilen kann, so dass zumindest bei kürzeren Krankheitszeiten eine Schutzbedürftigkeit nicht in dem Maße besteht[512]. Zum anderen handelt es sich bei der fehlenden Regelung zu Lasten der arbeitnehmerähnlichen Personen erneut um eine bewusste und damit nicht planwidrige Regelungslücke[513]. Wie schon an verschiedenen Stellen hat der Gesetzgeber bewusst die Heimarbeiter durch eine Sonderregelung privilegiert, die übrigen arbeitnehmerähnlichen Personen jedoch nicht in den Genuss einer Regelung gebracht. Ihnen bleibt damit zum einen der Schutz über § 616 BGB[514]. Greift § 616 BGB z.B. wegen fehlender „Unerheblichkeit" im Sinne der Norm nicht ein[515], kommt dem Erwerbstätigen das Krankengeld zugute, das von der Krankenversicherung gezahlt wird[516]. Dabei ist jedoch zu beachten, dass bei den hier im Mittelpunkt stehenden arbeitnehmerähnlichen Personen in Fernsehunternehmen, die als Künstler bzw. Publizisten der Versicherungspflicht nach § 1 KSVG unterliegen, die Ausfallzahlungen nach dem Regelsatz erst ab dem 43. Tag der Erkrankung einsetzen[517].

Auch die Entgeltfortzahlung an Feiertagen ist nach dem EFZG auf die Arbeitnehmer beschränkt. Doch auch hier besteht mit § 11 EFZG eine Sonderregelung für Heimarbeiter und ihnen Gleichgestellten. Wie auch bei der Entgeltfortzahlung im Krankheitsfall erhält der Heimarbeiter aber keine fortlaufende Vergütung, sondern einen Anspruch auf Feiertagszuschlag. Auch dieser dient wie der Zuschlag für krankheitsbedingte Arbeitsunfähigkeit dazu, die aufgrund der nicht erfolgten Erwerbstätigkeit folgende fehlende Vergütung zu überbrücken. Eine Analogie des § 11 EFZG verbietet sich aufgrund der bewussten und damit nicht planwidrigen Regelungslücke jedoch wie bei § 10 EFZG.

(c) §§ 11, 13 MuSchG

Arbeitnehmerinnen haben im Fall des Eingreifens der Beschäftigungsverbote nach §§ 3, 4, 6 MuSchG einen Anspruch gegen den Arbeitgeber auf Mutterschutzlohn als Lohnersatzanspruch aus § 11 MuSchG. Der eigentliche Vergütungsanspruch entfällt nach § 326 Abs. 1 BGB als synallagmatischer Gegenanspruch zu der aufgrund der rechtlichen Unmöglichkeit nach § 275 Abs. 1 BGB erloschenen Leistungspflicht[518]. Für die Zeit der Schutzfristen des § 3 Abs. 2 und des § 6 Abs. 1 MuSchG tritt an Stelle des Mutterschutzlohnes das Mutterschaftsgeld nach § 13 MuSchG. Dieses bezahlt nach § 13 MuSchG i.V.m. § 200 RVO die Krankenkasse bzw. bei nichtversicherten Arbeitnehmerinnen das Bun-

---

[512] Ebenso *Neuvians*, S. 139.
[513] Ebenso *Schubert*, S. 322.
[514] Siehe dazu gleich § 3E.II.2.c)(d).
[515] Dazu gleich § 3E.II.2.c)(d)(2).
[516] Zu der Krankenversicherungspflicht nach § 1 KSVG siehe oben § 3B.
[517] Siehe dazu oben § 3B.
[518] Siehe dazu oben § 3E.I.2.a)(b).

desversicherungsamt. Nach § 14 MuSchG tritt neben diesen Anspruch gegen die Krankenkasse noch ein Anspruch gegen den Arbeitgeber auf Zuschuss in Höhe des Unterschiedsbetrages zwischen derzeit 13 € an Mutterschaftsgeld und dem um die gesetzlichen Abzüge verminderten durchschnittlichen kalendertäglichen Arbeitsentgelt.

In den Schutzbereich dieser Normen sind nach § 1 Nr. 2 MuSchG auch die in Heimarbeit und die ihnen Gleichgestellten mit einbezogen. Für die übrigen arbeitnehmerähnlichen Personen gilt das Gesetz jedoch nicht[519]. Unterbrechen arbeitnehmerähnliche Beschäftigte ihre Erwerbstätigkeit während der Schwangerschaft, so entfällt ihr Vergütungsanspruch nach § 326 Abs. 1 BGB. Sie haben nur einen Anspruch auf Mutterschaftsgeld und Sozialhilfe. Für die krankenversicherte Arbeitnehmerähnliche ist der Anspruch auf Mutterschaftsgeld insoweit jedoch deutlich besser als derjenige der Arbeitnehmerin, da das Mutterschaftsgeld nach § 200 Abs. 2 Satz 7 RVO so hoch ist wie das Krankengeld. Das Mutterschaftsgeld beträgt daher gemäß § 47 SGB V wie das Krankengeld 70 % des Einkommens, das dem Krankenkassenbeitrag im Durchschnitt der letzten zwölf Monate zu Grunde lag. Schlechter gestellt sind hingegen die nichtversicherten arbeitnehmerähnlichen Personen. Dies betrifft jedoch nicht die hier behandelten künstlerisch und publizistisch Tätigen, da sie in der Krankenversicherung nach § 1 KSVG pflichtversichert sind[520]. Zudem ist der Gesetzgeber seinem sich aus Art. 6 GG ergebenden Auftrag der Unterstützung der werdenden und stillenden Mutter zumindest teilweise durch die finanzielle Unterstützung nach § 50 SGB XII und § 195 ff. RVO nachgekommen[521].

(d) Vorübergehende Verhinderung nach § 616 BGB

§ 616 BGB erhält den Vergütungsanspruch aufrecht, wenn der Beschäftigte unverschuldet für verhältnismäßig nicht erhebliche Dauer an der Arbeitsleistung gehindert ist. § 616 gilt gleichermaßen für Arbeits- und Dienstverträge und findet demnach auf arbeitnehmerähnlichen Personen Anwendung, die aufgrund eines Dienstvertrages tätig werden[522]. Nicht anwendbar ist § 616 BGB indessen auf Heimarbeiter, da sie werkvertragsähnlich zur Herbeiführung eines bestimmten Erfolges verpflichtet sind. Diese sind jedoch durch das HAG und die Eröffnung des Schutzbereiches in vielen Arbeitnehmerschutzgesetzen ausreichend geschützt[523]. § 616 BGB erfasst nicht nur die Fälle der tatsächlichen Unmöglichkeit, die geschuldete Dienstleistung zu erbringen[524], sondern auch die

---

[519] Siehe dazu schon oben § 3E.I.2.a)(b).
[520] Siehe dazu oben § 3B.
[521] BVerfGE 60, 68 (75 f.); *Buchner/Becker*, Einf. Rn. 65.
[522] *Dörner* in ErfK, § 616 BGB Rn. 3.
[523] Ob § 616 BGB auch für arbeitnehmerähnliche Handelsvertreter gilt, ist umstritten, siehe dazu *Cramer*, S. 63 f. m.w.N.
[524] *Oetker* in Staudinger, § 616 Rn. 46; *Dörner* in ErfK, § 616 BGB Rn. 4.

Tatbestände, in denen es dem Dienstverpflichteten aus sittlichen Gesichtspunkten nicht zumutbar ist, seinen Pflichten aus dem Dienstverhältnis nachzukommen[525]. Dies stellt nun auch § 275 Abs. 3 BGB klar. Damit kann diese Vorschrift einige Lücken füllen, die durch die fehlende Anwendbarkeit der für Arbeitnehmer geltenden Spezialgesetze entstehen. So wurden auch vor Inkrafttreten des LFZG und des späteren EFZG Entgeltfortzahlungsansprüche der Arbeitnehmer auf § 616 BGB gestützt. Das Inkrafttreten der legi speciali führte im Arbeitsrecht dazu, dass § 616 BGB in seinem Anwendungsbereich sehr zurückgedrängt wurde. Jedoch spricht dies nicht dagegen, die Norm außerhalb der sie verdrängenden Sonderregelungen auf Entgeltfortzahlungsansprüche von Beschäftigten anzuwenden. Insoweit ist § 616 BGB nicht verdrängt und es findet sich auch keine gesetzliche Kodifikation, nach der § 616 BGB auch außerhalb des Anwendungsbereiches des EFZG für Fälle der Krankheit von Erwerbstätigen ausgeschlossen werden soll. Ohne entsprechende ausdrückliche gesetzliche Regelung kann von einem derartigen Willen des Gesetzgebers aber nicht ausgegangen werden.

(1) Verhinderung der Leistung

Wichtig ist dabei jedoch, dass nicht jede Verhinderung der Erfüllung der Dienstpflichten einen Anspruch aus § 616 BGB begründet. Es müssen Hintergründe in der Person des Betroffenen, also aus seiner persönlichen Sphäre und nicht die persönlichen Eigenschaften, bestehen[526]. Objektive Leistungshindernisse, die zur selben Zeit für mehrere Dienstverpflichtete gleichzeitig bestehen, fallen nicht unter den Regelungsbereich des § 616 BGB[527]. Unter § 616 BGB zu subsumierende subjektive Leistungshindernisse[528] sind etwa familiäre Ereignisse, bei denen eine Anwesenheit unverzichtbar ist[529] oder persönliche Unglücksfälle[530].

Ebenso fallen ehrenamtlich übernommene Pflichten[531], Vorladungen[532] und die Pflege naher Angehöriger[533] unter den Kreis der subjektiven Leistungshindernisse. Es ist aber zu berücksichtigen, dass die arbeitnehmerähnliche Person per-

---

[525] BAG AP Nr. 23, 48, 59 zu § 616 BGB; *Dörner* in ErfK, § 616 BGB Rn. 4.
[526] *Oetker* in Staudinger, § 616 Rn. 53.
[527] *Dörner* in ErfK, § 616 BGB Rn. 5.
[528] Siehe zu einer umfangreichen Aufzählung der Fälle des Leistungshindernisses wegen Unzumutbarkeit *Belling* in Erman, § 616 Rn. 25 ff.
[529] Siehe zu den im Einzelnen anerkannten Fällen *Dörner* in ErfK, § 616 BGB Rn. 6.
[530] *Oetker* in Staudinger, § 616 BGB Rn. 61.
[531] Dazu gehört die Tätigkeit als ehrenamtlicher Richter, nicht aber die Kandidatur und die Ausübung eines öffentlichen Amtes oder die Wahrnehmung von Aufgaben in einem privaten Verein, worunter auch die Tätigkeit für eine gewerkschaftliche Organisation fällt, *Dörner* in ErfK, § 616 BGB Rn. 7.
[532] BAG AP Nr. 1 zu § 29 BMT-G II.
[533] BAG AP Nr. 49 bis 51 zu § 616 BGB.

sönlich selbständig ist und daher flexibler als ein Arbeitnehmer auf Leistungshindernisse reagieren kann. Außerdem erlegt ihr auch die vertragliche Treuepflicht auf, die Erfüllung des Vertrages so weit wie möglich sicherzustellen, so dass sie ihre Flexibilität auch zugunsten des Auftraggebers nutzen muss[534]. Auch eine Verhinderung einer schwangeren Dienstverpflichteten wegen Gesundheitsgefahren für Mutter und Kind kann einen subjektiven Verhinderungsgrund darstellen[535]. Umstritten ist, ob Gewissenskonflikte eine Verhinderung im Sinne des § 616 BGB begründen können. Zwar begrenzt Art. 4 GG die Pflicht zur Dienstleistung. Demnach muss dem Erwerbstätigen bei Gewissenskonflikten ein Leistungsverweigerungsrecht aus § 275 Abs. 3 BGB zugesprochen werden[536]. Darin eine Verhinderung nach § 616 BGB mit der Folge der Fortzahlung der Vergütung zu sehen, ist jedoch zu weit reichend. Dem Dienstberechtigten ist eine derartige Überwälzung der Gegenleistungsgefahr nicht zuzumuten[537], zudem der aus Art. 4 GG geschützten Gewissensfreiheit mit dem Leistungsverweigerungsrecht aus § 275 Abs. 3 GG genüge getan wird.

Der relevanteste Anwendungsbereich der subjektiven Leistungshindernisse ist die Krankheit des Verpflichteten und die dadurch bedingten Arztbesuche. Mit der Verabschiedung des EFZG kommt dieser Verhinderungsgrund nur noch bei den hier behandelten freien Mitarbeitern und nicht mehr bei den Arbeitnehmern in Betracht. Eine krankheitsbedingte Verhinderung nach § 616 BGB liegt dabei auch dann vor, wenn dem Beschäftigen die Tätigkeit noch möglich ist, sie die Krankheit aber verschlimmern oder gesundheitliche Dauerschäden hervorrufen würde. Ist der Dienstnehmer hingegen nicht krank, ist ein Arztbesuch nur dann ein persönlicher Verhinderungsgrund, wenn er zum jeweiligen Zeitpunkt medizinisch notwendig war[538], was stets bei akuten Beschwerden der Fall ist. Ist der Arztbesuch nicht medizinisch dringend, so ist auch seine zeitliche Lage genauer zu betrachten. Bei ärztlich zwingend festgelegten Besuchsterminen[539] oder wenn der vom Dienstnehmer ausgesuchte Arzt seine Sprechstunden ausschließlich in der Arbeitszeit des Dienstnehmers hat[540], besteht der Anspruch aus § 616 BGB, da der Arztbesuch während der Arbeitszeit erforderlich ist. Bietet der Arzt hingegen auch Sprechzeiten außerhalb der Arbeitszeit des Dienstverpflichteten an, so muss dieser um einen Termin in dieser Zeit nachsuchen, eine kommentarlos

---

534 BAG AP Nr. 23 zu § 616 BGB.

535 Auch hier besteht der Anspruch nur bei vorübergehender Verhinderung; der Auftraggeber muss daher die Vergütung nicht während mehrerer Wochen vor und nach der Entbindung fortzahlen. Daneben besteht aber das Leistungsverweigerungsrecht aus § 275 Abs. 3 BGB, welches allerdings nicht zu einer Fortzahlung der Vergütung führt, dazu oben § 3E.I.3.

536 Siehe dazu ausführlich oben § 3E.I.3.

537 *Belling* in Erman, § 616 Rn. 28; *Oetker* in Staudinger, § 616 Rn. 49, 69; anders *Schubert*, S. 331.

538 BAG AP Nr. 64 zu § 616 BGB.

539 BAG AP Nr. 89 zu § 616 BGB.

540 BAG AP Nr. 22 zu § 1 TVG Tarifverträge Metallindustrie.

hingenommene Terminierung des Besuchs in der Arbeitszeit führt nicht zu einem Anspruch aus § 616 BGB[541].

(2) Erheblichkeit der Verhinderung

Bei der Krankheit des Verpflichteten als persönliches Leistungshindernis ist insbesondere das Tatbestandsmerkmal der „verhältnismäßig nicht erheblichen Zeit" des § 616 BGB zu beachten. Dieses Merkmal ist eine Voraussetzung für die Entstehung des Anspruchs, nicht nur für seine Begrenzung[542]. Dauert die Verhinderung länger an, so entfällt ein Anspruch insgesamt. Die Konkretisierung dieses unbestimmten Rechtsbegriffs wird dabei nach dem Verhältnis von Dauer des Dienstverhältnisses zur Dauer der Verhinderungszeit vorgenommen, nicht aber zu der Dringlichkeit der Arbeit[543]. Betrachtet man diese Grundregel, so kann der Auftraggeber die Dauer des Dienstverhältnisses und damit indirekt die Erheblichkeit der verhinderten Zeit beeinflussen, indem er statt eines unbefristeten Dienstvertrages mehrere befristete Dienstverträge mit der arbeitnehmerähnlichen Personen abschließt. Dies erscheint zwar unbillig, da sich die insgesamte Geschäftsbeziehungsdauer nicht ändert. Doch ist hier keine andere Beurteilung geboten, da § 616 BGB keinen Sozialschutz bewirkt[544]. Bei den von der Rechtsprechung für unerheblich gehaltenen Zeiträumen ist keine klare Linie ersichtlich: das LAG Hamm bejahte eine erhebliche Verhinderung bei dreizehn Wochen Ausfall[545], das Reichsarbeitsgericht verneinte eine Erheblichkeit bei dreizehn Wochen Ausfall[546]. *Belling*[547] schlägt daher als Faustregel folgende Richtwerte vor: bei Beschäftigungszeiten bis zu drei Monaten ist ein Tag als unerheblich anzusehen, bei Beschäftigungszeiten von drei bis sechs Monaten eine Woche und ab einem Jahr Beschäftigungsdauer höchstens zwei Wochen[548]. Nach *Dörner* ist eine Überschreitung der Erheblichkeit ab fünf Tagen anzusehen, es sei denn, es besteht ein kurzfristiges Dienstverhältnis[549]. Letztlich können diese Angaben jedoch nur Orientierungshilfen sein. § 616 BGB gewährt die Vergütung zumindest nicht so lange wie § 3 Abs. 1 EZFG bzw. § 10 EZFG, die anders als § 616 BGB einen Sozialschutz bewirken. Die Zeit des Wehr- oder Zi-

---

541 *Brill*, NZA 1984, 281 (282).

542 BAG AP Nr. 22 zu § 616 BGB.

543 BAG AP Nr. 21 zu § 616 BGB; die Gegenansicht stellt darauf ab, ob der Auftraggeber mit dem Eintreten einer solchen Verhinderung rechnen musste, so *Oetker* in Staudinger, § 616 Rn. 96 f. Doch auch dabei ist wesentlich, wie lange der Dienstverpflichtete bereits bei dem Dienstberechtigten tätig war, da dieser bei längerer Dauer des Dienstverhältnisses eher mit einem Ausfall rechnen muss.

544 Ebenso *Schubert*, S. 329.

545 LAG Hamm AP 52 Nr. 146.

546 RAG ARS 14, 560 f.

547 In Erman, § 616 Rn. 48.

548 So auch *Schaub*, AuA 1996, 83 ff.; noch restriktiver *Oetker* in Staudinger, § 616 Rn. 97.

549 *Dörner* in ErfK, § 616 BGB Rn. 10.

vildienstes kann unter keinen Umständen einen Fall des § 616 BGB darstellen, da die Dauer der Verhinderung immer erheblich ist im Sinne der Norm.

Bei der Beurteilung der Erheblichkeit der Verhinderung werden mehrere Verhinderungen grundsätzlich isoliert betrachtet und nicht zusammengerechnet. Jedoch ist anzunehmen, dass eine „verhältnismäßig erhebliche Zeit" im Sinne der Norm erreicht ist, wenn die Einzelverhinderungen jede für sich zwar unerheblich ist, ihre Summe jedoch gemessen am Zeitraum eines Kalenderjahres eine Störung der Verhältnismäßigkeit begründet. Als hinnehmbare jährliche Gesamtdauer der Verhinderungen mögen allenfalls vier Wochen noch nicht als erheblich angesehen werden. Anders aber als bei der erheblichen Einzelverhinderung führt die Erheblichkeit der jährlichen Gesamtverhinderung nicht zum gänzlichen Entfallen der Entgeltfortzahlung[550]. Vielmehr stellt die Erheblichkeitsgrenze der jährlichen Gesamtverhinderung die Höchstdauer der Entgeltfortzahlung dar.

(3) Unverschuldete Verhinderung als alleiniger Anlass der Dienstverhinderung

§ 616 BGB greift nur ein, wenn die Verhinderung unverschuldet ist. Das Verschulden beurteilt sich jedoch nicht nach der allgemeinen Regel des § 276 BGB[551]. Der Beschäftigte verletzt durch die Herbeiführung der Dienstverhinderung keine Pflicht gegenüber dem Gläubiger und ist daher kein Schuldner i.S.d. § 276 BGB. Als Verschuldensmaßstab ist vielmehr § 254 BGB anzulegen, da es um ein Verschulden des Dienstverpflichteten gegen sich selbst geht. Verschulden liegt danach bei einem gröblichen Verstoß gegen das von einem vernünftigen Menschen im eigenen Interesse gebotene Verhalten vor[552].

Zu den Tatbestandsvoraussetzungen sei noch abschließend erwähnt, dass der in der Person des Dienstpflichtigen liegende Anlass alleinige Ursache der Dienstverhinderung sein muss (sog. Monokausalität)[553]. So führt eine persönliche Verhinderung aus Unzumutbarkeit während des Arbeitskampfes, an dem der betroffene Erwerbstätige auch teilnimmt, nicht zu einem Lohnersatzanspruch nach § 616 BGB[554].

Aus einem Umkehrschluss zu § 619 BGB ergibt sich die Abdingbarkeit des § 616 BGB. Abweichende Regelungen auch zu Ungunsten des Erwerbstätigen

[550] *Belling* in Erman, § 616 Rn. 53.
[551] *Belling* in Erman, § 616 Rn. 39; anders noch Erman[10] zur Rechtslage vor Inkrafttreten des Schuldrechts-Modernisierungsgesetzes am 1.1.2002.
[552] BAG AP Nr. 45 zu § 616 BGB.
[553] BAG AP Nr. 65 zu § 616 BGB.
[554] BAG AP Nr. 107 zu Art 9 GG Arbeitskampf; in den Fällen, in denen der Erwerbstätige sich am Arbeitskampf nicht beteiligt, den Anspruch aus § 616 BGB bejahend BAG AP Nr. 121 zu Art. 9 GG Arbeitskampf.

können sowohl von den Tarifparteien[555] als auch bei fehlenden einschlägigen Tarifregelungen von den Vertragsparteien[556] beschlossen werden. Auch die soziale Schutzbedürftigkeit der arbeitnehmerähnlichen Person lässt hier keine andere Beurteilung zu[557]. Bei Einzelverträgen erfolgt jedoch erneut eine Inhaltskontrolle nach §§ 242, 307 BGB. § 616 BGB ist damit insgesamt abdingbar, sofern keine unangemessene Benachteiligung eintritt und die Inhaltskontrolle somit zur Nichtigkeit der Abrede führt[558]. Enthält ein Tarifvertrag abschließend geregelte Fälle, so ist die gesetzliche Grundregel des § 616 BGB ausgeschlossen[559]. Tarifverträge können aber auch nur den gesetzlichen Anspruch konkretisieren und keinen Willen zu einer abschließenden Regelung dabeigehabt haben[560]. Welche Auslegung dabei nun von den Tarifparteien intendiert ist, muss anhand der Gesamtumstände ermittelt werden. Im Tarifvertrag wie auch im Einzelarbeitsvertrag ist daneben auch insbesondere die Klausel „bezahlt wird nur die wirklich geleistete Arbeit" als Ausschluss des § 616 BGB anerkannt[561].

Zu berechnen ist das fortzuzahlende Entgelt nach dem Lohnausfallprinzip. Aufwendungsersatz und leistungsabhängige Vergütungen sind nicht zu zahlen[562]. Um dem Dienstberechtigten frühzeitig andere Dispositionen zu ermöglichen, muss der Dienstverpflichtete aufgrund seiner Treuepflicht die Verhinderung und deren Verlängerung anzeigen, auch wenn er keinen Entgeltanspruch hat. Schuldhaftes Verzögern oder Unterlassen des Anzeigens führt nicht zu einer Beseitigung des Anspruchs aus § 616 BGB, sondern verschafft dem Dienstberechtigten ein Zurückbehaltungsrecht aus § 273 BGB und Schadensersatzansprüche aus § 280 BGB.

3. Sicherung der Vergütung

Besteht der Anspruch der arbeitnehmerähnlichen Person auf Vergütung dem Grunde nach und in einer bestimmten Höhe, so müssen die Erfüllung des Anspruchs einerseits und der Schutz des Bestandes der Vergütung andererseits gesichert werden. Relevant wird die Erfüllung des Anspruchs insbesondere im Fall

[555] BAG AP Nr. 94 zu § 616 BGB.
[556] BAG AP Nr. 23 zu § 616 BGB; *Dörner* in ErfK, § 616 BGB Rn. 19
[557] BAG AP Nr. 22 zu § 616 BGB; anders aber *Dersch*, RdA 1952, 53 (56 f.).
[558] *Belling* in Erman, § 616 Rn. 15. Die vollständige Abbedingung wird im Arbeitsrecht wegen der Schutzbedürftigkeit der Arbeitnehmer nur zugelassen, wenn die Verhältnisse des Betriebs- oder Wirtschaftszweigs dies sachlich rechtfertigen, BAG AP Nr. 49 zu § 616 BGB; *Schaub/Koch/Linck*, § 97 Rn. 20. Dies führt jedoch im Arbeitsrecht und auch im hier behandelten Dienstvertragsrecht allgemein dazu, dass § 616 BGB um einen Sozialschutz ergänzt wird, der ihm nach dem Normzweck nicht eigen ist.
[559] BAG AP Nr. 1 zu § 18 BAT; BAG AP Nr. 3 zu § 52 BAT.
[560] BAG AP Nr. 89 zu § 616 BGB; AP Nr. 22 zu § 1 TVG Tarifverträge Metallindustrie.
[561] BAG AP Nr. 3 zu § 616 BGB.
[562] Es sei denn, die ersatzpflichtigen Aufwendungen sind trotz Abwesenheit entstanden.

der Insolvenz des Auftraggebers. Der Schutz des Bestandes der Vergütung vor dem Zugriff Dritter erlangt im Fall der Pfändung in der Zwangsvollstreckung Bedeutung.

a) *Erfüllung des Anspruchs auf Vergütung in der Insolvenz des Auftraggebers*

Die Vergütungsansprüche der bei dem insolventen Auftraggeber tätigen Erwerbstätigen sind einfache Insolvenzforderungen i.S.d. § 38 InsO[563]. Nur die nach dem Insolvenzverfahren entstehenden Forderungen sind vorrangig zu befriedigende Masseschulden nach § 55 Abs. 1 Nr. 2 InsO. Der damit nur sehr lückenhafte Schutz der Vergütung in der Insolvenz könnte noch durch § 183 Abs. 3 SGB III kompensiert werden, der dem Arbeitnehmer einen Anspruch auf Insolvenzgeld zuspricht, wenn der Arbeitgeber in den letzten drei Monaten vor Eröffnung des Insolvenzverfahrens die Vergütung nicht oder nicht vollständig entrichtet hat. Der Anwendungsbereich ist jedoch auf Arbeitnehmer beschränkt[564]. Über die fehlende Eröffnung des Schutzbereichs hilft auch nicht § 7 Abs. 4 SGB IV hinweg[565], da er zwar die arbeitnehmerähnliche Person benennt, § 138 SGB III aber gerade nicht auf die in § 7 Abs. 4 SGB IV definierten Erwerbstätigen Bezug nimmt[566]. Auch ein Leistungsverweigerungsrecht aus § 242 BGB hilft hier dem Erwerbstätigen nicht weiter, da es am Ausbleiben des Entgelts nichts ändert[567]. So kann es sein, dass die durch §§ 614, 640 Abs. 1 BGB zur Vorleistung verpflichteten Dienstverpflichteten oder Werkunternehmer im Fall der Insolvenz des Vertragspartners ohne Vergütung und Möglichkeit der finanziellen Überbrückung bleiben. Es bleibt dem Gesetzgeber überlassen, dies zu ändern. Eine analoge Anwendung der §§ 183 ff. SGB III verbietet sich durch die eindeutige und bewusste Regelungslücke. Nach der gegenwärtigen Rechtslage bleibt der arbeitnehmerähnlichen Person somit der Verweis auf die Sozialhilfe.

b) *Schutz der Vergütung in der Zwangsvollstreckung*

Besteht der Vergütungsanspruch der arbeitnehmerähnlichen Person und ist der Auftraggeber auch fähig ihn zu erfüllen, kann die Vergütung trotzdem nicht der arbeitnehmerähnlichen Person zugute kommen, wenn sie von ihren Gläubigern gepfändet wird. Im Arbeitsrecht kommt den Erwerbstätigen der Pfändungs-

---

[563] In der ehemaligen Konkursordnung waren Vergütungsansprüche der Arbeitnehmer nach § 59 Abs. 1 Nr. 3a KO noch vorrangig zu befriedigen; für die arbeitnehmerähnlichen Personen wurde eine analoge Anwendung der Norm teilweise diskutiert, dazu *Rosenfelder*, S. 304 f.

[564] Die Heimarbeiter sind über § 13 SGB III in den Schutzbereich mit einbezogen.

[565] Siehe zu dieser Norm schon oben § 2B.I.2.

[566] *Estelmann* in Hennig, § 183 Rn. 89.

[567] *Peters-Lange* in Gagel, § 183 Rn. 7.

schutz des Arbeitseinkommens nach den §§ 850a bis 850i ZPO zugute. Nach diesen Normen bestehen Lohnpfändungsgrenzen, unpfändbare Bezüge wie bestimmte Rentenansprüche und Sonderregelungen für die Pfändbarkeit bei Unterhaltsansprüchen. Als Arbeitseinkommen im Sinne dieser Normen gelten nach § 850 Abs. 2 ZPO auch sonstige Vergütungen für Dienstleistungen aller Art, die die Erwerbstätigkeit des Schuldners vollständig oder zu einem wesentlichen Teil in Anspruch nehmen[568]. Abgestellt wird damit nicht darauf, ob die Entgelte aufgrund eines freien oder abhängigen Dienstvertrages gewährt werden. Wesentlich ist vielmehr, dass es sich um wiederkehrend zahlbare Vergütungen für Dienste handelt, welche die Existenzgrundlage des Dienstpflichtigen bilden, weil sie seine Erwerbstätigkeit ganz oder zum Teil in Anspruch nehmen[569]. Von dieser Definition werden zwar die auf der Grundlage eines Dienstvertrages tätigen, nicht jedoch die auf der Grundlage mehrerer Werkverträge tätigen arbeitnehmerähnlichen Personen erfasst. Doch ist für den Schutz der Existenzgrundlage nicht wichtig, auf welcher vertraglichen Grundlage das Verhältnis fußt. Es ist nur maßgeblich, dass es sich um eine wiederkehrende Leistung handelt, die dem Erwerb der Existenzgrundlage dient[570]. Dies können auch Werkverträge sein[571]. Auch genügt die wiederholte Zahlbarkeit der Vergütung, es bedarf keines Dauerschuldverhältnisses im herkömmlichen Sinn. Demzufolge sind auch arbeitnehmerähnliche Personen vor der Lohnpfändung geschützt, die in einem Kettenrechtsverhältnis aus einer Mehrzahl Werkverträge[572] oder befristeter Dienstverträge verpflichtet sind. Somit sind auch die arbeitnehmerähnlichen Personen vollständig in den Anwendungsbereich der §§ 850 ff. ZPO mit einbezogen[573]. Bei der Anwendbarkeit der §§ 850a ff. ZPO ist noch zu beachten, dass § 850i ZPO nicht für arbeitnehmerähnliche Personen gilt. Die Norm ist auf Beschäftigte zugeschnitten, die wie die arbeitnehmerähnliche Person gegenüber einer Mehrzahl von Vertragspartnern Ansprüche hat, jedoch anders als die arbeitnehmerähnliche Person erst durch die Gesamtheit dieser Ansprüche ihren Lebensunterhalt finanziert oder eine besondere Einmalzahlung erhalten hat. Gerade nicht erfasst ist jedoch der bei arbeitnehmerähnlichen Personen eintretende Fall der wirtschaftlichen Abhängigkeit gegenüber einem Auftraggeber.

Die den umfangreichsten Schutz innerhalb der Lohnpfändungsvorschriften gewährende Norm ist § 850c ZPO. Die dort festgesetzten Lohnpfändungsgrenzen orientieren sich an den Dienstbezügen, die dem Lebensunterhalt dienen. Daher sind bei arbeitnehmerähnlichen Personen, die Entgelte an Mitarbeiter zu zahlen haben, diese von dem Einkommen der arbeitnehmerähnlichen Person abzuzie-

---

[568] Für die in Heimarbeit Beschäftigten verweist § 27 HAG auf die §§ 850 ff. ZPO.
[569] BAG AP Nr. 3 zu § 850 ZPO.
[570] Zu den erfassten Tätigkeiten siehe die Auflistung bei *Stöber* in Zöller, § 850i Rn. 1.
[571] BAG AP Nr. 8 zu § 850 ZPO.
[572] BAG AP Nr. 8 zu § 850 ZPO.
[573] *Brehm* in Stein/Jonas, § 850 Rn. 24 f.

hen, um die konkreten Dienstbezüge zu ermitteln[574]. Da die Pfändungsfreigrenzen nach § 850c ZPO von Monatseinkommen ausgehen, sind erfolgsabhängige Vergütungen bei Werkverträgen in ein zeitbezogenes Entgelt umzurechnen. Lebensversicherungen und Direktversicherungen im Sinne des § 1 BetrAVG[575], die nicht übertragen werden dürfen, sind nach § 851 ZPO nicht pfändbar[576].

4. Zusammenfassung der Hauptpflichten des Auftraggebers

Die minimale Höhe der Vergütung der arbeitnehmerähnlichen Person kann an sich durch Mindestarbeitsbedingungen festgeschrieben werden, jedoch sind die Voraussetzungen des Gesetzes derzeit bei arbeitnehmerähnlichen Personen in Fernsehunternehmen nicht erfüllt. Zivilrechtliche Schranken hinsichtlich der Vergütungshöhe ergeben sich aus § 138 BGB, wodurch eine Unterschreitung von ca. ⅓ bis ½ der üblichen Vergütung als sittenwidrig anzusehen ist und aus §§ 7, 1, 2 Abs. 2 Nr. 1 AGG, wodurch die arbeitnehmerähnliche Person vor einer Diskriminierung bei der Vergütungshöhe geschützt wird. Für ältere Sachverhalte ergibt sich eine Beschränkung der Vergütungshöhe durch das Verbot der geschlechtsbezogenen Benachteiligung gemäß § 612 Abs. 3 BGB analog. Angemessen vergütet werden müssen auch die Nutzungsrechte nach dem Urhebergesetz. § 32 UrhG bietet einen umfangreichen Schutz für den Schöpfer. Eine entsprechende Regelung für Patentrechte fehlt jedoch, da das ANErfG auf arbeitnehmerähnliche Personen keine Anwendung findet; eine isolierte Anwendung des § 9 ANErfG verbietet sich.

Im Fall des Annahmeverzugs des Auftraggebers nach § 615 BGB ist das Angebot der arbeitnehmerähnlichen Person nie entbehrlich im Sinne des § 296 BGB. Auch ist § 615 BGB abdingbar, was aber einer Kontrolle nach §§ 242, 307 BGB unterliegt. Die auf Werkvertragsbasis beschäftigten arbeitnehmerähnlichen Personen bleiben grundsätzlich auch im Fall des Annahmeverzugs des Bestellers zur Leistung verpflichtet. Ein Betriebsunfall als Fall des § 326 Abs. 2 S. 1 Alt. 1 BGB spielt nur in den selteneren Konstellationen eine Rolle, in denen die arbeitnehmerähnliche Person auch im Betrieb des Auftraggebers tätig wird. Für das Werkvertragsrecht enthält § 645 BGB eine Spezialregelung.

Während des Erholungsurlaubs der arbeitnehmerähnlichen Person ist ihr die anhand des durchschnittlichen Arbeitsverdiensts der letzten dreizehn Wochen zu bemessende Vergütung weiter zu zahlen, wobei zur Vermeidung von Unbilligkeiten die Berechnung auch auf einen längeren Beschäftigungszeitraum bezogen und auch über die Anwendung des § 315 BGB ausgeglichen werden kann. Eine Entgeltfortzahlung im Krankheitsfall und an Feiertagen existiert ebenso wenig

574 *Brehm* in Stein/Jonas, § 850i Rn. 33.
575 Zur Anwendbarkeit des BetrAVG auf arbeitnehmerähnliche Personen siehe § 3E.II.1.f)(a).
576 Dazu ausführlich *Müller*, S. 212 ff.

wie ein Anspruch auf Mutterschaftsgeld nach §§ 11, 13 MuSchG. Für die krankenversicherten arbeitnehmerähnlichen Personen leisten jedoch die Krankenkassen Mutterschaftsgeld i.H.v. 70 % des Einkommens. Diese deutlichen Lücken im Vergütungsschutz der arbeitnehmerähnlichen Person können jedoch über § 616 BGB teilweise gefüllt werden. Hauptanwendungsfall ist dabei die krankheitsbedingte Verhinderung der Leistungspflicht. Dabei ist jedoch das Tatbestandsmerkmal des Leistungshindernisses für eine verhältnismäßig nicht erhebliche Zeit zu beachten. Doch auch § 616 BGB ist abdingbar, was jedoch einer Inhaltskontrolle nach §§ 242, 307 BGB unterliegt.

Die Sicherung der Vergütung für die arbeitnehmerähnliche Person in der Insolvenz des Auftraggebers ist nur durch § 38 InsO gewährleistet. Der zusätzliche Anspruch auf Insolvenzgeld nach §§ 183 ff. InsO beschränkt sich auf Arbeitnehmer. Die Sicherung der Vergütung in ihrer eigenen Zwangsvollstreckung ermöglichen §§ 850a bis 850i ZPO. Als wiederkehrende Leistungen im Sinne der Normen können dabei neben Vergütungen aus Dienstverträgen auch solche aus Werkverträgen dienen.

III. *Rechtsfolgen der Verstöße gegen die Hauptleistungspflichten*

Verstoßen die Parteien gegen ihre Hauptpflichten, haften sie dem Vertragspartner nach den Regeln des allgemeinen Schuldrechts. Ist eine Leistung ausnahmsweise nachholbar, so wenn ein Redakteur den von ihm zu erstellenden Beitrag zu spät bei der Redaktion abgibt, der Beitrag aber trotzdem noch verwertet werden kann, haftet er bei bestehender Leistungspflicht für die verspätete Leistung nach §§ 280 Abs. 1 und 2, 286 BGB. Wahlweise kann der Arbeitgeber auch auf die Abgabe des Beitrages verzichten und Schadensersatz statt der Leistung nach §§ 280 Abs. 1 und 3, 281 BGB verlangen. Wird der Beitrag des Redakteurs erst nach Redaktionsschluss abgegeben, ist eine verspätete Abgabe daher ausgeschlossen und somit die Leistungspflicht nicht nachholbar und musste der Auftraggeber stattdessen einen anderen Mitarbeiter mit der Arbeit betrauen, macht sich der Redakteur schadensersatzpflichtig nach § 280 Abs. 1 und 3, 283 BGB wegen des Ausschlusses der Leistungspflicht nach § 275 Abs. 1 BGB.

Diese Rechtsfolgen treten ein, wenn der Beschäftigte die Nichtleistung zu vertreten hat. Das Vertretenmüssen beinhaltet nach § 276 BGB Vorsatz und Fahrlässigkeit. Demnach müsste der Redakteur auch dann haften, wenn er den Beitrag nicht schreiben konnte, da sein etwas rabiater Einsatz auf dem Fußballplatz eine verstauchte Hand mit sich brachte. Auch der Hexenschuss, der den Redakteur zur vorübergehenden Bettlägerigkeit zwingt und eine Folge dessen ist, dass er am Wochenende den Garten umgraben wollte, hätte bei einer dadurch bedingten zu späten Abgabe des Beitrags die Haftung als Konsequenz. Eine derart weitgehende Haftung für jede Fahrlässigkeit hätte demnach zur Folge, dass arbeitnehmerähnlichen Personen auch für Unfälle oder Krankheiten haften, die außerhalb der beruflichen Tätigkeit aufgrund von einfacher Fahrlässigkeit eintreten und zur Arbeitsunfähigkeit und damit zur Pflichtverletzung führen. So würde das Schuldverhältnis mit dem Auftraggeber das private Leben insoweit dominieren, dass er zur Vermeidung von Schadensersatzansprüchen des Auftraggebers auf Freizeitsport oder andere Unfälle hervorrufende Aktivitäten verzichtet. Dies würde wie bei den Arbeitnehmern zu einem erheblichen Einfluss der erwerbsspezifischen Haftung auf ihre Privatsphäre führen. Daher ist es im Hinblick auf Artt. 2 Abs. 1, 1 Abs. 1 GG wie bei den Arbeitnehmern geboten, den Fahrlässigkeitsmaßstab nach § 276 Abs. 2 BGB spezifisch auszufüllen[577]. In Anlehnung an das parallele Problem bei den Arbeitnehmern ist daher das Verschulden gegen sich selbst (diligentia quam in suis) als geeigneter Verschuldensmaßstab anzusehen[578]. So haftet die arbeitnehmerähnliche Person nur für die Folgen von eingegangenen Risiken, die sie in eigenem Interesse nicht hätte eingehen dürfen. Insofern stimmt der Verschuldensmaßstab mit dem des § 616 BGB überein[579]. Gibt daher der Redakteur seinen Beitrag nicht fristgerecht ab, da er es vorzieht, einen besser bezahlten Beitrag eines anderen Auftraggebers fristgerecht zu vollenden, haftet er für sein vorsätzliches Vorgehen ohne eine Haftungsprivilegierung zu genießen. Verursacht der Redakteur einen Verkehrsunfall aufgrund alkoholbedingter Fahruntüchtigkeit und hält er deshalb seine Abgabefrist nicht ein, so liegt ebenfalls ein schadensersatzauslösendes Verschulden im Sinne der §§ 280 Abs. 1, Abs. 3, 283, 275 BGB vor[580].

Das Verschulden wird im allgemeinen Schuldrecht nach § 280 Abs. 1 S. 2 BGB widerlegbar vermutet, insoweit tritt bei einem Schadensersatzanspruch eine Beweislastumkehr ein. Diese Vermutung wird im Arbeitsrecht jedoch durch § 619a BGB als lex specialis verdrängt, so dass der Arbeitgeber das Vertretenmüssen des Arbeitnehmers zu beweisen hat. Hintergrund dieser Spezialregelung ist die zu § 282 BGB a.F. ergangene Rechtsprechung des Bundesarbeitsgerichts. Diese sah von der Beweislastumkehr nach § 282 BGB nur dann eine Ausnahme vor, wenn es sich um eine betrieblich veranlasste Tätigkeit handelte[581]. Da der Gesetzgeber keine Erweiterung dieser Rechtsprechung beabsichtigte, ist § 619a BGB insoweit zu reduzieren, als er nur gilt, soweit der Arbeitnehmer bei Erfüllung seiner Arbeitspflichten im Betrieb des Arbeitgebers die Rechtsgutverletzung begeht[582]. Normzweck und Funktion des § 619a BGB ist es, die aus der Gesetzessystematik des § 280 Abs. 1 S. 2 BGB folgende Beweislastumkehr,

---

[577] Dazu im Arbeitsrecht statt vieler *Grundmann* in MüKo-BGB, § 276 Rn. 87.

[578] Zu der Behandlung dieses Problems bei den Arbeitnehmern siehe statt vieler *Grundmann* in MüKo-BGB, § 276 Rn. 87.

[579] Siehe dazu oben § 3E.II.2.c)(d)(3).

[580] Zu der parallelen Problematik der Entgeltfortzahlung im Krankheitsfall im Arbeitsrecht in diesem Fall siehe BAG NZA 187, 452.

[581] BAG AP Nr. 2 zu § 611 BGB Mankohaftung.

[582] *Oetker* in Staudinger, § 619a BGB Rn. 5; *Oetker*, BB 2002, 43 (44); *Gotthardt*, Rn. 157, 175, 187; *Dedek*, ZGS 2002, 320, 323; *Henssler*, RdA 2002, 129, 132.

nach der der Schuldner seine fehlende Verantwortlichkeit für die Pflichtverletzung zu beweisen hat, für den Bereich der Arbeitnehmerhaftung nicht durchgreifen zu zulassen. Der Arbeitnehmer haftet - wie § 619a BGB klarstellt - folglich wegen Pflichtverletzung nur, wenn er diese zu vertreten hat. Der Arbeitgeber muss nicht nur die Pflichtverletzung, sondern auch das Vertretenmüssen des Arbeitnehmers beweisen. Eine Analogie des § 619a BGB ist trotz des eindeutigen Wortlautes zugunsten der arbeitnehmerähnlichen Person geboten. Da die Grundsätze der beschränkten Arbeitnehmerhaftung auch auf das Vertragsverhältnis der arbeitnehmerähnlichen Person ausgedehnt werden, muss auch die entsprechende Beweislastregelung Anwendung finden. So folgt aus der Gesetzgebungsgeschichte, dass die dem Arbeitnehmer günstige Beweislastverteilung überall dort gelten soll, wo die Rechtsprechung. die Grundsätze der privilegierten Arbeitnehmerhaftung angewandt hat[583].

Liegt die Ursache für die Pflichtverletzung indessen außerhalb des Betriebes des Arbeitgebers, gilt die allgemeine Verschuldensvermutung des § 280 Abs. 1 S. 2 BGB. Nur bei den Ursachen innerhalb des Betriebes ist der Arbeitgeber als Inhaber des Herrschafts- und Organisationsbereichs näher, da er Träger der mit dem Betrieb verbundenen Risiken ist.

Diese Grundsätze des Arbeitsrechts können so auch auf die arbeitnehmerähnliche Person übertragen werden. Wird die arbeitnehmerähnliche Person, wie sicherlich überwiegend, in ihrem eigenen Betrieb für den Auftraggeber tätig, kommt eine analoge Anwendung der Spezialregelung des § 619a BGB nicht in Betracht. Der Auftraggeber trägt nicht das Risiko für außerhalb seines Herrschafts- und Organisationsbereichs auftretende Unfälle. Vielmehr greift dann die Grundregel der Beweislastumkehr zulasten der arbeitnehmerähnlichen Person nach § 280 Abs. 1 S. 2 BGB ein. Wird die arbeitnehmerähnliche Person hingegen ausnahmsweise im Betrieb des Auftraggebers tätig, ist eine Analogie zu § 619a BGB und damit der Beweislast des Auftraggebers sachgerecht, da insoweit kein Unterschied zu der Risikoverteilung in einem Arbeitsverhältnis besteht[584].

Kommt der Auftraggeber mit seiner Hauptpflicht der Zahlung der Vergütung in Verzug, haftet er nach den Verzugsregeln der §§ 280 Abs.1 und 2, 286 BGB. Eine Mahnung ist dabei zumindest nach Ablauf von 30 Tagen gemäß § 286 Abs. 3 BGB entbehrlich. Die Höhe des Zinssatzes bemisst sich nach § 288 Abs. 2 BGB, da die arbeitnehmerähnliche Person als Unternehmer gemäß § 13 BGB und nicht als Verbraucher im Sinne des § 14 BGB zu behandeln ist[585].

---

[583] *Preis* in ErfK, § 619a Rn. 3.
[584] Eine Analogie ohne Einschränkung befürwortet *Dittmann*, AuA 2002, 443 ff.
[585] Siehe zu dieser Diskussion schon oben § 3E.I.1.a).

IV. *Nebenpflichten der arbeitnehmerähnlichen Person*

Neben der vertraglichen Leistungspflicht bestehen für die arbeitnehmerähnliche Person eine Vielzahl von Nebenpflichten, die sich aus den vertraglichen Vereinbarungen oder aus den §§ 242, 241 Abs. 2 BGB ergeben. Auf die gesetzlichen Nebenpflichten haben die wirtschaftliche Abhängigkeit und die soziale Schutzbedürftigkeit der arbeitnehmerähnlichen Personen keine Auswirkungen, sie entsprechen vielmehr weitgehend denen der Selbständigen. Die Nebenpflichten halten sie zur Integrität der Rechtsgüter des Auftraggebers und zur Treue im Vertragsverhältnis an.

1. Verschwiegenheitspflicht

Art und Umfang der gesetzlichen Nebenpflichten hängen zwar von der konkreten Ausgestaltung des Schuldverhältnisses ab. Prinzipiell lässt sich jedoch für alle arbeitnehmerähnlichen Personen festhalten, dass sie während des Schuldverhältnisses zur Verschwiegenheit über die Betriebs- und Geschäftsgeheimnisse des Auftraggebers verpflichtet sind[586]. Dazu gehören alle Tatsachen, die in einem Zusammenhang mit einem Geschäftsbetrieb stehen, nur einem begrenzten Personenkreis bekannt und nicht offenkundig sind, nach dem Willen des Auftraggebers und im Rahmen eines berechtigten wirtschaftlichen Interesses geheim gehalten werden sollen[587]. Nicht nur Interna über die betriebliche Seite, auch Tatsachen über die Person des Auftraggebers oder über andere Erwerbstätige, die er während seiner beruflichen Tätigkeit erfahren hat, darf er nicht preisgeben[588]. Der Erwerbstätige muss auch darauf achten, dass Dritte nicht unbefugt Kenntnis solcher Geheimnisse aus seinem Tätigkeitsbereich erlangen.

2. Wettbewerbsverbot und Nebentätigkeitsverbot

Die beiden praxisrelevanten Fälle der Nebenpflichten sind zum einen die Wettbewerbsverbote, zum anderen die Nebentätigkeitsverbote.

Das handelsrechtliche gesetzliche Wettbewerbsverbot nach § 60 HGB gilt für arbeitnehmerähnliche Personen nicht. Diese sind keine Handlungsgehilfen gemäß § 59 HGB, da sie nicht „angestellt" sind im Sinne der Legaldefinition des § 59 S. 1 HGB[589]. Folglich gilt § 60 HGB, der das Wettbewerbsverbot für Handlungsgehilfen normiert, nicht[590]. Einer analogen Anwendung des § 60 HGB be-

[586] BAG AP Nr. 1, 5 zu § 611 BGB Betriebsgeheimnis.
[587] So für das Arbeitsrecht *Schaub/Koch/Linck*, § 54 Rn. 2.
[588] So für das Arbeitsrecht *Schaub/Koch/Linck*, § 54 Rn. 1.
[589] *Ebenroth/Boujong/Joost*, § 59 Rn. 13; es gelten die allgemeinen Regeln zur Abgrenzung zwischen Arbeitnehmern und Selbständigen, dazu oben § 2B.I.
[590] Dies für freie Mitarbeiter im Allgemeinen feststellend BAG NZA 1997, 1284 ff.

darf es nicht, da eine Regelungslücke nicht besteht: alle Erwerbstätigen unterliegen während der Vertragslaufzeit einem Wettbewerbsverbot, das sich auch bei fehlender vertraglicher Vereinbarung aus der vertraglichen Treuepflicht gemäß § 242 BGB ergibt[591]. Durch das Wettbewerbsverbot ist jedoch nicht jedes wirtschaftliche Agieren am Markt untersagt, was gerade bei den immer für mehrere Auftraggeber tätigen arbeitnehmerähnlichen Personen sinnwidrig wäre. Nur wenn der Erwerbstätige in Konkurrenz zu dem Auftraggeber tritt, liegt eine von Gesetzes wegen verbotene Wettbewerbstätigkeit vor. Das gesetzliche Wettbewerbsverbot beschränkt sich somit auf das Gewerbe bzw. die Branche des Auftraggebers und ist räumlich auf den Tätigkeitsbereich der arbeitnehmerähnlichen Person beschränkt[592]. Einem Redakteur eines Fernsehunternehmens ist daher die Tätigkeit bei einem anderen Sender nicht generell untersagt. Vielmehr beschränkt sich das Verbot bei einem Sportredakteur für den Bereich des Fußballs in der 1. Bundesliga auf den Bereich Profifußball.

Ein neben dem Wettbewerbsverbot und dieses auch ergänzende grundsätzliche Verbot der Nebentätigkeit aus § 242 BGB besteht nicht. Die Interessen des Auftraggebers sind nur gefährdet, wenn zu befürchten ist, dass die Nebentätigkeit die Vertragserfüllung beeinträchtigt und somit den Vertragszweck verfehlen würde[593]. Demnach ist das gesetzliche Nebentätigkeitsverbot umso weiter, je mehr der Auftraggeber die Tätigkeit der arbeitnehmerähnlichen Person in Anspruch nimmt. Sofern für die arbeitnehmerähnliche Person kein Nebentätigkeitsverbot besteht, müssen sie anders als die Arbeitnehmer dem Auftraggeber auch die Nebentätigkeit nicht anzeigen[594].

Die vertragliche Vereinbarung von Wettbewerbsverboten und Nebentätigkeitsverboten unterliegt der vertraglichen Inhaltskontrolle nach §§ 242, 307 BGB. Das berechtigte Interesse des Auftraggebers an einem Wettbewerbsverbot beschränkt sich grundsätzlich auf seinen räumlichen und sachlichen Geschäftsbereich, so dass weitergehende Beschränkungen grundsätzlich unangemessen sind[595]. Ein vertraglich vereinbartes Nebentätigkeitsverbot kann unangemessen

[591] So für Arbeitnehmer BAG AP Nr. 7, 8, zu § 611 BGB Treuepflicht.

[592] Vgl. im Arbeitsrecht dazu *Richardi* in Staudinger, § 611 Rn. 477 ff.

[593] BAG AP Nr. 5, 6 zu § 611 BGB Nebentätigkeit; AP Nr. 60 zu § 626 BGB.

[594] Im Arbeitsrecht stützt sich die Anzeigepflicht darauf, dass der Arbeitgeber Steuern und Sozialabgaben für den Arbeitnehmer abführt und somit ein Interesse an den diese Pflichten eventuell ändernden Nebentätigkeiten hat, so *Blomeyer* in MünchArbR, § 55 Rn. 8 f.; der Auftraggeber befindet sich hingegen nicht in einer dementsprechenden Situation.

[595] An die Stelle der somit nach §§ 242, 306 Abs. 1 BGB unwirksamen Vereinbarungen treten die gesetzlichen Nebenpflichten auf der Grundlage der §§ 241 Abs. 2, 242 BGB. Daneben liegt bei einem über das geforderte Maß hinausgehenden Wettbewerbsverbot auch ein Verstoß gegen § 16 GWB vor.

sein, wenn die untersagten Tätigkeiten die Vertragserfüllung nicht vereiteln oder gefährden[596].

Gleiches gilt, wenn sich der Beschäftigte jede Nebentätigkeit vom Arbeitgeber genehmigen lassen muss, da dies ein Verbot mit Erlaubnisvorbehalt darstellt. Die Parteien können dagegen vereinbaren, dass die arbeitnehmerähnliche Person eine Nebentätigkeit anzeigen muss, da dies nicht der persönlichen Selbständigkeit der arbeitnehmerähnlichen Person widerspricht.

3. Weitere Nebenpflichten

Weniger ausdifferenzierte Nebenpflichten sind das Verbot der Annahme von Bestechungsgeldern[597], das aus § 241 Abs. 2 BGB abzuleitende Verbot der rufschädigenden Behauptungen über den Auftraggeber, die Auskunftspflicht über die Vertragserfüllung gegenüber dem Auftraggeber[598], sowie das Plazieren von Schleichwerbung.

4. Haftung bei Verstoß gegen Nebenpflichten

Verstößt die arbeitnehmerähnliche Person gegen ihre Nebenpflichten, haftet sie nach allgemeinem Schuldrecht gemäß § 280 Abs. 1 BGB und nach Deliktsrecht gemäß §§ 823 Abs. 1 und 2, 826 BGB für von ihr verursachte Schäden an Rechtsgütern des Auftraggebers. Informiert ein Redakteur einen Dritten über ein geplantes, noch vertrauliches Format eines Senders, haftet er für den Vermögensschaden, den der Sender erleidet, wenn daraufhin ein anders Unternehmen ein gleichwertiges Format früher auf den Markt bringt und so die Gewinne für sich verbucht, die mit einer Erstaussendung verbunden sind. Bei einem Verstoß gegen das gesetzliche Wettbewerbsverbot kann der Auftraggeber den Gewinn des Beschäftigten als Schadensersatz verlangen, sofern er nachweist, dass er ohne die Konkurrenz des Beschäftigten die Geschäfte selbst abgeschlossen hätte[599].

Problematisch ist, ob diese Haftung wie im Arbeitsrecht durch die Grundsätze zum innerbetrieblichen Schadensausgleich[600] limitiert werden kann[601]. Im Ar-

---

[596] BAG AP Nr. 5, 6 zu § 611 BGB Nebentätigkeit.

[597] So für das Arbeitsrecht statt vieler *Richardi* in Staudinger, § 611 Rn. 508 ff.

[598] Liegt ein Auftrag der Tätigkeit der arbeitnehmerähnlichen Person zugrunde, ergibt sich diese Pflicht unmittelbar aus § 666 BGB, bei jedem anderen Schuldverhältnis aus § 242 BGB.

[599] Der Auftraggeber kann die Geschäfte der arbeitnehmerähnlichen Person aber nicht übernehmen, er hat kein Eintrittsrecht aus § 61 oder § 113 HGB.

[600] Siehe dazu im Einzelnen statt vieler *Blomeyer* in MünchArbR, § 9 ff.

[601] Die Anwendung auf arbeitnehmerähnliche Personen verneinend BGHZ 107, 32, 37; LAG Berlin LAGE Nr. 15 zu § 611 Arbeitnehmerhaftung; *Preis* in ErfK, § 619a BGB Rn. 19;

beitsrecht haften Arbeitnehmer für Schäden des Arbeitgebers nicht in vollem Umfang, wenn sie bei Arbeiten entstehen, die aufgrund eines Arbeitsverhältnisses geleistet werden und durch den Betrieb veranlasst sind[602]. Hintergrund und Motiv für diese Privilegierung ist die Weisungsgebundenheit des Arbeitnehmers. Kraft seiner Organisationsmacht kann der Arbeitgeber den arbeitstechnischen Zweck des Betriebes eigenverantwortlich bestimmen, die Betriebsorganisation nach seinen Plänen und Bedürfnissen gestalten und auf die Tätigkeit des Arbeitnehmers einwirken. Aufgrund seines sich auf Art, Ort und Zeit der Arbeitsleistung erstreckenden Weisungsrechts prägt der Arbeitgeber und die von ihm gesetzte Organisation des Betriebes das Haftungsrisiko für den Arbeitnehmer[603]. Dogmatisch wurde diese Begrenzung der Haftung stets aus einer analogen Anwendung des § 254 BGB begründet[604], mittlerweile wird § 276 BGB als rechtliche Grundlage herangezogen[605]. Es erfolgt eine Abwägung zwischen dem Verursachungsanteil des Arbeitgebers und dem Verschulden des Arbeitnehmers mit folgenden Fallgruppen[606]. Ein vollständiger Haftungsausschluss erfolgt bei leichtester Fahrlässigkeit, eine Haftungsteilung bei leichter und mittlerer Fahrlässigkeit. Die notwendige Quotelung erfolgt anhand einer wertenden Betrachtung des Verschuldensanteils des Arbeitnehmers gegenüber dem auf dem Betriebsrisiko fußenden Verursachungsanteil des Arbeitgebers. Eine volle Haftung des Arbeitnehmers tritt in der Regel bei grober Fahrlässigkeit ein. Diese an sich vollständige Haftung wird jedoch zugunsten des Arbeitnehmers in der Summe begrenzt, wenn ansonsten eine Existenzbedrohung des Arbeitnehmers oder ein krasses Missverhältnis zwischen Arbeitsentgelt und Haftungsrisiko vorliegt. Eine volle Haftung bei vorsätzlich herbeigeführtem Schaden erfolgt nur, soweit der Schaden vom Vorsatz umfasst ist. Ansonsten wird auch in diesem Fall eine Quotelung der Haftung vorgenommen.

Wie der Terminus dieser Haftungsbeschränkung als „innerbetrieblicher Schadensausgleich" bereits verdeutlicht, knüpft der Gedanke dieser Privilegierung der Arbeitnehmer an ihre Tätigkeit im Betrieb des Arbeitgebers und damit in dessen Herrschafts- und Organisationsbereich an[607]. So liegt es nahe, die arbeit-

---

die Anwendung bejahend *Blomeyer* in MünchArbR, § 59 Rn. 68; *Däubler*, NJW 1986, 867 (874); *Pullen*, BB 1984, 989 ff.; *Schubert*, S. 415 ff.; *Otto/Schwarze*, Rn. 133.

602 Siehe statt vieler BAG AP Nr. 122 zu § 611 BGB Haftung des Arbeitnehmers; die Gefahren- oder Schadensgeneigtheit der Arbeit wird nicht (mehr) vorausgesetzt, dazu BAG GS AP Nr. 103 zu § 611 BGB Haftung des Arbeitnehmers.

603 BAG GS AP Nr. 103 zu § 611 BGB Haftung des Arbeitnehmers = EWiR 1995, 345 mit Anm. *Kaiser*, die anregt, die Gefahrgeneigtheit der Tätigkeit auch bei leichter und grober Fahrlässigkeit zu berücksichtigen.

604 BAG AP Nr. 58, 61, 82, 93 zu § 611 BGB Haftung des Arbeitnehmers.

605 BT-Drs. 14/6857, S. 48; dazu auch *Däubler*, NZA 2001, 1329 (1331); dagegen *Henssler*, RdA 2002, 129 (133).

606 Siehe dazu statt aller *Preis* in ErfK, § 619a BGB Rn. 13 ff.

607 Dies sieht man auch anhand der Tatsache, dass Dienstverträge selbständig tätiger Personen, die nicht in den Organisationsbereich des Dienstgebers eingeordnet sind, nicht in den

nehmerähnliche Person auch, aber auch nur dann, ebenfalls derartig zu privilegieren, wenn sie in dem Betrieb des Auftraggebers tätig wird. Doch stützt sich die Haftungsbeschränkung nach § 254 Abs. 1 BGB nicht nur auf die Eingliederung der Arbeitnehmer in den Betrieb. So ist eine Tätigkeit nach der Rechtsprechung nicht nur dann „betrieblich“, wenn sie in eben diesem stattfindet, sondern auch dann, wenn die Tätigkeit im Interesse des Betriebes ausgeführt wird, sie in nahem Zusammenhang mit dem Betrieb und seinem betrieblichen Wirkungskreis steht[608]. Entscheidend ist somit die Fremdnützigkeit der Tätigkeit[609] mit dem Bezug zum Betrieb. Dieses Kriterium lässt sich wiederum bei allen arbeitnehmerähnlichen Personen bejahen. Ihre Tätigkeit nützt dem Dienstgeber bzw. Werkbesteller in dessen betrieblicher Tätigkeit, so dass der Betriebsbezug besteht. Dies genügt jedoch allein noch nicht, um eine umfassende Haftungsbeschränkung zugunsten der arbeitnehmerähnlichen Personen zu befürworten. Da diese gerade aufgrund ihrer persönlichen Selbständigkeit nicht in dem Maße schutzbedürftig sind wie Arbeitnehmer, müssen zusätzliche Argumente für eine Heranziehung der gleichen Grundsätze sprechen. Die Haftungsbeschränkung schränkt den Unternehmer derart in seinem Grundrecht aus Art. 14 GG ein, dass allein die Betriebsbezogenheit der Tätigkeit nicht alleine zur entsprechenden Anwendung der Grundsätze der Arbeitnehmer genügt. Diese vergleichbare Stellung mit den Arbeitnehmern ergibt sich aber aus dem zwischen Auftraggeber und arbeitnehmerähnlicher Person unausgewogenen Verhältnis hinsichtlich der unternehmerischen Chancen und Risiken. Die Haftungsbeschränkung beruht auf dem allgemeineren Gedanken, dass derjenige, der seinen Aktionsradius erweitert, die Risiken nicht auf andere abschieben darf[610]. Da dem Auftraggeber aufgrund der Verwertung der Arbeitsergebnisse des arbeitnehmerähnlichen Erwerbstätigen unternehmerische Chancen zugute kommen, die mit der Tätigkeit des Mitarbeiters verbunden sind, müssen ihm auch die damit verbundenen Risiken auferlegt werden. Verbliebe die unternehmerische Chance bei der arbeitnehmerähnlichen Person, trüge sie auch die mit der Tätigkeit verbundenen Risiken. Eine einseitige Übernahme nur der positiven Chancen in der freien Wirtschaft widerspräche zum einen der Schutzbedürftigkeit der arbeitnehmerähnlichen Person und zum andern der Parität unter den Vertragspartnern.

Da sich folglich die Haftungsbeschränkung nicht nur aus dem Umstand der Tätigkeit innerhalb eines fremden Herrschaft- und Organisationsbereichs ergibt, kann auch die dogmatische Grundlage nicht nur auf § 254 BGB analog fußen[611]. Vielmehr ist auf die allgemeine Möglichkeit der Anpassung des Verschuldens an die Besonderheiten des Inhalts des Schuldverhältnisses nach § 276 Abs. 1 S.

Genuss der hier dargestellten Haftungsbeschränkung kommen, BGH AP Nr. 28 und 51 zu § 611 BGB Haftung des Arbeitnehmers.

[608] So BAG Nr. 1 und 6 zu § 637 RVO; BAG AP Nr. 8 zu § 636 RVO.

[609] *Otto/Schwarze*, S. 24 f.

[610] *Hromadka*, NZA 1997, 569 (578 f.).

[611] So aber anscheinend *Blomeyer* in MünchArbR, § 59 Rn. 68.

1 BGB[612] zurückzugreifen. Eines Rückgriffs auf den allgemeinen § 242 BGB bedarf es daher nicht[613]. Diese Haftungsbeschränkung aus § 276 Abs. 1 S. 1 BGB bezieht sich nur auf das Innenverhältnis zwischen Auftraggeber und arbeitnehmerähnlicher Person. Für Schäden Dritter haftet der Arbeitnehmerähnliche wie der Arbeitnehmer voll, er kann aber einen Ersatz des dem Dritten ausgeglichenen Schadens von dem Auftraggeber verlangen[614].

Abschließend sei noch erwähnt, dass trotz der umfangreichen Diskussion über die entsprechende Anwendung der Haftungsbeschränkungen auf arbeitnehmerähnliche Personen diese in der Arbeitswelt eine weitaus geringere Bedeutung haben als bei Arbeitnehmern, da die arbeitnehmerähnliche Person meist mit Hilfe ihrer eigenen Werkzeuge und Mitteln Arbeitsergebnisse erzielt.

V. *Nebenpflichten des Auftraggebers*

Wie für die arbeitnehmerähnliche Person bestehen auch für den Auftraggeber zahlreiche Treue- und Schutzpflichten.

1. Beschäftigungsanspruch

Im Arbeitsrecht ist ein Beschäftigungsanspruch des Arbeitnehmers anerkannt[615]. Der Arbeitgeber ist demnach verpflichtet, die berufliche Tätigkeit im Rahmen des Arbeitsverhältnisses zu ermöglichen und die hierfür notwendigen Mitwirkungshandlungen zu vollziehen.

Überträgt man diese Grundsätze auf die arbeitnehmerähnliche Person, so scheitert man zunächst an einer gesetzlichen Kodifizierung. Im gesetzlichen Vertragsrecht findet sich kein ausdrücklich geregelter Beschäftigungsanspruch. Das Werkvertragsrecht berücksichtigt zwar die vom Werkbesteller vorzunehmenden Mitwirkungshandlungen, der Werkunternehmer erhält bei deren Nichtvornahme nach §§ 642 f. BGB jedoch nur einen Anspruch auf Entschädigung und ein Kündigungsrecht. Auch im Dienstvertragsrecht gewährt das Gesetz dem Erwerbstätigen im Fall des Annahmeverzugs des Auftraggebers nur einen Vergütungsanspruch nach § 615 BGB, einen Anspruch auf tatsächliche Beschäftigung regelt das Gesetz nicht.

---

612 § 276 BGB ist dispositiv, seine Abbedingung unterliegt der Inhaltskontrolle nach §§ 242, 307 BGB.

613 So noch *Schubert*, S. 419.

614 Ist die arbeitnehmerähnliche Person hingegen in die vertraglichen oder gesetzlichen Haftungsbeschränkungen zwischen dem Auftraggeber und dem Dritten einbezogen, kann diese privilegierte Haftung auch ihr zugute kommen, dazu *Heinrichs* in Palandt, § 276 Rn. 37 ff.

615 Siehe statt aller *Preis* in ErfK, § 611 BGB Rn. 702 ff.

Im Arbeitsrecht leitet die Rechtsprechung eine allgemeine Beschäftigungspflicht des Arbeitgebers aus §§ 611, 613 i.V.m. 242 BGB ab[616]. Versucht man diesen Grundsatz auf die arbeitnehmerähnliche Person zu übertragen, dann müssen bei dessen Anwendung jedoch die Besonderheiten dieser Gruppe der Erwerbstätigen besonders berücksichtigt werden. So ist die arbeitnehmerähnliche Person grundsätzlich aufgrund ihrer Selbständigkeit nicht wie ein Arbeitnehmer davon abhängig, dass der Auftraggeber ihr einen Arbeitsplatz zur Verfügung stellt. Sie wird nur in Ausnahmefällen in dem Betrieb des Auftraggebers tätig und ist somit insoweit auch in Bezug auf einen Beschäftigungsanspruch nicht schutzwürdig. Dass eine konkrete Tätigkeit der arbeitnehmerähnlichen Person jedoch sehr wohl von einer Handlung des Auftraggebers abhängen kann, zeigen die Regelungen der §§ 642 f. und § 615 S. 1 BGB. Gerade Erwerbstätige, die aufgrund ihrer Tätigkeit gezwungen sind, nach außen in Erscheinung zu treten, sind auf die tatsächliche Ausübung ihrer Tätigkeit angewiesen. So sind gerade künstlerisch und publizistisch aktive Erwerbstätige neben dem finanziellen Druck und dem gesellschaftlichen Ansehen einer fortlaufenden Arbeit dazu angehalten, ihre Kunst öffentlich zu zeigen bzw. mit ihrer Arbeit in den Medien präsent zu sein. Wichtig sind daher die Motivationen des Erwerbstätigen, seiner Arbeit nachzugehen. Daher beruht auch im Arbeitsrecht der Anspruch auf Beschäftigung nach Auffassung der Rechtsprechung unmittelbar auf § 242 BGB. Unter Berücksichtigung der verfassungsrechtlichen Wertentscheidung der Artt. 1 und 2 GG über den Persönlichkeitsschutz ergibt sich dadurch für den Arbeitgeber eine arbeitsvertragliche Förderungspflicht der Beschäftigungsinteressen des Arbeitnehmers[617]. Das durch das allgemeine Persönlichkeitsrecht grundrechtlich geschützte besondere Beschäftigungsinteresse kann auch bei einem freien Mitarbeiter bestehen[618]. So ist die kontinuierliche Tätigkeit des freien Mitarbeiters wie auch bei einem Arbeitnehmer insbesondere wichtig, um die beruflichen Fähigkeiten zu erhalten und auszubauen[619]. Auch für den Ruf und das Ansehen ist die tatsächliche Beschäftigung des Erwerbstätigen wichtig[620]. So kann bei einem Moderator der Bekanntheitsgrad oder seine Popularität ausschlaggebend dafür sein, ob er auch neben der Tätigkeit für den Auftraggeber Einkünfte als Moderator von Veranstaltungen oder aus Werbemaßnahmen erzielen kann[621]. Das besondere Beschäftigungsinteresse fußt somit auf dem Druck der Präsenz der Arbeit in der Öffentlichkeit. Dieses Interesse zu fördern, obliegt dem Auftraggeber aufgrund seiner aus § 241 Abs. 2 BGB begründeten Schutzpflicht, auf die Interessen und Rechtsgüter des Beschäftigten Rücksicht zu nehmen: Grundsätzlich

---

[616] BAG GS AP Nr. 14 zu § 611 BGB Beschäftigungspflicht.

[617] BAG GS AP Nr. 14 zu § 611 BGB Beschäftigungspflicht.

[618] Siehe dazu LAG München ZUM-RD 1997, 49, die vom BAG entwickelten Grundsätze generell auf das Dienstvertragsrecht übertragend *Hanau* in Erman, § 611 Rn. 352.

[619] OLG Düsseldorf EWiR 1985, 755 ff.

[620] So für das Bühnenarbeitsrecht *Blomeyer* in MünchArbR, § 95 Rn. 6; *Hueck/Nipperdey*, Band I, S. 318.

[621] LAG München ZUM-RD 1997, 49 ff.

ist das Fernsehunternehmen verpflichtet, dem Reporter die Präsenz im Fernsehen zu ermöglichen. Die Berücksichtigung dieses Interesses darf aber nicht wie in einem Urteil des LAG München[622] zu einer nahezu generellen Bejahung des Beschäftigungsanspruchs führen. Dem Interesse der arbeitnehmerähnlichen Personen können durchaus überwiegende oder schutzwürdige Interessen des Auftraggebers entgegenstehen, die die Verneinung eines Anspruchs des Erwerbstätigen bedingen[623]. Diese Interessen des Auftraggebers können der Wegfall der Vertrauensgrundlage, fehlende Einsatzmöglichkeiten[624], die Gefahr des Geheimnisverrats sowie alle Gründe sein, die eine fristlose Beschäftigung rechtfertigen würden. Die Beschäftigungspflicht des Auftraggebers darf nicht derart weit gehen, dass der Erwerbstätige einen Anspruch darauf hat, dass der Auftraggeber die Popularität der arbeitnehmerähnlichen Person erhält oder fördert, indirekt dadurch aber der gute Ruf des Auftraggebers ruiniert wird, da dieser nicht nur auf ein Fehlverhalten des Erwerbstätigen, sondern auch auf eine Veränderung der betrieblichen Situation nicht mehr adäquat reagieren kann.

Neben diesen besonders gelagerten Fällen muss in Fernsehunternehmen gerade die Rundfunkfreiheit des Auftraggebers auch zu der Beurteilung führen können, dass der Auftraggeber wie der Arbeitgeber inhaltliche Überlegungen, welche durch Art. 5 Abs. 1 GG gedeckt sind, durchsetzen kann[625]. Warum nach Ansicht des LAG München die Rundfunkfreiheit des einzelnen Mitarbeiters demgegenüber prinzipiell überwiegen soll, ist nicht nachvollziehbar. Vielmehr muss eine konkrete Abwägung der beiderseitigen auf Art. 5 Abs. 1 GG gestützten Interessen erfolgen. Relevant und somit zugunsten des Auftraggebers vom Schutzbereich des Art. 5 Abs. 1 S. 2 GG erfasst sind dabei aber nur Ansprüche von programmgestaltenden Mitarbeitern. Nur wenn ein programmbestimmendes Gremium ein verändertes Konzept anstrebt, in das ein programmgestaltender Mitarbeiter nicht mehr passt, kann sich der Auftraggeber dem Beschäftigungsanspruch des Mitarbeiters mit Hilfe des Art. 5 Abs. 1 S. 2 GG zur Wehr setzen[626]. In einem solchen Fall muss es dem Medienunternehmen möglich sein, seine Tätigkeit auszusetzen. Der sozialen Schutzbedürftigkeit des arbeitnehmerähnlichen

---

[622] LAG München ZUM-RD 1997, 49 ff.

[623] Dies ist nach den Ausführungen des LAG München zwar generell auch zu beachten. Jedoch nützt das dem Auftraggeber nichts, wenn er dennoch mit seinem Vorbringen sehr knapp unter Verweis auf ein widersprüchliches Verhalten zurückgewiesen wird, siehe dazu noch Fn. 625.

[624] Dies ist der Fall, wenn der Auftraggeber bereits vertraglich gebunden ist, weil er in terminlicher und zeitlicher Hinsicht bereits die Sendungen, in denen er vertraglich zum Einsatz des freien Mitarbeiters verpflichtet ist, an andere Moderatoren vergeben hat, LAG München ZUM-RD 1997, 49 ff.; siehe aber dazu noch unten Fn. 627.

[625] Das LAG München hat zwar gesehen, dass die Rundfunkfreiheit des Auftraggebers tangiert war, dies aber mit der Bemerkung, hierauf könne sich die Rundfunkanstalt nicht berufen, sie verhalte sich widersprüchlich, abgetan, dazu LAG München ZUM-RD 1997, 49 ff.; wie hier auch für das Arbeitsverhältnis *Rüthers/Beninca*, AfP 1995, 638 ff.

[626] LAG München ZUM-RD 1997, 49 ff.

Erwerbstätigen ist genüge getan, wenn er bei Freistellung von der Leistungspflicht die Vergütung weiterhin bezieht. Ein tatsächlicher Beschäftigungsanspruch würde die grundrechtlich geschützte Freiheit des Auftraggebers stark gefährden und wäre diesem damit nicht zumutbar[627].

Auch die Dauer des Vertragsverhältnisses ist bei dieser Abwägung wichtig. Je kürzer die Vertragsdauer ist, umso weniger ist der Beschäftigte auf die Durchführung des Vertrages und die tatsächliche Beschäftigung angewiesen, um seine beruflichen Fähigkeiten zu erhalten oder zu verbessern. Somit wirkt das Beschäftigungsinteresse meist nur bei Dauerschuldverhältnissen anspruchsbegründend[628]. Darunter sind auch fortlaufend abgeschlossene Werkverträge zu fassen, da diese eine laufende Geschäftsbeziehung begründen. Da es aber dennoch einzelne Verträge sind, kann eine auf der Schutzpflicht des § 241 Abs. 2 BGB fußende Beschäftigungspflicht nur im Rahmen des einzelnen Werkvertrages bestehen. Ein darüber hinaus gehender Anspruch käme zu Lasten des Auftraggebers einem Kontrahierungszwang gleich[629].

2. Anspruch auf vertraglich vereinbarte Zusatzleistungen

Möchte der Auftraggeber die Treue und damit den andauernden Bestand des Schuldverhältnisses belohnen, kann er an den Erwerbstätigen Gratifikationen auszahlen[630]. Ein Anspruch darauf kann sich oftmals aus Tarifverträgen oder in Ausnahmefällen auch aufgrund mehrmaliger Auszahlung[631] ergeben. Da diese Zahlungen die Treue des Erwerbstätigen zu dem Auftraggeber belohnen sollen, enthalten sie oft Regelungen über die Rückzahlung der Gratifikationen im Fall des Ausscheidens aus dem Vertragsverhältnis. Dabei ist meist ein Stichtag im Vertrag genannt. Wenn an diesem Tag das Vertragsverhältnis nicht mehr besteht, muss der Erwerbstätige die gesamte Gratifikation oder einen Teil derselben an den Auftraggeber zurückzahlen. Damit wird dem Erwerbstätigen zum einen eine erhebliche finanzielle Last aufgebürdet, zum anderen vermag sie ihn

[627] Hat der Auftraggeber den freien Mitarbeiter jedoch nahezu während eines gesamten Jahres mit diesen Sendungen beschäftigt und waren für das nächste Jahr auch weitere Einsätze geplant, kann der Auftraggeber dem freien Mitarbeiter nicht plötzlich unter Berufung auf seine Rundfunkfreiheit die tatsächliche Beschäftigung versagen. Damit setzt er sich zu seinem bisherigen Verhalten in Widerspruch, so LAG München ZUM-RD 1997, 49 ff.

[628] *Hanau* in Erman, § 611 Rn. 352.

[629] Ein solcher kann nur im Ausnahmefall bestehen, siehe dazu oben § 3D.I.

[630] Der Zweck einer Auszahlung kann aber auch in der Vergütung und nicht in der Belohnung der Treue liegen. Welche Intention der Auftraggeber mit der Zahlung bezweckt, ist durch Auslegung zu ermitteln, so für das Arbeitsrecht BAG AP Nr. 100, 135, 136, 138 zu § 611 BGB; statt vieler *Hanau* in Erman, § 611 Rn. 453.

[631] Die wiederholte Leistung an eine arbeitnehmerähnliche Person kann keinen Anspruch aus betrieblicher Übung, stattdessen aber einen aus individueller Übung ergeben, dazu *Schubert*, S. 211 ff.

von der Kündigung abzuhalten und damit an den Auftraggeber zu binden[632]. Diese individualvertraglichen Rückzahlungsklauseln unterliegen daher der vertraglichen Inhaltskontrolle nach §§ 307 bzw. § 242 BGB. Ob die Rückzahlungsklausel zu einer unangemessenen Benachteiligung der arbeitnehmerähnlichen Person führt, hängt dabei maßgeblich von der Dauer der Bindung und der Höhe der Gratifikation ab[633]. Maßstab ist dabei die Wertung des § 622 Abs. 6 BGB, der dem Arbeitgeber die Vereinbarung einer längeren Kündigungsfrist für den Arbeitnehmer als für ihn selbst untersagt. Diese Norm ist auf arbeitnehmerähnliche Personen[634] entsprechend anwendbar. Zur Konkretisierung dieser vagen Vorgabe hat die Rechtsprechung[635] für das Arbeitsverhältnis eine Faustformel für die Relation zwischen Höhe der Gratifikation und Bindungsdauer entwickelt. Diese Grundsätze gelten auch für das Verhältnis zwischen Auftraggeber und arbeitnehmerähnlicher Person. Auch hier muss eine Abwägung des Interesses des Auftraggebers an der Bindung der arbeitnehmerähnlichen Person an den Vertrag mit denen der arbeitnehmerähnlichen Person an ihrer freien Entscheidung, sich den Vertragspartner frei auszusuchen, erfolgen. Als Richtwert kann davon ausgegangen werden, dass eine Rückzahlungspflicht erst aber einer Zusatzleistung i.H.v. € 100,-- zulässig ist[636]. Erhält der Erwerbstätige einen Betrag, der € 100,-- übersteigt, aber einen Bruttomonatsverdienst nicht erreicht, ist ihm regelmäßig zuzumuten, eine Rückzahlungsklausel einzuhalten, die bis zum 31.3. des Folgejahres reicht. Entspricht die Sonderzuwendung in der Höhe einem vollen Monatsbezug, ist eine Bindung über den 31.3. des Folgejahres möglich. Hat der Erwerbstätige bis dahin nur eine Kündigungsmöglichkeit, ist ihm zuzumuten, diese auszulassen, d.h. den Betrieb erst nach dem 31.3. zu verlassen[637]. Erhält der Beschäftigte eine Sonderzahlung, die einen Monatsbezug übersteigt, jedoch ein zweifaches Monatsgehalt nicht erreicht, kann er durch eine Rückzahlungsklausel nicht über den 30.6. des folgenden Jahres hinaus gebunden werden, wenn er bis dahin mehrere Kündigungsmöglichkeiten hatte. Eine über den 30.6. hinausgehende Bindung ist nur dann möglich, wenn die Sonderzahlung ein Monatsgehalt erheblich übersteigt und eine eindrucksvolle und beachtliche Zuwendung darstellt[638]. Eine Rückforderung der Gratifikation bei einer Kündigung

---

632 Dadurch schränken Rückzahlungsklauseln indirekt die individuelle Kündigungsfreiheit ein, BAG AP Nr. 22, 23, 64, 69, 82, 99 zu § 611 BGB Gratifikation.

633 BAG AP Nr. 15, 10, 22, 24, 54, 75, 82, 99, 150 zu § 611 BGB Gratifikation.

634 Auf Heimarbeiter wird § 622 Abs. 6 BGB bereits ausdrücklich gemäß § 29 Abs. 5 HAG analog angewendet.

635 BAG AP Nr. 22, 23, 64, 69, 82, 99, 150 zu § 611 BGB Gratifikation. Ob sich an diesen richterlichen Grundsätzen nach der Neuregelung der Kündigungsfristen in § 622 Abs. 2 BGB etwas ändert, bleibt abzuwarten, dies verneinend LAG Hamm AP Nr. 208 zu § 611 BGB Gratifikation. Die seinerzeitigen Bemessungsfaktoren waren stark von der regelmäßigen Möglichkeit zur Quartalskündigung geprägt.

636 Früher 200,-- DM brutto, dazu BAG AP Nr. 110 zu § 611 BGB Gratifikation; nunmehr bestätigt durch BAG NZA 2003, 1032, 1033.

637 BAG AP Nr. 255 zu § 611 BGB Gratifikation.

638 BAG AP Nr. 25 zu § 611 BGB Gratifikation.

durch den Auftraggeber ist generell unzulässig, wenn der Auftraggeber die Kündigung nur ausgesprochen hat, um die Rückzahlung der Zusatzleistung zu ermöglichen. Diese Rückforderung ist rechtsmissbräuchlich im Sinne des § 162 Abs. 2 BGB[639].

3. Technischer Arbeitsschutz

In erster Linie ist der Auftraggeber dazu verpflichtet, das Leben und die Gesundheit des Erwerbstätigen zu schützen. Dazu dient der technische Arbeitsschutz, der auf zivilrechtlicher Ebene durch §§ 241 Abs. 2, 618 BGB sichergestellt wird, welche ihre Konkretisierung in den öffentlich-rechtlichen Arbeitsschutzvorschriften erfahren.

a) *Zivilrechtlicher Arbeitsschutz*

Grundsätzlich gewährleisten die §§ 241 Abs. 2, 618 Abs. 1 BGB den zivilrechtlichen technischen Arbeitsschutz. § 618 Abs. 1 BGB findet dabei nur bei von dem Auftraggeber nachträglich auferlegten Vorgaben Anwendung. Risiken, die sich bereits aus der vertraglichen Vereinbarung ergeben, werden nicht von dem Schutz des § 618 Abs. 1 BGB erfasst. So könnte man zugunsten von werdenden und stillenden Müttern auf den Gedanken kommen, das MuSchG mit seinem Arbeitsschutz nach § 2 Abs. 1 MuSchG als Konkretisierung der Schutzpflicht heranzuziehen.

§ 618 Abs. 1 BGB gilt von seinem Wortlaut und seiner Systematik nur für die arbeitnehmerähnlichen Personen, die einen Dienstvertrag oder einen Geschäftsbesorgungsvertrag mit dienstvertraglichem Einschlag abgeschlossen haben. Für die auf Werkvertragsbasis Tätigen wird § 618 Abs. 1 BGB jedoch analog angewendet, soweit sie im räumlichen oder organisatorischen Herrschaftsbereich des Auftraggebers tätig werden[640]. Grundgedanke des § 618 Abs. 1 BGB ist, dass der eine Vertragspartner den anderen, der bei der Ausführung vertragsgemäßer Arbeiten in den Gefahrenbereich des Auftraggebers kommt, vor drohenden gesundheitlichen Nachteilen und Schäden schützt. Dieser Gedanke trifft auch auf Werkverträge zu, bei denen der Unternehmer zur Herstellung des Werks einen Raum des Bestellers betreten muss oder sonst mit den Vorrichtungen des Bestellers in Berührung kommt[641]. Für eine Analogie spricht die dann mögliche

---

[639] Bei einer betriebsbedingten Kündigung durch den Arbeitgeber wird die Unzulässigkeit der Rückforderung ebenfalls diskutiert, dazu statt vieler *Hanau* in MünchArbR, § 69 Rn. 25 ff.; die Zulässigkeit auch in diesem Fall bejahend BAG AP Nr. 123, 214 zu § 611 BGB Gratifikation; *Schaub/Koch/Linck*, § 78 Rn. 45. Diese Problematik ist jedoch auf die arbeitnehmerähnliche Person mangels Anwendbarkeit des KSchG nicht zu übertragen.

[640] RGZ 159, 268 (270); BGHZ 5, 62 (65 ff.); 26, 365 (370); statt vieler *Oetker* in Staudinger, § 618 Rn. 100.

[641] BGHZ 5, 62 ff.

Heranziehung des § 618 Abs. 3 BGB, wodurch bei Verletzung des technischen Arbeitsschutzes eine entsprechende Anwendung der §§ 842 ist 846 BGB möglich ist. Dass der Unternehmer mit dem Ablauf und den Gefahren seiner Tätigkeit besser vertraut ist als der Besteller, spricht nicht gegen die Analogie[642]. Dem kann in der Regel durch § 254 BGB und dadurch hinreichend Rechnung getragen werden, dass man die Fürsorgeverpflichtung enger fasst[643]. Bei Auftragsverhältnissen ist eine Analogie gerechtfertigt, wenn der Unterschied zum Dienst- oder Werkvertrag im Einzelfall allein in der Unentgeltlichkeit liegt[644].

Zur Konkretisierung des Inhalts des zivilrechtlichen technischen Arbeitsschutzes wird auf die öffentlich-rechtlichen Regelungen zurückgegriffen, so dass die öffentlich-rechtlichen und zivilrechtlichen Pflichten des Auftraggebers weitgehend übereinstimmen[645]. Da das MuSchG auf arbeitnehmerähnliche Erwerbstätige nicht anwendbar ist[646], kann dieses öffentlich-rechtliche Gesetz anders als bei den Arbeitnehmern die Schutzpflicht aus § 618 Abs. 1 BGB nicht zugunsten der arbeitnehmerähnlichen Person konkretisieren. Der Auftraggeber ist dennoch nach § 618 Abs. 1 BGB zum Gesundheitsschutz verpflichtet, den aber nur das ArbSchG näher konkretisiert, das zumindest in den §§ 7, 9 ArbSchG die Berücksichtigung der Schutzbedürftigkeit der Schwangeren und stillenden Mütter vorsieht. Bei konkreten Gesundheitsgefahren ist dadurch der Auftraggeber dazu angehalten, an die Schwangere oder stillende Mutter keine weiteren Aufträge zu erteilen oder den Zeitpunkt der Fälligkeit der Leistung hinauszuschieben. Zu beachten ist bei den arbeitnehmerähnlichen Selbständigen jedoch, dass sie diesen Schutz nur dann benötigen, soweit es ihnen ihre persönliche Selbständigkeit nicht ermöglicht, ihre Gesundheit selbst zu schützen. Auch ist der Beschäftigte nach § 241 Abs. 2 BGB dazu verpflichtet, auf die Belange des Auftraggebers ausreichend Rücksicht zu nehmen.

Für heranwachsende Jugendliche wird der technische Arbeitsschutz gemäß den §§ 22 bis 24 JArbSchG durch einen Schutz vor Beeinträchtigung der körperlichen Entwicklung gesondert geregelt. In den Genuss dieses Schutzes gelangen auch die von § 1 Abs. 1 Nr. 3 JArbSchG erfassten arbeitnehmerähnlichen Personen[647].

---

642 So aber *Lewer*, JZ 1983, 336 ff.

643 Die Analogie kommt dabei, da es sich bei den betreffenden Werkvertragsverhältnissen um Verträge mit Schutzwirkung für Dritte handelt, auch den Dienstpflichtigen des Werkunternehmers zugute, RGZ 164, 399 ff.; BGHZ 33, 249 ff.

644 BGHZ 16, 265 ff.

645 Die Schutzpflicht nach § 618 Abs. 1 BGB konkretisiert jedoch nur solche Regelungen, die einen Schutz vor konkreten Gefahren für Leben und Gesundheit bezwecken. Regelungen, die ausschließlich der Humanisierung der Arbeitsgestaltung dienen, entfalten hingegen keine privatrechtliche Wirkung, *Oetker* in Staudinger, § 618 Rn. 145.

646 Siehe dazu schon oben § 3E.I.2.a)(b).

647 Siehe zu diesem von den arbeitnehmerähnlichen Personen etwas unterschiedlichen Perso-

b) *Arbeitsschutzgesetz*

Den weitest reichenden öffentlich-rechtlichen Arbeitsschutz und damit die Möglichkeit der Präzisierung des § 618 BGB gewährt das Arbeitsschutzgesetz (ArbSchG). Das ArbSchG regelt die einzelnen Vorgaben für den Arbeitgeber und die §§ 241 Abs. 2, 618 Abs. 1 BGB transformieren dessen Vorgaben in das Privatrecht. Neben dem Arbeitsschutzgesetz und den dazu gehörigen Verordnungen dienen auch die berufsgenossenschaftlichen Regelungen in Form der Unfallverhütungsvorschriften[648] der Konkretisierung des § 618 BGB.

Das Arbeitsschutzgesetz legt in § 2 Abs. 1 einen weiten Begriff des Arbeitsschutzes zugrunde. Hierzu zählen nicht nur Maßnahmen der Verhütung von Arbeitsunfällen und arbeitsbedingten Gesundheitsgefahren, sondern zugleich auch Maßnahmen der menschengerechten Gestaltung der Arbeit. Die genaue Konkretisierung der Pflichten erfolgt gemäß §§ 18, 19 ArbSchG durch Rechtsverordnungen[649].

Nach § 1 Abs. 1 ArbSchG ist der Anwendungsbereich des ArbSchG grundsätzlich für alle Beschäftigten in allen Tätigkeitsbereichen eröffnet. Als Beschäftigte gelten dabei nach § 2 Abs. 2 Nr. 3 ArbSchG auch arbeitnehmerähnliche Personen im Sinne des § 5 Abs. 1 ArbGG, ausgenommen die in Heimarbeit Beschäftigten und die ihnen Gleichgestellten[650]. Der persönliche Anwendungsbereich der konkretisierenden Rechtsverordnungen entspricht dem des ArbSchG, sofern sie keine eigenen Regelungen enthalten[651].

Die Arbeitsschutzvorschriften müssen im Hinblick auf die gegenüber den Arbeitnehmern unterschiedlichen Arbeitszeiten und Arbeitsorten bei den arbeitnehmerähnlichen Personen jedoch modifiziert werden. So hat der Arbeitgeber nach § 4 Nr. 1 und Nr. 2 ArbSchG zwar die Arbeit so zu gestalten, dass eine Gefährdung für Leben und Gesundheit möglichst vermieden werden kann und dafür die Quelle der Gefahr zu bekämpfen. Der Auftraggeber kann indessen nicht für Gefahren einstehen, die sich außerhalb seines Betriebes, zum Beispiel bei einer Tätigkeit im privaten Arbeitszimmer der arbeitnehmerähnlichen Person, ereignen können. Der Auftraggeber ist vielmehr nur insoweit für die Arbeits-

---

nenkreis oben § 3D.II.1.

648 Daneben gibt es eine Vielzahl von Gesetzen mit unterschiedlicher Schutzrichtung, siehe dazu *Kittner/Pieper*, Einleitung Rn. 60.

649 Die Verordnungen setzen die europäischen Richtlinien und die Arbeitsschutzrahmenrichtlinie eins zu eins um, dazu *Wank*, EAS, B 6000 Rn. 20.

650 Deren Schutz wird in §§ 12 ff. HAG gesondert geregelt. Darin wird anders als im ArbSchG die persönliche Selbständigkeit der Heimarbeiter berücksichtigt, ihnen kommen aber nicht mehr Rechte zugute als den übrigen arbeitnehmerähnlichen Personen.

651 Im Medienbereich ist hier zum Beispiel § 1 BildscharbV relevant, der auch die arbeitnehmerähnlichen Personen mit einbezieht, dazu *Wank*, Technischer Arbeitsschutz, § 1 BildscharbV Rn. 1.

stätte des Arbeitnehmerähnlichen verantwortlich, als diese ihre Tätigkeit in bestehenden Räumlichkeiten seines Betriebes ausübt; es muss ein Organisationsbezug [652]. Auch für die Arbeitsmittel ist der Auftraggeber nur verantwortlich, wenn er sie selbst zur Verfügung stellt, nicht jedoch, wenn die arbeitnehmerähnliche Person sie selbst beschafft hat[653]. Ausnahmen sind jedoch denkbar, wenn ansonsten die Risiken in zu großem Umfang auf den Beschäftigten abgewälzt werden[654].

Diese Überprüfung unter Berücksichtigung der Arbeitsumstände der arbeitnehmerähnlichen Person muss für jede Norm des ArbSchG erfolgen, um zu ermitteln, ob bzw. mit welchen Modifikationen sie im jeweiligen Tätigkeitsbereich eines Arbeitnehmerähnlichen anwendbar ist. Hierbei sind Sinn und Zweck der Vorschrift, die Schutzbedürftigkeit des Arbeitnehmerähnlichen sowie die rechtliche und tatsächliche Möglichkeit der Einflussnahme seitens des Auftraggebers zu berücksichtigen[655].

c) *Arbeitsschutz durch Unfallverhütungsvorschriften*

Neben dem ArbSchG und dieses ergänzend[656] sind als öffentlich-rechtliche Vorschriften die Unfallverhütungsvorschriften (UVV) der Berufsgenossenschaften zu nennen. Zu den Aufgaben der Unfallversicherung gehört nicht nur die Entschädigung der Unfallfolgen, sondern gemäß § 1 SGB VII insbesondere auch die Unfallverhütung. Daher sind die Berufsgenossenschaften nach § 15 SGB VII ermächtigt, mit der Genehmigung des Bundesministers für Wirtschaft und Arbeit UVV zu erlassen. Zu klären ist, ob im Verhältnis der arbeitnehmerähnlichen Person zu dem Auftraggeber die UVV anwendbar sind. Da die UVV im Rahmen der Unfallprävention als autonomes Satzungsrecht nur der Konkretisierung der sozialrechtlichen Vorschriften des SGB VII dienen, müsste dieses Gesetz auf arbeitnehmerähnliche Personen Anwendung finden. Die arbeitnehmerähnliche Person ist von Gesetz wegen versicherte Beschäftigte im Sinne des § 2 Abs. 2, Abs. 1 Nr. 1 SGB VII, wenn sie wie ein Beschäftigter tätig wird[657]. Dies ist immer dann der Fall, wenn sie auf dienstvertraglicher Basis beschäftigt ist.[658]. Personen, die auf der Basis eines Werkvertrages, eines entgeltlichen Geschäftsbesorgungsvertrages, eines Auftrags mit Werkvertragscharakter oder eines

---

652 *Kollmer*, § 2 Rn. 84.
653 So *Kollmer/Vogl*, S. 19.
654 *Kollmer/Vogl*, S. 19.
655 *Kollmer/Vogl*, S. 19, 20.
656 Dazu *Kittner/Pieper*, § 1 Rn. 2.
657 Siehe dazu schon oben § 3B.
658 Auch dann, wenn die arbeitnehmerähnliche Person selbst Arbeitnehmer beschäftigt, ist sie diesen gegenüber an die UVV gebunden und muss Versicherungsbeiträge zahlen. Sie ist in diesem Verhältnis selbst als Unternehmer nach § 136 Abs. 3 SGB VII tätig, dazu insgesamt *Ricke* in Kasseler Handbuch, § 15 SGB VII Rn. 3.

Mietvertrages mit untergeordneter Werkleistung tätig werden sind keine Beschäftigte im Sinne des Sozialrechts[659]. Grund dieser Differenzierung ist, dass eine dienstvertragliche Tätigkeit einer Beschäftigung als Arbeitnehmer ähnlich ist im Sinne des § 2 Abs. 2 SGB VII, eine Beschäftigung auf werkvertraglicher oder werkvertragsähnlicher Grundlage jedoch unternehmerähnlich ist.

Diese Erwerbstätigen kommen somit auch nicht in den Genuss der UVV, da sie nicht wie ein Beschäftigter im Sinne der § 2 Abs. 2, Abs. 1 Nr. 1 SGB VII tätig werden und somit nicht in den Genuss der diese Normen konkretisierenden UVV kommen. Den auf Basis eines Werkvertrages Tätigen kommt jedoch ein zumindest faktischer Schutz durch die UVV zu. Da der Auftraggeber Unternehmer im Sinne des § 136 Abs. 3 SGB VII ist, ist er zur Einhaltung der UVV verpflichtet. Dies gilt gleichermaßen gegenüber den auf dienstvertraglicher Basis tätigen wie gegenüber den auf werkvertraglicher Basis tätigen arbeitnehmerähnlichen Personen.

d) *Möglichkeit des Abbedingens oder Umgehens der Arbeitschutzvorschriften*

Die öffentlich-rechtlichen und verbandsrechtlichen Arbeitsschutzpflichten sind zwingend, jeder Verstoß durch eine vertragliche Vereinbarung führt nach §§ 134, 139 BGB zur Nichtigkeit. Der Auftraggeber kann die Arbeitsschutzpflichten weder abbedingen noch deren Geltendmachung durch die arbeitnehmerähnliche Person mit einer Vertragsstrafe belegen[660]. Dem steht es gleich, wenn der Auftraggeber dem Beschäftigten einzelne Arbeitsschutzmaßnahmen auf dessen Kosten überträgt oder ihn an den Kosten der Arbeitsschutzmaßnahmen beteiligt[661].

Die zivilrechtlichen Schutzpflichten nach § 241 Abs. 2 BGB sind hingegen dispositiv. Nur die dienstvertragliche Regelung nach § 618 BGB ist gemäß § 619 BGB zwingend. § 619 BGB richtet sich aber nur gegen die Abbedingung des § 618 Abs. 1 BGB, bevor ein Schaden eintritt. Ist der Schaden eingetreten, kann der Erwerbstätige seine Ansprüche abbedingen, da er die Schadenshöhe und dessen Ursache kennt. Da § 618 Abs. 1 BGB auch auf arbeitnehmerähnliche Personen anwendbar ist, erfasst die unabdingbare Wirkung des § 619 BGB neben allen Dienstverhältnissen auch die von § 618 BGB erfassten Werkverträge[662]. Dies gilt allerdings nur, soweit es um den Schutz der Bediensteten des

[659] Siehe dazu schon ausführlich oben § 3B.
[660] *Oetker* in Staudinger, § 619 Rn. 17.
[661] *Oetker* in Staudinger, § 619 Rn. 18; *Hanau* in Erman, § 619 Rn. 1; Ausnahmen werden nur bei einer Vereinbarung einer angemessenen Beteiligung wegen der privaten Nutzung von Arbeitsmitteln oder Arbeitsschutzkleidung zugelassen, dazu *Hanau* in Erman, § 619 Rn. 1.
[662] So BGHZ 16, 265 (273); *Belling* in Erman, § 619 Rn. 3; *Bauschke* in AR-Blattei SD, Arbeitnehmerähnliche Person, Rn. 103; kritisch *Oetker* in Staudinger, § 619 Rn. 6; bei den

Werkunternehmers geht[663]. Nicht zwingend sind dagegen die Fürsorgepflichten gegenüber dem Werkunternehmer[664]. Diese selektive Analogie rechtfertigt sich daraus, dass die Werkunternehmer grundsätzlich in der Lage sind, ihre Interessen bei der Vertragsgestaltung selbst wahrzunehmen[665].

e) *Rechtsfolgen von Verstößen gegen die technischen Arbeitsschutzvorschriften*

Bei Verstoß gegen technische Arbeitsschutzvorschriften hat die arbeitnehmerähnliche Person einen Schadensersatzanspruch aus § 280 BGB, sofern der Auftraggeber eine zivilrechtliche Arbeitsschutzpflicht verletzt hat. Bei schweren Verstößen steht ihnen auch das Recht einer außerordentlichen Kündigung zu[666]. Liegt der Verstoß noch nicht vor, ist aber die Gefahr eines solchen und der dadurch drohenden Gesundheitsverletzung gegeben, besteht daneben ein Leistungsverweigerungsrecht aus §§ 275 Abs. 3, 242 BGB. Darüber hinaus hat die arbeitnehmerähnliche Person auch einen Anspruch auf vertragsgemäße und somit auf eine dem Arbeitsschutz entsprechende Beschäftigung. Dieser auf die Arbeitsschutzvorschriften gerichtete Erfüllungsanspruch wurde für das Arbeitsrecht auf der Grundlage des Beschäftigungsanspruchs entwickelt[667]. Da dieser gleichermaßen für die arbeitnehmerähnliche Person gilt[668], ist der modifizierte Anspruch auf vertragsgemäße Beschäftigung ebenso auf arbeitnehmerähnliche Erwerbstätige anwendbar.

4. Personenbezogener Arbeitsschutz

Neben dem technischen ist für den Erwerbstätigen auch der personenbezogene Arbeitsschutz relevant. Unter dem personenbezogenen Datenschutz ist der Persönlichkeitsschutz des einzelnen Erwerbstätigen erfasst. Dieser fußt grundsätzlich auf § 241 Abs. 2 BGB[669], er wird jedoch teilweise spezialgesetzlich konkretisiert. Wie beim technischen hat die arbeitnehmerähnliche Person auch beim

---

Selbständigen eine analoge Anwendung verneinend BGHZ 26, 365 (372); 56, 269 (274); *Oetker* in Staudinger, § 619 Rn. 6 f.

663 BGHZ 26, 372 ff.

664 BGHZ 56, 269 ff.

665 BGHZ 26, 274 ff.

666 Dieses ergibt sich im Dienstvertragsrecht aus § 626 BGB, im Werkvertragsrecht aus § 643 BGB und bei jedem anderen Dauerschuldverhältnis aus § 314 BGB.

667 BAG AP Nr. 23 zu § 618 BGB; statt vieler *Oetker* in Staudinger, § 618 Rn. 18, 248; *Hanau* in Erman, § 618 Rn. 21.

668 Siehe oben § 3E.V.1.

669 Der unabdingbare § 618 BGB beschränkt sich indessen auf den Schutz von Leben und Gesundheit.

personenbezogenen Arbeitsschutz einen Anspruch auf Erfüllung der Schutzpflicht, sofern ein Beschäftigungsanspruch gegen den Auftraggeber besteht[670].

Der Umfang und die Intensität der Schutzpflichten des Auftraggebers sind jedoch nicht so weit reichend wie die des Arbeitgebers, da Arbeitnehmerähnliche nicht in dem Herrschaft- und Organisationsbereich tätig sind wie Arbeitnehmer. Soweit sie jedoch aufgrund vertraglicher Vereinbarungen zumindest teilweise in dem Bereich des Auftraggebers tätig sind, kommen ihnen bestimmte Schutzrechte zugute. Die Rechte sind jedoch durch die Zumutbarkeit des Auftraggebers eingeschränkt. Insbesondere, wenn der Auftraggeber ein Fernsehunternehmen führt, begrenzt die Wertung des Art. 5 GG die Herleitung von Schutzpflichten zugunsten der arbeitnehmerähnlichen Personen.

Wie beim technischen, so existieren auch beim personenbezogenen Arbeitsschutz spezialgesetzliche Regelungen, die im Folgenden aufgezeigt werden.

a) *Beschäftigtenschutz*

Liegt eine sexuelle Belästigung im Sinne des § 3 Abs. 4 AGG[671] vor, kann der Erwerbstätige nach § 14 AGG seine Tätigkeit einstellen, wenn der Arbeitgeber keine oder offensichtlich ungeeignete Maßnahmen zur Unterbindung einer sexuellen Belästigung ergreift. Der Arbeitgeber ist nach § 12 AGG dazu verpflichtet, die erforderlichen Maßnahmen zum Schutz vor Benachteiligungen wegen eines in § 1 AGG genannten Grundes zu treffen. Daher hat er auch zum Schutz vor einer gemäß § 3 Abs. 4 AGG als Benachteiligung geltenden sexuellen Belästigung derartige Maßnahmen zu ergreifen. Der Erwerbstätige kann sich gemäß § 13 AGG bei einer zuständigen Stelle beschweren und Entschädigungsansprüche nach § 15 AGG geltend machen.

Das bis Inkrafttreten des AGG geltende BeschäftigtenschutzG a.F. hat den Schutz der Würde von Männern und Frauen durch die Verhinderung bzw. Sanktionierung sexueller Belästigungen am Arbeitsplatz zum Ziel. Nach § 1 Abs. 2 Nr. 1 BeschäftigtenschutzG a.F. werden arbeitnehmerähnliche Personen in den Schutzbereich des Gesetzes mit einbezogen. Dabei ist unter Arbeitsplatz bei arbeitnehmerähnlichen Personen nur der Herrschafts- und Organisationsbereich des Auftraggebers zu verstehen, da er nur in diesem Bereich auf die Geschehnisse einwirken kann. Eine sexuelle Belästigung ist nach § 2 Abs. 2 BeschäftigtenschutzG a.F. jedes vorsätzliche, sexuell bestimmte Verhalten am Arbeitsplatz, das die Würde des Betroffenen verletzt. Liegen diese Voraussetzungen

[670] Daneben bestehen bei einem Verstoß gegen die personenbezogenen Schutzpflichten auch Schadensersatzansprüche aus § 280 Abs. 1 BGB inklusive des Anspruchs auf Schmerzensgeld nach § 253 Abs. 2 BGB sowie ein Leistungsverweigerungsrecht nach § 275 Abs. 3 BGB.

[671] Zur Anwendbarkeit des AGG auf arbeitnehmerähnliche Personen siehe oben § 3D.III.1.

vor, haben der Arbeitgeber und der Dienstvorgesetzte nach § 2 Abs. 1 BeschäftigtenschutzG a.F. die Beschäftigten vor sexueller Belästigung zu schützen, auch in Form der vorbeugenden Maßnahme. Daneben besteht im Fall der sexuellen Belästigung nach § 3 BeschäftigtenschutzG a.F. ein Beschwerderecht bei der zuständigen Betriebsstelle/Dienststelle und nach § 4 BeschäftigtenschutzG a.F. ein Anspruch auf die Einleitung geeigneter Maßnahmen durch den Auftraggeber.

b) *Datenschutz*

Als weiterer Teilbereich des personenbezogenen Arbeitsschutzes kommt dem Datenschutz Bedeutung zu. Dieser wird zivilrechtlich aus § 241 Abs. 2 BGB hergeleitet und findet seine maßgebliche Konkretisierung in dem Bundesdatenschutzgesetz. Nach dem BDSG ist die Erhebung, Verarbeitung und Nutzung personenbezogener Daten grundsätzlich verboten. Eine Ausnahme besteht nur bei Einwilligung des Betroffenen oder wenn das Gesetz die Erlaubnis ausdrücklich einräumt. Diese Ausnahmen des generellen Verbots sind für die bei einem privaten Auftraggeber Tätigen in den §§ 27 ff. BDSG geregelt, für die bei öffentlich-rechtlichen Auftraggebern beschäftigten Erwerbstätigen in den §§ 12 ff. BDSG. Jedoch normiert § 12 Abs. 2 Nr. 1 BDSG, dass dieser Abschnitt nicht für öffentlich-rechtliche Unternehmen gilt, die am Wettbewerb teilnehmen. Folglich sind die §§ 12 bis 16, 19 bis 20 BDSG nicht auf öffentlich-rechtliche Fernsehunternehmen anwendbar. Allerdings existieren anstatt dieser Bereichsausnahmen die nach § 12 Abs. 2 Nr. 2 BDSG möglichen Sonderregelungen der Länder[672]. Diese enthalten auch für am Wettbewerb teilnehmende Unternehmen die Erlaubnis, personenbezogene Daten zu verarbeiten, soweit dies zur Begründung,

---

[672] So gibt es in Rheinland-Pfalz zugunsten der öffentlich Stellen die Regelung des § 31 LDSchG:

(1) Die öffentlichen Stellen dürfen personenbezogene Daten von Beschäftigten nur verarbeiten, soweit dies zur Begründung, Durchführung, Beendigung oder Abwicklung des Dienst- oder Arbeitsverhältnisses oder zur Durchführung organisatorischer, personeller und sozialer Maßnahmen erforderlich ist oder eine Rechtsvorschrift dies erlaubt.

(2) Die Übermittlung personenbezogener Daten von Beschäftigten an andere als öffentliche Stellen ist nur zulässig, soweit

1. eine Rechtsvorschrift dies vorsieht oder zwingend voraussetzt,
2. die Betroffenen eingewilligt haben,
3. dies aus dienstlichen Gründen geboten ist,
4. dies zur Abwehr erheblicher Nachteile für das Gemeinwohl oder Rechte Dritter erforderlich ist oder
5. die empfangende Stelle ein rechtliches Interesse darlegt und überwiegende schutzwürdige Interessen der Betroffenen nicht entgegenstehen.

(3) Im Zusammenhang mit der Begründung von Dienst- oder Arbeitsverhältnissen ist die Erhebung personenbezogener Daten von Beschäftigten bei der bisherigen Beschäftigungsstelle nur zulässig, wenn die Betroffenen eingewilligt haben. S. 1 gilt entsprechend für die Übermittlung personenbezogener Daten an zukünftige Beschäftigungsstellen.

Durchführung, Beendigung oder Abwicklung des Dienst- oder Arbeitsverhältnisses [...] erforderlich ist.

Bei privaten Auftraggebern sind personenbezogene Daten anders als bei öffentlich-rechtlichen Auftraggebern nach § 27 Abs. 1 und 2 BDSG nur geschützt, soweit sie in automatisierten Dateien enthalten sind. Die Legaldefinition der automatisierten Dateien findet sich in § 3 Abs. 2 S. 1 BDSG. Eine Strukturierung der Datensammlung ist dabei aber nicht erforderlich. Es reicht aus, wenn technisch eine Auswertungsmöglichkeit besteht. Nicht-automatisierte Dateien wie herkömmliche Karteien werden erfasst, wenn sie gleichartig aufgebaut sind[673]. Diese Voraussetzungen sind in der Regel bei alphabetisch geordneten Karteikarten erfüllt, nicht hingegen bei herkömmlich manuell geführten Personalakten oder Listen mit fortlaufend aufgeführten Daten[674]. Die demnach erlaubte Erhebung, das Speichern, das Verändern oder die Übermittlung nicht-automatisierter Daten dürfen jedoch auch nur unter den Voraussetzungen des § 28 BDSG erfolgen. Der Hauptanwendungsfall ist dabei die erlaubte Vornahme dieser Handlungen nach § 28 Abs. 1 Nr. 1 BDSG, d.h. wenn es der Zweckbestimmung eines Vertragsverhältnisses mit dem Betroffenen dient.

Für die Geschäftsunterlagen, die das Schuldverhältnis betreffen und dokumentieren, enthält das BDSG keine Regelungen. Diese ergeben sich vielmehr aus dem allgemeinen Zivilrecht nach § 241 Abs. 2 BGB. Der Auftraggeber hat prinzipiell ein Interesse daran, diese Daten mit einem spezifischen Bezug zu dem Schuldverhältnis zu sammeln[675] und zu verwahren. Bei tätigkeitsbezogenen Verträgen kann dies meist zu einer Sammlung aller Daten führen, die das Vertragsverhältnis dokumentieren. Bei Werkverträgen hat der Auftraggeber daran regelmäßig kein berechtigtes Interesse, da die Herbeiführung des Werkes im Risikobereich des Werkunternehmers liegt. Nur bei etwaigen Vorgaben des Werkbestellers in Bezug auf die Art der Erstellung des Werkes kann er zur Überwachung der Einhaltung dieser Vorgaben ein berechtigtes Interesse an der Sammlung diesbezüglicher Daten haben.

5. Arbeitzeitrechtlicher Arbeitsschutz

Zum personenbezogenen Arbeitsschutz eines Arbeitnehmers gehört auch der arbeitszeitrechtliche Arbeitsschutz. Zwar handelt die arbeitnehmerähnliche Person eigenverantwortlich und kann ihre Arbeitszeit prinzipiell selbst bestimmen. Aufgrund des finanziellen Drucks und der Möglichkeit der indirekten Einflussnahme des Auftraggebers auf die Arbeitszeit des Erwerbstätigen kann eine Schutzbedürftigkeit der arbeitnehmerähnlichen Person aber nicht geleugnet

673 *Wank* in ErfK, § 27 BDSG Rn. 3.
674 So für das Arbeitsrecht *Blomeyer* in MünchArbR, § 99 Rn. 15.
675 So für das Arbeitsrecht *Blomeyer* in MünchArbR, § 98 Rn. 8.

werden[676]. Daher kann aus der mangelnden Anwendbarkeit des ArbZG auf arbeitnehmerähnliche Personen[677] keine völlige Schutzlosigkeit in Bezug auf die Arbeitszeiten resultieren. Der Anspruch auf eine dem Gesundheitsschutz nicht zuwider laufende Gestaltung der Arbeitszeit ergibt sich für arbeitnehmerähnliche Personen aus §§ 241 Abs. 2, 618 Abs. 1 BGB[678]. § 618 Abs. 1 BGB bezieht sich dabei jedoch nur auf die einseitige Leistungsbestimmung nach Vertragsschluss, die vertraglichen Vereinbarungen über die Leistungszeit und deren Lage erfasst die Norm nicht.

Wann die Arbeitszeit einer arbeitnehmerähnlichen Person ihre Gesundheit gefährdet bzw. sie überfordert ist, lässt sich aufgrund ihrer persönlichen Selbständigkeit schwer bestimmen. Betrachtet man die zu bewältigende Leistungsmenge im Verhältnis zu der vereinbarten Leistungszeit, so lässt sich jedoch ein messbarer Wert bestimmen. Als Obergrenze der gesundheitlich zu verkraftenden Arbeitsmenge können dabei die Vorgaben des ArbZG dienen[679]. Die Höchstarbeitszeit am Tag orientiert sich demnach an § 3 ArbZG, die wöchentliche Arbeitszeit an §§ 9, 10 ArbZG. Dadurch gleicht sich der Schutz der arbeitnehmerähnlichen Person dem der Arbeitnehmer nach dem ArbZG an. Dies widerspricht zwar grundsätzlich der Tatsache, dass das ArbZG keine Anwendung auf arbeitnehmerähnliche Erwerbstätige findet und auch eine analoge Anwendung des ArbZG abzulehnen ist[680]. Dem ArbZG liegt aber die Wertung zugrunde, dass der gesundheitliche Schutz des Erwerbstätigen zu berücksichtigen und zu gewährleisten ist. Diese grundsätzliche Wertung muss auch der zivilrechtlichen allgemeinen Schutzvorschrift des § 618 BGB zugrunde liegen, so dass sich aufgrund desselben Wertungshintergrundes auch ein gleicher Schutz ergibt.

6. Pflicht zur Gewährung von Erholungsurlaub

Der personenbezogene Arbeitsschutz umfasst auch die jedem Erwerbstätigen wichtige Pflicht des Arbeitgebers, Erholungsurlaub zu gewähren. Zu den Arbeitnehmern im Sinne des BUrlG zählen nach § 2 S. 2 BUrlG auch arbeitnehmerähnliche Personen. Daher ist eine entsprechende Anwendung der Normen des BUrlG auf arbeitnehmerähnliche Personen vorzunehmen. Die praktische Anwendung der Vorschriften des BUrlG ist jedoch nicht in allen Fällen unproblematisch, weil sie teilweise nur schwer mit den Besonderheiten der persönlich selbständigen Personen in Einklang zu bringen sind.

---

676 Kritisch *Hromadka* in FS Söllner, S. 461 (477).
677 Siehe dazu schon oben § 3E.I.1.c).
678 § 618 BGB findet auch zugunsten der auf Werkvertragsbasis tätigen Beschäftigten Anwendung; siehe dazu oben § 3E.V.3.a).
679 So im Ergebnis auch *Maus*, RdA 1968, 367 (374).
680 Siehe dazu oben § 3E.I.1.c).

a) *Wartezeit nach § 4 BUrlG*

Bei der Prüfung des Entstehens eines Urlaubsanspruchs ist zunächst nach § 4 BUrlG eine sechsmonatige Wartezeit zu erfüllen. Der Arbeitnehmer hat erst nach dieser Wartezeit seinen vollen Urlaubsanspruch erstmalig erworben. Liegt eine kontinuierliche Beschäftigung der arbeitnehmerähnlichen Person vor, so lässt sich die Wartezeit unproblematisch entsprechend der Berechnung bei den Arbeitnehmern vornehmen. Der Urlaubsanspruch der arbeitnehmerähnlichen Personen hat - ausgenommen im Bereich der Heimarbeit - den gleichen Inhalt und die gleichen rechtlichen Voraussetzungen wie der Urlaubsanspruch der Arbeitnehmer[681]. Unproblematisch ist der Fall, wenn die Parteien einen Rahmenvertrag abgeschlossen haben: um die Wartezeit nach § 4 BUrlG zu erfüllen, muss der Rahmenvertrag sechs Monate bestehen. Wird ein Erwerbstätiger zunächst in einem arbeitnehmerähnlichen Beschäftigungsverhältnis tätig, werden die in diesem Vertragsverhältnis erworbenen Wartezeiten auf eine spätere Wartezeit im Arbeitsverhältnis angerechnet. Gleiches gilt natürlich, wenn zunächst Tätigkeiten im Arbeitsverhältnis und sodann in einem arbeitnehmerähnlichen Vertragsverhältnis ausgeübt werden[682]. Ob der Erwerbstätige tatsächlich arbeitete, ist nicht maßgeblich. Es ist für den Urlaubsanspruch ausreichend, wenn während der Wartefrist das Vertragsverhältnis rechtlich bestand, unabhängig davon, ob der Erwerbstätige während des Laufs der Wartezeit die ihm obliegende Beschäftigung tatsächlich ausgeübt hat[683]. Sogar das Ruhen des Arbeitsverhältnisses schadet dem Ablauf der Wartzeit nicht[684]. Entscheidend ist der rechtliche Bestand des Vertragsverhältnisses[685]. Sowohl die Wartezeit als auch der einzelne Beschäftigungsmonat dürfen grundsätzlich rechtlich nicht unterbrochen werden. Andernfalls beginnt im Fall der Aufnahme der früheren Beschäftigung erneut der Lauf der Wartezeit.

Wird die arbeitnehmerähnliche Person aufgrund einzelner Aufträge tätig, muss zunächst durch Auslegung ermittelt werden, ob die Parteien bei Vertragsbegründung ein Dauerschuldverhältnis begründen wollten, das dann den Rahmen für die Erledigung der Einzelaufträge bildet oder ein befristetes Vertragsverhältnis im Sinne des § 620 BGB vereinbaren wollten. Entscheidend sind dabei die zwischen den Parteien gewechselten Erklärungen[686]. Sowohl bei schriftlichen als auch bei mündlichen Befristungen muss dem Vertragspartner unmissverständlich deutlich gemacht werden, dass keine auf Dauer angelegte Rechtsbeziehung

---

[681] BAGE 22, 85.

[682] *Neumann/Fenski*, § 4 Rn. 25.

[683] So explizit für Arbeitnehmer der schriftliche Bericht des Ausschusses für Arbeit BT-Drs. IV/785 zu § 4 BUrlG.

[684] *Neumann/Fenski*, § 12 Rn. 38; *Leinemann/Linck*, § 4 Rn. 12; a.A. *Natzel*, § 4 Rn. 11, nach dem § 205 BGB gilt.

[685] Siehe statt vieler *Neumann/Fenski*, § 4 Rn. 31 m.w.N.

[686] BAG 15.11.2005 – 9 AZR 626/04 – n.v., siehe **juris**.

begründet werden soll, innerhalb derer die Dienste erbracht werden sollen, sondern ausschließlich in sich abgeschlossene Einzelaufträge[687]. Hat sich ein Redakteur mit dem Sender dahingehend verständigt, dass er ab einem bestimmten Zeitpunkt nach Absprache mit dem Sender tätig wird und entsprechend den Absprachen im Einzelnen Aufträge erledigt, ist bei fehlender anderweitiger Absprache von einem unbefristeten Dienstverhältnis auszugehen. Weder eine Befristung auf den einzelnen Einsatz noch auf einen Monat oder einen anderen Zeitraum ist in einem solchen Fall ersichtlich. Vereinbaren die Parteien hingegen, dass eine Zusammenschau der einzelnen Arbeitseinsätze ausgeschlossen ist, ist von jeweils in sich abgeschlossenen Vertragsverhältnissen auszugehen[688].

Ob diese einzelnen Vertragsverhältnisse dennoch für die Berechnung der Wartezeit des § 4 BUrlG zusammengefasst werden können, ist in der Literatur umstritten. Nach einer Ansicht in der Literatur bilden wiederholte einzelne Vertragsverhältnisse als laufende Geschäftsbeziehung nach § 311 Abs. 2 Nr. 3 BGB ein einheitliches Schuldverhältnis[689]. Es sei daher bei der arbeitnehmerähnlichen Person auf den Bestand der Geschäftsbeziehung abzustellen[690]. Reihen sich folglich verschiedene Aufträge aneinander, so muss die erste Beauftragung sechs Monate zurückliegen[691]. Die Geschäftsbeziehung ist jedoch kein rechtliches Vertragsverhältnis im Sinne des § 4 BUrlG. Vielmehr wird durch die von dem Gesetzgeber gewählte Formulierung in § 311 Abs. 2 Einleitungssatz deutlich, dass es sich nicht um ein rechtsgeschäftlich begründetes, sondern um ein gesetzliches Schuldverhältnis handelt. Gesetzliche Schuldverhältnisse sind jedoch keine relevante Grundlage der auf Vertragsverhältnisse zugeschnittenen Regelung der Wartezeit.

Eine andere Ansicht hält es bei mehreren rechtlich unterbrochenen Vertragsverhältnissen für maßgeblich, wie lange die Unterbrechung andauerte[692]. Kurzfristige Unterbrechungen seien ohne Bedeutung. Eine solche dürfe nach *Neumann/Fenski* immer dann, aber nicht nur dann vorliegen, wenn eine verhältnismäßig nicht erhebliche Zeit im Sinne des § 616 BGB[693] vorliegt[694]. Für die Beurteilung der Frage, ob die Unterbrechung kurzfristig sei, könne nur auf das

---

687 BAG 15.11.2005 – 9 AZR 626/04 – n.v., siehe **juris**.

688 So zu sog. „Ein-Tages-Arbeitsverhältnissen" BAG AP Nr. 2 zu § 4 TzBfG und BAGE 106, 79; in beiden Fällen hatten die Arbeitsvertragsparteien jedoch jeweils vertragliche Absprachen getroffen, die eine Zusammenschau der einzelnen Arbeitseinsätze ausschlossen.

689 *Schubert*, S. 389.

690 So im Ergebnis auch *Neuvians*, S. 90; *Schubert*, S. 389; *Hase/Lembke*, 1095 (1100); *Hohmeister*, § 4 Rn. 9.

691 So im Ergebnis auch *Neuvians*, S. 90; *Schubert*, S. 389.

692 So für Arbeitsverhältnisse *Neumann/Fenski*, § 4 Rn. 43 ff.; *Hohmeister*, § 4 Rn. 13; *Schaub/Koch/Linck*, § 102 Rn. 17.

693 Siehe dazu oben § 3E.II.2.c)(d).

694 Hierzu und zu den Beispielen im Folgenden siehe *Neumann/Fenski*, § 4 Rn. 43 ff.

Verhältnis zwischen der Dauer der Unterbrechung und der Dauer des Arbeitsverhältnisses abgestellt werden. Auch müsse berücksichtigt werden, ob die kurzfristige Unterbrechung vom Arbeitgeber oder vom Arbeitnehmer herbeigeführt wurde. Maßgeblich sei insoweit, wer vertragsbrüchig wurde. Konkret könne im Einzelfall auch eine Zeit, die über die sechswöchige Frist des § 3 EFZG hinausgeht, als kurzfristig angesehen werden. Es sei auch nicht möglich, eine Abgrenzung nach oben bis zum Höchstbetrag eines Jahres anzunehmen. Die Motivation für eine derartige Auslegung liegt gerade bei arbeitnehmerähnlichen Personen auf der Hand. Sie sind durch weniger arbeitsrechtliche Schranken geschützt als Arbeitnehmer, die z.B. in den Genuss des TzBfG kommen. Die rechtliche Ausgestaltung des Vertragsverhältnisses wird von dem Auftraggeber angeboten und aufgrund der wirtschaftlichen Abhängigkeit bleiben oft wenige Möglichkeiten, Angebote abzulehnen. Auf diese Weise kann der Auftraggeber die Erfüllung der Wartezeit steuern. Auch kann er durch eine Kündigung des Vertragsverhältnisses, die nicht der Überprüfung nach dem KSchG unterliegt[695], vor Erreichen der Wartezeit deren Erfüllung verhindern, um kurze Zeit später ein neues Vertragsangebot zu unterbreiten. Mag der Hintergrund, kurze Unterbrechungen unberücksichtigt zu lassen, daher auch nachvollziehbar sein, so findet sich für eine derartige Auslegung des § 4 BUrlG im Gesetz jedoch kein Anhaltspunkt[696]. Das offensichtlichste Problem an einer derartigen Auslegung, ist die damit einhergehende Rechtsunsicherheit[697]. Durch die ungeschriebenen Rechtsbegriffe wie „kurze Unterbrechung, längere Unterbrechung, Verhältnis von Wartezeit zu geplanter Dauer des Vertragsverhältnisses" sind einheitliche Beurteilungen nicht möglich. Auch die von der Literatur angeführten Beispiele stellen kein einheitliches Bild dar, dem eine praktikable Struktur zugrunde liegt[698].

Es kann daher nur bei dem folgenden Grundsatz bleiben: vereinbarten die Parteien explizit ein befristetes Dienstverhältnis, einen Werkvertrag oder Auftrag, beurteilt sich die Wartezeit nach dem rechtlichen Bestand des einzelnen Vertragsverhältnisses auch dann, wenn mehrere Vertragsverhältnisse aufeinander folgen. Dies gilt selbst dann, wenn die Unterbrechung sehr kurz war und vom Arbeitgeber bzw. Auftraggeber veranlasst war[699]. Zeiten mehrerer jeweils befristeter Arbeitsverträge werden nicht zusammengerechnet. Arbeitnehmer, die nur tageweise beschäftigt werden, erwerben den Urlaubsanspruch nur dann, wenn die tageweise Beschäftigung im Rahmen eines Dauerarbeitsverhältnisses erfolgt[700]. Die Parteien sind jedoch darin frei, eine derartige Anrechnung früherer

695 Siehe dazu noch ausführlich unten § 3F.I.3.

696 *Dörner* in ErfK, § 4 Rn. 10 weist jedoch darauf hin, dass dieses Thema in den Ausschussberatungen sehr wohl ein Thema war.

697 So auch *Leinemann/Linck*, § 4 Rn. 14; *Dörner* in ErfK, § 4 Rn. 10; *Schütz/Hauck*, Rn. 189.

698 Siehe die Beispiele bei *Neumann/Fenski*, § 4 Rn. 43 bis 52.

699 *Friese*, Rn. 59 f.; *Leinemann/Linck*, § 4 Rn. 13 und 14; *Leinemann* in MünchArbR, § 89 Rn. 41; *Dörner* in ErfK, § 4 Rn. 10.

700 BAG AP Nr. 2 zu § 4 TzBfG.

Vertragsverhältnisse individualrechtlich zu vereinbaren. Eine derartige Einigung kann ausdrücklich oder konkludent erfolgen. Im Zweifel ist bei einer entsprechenden Vereinbarung jedoch nicht davon auszugehen, dass auch die Zwischenzeit, in der das Vertragsverhältnis nicht bestand, in die Wartezeit einbezogen wird[701].

b) *Urlaubsdauer und Urlaubsgewährung nach § 7 BUrlG*

Hat der Erwerbstätige einen Urlaubsanspruch, beträgt dieser nach § 3 Abs. 1 BUrlG mindestens 24 Werktage im Jahr. Diese Norm ist unproblematisch auch auf arbeitnehmerähnliche Personen anwendbar. Bei der Gewährung des Urlaubs hat der Arbeitgeber nach § 7 Abs. 1 BUrlG die Urlaubswünsche des Arbeitnehmers vorrangig zu berücksichtigen. Ein Selbstbeurlaubungsrecht des Arbeitnehmers besteht nach dem Wortlaut des § 7 Abs. 1 BUrlG nicht. Da die arbeitnehmerähnliche Person mangels persönlicher Abhängigkeit gegenüber dem Auftraggeber keinem Direktionsrecht unterliegt, könnte man daraus folgern, dass sie grundsätzlich den Urlaubszeitpunkt selbst bestimmen kann[702]. Dafür spricht, dass die arbeitnehmerähnliche Person gar nicht dazu verpflichtet ist, Aufträge entgegenzunehmen. Auch § 87 Abs. 1 Nr. 5 BetrVG wird als Argument für ein Selbstbeurlaubungsrecht herangezogen. So leiten *Hase* und *Lembke* aus dieser Norm ab, dass die Mitbestimmung des Betriebsrates bei der zeitlichen Lage des Urlaubs für einzelne Arbeitnehmer aufgrund der Nichtanwendbarkeit dieser Norm für arbeitnehmerähnliche Personen für ein Selbstbeurlaubungsrecht spreche[703]. Daneben ziehen *Hase* und *Lembke* eine Ansicht der Literatur zu § 12 BUrlG heran, nach der die in Heimarbeit Beschäftigten und die ihnen Gleichgestellten ihre Urlaubszeit mangels persönlicher Abhängigkeit grundsätzlich selbst festlegen können[704]. Für eine Differenzierung innerhalb der Gruppe der arbeitnehmerähnlichen Personen sei nach Ansicht von *Hase* und *Lembke* kein Grund vorhanden, so dass auch den übrigen arbeitnehmerähnlichen Personen ein Selbstbeurlaubungsrecht zustünde[705].

Gegen das Argument des fehlenden Direktionsrechts des Auftraggebers spricht indessen, dass die Festlegung des Urlaubszeitpunktes nicht vom Direktionsrecht umfasst ist, sondern eine Nebenpflicht des Arbeitgebers darstellt. Durch das Direktionsrecht werden bestehende Pflichten des Arbeitnehmers lediglich konkretisiert. Bei der Urlaubsgewährung handelt es sich hingegen um eine Pflicht des Arbeitgebers, so dass dieses Argument schon systematisch verfehlt ist.

---

[701] *Leinemann/Linck*, § 4 BUrlG Rn. 15 m.w.N.
[702] So *Seidel*, BB 1970, 971 (974); *Hase/Lembke*, BB 1997, 1095 (1097 f.).
[703] *Hase/Lembke*, BB 1997, 1095 (1097).
[704] *Neumann/Fenski*, § 12 Rn. 13.
[705] *Hase/Lembke*, BB 1997, 1095 (1097).

Ebenso systematisch verfehlt ist die Heranziehung des § 87 Abs. 1 Nr. 5 BetrVG. Stellen *Hase* und *Lembke* bei diesem Vergleich mit den Mitbestimmungsrechten nach dem Betriebsverfassungsrecht darauf ab, dass diese Norm nicht auf arbeitnehmerähnliche Personen anwendbar ist, verkennen sie, dass das gesamte Betriebsverfassungsrecht auf arbeitnehmerähnlichen Personen keine Anwendung findet[706]. Warum aber aus der generellen Nichtanwendbarkeit der kollektiven Mitbestimmung im Umkehrschluss auf das individuelle Selbstbeurlaubungsrecht geschlossen werden kann, ist nicht nachvollziehbar. Eine derartige Argumentation wäre nur dann folgerichtig, wenn das BetrVG generell auf arbeitnehmerähnliche Personen anwendbar, § 87 Abs. 1 Nr. 5 BetrVG davon jedoch ausgenommen wäre.

Auch das Argument der entsprechenden Anwendung des Selbstbeurlaubungsrechts der Heimarbeiter und der ihnen Gleichgestellten vermag nicht zu überzeugen. Auch Heimarbeiter dürfen die zeitliche Lage ihres Urlaubs nicht selbst bestimmen. § 12 BUrlG nimmt § 7 Abs. 1 BUrlG nicht von der entsprechenden Anwendung aus und enthält in seiner numerischen Aufzählung auch keine Modifikation der Norm. Warum diese dann entgegen dem genauen Gesetzweswortlaut dahingehend ausgelegt wird, dass dem Heimarbeiter ein Selbstbeurlaubungsrecht zusteht[707], ist nicht verständlich.

Ebenso spricht die Tatsache, dass der Arbeitnehmerähnliche prinzipiell nicht verpflichtet ist, Aufträge anzunehmen, nicht für ein Selbstbeurlaubungsrecht[708]. Es muss gerade unterschieden werden zwischen dem Ablehnen der Aufträge mit der Folge der fehlenden Vergütung und dem Anspruch auf Urlaub mit der Folge des Anspruchs auf Urlaubsentgelt. Ist der Auftraggeber zur Zahlung des Urlaubsentgelts verpflichtet, muss er auch die zeitliche Lage zumindest mitbestimmen können[709]. Auch aus § 2 i.V.m. § 7 BUrlG ergibt sich, dass der Unternehmer den Zeitraum bestimmt, in dem er unter Fortzahlung des Entgelts von der Zuweisung von Arbeit absieht[710]. Dabei hat er jedoch dem Urlaubswunsch der arbeitnehmerähnlichen Person aufgrund ihrer persönlichen Selbständigkeit weitgehend zu entsprechen[711]. Da die arbeitnehmerähnliche Person aber auch wirtschaftlich abhängig ist, muss der Auftraggeber für eine nahtlose Beschäftigung vor und nach Beendigung des Urlaubs zu sorgen und etwaige größere Aufträge bis nach Beendigung des Urlaubs zurückzustellen[712]. Auf der anderen Seite hat auch die arbeitnehmerähnliche Person bei der Planung des Urlaubs als Nebenpflicht aus dem Auftragsverhältnis die Pflicht, die betrieblichen Belange des

---

706 Siehe dazu schon oben § 3C.I.

707 So *Neumann/Fenski*, § 12 Rn. 13.

708 So aber *Seidel*, BB 1970, 971 (974); *Schaub/Koch/Linck*, § 102 Rn. 137.

709 So im Ergebnis auch LAG Köln, Urt. v. 28.11.2005 – 2 Sa 238/05 – n.v., siehe **juris**.

710 Dies wird für Heimarbeiter durch § 12 BUrlG noch einmal besonders verdeutlicht.

711 So auch noch *Schaub/Linck*[10], § 102 Rn. 137.

712 So auch noch *Schaub/Linck*[10], § 102 Rn. 137.

Auftraggebers zu berücksichtigen[713]. Diese Pflicht geht inhaltlich jedoch nicht so weit wie die der Arbeitnehmer nach § 7 Abs. 1 BUrlG. Der Arbeitnehmer hat nämlich bei der Berücksichtigung auch die zeitliche Lage der Urlaubsansprüche anderer Arbeitnehmer auch zu beachten. Dies kann für die arbeitnehmerähnliche Person im Gegensatz jedoch nicht gelten, da diese zu anderen Arbeitnehmern des Betriebs keinerlei rechtliche Bindungen hat[714].

c) *Übertragung des Urlaubs und Urlaubsabgeltung nach § 7 Abs. 3 und 4 BUrlG*

Der Anspruch auf Erholungsurlaub ist gemäß § 7 Abs. 3 S. 1 BUrlG an das Urlaubsjahr gebunden, um sicherzustellen, dass sich der Beschäftigte regelmäßig erholt[715]. Gemäß § 7 Abs. 3 S. 2 und 3 BUrlG ist die Übertragung in die ersten drei Monate des nächsten Kalenderjahres nur aus dringenden betrieblichen oder persönlichen Gründen möglich. Diese Normen gelten auch für die arbeitnehmerähnlichen Personen, wobei die Übertragung des Urlaubs wegen der fehlenden betrieblichen Eingliederung nur aus persönlichen Gründen erfolgen kann. Doch auch diese privaten Gründe führen nicht häufig zu einer Übertragung des Urlaubs, da die arbeitnehmerähnliche Person aufgrund ihrer persönlichen Selbständigkeit die persönlichen Angelegenheiten meist einfacher mit der beruflichen Tätigkeit vereinbaren kann.

Eine Urlaubsabgeltung ist für Arbeitnehmer grundsätzlich nicht zulässig. Dies ergibt sich aus der zwingenden Vorschrift des § 13 BUrlG. Hiervon macht § 7 Abs. 4 BUrlG jedoch eine Ausnahme, wenn der Urlaub wegen der Beendigung des Arbeitsverhältnisses ganz oder teilweise nicht mehr gewährt werden kann. Dieser Anspruch auf Urlaubsabgeltung besteht grundsätzlich auch für arbeitnehmerähnliche Erwerbstätige[716]. Für die aufgrund von einzelnen Aufträgen tätige arbeitnehmerähnliche Person würde eine strikte Anwendung des § 7 Abs. 4 BUrlG bedeuten, dass sie ihren Urlaubsabgeltungsanspruch nach jedem einzelnen Auftrag erwirbt, da dies eine Beendigung des Auftrages darstellt und somit mit der Beendigung des Arbeitsverhältnisses i.S.d. § 7 Abs. 4 BUrlG gleichzusetzen ist. Auch an dieser Stelle muss jedoch entsprechend den Ausführungen zur Wartezeit nach § 4 BUrlG[717] wieder unterschieden werden. Die Urlaubsabgeltung ist ein Ersatz für die dem Erwerbstätigen zu gewährende Freizeit und steht der Freizeitgewährung während des Vertragsverhältnisses gleich. Ist eine Urlaubsgewährung aber noch möglich, da bereits bei Beendigung für beide Par-

---

[713] So auch *Hase/Lembke*, BB 1997, 1095 (1098), die aber ein Selbstbeurlaubungsrecht der arbeitnehmerähnlichen Person befürworten.
[714] *Seidel*, BB 1970, 971 (974).
[715] BAG AP Nr. 4 zu § 7 BUrlG.
[716] So nun auch explizit das Bundesarbeitsgericht, BAG Urt. v. 15.11.2005 – 9 AZR 626/04 – n.v., siehe **juris**.
[717] Siehe dazu gerade eben § 3E.V.6.a).

teien erkennbar ist, dass das Vertragsverhältnis fortgeführt wird, kann der eigentliche Zweck des Gesetzes, die regelmäßige Erholung des Erwerbstätigen, in diesem Vertragsverhältnis noch realisiert werden. Entscheidend ist daher, ob die Parteien das Vertragsverhältnis längerfristig angelegt haben. Dies ist der Fall, wenn ein Rahmenvertrag oder ein Dauerschuldverhältnis vereinbart wurde. Wird der Erwerbstätige auf der Grundlage eines Rahmenvertrages tätig, wird durch diesen das Ende der vertraglichen Beziehungen vorgegeben. Erst bei Beendigung des Rahmenvertrages wandelt sich der Urlaubsanspruch in einen Urlaubsabgeltungsanspruch um. Wird jedoch nach den tatsächlichen Umständen auch bei einem Rahmenvertrag deutlich, dass ihm ein neuer nachfolgt, so kann auch nach Ablauf des ersten Rahmenvertrages eine Anwendung des § 7 Abs. 4 BUrlG nicht erfolgen.

Fehlt eine explizite vertragliche Vereinbarung muss wie bei der Prüfung nach § 4 BUrlG durch Auslegung ermittelt werden, ob die Parteien bei Vertragsbegründung ein Dauerschuldverhältnis begründen wollten oder ein befristetes Vertragsverhältnis im Sinne des § 620 BGB vereinbaren wollten. Wenn die faktischen Umstände darauf schließen lassen, dass ein Dauerschuldverhältnis vereinbart wurde, ist eine Abgeltung nach dem sozialpolitischen Zweck des Bundesurlaubsgesetzes nicht möglich[718]. Dem Vertragspartner muss unmissverständlich deutlich gemacht werden, dass keine auf Dauer angelegte Rechtsbeziehung begründet werden soll, innerhalb derer die Dienste erbracht werden sollen, sondern ausschließlich in sich abgeschlossene Einzelaufträge[719]. Fehlt eine derartige explizite Vereinbarung, ist eine Urlaubsabgeltung erst nach Beendigung des Dauerschuldverhältnisses möglich, da zuvor die Erholung des Erwerbstätigen im bestehenden Vertragsverhältnis noch möglich ist. Vereinbaren die Parteien hingegen, dass eine Zusammenschau der einzelnen Arbeitseinsätze ausgeschlossen ist, ist der Urlaub nach jedem einzelnen Vertragsverhältnis abzugelten. Entscheidend ist daher wie bei der Wartezeit nach § 4 BUrlG der rechtliche Bestand des Vertragsverhältnisses.

d) *Erwerbstätigkeit während des Urlaubs nach § 8 BUrlG*

Während des Urlaubs hat der Arbeitnehmer nach § 8 BUrlG grundsätzlich jede dem Urlaubszweck widersprechende Tätigkeit zu unterlassen. Im Gegensatz zum Arbeitnehmer kann der Arbeitnehmerähnliche jedoch selbst die Arbeitseinteilung bestimmen. Daraus folgert eine Ansicht in der Literatur, dass der Unternehmer die Unterlassung anderweitiger Erwerbstätigkeit während des Urlaubs nicht verlangen kann[720]. Da die arbeitnehmerähnliche Person auch außer-

---

[718] BAG 15.11.2005 - 9 AZR 626/04 – n.v., siehe **juris**; *Schaub/Koch/Linck*, § 102 Rn. 140; *Seidel*, BB 1970, 971 (974).
[719] Siehe dazu schon oben § 3E.V.6.a).
[720] So auch *Seidel*, BB 1970, 971 (974); *Hase/Lembke*, BB 1997, 1095 (1100).

halb ihrer Urlaubszeit für mehrere Auftraggeber tätig werden darf, könne nach dieser Ansicht während der Urlaubszeit nichts anderes gelten. Namentlich dann, wenn der Arbeitnehmerähnliche für mehrere Unternehmen arbeitet, müsse es ihm überlassen bleiben – etwa durch Ablehnung der Übernahme von Aufträgen – die von verschiedenen Unternehmen gewährte Urlaubsentgeltzahlung durch Realisierung von Freizeit zu koordinieren[721]. Diese Ansicht verkennt jedoch den sozialpolitischen Zweck des Gesetzes. Dient das BUrlG dem Zweck, dem Erwerbstätigen eine selbstbestimmte Erholung zu ermöglichen, so wird eine Erwerbstätigkeit während des Erholungsurlaubs diesem Zweck nicht gerecht. Dieser Umstand ist unabhängig davon, ob der Erwerbstätige seine Aufträge selbst koordinieren kann und daher persönlich unabhängig arbeitet. Der Beweggrund für diese Literaturansicht ist jedoch nachvollziehbar: wenn ein Erwerbstätiger außerhalb seines Urlaubs mehreren Tätigkeiten nachgeht, kann ihm dies auch nicht während seines Urlaubs untersagt sein. Vergleichbar ist dieser Fall mit einem Arbeitnehmer, der in mehreren Teilzeitarbeitsverhältnissen beschäftigt ist. In einem derartigen Fall darf der Arbeitnehmer nur keine Erwerbstätigkeiten ausüben, die im Urlaub anstelle der vom Arbeitnehmer geschuldeten Arbeitsleistungen erbracht werden. So ist § 8 BUrlG verletzt, wenn der Teilzeitbeschäftigte seinen Urlaub nutzt, um in einem anderen Vertragsverhältnis länger zu arbeiten[722]. Übertragen auf die Tätigkeit einer arbeitnehmerähnlichen Person bedeutet dies, dass der Erwerbstätige keine Tätigkeit verrichten darf, zu der er nur deshalb zeitlich in der Lage ist, weil er bei einem Auftraggeber Urlaub hat. Er kann nicht seine suspendierten Arbeitspflichten in dem einen Vertragsverhältnis nutzen, um seine Arbeitskraft in einem anderen einzusetzen, mit anderen Worten: er darf keine Erwerbstätigkeiten statt des Urlaubs ausüben. Seine üblichen Tätigkeiten, die er auch zuvor schon parallel ausübte, bleiben grundsätzlich davon unberührt. Jedoch darf er auch im Rahmen dieser Erwerbstätigkeiten seinen Urlaub bei dem anderen Auftraggeber nicht dazu nutzen, länger oder mehr zu arbeiten.

Als Rechtsfolge eines Verstoßes gegen § 8 BUrlG kommen Ansprüche auf Unterlassung, Schadensersatzansprüche sowie die Möglichkeit, das Vertragsverhältnis durch ordentliche Kündigung oder außerordentliche Kündigung zu beenden in Betracht. Handelt ein Arbeitnehmer der Pflicht nach § 8 BUrlG zuwider, entfällt dadurch weder sein Urlaubsanspruch noch die Grundlage für seinen Entgeltanspruch. § 8 BUrlG enthält keinen Ausschlusstatbestand für die Pflicht des Arbeitgebers zur Urlaubsgewährung[723]. Ein Anspruch auf Rückzahlung des Urlaubsentgelts bzw. anteilige Rückzahlung wegen einer Verkürzung der Urlaubsvergütung steht dem Auftraggeber nicht zu[724]. Ein Rückzahlungsanspruch würde

---

[721] *Schaub/Koch/Linck*, § 102 Rn. 141.
[722] *Leinemann/Linck*, § 8 Rn. 8.
[723] A.A. *Natzel*, § 8 Rn. 30; *Neumann/Fenski*, § 8 Rn. 11.
[724] A.A. *Seidel*, BB 1970, 971 (974), der auch einen Schadensersatzanspruch aus positiver

über die Rechtsfolgen eines Verstoßes eines Arbeitnehmers gegen § 8 BUrlG hinausgehen, da auch bei diesem ein Rückzahlungsanspruch ausgeschlossen ist[725]. Enthält § 8 BUrlG keine Grundlage für den Verlust des Urlaubs- oder des Urlaubsentgeltanspruchs, sind auch die Tarifvertragsparteien nicht befugt, Regelungen zu treffen, mit denen durch ein tarifliches Verbot der Erwerbsarbeit während des Urlaubs in den gesetzlichen Urlaubsanspruch oder den Urlaubsentgeltsanspruch eingegriffen wird. Das ist nur für Urlaubsansprüche möglich, die über den gesetzlichen Urlaub hinaus tariflich vereinbart sind[726]. Die Erwerbstätigkeit während des Urlaubs ist eine Verletzung einer Pflicht, die für den arbeitnehmerähnlichen Erwerbstätigen aufgrund des Vertragsverhältnisses besteht. Da es sich nur um eine vertragliche Pflicht handelt, erledigen sich zugleich Erwägungen darüber, ob das für die Urlaubsdauer vereinbarte Rechtsverhältnis des Erwerbstätigen mit einem Dritten nach § 134 BGB nichtig ist. § 8 BUrlG enthält kein gesetzliches Verbot im Sinne dieser Vorschrift[727].

e) *Krankheit während des Urlaubs nach § 9 BUrlG*

Ist ein Arbeitnehmer während seines Urlaubs durch ärztliches Attest nachweisbar erkrankt, enthält § 9 BUrlG ein Anrechnungsverbot der Krankheitstage auf den Urlaub.

Die unproblematische Übertragung auf arbeitnehmerähnliche Personen ergibt, dass der Unternehmer verpflichtet ist, die Aufträge so zu legen, dass die arbeitnehmerähnliche Person ihren Urlaub entsprechend verlängern kann[728] und zu diesem Zeitpunkt wieder Aufträge zur Verfügung stehen[729].

7. Pflicht zur Gewährung von Bildungsurlaub

Neben dem Anspruch auf Erholungsurlaub haben arbeitnehmerähnliche Personen aufgrund von Landesgesetzen teilweise einen Anspruch auf Bildungsurlaub. Dementsprechende Bildungsurlaubsgesetze gibt es in allen Ländern außer Baden-Württemberg, Bayern, Sachsen und Thüringen. Die Länder Brandenburg und Sachsen-Anhalt haben zwar eine derartige gesetzliche Regelung. Jedoch

---

Vertragsverletzung bejaht.

[725] BAG AP Nr. 3 zu § 8 BUrlG unter Aufgabe der entgegenstehenden bisherigen Rechtsprechung BAG AP Nr. 1 zu § 8 BUrlG; für einen Rückzahlungsanspruch aber *Friese*, Rn. 518; *Neumann/Fenski*, § 8 Rn. 11 f. m.w.N.

[726] Zur Teilunwirksamkeit von § 47 Abs. 8 BAT vgl. BAG AP Nr. 3 zu § 8 BUrlG; *Natzel* § 8 Rn. 51; *Leinemann/Linck*, § 13 Rn. 95.

[727] BAG AP Nr. 3 zu § 8 BUrlG = EzA Nr. 2 zu § 8 BUrlG = SAE 1989, 157 mit jeweils krit. Anm. von *Clemens, Schulin* und *Adomeit;* a.A. *Neumann/Fenski* § 8 Rn. 11 mit Nachw.; *Natzel*, § 8 Rn. 32.

[728] *Seidel*, BB 1970, 971 (974).

[729] *Schaub/Koch/Linck*, § 102 Rn. 142.

werden von dieser neben den Arbeitnehmern nur die Heimarbeiter und die ihnen Gleichgestellten erfasst[730]; eine Erweiterung des Schutzbereichs auf alle arbeitnehmerähnlichen Personen ist nicht erfolgt. Das Hamburgische Bildungsurlaubsgesetz bezieht nicht einmal die Heimarbeiter und folgerichtig auch nicht die arbeitnehmerähnlichen Personen mit ein[731]. In den verbleibenden neun Landesgesetzen, die auch die arbeitnehmerähnlichen Personen erfassen[732], beträgt der Anspruch auf Bildungsurlaub durchweg fünf Arbeitstage im Jahr, meist zusammengefasst auf zehn Arbeitstage in zwei Jahren. Der Anspruch der arbeitnehmerähnlichen Person richtet sich auf bezahlten Sonderurlaub, wobei sich die Vergütung je nach Bestimmung entweder nach der Referenzmethode des § 11 BUrlG[733] oder nach dem Lohnausfallprinzip berechnet.

8. Arbeitsschutz von Eigentum und Vermögen

Als dritter Komplex des Arbeitsschutzes neben dem technischen und personenbezogenen ist der Arbeitsschutz von Eigentum und Vermögen als Nebenpflicht des Auftraggebers zu beachten. Unter dem Arbeitsschutz von Eigentum und Vermögen sind zum einen die diesbezügliche Schutzpflicht und der daraus entstehende Schadensersatzanspruch bei verschuldeten und bei unverschuldeten Pflichtverletzungen und zum andern der Aufwendungsersatzanspruch für eingebrachtes Eigentum und Vermögen zu erörtern.

a) *Schutzpflicht bei verschuldeten Pflichtverletzungen*

Aus § 241 Abs. 2 BGB[734] ist der Auftraggeber nicht nur dazu verpflichtet, die Person des Erwerbstätigen, sondern auch dessen Güter zu schützen[735]. Dabei muss der Auftraggeber parallel zu den Schutzpflichten nach dem technischen und dem personenbezogenen Arbeitsschutz nur dann eingreifen bzw. haften,

---

[730] § 14 Abs. 2 Brandenburgisches Weiterbildungsgesetz; § 1 Abs. 2 Gesetz zur Freistellung von der Arbeit für Maßnahmen der Weiterbildung Sachsen-Anhalt.

[731] § 2 Hamburgisches Bildungsurlaubsgesetz.

[732] § 1 Abs. 1 S. 2 Berliner Bildungsurlaubsgesetz; § 2 Abs. 2 Nr. 3 Gesetz zur Regelung und Förderung der Weiterbildung im Land Brandenburg; § 1 Abs. 1 S. 2 Hessisches Gesetz über den Anspruch auf Bildungsurlaub; § 2 Abs. 2 Bildungsfreistellungsgesetz des Landes Mecklenburg-Vorpommern; § 2 Abs. 2 Nr. 2 Niedersächsisches Gesetz über den Bildungsurlaub für Arbeitnehmer und Arbeitnehmerinnen; § 2 S. 2 Gesetz zur Freistellung von Arbeitnehmern zum Zwecke der beruflichen und politischen Weiterbildung Nordrhein-Westfalen; § 1 Abs. 2 Landesgesetz über die Freistellung von Arbeitnehmerinnen und Arbeitnehmern für Zwecke der Weiterbildung Rheinland-Pfalz; § 22 Abs. 2 S. 3 Saarländisches Weiterbildungs- und Bildungsfreistellungsgesetz; § 6 Abs. 1 S. 2 Bildungsfreistellungs- und Qualifizierungsgesetz für das Land Schleswig-Holstein.

[733] Siehe dazu oben § 3E.II.2.c).

[734] § 618 BGB findet auf den Eigentums- und Vermögensschutz dagegen keine Anwendung, statt vieler BAG AP Nr. 26, 75 zu § 611 BGB Fürsorgepflicht.

[735] Daneben besteht natürlich auch ein deliktsrechtlicher Schutz.

wenn sich das Eigentum oder Vermögen des Beschäftigten in seinem Herrschafts- und Organisationsbereich[736] befindet. Auch dann verpflichtet § 241 Abs. 2 BGB den Auftraggeber nur, soweit die Eigentums- oder Vermögensgefährdung in einem Gefahrzusammenhang mit dem Beschäftigungsverhältnis steht. Daher trifft den Auftraggeber ähnlich wie den Arbeitgeber nur dann eine Pflicht zum Schutz der von dem Erwerbstätigen eingebrachten Gegenstände, wenn diese zur Vertragserfüllung notwendig sind. Die Schutzpflicht beschränkt sich somit auf Materialien und Hilfsmittel wie Werkzeuge. Persönliche Gegenstände sind nur einzubeziehen, wenn er diese bei der Arbeitsleistung verwendet[737]. Nicht nötig in diesem Sinne sind daher die Gegenstände, die er bedarf, um zur Arbeit zu kommen[738] oder gewöhnlich bei sich führt, in der Arbeitszeit aber ablegen muss[739].

Die Schutzpflicht aus § 241 Abs. 2 BGB ist dispositiv. Vertragliche Vereinbarungen, die diese abbedingen, unterliegen jedoch der Inhaltskontrolle nach §§ 242, 307 Abs. 1 BGB.

Neben die Schutzpflicht aus § 241 Abs. 2 BGB mit der Folge der Haftung aus § 280 BGB tritt die deliktische Haftung nach §§ 823 ff. BGB.

b) *Schutzpflicht bei unverschuldeten Pflichtverletzungen*

Die eben erörterten Schadensersatzansprüche bestehen jedoch nur bei einem Verschulden des Auftraggebers. Reine Zufallsschäden werden nur ersetzt, wenn eine Gefährdungshaftung für solche Schäden besteht, in denen sich gerade die tätigkeitsspezifischen Risiken realisieren. In diesen Fällen gewährt das BAG dem Arbeitnehmer einen Anspruch auf Ersatz seiner Eigenschäden analog § 670 BGB[740]. Die Brücke zu § 670 BGB wird dabei über § 675 BGB geschlagen und der Aufwendungsbegriff auf erlittene Schäden ausgedehnt[741].

Dieser dogmatische Ansatz stößt in der Literatur auf zahlreiche Bedenken, da er sich von den Voraussetzungen für die Analogie zu § 670 BGB weit entfernt[742]. Problematisch ist bereits, ob der Geschäftsbesorgungsbegriff in § 675 BGB, der u.a. auf § 670 BGB verweist, nur selbständige Tätigkeiten im Interesse anderer

[736] Für die Gefahren aus ihrem eigenen Betrieb haftet die arbeitnehmerähnliche Person natürlich selbst.
[737] So z.B. die als Sehhilfe benötigte Brille oder Arbeitskleidung.
[738] So etwa Straßenkleidung, Fahrrad, Pkw.
[739] So z.B. Hut, Mantel, Uhr, Geldbeutel.
[740] Es handelt sich herbei um eine doppele Analogie: zum einen ist der Arbeitsvertrag kein unentgeltlicher Vertrag i.S.d. § 670 BGB, zum anderen sind Schäden keine Aufwendungen i.S.d. § 670 BGB, da sie keine freiwilligen Vermögensopfer darstellen.
[741] st. Rspr. seit BAG AP Nr. 2 zu BGB § 611 Gefährdungshaftung des Arbeitgebers.
[742] Siehe dazu *Blomeyer* in MünchArbR, § 96 Rn. 65 m.w.N.

betrifft[743] oder ob er bei weiter Auslegung des § 675 BGB ebenso wie § 662 BGB auch unselbständige Tätigkeiten wie z.B. im Rahmen eines Dienstvertrages erfasst[744]. Ein weiteres Problem ist, ob der Aufwendungsbegriff des § 670 BGB auch Schäden beinhaltet, die der Geschäftsbesorger ohne ein Verschulden des Geschäftsherrn erleidet[745] oder ob als Aufwendungen nur freiwillige Vermögensopfer, nicht aber unfreiwillig erlittene Schäden verstanden werden dürfen[746]. Ferner ist es bedenklich, § 670 BGB als Vorschrift des unentgeltlichen Auftragsrechts auf den entgeltlichen Arbeitsvertrag anzuwenden[747]. Aufgrund dieser dogmatischen Widersprüche ist der Ansatz des BAG im Schrifttum auf Kritik gestoßen. Als Alternative wird teilweise eine Lösung über § 612 BGB[748] herangezogen, während andere den Aufopferungsgedanken fruchtbar machen wollen[749]. Die wohl herrschende Lehre betrachtet die Haftung des Arbeitgebers für Eigenschäden des Arbeitnehmers als Ausdruck einer gebotenen Verteilung des Betriebsrisikos und Risikozurechnungserwägungen[750]. Ein Rechtsinstitut der Risikohaftung findet sich jedoch nicht im Gesetz, während in § 670 BGB immerhin ein positivrechtlicher Anknüpfungspunkt vorhanden ist, unter dessen Oberdach auch Risikozurechnungserwägungen ihren Platz finden können[751]. Sachgerecht erscheint es daher, den Anknüpfungspunkt an § 670 BGB zu belassen, da sich ein anderer gesetzlicher, dogmatischer Ansatz nicht bietet. Unter diesem Anknüpfungspunkt können die von der Literatur entwickelten Risikozurechnungserwägungen der Risikohaftungstheorie berücksichtigt werden[752].

Diese Grundsätze sind auf die arbeitnehmerähnliche Person zu übertragen, so dass mittels einer Analogie zu § 670 BGB der Ersatz von verschuldensunabhängigen Eigenschäden gewährleistet wird[753]. Nur die spezifischen Risiken, welche die arbeitnehmerähnliche Person bei ihrer Tätigkeit selbst setzt und die sich verwirklichen, trägt sie selbst. Wie bei verschuldensabhängigen Schäden ist dem Auftraggeber auch bei Zufallsschäden nur der Ersatz solcher Schäden aufzubürden, die nicht schon durch die Vergütung abgegolten sind. Anders als bei den verschuldensabhängigen Schäden sind jedoch nicht nur solche Eigenschäden der arbeitnehmerähnlichen Person zu ersetzen, die in dem Organisations- und Herrschaftsbereich des Auftraggebers entstanden sind. Bei Zufallsschäden muss der Auftraggeber auch für die Schäden im Organisations- und Herrschaftsbereich

---

743 Vgl. etwa BGHZ 45, 223, 228.
744 *Seiler* in MüKo-BGB, § 662 Rn. 13 u. 14; *Hueck/Nipperdey*, Band I S. 387;
745 So *Brückmann*, S. 196 u. 210 ff.
746 So RGZ 95, 51, 53; *Müller*, JZ 1968, 769; *Larenz*, Schuldrecht Band I, § 13 I.
747 Dazu *Koch*, S. 58ff.
748 *Koch*, S. 75 ff.
749 *Becker-Schaffner*, S. 100 ff.
750 *Canaris, RdA 1966, 41 m.w.N.*
751 *Preis* in ErfK, § 619a BGB Rn. 91.
752 So auch *Blomeyer* in MünchArbR, § 96 Rn. 68 m.w.N.
753 Ebenso *Schubert*, S. 421.

der arbeitnehmerähnlichen Person haften. Zwar liegt der Zufallshaftung auch wieder der Grundgedanke des Risikobereichs zugrunde, d.h. prinzipiell haftet derjenige, der aufgrund der Herrschaftsmacht die Risiken in dem Bereich beeinflussen kann. Jedoch nimmt der Auftraggeber die unternehmerischen Chancen der arbeitnehmerähnlichen Person wahr, indem er ihre Arbeitsergebnisse verwertet. Es wäre eine Benachteiligung der arbeitnehmerähnlichen Person und eine ungerechtfertigte Übervorteilung des Auftraggebers, wenn der Beschäftigte weiterhin alle Risiken trüge, die nicht aufgrund der Herrschafts- und Organisationsmacht beeinflusst werden können[754]. Da sich die Haftung des Auftraggebers auf tätigkeitsspezifische und damit auf mit der vertraglich geschuldeten Tätigkeit im Gefahrzusammenhang stehende Risiken beschränkt, liegt in dieser zusätzlichen Haftung für Schäden außerhalb seines Herrschaftsbereiches auch keine unangemessene Aufbürdung von Risiken. Zumal kann die Haftung des Auftraggebers durch ein Mitverschulden der arbeitnehmerähnlichen Person nach § 254 BGB begrenzt werden. Doch sind auch im Rahmen dieses Mitverschuldens die Grundsätze des innerbetrieblichen Schadensausgleichs zu beachten, so dass die arbeitnehmerähnliche Person nur nach der beschränkten Haftung ein Mitverschulden zu verantworten hat[755].

Hat der Beschäftigte eine Haftpflichtversicherung für Eigenschäden abgeschlossen, so ist hinsichtlich der Ersatzpflicht des Auftraggebers für derartige Schäden aus § 670 BGB analog zu differenzieren. Zahlt der Auftraggeber die Versicherung bzw. die Versicherungsprämie als gesonderten Zuschlag an den Beschäftigten, so haftet er nicht auf Schadensersatz aus § 670 BGB analog[756]. Er kam seiner Schutzpflicht gegenüber dem Erwerbstätigen durch die Übernahme der Versicherungssumme hinreichend nach. Trägt hingegen die arbeitnehmerähnliche Person die Versicherung selbst, wäre eine Befreiung des Auftraggebers aufgrund der eingreifenden Zahlung durch die Versicherung eine unbillige Entlastung des Auftraggebers[757]. Der nicht zum Abschluss einer Versicherung verpflichtete Erwerbstätige trüge dann indirekt das Risiko der Tätigkeit, aber nicht die unternehmerischen Chancen, da diese dem Auftraggeber zustehen.

c) *Anspruch auf Aufwendungsersatz*

Für Aufwendungen im direkten Sinn steht der arbeitnehmerähnlichen Person ein Ersatz nach §§ 670, 675 BGB sowie den §§ 87d, 396 Abs. 2 HGB zu. Betrachtet man die zivilrechtlichen Regelungen[758], so ist ein derartiger Anspruch direkt nur für die arbeitnehmerähnlichen Personen geregelt, die auf der Grundlage eines

[754] So zum Arbeitsrecht BAG AP Nr. 110 zu § 611 BGB Haftung des Arbeitnehmers.
[755] Siehe dazu oben § 3E.III.
[756] BGHZ 22, 109 (112 ff.); 43, 295 (299 f.).
[757] So für das Arbeitsrecht BAG EzA Nr. 28 zu § 611 BGB Gefahrgeneigte Arbeit.
[758] Zu den hier relevanten handelsrechtlichen Regelungen siehe v. *Hoyningen-Huene* in MüKo-HGB, § 87d Rn. 3 ff.

Geschäftsbesorgungsvertrages tätig sind. Jedoch wird der Erwerbstätige bei einem Einsatz von Gegenständen, die für das Schuldverhältnis nötig sind, immer im Rahmen eines unentgeltlichen Geschäftsbesorgungsvertrages nach § 675 BGB tätig[759]. So ist zugunsten aller Erwerbstätigen als Ausgleich des eingesetzten Eigenvermögens ein Aufwendungsersatzanspruch aus § 670 BGB zu bejahen. Zu beachten ist bei diesem Aufwendungsersatzanspruch jedoch, dass sich dieser auf die Aufwendungen beschränkt, welche die Vergütung nicht erfasst[760]. Der Anspruch ist nur als Ergänzung zu der Vergütung und damit als Nebenpflicht konzipiert, nicht jedoch als dessen Erweiterung zu verstehen.

VI. *Zusammenfassung zu den Nebenpflichten der Parteien*

Für die arbeitnehmerähnliche Person und den Auftraggeber ergeben sich neben den Hauptpflichten zahlreiche Treue- und Schutzpflichten. Diese resultieren neben spezieller vertraglicher Vereinbarungen aus den gesetzlichen Bestimmungen der §§ 241 Abs. 2, 242 BGB.

Für die arbeitnehmerähnliche Person sind als Nebenpflichten das Wettbewerbsverbot und das Nebentätigkeitsverbot relevant. Das Wettbewerbsverbot gilt auch bei fehlender Vereinbarung für jeden Erwerbstätigen und ergibt sich aus § 242 BGB. Ein generelles Nebentätigkeitsverbot besteht indessen nicht, es ergibt sich nur aus § 242 BGB, wenn die Nebentätigkeit die Vertragserfüllung beeinträchtigt und somit der Vertragszweck gefährdet würde. Verstößt eine arbeitnehmerähnliche Person gegen diese Nebenpflichten, haftet sie nach den allgemeinen vertraglichen und deliktischen Schadensersatzregeln. Ihre Haftung wird jedoch wie bei den Arbeitnehmern nach den Grundsätzen des innerbetrieblichen Schadensausgleichs limitiert. Dogmatisch wird diese Begrenzung der Haftung auf § 276 Abs. 1 S. 1 BGB gestützt. Für die Haftungsbegrenzung entscheidend sind die Fremdnützigkeit der Beschäftigung und das bei arbeitnehmerähnlichen Personen typische unausgewogene Verhältnis hinsichtlich der unternehmerischen Chancen und Risiken zwischen Auftraggeber und arbeitnehmerähnlicher Person.

Die Nebenpflichten des Auftraggebers lassen sich in die für die arbeitnehmerähnliche Person einklagbaren Nebenleistungspflichten und die reine Schadensersatzansprüche auslösenden Nebenpflichten aufteilen. Zu den Nebenleistungspflichten gehören der Beschäftigungsanspruch und der Anspruch auf vertraglich vereinbarte Zusatzleistungen. Der Beschäftigungsanspruch der arbeitnehmerähnlichen Person leitet sich aus § 242 BGB i.V.m. Artt. 1, 2 GG ab. Hintergrund dieses Anspruchs ist das sich aus dem allgemeinen Persönlichkeitsrecht ablei-

---

[759] Die Analogie im Arbeitsrecht generell bejahend *Blomeyer* in MünchArbR, § 96 Rn. 80; den Rückgriff auf § 670 BGB bei Franchisenehmern bejahend *v. Hoyningen-Huene* in MüKo-HGB, § 87d Rn. 5, 13.

[760] So für das Arbeitsrecht *Blomeyer* in MünchArbR, § 96 Rn. 77.

tende Beschäftigungsinteresse. Dieses kann nicht nur bei einem Arbeitnehmer, sondern auch bei einer arbeitnehmerähnlichen Person bestehen. Gerade bei im Fernsehunternehmen tätigen arbeitnehmerähnlichen Personen fußt dieses besondere Beschäftigungsinteresse auf dem Druck der Präsenz der Arbeit in der Öffentlichkeit. Dieser Vorteil der arbeitnehmerähnlichen Person im Fernsehunternehmen kann jedoch im Rahmen der immer vorzunehmenden Abwägung auch zu ihrem Nachteil gereichen. So kann die Tendenzverwirklichung als Ausprägung der Rundfunkfreiheit des Unternehmers nach Art. 5 Abs. 1 S. 2 GG dazu führen, dass ein Beschäftigungsanspruch trotz besonderem Beschäftigungsinteresse zu verneinen ist. Bei dem Anspruch auf vertraglich vereinbarte Zusatzleistungen sind wie auch bei den Arbeitnehmern die Rückzahlungsklauseln im Falle des Ausscheidens problematisch. Die von der Rechtsprechung für die Arbeitnehmer insoweit entwickelten Vorgaben zur angemessen Relation zwischen Höhe der Gratifikation und Bindungsdauer sind auf die arbeitnehmerähnlichen Personen zu übertragen.

Die Nebenpflichten des Auftraggebers resultieren aus §§ 241 Abs. 2, 618 BGB, wobei § 618 BGB auch auf die im räumlichen oder organisatorischen Herrschaftsbereich des Auftraggebers tätigen arbeitnehmerähnliche Personen, die auf der Grundlage eines Werkvertrages tätig werden, Anwendung findet. Diese zivilrechtlichen Grundlagen werden durch die öffentlich-rechtlichen Arbeitsschutzgesetze konkretisiert. Das umfangreichste dieser öffentlich-rechtlichen Arbeitsschutzgesetze ist das ArbSchG, welches ausdrücklich auch auf arbeitnehmerähnliche Personen anwendbar ist. Die dieses Gesetz konkretisierenden UVV der Berufsgenossenschaften gelten aufgrund der Anwendbarkeit des SGB VII auch für arbeitnehmerähnliche Personen, jedoch nur für diejenigen, die auf der Basis eines Dienstvertrages tätig sind. Für die anderen arbeitnehmerähnlichen Personen gelten die UVV jedoch faktisch auch, da der Auftraggeber zu deren Einhaltung verpflichtet ist. Neben diesem technischen Arbeitsschutz steht der arbeitnehmerähnlichen Person auch ein Persönlichkeitsschutz zu, der zwar auf § 241 Abs. 2 BGB fußt, jedoch einige spezialgesetzliche Konkretisierungen erfährt. Solche sind das auf arbeitnehmerähnliche Personen ausdrücklich anwendbare AGG, das BeschäftigtenschutzG a.F. und das BDSG. Mangels Anwendbarkeit kommt der Arbeitnehmerähnliche jedoch nicht in den Genuss des Arbeitszeitgesetzes, die diesem zugrunde liegenden Wertungen sind jedoch bei der Gestaltung der Arbeitszeit nach §§ 241 Abs. 2, 618 BGB zu berücksichtigen. Auf arbeitnehmerähnliche Personen ausdrücklich anwendbar ist hingegen das BUrlG, auch wenn dessen strikte Anwendung bei Arbeitnehmerähnlichen teilweise zu unbilligen Ergebnissen führt. So ist bei der Wartezeit nach § 4 BUrlG auf den rechtlichen Bestand des Vertragsverhältnisses abzustellen und nicht auf das Bestehen der Geschäftsbeziehung, da eine derartige Auslegung dem Gesetz ebenso wenig zu entnehmen ist wie die fehlende Berücksichtigung von kurzfristigen Unterbrechungen. Das Verbot der Erwerbstätigkeit während des Urlaubs nach § 8 BUrlG gilt nur bezüglich der Tätigkeit, die der Erwerbstätige statt des

Urlaubs ausübt; die auch außerhalb des Urlaubs parallel ausgeübten Tätigkeiten bleiben in dem üblichen Umfang unberührt. Den Urlaubszeitpunkt bestimmt gemäß § 7 Abs. 1 BUrlG der Auftraggeber, er muss dabei jedoch den Wünschen der arbeitnehmerähnlichen Person weitgehend entsprechen, ein Selbstbeurlaubungsrecht der arbeitnehmerähnlichen Person besteht hingegen nicht. Der Schutz des Eigentums und des Vermögens der arbeitnehmerähnlichen Person gehört ebenfalls zu den Nebenpflichten des Auftraggebers. Jedoch gilt dies nur dann, wenn die Gefährdung dieser Güter im Gefahrzusammenhang mit dem Beschäftigungsverhältnis steht. Für verschuldete Pflichtverletzungen im Herrschafts- und Organisationsbereich des Auftraggebers haftet dieser immer nach den allgemeinen zivilrechtlichen Regeln. Für Aufwendungen der arbeitnehmerähnlichen Person besteht insoweit ein Anspruch aus den §§ 670, 675 BGB. Neben die verschuldensabhängige Haftung tritt die Gefährdungshaftung aus § 670 BGB analog sowohl für Risiken aus seinem als auch für solche aus dem Herrschafts- und Organisationsbereich der arbeitnehmerähnlichen Person.

VII. *Zusammenfassung zu E*

Spezialgesetzliche Regelungen des Inhalts des Vertragverhältnisses zwischen Auftraggeber und arbeitnehmerähnlicher Person gibt es nur sehr wenige. Diese Lücken im Schutzsystem werden zwar durch allgemeine zivilrechtliche Prinzipien nach §§ 241 Abs. 2, 242 BGB ergänzt, jedoch bei weitem nicht vollständig kompensiert. So leitet man das Leistungsbestimmungsrecht des Auftraggebers aus seiner Interessenwahrungspflicht ab, wobei dieses einseitige Recht nur anhand der allgemeinen Schranken der §§ 134, 138, 242 BGB kontrolliert werden kann. Die damit grundsätzliche Leistungspflicht der arbeitnehmerähnlichen Person kann in den Fällen der rechtlichen oder gesetzlichen Unmöglichkeit ausgeschlossen sein oder ihr kann ein Leistungsverweigerungsrecht nach §§ 275 Abs. 3, 242 BGB zustehen. Fälle der rechtlichen Unmöglichkeit sind dabei aufgrund der Nichtanwendbarkeit zahlreicher Schutzgesetze eher selten. Nur in Bezug auf ihre Rechte an den von ihnen erstellten Werken werden sie durch das auch auf sie anwendbare UrhG und das PatG den Arbeitnehmern annähernd gleich geschützt. Dabei gewährleistet ihnen § 32 UrhG hinsichtlich der Höhe der Vergütung der Nutzungsrechte nach dem UrhG einen ausreichenden Schutz, ein dementsprechender Schutz der Patentrechte fehlt jedoch aufgrund der fehlenden Anwendbarkeit des ANErfG. Neben diese Vergütungspflicht nach dem UrhG tritt die allgemeine Vergütungspflicht des Auftraggebers. Diese unterliegt in ihrer Höhe den zivilrechtlichen Schranken nach §§ 7, 1, 2 Abs. 2 Nr. 1 AGG, §§ 138 BGB und 612 Abs. 3 BGB, der auch auf arbeitnehmerähnliche Personen Anwendung findet. Diese Vergütungspflicht besteht auch im Falle des Annahmeverzugs nach § 615 BGB fort. Hingegen sind die im Arbeitsrecht relevanten anspruchserhaltenden Normen des EFZG und des MuSchG nicht anwendbar. Teilweise wird diese Lücke durch § 616 BGB gefüllt, wobei jedoch gerade das

Merkmal der „unerheblichen Zeit" doch oft zum Ausschluss des Anspruchs führt. Daneben findet auf arbeitnehmerähnliche Personen nur noch die Regelung des § 326 Abs. 2 S. 1 Alt. 1 BGB Anwendung, der insbesondere bei Betriebsunfällen eine Rolle spielt.

Wie die Hauptpflichten resultieren auch die Nebenpflichten vornehmlich aus §§ 241 Abs. 2, 242 BGB. Für die arbeitnehmerähnliche Person sind das generell immer bestehende Wettbewerbsverbot und das nur bei besonderer Vereinbarung bestehende Nebentätigkeitsverbot relevant. Verstöße gegen diese lösen die allgemeinen Schadensersatzansprüche aus. Prinzipiell ist ihre Haftung jedoch wie im Arbeitsrecht durch die Grundsätze des innerbetrieblichen Schadensausgleichs nach § 276 Abs. 1 S. 1 BGB begrenzt. Die Nebenpflichten des Auftraggebers beinhalten auch die sog. Nebenleistungspflichten. Dazu gehört der Beschäftigungsanspruch der arbeitnehmerähnlichen Person, welcher bei Erwerbstätigen im Medienbereich insbesondere auf den Druck der Präsenz der Arbeit in der Öffentlichkeit gestützt werden kann. Bei der Prüfung dieses Anspruchs muss im Rahmen einer umfassenden Abwägung aber auch immer das Interesse des Auftraggebers berücksichtigt werden. Dies kann gerade in einem Tendenzunternehmen dann doch zur Verneinung des Anspruchs führen. Daneben besteht auch ein Anspruch auf Zahlung der vereinbarten Zusatzleistungen. Die Behandlung der dabei insbesondere problematischen Rückzahlungsklauseln wird nach den arbeitsrechtlichen Grundsätzen gelöst. Die bei Verletzung nur Schadensersatzansprüche auslösenden Nebenpflichten des Auftraggebers fußen auf §§ 241 Abs. 2, 618 BGB, wobei § 618 BGB auch auf Werkunternehmer anwendbar ist. Diese Generalklauseln werden durch öffentlich-rechtliche Arbeitsschutzgesetze konkretisiert, hervorzuheben ist dabei das auf arbeitnehmerähnliche Personen anwendbare ArbSchG, das AGG, das BeschäftigtenschutzG a.F. und das BDSG. Einen daneben bestehenden umfangreichen Schutz bietet das auch für arbeitnehmerähnliche Personen geltende BUrlG. Bei der Auslegung der einzelnen Vorschriften dieses Gesetzes sind jedoch die Besonderheiten der arbeitnehmerähnlichen Person zu berücksichtigen, so dass gegenüber den Rechten der Arbeitnehmer zahlreiche Modifikationen notwendig sind. Der Arbeitsschutz von Eigentum und Vermögen erfolgt nach den arbeitsrechtlichen Grundsätzen. Besonders hervorzuheben ist dabei, dass der Auftraggeber auch für Zufallsschäden im Herrschafts- und Organisationsbereich der arbeitnehmerähnlichen Person haftet.

F. Beendigung des Vertragsverhältnisses

Die Beendigung eines Schuldverhältnisses hängt von der Art des Vertragsverhältnisses ab. Die ordentliche Kündigung stellt sicherlich den häufigsten Fall der Beendigung dar, gerade im Medienbereich spielen jedoch auch die bedingten oder befristeten Vertragsverhältnisse eine entscheidende Rolle. Die befristeten wie die unbefristeten Dauerschuldverhältnisse können auch durch außerordentliche Kündigung beendet oder durch einen einvernehmlichen Aufhebungsvertrag aufgelöst werden. Auf diese je nach Vertragsart unterschiedlichen Beendigungstatbestände ebenso wie die Besonderheit der Aneinanderreihung von Werkverträgen wird im Folgenden eingegangen, um anschließend die Abwicklung des Schuldverhältnisses zu klären.

I. *Ordentliche Kündigung*

Das Recht zur ordentlichen Kündigung ergibt sich im Zivilrecht[761] je nach Vertragsart aus § 620 Abs. 2 BGB oder aus §§ 675, 620 Abs. 2 BGB[762]. Für die Kündigung gelten als Gestaltungserklärung die allgemeinen zivilrechtlichen Regeln, sie ist bedingungs- und befristungsfeindlich. Die für Arbeitsverhältnisse notwendige Form der Kündigung nach § 623 BGB findet auf Vertragsverhältnisse der arbeitnehmerähnlichen Person aufgrund des eindeutigen Wortlauts und der Systematik der §§ 611-630 BGB keine Anwendung[763]. Die prinzipiell bestehende Kündigungsfreiheit des Auftraggebers kollidiert jedoch mit den Interessen der arbeitnehmerähnlichen Person, da sie aufgrund ihrer wirtschaftlichen Abhängigkeit ein Interesse am Fortbestand des Vertragsverhältnisses hat. Aus diesem Grund wurde die Kündigungsfreiheit des Arbeitgebers erheblich durch Schutzrechte des Arbeitnehmers eingeschränkt, wie zum Beispiel das KSchG oder die Sonderkündigungsschutzrechte. Inwieweit diese Schutzgesetze auch auf arbeitnehmerähnliche Personen anwendbar sind, wird im Folgenden erörtert. Bei der Übertragung der Normen des Arbeitsrechts auf das Vertragsverhältnis zwischen arbeitnehmerähnlicher Person und Auftraggeber dürfen die hinter diesen Sondernormen stehenden grundrechtlichen Wertungen nicht außer acht bleiben. Die Kündigungsfreiheit beider Vertragspartner geht auf deren Berufsfreiheit aus Art. 12 GG zurück. Der Eingriff in dieses grundrechtlich geschützte Recht des Auftraggebers kann nur durch das Bestandsinteresse als Ausprägung der ebenfalls grundrechtlich geschützten Arbeitsplatzwahlfreiheit[764] der arbeitnehmerähnlichen Person gerechtfertigt werden. Dieses aus Art. 12 Abs. 1 GG resultierende Grundrecht verpflichtet den Staat, die tatsächliche Verwirklichung des Bestandsinteresses der arbeitnehmerähnlichen Person zu schützen[765]. Dabei muss jedoch im Rahmen der praktischen Konkordanz ein Ausgleich zwischen einem zu starken Eingriff in die Rechte des Auftraggebers und einem ausreichenden Schutz des Erwerbstätigen erreicht werden. Im Rahmen dieser Abwägung müssen auch die Unterschiede zum Arbeitsrecht ausreichend Beachtung finden. So kommt der arbeitnehmerähnlichen Person aufgrund ihrer persönli-

---

[761] Im Handelsrecht besteht ein Kündigungsrecht auch aus § 89 Abs. 1 HGB.
[762] Für die Heimarbeiter findet sich eine Sonderregelung in § 29 HAG.
[763] So im Ergebnis statt aller *Müller-Glöge* in ErfK, § 623 BGB Rn. 4.
[764] Statt vieler BVerfGE 84, 133 (147).
[765] Statt vieler BVerfGE 84, 133 (147).

chen Unabhängigkeit auch eine größere Eigenverantwortung zu. Auch hat der Auftraggeber aufgrund des fehlenden Weisungsrechts keine einem Arbeitgeber vergleichbaren anderweitigen Gestaltungsmöglichkeiten wie Versetzungen oder Umgruppierungen. All diese Überlegungen führen freilich nicht zu einem prinzipiellen Ausschluss der Kündigungsschutzbedürftigkeit der arbeitnehmerähnlichen Person, sie müssen nur bei den nun folgenden Ausführungen ausreichend berücksichtigt werden.

Zunächst werden die Kündigungsfristen bei unbefristeten Dienstverhältnissen dargestellt und sodann der materielle Bestandsschutz, der für alle arbeitnehmerähnliche Personen, unabhängig von der vertraglichen Basis des Beschäftigungsverhältnisses, gilt.

1. Kündigungsfristen bei unbefristeten Dienstverhältnissen

Bereits der formelle Kündigungsschutz der arbeitnehmerähnlichen Person erweist sich als heterogen. Für die Arbeitnehmerähnlichen gibt es drei unterschiedliche Kündigungsfristen, die auf ihr Vertragsverhältnis Anwendung finden können. Für die in Heimarbeit Beschäftigten finden sich Sonderregelungen in § 29 HAG, für Handelsvertreter in § 89 HGB. Für die nicht unter diese legi speciali fallenden arbeitnehmerähnlichen Personen ist nur die allgemeine Regelung des § 621 BGB anwendbar. Einen formellen Kündigungsschutz beinhalten auch die wettbewerbsrechtlichen Regelungen des § 20 Abs. 1 und 2 GWB. Da eine plötzliche Beendigung der Geschäftsbeziehung die Chancengleichheit des Gekündigten auf dem Markt beeinträchtigt, muss die Kündigungsfrist derart lang sein, dass sich der Beschäftigte auf die Beendigung der Geschäftsbeziehung einstellen und sich auf dem Markt orientieren kann[766]. Jedoch sind die § 29 HAG und § 89 HGB als legi speciali in der Auferlegung der Pflichten zulasten des Auftraggebers viel weit reichender, § 20 Abs. 1 und 2 GWB kommt neben ihnen höchstens in Einzelfällen eine eigenständige Bedeutung zu[767]. Im Folgenden werden die einzelnen Kündigungsfristen dargestellt, um anschließend zu untersuchen, ob ein einheitlicher Schutz der arbeitnehmerähnlichen Personen durch die analoge Anwendung von speziellen Kündigungsfristen möglich ist.

a) *Kündigungsfristen der Heimarbeiter nach § 29 HAG*

§ 29 HAG gleicht die Kündigungsfristen für die in Heimarbeit Beschäftigten denen der Arbeitnehmer an. Wird ein Heimarbeiter überwiegend für einen Auftraggeber tätig, kann das Beschäftigungsverhältnis nach § 29 Abs. 3 HAG nur mit einer Frist von vier Wochen zum Fünfzehnten oder zum Monatsende gekün-

---

[766] So fordert die Rechtsprechung ca. ein bis zwei Jahre als Kündigungsfrist: 1 Jahr: BGH WuW/E BGH 2983 (2989), 2 Jahre: BGH WuW/E BGH 2360 (2368).

[767] *Schubert*, S. 443.

digt werden. Insbesondere die Fristen des § 29 Abs. 4 HAG entsprechen dabei dem arbeitsrechtlichen Maßstab des § 622 Abs. 2 BGB. Voraussetzung der Anwendung des § 29 Abs. 4 HAG ist dabei die überwiegende Tätigkeit für einen Auftraggeber im Sinne des § 29 Abs. 3 HAG. Dieses Kriterium ist rein zeitlich zu betrachten. Verwendet der Heimarbeiter mehr als die Hälfte seiner Arbeitszeit für die Bearbeitung der Heimarbeit für einen Auftraggeber, ist der Anwendungsbereich des § 29 Abs. 3 und 4 HAG eröffnet[768]. Auf die Relation des bei diesem Auftraggeber verdienten Lohnes im Vergleich zu seinem Gesamteinkommen kommt es indessen nicht an[769], da dies zu praktisch nicht lösbaren Sachverhalten führen würde[770].

§ 29 Abs. 7 HAG verdrängt als lex specialis § 615 BGB, da er dem Beschäftigten für die Dauer der Kündigungsfrist auch bei Ausgabe einer geringeren Arbeitsmenge den vollen Vergütungsanspruch gewährt. Dadurch wird eine Umgehung der Kündigungsfristen vermieden. Dies bezweckt auch § 29 Abs. 8 HAG, der dem Beschäftigten bei plötzlich um mindestens ein Viertel verringerter Arbeitsmenge bei nicht ausgesprochener Kündigung den vollen Entgeltanspruch zuspricht.

b) *Kündigungsfristen der Handelsvertreter nach § 89 HGB*

§ 89 HGB setzt zum Schutz der Handelsvertreter noch längere Kündigungsfristen als § 29 Abs. 4 HAG fest. § 89 HGB bevorzugt jedoch nicht wie § 29 HAG die wirtschaftlich abhängigen Handelsvertreter, vielmehr wird in dieser Norm nicht zwischen den arbeitnehmerähnlichen und den wirtschaftlich unabhängigen Handelsvertretern unterschieden. Die Norm ist auf diejenigen Beschäftigten analog anzuwenden, die im Interesse eines Produzenten oder Lieferanten im Vertrieb tätig sind[771].

c) *Allgemeine Kündigungsfristen nach dem BGB*

Die allgemeine Kündigungsfrist für Selbständige ist in § 621 BGB geregelt. Die Fristen sind in Ziff. 1 bis 4 gestaffelt nach Zeitabschnitten, in denen die Vergütung gezahlt wird. Maßgeblich sind dabei nicht die Zeitabschnitte der Bezahlung, sondern die Bemessung der Vergütung. § 621 BGB unterscheidet anders als § 29 HAG nicht zwischen wirtschaftlich unabhängigen und arbeitnehmerähnlichen Erwerbstätigen. Diese Unterscheidung wird zwar auch in § 89 HGB nicht vorgenommen. Dieser beinhaltet aber wesentlich längere Kündigungsfristen und kommt dadurch auch der Schutzbedürftigkeit der arbeitnehmerähnlichen

[768] *Heenen* in MünchArbR, § 238 Rn. 92.
[769] So aber *Schmidt/Koberski/Tiemann/Wascher*, § 29 Rn. 48.
[770] *Heenen* in MünchArbR, § 238 Rn. 93.
[771] Siehe statt vieler dazu *Martinek* in Staudinger, § 675 Rn. D 53.

Handelsvertreter mehr entgegen als § 621 BGB, der zudem dispositives Recht ist.

d) *Einheitliche Kündigungsfristen*

Es liegt nahe, zur Ausweitung des Schutzes der arbeitnehmerähnlichen Personen eine Analogie zu einem dieser Sondertatbestände zu bilden. Für eine Analogie müsste zunächst eine planwidrige Regelunglücke bestehen. Es besteht jedoch für die auf dienstvertraglicher Basis Beschäftigten ein Schutz durch die Kündigungsfristen nach § 621 BGB. § 621 BGB gilt für den Dienstvertrag allgemein, also auch für Dienstverpflichtete, die weder wirtschaftlich abhängig sind noch einem Arbeitnehmer vergleichbar schutzbedürftig sind. Schon diese Tatsache lässt erkennen, dass die Norm allein einen Schutz der arbeitnehmerähnlichen Person gegen einen plötzlichen Entzug der Existenzgrundlage nicht ausreichend gewährleisten kann[772]. Ein wirtschaftlich abhängiger Erwerbstätiger könnte nach § 621 Nr. 1 BGB mit einer Kündigungsfrist von einem Tag gekündigt werden, wenn seine Vergütung nach Tagen bemessen ist. Es wird keinerlei Rücksicht darauf genommen wie lange das Vertragsverhältnis bereits bestand. Bildet die Vergütung aus einem Vertragsverhältnis eine entscheidende Existenzgrundlage, ist eine derart kurze Kündigungsfrist wie in § 621 Nr. 1 und 2 BGB nicht interessengerecht. Für einen Erwerbstätigen kommt diese kurze Frist einer außerordentlichen Kündigung gleich, die die arbeitnehmerähnliche Person aufgrund ihrer wirtschaftlichen Abhängigkeit vor existenzielle Probleme stellen kann. Auch § 621 Nr. 5 BGB steht einer analogen Anwendung des § 29 HAG nicht entgegen. Diese Norm regelt zwar die Kündigungsfrist, wenn ein Dienstnehmer in einem seine Erwerbstätigkeit vollständig oder überwiegend in Anspruch nehmenden Dienstverhältnis steht und die Entgelte nicht nach Zeitabständen zu bemessen sind. Diese Regelung hat als Zielgruppe aber nicht die arbeitnehmerähnlichen Personen im Auge. Sie entspricht vielmehr dem § 623 BGB in der Form des Inkrafttretens des BGB. Damals fielen jedoch mangels arbeitsrechtlicher Sonderregelungen auch Arbeitnehmer unter den Anwendungsbereich der Norm. Aus rein redaktionellen Gründen[773] wurde bei Schaffung arbeitsrechtlicher Kündigungsfristen durch das Erste Arbeitsrechtsbereinigungsgesetz[774] § 623 BGB a.F. in § 621 BGB eingefügt. Eine bewusste Regelung für arbeitnehmerähnliche Personen sollte damit jedoch nicht geschaffen werden[775]. Auch wäre es zudem im Lichte des Gleichheitssatzes des Art. 3 Abs. 1 GG teleologisch widersprüchlich, wenn auf die ordentliche Kündigung des Anstellungsvertrages eines Gesellschafter-Geschäftsführers sogar die verlängerten Kündi-

---

[772] *Rost* in KR, Arbeitnehmerähnliche Personen Rn. 51.
[773] Regierungsentwurf BT-Drs. 5/3913, S. 10.
[774] V. 14.8.1969, BGBl. I S. 1106 ff.
[775] *Zwanziger* in Kittner/Däubler/Zwanziger, § 621 BGB Rn. 4.

gungsfristen des § 622 Abs. 2 BGB analog anwendbar sind[776], bei arbeitnehmerähnlichen Personen indes eine entsprechende Anwendung der inhaltsähnlichen Normen in § 29 Abs. 2 bis 5 HAG abgelehnt würde[777].

Auch die Möglichkeit des Schutzes durch kollektivrechtliche Regelungen in Tarifverträgen nach § 12a TVG steht der analogen Anwendung des § 29 Abs. 1 bis 5 HAG nicht entgegen[778]. Der aus Art. 12 GG resultierenden Verpflichtung des Staates zu einer tatsächliche Verwirklichung des Bestandsinteresses der arbeitnehmerähnlichen Person wird durch eine nur mögliche rechtliche Gestaltungsmöglichkeit der Tarifparteien nicht entsprochen. Vielmehr ist ein von jeglicher Gewerkschaftszugehörigkeit unabhängiger Individualschutz nötig, da zudem der tarifvertragliche Schutz angesichts der Heterogenität der Beschäftigtengruppe und des geringen Organisationsgrades unangemessen ist und dem sozialen Schutzbedürfnis nicht entgegenkommt[779]. Ein durch die Schaffung des § 12a TVG zum Ausdruck kommender gesetzgeberischer Gestaltungswille, den minderen Schutz der arbeitnehmerähnlichen Personen ansonsten aufrechtzuerhalten, ist daraus nicht zu entnehmen[780].

Diese Regelunglücke ist auch planwidrig. Wenn der Gesetzgeber teils nur die Heimarbeiter, in anderen Bereichen aber auch die Arbeitnehmerähnlichen den Arbeitnehmern gleichstellt, erscheint dies zwar als eine bewusste Differenzierung in einzelnen Regelungsbereichen. Dem Gesetzgeber fehlte jedoch schlicht das Problembewusstsein[781].

§ 89 HGB ist für eine analoge Anwendung auf alle arbeitnehmerähnlichen Personen nicht geeignet. Zwar kommt er durch seine langen Kündigungsfristen der Schutzbedürftigkeit entgegen. Jedoch dient er nicht dem spezifischen Schutz der arbeitnehmerähnlichen Erwerbstätigen, da er auch wirtschaftlich unabhängige Handelsvertreter erfasst. Anders ist hingegen § 29 Abs. 3 bis 5 HAG spezifisch auf den Schutz arbeitnehmerähnlicher Personen zugeschnitten, er umfasst insbesondere in den am meisten Schutz gewährenden § 29 Abs. 3 und 4 HAG nur die überwiegend für einen Auftraggeber tätigen Heimarbeiter. Arbeitnehmerähnliche Personen benötigen aufgrund ihrer wirtschaftlichen Abhängigkeit und der Angewiesenheit auf den Fortbestand der Vertragsbeziehung nicht anders als Arbeitnehmer und in Heimarbeit Beschäftigte einen gesteigerten Dispositions-

---

[776] So mit Ausnahme des mehrheitlich am Stammkapital beteiligten Gesellschafter-Geschäftsführers BGHZ 79, 291; 91, 217 (220); *Müller-Glöge* in ErfK, § 622 BGB Rn. 14; a.A. *Hümmerich*, NJW 1995, 1177 (1178 ff.).

[777] *Zwanziger* in Kittner/Däubler/Zwanziger, § 621 BGB Rn. 5; *Oetker* in FS Arbeitsgerichtsbarkeit, S. 311 (325).

[778] So aber *Röhsler* in RGRK-BGB, § 621 Rn. 11.

[779] *Hönn*, S. 192 ff.

[780] *Zwanziger* in Kittner/Däubler/Zwanziger, § 621 BGB Rn. 4.

[781] So auch *Hromadka*, NZA 1997, 1249 (1256).

schutz[782]. Für die in Heimarbeit Beschäftigten wurde somit als Sondergruppe der arbeitnehmerähnlichen Personen erneut eine notwendige Regelung geschaffen, die jedoch aufgrund der vergleichbaren Interessenlage allen arbeitnehmerähnlichen Personen zugesprochen werden müsste. Die Heimarbeiter sind schließlich nur als pars pro toto zu sehen.

§ 29 Abs. 1 bis 4 HAG sind somit auf diejenigen arbeitnehmerähnlichen Personen analog anzuwenden, für die keine anderen gesetzlichen Bestimmungen für arbeitnehmerähnliche Personen eingreifen[783]. Damit gilt zumindest für unbefristete Dienstverhältnisse[784] arbeitnehmerähnlicher Personen § 29 Abs. 1 bis 5 HAG. § 29 HAG ist jedoch nur anzuwenden, soweit nicht § 621 BGB günstigere Regelungen enthält. Betroffen sind danach § 621 Nr. 1 und 2 BGB, da die Fristen des § 621 Nr. 3 bis 5 gegenüber § 29 Abs. 2 HAG günstiger sind[785]. § 29 Abs. 7 und 8 HAG sind auf arbeitnehmerähnliche Personen hingegen nicht anwendbar. Der in diesen Regelungen speziell normierte Umgehungsschutz wird den dienstvertraglich Beschäftigten ausreichend durch § 615 BGB gewährt. Auch der Anspruch auf Beschäftigung[786] schützt sie daneben vor einer durch mangelnde Auftragsvergabe bedingten Eigenkündigung.

e) *Abbedingung der Kündigungsfristen*

Nach § 89 Abs. 2 HGB, § 29 Abs. 5 HAG, § 622 Abs. 4 und 5 BGB sind die Kündigungsfristen aus § 89 HGB und § 29 HAG einseitig zwingendes Recht. Sie können prinzipiell nicht zulasten der arbeitnehmerähnlichen Personen verkürzt werden. Davon wird für die heimarbeitsrechtliche Kündigungsschutzvorschrift jedoch nach § 29 Abs. 5 HAG, § 622 Abs. 4 bis 6 BGB zugunsten der Tarifparteien[787] eine Ausnahme gemacht. Eine vergleichbare Möglichkeit der Abbedingung fehlt im Handelsrecht, zumal die Handelsvertreter nach § 12a Abs. 4 TVG nicht in das Tarifvertragsrecht mit einbezogen sind. Der noch möglichen individualvertraglichen Verlängerung der Kündigungsfrist zieht § 624 BGB[788] eine Grenze.

---

[782] *Oetker* in FS Arbeitsgerichtsbarkeit, S. 311 (324).

[783] So im Ergebnis auch *Zwanziger* in Kittner/Däubler/Zwanziger, § 621 BGB Rn. 3; *Rost* in KR, Arbeitnehmerähnliche Personen Rn. 67; *Frantzioch*, S. 225 ff.; *Oetker* in FS Arbeitsgerichtsbarkeit, S. 311 (324 f.); anders *Röhsler* in RGRK-BGB, § 621 Rn. 11.

[784] Zu der Anwendung des § 29 HAG auf befristete Dienstverhältnisse siehe gleich unten § 3F.II.2.

[785] *Rost* in KR, Arbeitnehmerähnliche Personen Rn. 67.

[786] Siehe dazu oben § 3E.V.1.

[787] Ebenso für die im Heimarbeitsrecht gleichgestellten Vereinbarungen nach § 17 Abs. 1 HAG.

[788] *Preis* in Staudinger, § 624 Rn. 3.

2. Sonderkündigungsschutz für arbeitnehmerähnliche Personen

Wichtiger als der formelle ist der materielle Kündigungsschutz, welcher sich im Arbeitsrecht aus einer Vielzahl Sonderregelungen zusammensetzt. Dazu gehören auch mehrere Sonderkündigungsschutzrechte zur Sicherung des Arbeitsplatzes besonders schutzbedürftiger Erwerbstätiger.

a) *Kündigungsschutz nach § 85 SGB IX*

Gemäß § 85 SGB IX bedarf es zur wirksamen Kündigung eines schwerbehinderten Arbeitnehmers der Zustimmung des Integrationsamtes. Vom Schutzbereich des § 85 SGB IX werden aber nur Arbeitnehmer und nicht arbeitnehmerähnliche Personen erfasst. Auch die in § 138 SGB IX benannten Personen, die in Werkstätten für Behinderte außerhalb eines Arbeitsverhältnisses tätig werden[789], fallen nicht unter den Schutzbereich des § 85 SGB IX[790]. Nur die in Heimarbeit Beschäftigten und die ihnen Gleichgestellten kommen durch § 127 Abs. 2 SGB IX in den Genuss der Anwendung des 4. Kapitels des SGB IX und damit des § 85 SGB IX. Zwar wird erneut nicht deutlich, warum der Gesetzgeber die übrigen arbeitnehmerähnlichen Personen von dieser Regelung ausgenommen hat bzw. den Anwendungsbereich nicht auf sie erweiterte. Da das SGB IX bzw. noch das vormalige SchwbG jedoch gerade erst in jüngerer Zeit zahlreiche Umgestaltungen erfuhr, sich jedoch in dem hier besprochenen Bereich des persönlichen Anwendungsbereichs des § 85 SGB IX nichts änderte, kann nicht von einer eine Analogie rechtfertigenden planwidrigen Regelungslücke ausgegangen werden[791]. Ein minimaler Schutz ergibt sich nur durch § 138 BGB.

b) *Kündigungsschutz nach § 9 MuSchG*

Schwangere und stillende Arbeitnehmerinnen bis zum Ablauf des vierten Monats nach der Entbindung genießen nach § 9 Abs. 1 S. 1 MuSchG absoluten Kündigungsschutz. Dieser umfasst sowohl fristgemäße als auch fristlose Kündigungen und Änderungskündigungen. Während der Sperrfrist ist eine Kündigung nur nach vorheriger Genehmigung der für den Arbeitsschutz zuständigen obersten Landesbehörde zulässig. Für Heimarbeiterinnen und die ihnen Gleichgestellten gilt das Kündigungsverbot nach § 9 Abs. 1 S. 2 MuSchG ebenfalls[792]. Die übrigen arbeitnehmerähnlichen Personen werden in den Schutzbereich des

---

[789] Siehe dazu ausführlich oben § 3A.III.

[790] BAG AP Nr. 10 zu § 35 GmbHG; AP Nr. 39 zu § 17a GVG; a.A. ArbG Koblenz NZA-RR 2003, 188 f.

[791] Ebenso *Wiegand*, § 15 Rn. 15; anders *Hoepffner*, BB 1950, 141 ff., der eine Analogie bejaht.

[792] Eine diese Norm ergänzende Regelung für Heimarbeiterinnen enthält § 9 Abs. 4 MuSchG, der eine Umgehung des Kündigungsschutzes durch das Verbot des Ausschlusses bei der Ausgabe der Heimarbeit verhindert.

MuSchG jedoch nicht einbezogen[793]. Ihnen stehen nur ein Schutz durch § 138 BGB sowie die Leistungsverweigerungsrechte aus §§ 242, 275 Abs. 3 BGB zur Seite[794]. Auch hat der Auftraggeber sie aus seiner Schutzpflicht aus § 241 Abs. 2 BGB heraus freizustellen, wenn eine Gesundheitsgefahr für sie oder das Kind droht. Ein derart umfassender Schutz wie bei den Arbeitnehmerinnen durch § 9 MuSchG wird für die arbeitnehmerähnlichen Erwerbstätigen dadurch jedoch nicht erreicht. Eine Analogie zu § 9 MuSchG zugunsten aller arbeitnehmerähnlicher Erwerbstätigen scheitert bereits an der abschließenden Aufzählung der durch das Gesetz Begünstigten in § 1 MuSchG. Der Geltungsbereich des Gesetzes wird bewusst auf die Arbeitnehmerinnen und Heimarbeiterinnen beschränkt. Derartige Aufzählungen sind zum einen in der Regel eng auszulegen. Zum andern zeigen sie auch, dass sich der Gesetzgeber bewusst mit dem Anwendungsbereich auseinandergesetzt hat, sich aber auf die aufgezählten Begünstigten beschränken wollte. Daher ist auch die für jede Analogie notwendige Regelungslücke zu verneinen. Der Gesetzgeber ist zu einem minimalen Schutz der schwangeren oder stillenden Frau zwar durch Art. 6 GG verpflichtet. Dazu gehört aber nicht die Beibehaltung des beruflichen status quo[795].

c) *Kündigungsschutz nach § 18 BErzGG*

Ergänzend zu der eben erörterten Vorschrift des MuSchG darf der Arbeitgeber das Arbeitsverhältnis auch während der Elternzeit und in jedem Fall auch acht Wochen vor deren Beginn nach § 18 BErzGG nicht kündigen. Nach § 20 Abs. 2 BErzGG steht der Anspruch auf Elternzeit auch den Heimarbeitern zu. Eine Erstreckung des Anwendungsbereichs des Gesetzes auf alle arbeitnehmerähnlichen Personen ist nicht erfolgt. Zwar obliegt es dem Staat, die Familie nach Art. 6 GG besonders zu schützen. Jedoch ist der Gesetzgeber frei darin, welche Erwerbstätigen er in welcher Form gefördert und geschützt wissen möchte. Daher verbietet sich eine analoge Anwendung der §§ 18, 20 Abs. 2 BErzGG aufgrund der bewussten Regelungslücke des Gesetzgebers.

d) *Kündigungsschutz nach § 2 ArbPlSchG*

Für die Zeit des Wehrdienstes verbietet § 2 Abs. 1 ArbPlSchG die ordentliche Kündigung von Arbeitnehmern, für die Zeit des Zivildienstes gilt nach § 78 Abs. 1 Nr. 1 ZDG diese Norm entsprechend. In den Schutzbereich dieser Norm werden über § 7 Abs. 1 ArbPlSchG die in Heimarbeit Beschäftigten ebenfalls mit einbezogen, für Handelsvertreter gilt zwar kein Kündigungsverbot, jedoch ein Maßregelungsverbot nach § 8 ArbPlSchG. Da die übrigen arbeitnehmerähnlichen Personen nicht vom Anwendungsbereich des ArbPlSchG erfasst werden,

---

[793] Siehe statt vieler *Rolfs* in Ascheid/Preis/Schmidt, § 9 MuSchG Rn. 18.
[794] Siehe dazu schon oben § 3E.I.2.a)(b) und § 3E.I.3.
[795] So auch *Schubert*, S. 495; anders aber *Beuthien*, RdA 1978, 2 (10).

käme höchstens eine analoge Anwendung des § 7 ArbPlSchG in Betracht. Die Regelungen bezüglich der in Heimarbeit Beschäftigten und insbesondere auch die gemäßigte Regelung zugunsten der Handelsvertreter zeigt jedoch, dass der Gesetzgeber nur bestimmte Personen in den Geltungsbereich des Gesetzes einbeziehen wollte. Einer analogen Anwendung steht somit erneut die bewusste Regelungslücke des Gesetzgebers entgegen.

e) *Kündigungsschutz nach Art. 48 Abs. 2 GG*

Art. 48 Abs. 2 GG verbietet jede Kündigung des Abgeordneten wegen der Übernahme des politischen Mandats, um die Übernahme nicht wegen Bedenken um die wirtschaftliche Existenz in Frage zu stellen. Dieser Sonderkündigungsschutz umfasst auch arbeitnehmerähnliche Personen[796].

3. Kündigungsschutz durch das Kündigungsschutzgesetz

Neben den Sonderkündigungsschutzrechten bietet für Arbeitnehmer das KSchG einen essentiellen Kündigungsschutz. Eine direkte Anwendung dieses Gesetzes auf arbeitnehmerähnliche Personen verbietet sich aufgrund der Eindeutigkeit des Wortlauts in §§ 1, 23 KSchG. Auch wollte der Gesetzgeber durch den Schwellenwert in § 23 Abs. 1 KSchG und die Wartefrist in § 1 Abs. 1 KSchG schon nicht alle Arbeitnehmer dem KSchG unterstellen, so dass auch eine Ausdehnung auf arbeitnehmerähnliche Personen nicht seinem Willen entsprechen kann[797]. Eine analoge Anwendung scheitert ferner daran, dass das KSchG in der den Anwendungsbereich eröffnenden Norm des § 23 Abs. 1 KSchG eindeutig den Betriebsbezug herstellt. Auch in § 1 Abs. 2 und 3 KSchG wird durch die Kodifizierung der betriebsbedingten Kündigung und der Sozialauswahl bei betriebsbedingten Kündigungen der eindeutige Bezug zur betrieblichen Tätigkeit deutlich. Daher können die arbeitnehmerähnlichen Personen mangels Eingliederung in den Betrieb nicht in den Genuss des Schutzbereichs des KSchG kommen[798]. Selbst wenn sie sporadisch oder auch regelmäßig in dem Betrieb tätig sind, findet auf sie das KSchG keine Anwendung[799], da man sie doch nicht mit den fortwährend in den Betrieb und in dessen Ablauf eingegliederten Arbeitnehmern vergleichen kann. Ein Arbeitnehmer ist anders als eine arbeitnehmerähnliche Person gerade davon abhängig, dass ihm der Arbeitgeber einen Arbeitsplatz zur Verfügung stellt, da er ohne seine Mitwirkung nicht tätig werden kann. Diese Mitwirkungspflicht findet ihr Korrelat in dem Weisungsrecht des Arbeitgebers.

---

[796] *Däubler* in Kittner/Däubler/Zwanziger, §§ 2-4 AbgG Rn. 13; *Weigand* in KR, PartKSchG Rn. 31.

[797] BAG NZA 2004, 1058 ff.; *Appel/Frantzioch*, AuR 1998, 93 (96).

[798] Auch bei der Ermittlung der maßgeblichen Beschäftigtenzahl nach § 23 KSchG zählen die arbeitnehmerähnlichen Personen nicht mit, LAG Hamm LAGE § 23 KSchG Nr. 6.

[799] So auch *Löwisch/Spinner*, § 1 Rn. 17.

Ist es dem Arbeitgeber nicht möglich, dem Arbeitnehmer seinen ursprünglichen Arbeitsplatz zuzuweisen, verbleibt ihm im Rahmen des Weisungsrechts noch die Option, einen anderen Arbeitsplatz zuzuweisen. Der Arbeitnehmer ist bei der Ausübung seiner Arbeitsleistung von den Mitwirkungsrechten und Zuweisungsmöglichkeiten des Arbeitgebers abhängig. Dafür verbleibt dem Arbeitnehmer aber ein umfassender Kündigungsschutz nach dem KSchG. Neben diesem teleologischen Argument spricht auch das systematische Argument unter Berücksichtigung des HAG gegen eine analoge Anwendung des KSchG. Wären die arbeitnehmerähnlichen Personen generell in den Anwendungsbereich des KSchG mit einbezogen, wäre der mit § 15 KSchG identische § 29a HAG sinnentleert. Das KSchG bleibt somit in seiner Anwendung auf Arbeitnehmer beschränkt[800]. In einem Tarifvertrag nach § 12a TVG kann aber die Anwendung des KSchG oder anderer Kündigungsvoraussetzungen vereinbart werden[801].

4. Kündigungsschutz durch § 134 BGB

Anstelle des KSchG kommt der arbeitnehmerähnlichen Person die allgemeine Regelung nach § 134 BGB zugute. Die Anwendung des § 134 BGB i.V. mit einem Verbotsgesetz kann zur Nichtigkeit der Kündigung führen. Das Verbot muss sich dabei unmittelbar gegen die Kündigung als Gestaltungsrecht, die Art und Weise der Ausübung oder den Grund der Kündigung richten. Die weitaus größere Hürde ist aber, dass das Verbotsgesetz gerade auch für arbeitnehmerähnliche Personen gelten muss[802]. Ein grundrechtliches Verbotsgesetz, auch für Arbeitnehmerähnliche, stellt Art. 9 Abs. 3 S. 2 GG dar. Ein zivilrechtliches Verbotsgesetz, das zugunsten von arbeitnehmerähnlichen Erwerbstätigen gilt, ist § 611a BGB a.F.: eine Kündigung wegen des Geschlechts ist gemäß §§ 134, 611a BGB a.F.[803], § 7, 6, 1, 2 AGG nichtig. Daneben kommen als auf die arbeitnehmerähnliche Person anwendbare wettbewerbsrechtliche Verbotsgesetze auch § 20 Abs. 1 und 2 GWB in Betracht. Als arbeitsrechtliche Verbotsgesetze schützen den arbeitnehmerähnlichen Erwerbstätigen die § 17 Abs. 2 S. 2 ArbSchG oder § 4 Abs. 3 BeschäftigtenschutzG a.F.

Ob auch § 612a BGB dem Schutz der arbeitnehmerähnlichen Person dient und damit ein Verbotsgesetz zu ihren Gunsten darstellt, ist umstritten[804]. Da § 612a

---

[800] Siehe statt aller *Ascheid* in ErfK, § 1 KSchG Rn. 47.

[801] Dazu *Löwisch*, Befristete Vertragsverhältnisse, S. 37 f.

[802] Daher scheiden die § 9 MuSchG, §§ 85 ff. SGB IX, §§ 18, 20 Abs. 2 BErzGG und §§ 7, 8 ArbPlSchG bereits als Verbotsgesetze für arbeitnehmerähnliche Personen aus.

[803] Zur Anwendbarkeit des § 611a BGB a.F. auf arbeitnehmerähnliche Personen siehe § 3D.III.2.

[804] Dies befürwortend *Müller-Glöge* in MüKo-BGB, § 612a Rn. 4; *Hanau* in Erman, § 612a Rn. 2; wohl auch *Thüsing* in HWK, § 612a BGB Rn. 4 und siehe auch Fn. 805; dies ablehnend BAG AP Nr. 62 zu § 138 BGB, das jedoch § 138 anwendet; *Schliemann* in ArbRBGB, § 611 BGB Rn. 6; *Schubert*, S. 448.

BGB ein Ausdruck eines allgemeinen Rechtsprinzips ist, findet die Norm nach einer Ansicht auch auf arbeitnehmerähnliche Personen Anwendung[805]. Demnach könne zugunsten von Arbeitnehmerähnlichen das Maßregelungsverbot des § 612a BGB ein Verbotsgesetz darstellen. Nach dem eindeutigen Wortlaut des § 612a BGB sind jedoch nur Arbeitnehmer erfasst: § 612a BGB erfolgte zur Umsetzung der EG-Lohngleichheitsrichtlinie und der Gleichbehandlungsrichtlinie und ist ausschließlich auf Arbeitnehmer bezogen. Eine Anwendung auf arbeitnehmerähnliche Person müsste nur dann vorgenommen werden, wenn die Voraussetzungen für eine Analogie vorliegen. Eine planwidrige Regelungslücke besteht jedoch nicht. Die üblicherweise unter § 612a BGB zu subsumierenden Fallgruppen des Maßregelungsverbots werden auch von § 138 BGB erfasst. Eine maßregelnde Kündigung ist sittenwidrig im Sinne des § 138 BGB[806]. Daran hat die Einfügung des speziell für Arbeitsverhältnisse geltenden § 612a BGB durch Art. 1 des Gesetzes vom 13. August 1980[807] nichts geändert[808]. Es gibt keinen Fall der maßregelnden Kündigung, die § 612a BGB erfasst und § 138 BGB nicht. Durch § 612a BGB werden die Grundsätze der Sittenwidrigkeit für Arbeitnehmer konkretisiert[809], inhaltlich unterscheidet sich der Maßstab nicht. Die arbeitnehmerähnlichen Personen sind durch § 138 BGB ausreichend vor maßregelnden Kündigungen geschützt, eine Regelungslücke besteht nicht. Es bedarf daher auch nicht des Schutzes der arbeitnehmerähnlichen Personen durch die Anwendung des § 612a BGB als Verbotsgesetz.

5. Kündigungsschutz durch § 138 Abs. 1 BGB

Neben dem Schutz durch § 134 BGB bietet auch § 138 BGB einen materiellen Kündigungsschutz. Eine Kündigung kann nach § 138 Abs. 1 BGB nichtig sein, wenn sie das sozial- bzw. rechtsethische Minimum im Rechtsgeschäftsverkehr nicht wahrt. Sittenwidrig ist aber immer nur ein besonders grob unbilliges Verhalten. Darunter fallen die maßregelnden Kündigungen, da § 612a BGB arbeitnehmerähnlichen Personen nicht erfasst[810]. Erfolgt die Kündigung durch den Auftraggeber wegen Ausübung eines Rechts, ist die Kündigung nach § 138 BGB nichtig[811]. Derartige Rechte können z. B. der Wunsch des Erwerbstätigen nach einem schriftlichen Vertrag[812] oder der gewünschte Eintritt in den Vorruhe-

---

[805] So *Däubler* in Kittner/Däubler/Zwanziger, § 612a BGB Rn. 8; *Preis* in ErfK, § 612a BGB Rn. 4; *Pfeiffer* in KR, § 612a BGB Rn. 3.
[806] Dazu gleich unten § 3F.I.5.
[807] BGBl. I S. 1308.
[808] BAG AP Nr. 162 zu § 138 BGB.
[809] BAG AP Nr. 162 zu § 138 BGB.
[810] Siehe dazu oben § 3F.I.4.
[811] BAG AP Nr. 162 zu § 138 BGB.
[812] So für das Arbeitsrecht ArbG Düsseldorf BB 1992, 2365 ff.: es besteht zwar kein Anspruch auf die Schriftform, der Wunsch danach ist jedoch verständlich und die Weigerung des Arbeitgebers treuwidrig im Sinne des § 242 BGB.

stand[813] sein. Kündigt daraufhin der Auftraggeber nur, um die Wahrnehmung dieser Rechte zu vermeiden, liegt eine Maßregelung im Sinne des § 138 BGB vor. Ebenso liegt der Fall, wenn die Kündigung nur eine Revanchekündigung als Reaktion auf eine vorangegangene Kündigung des Erwerbstätigen ist[814] oder als Reaktion auf Vollstreckung aus einem Urteil[815] erfolgt. Kündigt der Auftraggeber hingegen zum Schutz seiner eigenen Rechte und somit aus berechtigtem Interesse, greift § 138 BGB nicht ein. Daher kann ein Tendenzunternehmer den Beschäftigten auch aufgrund einer Meinungsäußerung kündigen, wenn er dadurch in seiner Tendenzverwirklichung beeinträchtigt wird. Entscheidend ist auch hier die praktische Konkordanz zwischen den Interessen und Rechten des Auftraggebers und denen der arbeitnehmerähnlichen Person[816]. Ein weiterer Grund für eine Kündigung stellt die Arbeitsverweigerung des Erwerbstätigen dar. Eine solche Verweigerung liegt jedoch nicht vor, wenn dem Erwerbstätigen für die angewiesene Arbeit ein Leistungsverweigerungsrecht zusteht[817]. Befindet sich ein Redakteur in einem Glaubens- oder Gewissenskonflikt hinsichtlich der ihm zugewiesenen Arbeit, so darf der Auftraggeber nicht kündigen, wenn die konfliktbegründende Tätigkeit vom Auftraggeber innerhalb des Rahmens des § 315 BGB vermieden werden kann[818].

Sittenwidrig sind ferner Kündigungen, denen als tragender Beweggrund diskriminierende Motive zugrunde liegen, wobei insbesondere die grundrechtlichen Wertungen des Art. 3 Abs. 2 und 3 GG relevant sind[819]. Kündigungen, die aufgrund einer geschlechtsbezogenen Benachteiligung diskriminierend sind, sind gemäß § 134, 611a BGB analog unwirksam[820].

Einen weiteren Fall des § 138 Abs. 1 BGB stellt die Kündigung aus Rache oder Vergeltung dar[821]. Bei allen Fällen des § 138 Abs. 1 BGB ist jedoch stets zu beachten, dass eine Nichtigkeit nur bei objektiv besonders krassen Verstößen gegen den Zweck des Kündigungsrechts oder bei einer besonders verwerflichen Ausübung der Kündigung in Betracht kommt. Auch wenn dies der Fall ist, muss das sittenwidrige Motiv der tragende Beweggrund und nicht nur untergeordneter Aspekt der Kündigungsentscheidung sein.

---

813 So für das Arbeitsrecht BAG AP Nr. 1 zu § 612a BGB.
814 So für das Arbeitsrecht LAG Nürnberg LAGE Nr. 2 zu § 612a BGB.
815 So für das Arbeitsrecht LAG Düsseldorf LAGE Nr. 3 zu § 612a BGB.
816 Siehe dazu schon oben § 3F.I.
817 Siehe zu den Leistungsverweigerungsrechten ausführlich oben § 3E.I.3.
818 Zu einer Verweigerung des Druckens von Werbeprospekten für Schriften mit angeblich nationalsozialistischem Gedankengut siehe BAG AP Nr. 27 zu § 611 BGB Direktionsrecht.
819 *Preis*, NZA 1997, 1256 (1266).
820 Zu der Anwendbarkeit des § 611a BGB a.F. auf arbeitnehmerähnliche Personen siehe § 3D.III.2.
821 BAG AP Nr. 22 zu § 138 BGB.

Auch die mangelnde Anwendbarkeit des KSchG könnte über eine weit reichende Anwendung des § 138 Abs. 1 BGB kompensiert werden. § 138 Abs. 1 BGB bietet den arbeitnehmerähnlichen Personen jedoch keinen ihr Bestandsinteresse besonders berücksichtigenden Schutz. Die besondere Schutzbedürftigkeit wird vielmehr durch eine Anwendung des § 242 BGB berücksichtigt, da diese Norm speziell auf Schuldverhältnisse bezogen ist und die relative Rechtsbeziehung zwischen den Parteien in den Mittelpunkt der Betrachtung stellt. § 138 Abs. 1 BGB hat dem entgegen einen sehr weiten Maßstab und ist auf alle Rechtsgeschäfte anzuwenden[822]. Gegen eine Anwendung zur Kompensation des nicht geltenden KSchG spricht auch der Vergleich mit dem Arbeitsrecht. Fällt ein Arbeitnehmer nicht in den Schutzbereich des KSchG, kann ein vergleichbarer Bestandsschutz nicht über die Anwendbarkeit des § 138 Abs.1 BGB erreicht werden[823]. Dann kann für die vergleichbaren arbeitnehmerähnlichen Personen nichts anderes gelten, zumal ihnen als Selbständigen unter dem Blickwinkel des Arbeitnehmerschutzes kein weiter reichenderer Schutz als den Arbeitnehmern zukommen darf. Stattdessen greift an die Stelle des KSchG eher § 242 BGB ein, um eine Schutzlosigkeit der arbeitnehmerähnlichen Personen zu vermeiden. Die Treuwidrigkeit der Kündigung nach § 242 BGB hängt auch von der Art und Intensität des Schuldverhältnisses ab, so dass die Besonderheiten des Beschäftigungsverhältnisses einer arbeitnehmerähnlichen Person auf den Maßstab des § 242 BGB, im Gegensatz zu dem von dem von einem Schuldverhältnis eher unabhängigen § 138 Abs. 1 BGB, Einfluss haben.

6. Kündigungsschutz durch § 242 BGB

Der Schutzbedürftigkeit der arbeitnehmerähnlichen Personen stehen nach der bis jetzt vorgenommenen Darstellung der Schutzmechanismen zahlreiche Schutzlücken gegenüber. Gerade die fehlende Anwendbarkeit des KSchG führt dazu, dass die arbeitnehmerähnliche Person nicht ausreichend vor ungerechtfertigten Kündigungen sicher ist. Daher kann eine herausragende Aufgabe des Schutzes durch § 242 BGB der Bestandsschutz sein. Neben § 242 BGB kommt auch § 315 BGB bei dem Bestandsschutz Bedeutung zu. § 315 BGB ist jedoch nach Ansicht des BAG als Maßstab nur zu berücksichtigen, wenn der Auftraggeber eine soziale Auswahl zu treffen hat[824]. § 315 BGB ergänzt § 242 BGB demnach in diesem Teilbereich des Kündigungsrechts, die grundlegende Regelung ist jedoch § 242 BGB. Einer generellen Anwendung des § 242 BGB zur Berücksichtigung des Bestandsinteresses der arbeitnehmerähnlichen Person steht auch nicht die Existenz des § 12a TVG entgegen. Zwar steht es den arbeitnehmerähnlichen Personen frei, sich zu organisieren und einen bestandsschützenden Tarifvertrag durchzusetzen. Die Gesetzesmaterialien zu § 12a TVG dokumentieren jedoch

---

[822] *Preis*, NZA 1997, 1256 (1265).
[823] BAG AP Nr. 1 zu § 1 KSchG; AP Nr. 22, 46 zu § 138 BGB.
[824] Siehe dazu gleich unten § 3F.I.6.b)(b).

nicht, dass sich der Schutz in jedem Fall auf diese Möglichkeit beschränken muss, so dass ein zusätzlicher Schutz über § 242 BGB unzulässig wäre. Ebenso wie im Arbeitsrecht ist ein Nebeneinander mehrerer Schutzmechanismen für die arbeitnehmerähnlichen Personen vorzuziehen[825].

a) *Bestandsschutz durch § 242 BGB statt des Kündigungsschutzgesetzes*

Der Arbeitnehmer ist durch das KSchG deutlich weitreichender in dem Bestand seines Arbeitsverhältnisses geschützt als die arbeitnehmerähnliche Person in dem Bestand ihres Vertragsverhältnisses. Aus diesem partiellen Schutz einer Gruppe von Erwerbstätigen könnte man mittels einer negativen Konkretisierungswirkung des KSchG schließen, dass ein Bestandsschutz für die arbeitnehmerähnliche Person generell ausgeschlossen sein soll, so dass auch die Anwendung des § 242 BGB nicht weiter hilft. Da das KSchG jedoch auf arbeitnehmerähnliche Vertragsverhältnisse nicht anwendbar ist, lässt sich daraus auch keine indirekte Aussage über den Bestandsschutz der arbeitnehmerähnlichen Person ableiten[826]. Das KSchG ist zwar eindeutig nicht anwendbar, ob stattdessen aber ein anderer, unter Umständen geringerer Schutz aus allgemeinen Rechtsgedanken abzuleiten ist, lässt sich aus der mangelnden Anwendbarkeit nicht schließen[827]. Das KSchG ist gerade nicht abschließend[828]. Die Schutzpflicht des Gesetzgebers aus Art. 12 Abs. 1 GG verlangt für alle Erwerbstätigen einen minimalen Schutz auch außerhalb des Geltungsbereichs des KSchG. Somit kommt § 242 BGB wie schon vor Inkrafttreten des KSchG[829] bestandsschützende Wirkung zu[830]. Die Sichtweise der Rechtsprechung war zwar nicht immer von dem eben geschilderten dualistischen Bestandsschutz geprägt[831]. Doch erkannte das Bundesverfassungsgericht in seiner Entscheidung zur sogenannten Kleinbetriebsklausel[832] an, dass auch für Arbeitnehmer, deren Betrieb nicht den Schwellenwert des § 23 Abs. 1 KSchG erreicht, ein minimaler Bestandsschutz über § 242 BGB gelten muss. Nach Ansicht des Bundesverfassungsgerichts ist die

---

[825] *Fastrich*, S. 195.

[826] So im Ergebnis auch *Herschel*, FuR 1977, 290 (293).

[827] Anders *Schubert*, S. 464 f., die dem KSchG abschließenden Charakter zuspricht, der einer bestandsschützenden Wirkung des § 242 BGB für arbeitnehmerähnliche Personen entgegenstünde.

[828] So früher aber noch BAG AP Nr. 3 zu § 242 BGB Kündigung; AP Nr. 1 zu § 620 BGB Schuldrechtliche Kündigungsbeschränkung.

[829] Siehe dazu *Preis* in Stahlhacke/Preis/Vossen, S. 125.

[830] BVerfGE 97, 169 (178 f.); statt vieler *Preis*, NZA 1997, 1256 (1266); *Kittner*, NZA 1998, 731 (732 f.).

[831] Die Kündigung konnte außerhalb der Anwendbarkeit des KSchG nur aus anderen als den im KSchG kodifizierten Gründen nach § 242 BGB nichtig sein, z.B. wenn ein Fall der Rechtsmissbräuchlichkeit vorlag, so BAG AP Nr. 2 zu § 242 BGB Kündigung.

[832] BVerfGE 97, 169 (178 f.).

Kleinbetriebsklausel in § 23 Abs. 1 KSchG verfassungsrechtlich unbedenklich, da die Arbeitnehmer auch außerhalb des KSchG nicht völlig schutzlos seien. Gerade § 242 BGB müsse Anwendung finden, damit der Arbeitnehmer vor einer Kündigung aus willkürlichen oder sachfremden Gründen geschützt sei. Nur eine verdeckte Einführung der Prüfung der Sozialwidrigkeit der Kündigung außerhalb des KSchG dürfe nicht erfolgen, da insofern das KSchG abschließend sei[833]. Zugunsten der arbeitnehmerähnlichen Person müssen die Überlegungen des Bundesverfassungsgerichts entsprechend gelten, da sie wie Arbeitnehmer von der Schutzpflicht des Gesetzgebers durch Art. 12 Abs. 1 GG erfasst sind. Wie bei Arbeitnehmern ist auch bei arbeitnehmerähnlichen Personen das Bestandsinteresse ein Teil ihrer durch Art. 12 Abs. 1 GG geschützten Arbeitsplatzwahlfreiheit. Der leitende Gedanke des Bundesverfassungsgerichts bei der zitierten Grundsatzentscheidung war der Schutz des strukturell unterlegenen Arbeitnehmers. Da die arbeitnehmerähnliche Person aufgrund ihrer wirtschaftlichen Abhängigkeit gleichermaßen schutzbedürftig ist, kann für sie kein anderer Maßstab gelten. Dass die arbeitnehmerähnliche Person nicht wie der Arbeitnehmer persönlich abhängig ist, schließt die Anwendbarkeit des § 242 BGB beim Bestandsschutz nicht aus, sondern kann nur zu einer anderen Ausgestaltung des Bestandsschutzes führen[834]. Ein grundsätzlicher Bestandsschutz über § 242 BGB für die arbeitnehmerähnliche Person ist jedoch gegeben.

b) *Bestandsschutz im Einzelnen*

Nachdem der prinzipielle Bestandsschutz des Vertragsverhältnisses einer arbeitnehmerähnlichen Person bejaht wurde, werden im Folgenden nun die darunter zu subsumierenden Fallgruppen erläutert.

(a) Willkürverbot

Die Kündigung eines Auftraggebers darf nach § 242 BGB nicht willkürlich erfolgen. Um die grundsätzliche Kündigungsfreiheit des Auftraggebers nicht im Übermaß einzuschränken, muss zwischen dem Bestandsinteresse der arbeitnehmerähnlichen Person und der Kündigungsfreiheit des Auftraggebers eine praktische Konkordanz hergestellt werden.

Als Richtschnur zum Inhalt des Willkürverbots kann festgehalten werden, dass der Bestandsschutz aus § 242 BGB einen Abstand zum KSchG wahren muss, um die Exklusivität des KSchG zu gewährleisten. Fraglich ist, wann eine grundlose oder eine Kündigung aus beliebigem Grund willkürlich ist und gleichzeitig

---

[833] Im Anschluss an die Entscheidung des Bundesverfassungsgerichts erfolgte auch ein sich dem anschließender Wechsel in der Arbeitsgerichtsbarkeit, dazu BAG AP Nr. 20 zu § 23 KSchG 1969; AP Nr. 12, 13 zu § 242 BGB Kündigung.

[834] So auch *Oetker* in FS Arbeitsgerichtsbarkeit, S. 311 (321); *Rieble*, ZfA 1998, 327 (331 f.).

aber auch den Abstand zu den Spezialregelungen des KSchG einhält. So kann man der Ansicht sein, dass die Kündigung außerhalb des KSchG zur Wahrung des Willkürgebots an das Vorliegen eines Sachgrundes gebunden ist[835]. Nach dieser Meinung sind nur die in § 1 Abs. 2 KSchG genannten Kündigungsgründe zulässig, so dass nur personen-, verhaltens- oder betriebsbedingte Kündigungen erfolgen können[836]. Dadurch wird der Auftraggeber allerdings gezwungen, die Kündigung positiv zu rechtfertigen[837] und muss sich dabei unmittelbar an den Vorgaben durch das KSchG orientieren. Dies engt zum einen seine eigentlich bestehende Kündigungsfreiheit sehr stark ein, zum anderen wird auch die Exklusivität des KSchG nicht ausreichend gewährleistet. Der Begründungszwang eines Sachgrundes geht dann über den aus Art. 12 Abs. 1 GG geforderten Minimalschutz weit hinaus und kann auch im Wege einer praktischen Konkordanz aufgrund der starken Beeinträchtigung der Rechte des Auftraggebers nicht befürwortet werden. Nach einer anderen Ansicht ist statt der vollständigen Orientierung an den Gründen des KSchG nur im Ansatz zu untersuchen, ob personen-, verhaltens- oder betriebsbedingte Kündigungsgründe vorliegen[838]. Die Kündigungsgründe des KSchG sind nach dieser Ansicht jedoch anders als im Geltungsbereich des KSchG keine Wirksamkeitsvoraussetzungen, sondern nur ein Maßstab für die Willkürkontrolle. Doch auch diese Ansicht verwischt nur die Nähe zu der Kontrolle nach dem KSchG. Dass das Vorliegen der Kündigungsgründe nach dem KSchG keine Wirksamkeitsvoraussetzung ist, versteht sich bereits aufgrund der mangelnden Anwendbarkeit. Dann ist aber eine Prüfung des Willkürgebots mittels einer Orientierung an dem KSchG nur eine Täuschung. Lehnt man eine Prüfung anhand der Sachgründe nach dem KSchG ab, bedeutet dies jedoch nicht, dass eine Prüfung eines Kündigungsgrundes überhaupt nicht erfolgt[839]. Man könnte statt der eben erläuterten weit reichenden Prüfung diese auf eine bloße Missbrauchsprüfung beschränken, die anhand der Ausnutzung der Machtposition des Auftraggebers zu ermitteln ist[840]. Diesem Maßstab würde auch eine grundlose Kündigung genügen. Eine grundlose Kündigung gilt als willkürlich und genügt dem gebotenen Minimum an Bestandsschutz aus Art. 12 Abs. 1 GG gerade nicht[841], da das Ziel der praktischen Kon-

---

[835] So *Oetker* für arbeitnehmerähnliche Personen in FS Arbeitsgerichtsbarkeit, S. 311 (327); für das Arbeitsrecht so *Oetker*, AuR 1997, 41 (51 ff.); *Kittner*, NZA 1998, 731 (732 f.); *Däubler* in Kittner/Däubler/Zwanziger, § 242 BGB Rn. 27.

[836] *Oetker* für arbeitnehmerähnliche Personen in FS Arbeitsgerichtsbarkeit, S. 311 (327).

[837] Daher die Bindung an einen Sachgrund im Arbeitsrecht stark kritisierend statt vieler *Preis*, NZA 1997, 1256 (1267); *Löwisch*, BB 1997, 781 (786 f.).

[838] So für das Arbeitsrecht *Wank* in MünchArbR, § 122 Rn. 33, 35; *ders.*, Anm. EzA Nr. 23 zu § 138 BGB.

[839] So aber für das Arbeitsrecht *Preis*, NZA 1997, 1256 (1266 ff.).

[840] So für das Arbeitsrecht *Preis*, NZA 1997, 1256 (1266 ff.); *Otto* in FS Wiese, S. 353 (364, 366 ff.).

[841] So für die arbeitnehmerähnliche Person *Appel/Frantzioch*, AuR 1998, 93 (97); *Herschel*, DB 1977, 1185 (1189).

kordanz zulasten der arbeitnehmerähnlichen Person nicht erreicht wurde. Durch dieses Verständnis des Willkürgebots wird gewährleistet, dass sich der Auftraggeber nicht nur an seinen eigenen Interessen orientiert, sondern auch das Bestandinteresse der arbeitnehmerähnlichen Person ausreichend berücksichtigt. Der Auftraggeber muss mit der Kündigung ein Interesse verfolgen, dass einen sachlichen Bezug zu dem beendeten Vertrag hat. Ob das Motiv zur Kündigung sich an die Gründe des KSchG anlehnt oder die Gründe nachvollziehbar sind, ist hingegen nicht relevant. Eine positive Rechtfertigung des Auftraggebers ist somit nicht nötig[842]. Grundlose Kündigungen oder solche aus völlig sachfremden Gründen scheiden damit jedoch aus. Hat eine Kündigung keinen Bezug zu dem Vertragsverhältnis, ist sie entweder sachfremd oder grundlos. Die gängigen auf das Vertragsverhältnis bezugnehmenden Gründe sind aber nun einmal die personen-, verhaltens- oder betriebsbedingten Kündigungsgründe[843]. Für die aber nicht in den Betrieb eingegliederten arbeitnehmerähnlichen Erwerbstätigen ist die betriebsbedingte Kündigung jedoch zu modifizieren. Für sie sind nur solche Gründe sachfremd und damit willkürlich, die nicht einmal einen Bezug zum Unternehmen haben. Liegt eine unternehmensbezogene Kündigung vor, ist diese zulässig, ohne dass es auf die Möglichkeit der Weiterbeschäftigung der arbeitnehmerähnlichen Person ankommt[844].

Daher ist es bei allem Bewahren um die Exklusivität des KSchG unumgänglich, auf diese Gründe Bezug zu nehmen. Insofern nähern sich die Grundvoraussetzungen einer Kündigung nach dem KSchG und außerhalb des KSchG einander an. Ein deutlicher Unterschied zeigt sich jedoch in der weiteren Prüfung einer ordentlichen Kündigung. Das Verbot der Kündigung aus sachfremdem Grund führt nämlich nicht zu einer Verhältnismäßigkeitsprüfung, da das Verhältnismäßigkeitsprinzip außerhalb des KSchG nicht gilt[845]. Die Prüfung der Verhältnismäßigkeit einer ordentlichen Kündigung setzt voraus, dass das Gericht die Kündigung im Einzelnen nachzuprüfen hat. Eine derartige detaillierte Prüfung ist jedoch nur im Rahmen des KSchG vorzunehmen. Außerhalb des KSchG ist z.B. auch dann nicht willkürlich ist, wenn im Arbeitsrecht als milderes Mittel an sich nur eine Abmahnung gerechtfertigt wäre[846]. Auch vollkommen nichtige oder

[842] BAG EzA Nr. 4 zu § 242 BGB Kündigung.
[843] Auch die krankheitsbedingte Kündigung ist zulässig, anders aber *Urban*, S. 171 f., die bei allen Arbeitnehmern außerhalb des KSchG die krankheitsbedingte Kündigung für unzulässig hält, solange der Arbeitgeber zur Entgeltfortzahlung nach dem EFZG verpflichtet ist. Da dieses Gesetz auf arbeitnehmerähnliche Personen jedoch nicht anwendbar ist, greift diese Einschränkung auch nicht ein.
[844] Siehe dazu und zur Sozialauswahl bei unternehmensbezogenen Gründen gleich unten § 3F.I.6.b)(b).
[845] So für arbeitnehmerähnliche Personen *Oetker* für arbeitnehmerähnliche Personen in FS Arbeitsgerichtsbarkeit, S. 311 (327); *Appel/Frantzioch*, AuR 1998, 93 (97).
[846] BAG AP Nr. 26 zu § 242 BGB Abmahnung.

vorgeschobene Gründe genügen dem Willkürgebot des § 242 BGB nicht[847], da dies auch gegen das allgemeine Persönlichkeitsrecht des Erwerbstätigen verstößt. Die Rechtsfolge einer willkürlichen Kündigung ist die Nichtigkeit nach § 242 BGB.

(b) Soziale Rücksichtnahme

Kündigt der Arbeitgeber aus betriebsbedingten Gründen, muss er bei Anwendbarkeit des KSchG zur Wirksamkeit der Kündigung eine Sozialauswahl im Sinne § 1 Abs. 3 KSchG vorgenommen haben.

Bezugspunkt der betriebsbedingten Kündigung im Arbeitsrecht ist der Betrieb. Innerhalb dieser Organisationseinheit ist es dem Arbeitgeber aufgrund seiner Leitungs- und Herrschaftsmacht zuzumuten, eine angemessene Sozialauswahl zu treffen[848]. Betrachtet man nur diesen Bezugspunkt und Ausgangsgedanken der betriebsbedingten Kündigung, lassen sich mangels dauerhafter Eingliederung der arbeitnehmerähnlichen Person in den Betrieb diese Grundsätze nicht übertragen. Jedoch fußt die Sozialauswahl nicht allein auf dem Gedanken der Betriebsbezogenheit. Eine Sozialauswahl ist gerade auch zur Wahrung der Schutzpflicht des Gesetzgebers aus Art. 12 Abs. 1 GG und des Sozialstaatsgebotes aus Art. 20 Abs. 1 GG nötig, die in ihrem Schutzbereich auch die arbeitnehmerähnlichen Personen erfassen[849]. Diese Pflicht zur Rücksichtnahme ist unabhängig von einer betrieblichen Eingliederung, da sie nur dem Schutz des Gekündigten dient[850]. Kann man daher generell eine Überprüfung der Berücksichtigung der Schutzbedürftigkeit der arbeitnehmerähnlichen Personen bei einer betriebsbedingten Kündigung vornehmen, so stellt sich die Frage nach dem anzulegenden Maßstab.

Findet das KSchG keine Anwendung, zieht das BAG teilweise § 315 BGB heran, um auf diesem Weg eine soziale Auswahl des Arbeitgebers überprüfen zu können[851]. Dabei ist jedoch zu beachten, dass die Rechtsprechung § 315 BGB mit der Folge der Berücksichtigung der sozialen Auswahl nur in den Sonderfällen des Sonderkündigungsrechts im öffentlichen Dienst nach dem Einigungsvertrag anwendete, in denen § 1 Abs. 3 KSchG nicht anwendbar ist[852]. Diese

---

847 BVerfGE 97, 169 (179); BAG EzA Nr. 4 zu § 242 BGB Kündigung; ebenso *Wank* in MünchArbR, § 122 Rn. 35.

848 Zwar kann man die Pflicht zur Sozialauswahl auch mit dem arbeitsrechtlichen Gleichbehandlungsgrundsatz begründen, so BAG AP Nr. 12 zu § 242 BGB Kündigung. Da dieser Grundsatz für arbeitnehmerähnliche Personen jedoch nicht gilt, bleibt er hier außer Betracht.

849 BVerfGE 97, 169 (179); BAG AP Nr. 12 zu § 242 BGB Kündigung.

850 Der arbeitsrechtliche Gleichbehandlungsgrundsatz hat hingegen den Schutz der übrigen Betriebsangehörigen als Ziel.

851 BAG NZA 1997, 604 (605).

852 Zuletzt BAG EzA Art. 20 Einigungsvertrag Soziale Auswahl Nr. 3 und 5.

Rechtsprechung zu der Sondermaterie lässt sich nicht ohne weiteres verallgemeinern. In einer weiteren Entscheidung ließ das BAG die entsprechende Anwendung des § 1 Abs. 3 KSchG offen[853]. Doch auch hieraus lässt sich nicht schließen, dass die Rechtsprechung eine Berücksichtigung der sozialen Auswahl entsprechend § 1 Abs. 3 KSchG auch außerhalb des KSchG vornehmen möchte. Zwar wendete das BAG in dieser Entscheidung § 315 BGB an, um eine soziale Auswahl des Arbeitgebers zu überprüfen. Dabei handelte es sich jedoch um den Versuch, die Frage der Konkurrenz um freie Arbeitsplätze in einem anderen Betrieb eines Unternehmens zu lösen, wenn nicht genügend freie Arbeitsplätze vorhanden sind. Auch aus dieser Entscheidung lässt sich schwerlich ein allgemeines Prinzip entnehmen[854], da auch diese Entscheidung eine besondere Konstellation erfasste. Auch spricht der Umstand, dass das BAG in der weiteren Rechtsprechung § 315 BGB nicht mehr bei Kündigungen außerhalb des KSchG anwendete, dass § 315 BGB nicht als Maßstab für die soziale Auswahl herangezogen werden kann. So sah es das BAG in seiner Entscheidung zur sozialen Auswahl im Kleinbetrieb[855] als maßgeblich an, ob eine evidente Sozialwidrigkeit vorliegt, die zu einem Verstoß gegen das Willkürgebot aus § 242 BGB führt. Diese Grundsätze sind auf die arbeitnehmerähnliche Person zu übertragen, da diese allgemeinen zivilrechtlichen Grundsätze auch auf die Vertragsverhältnisse der arbeitnehmerähnlichen Person anwendbar sind. Eine positive Sozialauswahl muss der Auftraggeber nicht vornehmen. Die Sozialwidrigkeitsgrundsätze des § 1 KSchG oder anderer Kündigungsschutztatbestände für Arbeitnehmer dürfen nicht über die bürgerlichrechtlichen Generalklauseln doch zur Anwendung kommen[856].

Zwar steht nun fest, dass man eine Kündigung einer arbeitnehmerähnlichen Person zumindest auf evident sozialwidrige Verstöße prüfen kann. Bei einer derartigen Kontrolle sind jedoch mehrere Besonderheiten zu beachten, die im Endeffekt zu einem nur sehr eingeschränkten Anwendungsbereich dieser Prüfungsmöglichkeit führen.

§ 242 BGB soll nur einen Minimalschutz des Bestandinteresses gewährleisten. Bei dieser auf Art. 12 Abs. 1 GG beruhenden Kontrolle der Treuwidrigkeit muss jedoch zugunsten des Auftraggebers die eigenständige unternehmerische Entscheidung noch hinreichend berücksichtigt und daher nicht zu sehr eingeengt werden. Es obliegt daher dem Auftraggeber, sich mit der Begründung für einen Erwerbstätigen und damit gegen dessen Kollegen zu entscheiden, dass er die Tendenz des Fernsehunternehmens am besten vertritt. Ist der Auftraggeber der Ansicht, der Redakteur sei für das Fernsehunternehmen am interessantesten, da er die Tendenz am besten nach außen trägt, steht es ihm frei, mit dieser Begrün-

853 BAG EzA Nr. 16 zu § 1 KSchG Betriebsbedingte Kündigung.
854 *Friedrich* in KR, § 13 KSchG Rn. 258a.
855 BAG AP Nr. 12 zu § 242 BGB Kündigung.
856 LAG München v. 10.12.2003 - 9 Sa 178/03 - n.v., siehe aber **juris**.

dung den anderen Erwerbstätigen zu kündigen. Der Auftraggeber muss zur Verwirklichung seiner Interessen nach Art. 5 GG gerade in Tendenzunternehmen darin frei sein, sich mit der Begründung für einen bestimmten Erwerbstätigen zu entscheiden, dass er mit dessen journalistischen Leistungen in der Vergangenheit zufrieden war und daher in Zukunft mit ihm eher zusammenarbeiten möchte.

Da ein Auftraggeber bei der Auswahl zwischen mehreren Erwerbstätigen diesen meist nicht indifferent gegenübersteht, sondern Präferenzen für einen oder mehrere Beschäftigte hat, ist der Anwendungsbereich bereits sehr deutlich eingeschränkt. Trifft der Auftraggeber nicht auf diese Weise bereits eine Entscheidung über den Verbleib der Erwerbstätigen in dem Unternehmen, so kann eine Sozialauswahl nur dann vorgenommen werden, wenn die Tätigkeit der Erwerbstätigen vergleichbar ist und sie sich bei ihrer beruflichen Tätigkeit wechselseitig ersetzen können[857]. Die Ersetzbarkeit kann aber nur vorliegen, wenn diese soziale Berücksichtigung nur im Vergleich unter den arbeitnehmerähnlichen Personen erfolgt. Eine arbeitnehmerähnliche Person kann einen Arbeitnehmer nicht ersetzen, da sich ansonsten die Art der Beschäftigung aufgrund der persönlichen Abhängigkeit des Arbeitnehmers gegenüber der keinen Weisungen unterworfenen Tätigkeit der arbeitnehmerähnlichen Person erheblich verändern würde. Daher ist der Vergleich der sozialen Schutzbedürftigkeit auf die arbeitnehmerähnlichen Personen untereinander beschränkt. Aus dem gleichen Grunde der Änderung der Beschäftigung kann auch eine arbeitnehmerähnliche Person eine andere nur dann ersetzen, wenn dazu keine Vertragsänderung nötig ist, es sei denn, der Auftraggeber kann sie einseitig vornehmen. Arbeitnehmerähnliche sind gerade nicht wie Arbeitnehmer wechselseitig austauschbar, da der Auftraggeber gerade nicht wie der Arbeitgeber aufgrund seines Direktionsrechts im Rahmen der Verträge den Arbeitnehmer auf einen anderen Arbeitsplatz setzen kann. Demnach darf der Auftraggeber zwar keine arbeitnehmerähnliche Person kündigen, die wesentlich schutzbedürftiger ist als eine andere[858], wenn nicht andere Gründe des Auftraggebers für eine Kündigung eines bestimmten Erwerbstätigen sprechen. Aufgrund der erläuterten Einschränkungen wird eine tatsächliche Beschränkung der betriebsbedingten Kündigung jedoch eher selten sein.

Aus der bestehenden Pflicht des Auftraggebers, soziale Belange der arbeitnehmerähnlichen Person ausreichend zu berücksichtigen, darf keine Pflicht zur positiven Rechtfertigung des Auftraggebers resultieren. Dies kann mittels einer Berücksichtigung der grundsätzlichen Kündigungsfreiheit des Auftraggebers bei

---

[857] So für das Arbeitsrecht BAG AP Nr. 9, 50 zu § 1 KSchG 1969 Soziale Auswahl.

[858] So für Arbeitnehmer außerhalb des KSchG BAG AP Nr. 12 zu § 242 BGB Kündigung; dies auf die arbeitnehmerähnlichen Personen übertragend *Frantzioch*, S. 221, nur eine Missbrauchskontrolle im Arbeitsrecht fordernd *Wank* in FS Hanau, S. 295 (313); die Sozialauswahl auch außerhalb des KSchG auf grobe Fehlerhaftigkeit überprüfend *Gragert*, NZA 2000, 961 (969).

der Darlegungs- und Beweislast erreicht werden, wobei aber auch die grundsätzlichen Schwierigkeiten des prozessualen Vorbringens der arbeitnehmerähnlichen Person zu berücksichtigen sind.

c) *Anwendbarkeit des § 242 BGB bei rechtsmissbräuchlicher Kündigung*

Neben der möglichen Kompensation des nicht anwendbaren KSchG und von der sozialen Schutzbedürftigkeit unabhängig entfaltet § 242 BGB auch einen materiellen Bestandsschutz in den Fällen der rechtsmissbräuchlichen Kündigung.

Setzt sich der Auftraggeber durch den Ausspruch der Kündigung in Widerspruch zu seinem eigenen Verhalten, führt dies nach dem Grundsatz „venire contra factum proprium" zur Nichtigkeit der Kündigung. Ein derartiger Fall liegt vor, wenn der Auftraggeber die Fortdauer des Vertragsverhältnisses zusagt, dem entgegentretend jedoch kurz darauf kündigt. Hat die Person im Vertrauen auf den Fortbestand des Vertragsverhältnisses anderweitige Angebote abgelehnt, ist die Kündigung nach § 242 BGB nichtig. Eine Verwirkung des Kündigungsrechts als besonderer Fall des venire contra factum proprium aufgrund eines zu langen Zeitraumes zwischen dem die Kündigung auslösenden Ereignis und dem Ausspruch der Kündigung ist indessen nicht möglich. Der Auftraggeber der arbeitnehmerähnlichen Person genießt grundsätzliche Kündigungsfreiheit. Zudem ist kein Fall denkbar, in dem die Verwirkung nicht ohnehin schon zur Selbstwidersprüchlichkeit der Kündigung führt. Daneben ist aber für einen Sonderfall der Verwirkung kein Raum, da dies die Kündigungsfreiheit des Auftraggebers zu sehr beschränken würde.

Missachtet der Auftraggeber bei Ausspruch der Kündigung die Interessen und das Persönlichkeitsrecht des Erwerbstätigen in gewichtigem Maße, liegt ebenfalls eine gegen § 242 BGB verstoßende und somit nichtige Kündigung vor. So ist etwa der Ausspruch einer Kündigung vor versammelter Belegschaft in großem Maße beleidigend und kränkend[859]. Da dem Auftraggeber grundsätzlich eine Kündigungsfreiheit zusteht, muss der Grad der Verletzung jedoch immer ein derartiges Ausmaß erreicht haben, dass der Erwerbstätige in seinem Recht aus Art. 2 Abs. 1 GG unerträglich stark beeinträchtigt ist. Eine bloße Taktlosigkeit reicht dafür nicht aus.

Für die Kündigung des Dienstnehmers ist der Rechtsgedanke der Treuwidrigkeit der Kündigung zur Unzeit in § 627 Abs. 2 BGB spezialgesetzlich kodifiziert. Der auch in §§ 671 Abs. 2 S. 2, 732 Abs. 2 S. 2 BGB enthaltene Rechtsgedanke ist verallgemeinerbar[860]. Für die nicht unter diese Spezialgesetze fallenden ar-

---

[859] *Friedrich* in KR, § 13 KSchG Rn. 243 ff. mit weiteren Beispielen.
[860] *Oetker*, AuR 1997, 41 (47).

beitnehmerähnlichen Personen bzw. deren Auftraggeber folgt die Treuwidrigkeit einer derartigen Kündigung aus § 242 BGB. Der Kündigende hat bei Ausspruch der Kündigung den Zeitpunkt so zu wählen, dass dem Gekündigten kein Vermögensschaden entsteht bzw. diese sich begrenzt hält. Da folglich nur das Vermögensinteresse des Gekündigten berührt ist und nicht sein Bestandinteresse, hat eine Kündigung zur Unzeit auch nur Schadenersatzansprüche[861] und nicht die Nichtigkeit der Kündigung zur Folge[862].

Eine Pflicht zur Anhörung des Erwerbstätigen vor Ausspruch der Kündigung aus § 242 BGB besteht nicht. Insofern sind die gleichen Grundsätze wie im Arbeitsrecht heranzuziehen. Nur im Fall der Verdachtskündigung hat der Arbeitgeber den Arbeitnehmer vor Ausspruch der Kündigung zu hören, um den Versuch zu unternehmen, den Verdacht aufzuklären. Da im Vergleich dazu die Schutzbedürftigkeit der arbeitnehmerähnlichen Person eine Aufklärung des Verdachts zur Wahrung der Verhältnismäßigkeit ebenso erfordert, sind diese Prinzipien auf arbeitnehmerähnliche Erwerbstätige gleichermaßen zu übertragen.

Eine Pflicht zur Benennung der Kündigungsgründe aus § 242 BGB besteht ebenso wie im Arbeitsrecht nicht, was sich bereist aus einem Umkehrschluss zu § 626 Abs. 2 S. 3 BGB ergibt.

d) *Darlegungs- und Beweislast*

Möchte die arbeitnehmerähnliche Person gegen eine treuwidrige Kündigung vorgehen, so steht sie vor den gleichen Problemen wie ein Arbeitnehmer. Sie hat aufgrund der fehlenden Kenntnis keine oder nur eine sehr eingeschränkte Möglichkeit, ihrer Beweislast als Anspruchsteller zu genügen. Eine Beweislastumkehr zulasten des Arbeitgebers wie in § 1 Abs. 2 S. 4 KSchG ist jedoch ausgeschlossen, da zum einen das KSchG aufgrund seiner Exklusivität und zum anderen diese Regelung als Ausnahme zu der allgemeinen Verschuldensvermutung des § 280 Abs. 1 S. 2 BGB analogiefeindlich[863] ist. Auch der Anscheinsbeweis hilft der arbeitnehmerähnlichen Person nicht aus dieser Situation, da ein für einen Anscheinsbeweis notwendiger typischer Geschehensablauf bei einer willkürlichen Kündigung einer arbeitnehmerähnlichen Person eher selten sein wird. Als milderes und den Auftraggeber weniger belastendes Mittel im Vergleich zur Beweislastumkehr kommt jedoch die bei Arbeitnehmern anzuwendende abgestufte Darlegungs- und Beweislast in Betracht. Im Arbeitsrecht fußen diese Grundsätze auf der Überlegung, dass der Arbeitnehmer in dem ihm fremden und

[861] Ersatzfähig ist nur der Vertrauensschaden, nicht hingegen das Erfüllungsinteresse, dazu *Preis* in Staudinger, § 627 Rn. 30.

[862] Als besondere Ausprägung der Kündigung zur Unzeit wird im Handelsrecht den Vertriebsmitarbeitern ein so genannter Investitionsschutz aus § 242 BGB zugesprochen, dazu *Martinek* in Staudinger, § 675 Rn. D 72.

[863] *Preis*, NZA 1997, 1256 (1269).

nicht kontrollierbaren Herrschaftsbereich des Arbeitgebers tätig ist und auch die Kündigungsgründe dort entstehen[864]. Vor diesem Hintergrund können diese Grundsätze auch auf die arbeitnehmerähnliche Person dahingehend übertragen werden, dass sie für Tatsachen, die außerhalb ihres Einsichtsbereichs liegen, nur die abgestufte Darlegungs- und Beweislast trägt. Demnach obliegt ihr zwar noch die Darlegungs- und Beweislast, zur Substantiierung ihres Vortrages genügt jedoch das Vorbringen von Indizien, die für die Treuwidrigkeit der Kündigung sprechen. Bei der Missachtung ihrer Schutzbedürftigkeit bei einer betriebsbedingten Kündigung muss sie die fehlende Berücksichtigung der schlechteren Sozialdaten behaupten und darlegen. Der Auftraggeber kann sich von dem Vorwurf entlasten, indem er auf unternehmensbezogene Interessen hinweist[865]. Auf diese Weise kann auch der Arbeitgeber nach § 1 Abs. 3 S. 2 KSchG von einer Sozialauswahl abweichen, der Auftraggeber darf insoweit aber nicht schlechter gestellt werden[866].

Für Tatsachen, die den eigenen Herrschaftsbereich der arbeitnehmerähnlichen Person betreffen, bleibt es bei der vollen Darlegungs- und Beweislast.

7. Kündigungsschutz in der Insolvenz des Auftraggebers

Nachdem der Kündigungsschutz des Arbeitnehmerähnlichen geklärt ist, stellt sich die Frage, ob ein gleichartiger formeller und materieller Schutz auch in der Insolvenz des Auftraggebers besteht. Nach § 113 InsO kann der Insolvenzverwalter dem Dienstverpflichteten ohne Rücksicht auf die vereinbarte Vertragsdauer oder einen vereinbarten Ausschluss des Rechts zur ordentlichen Kündigung mit einer Kündigungsfrist von drei Monaten kündigen, wenn nicht ohnehin eine kürzere Frist vereinbart ist. Die Kündigung kann somit auch unabhängig davon erfolgen, ob ein befristeter oder unbefristeter Vertrag vorliegt. Die Norm durchbricht sogar die Wirkung eines tarifvertraglichen Ausschlusses der Kündigung. Direkte Anwendung findet § 113 InsO auf arbeitnehmerähnliche Personen, die auf der Grundlage eines Dienstvertrages verpflichtet sind. Für die auf werkvertraglicher Ebene Beschäftigten beinhaltet § 103 InsO eine Sonderregelung. Danach besteht bei wörtlicher Auslegung zugunsten des Insolvenzverwalters ein Wahlrecht, ob er auf der Erfüllung des Vertrages besteht oder nicht. Da dies auf eine fristlose Kündigung hinausläuft, ist die Schutzbedürftigkeit des betroffenen arbeitnehmerähnlichen Erwerbstätigen nicht gewahrt. Es liegt insoweit eine planwidrige Regelungslücke vor als durch die Norm nicht unterschieden wird, ob ein einmaliges Vertragsverhältnis zwischen den Parteien in Form eines Werkvertrages besteht oder sich mehrere Werkverträge aneinander reihen, die eine vertragliche Dauerbeziehung zwischen den Parteien begründet. § 103 InsO

[864] *Preis*, NZA 1997, 1256 (1270).
[865] So für Arbeitnehmer außerhalb des KSchG BAG AP Nr. 12 zu § 242 BGB.
[866] *Schubert*, S. 481 f.

ist auf die Variante zugeschnitten, bei der ein einmaliges Werkvertragsverhältnis zwischen den Parteien besteht. Ist ein Werkunternehmer einmalig für einen Werkbesteller tätig, gefährdet eine sofortige Beendigung des Vertragsverhältnisses in der Regel nicht die Existenzgrundlage des Werkunternehmers. Vertraut jedoch der Werkunternehmer aufgrund einer Kette von Werkverträgen in der Vergangenheit darauf, dass er auch in Zukunft seine wirtschaftliche Existenz durch die Einnahmen von dem Fernsehunternehmen sichern kann, muss er sich auf eine Veränderung einstellen können. Er muss die Möglichkeit haben, einen anderen Vertragspartner zu finden bzw. seine Existenzgrundlage auf eine andere Art zu sichern. Dies ist durch die plötzliche Beendigung nach § 103 InsO nicht möglich. § 103 InsO muss daher dahingehend teleologisch reduziert werden, dass er für ein Dauerschuldverhältnis, dass auf einer Reihe von aufeinander folgenden Werkverträge basiert, nicht anwendbar ist. In diesem Fall kann der Insolvenzverwalter nur nach § 113 InsO vorgehen[867].

Für die Dauerschuldverhältnisse mit Geschäftsbesorgungscharakter enthält § 116 i.V. mit § 115 InsO analog eine Sonderregelung. Danach erlischt ein vom Auftraggeber erteilter Auftrag, der sich auf das zur Insolvenzmasse gehörende Vermögen bezieht, durch die Eröffnung des Insolvenzverfahrens. §§ 115, 116 InsO bedürfen jedoch bei arbeitnehmerähnlichen Personen ebenfalls einer teleologischen Reduktion[868]. Ein Erlöschen der Geschäftsbesorgung im Ganzen ist nicht nötig und für die arbeitnehmerähnliche Person auch nicht sachgerecht. Vielmehr genügt es, die Abschlussvollmacht der arbeitnehmerähnlichen Person zu beseitigen, um so einen Konflikt mit der Verfügungsmacht des Insolvenzverwalters auszuschließen[869]. Entscheidender ist jedoch wie bei den Werkverträgen die zwangsläufige sofortige Beendigung des Vertragsverhältnisses. Insofern gelten dieselben Erwägungen wie bei den Werkunternehmer, die mehrfach für einen Auftraggeber tätig werden: der Erwerbstätige muss aufgrund seiner wirtschaftlichen Abhängigkeit vor dem plötzlichen Verlust seiner Existenzgrundlage geschützt werden. Diesem Interesse der arbeitnehmerähnlichen Person kann nur durch eine entsprechende Anwendung des § 113 InsO sachgerecht begegnet werden. Überdies sprechen auch eine mögliche Umgehung der Kündigungsfrist des § 113 InsO durch den Auftraggeber und Abgrenzungsschwierigkeiten für eine analoge Anwendung. Die Abgrenzung zwischen Dienstverhältnis und Geschäftsbesorgung ist nicht immer eindeutig und konkretisiert sich im Einzelnen nach den Verkehrsanschauungen. Dienstverhältnisse können auch Merkmale der unter § 116 InsO fallenden Geschäftsbesorgungsverträge aufweisen[870]. Entscheidend ist, ob es sich um die unselbständige Auswirkung einer Pflicht aus dem Dienstverhältnis handelt oder eine Geschäftsbesorgung im Vordergrund steht,

[867] So auch *Däubler* in Kittner/Däubler/Zwanziger, § 113 InsO Rn. 11.
[868] So auch *Däubler* in Kittner/Däubler/Zwanziger, § 113 InsO Rn. 11.
[869] So auch *Däubler* in Kittner/Däubler/Zwanziger, § 113 InsO Rn. 11.
[870] *Weigand* in KR, § 113 InsO Rn. 13.

die durch die Vornahme von rechtsgeschäftlichen oder tatsächlichen Handlungen wirtschaftlicher Art für einen anderen und in dessen Interesse geprägt ist. Da eine Abgrenzung mithin schwierig ist, kann die Entscheidung zwischen einer sofortigen Beendigung des Vertragsverhältnisses im Sinne der §§ 115, 116 InsO und einer Ankündigung der Beendigung im Sinne des § 113 InsO für wirtschaftlich abhängige Erwerbstätige nicht auf der Grundlage dieser unsicheren Abgrenzung vorgenommen werden. Eine derart von Feinheiten abhängige Entscheidung erscheint im Hinblick auf die zu sichernde wirtschaftliche Existenz der arbeitnehmerähnlichen Person nicht sachgerecht. Ein weiterer Aspekt ist die mit dem fließenden Übergang der beiden Vertragstypen einhergehende Möglichkeit des Auftraggebers, den Vertragstyp und damit die einhergehenden Rechtsfolgen zu beeinflussen: überträgt der Auftraggeber dem Erwerbstätigen mehr rechtsgeschäftliche Befugnisse und liegt folglich eine Geschäftsbesorgung vor, kann er die Kündigungsfrist des § 113 InsO umgehen, ohne dass sich an der eigentlichen Tätigkeit der arbeitnehmerähnlichen Person etwas deutlich ändert. Das Beschäftigungsverhältnis des auf der Basis eines Geschäftsbesorgungsvertrages tätigen arbeitnehmerähnlichen Erwerbstätigen endet daher ebenfalls erst durch die Kündigung nach § 113 InsO[871].

8. Prozessuale Durchsetzung des Kündigungsschutzes

Besteht ein vom Auftraggeber nicht berücksichtigter Kündigungsschutz der arbeitnehmerähnlichen Person, kann sie dies prozessual durchsetzen. Die prozessuale Durchsetzung des materiellen Kündigungsschutzes der Arbeitnehmer hängt an der Einhaltung der Frist des § 4 KSchG. Legt der Arbeitnehmer die Kündigungsschutzklage nicht innerhalb von drei Wochen nach Zugang der Kündigung ein, gilt die Kündigung nach § 7 KSchG als von Anfang an rechtswirksam. Seit dem 1.1.2004 gilt diese materielle Präklusion nicht nur für die Überprüfung der sozialen Rechtfertigung nach dem KSchG, sondern für alle anderen allgemeinen Wirksamkeitsvoraussetzungen. Eine Ausnahme bildet jedoch das Schriftformerfordernis des § 623 BGB, ein Verstoß unterfällt nicht der materiellen Frist des § 4 KSchG[872]. Indem § 4 S. 1 KSchG die Drei-Wochen-Klagefrist erst „nach Zugang der schriftlichen Kündigung" laufen lässt, nimmt er die nur mündliche oder konkludente Kündigung aus dem Anwendungsbereich der Vorschrift aus[873].

Durch die Neuregelung in § 23 Abs. 1 S. 2 KSchG zeigt sich, dass § 4 KSchG nun auch für Arbeitnehmer gelten soll, die in einem den Schwellenwert des § 23 Abs. 1 KSchG nicht erreichenden Betrieb tätig sind. Möchte ein Arbeitnehmer eines Kleinbetriebs die Treuwidrigkeit im Sinne des § 242 BGB der ihm gegen-

---

871 So wohl auch *Däubler* in Kittner/Däubler/Zwanziger, § 113 InsO Rn. 11.
872 *Preis*, DB 2004, 70 (77).
873 *Löwisch*, BB 2004, 154 (159).

über ausgesprochenen Kündigung geltend machen, muss er die Klagefrist nach § 4 KSchG wahren. Nun könnte man auf den Gedanken kommen, dass auch arbeitnehmerähnliche Personen, die wie Arbeitnehmer in einem Kleinbetrieb nicht in den Anwendungsbereich des KSchG fallen, zur Wahrung ihrer Rechte die Frist nach § 4 KSchG einhalten müssen. Doch kann der neu eingefügte § 23 Abs. 1 S. 2 KSchG nicht derart weit ausgelegt werden, dass auch auf Erwerbstätige das KSchG partiell anzuwenden ist, die in ihrem berufsrechtlichen Status niemals in den Anwendungsbereich des KSchG fallen könnten. § 23 Abs. 1 S. 2 KSchG bildet für Arbeitnehmer in Kleinbetrieben eine Ausnahmeregelung, die als solche eng ausgelegt werden muss. Unabhängig vom Inhalt der Klagebegründung und der Größe des Betriebs soll ein Arbeitnehmer sich an zeitliche Vorgaben halten müssen. Dies kann aber nur für die Gruppe der Beschäftigten gelten, die prinzipiell auch in den Genuss des Schutzbereiches des Gesetzes kommen könnte. Würde man auch alle Selbständigen, zu denen die arbeitnehmerähnlichen Personen ja auch gehören, an die materielle Klagefrist binden, würde dies eine ungerechtfertigte Einschränkung ihrer prozessualen Möglichkeiten in der gerichtliche Durchsetzung ihres Bestandsschutzes bedeuten. Zudem zeigt die bereits zitierte Formulierung in § 4 S.1 KSchG der Klageerhebung nach Zugang der schriftlichen Kündigung, dass die Einhaltung der zwingenden Schriftform des § 623 BGB Voraussetzung des § 4 KSchG ist. Der Grund für diese Formulierung ist, dass aufgrund der stets erforderlichen Schriftlichkeit der Kündigung auch eine Beschränkung der Klagemöglichkeit für den Arbeitnehmer zumutbar ist. Da jedoch der Auftraggeber anders als der Arbeitgeber nicht durch § 623 BGB eingeschränkt ist, da die Norm zugunsten von Arbeitnehmern nicht anwendbar ist, kann auch zulasten der arbeitnehmerähnlichen Person keine Einschränkung ihrer Rechte erfolgen. Die arbeitnehmerähnliche Person ist demnach bei der gerichtlichen Geltendmachung nicht der materiellen Frist des § 4 KSchG, sondern nur den Grenzen der Verwirkung unterworfen.

9. Zusammenfassung zur ordentlichen Kündigung

Grundsätzlich besteht für den Auftraggeber im Vertragsverhältnis mit einer arbeitnehmerähnlichen Person die auf Art. 12 Abs. 1 GG zurückgehende Kündigungsfreiheit. Zugunsten des Bestandsinteresses der arbeitnehmerähnlichen Person kann diese Freiheit jedoch eingeschränkt werden. Dafür muss aber mittels einer praktischen Konkordanz ein angemessener Ausgleich zwischen den Interessen gefunden werden.

Der formelle Bestandsschutz wird durch die analoge Anwendung des einseitig zwingenden § 29 Abs. 1 bis 5 HAG für alle arbeitnehmerähnlichen Personen erreicht, da die allgemeine Kündigungsfrist nach § 621 BGB die wirtschaftliche Abhängigkeit der arbeitnehmerähnlichen Person nicht ausreichend berücksichtigt. Einer analogen Anwendung dieser heimarbeitsrechtlichen Norm steht weder die Möglichkeit der kollektivrechtlichen Regelungen nach § 12a TVG noch die Existenz des § 621 Nr. 5 BGB entgegen. Die in Arbeitsverhältnissen notwendig einzuhaltende Form des § 623 BGB gilt hingegen für das Vertragsverhältnis von arbeitnehmerähnlichen Personen nicht.

Der materielle Bestandsschutz der arbeitnehmerähnlichen Person ist hingegen weder mit dem der Arbeitnehmer noch mit dem der Heimarbeiter vergleichbar. Der Sonderkündigungsschutz zugunsten bestimmter Gruppen von Erwerbstätigen findet auf arbeitnehmerähnliche Personen mit Ausnahme des Art. 48 Abs. 2 GG keine Anwendung. Der Kündigungsschutz durch das KSchG ist nicht möglich, da eine analoge Anwendung auf arbeitnehmerähnliche Personen an dem eindeutigen Betriebsbezug des Gesetzes scheitert. Dieser besteht auch bei regelmäßig in dem Betrieb tätigen arbeitnehmerähnlichen Personen nicht. Die Anwendbarkeit des KSchG kann jedoch in einem Tarifvertrag vereinbart werden.

Einen materiellen Bestandsschutz zugunsten der arbeitnehmerähnlichen Personen kann hingegen durch die Anwendung des § 134 BGB i.V. mit einem Verbotsgesetz erreicht werden. Relevante Verbotsgesetze sind dabei Art. 9 Abs. 3 S. 2 GG und § 612a BGB. Dieses Maßregelungsverbot gilt auch für arbeitnehmerähnliche Personen, es kann jedoch zulasten eines Beschäftigten in einem Tendenzunternehmen aufgrund der Tendenzverwirklichung deutlich eingeschränkt werden. Neben diesen materiellen Kündigungsschutz aus § 134 BGB tritt der aus § 138 Abs. 1 BGB. Dieser Schutz kommt jedoch nur bei besonders grob unbilligen Motiven für eine Kündigung in Betracht. Die fehlende Anwendbarkeit des KSchG kann über § 138 Abs. 1 BGB nicht kompensiert werden, was aber über § 242 BGB möglich ist. Überträgt man die von der Rechtsprechung zur so genannten Kleinbetriebsklausel gemachten Erwägungen, muss ein minimaler Bestandsschutz auch für Erwerbstätige außerhalb des Schutzbereichs des KSchG und damit auch für arbeitnehmerähnliche Personen gelten. Dieser Schutz darf sich jedoch nicht zu sehr an den des KSchG anlehnen, um die Exklusivität des Gesetzes zu wahren. Daher ist eine positive Rechtfertigung mit einem dem KSchG entsprechenden Sachgrund nicht nötig und auch wegen des Abstandsgebots nicht zulässig. Eine reine Missbrauchsprüfung ist jedoch zur Einhaltung des aus Art. 12 Abs. 1 GG geforderten Minimalschutzes zu wenig. Es erfolgt stattdessen eine Willkürkontrolle, der grundlose oder Kündigungen aus völlig sachfremden Gründen nicht standhalten. Keine sachfremden Gründe sind dabei personen-, verhaltens- oder unternehmensbezogene Kündigungsgründe. Bei der unternehmensbezogenen Kündigung muss nach § 242 BGB auch die soziale Schutzbedürftigkeit der arbeitnehmerähnlichen Person berücksichtigt werden. Auch dann ist eine Vergleichbarkeit nur möglich, wenn für eine Beschäftigung des maßgeblichen Erwerbstätigen auf der Position des anderen Erwerbstätigen keine Vertragsänderung nötig ist, es sei denn der Auftraggeber kann diese einseitig vornehmen. Die ausreichende Berücksichtigung der sozialen Schutzbedürftigkeit ist jedoch nur dann zu verneinen, wenn der Erwerbstätige evident schutzbedürftiger ist als andere Erwerbstätige. Dieser Vergleich darf aber nur innerhalb der Gruppe der arbeitnehmerähnlichen Personen vorgenommen werden. Zur prozessualen Durchsetzung der Treuwidrigkeit der Kündigung kommt der arbeitnehmerähnlichen Person die abgestufte Darlegungs- und Beweislast des Arbeitsrechts zugute, so dass das Vorbringen von Indizien, die für einen Verstoß gegen § 242 BGB sprechen, genügt. Nur für die aus ihrem eigenen Herrschaftsbereich entspringenden Tatsachen ist die arbeitnehmerähnliche Person selbst voll darlegungs- und beweispflichtig.

§ 242 BGB sorgt auch außerhalb der dadurch möglichen Kompensation des KSchG für einen materiellen Bestandsschutz. So verstößt eine widersprüchliche Kündigung gegen den Grundsatz des „venire contra factum proprium" und führt zur Nichtigkeit der Kündigung. Auch die in § 627 Abs. 2 BGB spezialgesetzlich kodifizierte Regelung der Kündigung zur Unzeit ist verallgemeinerbar und fußt generell auf § 242 BGB.

Fällt der Auftraggeber in die Insolvenz, wird sowohl für die auf dienstvertraglicher als auch für die auf werkvertraglicher Ebene Beschäftigten arbeitnehmerähnlichen Personen § 113 InsO angewendet. Zur prozessualen Durchsetzung der Rechte der arbeitnehmerähnlichen Person muss diese nicht die Frist des § 4 KSchG einhalten, da diese Frist nur für Beschäftigte gilt, die schon aufgrund ihres Statusses prinzipiell in den Schutzbereich des KSchG fallen könnten.

II. *Bedingung und Befristung*

Die Beendigung eines Vertragsverhältnisses ist neben einer ordentlichen Kündigung auch durch den Eintritt einer Bedingung oder den Ablauf einer Befristung möglich. Für das Dienstvertragsrecht wird diese Möglichkeit in § 620 Abs. 1 BGB geregelt. Haben die Parteien derartige Vereinbarungen aufgrund ihrer Vertragsfreiheit getroffen, ist eine ordentliche Kündigung ausgeschlossen[874], es sei denn, die Möglichkeit dazu ist ausdrücklich vereinbart[875]. Dies gilt selbst im Fall der unwirksamen Befristungsvereinbarung[876]. Die Möglichkeit der außerordentlichen Kündigungen nach §§ 626, 627 BGB bleibt jedoch bestehen[877].

Insbesondere in Medienunternehmen kann ein Auftraggeber ein Interesse an einer befristeten Tätigkeit eines Erwerbstätigen haben. Die Befristung dient dabei der Programmvielfalt und unterliegt somit dem Schutz der Rundfunk-, Presse-, und Kunstfreiheit des Auftraggebers. Die Rundfunkfreiheit ermöglicht es den

[874] BAG AP Nr. 55 zu § 620 BGB Befristeter Arbeitsvertrag.
[875] BAG AP Nr. 7 zu § 174 BGB.
[876] BAG AP Nr. 55 zu § 620 BGB Befristeter Arbeitsvertrag.
[877] *Lipke* in KR, § 620 BGB Rn. 9.

Rundfunk- und Fernsehanstalten frei darüber zu entscheiden, ob Mitarbeiter fest eingestellt werden oder ob ihre Beschäftigung auf eine gewisse Dauer oder ein bestimmtes Projekt beschränkt wird[878]. So werden im Medienbereich oftmals Verträge auf Produktionsdauer geschlossen, die teilweise auch auf entsprechenden Tarifverträgen basieren. Auch Rahmenverträge sind häufig ein probates Mittel in Fernsehunternehmen.

1. Sachlicher Grund

Ist der arbeitnehmerähnliche Erwerbstätige auf der Basis mehrerer Werkverträge tätig, endet der jeweilige Werkvertrag aufgrund der Erfolgsbezogenheit des Vertrages, wenn das Werk erstellt wurde und der Werkbesteller es abgenommen hat im Sinne des § 640 BGB oder das Werk vollendet ist im Sinne des § 646 BGB. Ist die arbeitnehmerähnliche Person auf der Basis eines Dienstvertrages beschäftigt, endet das befristete Dienstverhältnis nach § 620 Abs. 1 BGB mit dem Ablauf der Zeit, für die es eingegangen ist. Ein Sachgrund ist nicht erforderlich. Die Befristung eines Arbeitsverhältnisses ist jedoch grundsätzlich an das Vorliegen eines sachlichen Grundes nach dem TzBfG[879] gebunden. Dieses Erfordernis dient der ansonsten möglichen Umgehung des materiellen Kündigungsschutzes durch eine Befristung. Daher war früher Grundvoraussetzung für die Befristungskontrolle, dass das Arbeitsverhältnis in den Geltungsbereich des KSchG fiel, da nur dann der zugunsten des Arbeitnehmers bestehende Bestandsschutz seines Arbeitsverhältnisses umgangen werden konnte. Die Anwendbarkeit des KSchG ist jedoch keine Voraussetzung mehr für die Anwendbarkeit des TzBfG.

Das TzBfG ist jedoch auf arbeitnehmerähnliche Personen nicht anwendbar[880]. Der eindeutige Wortlaut des TzBfG mit der Beschränkung auf Arbeitnehmer steht einer analogen Anwendung entgegen. Auch die europäische Richtlinie 1999/70/EG, auf die das TzBfG zurückgeht, beschränkt ihren Anwendungsbereich eindeutig auf Arbeitnehmer. Fraglich ist aber, ob ein dementsprechender Schutz für arbeitnehmerähnliche Personen dennoch nötig ist und auf anderem Weg erreicht werden muss. Vergegenwärtigt man sich den Sinn eines sachlichen Grundes, kann man nur zur Verneinung dieser Frage gelangen. Der materielle Kündigungsschutz der arbeitnehmerähnlichen Person kann nicht in dem Maße umgegangen werden wie bei Arbeitnehmern. Umgeht der Arbeitgeber das KSchG, wird dem Arbeitnehmer ein weit reichender Schutz genommen. Dieses

---

878 St. Rechtsprechung des BVerfG, BVerfGE 59, 231 (257 ff.).

879 Für Arbeitnehmer in Medienunternehmen ist insbesondere der Befristungsgrund nach § 14 Abs. 1 Nr. 4 TzBfG relevant, siehe zu der Befristung von Arbeitsverhältnissen in Medienunternehmen *Bezani/Müller*, Rn. 157 ff.

880 *Backhaus* in Ascheid/Preis/Schmidt, § 620 BGB Rn. 2; *Müller-Glöge* in ErfK, § 620 BGB Rn. 4; *Hesse* in MüKo-BGB, § 620 BGB Rn. 7; a.A. *Däubler* in Kittner/Däubler/Zwanziger, § 620 BGB Rn. 4.

Gesetz findet jedoch auf arbeitnehmerähnliche Personen keine Anwendung. Ihnen kommt nur der zivilrechtliche Kündigungsschutz nach §§ 138, 242 BGB zugute. Eine Kontrolle anhand dieser Normen kann jedoch auch bei einer Befristung vorgenommen werden. Auch § 134 BGB i.V. mit einem Benachteiligungsverbot kann zur Unzulässigkeit der Befristung führen. Ist die Befristung unwirksam, ist ein unbefristetes Beschäftigungsverhältnis zustande gekommen. Eine Umgehung des materiellen Kündigungsschutzes ist demnach nicht möglich, da eine Kontrolle anhand der zivilrechtlichen Generalklauseln auch bei befristeten Verträgen erfolgt. Daher muss auch keine darüber hinausgehende Kontrolle der Befristung erfolgen. Das Vorliegen eines Sachgrundes ist nicht erforderlich[881].

2. Ankündigung des Endes des Beschäftigungsverhältnisses

Ist das Ende des Beschäftigungsverhältnisses zeitlich festgelegt und kann daher der Erwerbstätige das Ende genau bestimmen, ist für ihn das Ende des Vertragsverhältnisses vorhersehbar.

a) *Ankündigung bei Dienstverhältnissen*

Wird das Beschäftigungsverhältnis hingegen nach einem Zweck bestimmt, kann die arbeitnehmerähnliche Person die Zweckerreichung oftmals nicht genau vorhersehen, die Zweckerreichung ist unter Umständen allein dem Dienstberechtigten ersichtlich. Da die arbeitnehmerähnliche Person die Beendigung daher sehr abrupt treffen kann, muss sie vor dem plötzlichen Verlust ihres Erwerbs geschützt werden[882]. Der Arbeitnehmer wird daher durch die Regelung des § 15 Abs. 2 TzBfG geschützt, wonach der Arbeitgeber dem Arbeitnehmer die bevorstehende Zweckerreichung mindestens zwei Wochen zuvor ankündigen muss[883]. Ein vergleichbarer Mindestschutz gegen den plötzlichen Verlust ihrer Existenzgrundlage muss auch den arbeitnehmerähnlichen Personen zugesprochen werden, die aufgrund mehrerer befristeter Verträge tätig werden[884], da der Auftraggeber gerade nicht dazu verpflichtet ist, dem Arbeitnehmerähnlichen weitere Aufträge zu erteilen. Auch § 621 BGB kann nicht herangezogen werden, da er nur bei unbefristeten Arbeitsverhältnissen anwendbar ist. Ist auf der Grundlage der befristeten Schuldverhältnisse eine Dauerrechtsbeziehung entstanden, ist

---

881 *Müller-Glöge* in ErfK, § 620 BGB Rn. 4; *Backhaus* in Ascheid/Preis/Schmidt, § 620 BGB Rn. 2.

882 Im Arbeitsrecht wurde früher daher angenommen, eine Zweckbefristung sei überhaupt nur bei Vorhersehbarkeit der Zweckerreichung zulässig, BAG AP Nr. 30 zu § 620 BGB Befristeter Arbeitsvertrag.

883 Diese Auslauffrist kann durch Individual- oder Tarifvertrag nicht abgekürzt, jedoch verlängert werden, dazu *Götz von Olenhusen*, ZUM 2002, 621 ff.

884 Sog. Kameramann-Urteil BAG AP Nr. 6 zu § 611 BGB Abhängigkeit.

daher wegen der gleichen wirtschaftlichen Interessenlage eine Ankündigungspflicht[885] mit einer Ankündigungsfrist anzunehmen. Ein Gleichlauf zwischen den Ankündigungspflichten bei befristeten Dienstverhältnissen und den Kündigungsfristen bei unbefristeten Dienstverhältnissen[886] ist auch interessengerecht. Da keine Kontrolle anhand eines sachlichen Grundes erfolgt, ist der Abschluss von befristeten Verträgen uneingeschränkt möglich. Der Auftraggeber hätte bei einer unterschiedlichen Behandlung die Möglichkeit, die Einhaltung von Fristen dadurch zu umgehen, indem er dem Erwerbstätigen nur befristete Vertragsverhältnisse anbietet.

Eine dementsprechende Mitteilungspflicht kann sich bei expliziter Vereinbarung aus den jeweiligen Verträgen oder auch aus Rahmenverträgen ergeben[887]. Es besteht jedoch daneben auch eine gesetzliche Pflicht des Auftraggebers, welche aus § 241 Abs. 2 BGB resultiert. Der Auftraggeber muss durch eine entsprechende Ankündigung einen ausreichenden Umstellungsschutz gewährleisten. Das BAG ging in seinem sogenannten Kameramann-Urteil vom 08.06.1967[888] einer Ankündigungsfrist von zwei Wochen aus. Das Gericht lehnte sich bei dieser Fristbemessung an den § 29 HAG a.F. an, der keine Staffelung der Kündigungsfristen kannte. Hat die Geschäftsbeziehung jedoch lange angedauert, erscheint eine pauschale Fristbemessung nicht angemessen. Vielmehr ist eine der Kündigungsfrist nach der heute gültigen Fassung des § 29 HAG entsprechende Staffelung der Kündigungsfrist interessengerecht[889]. Zum Schutz der arbeitnehmerähnlichen Person ist bei einem auflösend bedingten Vertragsverhältnis dieselbe Pflicht des Auftraggebers zur Ankündigung des Eintritts der auflösenden Bedingung zu fordern.

b) *Ankündigung bei einer Kette von Werkverträgen*

Schließt der Auftraggeber mit dem Erwerbstätigen einen Werkvertrag, endet das Beschäftigungsverhältnis mit dem Ablauf des einzelnen Vertragsverhältnisses. Ein Bestandsschutz besteht grundsätzlich nicht, der einzelne Werkvertrag endet durch Erfüllung oder im Ausnahmefall durch Kündigung einer Seite[890].

---

[885] Ob die Ankündigung eine Wissenserklärung oder eine Willenserklärung ist, wird kontrovers diskutiert; für eine Wissenserklärung BAG NZA 1992, 925 ff.; BAG NJW 1987, 2540 ff.; für eine Willenserklärung *Götz von Olenhusen*, ZUM 2002, 621 (623); *Schmitz-Gielsdorf*, ZUM 1992, 492 ff.

[886] Siehe zu den zu befürwortenden einheitlichen Kündigungsfristen bei unbefristeten Dienstverhältnissen oben § 3F.I.1.d).

[887] Dazu im Einzelnen *Götz von Olenhusen*, Freie Mitarbeit, Rn. 92 ff.

[888] BAG AP Nr. 6 zu § 611 BGB Abhängigkeit.

[889] *Zwanziger* in Kittner/Däubler/Zwanziger, § 621 BGB Rn. 6; *Rost* in KR, Arbeitnehmerähnliche Personen Rn. 59 ff.; *Frantzioch*, S. 229.

[890] Nur im Ausnahmefall tritt die nach § 649 BGB mögliche Kündigung auf, da diese gegenüber dem Auftraggeber auch den Nachteil hat, dass er grundsätzlich zur Weiterzahlung der

Reihen sich mehrere dieser in sich abgeschlossenen Verträge jedoch aneinander, kann eine einem unbefristeten Beschäftigungsverhältnis ähnliche Dauerbeziehung entstehen. In diesem Fall ist das Schutzbedürfnis der arbeitnehmerähnlichen Person nicht geringer als das des arbeitnehmerähnlichen Dienstleistenden, so dass die Einhaltung einer Ankündigungsfrist für den Fall erforderlich ist, dass der Auftraggeber keine weiteren Aufträge mehr vergeben will. Auch das HAG differenziert insoweit nicht nach der Art der in Heimarbeit ausgeübten Tätigkeit[891]. Als ausreichende Vorankündigungsfrist ist auch hier grundsätzlich die Frist von zwei Wochen angemessen, wobei auch hier bei längeren Geschäftsbeziehungen die Ankündigungsfrist an die Fristen des § 29 HAG anzulehnen ist[892]. Die einheitliche analoge Anwendung der Fristen des § 29 HAG verhindert auch die Gefahr, dass der Auftraggeber zur Umgehung der Fristen Werkverträge statt Dienstverträge abschließt.

c) *Beginn der Ankündigungspflicht*

Eine Ankündigungspflicht tritt bei sowohl bei befristeten Dienstverträgen als auch bei Werkverträgen jedoch erst bei einem Beschäftigungsverhältnis von einiger Dauer ein. Entscheidend ist dabei nicht die Länge der einzelnen Aufträge, sondern vor allem deren Zahl[893]. Ausschlaggebend ist, ob der Erwerbstätige aufgrund der Anzahl und der Folge der bereits erteilten Aufträge nach Treu und Glauben davon ausgehen kann, dass er auch weiterhin bedacht wird, der Auftraggeber also einen Vertrauenstatbestand geschaffen hat[894]. Die von der Rechtsprechung zu entscheidenden Fälle behandelten bisher nur Vertragsbeziehungen, die eine Dauer von drei bzw. vier Jahren hatten[895]. Bei diesen Fällen liegt es nahe, eine Dauerrechtsbeziehung anzunehmen. Bei fast täglicher Beschäftigung aufgrund von jeweiligen Tagesaufträgen soll nach sechs Monaten[896] bis zu einem Jahr[897] eine dementsprechende Dauerbeziehung entstanden sein. Parallel zu der Aneinanderreihung von befristeten Dienstverträgen ist auch bei einer Kette von Werkverträgen eine Ankündigungspflicht des Auftraggebers aus § 241 Abs. 2 BGB erst nach Ablauf eines Jahres anzunehmen[898]. Die Verpflichtung zur An-

Vergütung verpflichtet ist. Diese Verpflichtung entfällt nur, wenn die Kündigung wegen eines den Vertragszweck gefährdenden Verhaltens des Werkunternehmers erfolgt, BGHZ 31, 224 ff.; BGHZ 45, 327 ff. Daneben steht dem Werkbesteller nach § 650 BGB im Fall einer wesentlichen Überschreitung eines Kostenvoranschlags und dem Werkunternehmers nach § 643 BGB im Fall des Unterlassens der notwendigen Mitwirkungshandlung ein Kündigungsrecht zu.

891 *Rost* in KR, Arbeitnehmerähnliche Personen Rn. 72.

892 *Rost* in KR, Arbeitnehmerähnliche Personen Rn. 73.

893 *Rost* in KR, Arbeitnehmerähnliche Personen Rn. 58.

894 *Rost* in KR, Arbeitnehmerähnliche Personen Rn. 58, 62.

895 BAG AP Nr. 6 zu § 611 BGB Abhängigkeit.

896 *Rost* in KR, Arbeitnehmerähnliche Personen Rn. 64.

897 *Kunze*, UFITA 74 (1975), 27 (28).

898 Für die Heimarbeiter gilt die verkürzte Wartefrist von vier Wochen nach § 29 Abs. 3

kündigung entfällt selbstverständlich in dem Fall, in dem ein wichtiger Grund für eine sofortige Auflösung bzw. für das Unterlassen einer weiteren Auftragsvergabe gegeben ist[899].

d) *Rechtsfolge der versäumten Aufklärungspflicht*

Verletzt der Auftraggeber die Ankündigungspflicht in einem Dienstvertrag, hat der Dienstverpflichtete einen Anspruch auf Annahmeverzugslohn nach § 615 BGB. *Rost*[900] wendet bei einer Kette von Werkverträgen § 615 BGB entsprechend an mit der Folge, dass der Werkbesteller für eine der Ankündigungsfrist entsprechend langen Zeit die durchschnittliche Vergütung zu zahlen hat, auch wenn er ihm keine Aufträge mehr erteilt. Für eine analoge Anwendung des § 615 BGB fehlt es jedoch an einer Regelungslücke: ein ausreichender Schutz der wirtschaftlichen Interessen der arbeitnehmerähnliche Person wird dadurch erreicht, dass der Auftraggeber zum Schadensersatz verpflichtet ist. Versäumt der Auftraggeber die Ankündigung, macht er sich wegen Verletzung der Fürsorgepflicht sowohl bei einem Dienstvertragsverhältnis als auch bei einem Werkvertragsverhältnis schadensersatzpflichtig nach § 280 Abs. 1 BGB, wobei die Obergrenze der Lohn für die Dauer der Kündigungsfrist darstellt[901]. Auch § 642 Abs. 1 BGB gibt dem Werkunternehmer einen Anspruch auf Entschädigung, wenn der Werkbesteller eine notwendige Mitwirkungshandlung nicht vornimmt. Eine analoge Anwendung des § 615 BGB im Werkvertragsrecht ist daher abzulehnen.

Wird ein Dienstverhältnis nach Ablauf der Dienstzeit mit Wissen des anderen Teils fortgesetzt, gilt es gemäß § 625 BGB als auf unbestimmte Zeit verlängert, sofern nicht der andere Teil unverzüglich widerspricht. Eine dementsprechende Regelung im Werkvertragsrecht existiert nicht.

III. *Außerordentliche Kündigung*

Sowohl bei einem befristeten als auch bei einem unbefristeten Beschäftigungsverhältnis kann auch eine fristlose Kündigung das Vertragsverhältnis beenden. Die allgemeine Grundregel des § 314 Abs. 1 BGB wird im Dienstvertragsrecht durch § 626 BGB, für Geschäftsbesorgungsverträge in §§ 675, 611, 626 BGB speziell geregelt [902]. Zu Lasten der auf dienstvertraglicher oder geschäftsbesor-

---

HAG.

[899] *Rost* in KR, Arbeitnehmerähnliche Personen Rn. 66.

[900] *Rost* In KR, Arbeitnehmerähnliche Personen Rn. 74.

[901] BAG AP Nr. 6 zu § 611 BGB Abhängigkeit; BAG AP Nr. 103, 113 zu § 620 BGB Befristeter Arbeitsvertrag; *Rost* in KR, Arbeitnehmerähnliche Personen Rn. 47.

[902] Für Handelsvertreter existiert eine dem § 626 BGB gegenüber bestehende Sonderregelung in § 89a HGB.

gungsvertraglicher Ebene Beschäftigten besteht mit § 627 BGB eine von jeglichem Kündigungsgrund unabhängige Kündigungsmöglichkeit des Auftraggebers, wenn der Dienstverpflichtete ohne feste Bezüge in einer Vertrauensstellung Dienste höherer Art leistet. § 627 BGB findet jedoch auf arbeitnehmerähnliche Personen keine Anwendung, da sie zum einen für ihre Erwerbstätigkeit feste Bezüge erhalten[903]. Zum andern dienen die nach § 29 HAG analog auf alle arbeitnehmerähnliche Personen anzuwendenden Kündigungsfristen gerade dem Schutz der arbeitnehmerähnlichen Person. Können diese durch eine grundlose Kündigung einfach umgangen werden, wäre die Schutzbedürftigkeit der Arbeitnehmerähnlichen nicht ausreichend gewahrt und der aus Art. 12 Abs. 1 GG resultierenden Schutzpflicht des Gesetzgebers nicht genügt.

Für die demnach allein nach § 626 BGB mögliche außerordentliche Kündigung müssen gemäß § 626 Abs. 1 BGB Tatsachen vorliegen, aufgrund derer dem Kündigenden unter Berücksichtigung aller Umstände des Einzelfalls und unter Abwägung der Interessen beider Vertragsteile die Fortsetzung des Beschäftigungsverhältnisses bis zum Ablauf der Kündigungsfrist oder bis zu der vereinbarten Beendigung nicht zugemutet werden kann. Für das Bejahen eines wichtigen Grundes im Sinne der Norm muss demnach entweder das Vertrauen nachhaltig gestört oder der Vertragszweck unwiederbringlich vereitelt sein. Die Ursache dieser vertraglichen Störung kann dabei wie bei einer ordentlichen Kündigung in verhaltens-, personen-, oder unternehmensbezogenen Gründen liegen. So sind häufige wichtige Gründe[904] nach § 626 BGB der Verstoß gegen ein Wettbewerbsverbot, strafbare Handlungen oder die fehlende fachliche Eignung[905]. Der grobe Verstoß eines Redakteurs gegen die publizistischen Grundsätze des Auftraggebers stellt eine grobe Pflichtverletzung dar. In einem solchen Fall kann der Auftraggeber wegen der Verletzung der Pflicht zur Wahrung der Tendenzloyalität dem Redakteur aus verhaltensbedingten Gründen außerordentlich kündigen. Der Redakteur kann sich gerade nicht auf seine individuelle abweichende Meinung berufen und beispielsweise eine gegenüber der Tendenz des Fernsehunternehmens abweichende politische Ansicht in einem Bericht vertreten. Auch eine frühere Tätigkeit für das MfS kann die Eignung eines Redakteurs in Frage stellen und zu einer außerordentlichen Kündigung berechtigen[906]. Maßgeblich sind aber die näheren Umstände der inoffiziellen Mitarbeit sowie ihrer

---

903 Die Entstehungsgeschichte des § 627 BGB zeigt gerade, dass das erweiterte Kündigungsrecht dann nicht gelten soll, wenn das Dienstverhältnis wie bei der arbeitnehmerähnlichen Person der Entstehung und Sicherung der Existenz dienen soll, *Henssler* in MüKo-BGB, § 627 Rn. 1 ff.

904 Siehe zu den zahlreichen möglichen wichtigen Gründen ausführlich *Müller-Glöge* in ErfK, § 626 BGB Rn. 87 ff.

905 Nimmt die fachliche Eignung aufgrund des Alters ab, stellt dies keinen wichtigen Grund gemäß § 626 BGB dar, da ansonsten ein Verstoß gegen das Diskriminierungsverbot vorläge.

906 BAG EzA Nr. 191 zu § 626 BGB n.F.

Beendigung und die im Weiteren gezeigte Haltung des Redakteurs[907]. Auch eine Konkurrenztätigkeit berechtigt das Tendenzunternehmen zu einer außerordentlichen Kündigung. So darf ein für eine Fernsehanstalt tätiger arbeitnehmerähnlicher Redakteur nicht ohne Zustimmung des Auftraggebers in dessen Marktbereich im eigenen Namen und Interesse einem anderen Fernsehsender Konkurrenzbeiträge für gleichartige Sendungen anbieten[908].

Bei der Prüfung des wichtigen Grundes ist jedoch immer auch die Intensität der Pflichtverletzung entscheidend: die Häufigkeit, die Wiederholungsgefahr und auch die Reversibilität müssen beachtet werden[909]. So entschied das LAG Sachsen-Anhalt, dass auch bei einem groben Verstoß eines Redakteurs gegen das Gebot der Tendenzloyalität eine außerordentliche Kündigung nur nach einer vorherigen Abmahnung möglich sei, da es sich um einen einmaligen Vorfall handelte[910]. Diesem Urteil lag eine außerordentliche Kündigung eines Verlages zugrunde. Der Verlag kündigte dem Redakteur, da er einen Beitrag eines Oberst a.D. der DDR-Grenztruppen veröffentlichte, in welchem der Oberst nach Ansicht des Gerichts die DDR-Grenzpolitik rechtfertigte und ihre Opfer durch unsachliche Vergleiche verharmloste.

Unternehmensbezogene Gründe können nur im Fall des kurzfristigen oder unvorhersehbaren Eintritts eine sofortige Beendigung rechtfertigen. Auf der zweiten Stufe der Prüfung erfolgt eine umfassende Verhältnismäßigkeitskontrolle. Bei dieser ist insbesondere zu beachten, dass im Fall der verhaltensbedingten Kündigung eine Abmahnung meist ein milderes und auch taugliches Mittel darstellt. Dabei hängt die Verhältnismäßigkeit insbesondere davon ab, ob das Abwarten der Kündigungsfrist einer ordentlichen Kündigung zumutbar ist. So ist das Abwarten einer sehr langen Kündigungsfrist dem Auftraggeber eher nicht zuzumuten als das Abwarten einer kurzen[911]. Da somit stets eine umfassende Abwägung erfolgen muss, gibt es keine absoluten Kündigungsgründe[912]. Auch eine vertragliche Festlegung solcher absoluten Gründe ist unzulässig[913]. § 626 BGB darf als zwingendes Recht weder ausgeschlossen noch beschränkt oder erweitert werden. Schriebe man einen Kündigungsgrund als absoluten fest, würde dies eine Erweiterung des § 626 BGB bedeuten, da über den Wortlaut hinaus

---

907 BVerfG EzA Art. 20 Einigungsvertrag Nr. 57.

908 ArbG Köln NZA-RR 1998, 342 ff.

909 *Müller-Glöge* in ErfK, § 626 BGB Rn. 62.

910 NZA-RR 2003, 244-246; das Urteil behandelte die außerordentliche Kündigung eines Zeitungsredakteurs, der jedoch Arbeitnehmer des Verlages war.

911 BAG AP Nr. 6 zu § 626 BGB; die Läge der Kündigungsfrist darf dabei aber nicht zum Nachteil des Erwerbstätigen führen, indem die Anforderungen an einen wichtigen Kündigungsgrund sinken. Daher muss dem Umstand, dass ein Vertragsverhältnis schon länger ohne Störungen verläuft, besondere Bedeutung zukommen, BGH BB 1979, 242 ff.

912 BAG AP Nr. 6 zu § 103 BetrVG; AP Nr. 87 zu § 626 BGB.

913 *Rost* in KR, Arbeitnehmerähnliche Personen Rn. 223; *Henssler* in MüKo-BGB, § 626 Rn. 53.

Gründen eine absolute und von jeglicher Verhältnismäßigkeitsprüfung losgelöste Stellung zukäme[914]. All diese vertraglichen Bestimmungen widersprächen zudem den zwingenden Kündigungsfristen der ordentlichen Kündigung, die durch die Festlegung absoluter Gründe umgangen würden. Statt dieser absoluten vertraglichen Bestimmung ist hingegen eine vertragliche Konkretisierung der Kündigungsgründe möglich[915]. Die vertragliche Konkretisierung erleichtert insofern die Beurteilung der Wichtigkeit der vertraglichen Pflicht für das Beschäftigungsverhältnis und ist daher wirksam[916]. Nach der Rechtsprechung muss bei Vorliegen eines im Vertrag konkretisierten Kündigungsgrundes keine Prüfung der Verhältnismäßigkeit im Einzelfall mehr erfolgen. Dagegen können besondere Umstände eine Ausübung des an sich gegebenen Kündigungsrechts als gegen Treu und Glauben verstoßend erscheinen lassen[917]. Auf diesem Umweg werden jedoch trotz des generellen Verbots absolute Kündigungsgründe geschaffen. Zwar tritt an die Stelle der Verhältnismäßigkeitsprüfung die Überprüfung der Ausübung anhand von § 242 BGB, so dass faktisch sicherlich keine unterschiedlichen Ergebnisse zu denen der Verhältnismäßigkeitprüfung zustande kommen. Warum dieses Resultat jedoch nicht wie sonst üblich über die Prüfung der Verhältnismäßigkeit im Einzelfall erzielt werden kann, ist nicht nachvollziehbar[918].

Die außerordentliche Kündigung unterliegt einer Kündigungserklärungsfrist nach § 626 Abs. 2 BGB[919]. Sie bedarf wie die ordentliche Kündigung keiner Begründung, nach § 626 Abs. 2 Nr. 3 BGB kann der Gekündigte eine schriftliche Begründung von dem Dienstberechtigten jedoch verlangen[920].

IV. *Aufhebungsvertrag*

Die Parteien können zur Beendigung eines Vertragsverhältnisses auch einen Aufhebungsvertrag schließen. Dieser Vertrag unterliegt nicht der Inhaltskotrolle

---

[914] Auch mittelbare Beschränkungen wie die Vereinbarung einer Vertragsstrafe, die beim Ausspruch einer außerordentliche Kündigung verfällt, sind unzulässig, *Preis* in Staudinger, § 626 BGB Rn. 41.

[915] *Rost* in KR, Arbeitnehmerähnliche Personen Rn. 223.

[916] BAG AP Nr. 67 zu § 242 BGB.

[917] BGH NJW-RR 1988, 1381 ff.; BGH BB 1992, 1162 ff.

[918] So wohl auch *Rost* in KR, Arbeitnehmerähnliche Personen Rn. 223; der der Rechtsprechung nur insoweit folgen will, als es um Tatbestände geht, die an sich als wichtige Gründe geeignet sind.

[919] Eine vergleichbare Beschränkung enthält § 89a HGB nicht. Ob daher § 626 Abs. 2 BGB analog anzuwenden oder ein aus § 314 Abs. 3 BGB allgemeiner Rechtsgedanke heranzuziehen ist, wird kontrovers diskutiert, siehe zu dem Streitstand m.w.N. *Rost* in KR, Arbeitnehmerähnliche Personen Rn. 222.

[920] Auch hier hat der Handelsvertreter nach § 89a HGB kein vergleichbares Recht. Ob dahingehend eine Analogie zu § 626 Abs. 2 S. 3 BGB zu befürworten ist oder sich eine dementsprechende Begründungspflicht aus § 242 BGB ergibt, ist ebenfalls umstritten, dazu *Rost* in KR, Arbeitnehmerähnliche Personen Rn. 217.

nach § 242 BGB[921]. Die strukturelle Unterlegenheit der arbeitnehmerähnlichen Person wirkt sich bei dem Abschluss eines Aufhebungsvertrages nicht aus, da der Erwerbstätige seine nötige Zustimmung zu dem Aufhebungsvertrag einfach verweigern kann[922]. Auch wenn der Auftraggeber mit einer Kündigung droht, ist eine Inhaltskontrolle nach § 242 BGB nicht vorzunehmen. Die arbeitnehmerähnliche Person ist vor ungerechtfertigten Drohungen ausreichend durch § 123 BGB geschützt. Ein ebenfalls möglicher Schutz durch ein Widerrufsrecht in Bezug auf den Aufhebungsvertrag nach §§ 355, 312 Abs. 1 S. 1 Nr. 1 BGB besteht nicht[923]. Da die arbeitnehmerähnliche Person kein Verbraucher im Sinne des § 12 BGB ist[924], kann ihr in keinem Fall ein dementsprechendes Widerrufsrecht zustehen.

V. *Kündigungsschutz bei Betriebsübergang*

Materieller Bestandsschutz besteht im Arbeitsrecht auch nach § 613a Abs. 4 BGB. Wird ein Betrieb oder Betriebsteil an einen Dritten veräußert, gehen die zuvor bestehenden Arbeitsverhältnisse nach § 613a Abs. 1 BGB auf den Erwerber über. Diese Arbeitsverhältnisse dürfen nach § 613a Abs. 4 BGB wegen des Betriebsübergangs weder durch den bisherigen noch durch den neuen Arbeitgeber gekündigt werden. Nach seinem eindeutigen Wortlaut gilt § 613a BGB nur für Arbeitnehmer. Die Norm dient der Umsetzung der Richtlinie zur Angleichung der Rechtsvorschriften der Mitgliedstaaten über die Wahrung von Ansprüchen der Arbeitnehmer beim Übergang von Unternehmen, Betrieben oder Unternehmens- oder Betriebsteilen[925]. Da § 613a BGB in der jetzigen Fassung auf der EG-Richtlinie beruht, ist die Bestimmung in Zweifelsfragen europarechtskonform auszulegen. Wie sich bereits aus dem Titel der Richtlinie ergibt, erfasst diese in ihrem Anwendungsbereich ausdrücklich nur Arbeitnehmer.

Auch bei einer teleologischen Betrachtung kommt man zu einer Verneinung der analogen Anwendung der Norm. § 613a BGB soll die Kündigung aus Anlass eines Betriebsübergangs bei den Arbeitnehmern ausschließen, denen anders nicht gekündigt werden kann. Die Vorschrift ergänzt insoweit das KSchG[926] und verhindert gleichzeitig, dass der Arbeitgeber einen Betriebsübergang herbei-

---

[921] So für das Arbeitsrecht *Däubler*, Arbeitsrecht, Bd. II, 656; *Dieterich*, RdA 1995, 129 (135).

[922] So für das Arbeitsrecht BAG NZA 1996, 811 (812).

[923] So für das Arbeitsrecht BAG EzA-SD 2004, Nr. 12, 9-12.

[924] Siehe dazu ausführlich oben § 3E.I.1.a).

[925] EG-RL 2001/23/EG ABl. EG Nr. L 82/16 vom 22. 3. 2002; konsolidierte Fassung der RL 77/187/EWG ABl. EG Nr. L 61/26 vom 5. 3. 1977; geändert durch EG-RL 98/50 v. 29. 6. 1998 ABl. EG Nr. L 201/88 v. 17. 7. 1998. Die erforderliche Harmonisierung des § 613a BGB a.F. zur EG-Richtlinie erfolgte durch das am 21. 8. 1980 in Kraft getretene arbeitsrechtliche EG-Anpassungsgesetz, BGBl. I S. 1308.

[926] *Richardi/Annuß* in Staudinger, § 613a BGB Rn. 9; *Wank* in MünchArbR, § 124 Rn. 2, 15,

führt, um eine betriebsbedingte Kündigung zu ermöglichen. § 613a BGB verhindert die Umgehung des KSchG, welches auf arbeitnehmerähnliche Personen jedoch gerade keine Anwendung findet[927]. Ihnen würde durch eine entsprechende Anwendung des § 613a BGB letztlich ein größerer Schutz eingeräumt als bei Nichtvorliegen eines Betriebsübergangs. Zwar kommt der Schutz des § 613a BGB auch Arbeitnehmern zugute, die in Kleinbetrieben tätig sind oder deren Wartefrist nach § 1 Abs. 1 KSchG noch nicht abgelaufen ist und somit nicht unter den Anwendungsbereich des KSchG fallen. Dass § 613a BGB dennoch auch diese Arbeitnehmer erfasst, liegt an der dieser Norm zugrundeliegenden europarechtlichen Grundlage[928], die für alle Arbeitnehmer einen Arbeitsplatzschutz im Falle eines Betriebsübergangs gewährleistet[929].

Gegenüber dem Umgehungsschutz nur Sekundärzweck[930] aber als Sinn und Zweck von § 613a BGB trotzdem erwähnenswert ist die erwünschte Kontinuität des Betriebsrats. Da das BetrVG jedoch auf arbeitnehmerähnliche Personen keine Anwendung findet, spricht auch dieser Schutzzweck nicht für eine notwendige Einbeziehung in den Schutz des § 613a BGB. Der dritte Schutzzweck des § 613a BGB ist die Einbeziehung des neuen Arbeitgebers in die Haftung für die Forderungen der Arbeitnehmer. Diese ergibt sich unabhängig von § 613a BGB bereits daraus, dass der neue Arbeitgeber die Haftungsmasse übernimmt. Daher genügt auch diese grundsätzliche Überlegung, um die arbeitnehmerähnliche Person ausreichend zu schützen. Diesen Schutz vervollständigt die Haftung des Auftraggebers nach § 823 Abs. 2 BGB i.V. mit § 288 StGB und § 826 BGB i.V. mit § 1 AnfG. Eine Analogie des § 613a BGB zugunsten der arbeitnehmerähnlichen Person ist folglich nach dem eindeutigen Wortlaut und nach Sinn und Zweck der Regelung abzulehnen[931]. Diese Verneinung der Analoge gilt für den Fall der Unternehmensspaltung nach § 324 UmwG, der auf § 613a BGB verweist, entsprechend[932].

---

927 Daher einen Umgehungsschutz durch § 613a BGB für arbeitnehmerähnliche Personen ablehnend BAG AP Nr. 23, AP Nr. 78 zu § 613a BGB; *Rost* in KR, Arbeitnehmerähnliche Personen Rn. 38; a.A. *Pfeifer* in KR, § 613a BGB Rn. 13.

928 Richtlinie 23/2001/EG, Abl. EG L 82 v. 22.3.2001, S. 16. Die Richtlinie erfasst arbeitnehmerähnliche Personen jedoch nicht.

929 BAG AP Nr. 178 zu § 613a BGB.

930 *Richardi/Annuß* in Staudinger, § 613a BGB Rn. 9, 13.

931 So im Ergebnis auch BAG EzA Nr. 29 zu § 613a BGB; *Rost* in KR, Arbeitnehmerähnliche Personen Rn. 38; *Preis* in Ascheid/Preis/Schmidt, Grundlagen C Rn. 64; *Hanau* in Erman, § 613a Rn. 42; *Rieble*, ZfA 1998, 327 (348); *Richardi/Annuß* in Staudinger, § 613a BGB Rn. 30; a.A. *Pfeifer* in KR, § 613a BGB Rn. 13; *Gaul*, BB 1979, 1666 (1668).

932 Auch das Verschlechterungsverbot in § 324 UmwG ist auf Arbeitnehmer beschränkt.

VI. *Abwicklung des Schuldverhältnisses*

Wird ein Vertragsverhältnis beendet, müssen die dem anderen Vertragspartner zur Verfügung gestellten Mittel von diesem wieder zurückgegeben werden. Da sich die Vertragsparteien besonders nach einer langen Geschäftsbeziehung über die wechselseitigen Ansprüche dieser Art wie auch vertraglicher Art nicht mehr vollständig im Klaren sind, wird zur Bereinigung der Vertragsbeziehungen oftmals eine vertraglicher Weg gesucht, dies endgültig zu klären. So kann zur Abgeltung aller noch offenen Ansprüche dem Auftraggeber von der arbeitnehmerähnlichen Person eine Ausgleichsquittung ausgestellt werden, die zum Erlöschen aller noch offenen Ansprüche führt. Dogmatisch geschieht dies in Form eines Erlassvertrages nach § 397 Abs. 1 BGB bzw. eines konstitutiven oder deklaratorischen negativen Schuldanerkenntnisses nach § 397 Abs. 2 BGB[933].

1. Pflichten des Auftraggebers

Den Auftraggeber treffen bei Beendigung des Vertragsverhältnisses einige Pflichten, die teilweise nur dem beruflichen Fortkommen der arbeitnehmerähnlichen Person dienen, teilweise aber auch aus der Rechtswidrigkeit der Kündigung resultieren.

a) *Pflichten zur Erleichterung des beruflichen Fortkommens*

Dem beruflichen Fortkommen eines jeden Erwerbstätigen dient ein Zeugnis über die bei dem Auftraggeber vollzogene berufliche Tätigkeit. Der Anspruch auf Erteilung eines Zeugnisses eines auf dienstvertraglicher Ebene Tätigen ergibt sich aus § 630 BGB[934], da diese Norm auf alle dauernden Dienstverhältnisse Anwendung findet[935].

Ob freien Dienstnehmern ebenfalls ein Anspruch auf Zeugniserteilung zusteht, ist umstritten. Ein Teil der Literatur ist der Ansicht, der gesetzliche Zeugnisanspruch aus § 630 BGB stehe allen Dienstnehmern zu, also auch denjenigen, die ihre Dienste in nicht persönlich abhängiger Stellung vom Dienstgeber verrichten[936]. Nach der Rechtsprechung[937] und einem Teil der Literatur[938] wird der An-

---

[933] Dem Verzicht auf einen tariflichen Anspruch steht aber § 4 Abs. 4 TVG, dem Verzicht auf einen Urlaubsanspruch § 13 Abs. 1 BUrlG entgegen.

[934] Bzw. nach §§ 675, 630 BGB, wenn der Dienstvertrag eine Geschäftsbesorgung beinhaltet.

[935] Arbeitverhältnisse werden von § 630 BGB nicht mehr erfasst, da der Anspruch der Arbeitnehmer seit dem Inkrafttreten am 1.1.2003 nun § 109 GewO als lex specialis regelt.

[936] *Hohmeister*, NZA 1998, 571 (572); *Weidenkaff* in Palandt, § 630 Rn. 2; *Schlegelberger/Schröder*, § 89 Rn. 33 ff., *Kraft* in Soergel, § 630 Rn. 4; differenzierend *Hanau* in Erman, § 630 Rn. 3, der die Einschränkung macht, dass jedem Dienstpflichtigen ein Zeugnisanspruch zustehe, wenn er durch seine Dienstleistung seinen Lebensunterhalt verdienen müsse und deshalb ein Schriftstück über seine bisherige Tätigkeit für eine anderweitige

spruch mit der Begründung abgelehnt, der freie Dienstnehmer werbe mit seinen Leistungen und dem Ergebnis der Tätigkeit, er bedürfe daher keines Zeugnisses. Ein Zeugnis sei in diesem Bereich weder üblich noch werde es von zukünftigen Auftraggebern verlangt[939]. Diese Ansicht ist jedoch weder mit dem Gesetzeswortlaut noch mit dem Willen des Gesetzgebers in Einklang zu bringen. Die gesetzliche Vorschrift des § 630 BGB spricht dem Verpflichteten eines Dienstvertrages i.S. von § 611 BGB einen Zeugnisanspruch "über das Dienstverhältnis" zu. Eine Einschränkung auf Arbeitnehmer oder auf solche Dienstverpflichteten, die gegenüber ihrem Dienstgeber in einem "soziales Abhängigkeitsverhältnis" stehen[940], findet sich im Gesetz nicht. Der Gesetzgeber benennt in den Sonderregelung des § 113 GewO die Arbeitnehmer, in § 73 HGB den Handlungsgehilfen und in § 8 BBiG den Auszubildenden. In der Generalklausel des § 630 BGB werden hingegen alle Dienstverpflichteten erwähnt. Dies zeigt, dass § 630 BGB gerade nicht auf Arbeitnehmer beschränkt ist. Der Gesetzgeber änderte die Wortwahl der Norm auch nicht im Zuge des Ersten Arbeitsrechtsbereinigungsgesetz vom 14. 8. 1969[941], indem er eine klare sprachliche und inhaltliche Differenzierung zwischen dem freien Dienstvertrag einerseits und dem abhängigen Arbeitsverhältnis andererseits eingeführt hat[942]. Auch Sinn und Zweck des Gesetzes sprechen gegen eine Beschränkung von § 630 BGB zulasten der freien Dienstnehmer. Sinn und Zweck der Norm bestehen darin, demjenigen Dienstverpflichteten, dessen "dauerndes" Dienstverhältnis endet, eine Beurteilung des Dienstberechtigten über Art und Dauer und darüber hinaus auch über Leistung und Führung im Dienst zu geben, um seinen beruflichen Werdegang gegenüber einem zukünftigen Dienstgeber dokumentieren zu können[943]. Hierbei ist es unbeachtlich, ob der Dienstverpflichtete als Arbeitnehmer vom Dienstberechtigten persönlich abhängig war, oder als freier Dienstnehmer selbständige Dienste geleistet hat. Auch derjenige, der in einem dauernden Dienstverhältnis stand, aber nicht weisungsgebunden und damit auch nicht persönlich von seinem Auftraggeber abhängig war, hat ein Interesse daran, bei der Stellensuche seinen beruflichen Werdegang gegenüber einem neuen Arbeit- bzw. Auftraggeber zu dokumentieren[944]. Dass der selbständige Dienstnehmer mit seinen Leistungen und dem Ergebnis der Tätigkeit wirbt[945], wird regelmäßig eher für

---

Bewerbung benötige.

937 RGZ 87, 440ff. (443); BGHZ 49, 30ff.; wohl auch OLG Oldenburg, BB 1967, 1354.

938 *Preis* in Staudinger, § 630 Rn. 3; *Müller-Glöge* in ErfK, § 630 BGB Rn. 2; *Wank* in MünchArbR, § 128 Rn. 3.

939 *Wank* in MünchArbR, § 128 Rn. 3.

940 So BGHZ 49,33.

941 BGBl I, 1006.

942 *Hohmeister*, NZA 1998, 571 (572).

943 BAG AP Nr. 7 zu § 630 BGB.

944 *Hohmeister*, NZA 1998, 571 (575).

945 Mit diesem Argument die Anwendbarkeit ablehnend *Preis* in Staudinger, § 630 Rn. 3 m.w.N.

denjenigen selbständigen Dienstleister zutreffen, der eben nicht "dauernd", sondern einmalig oder kurzzeitig Dienste verrichtet. Der "dauernd" Beschäftigte wird nicht anders als ein Arbeitnehmer auch ein gesteigertes Interesse daran haben, bei der Stellensuche mit einem Zeugnis seines bisherigen Dienstgebers zu "werben"[946].

Gerade der arbeitnehmerähnliche Erwerbstätige[947] muss sich nach Beendigung des Vertragsverhältnisses erst wieder Zutritt am Markt verschaffen und ist dafür auf ein Zeugnis angewiesen. Die arbeitnehmerähnliche Person arbeitet gerade hauptsächlich nur für einen Auftraggeber, so dass sie aufgrund ihrer vielseitigen Präsenz am Markt sich auf die Bekanntheit ihrer Tätigkeit und ihrer Ergebnisse verlassen kann. Anders als bei den freien Dienstnehmern herrscht bezüglich der arbeitnehmerähnlichen Person auch in der Literatur weitestgehend Einigkeit, dass dieser ein Anspruch aus § 630 BGB zusteht[948]. Die von der Vorschrift geforderte Dauerhaftigkeit der Beschäftigung ist dann gegeben, wenn sich aus den Umständen ergibt, dass dem Auftraggeber eine Beurteilung der Tätigkeit der arbeitnehmerähnlichen Person insbesondere im Hinblick auf Qualität und Quantität der Leistung zuzutrauen ist[949]. Demnach ist sichergestellt, dass ein Zeugnisanspruch auch bei befristeten oder bedingten Dienstverhältnissen besteht, es muss nur eine Bewertungsgrundlage gebildet worden sein, auf deren Basis ein zuverlässiges Urteil möglich ist[950]. Inhaltlich kann ein einfaches oder ein qualifiziertes Zeugnis vorliegen, welches wahrheitsgemäß und wohlwollend sein muss[951]. Der Anspruch entsteht bei Zugang der Kündigung oder bei Abschluss eines Aufhebungsvertrages[952]. Daneben ist der Auftraggeber zur Erteilung einer Auskunft gegenüber dem neuen Auftraggeber verpflichtet, wenn das Zeugnis alleine dem Interesse der arbeitnehmerähnlichen Person an ihrem beruflichen Fortkommen nicht genügt.

Um sich neue Beschäftigungsverhältnisse überhaupt suchen zu können, steht dem Dienstnehmer nach § 629 BGB nach der Kündigung eines dauernden

---

946 *Hohmeister*, NZA 1998, 571 (575).

947 Für Heimarbeiter ergibt sich die inhaltsgleiche Pflicht aus § 241 Abs. 2 BGB, da sie gerade nicht auf dienstvertraglicher, sondern auf werkvertraglicher Basis tätig sind.

948 *Müller-Glöge* in ErfK, § 630 BGB Rn. 2; *Henssler* in MüKo-BGB, § 630 Rn. 9; *Preis* in Staudinger, § 630 Rn. 3. m.w.N.

949 *Bauschke* in AR-Blattei SD, Arbeitnehmerähnliche Personen, Rn. 104.

950 *Belling* in Erman, § 630 Rn. 5. Auf diese Weise kann auch die kontroverse Diskussion, ob ein Dienstverhältnis lediglich auf längere Zeit angelegt sein muss oder es tatsächlich lange bestanden haben muss, entschieden werden, dazu auch *Belling* in Erman, § 630 Rn. 5.

951 Ist dies nicht der Fall, steht der arbeitnehmerähnlichen Person ein Berichtigungsanspruch zu.

952 Bei befristeten Dienstverhältnissen entsteht der Anspruch mit Beginn der fiktiven Kündigungsfrist: maßgeblich ist der Tag, an dem das Dienstverhältnis hätte gekündigt werden müssen, um zum selben Zeitpunkt (Ende der Befristung) zu enden, *Preis* in Staudinger, § 630 Rn. 18.

Dienstverhältnisses ein Anspruch auf Freistellung von der Arbeit zu. Diese Freistellung erfolgt unter Fortzahlung der Vergütung, wenn § 616 BGB eingreift. Die Fortzahlung kann jedoch auch abbedungen werden[953]. § 629 BGB findet trotz des entgegenstehenden Wortlauts nicht nur auf Dienstverhältnisse Anwendung, die durch Kündigung, sondern grundsätzlich auch für solche, die aufgrund Zeitablaufs, Bedingungseintritts, Zweckerreichung oder eines Aufhebungsvertrags enden[954]. Allerdings muss das Dienstverhältnis von einiger Dauer sein. Bei kurzzeitigen befristeten oder bedingten Dienstverhältnissen scheidet ein Anspruch aus § 629 BGB aus[955], da verhindert werden soll, dass der Dienstpflichtige einen Freistellungsanspruch geltend machen kann, obwohl er schon von vornherein mit einem alsbaldigen Stellenwechsel rechnen konnte. Bei Teilzeitverträgen besteht der Anspruch nur, wenn eine Stellensuche während der freien Zeit unmöglich oder erschwert ist[956]. Mangels Schutzbedürftigkeit steht Werkunternehmern ein derartiger Anspruch nicht zu[957].

b) *Pflichten bei besonders hart treffenden Beendigungen*

In Ausnahmefällen stehen der arbeitnehmerähnlichen Person Schadensersatzansprüche zu, wenn die Kündigung mit Begleitumständen verbunden ist, die sie gegenüber anderen als besonders schwerwiegend erscheinen lässt.

So ersetzt § 628 Abs. 2 BGB[958] dem Dienstverpflichteten den Schaden, der ihm dadurch entstanden ist, dass der Dienstberechtigte eine außerordentliche Kündigung der arbeitnehmerähnlichen Person provoziert hat[959]. Dieser Anspruch umfasst die entgangene Vergütung nach § 252 BGB sowie die zusätzlichen Aufwendungen, die für die Suche eines neuen Auftraggebers aufzuwenden sind[960]. Jedoch sind nur die Aufwendungen zu ersetzen, die durch die ausgesprochene außerordentliche Kündigung entstanden sind. Der Auftraggeber hätte dem Arbeitnehmerähnlichen ordentlich kündigen können, die Provokation bewirkte nur das sofortige Ende des Beschäftigungsverhältnisses. Die arbeitnehmerähnliche Person kann daher nur den Verdienst verlangen, den sie noch während der Kündigungsfrist bei einer ordentlichen Kündigung erhalten hätte[961]. Auch Aufwendungen sind nur zu ersetze, wenn sie bei einer ordentlichen Kündigung des Auf-

---

953 BAG AP Nr. 1 zu § 629 BGB.
954 *Belling* in Erman, § 629 Rn. 2.
955 *Preis* in Staudinger, § 629 Rn. 7.
956 *Belling* in Erman, § 629 Rn. 2.
957 Daher haben auch Heimarbeiter keinen Anspruch aus § 629 BGB. Auch eine Analogie zugunsten der Werkunternehmer ist abzulehnen, da ihm die Zeiteinteilung leichter möglich ist als dem Dienstnehmer, so dass er seine freie Zeit zur Stellensuche nutzen kann, im Ergebnis so auch *Preis* in Staudinger, § 629 Rn. 3.
958 Im Handelsrecht enthält § 89a Abs. 2 HGB eine dementsprechende Regelung.
959 Dem Dienstberechtigten steht der gleiche Anspruch aus § 628 Abs. 2 BGB zu.
960 *Däubler* in Kittner/Däubler/Zwanziger, § 628 Rn. 24.
961 BAG AP Nr. 7 zu § 276 BGB Vertragsbruch; BGH NJW 1993, 1386 ff.

traggebers nicht auch angefallen wären. Wäre eine außerordentliche Kündigung des Auftraggebers auch gerechtfertigt gewesen, entfällt ein Anspruch sogar vollständig. Ferner ist der Anspruch nach den allgemeinen Grundsätzen über § 254 Abs. 1 BGB und die nach § 254 Abs. 2 S. 1 BGB bestehende Schadensminderungspflicht beschränkt.

§ 113 Abs. 1 S. 3 InsO gewährleistet der arbeitnehmerähnlichen Person ebenfalls einen Schadensersatz. Dieser tritt ein, da § 113 Abs. 1 S. 1 InsO die Kündigungsfrist verkürzt. Demnach ist der Verfrühungsschaden des Erwerbstätigen zu ersetzen[962], der sich nach den gleichen Grundsätzen wie bei § 628 Abs. 2 BGB ermitteln lässt.

c) *Pflicht zur Weiterbeschäftigung*

Selbst wenn das Ende eines Vertragsverhältnisses absehbar ist, kann der Erwerbstätige ein Interesse an der tatsächlichen Beschäftigung haben. Gerade im Medienbereich hat der Mitarbeiter aufgrund des Drucks der öffentlichen Präsenz ein solches gesteigertes Interesse[963]. Dies gilt uneingeschränkt auch für die Zeit während der Kündigungsfrist. Daher steht der arbeitnehmerähnlichen Person gegen den Auftraggeber grundsätzlich ein Anspruch aus § 241 Abs. 2 BGB i.V.m. Art. 12 Abs. 1 GG zu. Der Weiterbeschäftigungsanspruch ist jedoch stets im Einzelfall durch eine Interessenabwägung zu prüfen[964]. Dient die Kündigung der Umstrukturierung des Unternehmens, kann der Auftraggeber schon vor Ablauf der Kündigungsfrist ein wirtschaftliches Interesse daran haben, umgestaltende Maßnahmen durchzuführen.

Die vorzunehmende Interessenabwägung muss auch die Länge der Kündigungsfrist berücksichtigen. Je kürzer diese ist, umso weniger Gewicht hat das Beschäftigungsinteresse des Erwerbstätigen. Vor allem muss jedoch die Art der beruflichen Tätigkeit ausreichend in die Prüfung mit einbezogen werden. Gerade die arbeitnehmerähnliche Person in künstlerischen Berufen oder in Medienberufen ist auf die tatsächliche Beschäftigung stärker angewiesen als andere Berufsgruppen. Andererseits kann gerade auch in diesen Bereichen aufgrund der Tendenz des Unternehmers dessen Interesse bei einer Abwägung dahingehend überwiegen, dass er aufgrund einer Umstellung der Tendenz oder auch einer stärkeren Gewichtung einer Sparte in dem Unternehmen gerade kein Interesse an der Weiterbeschäftigung des Erwerbstätigen während der Kündigungsfrist hat.

Ein Weiterbeschäftigungsanspruch nach Ablauf der Kündigungsfrist ergibt sich für Arbeitnehmer ebenfalls aus § 242 BGB i.V. mit Art. 12 Abs. 1 GG in Form

---

[962] *Däubler* in Kittner/Däubler/Zwanziger, § 113 InsO Rn. 27.
[963] Siehe dazu schon oben § 3E.V.1.
[964] BAG AP Nr. 4 zu § 611 BGB Beschäftigungspflicht.

des allgemeinen Weiterbeschäftigungsanspruchs[965]. Die dabei vorzunehmende Interessenabwägung stützt sich maßgeblich darauf, ob die Kündigung des Arbeitgebers unwirksam ist und somit das Interesse des Arbeitnehmers an der Weiterbeschäftigung überwiegt. Dies ist in jedem Fall zu bejahen, wenn die Unwirksamkeit offensichtlich ist oder sogar erstinstanzlich festgestellt wurde. Überträgt man diese Überlegungen auf die arbeitnehmerähnliche Person, muss man zunächst berücksichtigen, dass ihr gegenüber dem Arbeitnehmer nur ein eingeschränkter Kündigungsschutz zugute kommt. Zudem können auch die Interessen des Auftraggebers gegen eine Weiterbeschäftigung sprechen, wenn ein Wegfall der Beschäftigungsmöglichkeit aufgrund einer Umstrukturierung oder Verkleinerung des Unternehmens vorliegt oder Differenzen zwischen den Vertragsparteien ein weiteres Zusammenarbeiten unmöglich machen. Ein Weiterbeschäftigungsanspruch der arbeitnehmerähnlichen Person wird eher die Ausnahme sein.

Entfällt ein betriebsbedingter Kündigungsgrund und entsteht ein Wiedereinstellungsanspruch, so hat der Arbeitgeber eine erforderliche Auswahl nach § 315 BGB nach billigem Ermessen zu treffen und muss wiederum soziale Belange angemessen berücksichtigen[966]. Dieser allgemeine zivilrechtliche Maßstab gilt auch für Kündigung außerhalb des KSchG und kann daher auch zugunsten von arbeitnehmerähnlichen Personen zu einem Wiedereinstellungsanspruch führen[967]. Hat das Fernsehunternehmen jedoch tendenzbedingte Gründe, weswegen es einen bestimmten Erwerbstätigen nach Wegfall des betriebsbedingten Grundes wiedereinstellen möchte, so sind diese im Rahmen der grundrechtlich geschützten Unternehmerfreiheit nach Artt. 5, 12, 14 GG zu berücksichtigen. Der Wiedereinstellungsanspruch ist dann zu verneinen.

2. Nachvertragliche Pflichten der arbeitnehmerähnlichen Person

Ist das Schuldverhältnis beendet und abgewickelt, treffen die arbeitnehmerähnliche Person nur noch vertraglich vereinbarte[968] Wettbewerbsverbote und Verschwiegenheitspflichten. Solche Pflichten sind weder gesetzlich normiert[969] noch aus den allgemeinen Regelungen abzuleiten[970]. Nicht einmal im Arbeitsrecht hat sich die Ansicht durchgesetzt, dass zulasten der Arbeitnehmer auf-

---

[965] BAG AP Nr. 14 zu § 611 BGB Beschäftigungspflicht. Der Weiterbeschäftigungsanspruch aus § 102 Abs. 5 BetrVG ist auf die arbeitnehmerähnliche Person mangels Anwendbarkeit des BetrVG nicht zu übertragen.

[966] BAG NJW 1998, 2379 (2382).

[967] Zu den Voraussetzungen des Wiedereinstellungsanspruchs siehe BAG AP Nr. 1, 2, 4, 6 zu § 1 KSchG Wiedereinstellung; satt vieler auch *Bram/Rühl*, NZA 1990, 753 (754 ff.).

[968] Diese unterliegen auch der vertraglichen Inhaltskontrolle nach §§ 242, 307 Abs. 1 BGB.

[969] Nur § 90 HGB bildet dahingehend zulasten der Handelsvertreter eine Ausnahme, indem er ihnen eine nachvertragliche Verschwiegenheitspflicht auferlegt.

[970] BAG AP Nr. 40 zu § 611 BGB Konkurrenzklausel; AP Nr. 11 zu § 611 BGB Treuepflicht.

grund einer Treuepflicht die Verpflichtung zur Wahrung der Geschäftsgeheimnisse des Arbeitgebers bestünde[971]. Grund dafür ist, dass eine dafür notwendige Abgrenzung zwischen Erfahrungswissen, das preisgegeben werden könnte und Geschäftswissen, das der Geheimhaltung unterliegen müsse, nicht praktikabel ist[972].

a) *Nachvertragliches Wettbewerbsverbot*

Da das vertraglich vereinbarte nachvertragliche Wettbewerbsverbot die arbeitnehmerähnliche Person in ihrer beruflichen Entfaltung deutlich beeinträchtigt, unterliegt es rechtlichen Grenzen. Zugunsten der Handelsvertreter besteht eine derartige Grenze in § 90a HGB. Für die übrigen arbeitnehmerähnlichen Personen könnte eine derartige Grenze durch die Anwendung der §§ 74 ff. HGB bestehen. Direkt sind die §§ 74 ff. HGB nur über § 110 GewO auf Arbeitnehmer anwendbar. Jedoch kommt eine analoge Anwendung aufgrund der vergleichbaren Interessenlage in Betracht. Zwar bietet auch eine Kontrolle mittels § 138 Abs. 1 BGB oder § 242 BGB[973] einen Schutz vor zu weitgehenden Wettbewerbsverboten, insbesondere wenn sich die Prüfung dabei an dem Maßstab der §§ 74 ff. HGB orientiert[974]. Jedoch berücksichtigen die §§ 74 ff. HGB im Gegensatz zu den Generalklauseln auch die wirtschaftliche Abhängigkeit des Erwerbstätigen und den damit zusammenhängenden Umstand, dass er zur Sicherung seiner Lebensgrundlage darauf angewiesen ist, seine überwiegende Arbeitskraft erneut bei einem Auftraggeber einzusetzen[975]. Da die Normen speziell auf Handlungsgehilfen ausgerichtet sind, passen sie auch auf die ähnlich agierenden arbeitnehmerähnlichen Personen[976]. Daher können die §§ 74 ff. HGB auf sie analog angewendet werden[977], so dass ein nachvertragliches Wettbewerbsverbot nur gegen Zahlung einer Entschädigung zulässig ist[978].

---

971 So noch BAG AP Nr. 4 zu § 611 BGB Fürsorgepflicht; AP Nr. 1 zu § 611 BGB Betriebsgeheimnis.

972 BGH EzA Nr. 4 zu § 611 BGB Betriebsgeheimnis.

973 *Neuvians*, S. 154 f.

974 So unter Anwendung des § 138 Abs. 1 BGB *Bauer/Diller*, S. 395 f.

975 OLG München BB 1997, 224 .

976 Die Beschränkung auf Arbeitnehmer in § 110 GewO bedeutet nicht, dass es einer vergleichbaren Beschränkung der Wettbewerbsverbote zugunsten der Arbeitnehmerähnlichen. Die Änderungen in der GewO hatten nur einen rein arbeitsrechtlichen Hintergrund, so dass arbeitnehmerähnliche Personen in den gesetzgeberischen Motiven keine Rolle spielten, siehe dazu Begründung des Regierungsentwurfs, BR-Drs. 112/02, S. 1.

977 BAG AP Nr. 44 zu § 611 BGB Konkurrenzklausel; OLG München BB 1997, 224; *Palm* in Erman, § 138 Rn. 196; *Schaub/Koch/Linck*, § 58 Rn. 19. § 90a HGB hat gegenüber den §§ 74 ff. HGB zwar einen strengeren Maßstab, umfasst aber neben den abhängigen auch die selbständigen Handelsvertreter.

978 OLG München BB 1997, 224.

b) *Nachvertragliche Verschwiegenheitspflicht*

Die nachvertragliche Verschwiegenheit des Erwerbstätigen wird von dem Auftraggeber entweder durch das vertragliche Untersagen des aktiven Abwerbens von Kunden (beschränkte Kundenschutzklausel) oder durch ein generelles Verbot des Betreuens von Kunden des Auftraggebers (allgemeine Kundenschutzklausel) sichergestellt[979]. Allgemeine Kundenschutzklauseln sind somit eine Vermischung von Wettbewerbsverboten und Verschwiegenheitspflichten[980], sie entfalten dem Wettbewerbsverbot ähnliche Pflichten. Da das Wettbewerbsverbot jedoch gerade nur unter engen Voraussetzungen rechtswirksam ist, ist es gerade zur Vermeidung möglicher Umgehungen der inhaltlichen Kontrolle nur interessengerecht, wenn auch derartige Klauseln der Überprüfung anhand der §§ 74 ff. HGB unterliegen[981]. Die nachvertragliche Verschwiegenheitspflicht bezieht sich grundsätzlich auf alle Betriebsinterna. Deckt der Reporter nach seinem Ausscheiden durch die Offenbarung der betrieblichen Interna jedoch gewichtige innerbetriebliche Missstände auf, durch die die Öffentlichkeit betroffen ist und denen durch betriebsinternes Vorstelligwerden nicht erfolgreich begegnet werden kann, ist er hieran nicht durch die Verschwiegenheitspflicht gehindert[982]. So entschied der BGH im Jahr 1981 über die Klage einer Zeitung gegen einen ehemaligen Redakteur der Zeitung, der nach seinem Ausscheiden aus dem Betrieb über seine Erlebnisse als Mitarbeiter in der Redaktion ein Buch verfasste. Die Zeitung wehrte sich in dem Verfahren insbesondere dagegen, dass der Redakteur den Verlauf einer Redaktionskonferenz wiedergab. Der Redakteur schilderte, wie die Zeitung durch Auswahl und Aufbereitung der Informationen auf die Meinungsbildung Einfluss nimmt. Nach Ansicht des BGH sei diese Offenlegung gerechtfertigt, da durch derartige offengelegte Missstände, deren Aufklärung und Bewertung im Austausch der Meinungen zu den Aufgaben gehört, um deretwillen das Grundgesetz die Meinungsfreiheit garantiert, werde die Rechtsordnung insgesamt gesehen stärker betroffen als durch den Umstand, dass ihre Offenlegung zugleich die illegale Informationsbeschaffung manifest macht.

VII. *Zusammenfassung zu F*

Bei den Beendigungsmöglichkeiten des Vertragsverhältnisses sind einige Analogien nötig, um dem Erwerbstätigen wenigstens einen Minimalschutz zu gewähren.

---

979 Dazu *Schaub/Koch/Linck*, § 58 Rn. 13.

980 *Sack* in Staudinger, § 138 Rn. 306 ordnet sie daher als Wettbewerbsverbot ein.

981 BAG AP Nr. 25, 26, 35 zu § 611 BGB Konkurrenzklausel; *Schaub/Koch/Linck*, § 58 Rn. 13.

982 BGH AP Nr. 4 zu § 611 BGB Schweigepflicht.

Bei der ordentlichen Kündigung wird der formelle Bestandsschutz durch eine analoge Anwendung des § 29 Abs. 1 bis 5 HAG erreicht. Dieser Schutz wird auch bei einer Kette von Werkverträgen befürwortet, da die Erwerbstätigen in einer einem unbefristeten Beschäftigungsverhältnis ähnlichen Dauerbeziehung stehen. Jedoch genießt die arbeitnehmerähnliche Person diesen Schutz erst bei einer Beschäftigungsdauer von mindestens einem Jahr. Über die weitestgehend nicht anwendbaren Sonderkündigungsschutzrechte bei einer ordentlichen Kündigung kommt man jedoch nicht mittels einer Analogie hinweg, da sich eine solche verbietet. Die fehlende Anwendbarkeit des KSchG kann durch die zur Nichtigkeit führende Kontrolle anhand der allgemeinen zivilrechtlichen Generalklauseln wie § 134 BGB i.V. mit Art. 9 Abs. 3 S. 2 GG oder § 138 BGB nicht kompensiert werden. Zu einer weiteren Schutzlücke führt daneben noch die fehlende Anwendbarkeit des § 613a Abs. 4 BGB, so dass auch Kündigungen wegen eines Betriebsübergangs möglich sind. Bei der prozessualen Durchsetzung der Treuwidrigkeit hilft der arbeitnehmerähnlichen Person die abgestufte Darlegungs- und Beweislast des Arbeitsrechts. Zugute kommt ihr auch, dass die Frist des § 4 KSchG nicht eingehalten werden muss.

Anders als im Arbeitsrecht ist für die Zulässigkeit einer Befristung kein Sachgrund nötig. Jedoch muss das nahende Ende des Beschäftigungsverhältnisses mit den Fristen des § 29 HAG angekündigt werden, um die arbeitnehmerähnliche Person vor dem abrupten Verlust ihrer Existenzgrundlage zu schützen. Dies gilt jedoch nur, wenn der Erwerbstätige aufgrund mehrerer befristeter Verträge oder Werkverträge dahingehend schutzbedürftig ist, wobei auch die sich daraus ergebende Beschäftigungsdauer eine gewisse Spanne erreicht haben muss. Die weniger oft vorkommende außerordentliche Kündigung kann bei einem arbeitnehmerähnlichen Erwerbstätigen nur nach Maßgabe des § 626 BGB erfolgen, § 627 BGB findet keine Anwendung. Daneben besteht als Beendigungsmöglichkeit der Abschluss eines Aufhebungsvertrages, bei dem die arbeitnehmerähnliche Person durch § 123 BGB, mangels Vorliegens der Verbrauchereigenschaft aber nicht durch §§ 355, 312 Abs. 1 S. 1 Nr. 1 BGB geschützt ist. Neben die Modifikationen bei den Beendigungsmöglichkeiten treten die gegenüber dem Arbeitsrecht nur wenig veränderten Pflichten aus Anlass der Kündigung nach §§ 630, 629 BGB. Schadensrechtliche Konsequenzen treten bei Beendigungen nach § 628 Abs. 2 BGB und § 13 Abs. 1 S. 3 InsO ein, wobei jeweils nur der Verfrühungsschaden der arbeitnehmerähnlichen Person zu ersetzen ist.

Während der Kündigungsfrist hat die arbeitnehmerähnliche Person grundsätzlich einen Weiterbeschäftigungsanspruch, der jedoch nur nach einer Interessenabwägung zu bejahen ist. Nach Ablauf der Kündigungsfrist besteht ein solcher prinzipiell nicht. Dagegen treffen die arbeitnehmerähnliche Person auch nach Beendigung des Schuldverhältnisses vertraglich vereinbarte Wettbewerbsverbote und Verschwiegenheitspflichten. Jedoch unterliegt ein vertraglich vereinbartes nachvertragliches Wettbewerbsverbot der Kontrolle nach §§ 74 ff. HGB.

Haben die Parteien zur Einhaltung der Verschwiegenheit eine allgemeine Kundenschutzklausel vereinbart, unterliegt auch diese der Kontrolle nach §§ 74 ff. HGB.

G. Verjährung

Alle vertraglichen und außervertraglichen Ansprüche der arbeitnehmerähnlichen Person verjähren grundsätzlich wie die des Auftraggebers in der nach § 195 BGB regelmäßigen Verjährungsfrist von drei Jahren. Erfasst werden nicht nur Erfüllungsansprüche auf die jeweilige Sachleistung wie die Herstellung des Werks. Anders als bisher[983] unterliegen auch Vergütungsansprüche der regelmäßigen Verjährung. Beim Werkvertrag gilt die regelmäßige Verjährungsfrist allerdings nur für die Erfüllungsansprüche. Die Mängelbeseitigungsansprüche sind in den Sondervorschriften des § 634a BGB und des sonstigen Sonderwerkvertragsrechts normiert. Auch Ansprüche aus der betrieblichen Altersversorgung enthalten mit § 18a BetrAVG insoweit eine Sonderregelung: die Verjährungsfrist beträgt demnach 30 Jahre.

Der Beginn der regelmäßigen Verjährung richtet sich nach § 199 BGB. Als Beispiel für eine mögliche Hemmung der Verjährung ist dabei insbesondere an § 205 BGB zu denken, da das Leistungsverweigerungsrecht ja gerade bei arbeitnehmerähnlichen Personen deren Schutz maßgeblich bestimmt[984].

Ansprüche auf Herausgabe aus Eigentum verjähren nach § 197 BGB in 30 Jahren, wobei derartige Ansprüche jedoch im Verhältnis der arbeitnehmerähnlichen Person zu dem Auftraggeber nur selten in Betracht kommen[985]. Unter § 197 BGB fallen auch nur die dinglichen Herausgabeansprüche. Ansprüche auf Unterlassen, etwa wegen Verletzung des Urheberrechts, unterliegen der regelmäßigen Verjährungsfrist.

Nach Ablauf der Verjährungsfrist ist der Anspruch des Gläubigers nicht vernichtet. Vielmehr erlangt der Schuldner gemäß § 214 Abs. 1 BGB ein Leistungsverweigerungsrecht, dass als Einrede nur auf Vorbringen des Schuldners hin berücksichtigt wird.

---

983 Nach der Rechtslage vor 1.1.2002 existierten mit §§ 196, 197 BGB a.F. Sonderregelungen zu den jeweiligen Verjährungsfristen der Vergütungsansprüche.
984 Siehe dazu schon oben § 3E.I.3.
985 Siehe dazu nur die Fälle des Eigentumsschutzes, dazu oben § 3E.V.8.

H. Prozessuale Durchsetzung der Rechte und Pflichten der Parteien

Für die in ihren Rechten verletzte arbeitnehmerähnliche Person ist neben der Frage des Rechtswegs und der statthaften Klageart vor allem aus finanzieller Sicht auch die mögliche Absicherung durch eine Rechtsschutzversicherung von Interesse.

I. *Rechtsweg und statthafte Klageart*

Für den Kompetenzbereich der Arbeitsgerichtsbarkeit ergibt sich aus § 5 Abs. 1 S. 2 ArbGG, dass als Arbeitnehmer auch die in Heimarbeit Beschäftigten und die ihnen Gleichgestellten gelten sowie sonstige Personen, die wegen ihrer wirtschaftlichen Unselbständigkeit als arbeitnehmerähnliche Personen anzusehen sind[986]. Die Rechtswegzuständigkeit gilt allerdings nicht in den Fällen der ausschließlichen Zuständigkeit der ordentlichen Gerichtsbarkeit, so z.B. bei Klagen, deren Streitgegenstand das Urheber- und Erfindungsrecht beinhaltet. Zu beachten ist allerdings gerade im Bereich der Bühnenkünstler und der Filmschaffenden, dass die Arbeitsgerichtsbarkeit nach § 101 Abs. 2 ArbGG durch die Tarifvertragsparteien in einem Tarifvertrag ausgeschlossen werden kann und sodann ein Schiedsgericht allein zuständig ist[987].

Verfolgt der Beschäftigte mit der Klage allein den Zweck der gerichtlichen Bestätigung, er sei arbeitnehmerähnliche Person, so kann er dieses Ziel mittels einer Feststellungsklage nach § 256 Abs. 1 ZPO verfolgen. Der Feststellungsantrag muss dabei jedoch auf die Zukunft gerichtet sein, ein bereits beendetes Rechtsverhältnis kann nicht mehr erfolgreich mittels einer Feststellungsklage als Statusbestimmung dienen[988]. Die arbeitnehmerähnliche Person ist dann darauf angewiesen, etwaige Ansprüche mittels einer Leistungsklage geltend zu machen. Das notwendige Feststellungsinteresse bei einer Statusklage nach § 256 Abs. 1 ZPO setzt voraus, dass der Streit alsbald hinreichend konkrete Folgen haben kann und das Feststellungsurteil diese prozesswirtschaftlich sinnvoll klärt[989]. Dass ein Sozialversicherungsträger erklärt, er werde sich einer arbeitsgerichtli-

---

[986] Für die Handelsvertreter als Sondergruppe innerhalb der arbeitnehmerähnlichen Personen findet sich eine Eröffnung des Schutzbereichs unter besonderen Voraussetzungen in § 5 Abs. 3 ArbGG.

[987] So z.B. das Bühnenschiedsgericht; zu dessen Verhältnis zu der Arbeitsgerichtsbarkeit siehe *Germelmann*, NZA 1994, 12 ff. Diese Möglichkeit ist den Tarifparteien aber nur bei Bühnenkünstlern und Filmschaffenden durch das Gesetz ermöglicht, eine Ausweitung auf alle im Bereich des Art. 5 GG Tätigen wie z.B. den Mitarbeitern in Fernsehunternehmen ist daher abzulehnen. Die Norm ist als Ausnahmevorschrift eng auszulegen, dazu auch *Holla*, S. 79 f.

[988] St. Rspr. seit BAG AP Nr. 53 zu § 256 ZPO.

[989] BAG AP Nr. 48 zu § 620 BGB Befristeter Arbeitsvertrag.

chen Entscheidung anschließen, reicht zur Begründung des Feststellungsinteresses nicht aus[990].

Möchte die arbeitnehmerähnliche Person die Unwirksamkeit einer Kündigung angreifen, ist ebenfalls die Feststellungsklage die statthafte Klageart. Diese ist insbesondere dann statthaft und mit dem nach § 256 Abs. 1 ZPO nötigen Feststellungsinteresse versehen, wenn vom Beendigungszeitpunkt weitere Fragen wie die Höhe des Urlaubsanspruchs oder steuer- bzw. versicherungsrechtliche Fragen abhängen. Der Beschäftigte kann aber auch Leistungsklage erheben, indem er das ihm für die Kündigungsfrist oder für die nicht eingehaltene Ankündigungsfrist zustehende Entgelt einklagt. Soweit dieser Entgeltanspruch der einzige Anspruch aus dem Beschäftigungsverhältnis ist, wird für eine Feststellungsklage daneben in der Regel kein Raum sein.

II. *Rechtsschutzversicherung*

Nach § 25 Abs. 3 ARB (94) erfasst der Versicherungsschutz der Rechtsschutzversicherungen auch die Wahrnehmung rechtlicher Interessen aus Arbeitsverhältnissen. Der Versicherungsschutz für Angelegenheiten aus selbständiger oder freiberuflicher Tätigkeit ist jedoch nach § 25 Abs. 2 ARB (94) ausgeschlossen. Derartige Tätigkeiten sind aufgrund des höheren Kostenrisikos über § 23 ARB (94)[991] und § 24 ARB (94)[992] versicherbar. Arbeitnehmerähnliche Personen könnten daher als Selbständige von dem Versicherungsschutz des § 25 ARB (94) ausgeschlossen sein. Da die Arbeitnehmerähnlichen aber in ihrer Situation einem Arbeitnehmer vergleichbar und schutzbedürftig sind und auch das aus der Tätigkeit resultierende Kostenrisiko dem eines Arbeitnehmers ähnlich ist, werden arbeitnehmerähnliche Personen in der Regel vom Rechtsschutz des § 25 ARB (94) erfasst[993].

Für patent- und urheberrechtliche Streitigkeiten besteht nach § 3 Abs. 2 lit. d ARB (94) ein Haftungsausschluss. Für das Urheberrecht existiert dabei ein Versicherungsausschluss für den gesamten Bereich, d.h. auch für Streitigkeiten aus Nutzungs-, Verwertungs- und Lizenzverträgen sowie der Verfolgung oder Abwehr konkurrierender Ansprüche aus anderen Rechtsgebieten[994]. Rechtsschutz kann insoweit nur noch der Verband oder die Gewerkschaft leisten, die auch für Streitigkeiten aus dem Urheber- und Verlagsrecht, für Differenzen aus Nutzungsverträgen sowie aus Titelschutzansprüchen Rechtsschutz gewähren. Haftungsrisiken, die sich aus den Tätigkeiten als solche herleiten, etwa bei Verstö-

---

[990] BAG AP Nr. 60 zu § 256 ZPO 1977.
[991] Privatrechtsschutz für Selbständige.
[992] Berufs-Rechtsschutz für Selbständige, Rechtsschutz für Firmen und Vereine.
[993] *Harbauer*, § 25 ARB (94) Rn. 1.
[994] *Harbauer*, § 3 ARB (94) Rn. 10; § 4 ARB (75) Rn. 9, 33.

ßen gegen Pflichten als Redakteur oder Redaktionsleiter können durch Haftpflichtversicherungen im Medienbereich abgedeckt werden.

I. Zusammenfassung zu § 3

Ein Vertragsverhältnis zwischen Auftraggeber und arbeitnehmerähnlicher Person unterliegt nicht vielen rechtlichen Beschränkungen. So finden sich nur für einige Gruppen der arbeitnehmerähnlichen Personen Sonderregelungen. Die im Arbeitsrecht sehr relevanten Mitbestimmungsrechte der Arbeitnehmer nach dem BetrVG gelten mangels Anwendbarkeit des Gesetzes nicht. Auch bei der Begründung des Vertragsverhältnisses werden vornehmlich nur die arbeitnehmerähnlichen jugendlichen Beschäftigten geschützt. Zwar sorgt eine analoge Anwendung des § 611a BGB a.F. für einen Schutz der arbeitnehmerähnlichen Person bei der Bewerbung. Jedoch ist bei der Bewerbung das Fragerecht des Auftraggebers gerade in Tendenzunternehmen wesentlich weiter gefasst, so dass in vielen Fällen kein Recht zur Lüge der arbeitnehmerähnlichen Person besteht. Einzig durch das neu eingeführte AGG wird nach §§ 7, 1, 2 Abs. 1 Nr. 2 AGG zumindest ein umfangreicher Diskriminierungsschutz bei der Begründung des Vertragsverhältnisses gewährleistet. Doch auch bei diesem Gesetz zeigt sich, dass der Gesetzgeber nur die Heimarbeiter als Gruppe arbeitnehmerähnlicher Personen tatsächlich wahrnimmt. Nach § 6 Abs. 2 AGG werden nur deren Auftraggeber von dem Anwendungsbereich des Gesetzes erfasst, zugunsten aller arbeitnehmerähnlicher Personen muss jedoch eine analoge Anwendung dieser Norm auf alle Auftraggeber arbeitnehmerähnlicher Erwerbstätiger erfolgen. Die vertraglichen Inhalte des Schuldverhältnisses unterliegen nur einer schwachen Kontrolle anhand der §§ 138, 242, 307 BGB. So ist die arbeitnehmerähnliche Person nur selten vor dem Wegfall des Entgeltanspruchs gesichert, wenn sie ihre Arbeitsleistung nicht erbringt. Nur der Anspruch auf Urlaubsentgelt ist spezialgesetzlich geregelt. Zwar ist zugunsten der arbeitnehmerähnlichen Personen bei Krankheit oder fortgeschrittener Schwangerschaft ein Wegfall der Leistungspflicht nach den allgemeinen schuldrechtlichen Regelungen der §§ 242, 275 BGB anzunehmen. Dies hilft ihnen jedoch bei der Sicherung ihrer Existenzgrundlage nicht. Ein Vergütungsanspruch vergleichbar dem EFZG oder MuSchG besteht nicht. Lediglich § 616 BGB überbrückt kurzzeitige Verhinderungen, wobei jedoch gerade die nur vorübergehende Verhinderung das eher geringere finanzielle Problem darstellen dürfte. Einzig die Rechte an den von ihnen erstellten Werken und die Vergütung derselben sind annähernd lückenlos geregelt und erlauben zumindest dahingehend eine Kompensation ihrer finanziellen Aufwendungen. Dem Arbeitnehmer gleichgestellt sind sie auch in Bezug auf die Grundsätze des innerbetrieblichen Schadensausgleichs. Prinzipiell können jedoch auch die erwähnten Schutzmöglichkeiten der arbeitnehmerähnlichen Person immer nur anhand allgemeiner zivilrechtlicher Wertungen erreicht werden. Oftmals muss dies auch mittels Analogien zum ausführlich geregelten

HAG bewältigt werden, wie dies bei der Beendigung des Beschäftigungsverhältnisses der Fall ist. So ist ein formeller Kündigungsschutz bei einer ordentlichen Kündigung nur mittels einer Analogie der Kündigungsfristen des § 29 Abs. 1 bis 5 HAG für alle arbeitnehmerähnlichen Personen möglich. Die parallele Problematik der Beendigung einer Kette von Werkverträgen kann ebenfalls nur anhand der gleichen Analogie zu tragbaren Ergebnissen führen. Die deutlichste Lücke im Schutzsystem zeigt sich durch die Nichtanwendbarkeit des KSchG. Dieses Manko durch zivilrechtliche Generalklauseln zu kompensieren ist zum einen nicht möglich und zum andern aufgrund der Exklusivität des KSchG vom Gesetzgeber auch nicht gewollt. Daher sind nur sachfremde oder völlig grundlose Kündigungen nichtig. Mit der fehlenden Anwendbarkeit des KSchG geht auch die Nichtgeltung des § 613a BGB einher, so dass auch Kündigungen wegen eines Betriebsüberganges möglich sind. Auch die besonders schutzbedürftigen arbeitnehmerähnlichen Personen genießen anders als die Arbeitnehmer keinen Sonderkündigungsschutz. Bei den gerade im Medienbereich weit verbreiteten befristeten Verträgen ist zwar auch wieder eine analoge Anwendung des § 29 HAG zu befürworten, der den Erwerbstätigen bei mehreren befristeten Tätigkeiten durch eine Ankündigungsfrist vor einem abrupten Ende schützt. Ein Sachgrund ist hingegen nicht erforderlich. Nur hinsichtlich der Pflichten aus Anlass der Beendigung und der nachvertraglichen Pflichten sind die arbeitnehmerähnlichen Erwerbstätigen den Arbeitnehmer wieder nahezu gleichgestellt. Ihnen kommen sowohl eine Kontrolle ihrer nachvertraglichen Wettbewerbsverbote anhand der §§ 74 ff. HGB als auch die §§ 629, 630 BGB zugute. Nur ein Weiterbeschäftigungsanspruch nach Ablauf der Kündigungsfrist ist auch bei einer offensichtlich rechtswidrigen Kündigung eher die Ausnahme, da die arbeitnehmerähnliche Person ja auch nur einen eingeschränkten Kündigungsschutz genießt.

§ 4 Regelung des § 12a TVG

Die wichtigste gesetzliche Rechtsfolge der Arbeitnehmerähnlichkeit eines Erwerbstätigen ist die Möglichkeit der Vereinbarung von Tarifverträgen auf der Grundlage des § 12a TVG. Durch derartige Tarifverträge können die eben aufgezeigten gesetzlichen Rechtsfolgen der Anerkennung als arbeitnehmerähnliche Person deutlich modifiziert werden[995]. Gerade die deutlichen gesetzlichen Schutzlücken können tarifvertraglich kompensiert werden. Den Arbeitnehmerähnlichen kann dadurch ein den Arbeitnehmern vergleichbarer Schutz zugute kommen. Unter welchen Voraussetzungen die Vereinbarung von Tarifverträgen

[995] Die Vorschrift steht im Zusammenhang mit § 17 HAG, wonach als Tarifvertrag auch schriftliche Vereinbarungen gelten zwischen Gewerkschaften einerseits und Auftraggebern oder deren Vereinigungen andererseits über Inhalt, Abschluss oder Beendigung von Arbeitsverhältnissen der in Heimarbeit Beschäftigten oder ihnen Gleichgestellten, *Schaub* in ErfK, § 12a TVG Rn. 1.

nach § 12a TVG möglich ist und welche Intention des Gesetzgebers dabei zu berücksichtigen ist, soll im Folgenden auch zum besseren Verständnis des dritten Teils der Arbeit untersucht werden.

A. Hintergrund des § 12a TVG

Hierfür ist es zunächst erforderlich, neben der Zielsetzung auch die Entwicklung des § 12a TVG sowie die verfassungsrechtlichen Grundlagen der Norm zu erfassen.

I. *Zielsetzung des § 12a TVG*

Mit der Anerkennung des kollektiven Selbstbestimmungsrechts für arbeitnehmerähnliche Personen durch den Gesetzgeber sollte vor allem auch die gewerkschaftliche Organisation der arbeitnehmerähnlichen Personen gefördert werden. Dies ist die wichtigste Voraussetzung für den Abschluss entsprechender Tarifverträge – zumal es irgendwelche den Heimarbeitsausschüssen nach §§ 17 ff. HAG ähnliche gesetzliche Organisationshilfen nicht gibt. Als Zielgruppe innerhalb der arbeitnehmerähnlichen Personen hatte der Gesetzgeber dabei primär die freien Mitarbeiter im Focus[996]. Dies zeigt sich anhand der Gesetzessystematik zum einen durch den Ausschluss der wichtigen Gruppe der Handelsvertreter in § 12a Abs. 4 TVG und zum andern durch die in § 12a Abs. 2 und 3 TVG vorgenommenen Erweiterungen. Dadurch wird verdeutlicht, dass die freien Mitarbeitern der Medien, der Kunst sowie der Wissenschaft und Forschung im Mittelpunkt der gesetzgeberischen Intention standen, wobei als einzelne Untergruppe den freien Mitarbeitern in Rundfunk- und Fernsehanstalten gesonderte Beachtung zukommen sollte[997]. Dieser Absicht des Gesetzgebers, den im Bereich des Art. 5 GG tätigen Personenkreis zu bevorzugen, ist bei der Auslegung und Anwendung besonders Rechnung zu tragen[998].

II. *Entstehungsgeschichte des § 12a TVG*

Die gesetzgeberischen Vorbereitungen zu § 12a TVG wurden in der 6. Legislaturperiode des Deutschen Bundestages getroffen. Die Einfügung des § 12a TVG geht dabei auf die erfolgreichen Bemühungen der bei den öffentlich-rechtlichen

[996] Stellungnahme des Ausschusses für Arbeit und Sozialordnung, BT-Drs. 7/2025, S. 6; für andere Personengruppen kommen derartige Tarifverträge kaum zustande, Weiterer Bericht der Bundesregierung, BT-Drs. 9/993, S. 3, 5 f.

[997] *Wank* in Wiedemann, § 12a TVG Rn. 23.

[998] *Wank* vertritt unter Berücksichtigung dieser Intention die Auffassung, dass sich ein anderer Gesetzesaufbau empfohlen hätte, der die eigentliche Zielgruppe nicht vornehmlich in die Ausnahmetatbestände der Norm aufnimmt, *Wank* in Wiedemann, § 12a TVG Rn. 23.

Rundfunkanstalten beschäftigten freien Mitarbeiter und der sie repräsentierenden Gewerkschaften zurück.[999]. Nachdem § 17 Abs. 1 HAG für die arbeitnehmerähnlichen Heimarbeiter bereits die Festlegung allgemeiner Vertragsbedingungen zwischen Gewerkschaften und Auftraggebern vorsah, war es nur konsequent, auch den übrigen arbeitnehmerähnlichen Personen die Möglichkeit solcher tarifvertraglicher Regelungen zuzugestehen. Der ursprüngliche Referentenentwurf des § 12a TVG wurde jedoch mehrfach geändert bis das den § 12a TVG enthaltende Gesetz zur Änderung des Heimarbeitsgesetzes[1000] am 11.6.1974 in zweiter und dritter Lesung vom Bundestag angenommen wurde. Auch im Bundesrat traf dieser Gesetzesentwurf nicht gleich auf Zustimmung, vielmehr rief dieser in dem laufenden Gesetzgebungsverfahren den Vermittlungsausschuss an. Nachdem der Vermittlungsausschuss jedoch die vom Bundestag beschlossene Gesetzesfassung bestätigte, erteilte der Bundesrat am 18.10.1974 seine Zustimmung[1001]. Am 1.11.1974 trat das Heimarbeitsänderungsgesetz[1002] in Kraft und somit durch Art. II § 1 des Gesetzes auch § 12a TVG.

III. *Verfassungsrechtliche Grundlagen des § 12a TVG*

Während aber vor allem auch nach der Entstehung des § 12a TVG wurden die verfassungsrechtlichen Grundlagen der Norm mehrfach angezweifelt. So ist sowohl die Gesetzgebungskompetenz des Bundes als auch das Verhältnis des § 12a TVG zu Art. 9 Abs. 3 GG problematisch.

1. Gesetzgebungskompetenz des Bundes

Das Arbeitsrecht gehört nach Art. 74 Nr. 12 GG zur konkurrierenden Gesetzgebung des Bundes. Zum Arbeitsrecht im Sinne der Verfassung zählt auch das Recht der arbeitnehmerähnlichen Personen[1003], da dieses als „Sonderrecht der unselbständigen Arbeit" sich zwar zu einem besonderen Rechtsgebiet eigener Art entwickelt hat, jedoch Art. 74 Nr. 12 GG gerade an dieses gewachsene Recht anknüpft. Die Gesetzgebungskompetenz umfasst nämlich auch die Entscheidung, ob und in welcher Form die einem Arbeitnehmer vergleichbar schutzbedürftigen Personen in das kollektive Recht einbezogen werden und wie diese dadurch entstandenen Rechte näher ausgestaltet werden[1004]. Teilweise wird

---

[999] *Reinecke* in Däubler, TVG, § 12a TVG Rn. 7.
[1000] Heimarbeitsänderungsgesetz vom 29.10.1974.
[1001] Zu den Einzelheiten des Gesetzgebungsverfahrens siehe *Oetker* in Wiedemann, Geschichte Rn. 72 ff.
[1002] BGBl. I, 2879.
[1003] *Reinecke* in Däubler, TVG, § 12a TVG Rn. 13.
[1004] So auch *Wank* in Wiedemann, § 12a TVG Rn. 22; a.A. *Maier*, FuR 1973, 378 (379); siehe dazu auch *Pfarr* in FS Kehrmann, S. 75 (85 f.).

auch eine ungeschriebene ausschließliche Bundeskompetenz zur Gestaltung der Arbeitsmarktordnung einschließlich des Tarifrechts angenommen[1005]. Derartige weitgreifende ungeschriebene Gesetzgebungskompetenzen des Bundes würden aber zu weit in das an sich vom Gesetzgeber vorgesehene System der konkurrierenden Gesetzgebung eingreifen. Wenn der Bundesgesetzgeber untätig bleibt und eine Materie nicht regelt, bleiben die Länder zuständig, wie das Bundesverfassungsgericht für die arbeitsrechtlichen Regelungen der Arbeitnehmerweiterbildung erkannt hat[1006].

Gegen § 12a TVG lässt sich auch nicht einwenden, der Bundesgesetzgeber greife damit in die Organisation der Landesrundfunkanstalten ein, so dass deshalb die Gesetzgebungskompetenz fehle[1007]. Zwar hat § 12a TVG unbestritten Auswirkungen auf die Organisation der Veranstalter von Rundfunk und Fernsehsendungen. Dies ist jedoch nicht anders zu beurteilen als die Folgen von Kündigungsvorschriften oder Regelungen zur Sicherheit am Arbeitsplatz für die Organisation von Produktions- und Dienstleistungsunternehmen[1008]. Auch die Fiktion des § 12a Abs. 2 TVG berührt die länderrechtliche Organisation der Landesrundfunkanstalten nicht, da die Norm lediglich eine Vermutung der wirtschaftlichen Abhängigkeit eines Erwerbstätigen enthält[1009].

2. Verhältnis des § 12a TVG zu Art. 9 Abs. 3 GG

Die verfassungsrechtliche Grundlage des § 12a TVG ist die Tarifautonomie des Art. 9 Abs. 3 GG[1010], da das individuelle und kollektive Grundrecht auch den arbeitnehmerähnlichen Personen zusteht[1011]. Art. 9 Abs. 3 GG beschränkt die Koalitionsfreiheit gerade nicht auf die Arbeitnehmer im Sinne des einfachrechtlichen Arbeitnehmerbegriffs. Die Koalitionsfreiheit kommt schutzzweckbezogen vielmehr all denjenigen abhängig Beschäftigten und ihren Vertragspartnern zugute, die zur Kompensation ihrer individuellen Abhängigkeit wie Arbeitnehmer zur Selbsthilfe durch kollektive Gegenmachtbildung greifen können sollen[1012]. Fraglich könnte aber sein, ob auch der Tarifvertrag als Mittel der Verbesserung der Arbeits- und Wirtschaftsbedingungen für arbeitnehmerähnliche Personen verfassungsrechtlich gewährleistet ist. So erfasste die Tarifvertragsordnung vom 21.12.1918 ebenso wie das Tarifvertragsgesetz ursprünglich nur „echte" Ar-

---

1005 *Reinecke* in Däubler, TVG, § 12a TVG Rn. 13.
1006 BVerfG AP Nr. 62 zu Art. 12 GG.
1007 *Maier*, FuR 1973, 378 (380).
1008 So auch *Wank* in Wiedemann, § 12a TVG Rn. 22.
1009 Anders dazu aber *Maier*, der in der Fiktion aufgrund der länderrechtlichen Organisation der Rundfunkanstalten einen Verstoß gegen die Verfassung sieht, FuR 1973, 378 (379).
1010 *Stein* in Kempen/Zachert, § 12a TVG Rn. 7; *Löwisch/Rieble*, § 12a TVG Rn.2.
1011 Siehe schon Fn. 1010; ebenso *Wank* in Wiedemann, § 12a TVG Rn. 24; abweichend *Lieb*, RdA 1974, 257 (267).
1012 *Löwisch/Rieble*, § 12a TVG Rn. 2.

beitsverhältnisse[1013]. Dieser sich in den damaligen Tarifvertragsgesetzen niederschlagende historische Besitz- und Programmbestand der Gewerkschaften ist jedoch nur ein gesetzlich unantastbarer Mindeststandard exemplarischer Interessenvertretung des Inhalts, dass überall dort, wo ein Bedürfnis dafür besteht, organisierte Tarifparteien die Arbeits- und Wirtschaftsbedingungen regeln[1014]. Das Grundrecht der Koalitionsfreiheit hat aber im Laufe der Zeit einen Bedeutungswandel derart erfahren, dass die vergleichbare soziale Situation eine weite Auslegung der Koalitionsfreiheit fordert[1015]. Für eine Teilgruppe der arbeitnehmerähnlichen Personen, die Heimarbeiter, wurde die Einbeziehung in den Geltungsbereich des Art. 9 Abs. 3 GG vom Bundesverfassungsgericht bereits bestätigt[1016]. Diese Einbeziehung muss erst recht befürwortet werden, wenn die Arbeitsbeziehungen wie nach § 12a TVG für arbeitnehmerähnliche Personen von Gewerkschaften tariflich geregelt sein können; auch der Gleichbehandlungssatz des Art. 3 Abs. 1 GG erfordert eine Einbeziehung[1017].

Ferner berührt der Beitritt von arbeitnehmerähnlichen Personen zu Gewerkschaften auch nicht deren Gegnerunabhängigkeit[1018]. Aus der Nennung der Gewerkschaften in § 17 HAG folgt, dass sie jedenfalls diese Teilgruppe der arbeitnehmerähnlichen Personen ohne Verlust ihrer Tariffähigkeit aufnehmen können. Durch die Kodifikation des § 12a TVG muss dies auch für die übrigen arbeitnehmerähnlichen Personen gelten.

Der Ausschluss der Handelsvertreter in § 12a Abs. 4 TVG ist ebenso mit Art. 9 Abs. 3 GG vereinbar, da für sie gemäß § 92a HGB nach Anhörung von Verbänden der Handelsvertreter und der Unternehmer Mindestarbeitsbedingungen durch Rechtsverordnung festgelegt werden können[1019].

IV. *Geschichtliche Entwicklung der Tarifverträge in Fernsehunternehmen*

Da die praktische Bedeutung des § 12a TVG von Anfang an schwer abzuschätzen war, forderte der Bundestag bereits 1974 einen Erfahrungsbericht der Bundesregierung an, welcher am 30.6.1977 vorgelegt wurde[1020]. Zu dieser Zeit waren erst acht Tarifverträge auf der Grundlage des § 12a TVG registriert, die aus-

[1013] Daher sieht *Lieb* die Regelung des § 12a TVG als verfassungskonform, nicht aber auch als verfassungsrechtlich abgesichert an, *Lieb*, RdA 1974, 257 (267).
[1014] BVerfGE 34, 307 (316).
[1015] *Wank* in Wiedemann, § 12a TVG Rn. 24.
[1016] BVerfGE 34, 307 (316).
[1017] *Stein* in Kempen/Zachert, § 12a TVG Rn. 7.
[1018] *Lieb*, RdA 1974, 257 (267); *Wank* in Wiedemann, § 12a TVG Rn. 26.
[1019] *Rieble*, Rn. 660 ff.; *Lieb*, RdA 1974, 257 (267); a.A. *Pauly*, S. 65 ff.; *Wank* in Wiedemann, § 12a TVG Rn. 53 ff.
[1020] Abgedruckt in RdA 1978, 42.

schließlich freie Mitarbeiter[1021] der Rundfunkanstalten der ARD sowie des ZDF betrafen[1022]. Die beteiligten Gewerkschaften waren die Rundfunk-Fernseh-Film-Union (RFFU), die Gewerkschaft Kunst, der Deutsche Journalisten-Verband (DJV) und die DAG.

Vier Jahre nach dem Start des privaten Rundfunks wurde 1988 der Tarifverband Privater Rundfunk (TPR) gegründet. Dem TPR gehörten Mitte der neunziger Jahre 21 Unternehmen an, darunter die damals maßgeblichen nationalen privaten Fernsehveranstalter wie RTL plus, SAT 1 und Pro Sieben. Trotz dieser damaligen Konzentration von privaten Fernsehanbietern im TPR wurden von diesem Verband keine Tarifverträge für arbeitnehmerähnliche Personen abgeschlossen. Zwar lagen dem TPR bereits 1994 Forderungen der Gewerkschaften hinsichtlich derartiger Tarifregelungen für arbeitnehmerähnliche Beschäftigte vor[1023]. Tatsächlich umgesetzt wurden jedoch keine, was im Bereich der Fernsehunternehmen sicherlich an dem mittlerweile nur noch geringen Organisationsgrad der privaten Fernsehunternehmen in der TPR liegen mag[1024].

B. Gesetzliche Systematik

Am Eingang des § 12a TVG steht die angeordnete Rechtsfolge der Norm, nämlich die entsprechende Anwendung des Tarifrechts auf die dann im Folgenden näher umschriebene Gruppe von arbeitnehmerähnlichen Personen. Die Anforderungen an diese Gruppe von Erwerbstätigen sind in Absatz 1 S.1 Nr. 1 und Absatz 3 geregelt. Demnach müssen die Erwerbstätigen wirtschaftlich abhängig und einem Arbeitnehmer vergleichbar sozial schutzbedürftig sein. Zur Konkretisierung des Erfordernisses der wirtschaftlichen Abhängigkeit greift man entweder auf die in Abs. 1 Nr. 1 lit. a normierte Zeitrelation oder auf die in Abs. 1 Nr. 1 lit. b geregelte Verdienstrelation zurück, wobei gerade für die künstlerisch, schriftstellerisch oder journalistisch Tätigen eine Ausnahme der Vergütungsrelation in Absatz 3 zu finden ist. Weitere konkrete Voraussetzungen werden mit dem „wenn-Satz“ in Absatz 1 Nr. 1 eingeleitet. So muss die Tätigkeit auf der Grundlage eines Dienst- oder Werkvertrages erfolgen und die geschuldeten Leistungen sind persönlich und im Wesentlichen ohne Mitarbeit von Arbeitnehmern zu erbringen. Absatz 1 Nr. 2 betrifft die Vertragspartner der arbeitnehmerähnlichen Person, Absatz 2 die Voraussetzungen, unter denen mehrere Auftraggeber als eine Person gelten und schließlich das anzuwendende Tarifrecht.

[1021] Zahlenmäßig bewegte sich die Menge der betroffenen Erwerbstätigen in einer Größenordnung von ca. 4500.

[1022] Zu der Entwicklung der Tarifverträge für freie Mitarbeiter in den siebziger Jahren siehe *Riepenhausen*, FuR 1977, 504 ff.

[1023] *Kindle*, Arbeitgeber 1994, 876 (877).

[1024] Siehe dazu noch ausführlich unten § 4C.I.1.

I. *Voraussetzungen der Arbeitnehmerähnlichkeit*

Nachdem die Systematik des § 12a TVG nun abstrakt geklärt ist, wird im Folgenden auf die einzelnen Tatbestandsvoraussetzungen eingegangen.

1. Vertragliche Grundlage der Tätigkeit

Nach § 12a Abs. 1 Nr. 2 TVG müssen die arbeitnehmerähnlichen Personen bei ihren Auftraggebern aufgrund von Dienst- oder Werkverträgen beschäftigt sein. Dabei wäre der mit § 12a TVG bezweckte Schutz freilich wenig wirksam, wenn ausschließlich das dem gesetzlichen Vertragstyp genau entsprechende Beschäftigungsverhältnis erfasst würde, da diese bürgerlich-rechtlichen Vorschriften weitgehend abdingbar sind[1025]. Vielmehr sind alle Vertragsverhältnisse mit einbezogen, die dem Grundtyp des Dienst- oder Werkvertrages entsprechen, mögen sie auch in der Einzelgestaltung von dem Standard abweichen. Daher wird im weiteren Verlauf auch auf die anderen möglichen von § 12a TVG erfassten Vertragsverhältnisse eingegangen.

a) *Dienst- oder Werkvertrag*

Erfasst wird zunächst der Dienstvertrag nach § 611 BGB, wie er auch dem Arbeitsverhältnis zugrunde liegt. Indem neben dem Dienstvertrag auch der Werkvertrag genannt wird, hat der Gesetzgeber die alte Streitfrage, ob ein arbeitnehmerähnliches Rechtsverhältnis auch auf der Grundlage eines Werkvertrages begründet werden kann, positiv entscheiden[1026]. Zwar kann es bei der systematischen Verknüpfung des Werkvertragsrechts mit dem Tarifwesen zu Schwierigkeiten kommen[1027]. Jedoch sind in der Vertragspraxis die Grenzen zwischen Dienst- und Werkvertrag – trotz aller rechtlichen Verschiedenheit – oft fließend. Da die Auftraggeber bei Einbeziehung nur der Dienstverträge für die Masse der arbeitnehmerähnlichen Rechtsverhältnisse leicht auf Werkverträge hätten ausweichen können, hat es der Gesetzgeber mit Recht als geboten erachtet, auch die auf Werkverträgen beruhenden Rechtsverhältnisse den tarifvertraglichen Regelungen zugänglich zu machen[1028]. Ein Werkvertrag i.S.v. § 631 BGB liegt vor, wenn nicht Dienste, sondern ein Erfolg geschuldet wird. Je nach Ausgestaltung des Vertrages kommt es für die Abgrenzung des Dienstvertrages vom Werkvertrag darauf an, ob im Vordergrund die Tätigkeit als solche oder das gegenständliche Arbeitsergebnis steht. Damit ist der Redakteur einer immer samstags ausgestrahlten Heimatsendung genauso erfasst wie der nur für eine einmalige Re-

[1025] So auch *Stein* in Kempen/Zachert, § 12a TVG Rn. 26.
[1026] Siehe zu dem Streitstand ausführlich *Seidel*, BB 1970, 971 (973).
[1027] Zu den Schwierigkeiten ausführlich *Eich*, DB 1973, 1699 (1702).
[1028] *Wlotzke*, DB 1974, 2252 (2258).

cherche eingesetzte Redakteur über die kulturellen Unterschiede der einzelnen Indianerstämme.

b) *Pacht- oder Lizenzvertrag*

Reine Pacht- oder Lizenzverträge stellen keine taugliche Vertragsgrundlage im Sinne des § 12a TVG dar[1029]. Gestattet ein Redakteur einem Sender nur die Verwertung oder Nutzung eines Beitrages, ohne dass er für den Sender tätig wird und auch die Erstellung des Werkes Vertragsgegenstand wird, fällt dieses Vertragsverhältnis als reiner Lizenzvertrag nicht unter § 12a TVG. Ebenso wenig ist der einer ausgestrahlten Fernsehwerbung zugrundeliegende Pachtvertrag eine taugliche Vertragsgrundlage.

Derartige Verträge haben, wenn das pacht- oder lizenzvertragliche Element nicht nur als Teil eines gemischten Vertrages vorliegt[1030], nichts mehr mit den von dem Gesetzgeber vorgesehenen Dienst- oder Werkverträgen als vertragliche Grundlage gemeinsam. Mag es sich bei dem Pächter auch um eine arbeitnehmerähnliche Person im Sinne des allgemeinen Begriffs[1031] handeln, spricht doch gerade der Wortlaut des § 12a TVG für eine enge Auslegung der Norm.

c) *Werklieferungsvertrag*

Ob auch Werklieferungsverträge nach § 651 BGB eine vertragliche Grundlage der Tätigkeit im Sinne des § 12a TVG bilden können, wird kontrovers diskutiert. Eine weitgehend einheitliche Meinung besteht nur in Bezug auf die Einordnung des unechten Werklieferungsvertrages. Dieser ist durch die persönliche Herstellung des versprochenen Werkes gekennzeichnet, wobei der Besteller das Material liefert und der Unternehmer sich lediglich zur Beschaffung von Zutaten oder sonstigen Nebensachen verpflichtet. Übertragen auf die Tätigkeit eines Redakteurs ist dies bereits der Fall, wenn er zum Speichern seiner Beiträge für das Unternehmen seinen eigenen USB-Stick benutzt oder den ausgedruckten Beitrag auf eigenem Papier übergibt. Auf diese Vertragsform finden seit der Schuldrechtsreform nach § 651 S. 2 BGB nicht nur wie schon zuvor werkvertragliche Normen, sondern in erster Linie Kaufrecht Anwendung. Der unechte Werklieferungsvertrag kann als Grundlage im Sinne des § 12a TVG dienen[1032], da dieser Vertragstyp dem Grundtyp des Werkvertrages entspricht und nur in der Einzel-

---

[1029] So für Pachtverträge *Reinecke* in Däubler, TVG, § 12a TVG Rn. 38; *Löwisch/Rieble*, § 12a TVG Rn. 6; so für Pacht- und Lizenzverträge *Wank* in Wiedemann, § 12a TVG Rn. 62; zur Rechtsprechung vgl. BAG AP Nr. 2 zu § 5 ArbGG 1953 (Lizenzvertrag) und BAG AP Nr. 6 zu § 5 ArbGG (Pachtvertrag).

[1030] Siehe dazu gleich unten § 4B.I.1.g).

[1031] Siehe dazu oben § 2C.

[1032] Ebenso *Reinecke* in Däubler, TVG, § 12a TVG Rn. 35; *Löwisch/Rieble*, § 12a TVG Rn. 6; *Wank* in Wiedemann, § 12a TVG Rn. 63; a.A. *Wlotzke*, DB 1974, 2252 (2258).

gestaltung hiervon abweicht. Würde auch diese Form des Schuldverhältnisses den Anforderungen des § 12a TVG nicht genügen, wäre einer Umgehung des § 12a TVG Tür und Tor geöffnet.

Auch der echte Werklieferungsvertrag nach § 651 S. 2 BGB muss aufgrund dieses Arguments als vertragliche Grundlage nach § 12a TVG möglich sein. Fährt der Reporter mit seinem eigenen Fahrzeug zu dem Ort der Reportage, macht sich dort auf seinem eigenen Papier Stichworte, die er dann in seinem eigenen betriebsfernen Büro auf seinem eigenen Computer ausarbeitet und übermittelt er diese Datei mittels seines eigenen Internetanschlusses an das Fernsehunternehmen, liegt ein Werklieferungsvertrag vor. Zwar steht diese Vertragsform zugegebenermaßen in enger Verwandtschaft mit dem Kaufvertrag, da der Unternehmer das Material stellt und damit die persönliche Herstellung des Werkes vollbringt. Daher findet konsequenterweise nach § 651 S. 1 BGB auch nur Kaufrecht, ohne jegliche Bezugnahme auf das Werkvertragsrecht, Anwendung. Vor diesem Hintergrund wird teilweise der echte Werklieferungsvertrag als vertragliche Grundlage im Sinne des § 12a TVG abgelehnt[1033]. Doch zum einen kann gerade nach der neuen Formulierung des § 651 BGB im Rahmen der Schuldrechtsreform die vom Gesetzgeber vorgegebene Rechtsfolge der vertraglichen Vereinbarung nicht mehr als Differenzierung dienen, da auch auf den unechten Werklieferungsvertrag mittlerweile in erster Linie Kaufrecht anwendbar ist. Zum andern kann eine sinnvolle Unterscheidung nicht danach vorgenommen werden, wer das Material zu beschaffen hat. Gerade vor diesem Hintergrund würde ansonsten die bereits angesprochene Umgehung des § 12a TVG sehr leicht möglich gemacht. Auch ist ein Übergang von einem unechten auf einen echten Werklieferungsvertrag leicht durchführbar. Stellen beide Vertragspartner einige Materialien zur Verfügung, ist eine Abgrenzung zwischen den beiden Vertragstypen zum einen schwierig und zum andern auch derart leicht zu beeinflussen, dass aufgrund dieser möglichen Einflussnahme nicht die Anwendbarkeit des § 12a TVG an der Einordnung des Werklieferungsvertrages als echter oder unechter hängen darf[1034]. Hierfür spricht auch § 2 Abs. 1 S. 2 HAG, wonach die Eigenschaft als Heimarbeiter nicht beeinträchtigt wird, wenn nicht der Unternehmer, sondern der Heimarbeiter Roh- und Hilfsstoffe selbst beschafft. Vielmehr ist allein entscheidend, ob vom Zeitaufwand her betrachtet die persönliche Arbeitsleistung bei der Herstellung überwiegt. Darüber sagt die Verteilung der Materialbeschaffung unter den Parteien aber nichts aus.

[1033] *Wank* in Wiedemann, § 12a TVG Rn. 63.

[1034] *Stein* in Kempen/Zachert, § 12a TVG Rn. 26; *Reinecke* in Däubler, TVG, § 12a TVG Rn. 35; a.A. *Wlotzke*, DB 1974, 2252 (2256); *Wank* in Wiedemann, § 12a TVG Rn. 63, der gerade angesichts der von § 12a TVG geforderten abhängigen Verwertung der eigenen Arbeitskraft die Nichteinbeziehung der echten Werklieferungsverträge befürwortet.

d) *Auftrag und Geschäftsbesorgung*

Vermittelt eine Person gegen Entgelt fortwährend Schauspieler an ein Fernsehunternehmen, liegt ein Management- oder Promotionsvertrag im Sinne einer Geschäftsbesorgung vor. Bereits an der gesetzlichen Definition der entgeltlichen Geschäftsbesorgung nach § 675 BGB zeigt sich, dass es sich bei diesem Vertrag um einen Dienst- oder Werkvertrag handelt, der eine entgeltliche Leistung betrifft. Daher stellt ein Geschäftsbesorgungsvertrag unproblematisch eine vertragliche Grundlage im Sinne des § 12a TVG dar[1035].

Wird diese Tätigkeit unentgeltlich vollbracht, kann ein derartiger Auftrag im Sinne des § 662 BGB bereits denknotwendig schon keine durch die Gewährung von Geld oder anderen Sachmitteln kausale wirtschaftliche Abhängigkeit begründen. Ein eventuell vorliegendes extremes Missverhältnis zwischen der Leistung und der „Gegenleistung Null“ mag individualrechtliche Ansprüche begründen, der Tarifautonomie kann ein Auftragsverhältnis jedoch nie unterliegen[1036].

e) *Subunternehmer- und Franchiseverträge*

Aktuell besteht die Tendenz vieler Unternehmer, sich durch „Ausgründung“ (outsourcing) von bisher durch eigene Arbeitnehmer erbrachten Leistungen zu entlasten, indem diese rechtlich verselbständigt und sodann durch Subunternehmer- und Franchiseverträge langfristig und ausschließlich an das Unternehmen gebunden werden. Diese Vertragsformen sind bei allen Tätigkeit in einem Fernsehunternehmen denkbar: so sind gerade die Produktionsfirmen, die ausschließlich für einen Sender Leistungen erbringen, ein populäres Beispiel der heutigen Medienlandschaft. Die wirtschaftliche und arbeitnehmerähnliche soziale Abhängigkeit entsteht dabei nicht unbedingt aufgrund des fehlenden Eigenkapitals, sondern aufgrund einer informationellen Abhängigkeit vom Auftraggeber, der allein über die markt- und tätigkeitsrelevanten Informationen verfügt und diese Stellung vertraglich sichert[1037]. Vor allem das so genannte Subordinations-Franchising führt so zu arbeitnehmerähnlichen Verhältnissen, weil ohne die Beziehung zum Franchisegeber praktisch keine Verdienstmöglichkeiten beste-

---

[1035] Siehe statt aller *Reinecke* in Däubler, TVG, § 12a TVG Rn. 36.

[1036] Im Ergebnis so auch *Wank* in Wiedemann, § 12a TVG Rn. 64; *Reinecke* in Däubler, TVG, § 12a TVG Rn. 36.

[1037] *Stein* in Kempen/Zachert, § 12a TVG Rn. 23.

hen[1038]. Ist der Subunternehmer oder Franchisenehmer allerdings Handelvertreter, gilt die Bereichsausnahme des § 12a Abs. 4 TVG[1039].

f) *Telearbeit*

Aufgrund der hohen Kosten, die das Bereitstellen eines Arbeitsplatzes verursacht, halten die Auftraggeber immer mehr Mitarbeiter an, Telearbeit zu leisten. Telearbeit leistet derjenige Erwerbstätige, der in selbst gewählter oder vom Arbeitgeber/Auftraggeber bereit gestellter und vom Betrieb räumlich getrennter Arbeitsstätte an EDV-Anlagen arbeitet, die durch elektronische Informations- oder Kommunikationsmittel mit dem Betrieb verbunden sind[1040]. Da auch Redakteurtätigkeiten in erster Linie Computerarbeiten sind, stellt dies für das Fernsehunternehmen eine favorisierte Möglichkeit dar, um weniger Computer und andere Arbeitsgeräten im Unternehmen bereitstellen zu müssen. Zu unterscheiden sind dabei die an einem ständigen Arbeitsort außerhalb des Betriebes, an mehreren außerbetrieblichen Arbeitsorten oder im Wechsel zwischen außerbetrieblichem und innerbetrieblichem Arbeitsort tätigen Telearbeiter[1041]. Telearbeit kann in jeglicher Beschäftigungsform erfolgen, sowohl im Arbeitsverhältnis oder in Heimarbeit als auch als arbeitnehmerähnliche Person oder als Unternehmer. Dabei gelten die üblichen Einordnungskriterien[1042]. Arbeitnehmerähnliche Personen treten am meisten unter denjenigen Telearbeitern auf, die ausschließlich im heimischen Büro arbeiten (sog. „isolierte Telearbeit“)[1043]. Liegt in diesem Fall Heimarbeit vor, ergibt sich die Tarifautonomie aus § 17 HAG. Auch für die nicht als Heimarbeiter deklarierten Erwerbstätigen erscheint bei zunehmender Einrichtung von isolierten Telearbeitsplätzen auf der Grundlage freier Dienstverträge der Abschluss von Tarifverträgen nicht ausgeschlossen[1044].

g) *Gemischte Verträge*

Bei gemischten Verträgen ist das TVG nach § 12a TVG anwendbar, wenn der Vertrag auf eine persönliche Dienstleistung oder auf ein Arbeitsergebnis ge-

---

[1038] *Berning*, S. 155, 177. Sowohl das BAG als auch der BGH haben Mitarbeiter, die nach dem Eismann-Franchisesystem als Selbständige tätig waren, als arbeitnehmerähnliche Personen i.S.v. § 5 ArbGG eingestuft, BAG AP Nr. 37 zu § 5 ArbGG; BGH NZA 1999, 53 ff.

[1039] Dazu gleich unten § 4B.I.1.h).

[1040] Ein Tarifvertrag über Telearbeit (für Arbeitnehmer) existiert z.B. zwischen Deutschen Postgewerkschaft und der Deutschen Telekom AG sowie deren Tochtergesellschaft T-Mobil, Stand Oktober 1998, abgedruckt in NZA 1998, 1214 ff.; hierzu *Hohmeister/Küper*, NZA 1998, 1206 ff.; *Körner*, NZA 1999, 1190 ff.

[1041] Die letztgenannte Erscheinungsform (sog. „alternierende Telearbeit“) stellt mit 70% die weit überwiegende Beschäftigungsart der Telearbeit dar.

[1042] Dabei ist je nach Arbeitsort und Art der elektronischen Verbindung zu differenzieren, zu den verschiedenen Kriterien diesbezüglich *Reinecke* in Däubler, TVG, § 12a TVG Rn. 40.

[1043] *Reinecke* in Däubler, TVG, § 12a TVG Rn. 43.

[1044] *Stein*, Rn. 653.

richtet ist, dem eine persönliche Leistung zugrunde liegt. Weist der Vertrag daneben Elemente verschiedener Vertragstypen auf, ist dies unschädlich[1045]. Erstellt z.B. ein Redakteur als werkvertragliches Element einen Bericht, veräußert er als lizenzvertragliches Element gleichzeitig auch die Rechte an diesem Bericht an das Fernsehunternehmen, überwiegt dennoch das werkvertragliche Element, so dass § 12a TVG anwendbar ist. Diese weite Auslegung rechtfertigt sich aus den folgenden zwei Überlegungen. Zum einen wäre bei einer strikten Herausnahme der gemischten Verträge aus § 12a TVG erneut die leichte Möglichkeit der Umgehung der Norm zu befürchten. So könnte die dienstvertragliche Tätigkeit an gepachteten oder gemieteten Geräten leicht zu einer anderen Beurteilung der Tarifautonomie des Erwerbstätigen führen, was den Auftraggeber zu einer derartigen Modifikation des Schuldverhältnisses verleiten könnte. Zum andern zeigt ein Vergleich mit einem Arbeitsverhältnis die Notwendigkeit einer derartigen Auslegung des § 12a TVG. Ein Arbeitsverhältnis ist durch die Veräußerung der Arbeitskraft „auf Zeit" gekennzeichnet. Der geschuldete Arbeitsumfang muss daher im Zweifelsfall das Kriterium für die Einbeziehung gemischter Verträge in die Regelung des arbeitnehmerähnlichen Vertragsverhältnisses sein[1046].

h) *Bereichsausnahmen*

Selbst wenn die vertraglichen Voraussetzungen des § 12a TVG vorliegen, ist diese doch auf bestimmte Gruppen von Erwerbstätigen nicht anwendbar, da diese Personen per se aus dem Anwendungsbereich der Norm herausgenommen sind.

Nach § 12a Abs. 4 TVG fallen Handelsvertreter nicht unter diese Regelung[1047]. Im Medienbereich treten Handelsvertreter wie in anderen Bereichen als Einfirmenvertreter von Handelsware auf. Darunter fallen etwa Vertreter von Computerfirmen, die Software anbieten, Vertreter einer Beleuchtungsfirma, die das Studio mit Licht versorgen möchten, Vertreter einer Kabelfirma, die für die Verkabelung der Mitwirkenden und der Geräte sorgen will oder auch Vertreter einer Kosmetikmarke, die bei dem Schminken der Moderatoren verwendet werden soll.

Dass der Gesetzgeber nach wie vor von der besonderen Schutzbedürftigkeit dieser Berufsgruppe ausgeht, zeigt sich auch darin, dass der Gesetzesentwurf zu § 12a TVG ursprünglich keine Ausnahme für Handelsvertreter enthielt[1048]. Da

---

[1045] *Stein* in Kempen/Zachert, § 12a TVG Rn. 26; *Reinecke* in Däubler, TVG, § 12a TVG Rn. 34.

[1046] *Stein* in Kempen/Zachert, § 12a TVG Rn. 26.

[1047] Über § 92a Abs. 2 HGB werden von § 12a TVG auch Versicherungsvertreter erfasst.

[1048] Die nachträgliche Aufnahme dieser Bereichsausnahme geht auf den mehrheitlichen Wunsch der entsprechenden Berufsverbände zurück, so die Begründung des Regierungsdie Tarifautonomie allen arbeitnehmerähnlichen Personen zusteht, wird die ohne Sachgrund vorgenommene Verweigerung der Tarifautonomie für Handelsvertreter teilweise als Verstoß gegen Art. 3 Abs. 1 GG angesehen[1049]. Jedoch lässt sich aus der auch für arbeitnehmerähnliche Personen geltenden Tarifautonomie nicht zwangsläufig auf ein verfassungsrechtliches Gebot des Gesetzgebers schließen, dass dieser allen arbeitnehmerähnlichen Personen und damit auch den Handelsvertretern das geltende Tarifrecht zur Verfügung stellen muss[1050]. Der Gesetzgeber hat bei der Wahl der Schutzmechanismen einen weiten Beurteilungsspielraum, in dessen Rahmen er entscheiden kann, wann und in welcher Weise er auf gesellschaftliche Situationen reagiert.

Obwohl § 12a TVG dies nicht ausdrücklich bestimmt, werden auch Heimarbeitsverhältnisse nicht von der Norm erfasst. Für die in Heimarbeit Beschäftigten und die ihnen Gleichgestellten bleibt es bei den Sonderregelungen der §§ 17 ff. HAG. Weitere Bereichsausnahmen enthält § 12a TVG nicht. Es käme höchstens eine verdeckte Bereichsausnahme der freien Berufe in Betracht, die ihre Tätigkeit nach staatlichen Ausbildungs- und Berufsregeln und unter berufsständischer Aufsicht ausüben[1051]. Zwar mag der Gesetzgeber im Gesetzgebungsverfahren an diese Berufsgruppen nicht gedacht haben[1052]. Dies bietet aber keinen Anlass für eine teleologische Reduktion des § 12a TVG dahingehend, dass die Angehörigen dieser Berufe von dem von der Norm erfassten Bereich herausgenommen werden müssen. Bei der Argumentation gegen die Anwendung des § 12a TVG auf diese Berufsgruppen wird meist nur auf das Erscheinungsbild der freien Berufe nach außen Bezug genommen. Entscheidend bei § 12a TVG ist jedoch das Innenverhältnis, also die Arbeitsbedingungen abhängig beschäftigter Freiberufler[1053]. Gerade dieser Personenkreis bedarf aber angesichts zunehmend aufgedrängter „Selbständigkeit" der Möglichkeit des Tarifabschlusses[1054].

i) *Vertragspartner der arbeitnehmerähnlichen Person*

In § 12a Abs. 1 Nr. 1 TVG ist unter der allgemeinen Erwähnung der „ anderen Person" als Vertragspartner jede natürliche und juristische Person zu verstehen.

entwurfs, BT-Drs. 7/975, S. 21; *Wlotzke*, DB 1974, 2252 (2256).

1049 *Wank* in Wiedemann, § 12a TVG Rn. 53, umfassend zur Verfassungsmäßigkeit von § 12a Abs. 4 TVG siehe *Pauly*, S. 65 ff.

1050 So auch *Reinecke* in Däubler, TVG, § 12a TVG Rn. 17.

1051 Gemeint sind damit etwa Rechtsanwälte, Ärzte, Zahnärzte, Wirtschaftsprüfer, Architekten u.s.w. Typisch medienspezifische Berufe sind damit nicht gemeint.

1052 Dies behauptet *Wank* in Wiedemann, § 12a TVG Rn. 58.

1053 *Wank* in Wiedemann, § 12a TVG Rn. 58.

1054 *Wlotzke* verneint das praktische Bedürfnis, da seiner Meinung nach die Interessen dieser Gruppe von Erwerbstätigen sich nicht kollektiv zusammenfassen lassen, so dass § 12a TVG für diese Gruppe keine praktischen Auswirkungen habe, *Wlotzke*, DB 1974, 2252 (2258).

Dieser Bereich der möglichen Vertragspartner wird in § 12a Abs. 1 Nr. 2 TVG auf Arbeitnehmerähnliche erstreckt, die für einen anderen Arbeitnehmerähnlichen aufgrund Dienst- oder Werkvertrages tätig sind.

Das Gesetz geht dabei grundsätzlich von der Bindung an einen Auftraggeber aus, da die wirtschaftliche Abhängigkeit nur dann derjenigen eines Arbeitnehmers entspricht, wenn sie zu einem Auftraggeber besteht[1055]. Das macht auch § 92a HGB deutlich, indem er auf die Ein-Firmen-Bindung des Handelsvertreters abstellt. Um den Schutz der arbeitnehmerähnlichen Personen dadurch aber nicht wieder zu sehr einzuschränken und um möglichen Umgehungsversuchen der Auftraggeber zu begegnen, werden in § 12a Abs. 2 TVG auch bestimmte Formen vertraglicher Zusammenarbeit von Auftraggebern mittels einer Fiktion als eine auftraggebende Person bezeichnet. Das Gesetz nennt in erster Linie die Zusammenfassung „nach der Art eines Konzerns (§ 18 AktG)". Demnach reicht es aus, dass mehrere Unternehmen, für welche die arbeitnehmerähnliche Person tätig ist, unter einheitlicher Leitung stehen[1056]. Hierbei muss es sich gerade nicht um Aktiengesellschaften oder Kommanditgesellschaften auf Aktie handeln; es genügt vielmehr auch der Konzern, dem eine abhängige GmbH oder eine abhängige Personengesellschaft angehört. Daneben gelten nach § 12a Abs. 2 TVG auch mehrere zu einer Organisationsgemeinschaft oder zu einer Arbeitsgemeinschaft gehörende Auftraggeber als eine Person.

(a) Organisationsgemeinschaft nach § 12a Abs. 2 TVG

Die in § 12a Abs. 2 TVG erwähnte Organisationsgemeinschaft entspricht der Verwendung dieses Begriffs in der als Vorbild dienenden Regelung des § 92a HGB. Entscheidend ist, ob verschiedene Personen die unternehmerische Zusammenarbeit vertraglich verbinden, bei denen die Partner der Gemeinschaft Teile ihrer Geschäftsfähigkeit organisatorisch ausgliedern und dann ihren Geschäftsbetrieb ganz oder teilweise in gemeinsamer Organisation führen. Dabei kommt es nicht auf das Vorhandensein einer gesellschaftlichen Organisation mit mehreren Organen an. Vielmehr können auch mehrere Zeitungsverleger zusammen einen Journalisten- oder Fotografenstab[1057], die Werbung, Buchhaltung oder auch Rechtsberatung gemeinsam in Anspruch nehmen[1058].

(b) Arbeitsgemeinschaft nach § 12a Abs. 2 TVG

Der Begriff der Arbeitsgemeinschaft nach § 12a Abs. 2 TVG erklärt sich aus der Absicht des Gesetzgebers, die freien Mitarbeiter der Rundfunk- und Fernsehan-

---

[1055] *Löwisch/Rieble*, § 12a TVG Rn. 8.
[1056] *Wank* in Wiedemann, § 12a TVG Rn. 66; anders aber *Kunze*, UFITA 74 (1975), 19 (29).
[1057] *Wank* in Wiedemann, § 12a TVG Rn. 67.
[1058] *Stein* in Kempen/Zachert, § 12a TVG Rn. 30.

stalten in der Bundesrepublik einzubeziehen. Freie Mitarbeiter, die in mehreren Anstalten gleichzeitig arbeiten, wären aufgrund der föderalen Struktur des Rundfunk- und Fernsehwesens ansonsten nicht von der durch § 12a TVG erweiterten Tarifautonomie erfasst. Die Arbeitsgemeinschaft muss dabei gegenüber den Beschäftigten ein einheitliches und gleichförmiges Verhalten an den Tag legen[1059]. Im Focus des Gesetzgebers war dabei insbesondere die „Arbeitsgemeinschaft der Rundfunkanstalten Deutschlands“ (ARD)[1060].

(c) Beschränkung der Fiktion des § 12a Abs. 2 TVG auf die Tarifgebundenheit

Die Fiktion des § 12a Abs. 2 TVG beschränkt sich auf die Begründung der Tarifbindung und bezweckt damit lediglich, den Geltungsbereich des Gesetzes nach § 12a Abs. 1 Nr. 1 lit. a und b TVG zu erweitern. Die Fiktion gilt nicht umfassend, die genannten Vereinigungen und Kooperationsformen sind nicht in jeglicher Hinsicht als eine Person anzusehen[1061]. Zwar wird die dahingehende Ansicht vertreten, dass durch die Norm ein Rechtsverhältnis zwischen dem Auftraggeberkollektiv einerseits und der arbeitnehmerähnlichen Person andererseits begründet würde. Dieses führe zu einer Gesamtschuldnerschaft der Auftraggeber für die Vergütung der arbeitnehmerähnlichen Person, wobei unter ihnen ein Ausgleich nach § 426 BGB erfolgen müsse[1062]. Nach der Entstehungsgeschichte der Norm waren jedoch Eingriffe in das Vertragsrecht weder beabsichtigt noch sind diese im Gesetz zum Ausdruck gekommen[1063]. Die Mitglieder der Arbeitsgemeinschaft gelten nach § 12a Abs. 2 TVG zwar auch dann als ein Auftraggeber, wenn geprüft wird, ob eine für sie als freier Mitarbeiter tätige Person wirtschaftlich abhängig und vergleichbar einem Arbeitnehmer sozial schutzbedürftig ist[1064]. Die Fiktion dient jedoch ausschließlich Berechnungszwecken[1065], die Rechtsbeziehungen bestehen nach wie vor nur zwischen dem einzelnen Auftraggeber und der arbeitnehmerähnlichen Person. Auch eine Tariffähigkeit des Konzerns wird durch § 12a Abs. 2 TVG weder bezweckt noch erreicht. § 12a Abs. 2 TVG begründet keine Arbeitgebereigenschaft des Konzerns, sondern vielmehr die Eigenschaft des Beschäftigten als arbeitnehmerähnliche Person, der

---

1059 *Lund*, BABl. 1974, 682 (684).

1060 Bericht des Ausschusses für Arbeits- und Sozialordnung, BT-Drs. 7/2025, S. 6. Der Wortlaut umfasst aber auch die üblicherweise als „Arbeitsgemeinschaft“ bezeichneten Zusammenschlüsse von Bau- oder Industrieunternehmen zur gemeinsamen Ausführung von Großaufträgen (ARGE), dazu ausführlich *Löwisch/Rieble*, § 3 TVG Rn. 18; dazu auch BAG NZA 2005, 529 ff.

1061 So aber *Kunze*, UFITA 74 (1975), 19 (31).

1062 *Kunze*, UFITA 74 (1975), 19 (31).

1063 *Wank* in Wiedemann, § 12a TVG Rn. 69.

1064 BAG AP Nr. 42 zu § 611 BGB Rundfunk.

1065 *Wlotzke*, DB 1974, 2252 (2258); *Lund*, BABl. 1974, 682 (684), *Wank* in Wiedemann, § 12a TVG Rn. 69.

nach wie vor verschiedene Arbeitgeber gegenüberstehen. Der Konzern ist als solcher weder rechtsfähig noch rechtsgeschäftsfähig und kann damit auch keine Tarifverträge abschließen[1066]. Die Konzernobergesellschaft ist nicht Arbeitgeber der bei den Konzernunternehmen Beschäftigten. Deshalb kann sie einen Haustarifvertrag nur für die eigenen Beschäftigten abschließen. Irgendeine besondere, an die Konzernleitungsmacht anknüpfende Tarifmacht sieht das TVG anders als das BetrVG mit der Möglichkeit des Abschlusses einer Konzernbetriebsvereinbarung nicht vor. Auch § 55 Abs. 4 BetrVG setzt keinen Konzerntarifvertrag voraus, sondern nur einen konzerneinheitlich geltenden[1067].

2. Wirtschaftliche Abhängigkeit

Zu dem mit Hilfe des § 12a Abs. 1 Nr. 1 und Abs. 2 TVG zu bestimmenden Auftraggeber muss nach § 12a Abs. 1 Nr. 1 TVG eine wirtschaftliche Abhängigkeit bestehen. Diese Voraussetzung wird im Gesetz für den Anwendungsbereich des TVG selbst unter lit. a und b abschließend alternativ definiert: entweder liegt eine wirtschaftliche Abhängigkeit vor, weil der Erwerbstätige nur für eine Person arbeitet (§ 12a Abs. 1 Nr. 1 lit. a TVG) oder weil dieser von einer Person mehr als die Hälfte des Entgelts erhält (§ 12a Abs. 1 Nr. 1 lit. b TVG). Als Beurteilungsmaßstab, ob die wirtschaftliche Abhängigkeit von einem Auftraggeber vorliegt, ist dabei nach jeder Variante auch die Fiktion des § 12a Abs. 2 TVG zu beachten[1068].

a) *Tätigkeit überwiegend für eine Person nach § 12a Abs. 1 Nr. 1 lit. a TVG*

Nach § 12a Abs. 1 Nr. 1 lit. a TVG muss der Erwerbstätige überwiegend für einen Auftraggeber tätig sein, d.h. er muss mehr als die Hälfte der persönlichen Arbeitszeit für einen Auftraggeber aufbringen[1069] (sog. Zeitrelation). Die vom Gesetzgeber damit gegebene zeitliche Vorgabe ist großzügiger ausgestaltet als es in der bisherigen Rechtsprechung beurteilt wurde[1070].

[1066] *Kempen* in Kempen/Zachert, § 2 TVG Rn. 98; *Löwisch/Rieble*, § 2 TVG Rn. 147; *Franzen* in ErfK, § 2 TVG Rn. 24.

[1067] Ein solcher kann z.B. dadurch herbeigeführt werden, dass alle Konzernunternehmen dem Arbeitgeberverband angehören oder dass alle Konzernunternehmen einen mehrgliedrigen Firmentarifvertrag abschließen, dazu ausführlich *Franzen* in ErfK, § 3 TVG Rn. 24.

[1068] Siehe dazu oben § 4B.I.1.i)(a) und § 4B.I.1.i)(b).

[1069] *Stein* in Kempen/Zachert, § 12a TVG Rn. 22.

[1070] Vgl. dazu BAG AP Nr. 6 zu § 611 BGB Abhängigkeit; AP Nr. 7 zu § 5 ArbGG.

b) *Erzielte Vergütung nach § 12a Abs. 1 Nr. 1 lit. b TVG*

Liegt kein Fall des § 12a Abs. 1 Nr. 1 lit. a TVG vor, reicht es nach § 12a Abs. 1 Nr. 1 lit. b TVG aus, dass die arbeitnehmerähnliche Person mindestens die Hälfte ihres Gesamtarbeitseinkommens von einem Auftraggeber bezieht (sog. Verdienstrelation).

(a) Berücksichtigungsfähiges Einkommen

Zum Gesamtarbeitseinkommen zählen dabei stets nur Arbeitseinkünfte aus aktiver Tätigkeit. Dazu gehören alle Einkünfte aus Arbeitsverhältnissen, freien Dienstverhältnissen oder anderen beruflichen Tätigkeit[1071]. Einkünfte aus früherer beruflicher Tätigkeit, wie Arbeitnehmererfindungsvergütungen oder Entgelte aus Lizenzüberlassungsverträgen, sind unerheblich. Ebenso sind Posten der Altersversorgung und damit Einkünfte aus Renten, Pensionen und betrieblichen Zusatzversorgungen bei der Ermittlung des Statusses unberücksichtigt vor zu lassen[1072]. Wie die Materialien zu § 12a TVG zeigen, setzte der Gesetzgeber gerade einen unmittelbaren Zusammenhang zwischen der Erwerbstätigkeit und den Einkünften voraus[1073]. Die frühere Tätigkeit, aus der diese Einkünfte stammen, hat mit dem jetzigen erwerbsrechtlichen Status aber gerade nichts zu tun[1074]. Ein unmittelbarer Zusammenhang besteht auch nur in dem strengen Synallagma der Tätigkeit zu dem jetzigen Lohn dafür. Zu berücksichtigen sind daher auch im bestehenden Vertragsverhältnis nur solche Einkünfte, die unmittelbar auf dem Einsatz der Arbeitskraft beruhen. Demnach haben auch Einkommen aus Vermögen keine Relevanz bei der Ermittlung des Statusses[1075]. So bleiben Miet- und Pachteinnahmen sowie Einkünfte aus Kapitalvermögen ebenso außer Betracht wie solche aus betrieblichen Zusatzversorgungen. Auch Einkünfte aus gewerblichen Schutzrechten wie Arbeitnehmererfindungen, Nutzungsrechte und Urheberrechte fallen nicht unter den Begriff des Entgelts im Sinne der Norm[1076].

Maßgebend bei der Beurteilung ist allein der Bruttobetrag, da nur er und nicht die von persönlichen Merkmalen abhängigen Steuern und Sozialabgaben zuverlässig Auskunft geben. Erzielt der Erwerbstätige mehr als die Hälfte dieses Gesamtarbeitseinkommens von einem Auftraggeber, kommt es für das Merkmal der wirtschaftlichen Abhängigkeit anders als in § 5 Abs. 3 ArbGG gesetzlich auf

---

[1071] *Wank* in Wiedemann, § 12a TVG Rn. 75.

[1072] *Wank* in Wiedemann, § 12a TVG Rn. 75; anders aber *Koberski/Clasen/Menzel*, § 12a TVG Rn. 39.

[1073] BT-Drs.7/975, S. 20.

[1074] Die frühere Tätigkeit kann bei daraus resultierenden Renten- oder Pensionszahlungen bei der sozialen Schutzbedürftigkeit berücksichtigt werden, siehe dazu unten § 20C.

[1075] *Wank* in Wiedemann, § 12a TVG Rn. 75.

[1076] Ebenso *Wank* in Wiedemann, § 12a TVG Rn. 75; *Stein* in Kempen/Zachert, § 12a TVG Rn. 22; anders aber *Kunze*, UFITA 74 (1975), 19 (33).

keine Verdienstobergrenze an. Auch bei der Tätigkeit für mehrere Personen gibt es keine Verdienstobergrenze. Maßgeblich ist allein die Relation des von mehreren Auftraggebern bezogenen Erwerbseinkommens zu der durch den Bezug von mehr als der Hälfte hergestellten Bindung an einen Auftraggeber[1077]. Der Vergleich der Erwerbseinkünfte bestimmt sich nach der voraussehbaren Höhe. Da diese gerade bei arbeitnehmerähnlichen Personen erheblich schwanken kann und auch aufgrund der Aktualität der Berichterstattung und dem damit verbundenen Einsatz im Fernsehunternehmen oftmals nur schwer im Vorhinein kalkulierbar ist, sind die letzten sechs Monate als Referenzzeitraum zugrunde zu legen, bei kürzerer Dauer der Tätigkeit diese Zeitspanne[1078].

(b) Besonderheit der Berufsgruppen nach § 12a Abs. 3 TVG

Handelt es sich um künstlerische, schriftstellerische oder journalistische Leistungen, liegt gemäß § 12a Abs. 3 TVG schon dann wirtschaftliche Abhängigkeit vor, wenn der Betreffende wenigstens ein Drittel seines Gesamtverdienstes von einem Auftraggeber bezieht. Erfasst werden nicht nur die unmittelbar journalistisch Tätigen, sondern auch Erwerbstätige, die an der Erbringung solcher Leistungen, insbesondere ihrer technischen Gestaltung unmittelbar mitwirken[1079]. So fallen Cutter, Kameramänner oder Tontechniker auch unter den weit zu verstehenden Begriff der journalistischen Tätigkeit. Diese Privilegierung der im Bereich des Art. 5 GG tätigen Personen ist im gesetzgeberischen Verfahren vom Bundestagsausschuss für Arbeit und Sozialordnung eingeführt worden[1080]. Durch das Genügen des Drittels des Einkommens als Indiz für die wirtschaftliche Abhängigkeit kann die Situation entstehen, dass eine Beschäftigter maximal drei Tarifverträgen in deren Geltungsbereich unterliegt, wenn er in drei verschiedenen Beschäftigungsverhältnissen gleichgewichtig tätig ist, auf die verschiedene Tarifverträgen Anwendung finden[1081].

c) *Dauer des Beschäftigungsverhältnisses*

Für beide Konstellationen der wirtschaftlichen Abhängigkeit, sowohl für die Zeitrelation als auch die Verdienstrelation, geht der Gesetzgeber zwingend davon aus, dass der Beschäftigte auf den Erwerb zur Sicherung seiner wirtschaftlichen Existenz angewiesen ist. Da der Gesetzgeber nicht jedes kurzfristige Beschäftigungsverhältnis, sondern gerade das Vertrauen des Erwerbstätigen aufgrund eines längerfristigen Vertragsverhältnisses schützen wollte, kann der Sta-

---

[1077] *Reinecke* in Däubler, TVG, § 12a TVG Rn. 47 f.
[1078] *Reinecke* in Däubler, TVG, § 12a TVG Rn. 50.
[1079] *Reinecke* in Däubler, TVG, § 12a TVG Rn. 48.
[1080] BT-Drs. 7/2025, S. 6.
[1081] *Wank* kritisiert diese Situation, da er eine „Verwässerung" des Begriffs der arbeitnehmerähnlichen Person dadurch behauptet, *Wank* in Wiedemann, § 12a TVG Rn. 74.

tus der arbeitnehmerähnlichen Person nur bejaht werden kann, wenn der Beschäftigte entweder aufgrund eines auf eine gewisse Dauer angelegten Vertrages tätig wird oder auf der Grundlage eines Rahmenvertrages Einzelaufträge erhält, die zu einer wirtschaftlichen Abhängigkeit führen[1082]. In der Regel kann bei einem sechsmonatigen Bestand des Beschäftigungsverhältnisses von einer ausreichenden Dauer ausgegangen werden.

d) *Wechsel der Tarifgebundenheit*

Schwankt das nach § 12a Abs. 1 Nr. 1 lit. b und Abs. 3 TVG maßgebliche Einkommen erheblich, ist ein ständiger Wechsel von Tarifgebundenheit und Aussetzen der Tarifwirkung die Folge[1083]. Dieser Wechsel wird durch die vom Gesetz vorgegebenen Möglichkeiten nach §§ 3 Abs. 3, 4 Abs. 5 TVG nicht aufgefangen. Da gerade die Tarifgebundenheit wegfällt, kann § 4 Abs. 5 TVG als eine die Nachwirkung eines abgelaufenen Tarifvertrages anordnende Norm nicht eingreifen. Weil der Wegfall automatisch eintritt, kommt auch eine analoge Anwendung des § 3 Abs. 3 TVG nicht in Betracht[1084]. Besonders verwirrend ist die Situation dadurch, dass bei einer erst später möglich werdenden Berechnung der wirtschaftlichen Abhängigkeit die Tarifwirkung rückwirkend für den Zeitpunkt eintritt, für den die Voraussetzungen des § 12a TVG vorlagen. Arbeitet ein arbeitnehmerähnlicher Redakteur z.B. im Jahr 2005 überwiegend für das ZDF oder erhält er mehr als ein Drittel seines Einkommens von dieser Anstalt, ist er arbeitnehmerähnlich im Sinne des § 12a TVG; ihm steht Tariflohn zu. Dass diese Voraussetzungen in 2005 vorlagen, wird erst rückwirkend festgestellt, eventuell erst im Jahr 2006. Wenn der Redakteur nun 2006 überwiegend für einen Sender der ARD tätig wird, erhält er rückwirkend Tariflohn nach dem Tarifvertrag für arbeitnehmerähnliche Personen des ZDF, obwohl er 2006 die Voraussetzungen der Arbeitnehmerähnlichkeit für das ZDF nicht mehr, sondern nunmehr für einen Sender der ARD erfüllt. So kann es auch sein, dass der Erwerbstätige rückwirkend zu einem Zeitpunkt Tariflohn erhält, obwohl er derzeit keiner Tarifbindung unterliegt, da er für mehrere Sender tätig wird, jedoch bei jedem der Sender unterhalb der maßgeblichen Schwellen des § 12a Abs. 1 Nr. 1 TVG bleibt.

Neben einem Wechsel zwischen bestehender und nichtbestehender Tarifgebundenheit ist auch ein Wechsel zwischen verschiedenen Tarifverträgen nach § 12a TVG oder ein Übergang von einem arbeitnehmerähnlichen Tätigkeitsverhältnis zu einem Arbeitsverhältnis möglich.

1082 *Reinecke* in Däubler, TVG, § 12a TVG Rn. 45.

1083 So *Wlotzke*, DB 1974, 2252 (2258); *Eich*, DB 1973, 1699 (1700); kritisch dazu *Kunze*, UFITA 74 (1975), 19 (32).

1084 *Wank* in Wiedemann, § 12a TVG Rn. 77.

3. Soziale Schutzbedürftigkeit

Neben der wirtschaftlichen Abhängigkeit zu einem Auftraggeber muss der Erwerbstätige nach § 12a Abs. 1 Nr. 1 TVG auch einem Arbeitnehmer vergleichbar sozial schutzbedürftig sein. Anlass für diese Voraussetzung ist, dass die soziale Schutzbedürftigkeit der abhängig Arbeitenden einen tragenden Grund der Tarifautonomie darstellt. Bei der Konkretisierung dieses unbestimmten Rechtsbegriffs kommt es dabei jedoch nicht nur darauf an, ob der Erwerbstätige bei der konkreten vertraglichen Tätigkeit sozial schutzbedürftig ist; vielmehr muss die soziale Schutzbedürftigkeit nach dem Gesetz[1085] arbeitserwerbsbezogen ermittelt werden. Entscheidend ist dafür aber nicht nur die Höhe des Einkommens aus der betreffenden Beschäftigung, sondern die typischen sozialen Abhängigkeitsverhältnisse in der jeweiligen Tätigkeit[1086]. Um diese Beurteilung vornehmen zu können, müssen sowohl die Einkünfte aus dem Vertragsverhältnis mit der konkreten Anstalt als auch alle anderen Einkünfte aus abhängigen oder freien Tätigkeiten sowie Versorgungseinkünfte berücksichtigt werden. Zwar obliegt den Tarifparteien grundsätzlich ein Beurteilungsspielraum, wie sie den unbestimmten Rechtsbegriff der sozialen Schutzbedürftigkeit ausfüllen und ihn selbst bestimmen[1087]. Das darf aber nicht dazu führen, dass sie die soziale Abhängigkeit allein durch die Festlegung von Verdienstobergrenzen beurteilen, bei dessen Überschreitung der nach den sonstigen Merkmalen des § 12a TVG gegebene Status der arbeitnehmerähnlichen Person entfällt[1088] bzw. eine Grenze festlegen, bei deren Unterschreitung die soziale Schutzbedürftigkeit unterstellt wird[1089]. Dadurch werden die Grenzen der Konkretisierung überschritten und eine eigene und damit von § 12a TVG abweichende Definition bestimmt. Die durch die Tarifvertragsparteien vorgenommene Konkretisierung muss sich am Leitbild des § 12a TVG orientieren[1090]. Eine allein an dem Verdienst bei der einzelnen Anstalt zu beurteilende soziale Schutzbedürftigkeit überschreitet jedoch diese Wortlautgrenze. Anders als § 5 Abs. 3 ArbGG setzt § 12a TVG keine absolute Verdienstgrenze für das konkrete Vertragsverhältnis fest. Dies zeigt deutlich, dass auch andere Umstände als nur der Verdienst aus dem einzelnen Vertragsverhältnis entscheidend sind.

[1085] Zu den Unterschieden bei den tariflichen Regelungen siehe unten § 20C.

[1086] *Stein* in Kempen/Zachert, § 12a TVG Rn. 25.

[1087] BAG AP Nr. 6 zu § 12a TVG.

[1088] BAG AP Nr. 1 zu § 12a TVG; der Rechtsprechung lag die Klage eines Rundfunkgebührenbeauftragten zugrunde, der die Geltung des Tarifvertrags für arbeitnehmerähnliche Personen des NDR für sich beanspruchte. Das BAG erklärte diesen Tarifvertrag teilweise für unwirksam, da die Tarifparteien für die Ermittlung der Einordnung als arbeitnehmerähnliche Person allein auf eine Verdienstobergrenze abstellten, siehe dazu noch unten § 20C; die Festlegung einer Verdienstobergrenze aber als ausreichend ansehend *Reinecke* in Däubler, TVG, § 12a TVG Rn. 53 ff.

[1089] So aber der 1976 beim WDR geschaffene Tarifvertrag, dazu *Seidel*, ZUM 2000, 660 (661).

[1090] BAG AP Nr. 6 zu § 12a TVG.

4. Persönliche Leistung

Nach § 12a Abs. 1 Nr. 1 TVG muss der Erwerbstätige die Tätigkeit persönlich und im Wesentlichen ohne Mitwirkung von Arbeitnehmern erbringen. Primärer Zweck dieser Voraussetzung ist, dass nur der wirtschaftlich abhängige Einsatz der eigenen Arbeitskraft geschützt werden soll. Die typischerweise in arbeitsteiliger Organisation vorgehenden Unternehmer sollen gerade nicht in den Genuss der Anwendung des § 12a TVG kommen. Sekundärer Zweck ist die Sicherstellung der Gegnerfreiheit der Verbände arbeitnehmerähnlicher Personen.

Zur Erfüllung dieser Voraussetzung der „persönlichen Leistung" der eigenen Arbeitskraft schadet eine geringfügige Mitarbeit von Hilfskräften nicht[1091]. Maßgeblich sind die jeweils zu erledigende Aufgabe und die zu ihrer Bewältigung erforderlichen Teilschritte[1092]. Diktiert der Redakteur z.B. seine Texte und transponiert eine Hilfskraft diese Diktate in Textform, so stellt dies genauso wenig einen Anteil an der maßgeblichen „Kernleistung"[1093] dar wie das Fahren an den Drehort durch einen Fahrdienst. Die eigentlich vereinbarte vertragliche Vereinbarung muss als berufstypische Primäraufgabe sowohl in der Idee als auch der Ausführung im Wesentlichen in einer Hand bleiben[1094]. Diese Auslegung entspricht auch dem Gedanken des § 2 HAG.

II. *Rechtsfolgen des Unterschreitens und Überschreitens der Normsetzungsbefugnis*

In dem von § 12a TVG vorgegebenen Anwendungsbereich obliegt den Tarifparteien die Normsetzungsbefugnis, sie können für diese arbeitnehmerähnlichen Personen Tarifverträge abschließen. Schränken die Tarifparteien den Anwendungsbereich ein, indem sie bei der Definition des Anwendungsbereiches des Tarifvertrages nur bestimmte Arbeitnehmerähnliche erfassen[1095], so fällt dies unter ihre Normsetzungsbefugnis. Sie sind darin frei, den von dem Gesetzgeber durch § 12a TVG vorgegebenen Kompetenzbereich nicht auszuschöpfen, sondern nach ihren Vorstellungen auch nur teilweise auszufüllen.

Erweitern die Tarifparteien den Anwendungsbereich über die Vorgaben in § 12a TVG hinaus, indem sie den Geltungsbereich auch auf Selbständige erstrecken, die nicht von § 12a TVG erfasst sind[1096], obliegt ihnen hinsichtlich der nicht von § 12a TVG erfassten Selbständigen keine Normsetzungsbefugnis. Sie verstoßen

---

[1091] Auch die Mitarbeit von Familienangehörigen schadet nicht, da es bereits an dem Merkmal eines „Arbeitnehmers" fehlt, *Wank* in Wiedemann, § 12a TVG Rn. 71.

[1092] *Reinecke* in Däubler, TVG, § 12a TVG Rn. 31.

[1093] *Stein* in Kempen/Zachert, § 12a TVG Rn. 20.

[1094] *Reinecke* in Däubler, TVG, § 12a TVG Rn. 31.

[1095] Siehe dazu ausführlich anhand praktischer Beispiele unten § 20.

[1096] Siehe dazu ausführlich anhand praktischer Beispiele unten § 20.

gegen höherrangiges Recht[1097]. Dies berührt jedoch weder die Wirksamkeit des ganzen Tarifvertrages noch die Wirksamkeit der Tarifklausel, die den Geltungsbereich regelt. Es ergeben sich aber Unterschiede in der Bindungswirkung zwischen den unter § 12a TVG erfassten und den von der Norm nicht erfassten Selbständigen. Soweit die Tarifverträge Selbständige unter dem Begriff der arbeitnehmerähnlichen Person erfassen, die nicht die in § 12a TVG vorausgesetzten Merkmale der Arbeitnehmerähnlichkeit erfüllen, gilt der Inhalt der Tarifverträge nicht normativ nach § 12a TVG i.V.m. § 4 TVG und § 3 Abs. 2 TVG[1098]. Normativ gilt er nur für die von § 12a TVG erfassten Arbeitnehmerähnlichen. Für die anderen Selbständigen kann der Tarifvertrag individualrechtlich aufgrund arbeitsvertraglicher Bezugnahme gelten. Möglich wäre auch, dass der Tarifvertrag auf das Vertragsverhältnis aufgrund einer Vereinbarung zwischen dem Auftraggeber und der Gewerkschaft gilt[1099], was im Rahmen eines schuldrechtlichen Normenvertrages[1100] zwischen den Koalitionspartnern möglich wäre. Für *Otto*[1101] ist es auch denkbar, dass der Tarifvertrag aufgrund einer zwischen dem Auftraggeber und der Gewerkschaft schuldrechtlich vereinbarten Durchführungspflicht Anwendung findet, die den Mitarbeiter über einen Vertrag zugunsten Dritter unmittelbar begünstigt. Vereinbaren die Tarifparteien eine derartige Durchführungspflicht zugunsten nicht von § 12a TVG erfasster Selbständiger ausdrücklich, ist diese schuldrechtlich wirkende Pflicht des Auftraggebers zwar vorstellbar. Besteht ein Tarifvertrag aber bereits und trafen die Tarifparteien keine derart eindeutige Regelung, muss dieser Tarifvertrag dahingehend geprüft werden, ob eine Überschreitung der Tarifsetzungskompetenz bewusst oder unbewusst erfolgte. An die Annahme einer bewussten Überschreitung sind jedoch hohe Anforderungen zu stellen, da ohne deutliche Indizien nicht davon ausgegangen werden kann, dass sich ein Auftraggeber bei fehlender Normsetzungsbefugnis gegenüber Selbständigen schuldrechtlich binden möchte.

C. Rechtsfolgen des § 12a TVG im Tarifrecht

Nach der abstrakten Klärung des Anwendungsbereichs des § 12a TVG wird im Folgenden auf die konkreten Rechtsfolgen der Norm im Tarifrecht eingegangen. Dazu werden neben den Tarifparteien im Fernsehbereich insbesondere die möglichen tarifrechtlichen Normen dargestellt.

1097 Dazu BAG AP Nr. 1, 6 zu § 12a TVG.

1098 Siehe dazu *Stein*, RdA 2000, 129 ff. Fn. 75; *Otto*, Anm. zu BAG AP Nr. 1 zu § 12a TVG.

1099 *Otto*, Anm. zu BAG AP Nr. 1 zu § 12a TVG.

1100 Diese Bezeichnung wählend *Löwisch/Rieble*, Grundl. Rn. 76 ff.

1101 *Otto*, Anm. zu BAG AP Nr. 1 zu § 12a TVG.

I. *Tarifparteien*

Tarifparteien sind die in § 2 TVG genannten Vereinigungen. Auf Unternehmerseite sind meist einzelne Auftraggeber und seltener auch deren Verbände beteiligt. Diesen als Vertragspartner gegenüber stehen nach § 2 TVG die Gewerkschaften, denen arbeitnehmerähnliche Personen beigetreten sind. Einbezogen sind aber auch alle anderen Arbeitnehmervereinigungen, sofern das BAG die zur Gewerkschaft entwickelten materiellen Anforderungen als erfüllt ansieht. Daher kommen auch Berufsverbände von arbeitnehmerähnlichen Personen als Tarifvertragspartner in Betracht[1102].

1. Verbände der Auftraggeber in Fernsehunternehmen

Zum Abschluss von Tarifverträgen in Fernsehunternehmen sind generell die einzelnen Rundfunkanstalten sowie der Tarifverband Privater Rundfunk (TPR) auf Seiten der Auftraggeber berechtigt. In öffentlich-rechtlichen Anstalten ist daher auf Auftraggeberseite immer die einzelne Anstalt als Tarifpartner zuständig. In privatrechtlichen Fernsehunternehmen kann zwar der Gewerkschaft auch der TPR als Vertragspartner gegenüberstehen. Betrachtet man die Liste der Mitglieder der dem TPR zugehörigen Unternehmen zeigt sich jedoch, dass für arbeitnehmerähnliche Personen in Fernsehunternehmen die mit dem TPR abgeschlossenen Tarifverträge mangels Geltung auf ihr Beschäftigungsverhältnis uninteressant sind[1103]. So hat die mehrheitlich von der Bertelsmann-AG kontrollierte RTL-Gruppe ihre Mitgliedschaft im TPR zum 31.12.2001 gekündigt. Damit fallen alle Erwerbstätigen des größten europäischen Fernsehkonzerns aus dem Geltungsbereich eines TPR-Tarifvertrages raus. Die Ausmaße dieses Austritts zeigen sich anhand der zu dieser Gruppe gehörenden Unternehmen: die Sender RTL, Super RTL, VOX, n-tv sowie – mit dem Heinrich Bauer Verlag und der Tele München Gruppe - RTL II sind Teil der RTL-Gruppe.

Ebenso ist die zweite Senderfamilie ProSiebenSat.1 Media AG[1104] ist seit ihrer Fusion im Jahr 2000 nicht mehr Mitglied des TPR. Auch ein späterer erneuter Beitritt erfolgte nicht. Der Konzern umfasst die Sender ProSieben, SAT.1, Kabel

---

[1102] So auch *Wank* in Wiedemann, § 12a TVG Rn. 79; *Reinecke* in Däubler, TVG, § 12a TVG Rn. 59; *Lieb*, RdA 1974, 257 (267).

[1103] Die weiteren terrestrisch ausgestrahlten Regional- und Lokalsender bleiben an dieser Stelle wegen zu geringer zahlenmäßiger Relevanz unberücksichtigt; eine dahingehende Übersicht findet sich bei *Bourgeois* in Schwarzkopf, S. 436 ff. und *Wöste* in Schwarzkopf, S. 503 ff.

[1104] Das Unternehmen ging aus der Fusion von SAT.1 mit der ProSieben Media AG hervor. Hauptgesellschafter der ProSiebenSat.1 Media AG war die zur ehemaligen Kirch-Gruppe gehörende insolvente KirchMedia GmbH& Co.KGaA. Dieser Konzern wurde inzwischen weitgehend aufgelöst. Herr Haim Saban sicherte sich die Mehrheitsanteile an der ProSiebenSat.1 Media AG.

1, N24 und Neun Live. Daneben gehören auch weitere Tochtergesellschaften, insbesondere mehrere Produktionsunternehmen zur ProSiebenSat.1 Media AG.

Die beiden bundesweiten Sender, die nicht eine der beiden Senderfamilien angehören sind das Deutsche Sportfernsehen (DSF) und der Pay-TV Sender Premiere. Jedoch sind beide Unternehmen auch keine Mitglieder im TPR. Im Tarifverband TPR sind nunmehr private Radiounternehmen organisiert[1105]. Daher kommen auch im privaten Fernsehen als Tarifpartner der Gewerkschaften nur die Unternehmen selbst in Betracht.

2. Verbände der Mitarbeiter in Fernsehunternehmen

Auf Seiten der arbeitnehmerähnlichen Personen in Fernsehunternehmen ist zum einen die Vereinte Dienstleistungsgewerkschaft (ver.di) zuständig. Zu ver.di gehören u.a. auch die ehemaligen für den Fernsehbereich maßgeblichen Gewerkschaften IG Medien, die Rundfunk-Fernseh-Union, die DAG[1106] und die ÖTV, deren Verschmelzungskongresse am 18. März 2001 in Berlin beschlossen, die Vereinte Dienstleistungsgewerkschaft gemeinsam zu bilden. Zum andern kann auch der Deutsche Journalisten-Verband (DJV) Tarifpartner auf Seiten der Erwerbstätigen sein. Der DJV ist eine Kombination aus Gewerkschaft und Berufsverband[1107]. Statt dieses Dachverbandes der Journalisten kann auch einer der Landesverbände tätig werden, wie z.B. der Saarländische Journalistenverband oder der Rheinisch-Westfälische Journalistenverband.

II. *Gemeinsame Tarifverträge für arbeitnehmerähnliche Personen und Arbeitnehmer*

Da in den Gewerkschaften deutlich mehr Arbeitnehmer organisiert sind als arbeitnehmerähnliche Personen, die Ziele beider Gruppen aber häufig in die gleiche Richtung gehen, stellt sich die Frage nach der Möglichkeit gemeinsamer Tarifverträge für arbeitnehmerähnliche Personen und Arbeitnehmer. Weil die Tarifverträge für arbeitnehmerähnliche Personen prinzipiell keinen engeren Schranken unterliegen als andere Tarifverträge, können im selben Tarifvertrag die Beschäftigungsverhältnisse von Arbeitnehmern und arbeitnehmerähnlichen Personen geregelt werden[1108]. Nach *Lieb*[1109] ist dies nicht möglich, da sich die Rechtsetzungsmacht der Tarifparteien in Bezug auf die Regelungen von arbeit-

---

[1105] Wie z.B. Radio NRW, FFH, RPR oder Radio Regenbogen.

[1106] Innerhalb der DAG war die Deutsche Orchestervereinigung (DOV) Tarifpartner der Anstalten für die Orchestertarifverträge, was sie auch weiterhin ist.

[1107] Siehe zu der Zulässigkeit von Berufsverbänden als Tarifpartner schon oben § 4C.I.

[1108] So im Ergebnis auch *Wank* in Wiedemann, § 12a TVG Rn. 90; *Stein* in Kempen/Zachert, § 12a TVG Rn. 32; *Löwisch/Rieble*, § 12a TVG Rn. 22; *Kunze*, UFITA 74 (1975), 19 (36).

[1109] RdA 1974, 257 (267).

nehmerähnlichen Personen anders als die für Arbeitnehmer nicht aus Art. 9 Abs. 3 GG ergebe. Der Wunsch nach einem einheitlichen Tarifvertrag sei daher nur mit der Zustimmung der anderen Tarifpartei realisierbar. Dem ist zum einen entgegenzusetzen, dass die verfassungsrechtliche Grundlage der Tarifautonomie der Arbeitnehmerähnlichen wie diejenige der Arbeitnehmer auf Art. 9 Abs. 3 GG beruht[1110]. Zum andern ist der Tarifvertrag nach dem Gesetz rechtlich zulässig. Warum er dann aber nicht einseitig erzwingbar, sondern von der Zustimmung des Gegners abhängen soll, ist nicht ersichtlich. Selbst wenn man davon ausgeht, dass ein gemeinsamer Tarifvertrag generell unzulässig ist, ändert daran auch die Zustimmung des Tarifpartners nichts[1111]. Arbeitnehmer und arbeitnehmerähnliche Personen können gerade derselben Gewerkschaft oder demselben Berufsverband angehören, wobei die nur durch höheres Recht beschränkte Rechtsetzungsmacht für beide Gruppen den gleichen Umfang hat. Erscheint den Verbänden ein einheitlicher Tarifvertrag zweckmäßig, bestehen hinsichtlich seiner Zulässigkeit keine Bedenken.

Aktuelle gemeinsame Tarifverträge für arbeitnehmerähnliche Personen und Arbeitnehmer gibt es nicht. So geht zwar nach *Seidel* das Tarifkonzept des WDR im Jahre 2000 dahin, einen Grundlagen-Tarifvertrag für alle Mitarbeiter des WDR zu schaffen, bestehend aus einem Teil für das so genannte Stammpersonal des Hauses, für das hauptsächlich der Manteltarifvertrag und der Vergütungstarifvertrag gelten sollen, sowie auf der anderen Seite Tarifverträge für Beschäftigte in einzelnen Programmvorhaben[1112]. Dieses Tarifkonzept wurde aber bis heute nicht umgesetzt, da der zurzeit geltende Manteltarifvertrag des WDR arbeitnehmerähnliche Personen nach § 2 Abs. 3 c) des MTV[1113] gerade explizit aus seinem Anwendungsbereich ausnimmt[1114].

Nach der Klärung der beteiligten Parteien und deren generellen Befugnisse werden im Folgenden noch die tarifvertraglichen Gestaltungsmöglichkeiten dargestellt.

III. *„Entsprechende" Anwendung der Normen nach § 12a TVG*

§ 12a TVG ordnet die „entsprechende" Geltung des TVG für arbeitnehmerähnliche Personen an. So gilt auch für die auf der Grundlage des § 12a TVG ge-

---

1110 Siehe dazu schon ausführlich oben § 4A.III.

1111 So im Ergebnis auch *Wank* in Wiedemann, § 12a TVG Rn. 90.

1112 *Seidel*, ZUM 2000, 660 (665).

1113 MTV des WDR Köln vom 8.8.1979 in der Fassung vom 1.9.2002.

1114 *Seidel* sieht den Grund für die fehlende Umsetzung des Tarifkonzepts in den Differenzen zwischen WDR und den Gewerkschaften, welcher Personenkreis von den geplanten Bestandsschutzregelungen profitieren soll. Anlass hierfür ist das Bestreben der Gewerkschaften, eine Ausweitung des berechtigten Personenkreises über die echte Arbeitnehmerähnlichkeit im Sinne des § 12a TVG zu erzielen, *Seidel*, ZUM 2000, 660 (665).

schlossenen Tarifverträge die nach § 1 TVG zu beachtende Schriftform, die nach § 2 TVG einzuhaltende Tariffähigkeit und Tarifzuständigkeit sowie die Tarifgebundenheit nach § 3 TVG. Für die Wirkung der Tarifnormen ist § 4 TVG und die Möglichkeit der Allgemeinverbindlicherklärung nach § 5 TVG zu beachten. Mit dem missverständlichen Zusatz „ entsprechend" in § 12a Abs. 1 TVG sind keine inhaltlichen Einschränkungen verbunden – zumal auch das Koalitionsrecht keine derartigen Beschränkungen kennt. Generell entspricht der Katalog der vereinbarungsfähigen Bestimmungen den nach §§ 1 ff. TVG zulässigen Inhalten. Es kann nur im Einzelfall sinnvoll sein, unter Berücksichtigung der besonderen Umstände eines arbeitnehmerähnlichen Vertragsverhältnisses die Anwendung einzelner Grundsätze zu modifizieren.

1. Inhaltsnormen

Zulässige inhaltliche Rechtsnormen in einem Tarifvertrag im Sinne des § 1 Abs. 1 TVG sind alle Regelungen, wie sie für Arbeitsverhältnisse in Betracht kommen. Erlaubt sind die den größten Teil der Regelungen ausmachenden Normen zum Entgelt, die in ihrer Struktur vergleichbar den Eingruppierungsvorschriften für Arbeitnehmer je nach Qualifikation der zu erbringenden Leistung bestimmter Honorarsätze vorsehen. Diesen angegliedert und zulässig sind auch Inhaltsnormen, die der arbeitnehmerähnlichen Person ihr Entgelt auch dann sichern, wenn sie keine Leistung erbringt[1115]. Von den für das Entgelt aber auch für die Nebenleistungen zwingend festgelegten Mindestgrenzen kann in Einzelverträgen nach § 4 Abs. 2 TVG nur zugunsten der arbeitnehmerähnlichen Erwerbstätigen abgewichen werden.

Neben Bestimmungen, die den Inhalt eines konkreten Vertragsverhältnisses betreffen, kann ein Tarifvertrag darüber hinaus das durch die Aneinanderreihung einzelner Verträge entstehende Dauerrechtsverhältnis gestalten. Dieses Rahmen-Beschäftigungsverhältnis ist kein gesetzliches Schuldverhältnis[1116], sondern ein auf Privatautonomie beruhendes tarifvertragliches Rechtsverhältnis. Das tarifvertragliche Grundverhältnis mit Rahmenbedingungen kann inhaltlich an die gesamte Dauerbeziehung ein System sozialrechtlicher Ansprüche und Pflichten knüpfen[1117]. Für die arbeitnehmerähnlichen Personen besonders wichtig ist auch die in einem Tarifvertrag festgelegte rechtlich verbindliche Möglichkeit, unter bestimmten Voraussetzungen einen Anspruch auf Festanstellung zu erwerben. Ein dementsprechender auf der Grundlage des § 12a TVG abgeschlossener „Einfädelungsvertrag" kann für alle Rechte der freien Mitarbeiter, die nach den tariflichen Bedingungen in ein unbefristetes Arbeitsverhältnis übernommen

---

[1115] Zu den gesetzlichen Rechtsfolgen der Nichtleistung siehe ausführlich oben § 3E.II.2.

[1116] So auch *Wank* in Wiedemann, § 12a TVG Rn. 82; *Lieb*, RdA 1974, 257 (266); a.A. *Kunze*, UFITA 74 (1975), 19 (27 ff.).

[1117] *Wlotzke*, DB 1974, 2252 (2258 ff.).

werden, den Zeitpunkt der abzuschließenden Einzelarbeitsverträge als maßgebend ansehen[1118]. Dies verstößt nicht gegen Art. 3 Abs. 1 GG, auch wenn dadurch Beschäftigungsjahre als freie Mitarbeiter nicht angerechnet werden[1119].

2. Abschlussnormen

Abschlussnormen i.S.v. § 1 Abs. 1 TVG regeln das Zustandekommen, die Wiederaufnahme oder die Festsetzung unterbrochener Beschäftigungsverhältnisse. Gegenstand solcher Abschlussnormen ist zum einen häufig die Festlegung einer Mindeststundenzahl des Erwerbstätigen pro Monat, um diesem so einen Mindestschutz zu gewährleisten. Zum andern wird dem Auftraggeber in Tarifverträgen häufig die Pflicht auferlegt, unter bestimmten Voraussetzungen ein wie eben bereits erläutertes Dauerrechtsverhältnis anzubieten. Durch diese tarifvertraglich garantierte Mindestbeschäftigung erwirbt der Beschäftigte einen den besonderen Verhältnissen der arbeitnehmerähnlichen Personen angepassten Arbeitsplatzschutz. Vergleichbar ist dieses Rahmenverhältnis mit den bei freien Produzenten üblichen „Orientierungsrahmen“, bei denen die Rundfunk- und Fernsehanstalten freien Produzenten eine bestimmte Zahl von Aufträgen für die Zukunft zusichern und ihnen damit eine kontinuierliche Planung ermöglichen[1120].

3. Beendigungsnormen

Der Tarifvertrag kann sowohl Regelungen zur Beendigung des einzelnen Dienst- oder Werkvertrages als auch des Rahmenbeschäftigungsverhältnisses enthalten. Als formeller Bestandsschutz sind häufig an die Dauer der Beschäftigung geknüpfte Mitteilungsfristen Gegenstand der Regelung[1121]. Ebenso häufig werden Regelungen zu Ausgleichszahlungen sowie materielle Bestandsschutzbestimmungen getroffen, wie z.B. die Beendigung des Rechtsverhältnisses als arbeitnehmerähnliche Person ab Erreichen einer bestimmten Altersgrenze oder die nur zulässige Beendigung einer Mindestbeschäftigungszeit aus wichtigem Grund[1122]. Bei programmgestaltenden Mitarbeitern darf der Bestandsschutz nicht soweit gehen, dass dadurch die Programmhoheit der Rundfunkanstalt beeinträchtigt würde[1123]. Das hindert die Tarifparteien jedoch nicht daran, die Beendigung programmgestaltender arbeitnehmerähnlicher Personen von der Einhaltung von Ankündigungsfristen abhängig zu machen oder für eine Übergangszeit Ausgleichszahlungen vorzusehen. Eine Beeinträchtigung der Rund-

---

[1118] Relevant kann dies z.B. für die Höhe der Betriebsrente sein.
[1119] BAG AP Nr. 39 zu § 1 TVG Tarifverträge: Rundfunk.
[1120] *Wank* in Wiedemann, § 12a TVG Rn. 83.
[1121] Zu den gesetzlichen Mittelungsfristen siehe oben § 3F.I.1.
[1122] Siehe zu diesen Beispielen aus der Kautelarpraxis BAG AP Nr. 29, 33 zu § 611 BGB Rundfunk; AP Nr. 84 zu § 615 BGB.
[1123] BVerfGE 59, 231 ff.

funkfreiheit ist generell nur zu befürchten, wenn eine solche Bindung durch Gesetz oder die Rechtsprechung auferlegt wird. Eine freiwillige Entscheidung wie durch Abschluss eines Tarifvertrages, ist dadurch nicht ausgeschlossen[1124]. Falls aufgrund der tatsächlichen Gestaltung der Tarifnorm oder wegen der besonderen Umstände des Einzelfalls gleichwohl Bendenken gegen die Wirksamkeit der Beendigungsbestimmungen erhoben werden, muss die Rundfunkautonomie als verfassungstragendes Gut gegen die schutzwürdigen Interessen der Beschäftigten und damit auch gegen deren Schutz durch das Tarifvertragssystem im Einzelfall abgewogen werden[1125], wobei das Ergebnis des Abwägungsprozesses nicht verfassungsrechtlich vorgegeben ist.

4. Betriebliche Normen

Zu der nach § 1 TVG möglichen tarifvertraglichen Regelungsmaterie gehören an sich ebenso die betrieblichen Normen.

Betriebsnormen wirken nach § 3 Abs. 2 TVG für und gegen alle Betriebangehörigen, wenn nur der Arbeitgeber tarifgebunden ist. Sind arbeitnehmerähnliche Personen in die betriebliche Ordnung eingegliedert, kommen für sie allgemeine wie spezielle Normen in Betracht[1126]. Zwar mag der Wortlaut des § 12a Abs. 1 Nr. 2 TVG eher auf die individualrechtliche und nicht auf die betriebliche Seite des Beschäftigungsverhältnisses zugeschnitten sein. Daraus wird teilweise gefolgert, § 12a TVG erfasse zwar persönlich auch das Vertragsverhältnis zwischen Auftraggeber und arbeitnehmerähnlicher Person, aber sachlich nur die zwischen ihnen begründeten Rechtsverhältnisse[1127]. Die Reichweite des Tarifrechts wird aber durch § 12a TVG nicht eingeschränkt[1128]. Die notwendige einheitliche Geltung von Betriebsnormen spricht insbesondere bei Arbeitsschutz- und Ordnungsnormen gerade für deren Anwendung auch auf arbeitnehmerähnliche Personen, zumal die Grenzen zwischen Inhalts- und Betriebsnormen ohnehin fließend sind[1129]. Sinnvoll geregelt werden können derartige Regelungen am besten in gemeinsamen Tarifverträgen[1130].

1124 *Däubler*, Tarifvertragsrecht, Rn. 321.
1125 *Wank* in Wiedemann, § 12a TVG Rn. 86.
1126 So auch *Reinecke* in Däubler, TVG, § 12a TVG Rn. 69 ff.; *Wank* in Wiedemann, § 12a TVG Rn. 87; a.A. *Löwisch/Rieble*, § 12a TVG Rn. 18, 20; *Schaub* in ErfK, § 12a TVG Rn. 11; *Stein*, Rn. 656, der zu Recht darauf hinweist, dass aus der Formulierung des § 12a Abs. 1 Nr. 2 TVG „für die ...begründeten Rechtsverhältnisse“ auch nicht geschlossen wird, Abschlussnormen seien nicht erfasst.
1127 *Löwisch/Rieble*, § 12a TVG Rn. 18.
1128 *Reinecke* in Däubler, TVG, § 12a TVG Rn. 71.
1129 So auch *Däubler*, Tarifvertragsrecht, Rn. 807.
1130 Siehe dazu oben § 4C.II.

Die Diskussion entschärft sich vor dem Hintergrund deutlich, dass arbeitnehmerähnliche Personen wie bereits mehrfach erwähnt meist nicht in den Betrieb eingegliedert sind. Daher kann man zu Recht an der Notwendigkeit von betrieblichen Normen für Arbeitnehmerähnliche zweifeln. Dennoch sind sie gerade dann sinnvoll, wenn ein Bedürfnis besteht, also der Kontakt zu dem Betrieb gegeben ist. Dann kann aber gerade im Hinblich auf Schutz- oder Ordnungsvorschriften ein Regelungsbedarf bestehen, der am sinnvollsten gleichermaßen wie in den Tarifverträgen für Arbeitnehmer gedeckt wird.

Auch die Annahme, der Gesetzgeber wolle in § 12a TVG nicht über die für Heimarbeiter in § 17 HAG gewährte Tarifmacht hinausgehen, die nur schriftliche Vereinbarungen über Inhalt, Abschluss und Beendigung von Vertragsverhältnissen erfasst[1131], vermag nicht zu überzeugen. Die betriebliche Ausgangslage von Heimarbeitern und arbeitnehmerähnlichen Personen kann vielmehr derart verschieden sein, dass darin der Grund für die unterschiedlich zu beurteilende Kompetenz hinsichtlich Betriebsnormen liegt. Heimarbeit wird typischerweise außerhalb des Betriebs erledigt, weshalb regelmäßig gar kein Bedürfnis nach betrieblichen Normen besteht. Besteht hingegen bei Heimarbeitern ein Berührungspunkt mit dem Betrieb[1132], wird im Heimarbeitsrecht auch ohne weiteres von der Zulässigkeit von Betriebsnormen ausgegangen[1133]. Diese vorgenommene Differenzierung muss teleologisch auch auf die Zulässigkeit von betrieblichen Normen für arbeitnehmerähnliche Personen übertragen werden: besteht das Bedürfnis nach einer betrieblichen Regelung für arbeitnehmerähnliche Personen, müssen derartige Normen in Tarifverträgen auch zulässig sein.

5. Betriebsverfassungsrechtliche Normen

Nach § 1 Abs. 1 TVG sind auch betriebsverfassungsrechtliche Normen Gegenstand von Tarifverträgen. Jedoch kann an der Tatsache, dass arbeitnehmerähnliche Personen bis auf Heimarbeiter nicht in den Schutzbereich des BetrVG einbezogen sind[1134], auch ein Tarifvertrag nichts ändern[1135]. In die gesetzliche Organisation der Betriebsverfassung kann durch einen Tarifvertrag nicht eingriffen werden, daher kann durch Tarifvertrag arbeitnehmerähnlichen Personen kein aktives oder passives Wahlrecht zur Betriebsvertretung verliehen bzw. sie dem Geltungsbereich des BetrVG unterstellt werden.

[1131] So *Löwisch/Rieble*, § 12a TVG Rn. 18; *Schaub* in ErfK, § 12a TVG Rn. 11.

[1132] Wie etwa bei Ausgabe- oder Annahmestellen oder Warteräumen.

[1133] *Schmidt/Koberski/Tiemann/Wascher*, § 17 Rn. 2.

[1134] Siehe dazu oben § 3C.I.

[1135] *Reinecke* in Däubler, TVG, § 12a TVG Rn. 74; *Wank* in Wiedemann, § 12a TVG Rn. 88; *Stein*, Rn. 656; *Löwisch/Rieble*, § 12a TVG Rn. 18; die Anwendung aber anscheinend bejahend *Schaub* in ErfK, § 12a TVG Rn. 11.

Es ist jedoch zulässig, der Gruppe von arbeitnehmerähnlichen Personen eine eigene betriebliche Vertretung zu schaffen[1136], deren Befugnisse den gesetzlichen Kompetenzen der Betriebs- und Personalräte nachgebildet sind[1137]. Insoweit kommen Regelungen dieser betrieblichen Interessenvertretung über ihre Zusammensetzung und ihre Vertretung, die passive und aktive Wahlberechtigung, das Wahlverfahren, die Kostentragung und ein Festlegen über das Ob und Wie der Beteiligungsrechte in Betracht. Gerade bei der zahlenmäßig relevanten Gruppe von arbeitnehmerähnlichen Erwerbstätigen in Fernsehunternehmen wäre eine betriebliche Vertretung nicht nur zur Wahrung der Interessen der arbeitnehmerähnlichen Personen, sondern auch als Gesprächspartner auf betrieblicher Ebene für den Unternehmer sinnvoll. In Fernsehunternehmen muss jedoch berücksichtigt werden, dass einem Kollektivorgan keine uneingeschränkten Mitbestimmungsrechte zugesprochen werden können, da dies den Unternehmer in seiner Rundfunkfreiheit beeinträchtigt[1138].

Der im Arbeitsrecht in § 118 Abs. 1 Nr. 2 BetrVG[1139] zum Ausdruck kommende Gedanke der eingeschränkten Beteiligungsrechte müsste bei der Tätigkeit der Vertretung der arbeitnehmerähnlichen Personen ebenfalls dazu führen, dass dem Kollektivorgan kein Zustimmungsverweigerungsrecht bei personellen Einzelmaßnahmen von Tendenzträgern[1140] und kein Widerspruchsrecht bei der Kündigung von Tendenzträgern aus tendenzbedingten Gründen[1141] zusteht[1142]. Prinzipiell müsste ähnlich wie in § 118 BetrVG die „Eigenart des Unternehmens oder Betriebes" ausreichend berücksichtigt werden: alle Rechte des Organs, die den Unternehmer in seiner grundrechtlich geschützten Tätigkeit hemmen bzw. diese in eine andere Richtung lenken, können dem Organ nicht zugesprochen werden. Anhörungsrechte, Beratungsrechte und Informationsrechte des Organs berühren die Rundfunkfreiheit des Unternehmers indessen nicht, so dass diese dem Organ eingeräumt werden können. Die Mitbestimmung in wirtschaftlichen Angelegenheiten müsste ebenfalls anlehnend an § 118 BetrVG aufgrund des Tendenzbezu-

---

[1136] *Reinecke* in Däubler, TVG, § 12a TVG Rn. 76; *Stein* in Kempen/Zachert, § 12a TVG Rn. 33; *Plander*, DB 1999, 330 (334).

[1137] So auch *Stein* in Kempen/Zachert, § 12a TVG Rn. 33.

[1138] Siehe dazu bereits oben § 1.

[1139] Ein Tendenzschutz in dieser Form ist im BPersVG und in den LPersVG nicht zu finden, obwohl die §§ 85 ff. BPersVG Sonderregelungen vorsehen. Nach § 77 Abs. 1 BPersV (§ 81 LPersVG Rh-Pf.) ist ein Mitbestimmungsrecht des Personalrates hinsichtlich Personalangelegenheiten bei Beschäftigten mit überwiegend wissenschaftlicher oder künstlerischer Tätigkeit - journalistische Tätigkeit allein reicht nicht aus - nur auf Antrag des jeweiligen Beschäftigten gegeben.

[1140] Siehe im Arbeitsrecht so für die Einstellung BAG AP Nr. 3 zu § 99 BetrVG 1972, für die Versetzung BAG AP Nr. 10 zu § 101 BetrVG 1972.

[1141] Dazu im Arbeitsrecht BAG AP Nr. 4 zu § 118 BetrVG 1972.

[1142] Siehe zu den gemäß § 118 Abs. 1 Nr. 2 BetrVG notwendigen Modifikationen der Beteiligungsrechten in Medienunternehmen allgemein *Hanau*, BB 1973, 901 ff.; *Richter*, DB 1991, 2661 ff.

ges eines Fernsehunternehmens restriktiver gehandhabt werden. Deutlich weniger Einschränkungen gebe es bei der Mitbestimmung in sozialen Angelegenheiten, da der Tendenzbezug einen offensichtlich geringeren Einfluss in dieser Regelungsmaterie hat.

Die Möglichkeit der partiellen Zusammenarbeit zwischen dieser Vertretung arbeitnehmerähnlicher Personen und dem Betriebsrat auf der Grundlage des § 3 Abs. 1 Nr. 4 BetrVG wäre zwar wünschenswert und sinnvoll, ist aber abzulehnen[1143]. Die Norm erweitert zwar die Interessenvertretung sachlich über die Grenzen des Betriebs/Unternehmens hinaus. Persönlich betrifft § 3 BetrVG aber nur die Arbeitnehmer[1144]; dies geht auch aus der Formulierung in § 3 Abs. 1 Nr. 4 BetrVG „Zusammenarbeit von Arbeitnehmervertretungen" hervor. Auch würde eine Zusammenarbeit an der häufig fehlenden, jedoch von § 3 Abs. 1 Nr. 4 BetrVG vorgesehenen unternehmensübergreifenden Struktur scheitern, da die Arbeitnehmerähnlichen typischerweise mit den Arbeitnehmern in dem gleichen Unternehmen tätig sind.

6. Normen für gemeinsame Einrichtungen

Für arbeitnehmerähnliche Erwerbstätige können gemeinsame Einrichtungen im Sinne von § 4 TVG gegründet werden. Ebenso zulässig ist ihr Aufnahme in bereits bestehende gemeinsame Einrichtungen für Arbeitnehmer[1145]. Dafür spricht zum einen, dass die Betreffenden dort häufig bereits aus früherer Tätigkeit als Arbeitnehmer versichert oder anspruchsberechtigt waren[1146]. Zum andern liegt es nahe, die Idee des Gesamtarbeitgebers in Gestalt einer gemeinsamen Einrichtung gerade in diesem Bereich wechselnder Auftraggeber aufzugreifen, indem man an die Einrichtung einen Prozentsatz der Honorarbeträge zu leisten hat, um dann den betroffenen Personenkreis wegen aller sozialer Ansprüche an diese Einrichtung zu verweisen[1147].

D. Rechtsfolgen des § 12a TVG im Arbeitskampfrecht

Nach der Klärung der tarifrechtlichen Folgen des § 12a TVG müssen auch die arbeitskampfrechtlichen Folgen beleuchtet werden, da nur durch ein Arbeitskampfrecht der arbeitnehmerähnlichen Erwerbstätigen die tarifrechtlichen Mög-

---

[1143] So auch *Reinecke* in Däubler, TVG, § 12a TVG Rn. 76; *Rieble*, Vereinbarte Betriebsratsstruktur, S. 25, 40.
[1144] Daneben werden auch Beamte als Mitglieder des Personalrats erfasst.
[1145] So auch *Wank* in Wiedemann, § 12a TVG Rn. 89; *Stein* in Kempen/Zachert, § 12a TVG Rn. 33; *Reinecke* in Däubler, TVG, § 12a TVG Rn. 77.
[1146] Z.B. gegenüber Zusatzversorgungskassen.
[1147] *Lieb*, RdA 1974, 257 (266); nach dessen Ansicht sich das Instrument der Gemeinsamen Einrichtung für arbeitnehmerähnliche Personen und Arbeitnehmer geradezu aufdrängt.

lichkeiten im Streitfall durchgesetzt werden können. Da arbeitnehmerähnlichen Personen das Grundrecht der Koalitionsfreiheit im gleichen Umfang zusteht wie Arbeitnehmern, müssten sie Tarifverträge auch durch Streik erkämpfen bzw. Auftraggeber auch auf diese mit Aussperrungsmaßnahmen reagieren können.

I. *Volle Arbeitskampffähigkeit*

Für Arbeitnehmer folgt das Recht zum Streik als Komplementärgarantie zur Tarifautonomie aus Art. 9 Abs. 3 GG, da Arbeitskampfmaßnahmen erforderlich sind, um eine funktionierende Tarifautonomie sicherzustellen[1148]. Den Koalitionen steht die Wahl ihrer Mittel, die sie zur Erreichung ihres koalitionsmäßigen Zwecks für geeignet halten, frei. Mit der Anerkennung der Tarifautonomie für arbeitnehmerähnliche Personen in § 12a TVG gesteht der Gesetzgeber ihnen auch die erforderlichen Arbeitskampfmittel zu ihrer Verwirklichung zu[1149]. Durch einen rechtmäßigen Streik werden damit die laufenden Dienst- oder Werkverträge[1150] suspendiert, ein Bruch der laufenden Vertragsbeziehungen tritt nicht ein[1151]. Ein isolierter Arbeitskampf nur der arbeitnehmerähnlichen Erwerbstätigen ist jedoch eher unwahrscheinlich[1152]. Ein Aufruf zum Streik wird seitens der Gewerkschaft eher bei allgemeinen, die Belange auch der Arbeitnehmer betreffenden Regelungsmaterien erfolgen.

Zu beachten ist auch bei einer Bejahung der generellen Arbeitskampffähigkeit der Arbeitnehmerähnlichen im Medienbereich jedoch stets die von dem Auftraggeber dadurch berührte Pressefreiheit nach Art. 5 Abs. 1 S. 2 GG, da der Arbeitskampf zu einem zeitweiligen Ausfall einer mehr oder weniger bedeutenden Zahl von Medienerzeugnissen führen kann[1153].

II. *Sympathiearbeitskämpfe*

Sympathiearbeitskämpfe der arbeitnehmerähnlichen Personen für die Arbeitnehmer sind ebenso wie solche der Arbeitnehmer für die arbeitnehmerähnlichen Erwerbstätigen generell zulässig[1154]. Zwar wird teilweise vertreten, gegen die

---

1148 BVerfG AP Nr. 118 zu Art. 9 GG Arbeitskampf.

1149 *Kissel*, § 42 Rn. 30; *Dieterich* in ErfK, Art. 9 GG Rn. 158; *Wank* in Wiedemann, § 12a TVG Rn. 91; *Stein* in Kempen/Zachert, § 12a TVG Rn. 34.

1150 Ebenso natürlich auch die nur auf diesem Grundtyp basierenden Verträge, siehe dazu oben § 4B.I.1.

1151 A.A. aber *Lieb*, RdA 1974, 257 (268).

1152 So ohne Begründung auch *Wank* in Wiedemann, § 12a TVG Rn. 91.

1153 Siehe zu dem Sonderarbeitskampfrecht im Pressebereich umfassend *Plöger*, S. 7 ff. und zu der eben geschilderten Kollision der Rechte S. 63 ff.

1154 So auch *Wank* in Wiedemann, § 12a TVG Rn. 92; *Stein* in Kempen/Zachert, § 12a TVG Rn. 34; a.A. aber *Lieb*, RdA 1974, 257 (267); *Girth*, FuR 1974, 510 (512); *Kunze*, UFITA 74 (1975), 19 (37).

Zulässigkeit der Sympathiearbeitskämpfe wie auch gegen die Anwendbarkeit der Regeln des Betriebsrisikos spräche der zu verneinende Solidaritätsgedanke aufgrund der unterschiedlichen rechtlichen und sozialen Stellung dieser Erwerbstätigengruppen[1155]. Jedoch muss dem bei praktischer Betrachtung der Personengruppen entgegengehalten werden, dass zwar eine unterschiedliche rechtliche Stellung vorliegt, gerade aber diese den wenigsten Erwerbstätigen in ihrer Fülle bekannt sein dürfte. So erscheint es auch realitätsfern, neben dieser unterschiedlichen rechtlichen Behandlung den Solidaritätsgedanken aufgrund sozialer Unterschiede zu verneinen. Die Übergänge zwischen den Rechtsverhältnissen der arbeitnehmerähnlichen Personen und Arbeitnehmern sind gerade im Medienbereich häufig derart fließend, dass ein juristischer Laie sie gar nicht erfassen kann. Ihm ist häufig nicht bewusst, welcher Gruppe von Erwerbstätigen manche Kollegen zuzuordnen sind. Darüber hinaus sind diese Abläufe im Medienbereich und damit die wirtschaftlichen Arbeitsmärkte zwischen Arbeitnehmern und arbeitnehmerähnlichen Personen derart miteinander verknüpft, dass aufgrund der unmittelbaren Zusammenhänge das Ablehnen eines Solidaritätsgedankens zwischen den Mitarbeitern praxisfern erscheint.

In Ausnahmesituationen wurde die Zulässigkeit solcher Sympathiearbeitskämpfe auch bereits vom BAG bejaht[1156]. Warum dies auf Ausnahmefälle beschränkt bleiben soll, ist jedoch angesichts der tarifrechtlichen Gleichstellung von Arbeitnehmern und arbeitnehmerähnlichen Personen nicht nachvollziehbar.

E. Zusammenfassung

Als vertragliche Grundlage des Beschäftigungsverhältnisses im Sinne des § 12a TVG kommen neben Dienst- oder Werkverträgen auch Werklieferungsverträge, Subunternehmer- oder Franchiseverträge und der entgeltliche Geschäftsbesorgungsvertrag in Betracht. Nicht erfasst werden die von einem Dienst- oder Werkvertrag gänzlich unterschiedlichen reinen Pacht- oder Lizenzverträge sowie die aufgrund ihrer Unentgeltlichkeit ebenfalls zu stark abweichenden Auftragsverhältnisse. Ob ein gemischter Vertrag als mögliche vertragliche Grundlage im Sinne des § 12a TVG in Betracht kommt, ist genau wie bei Telearbeit im Einzelfall zu entscheiden.

Die wirtschaftliche Abhängigkeit beurteilt sich entweder nach der in § 12a Abs. 1 Nr. 1 lit. a TVG kodifizierten Zeitrelation oder der in § 12a Abs. 1 Nr. 1 lit. b TVG normierten Verdienstrelation. Ist der Erwerbstätige im weitesten Sinne schriftstellerisch oder journalistisch tätig, genügt es nach § 12a Abs. 3 TVG, wenn er mindestens ein Drittel seines regelmäßigen Einkommens aus aktiver

---

[1155] *Lieb*, RdA 1974, 257 (267); *Girth*, FuR 1974, 510 (512); *Kunze*, UFITA 74 (1975), 19 (37).

[1156] BAG AP Nr. 85 zu Art. 9 GG Arbeitskampf.

Tätigkeit von einem Auftraggeber bezieht. Als Bezugspunkt für diese Abhängigkeit geht § 12a Abs. 1 Nr. 1 TVG grundsätzlich von der Bindung an einen Auftraggeber aus. Als ein Auftraggeber ist dabei nach § 12a Abs. 2 TVG auch eine Arbeitsgemeinschaft zu verstehen, was vor allem den freien Mitarbeitern der ARD zugute kommt. Diese in § 12a Abs. 2 TVG vorgenommene Fiktion dient lediglich den vorzunehmenden Berechnungszwecken und hat keine Auswirkungen auf das Vertragsrecht und die Tariffähigkeit. Der ständig mögliche Wechsel oder auch Wegfall der Tarifgebundenheit kann nicht mittels gesetzlicher Vorgaben nach § 3 Abs. 3 TVG oder § 4 Abs. 5 TVG aufgefangen werden. Die soziale Schutzbedürftigkeit im Sinne des § 12a Abs. 1 Nr. 1 TVG ist anhand der typischen sozialen Abhängigkeitsverhältnisse in der jeweiligen Tätigkeit arbeitserwerbsbezogen ermittelt werden. Dafür müssen alle Einkünfte des Erwerbstätigen berücksichtigt werden. Die Tarifparteien sind darin frei, den von dem Gesetzgeber durch § 12a TVG vorgegebenen Kompetenzbereich nicht auszuschöpfen, sondern nach ihren Vorstellungen auch nur teilweise auszufüllen. Erweitern die Tarifparteien den Anwendungsbereich über die Vorgaben in § 12a TVG hinaus, indem sie den Geltungsbereich auch auf Selbständige erstrecken, die nicht von § 12a TVG erfasst sind, obliegt ihnen hinsichtlich der nicht von § 12a TVG erfassten Selbständigen keine Normsetzungsbefugnis. Gegenüber den nicht von § 12a TVG erfassten Mitarbeitern gilt der Inhalt der Tarifverträge nicht normativ nach § 12a TVG i.V.m. § 4 TVG und § 3 Abs. 2 TVG. Der Tarifvertrag gilt dann entweder kraft arbeitsvertraglicher Bezugnahme oder kraft zwischen den Parteien ausdrücklich vereinbarter Durchführungspflicht.

Als Tarifpartner für Fernsehunternehmen können auf Seiten der Auftraggeber sowohl die einzelnen Anstalten als auch der Tarifverband Privater Rundfunk (TPR) beteiligt sein. Praktisch kommen nur noch die einzelnen Anstalten als Tarifpartner in Betracht, da im TPR keine der landesweiten Fernsehsender mehr organisiert sind. Auf Seiten der arbeitnehmerähnlichen Personen werden diese entweder von der Vereinten Dienstleistungsgewerkschaft ver.di oder vom Deutschen Journalisten-Verband (DJV) vertreten. Werden von diesen möglichen Tarifpartnern Tarifverträge abgeschlossen, können im selben Tarifvertrag die Beschäftigungsverhältnisse von Arbeitnehmern und von arbeitnehmerähnlichen Personen geregelt werden.

Durch § 12a TVG wird den Tarifparteien die inhaltliche Gestaltung eines Tarifvertrages für arbeitnehmerähnliche Personen genauso ermöglicht wie dies für Arbeitnehmer der Fall ist. Neben Inhalts-, Abschluss- und Beendigungsnormen können auch betriebliche Normen Gegenstand eines Tarifvertrages sein. Betriebsverfassungsrechtliche Normen sind hingegen insoweit nicht zulässig. Generell zulässig ist jedoch die tarifliche Gründung gemeinsamer Einrichtungen nach § 4 Abs. 2 TVG.

Die arbeitskampfrechtlichen Rechtsfolgen des § 12a TVG entsprechen den allgemeinen Arbeitskampfgrundsätzen für Arbeitnehmer. Den arbeitnehmerähnlichen Personen steht die volle Arbeitskampffähigkeit zu. Ein rechtmäßiger Arbeitskampf führt zur Suspendierung der Hauptpflichten der Parteien, wobei jedoch bei der Beurteilung der Rechtmäßigkeit einzelner Maßnahmen stets Art. 5 Abs. 1 S. 2 GG zu beachten ist. Wegen des zwischen Arbeitnehmern und Arbeitnehmerähnlichen bestehenden Solidaritätsgedankens sind auch Sympathiearbeitskämpfe für die jeweils andere Gruppe von Erwerbstätigen zulässig.

§ 5 Zusammenfassung zum 2. Teil

Aufgrund des Bedürfnisses nach Aktualität der Berichterstattung und zur Gewährleistung der programmlichen Vielfalt werden in Fernsehunternehmen besonders viele freie Mitarbeiter eingesetzt. Der Anteil der arbeitnehmerähnlichen Personen in Fernsehunternehmen ist dabei ungefähr bei ¼ bis ⅓ anzusiedeln. Meist sind sie auf der Grundlage mehrerer Dienst- oder Werksverträge tätig, die sich in Form eines Dauerrechtsverhältnisses aneinander reihen. Die Arbeitnehmerähnlichen sind Selbständige im Sinne des § 84 Abs. 1 S. 2 HGB, sie bilden keine zwischen den Arbeitnehmern und den Selbständigen stehende dritte Gruppe von Erwerbstätigen. Von den Arbeitnehmern unterscheidet sich die arbeitnehmerähnliche Person anhand der fehlenden persönlichen Abhängigkeit. Auch im Medienbereich erfolgt eine Abgrenzung von den Arbeitnehmern anhand der persönlichen Abhängigkeit aufgrund objektiver Kriterien. Dem Medienunternehmer steht nicht unter dem Deckmantel des Art. 5 Abs. 1 S. 2 GG eine Dispositionsmöglichkeit über die Beschäftigungsform zu. Maßgebliche Bedeutung bei der Beurteilung des Weisungsrechts hat vor allem die Einteilung der Beschäftigten in Dienstpläne.

Die Abgrenzung des arbeitnehmerähnlichen Erwerbstätigen innerhalb der Gruppe der Selbständigen wird anhand der Legaldefinition des § 12a Abs. 1 Nr. 1 Hs. 1 TVG vorgenommen. Die Legaldefinition beschränkt sich jedoch auf die in § 12a Abs. 1 Nr. 1 Hs. 1 TVG aufgestellten Merkmale. § 12a Abs. 1 Nr. 1 Hs. 1 TVG stellt anders als § 5 Abs. 1 S.2 ArbGG und § 2 BUrlG dabei neben der wirtschaftlichen Abhängigkeit noch auf die soziale Schutzbedürftigkeit ab. Trotz dieser Unterschiede in den Gesetzen ist der Begriff der arbeitnehmerähnlichen Person einheitlich wie in § 12a Abs. 1 Nr. 1 Hs. 1 TVG zu verwenden. Ein Rückgriff auf die rentenversicherungsrechtliche Definition des § 2 S. 1 Nr. 9 SGB VI ist aufgrund des beschränkten Geltungsbereichs der darin enthaltenen Definition für das Rentenversicherungsrecht abzulehnen.

Umfangreiche Regelungen gibt es nur für die Heimarbeiter als Sondergruppe der Arbeitnehmerähnlichen. Ein ausreichender sozialrechtlicher Schutz besteht nur für publizistisch und künstlerisch Tätige durch die Pflichtversicherung in der Künstlersozialversicherung. Eine große Schutzlücke für programmgestaltende

Arbeitnehmerähnliche entsteht durch die mangelnde Anwendbarkeit des BetrVG, des BPersVG und beinahe aller Personalvertretungsgesetze. Bei der Begründung des Vertragsverhältnisses besteht mit §§ 7, 1, 2 Abs. 1 Nr. 2 AGG sowie der Vorgängernorm § 611a BGB a.F. zumindest ein Schutz vor Diskriminierungen. Das Fehlen der Auftraggeber als Vertragspartner der arbeitnehmerähnlichen Person in § 6 Abs. 2 AGG zeigt jedoch erneut, dass auch dem heutigen Gesetzgeber das Vertragsverhältnis der arbeitnehmerähnlichen Person nicht präsent ist. Das Fragerecht des Auftraggebers ist aber gerade in Tendenzunternehmen wesentlich weiter gefasst, so dass in vielen Fällen kein Recht zur Lüge für arbeitnehmerähnliche Personen besteht. Lediglich die Generalklauseln §§ 138, 242, 307 BGB sorgen für eine Minimalkontrolle der Vertragsbedingungen. Besonders deutlich wird der unzureichende Schutz dadurch, dass in den meisten Fällen kein dem Arbeitsrecht vergleichbares Aufrechterhalten des Entgeltanspruchs im Fall des Wegfalls der Leistungspflicht besteht. Ein spezialgesetzlicher Anspruch besteht nur als Anspruch auf Urlaubsentgelt. Zwar ist die arbeitnehmerähnliche Person im Fall der Krankheit oder des Mutterschutzes nach §§ 242, 275 BGB von ihrer Leistungspflicht befreit. Ein Anspruch auf Vergütung trotz Wegfalls der Leistungspflicht besteht aber nur in den engen Grenzen des § 616 BGB, was gerade bei den finanziell viel schwieriger zu überbrückenden längerfristigen Ausfallzeiten Folgen hat. Eine finanzielle Gleichstellung mit den Rechten der Arbeitnehmer erfolgt jedoch hinsichtlich der Vergütung der arbeitnehmerähnlichen Person für die von ihr erstellten Werke. Auch die privilegierenden Grundsätze des innerbetrieblichen Schadensausgleichs werden nach dem gleichen System wie die für Arbeitnehmer angewendet. Die deutlichsten Lücken im Schutzsystem der arbeitnehmerähnlichen Person zeigen sich bei der Beendigung des Vertragsverhältnisses. Formeller Bestandsschutz ist nur mittels einer Analogie der Kündigungsfristen des § 29 Abs. 1 bis 5 HAG für alle arbeitnehmerähnlichen Erwerbstätigen ausreichend möglich. Die parallele Problematik der Beendigung einer Kette von Werkverträgen und den häufig im Medienbereich üblichen mehreren befristeten Verträgen kann ebenfalls nur anhand der gleichen Analogie annähernd zufriedenstellend gelöst werden, zumal die Befristungskontrolle nach dem TzBfG nicht erfolgt. Materieller Bestandsschutz kann aufgrund der fehlenden Anwendbarkeit des KSchG nur durch zivilrechtliche Generalklauseln erzielt werden. Auch Kündigungen wegen eines Betriebsübergangs sind wirksam. Ebenso genießen die besonders schutzbedürftigen Erwerbstätigen wie schwerbehinderte, schwangere oder sich in Elternzeit befindliche Arbeitnehmerähnliche anders als die Arbeitnehmer keinen Sonderkündigungsschutz. Nur hinsichtlich der weniger einschneidenden nachvertraglichen Pflichten aus Anlass und im Zusammenhang mit der Beendigung besteht ein den Arbeitnehmern vergleichbarer Schutz durch eine Kontrolle der nachvertraglichen Wettbewerbsverbote anhand der §§ 74 ff. HGB und Ansprüche aus §§ 629, 630 BGB. Im Gegensatz zu den Arbeitnehmern steht der arbeitnehmerähnlichen Person jedoch auch bei offensichtlich rechtswidriger Kündigung kein Weiterbeschäftigungsanspruch nach Ablauf der Kündigungsfrist zu.

All diese Schutzlücken können jedoch durch tarifvertragliche Regelungen auf der Grundlage des § 12a TVG ausgeglichen werden. Als vertragliche Grundlage der Tätigkeit im Sinne des § 12a TVG kommen neben Dienst- oder Werkverträgen auch Werklieferungsverträge, Subunternehmer- oder Franchiseverträge und der entgeltliche Geschäftsbesorgungsvertrag in Betracht. Bei gemischten Verträgen ist entscheidend, ob der Vertrag auf eine persönliche Dienstleistung oder auf ein Arbeitsergebnis gerichtet ist, dem eine persönliche Leistung zugrunde liegt. Zu dem nach § 12a Abs. 2 TVG zu bestimmenden Vertragpartner muss eine wirtschaftliche Abhängigkeit vorliegen, wobei nach § 12a Abs. 2 TVG als auch eine Arbeitsgemeinschaft wie die ARD als ein Vertragspartner zu verstehen sind. Neben der zeitlichen Komponente ist dabei die nach § 12a Abs. 1 Nr. 1 lit. b TVG zu bestimmende Verdienstrelation entscheidend; den im weitesten Sinne schriftstellerisch oder journalistisch Tätigen kommt insoweit die Privilegierung nach § 12a Abs. 3 TVG zugute. Die abschließend vorzunehmende Beurteilung der sozialen Schutzbedürftigkeit darf von den Tarifparteien nicht dahingehend verschmälert werden, dass allein eine Festsetzung einer Verdienstobergrenze erfolgt. Die Tarifparteien sind darin frei, den von dem Gesetzgeber durch § 12a TVG vorgegebenen Kompetenzbereich nicht auszuschöpfen, sondern nach ihren Vorstellungen auch nur teilweise auszufüllen. Erweitern die Tarifparteien den Anwendungsbereich über die Vorgaben in § 12a TVG hinaus, indem sie den Geltungsbereich auch auf Selbständige erstrecken, die nicht von § 12a TVG erfasst sind, gilt der Inhalt der Tarifverträge nicht normativ nach § 12a TVG i.V.m. § 4 TVG und § 3 Abs. 2 TVG. Der Tarifvertrag gilt dann entweder kraft arbeitsvertraglicher Bezugnahme oder kraft zwischen den Parteien ausdrücklich vereinbarter Durchführungspflicht.

Als Tarifpartner für Fernsehunternehmen sind bei den Festsetzungen auf Auftraggeberseite. mangels praktischer Bedeutung des TPR immer die einzelnen Anstalten beteiligt. Diesen gegenüber stehen auf Seiten der arbeitnehmerähnlichen Personen entweder ver.di oder der DJV, wobei grundsätzlich auch gemeinsame Tarifverträge für Arbeitnehmerähnlichen und Arbeitnehmer möglich sind. Inhaltlich stehen den Tarifparteien die gleichen Gestaltungsmöglichkeiten offen wie bei Tarifverträgen für Arbeitnehmer, lediglich betriebsverfassungsrechtliche Normen unterliegen nicht der Tarifsetzungsmacht. Arbeitskampfrechtlich bestehen hingegen bei programmgestaltenden arbeitnehmerähnlichen Personen nur insoweit Besonderheiten als ein bestehender rechtmäßiger Arbeitskampf zwar auch grundsätzlich zur Suspendierung der Hauptpflichten der Parteien führt. Bei der Beurteilung der Rechtmäßigkeit einzelner Maßnahmen ist jedoch stets Art. 5 Abs. 1 S. 2 GG zu beachten. Im Übrigen gelten die allgemeinen Arbeitskampfgrundsätze ebenso für arbeitnehmerähnliche Personen. Auch Sympathiearbeitskämpfe zwischen Arbeitnehmern und arbeitnehmerähnlichen Personen für die jeweils andere Gruppe von Erwerbstätigen sind zulässig.

3. Teil: Rechte der arbeitnehmerähnlichen Personen in Fernsehunternehmen nach den Tarifverträgen

In dem nun folgenden dritten Teil der Arbeit wird anhand einzelner tariflicher Regelungen festgestellt, ob die gesetzlichen Schutzlücken der arbeitnehmerähnlichen Person durch tarifliche Rechte kompensiert werden. Vor dem Hintergrund der gesetzlichen Vorgaben für Tarifverträge wurden dafür die bei Fernsehunternehmen bestehenden Tarifwerke untersucht. Da die Tarifnormen nicht in ihrer Gänze hier dargestellt werden können, musste eine Auswahl der untersuchten Regelungsbereiche getroffen werden[1157].

§ 6 Gesetzliche Vorgaben für die Tarifverträge

Vor der Untersuchung der Tarifverträge ist es sowohl für das Verständnis als auch für die richtige Beurteilung der tariflichen Normen im Einzelfall notwendig, die gesetzlichen Grundlagen der Rechte der Erwerbstätigen und der Auftraggeber zu betrachten.

A. Bundesrechtliche Vorgaben

Auf der Ebene der Bundesgesetze sind primär die verfassungsrechtlichen Wertungen zu beachten. Sonstige Regelungen, die den Inhalt der Sendungen betreffen, liegen auf bundesrechtlicher Ebene nicht vor. Zwar hat der Gesetzgeber trotz des Schwerpunktes der Gesetzgebungskompetenz der Länder im Rundfunkbereich Rechtsvorschriften erlassen. Diese betreffen jedoch nur den sendetechnischen Bereich[1158]. Eine Besonderheit stellt insoweit das Deutsche Welle Gesetz dar[1159], nach dem die Deutsche Welle als staatsunabhängiger Sender die deutsche Kultur in der Welt repräsentieren soll.

Auf verfassungsrechtlicher Ebene ist ein ungerechtfertigter Eingriff in ein Grundrecht durch eine Norm des Tarifvertrages unmittelbar nicht möglich, da nach Art. 1 Abs. 3 GG nur staatliche Organe und damit nur staatliche Normen an die Grundrechte gebunden sind. Zwar bezeichnet § 1 TVG Tarifverträge als Rechtsnormen. Eine Anwendung der Grundrechte auf Tarifverträge ist jedoch nur mittelbar möglich[1160], da diese von privaten Personen erlassen wurden. Für die Grundrechtsgeltung kommt es entscheidend darauf an, ob eine Maßnahme

---

[1157] Dazu gleich unten § 7B.

[1158] Z.B. das Gesetz über die Anwendung von Normen für die Übertragung von Fernsehsignalen (Fernsehsignalübertragungs-Gesetz – FÜG).

[1159] Die Novellierungen dieses Gesetzes wurden am 28.10.2004 verabschiedet.

[1160] BAG AP Nr.12 zu § 1 TVG Tarifverträge: Luftfahrt; offen gelassen von AP Nr.70 zu § 1 TVG Tarifverträge: Einzelhandel; für eine mittelbare Geltung auch *Jarass*, NZA 1990, 505 (508 f.).

von der öffentlichen Hand vorgenommen wird, die gemäß Art. 1 Abs. 3 GG Grundrechtsadressat ist. Diese Voraussetzung ist bei Tarifverträgen nicht gegeben, da sie von Privatpersonen geschlossen werden, die sich dabei sogar auf das Grundrecht der Koalitionsfreiheit berufen können. Die Tarifvertragsparteien sind daher Grundrechtsträger, nicht Grundrechtsadressaten. Tarifverträge sind zwar Rechtsnormen, aber solche privater und nicht öffentlichrechtlicher Natur. Daher muss bei Tarifnormen nur die Ausstrahlungswirkung der Grundrechte beachtet werden[1161]. Eine unmittelbare Grundrechtsbindung kommt einem Tarifvertrag aber dann zu, wenn er für allgemeinverbindlich erklärt wird, da dann eine staatliche Stelle privaten Normen durch Gesetz eine Verpflichtung Außenstehender verleiht[1162].

Gerade da die Tarifverträge nach § 4 Abs. 1 TVG Rechtsnormen mit Drittwirkungen gegenüber den Tarifgebundenen entfalten, ist jedoch ein Schutz durch die Grundrechte erforderlich[1163], da das einzelne Verbandsmitglied nur sehr geringe Einflussmöglichkeiten hat[1164]. In Fernsehunternehmen kommt bei den zu berücksichtigenden Grundrechten zuvorderst Art. 5 GG Bedeutung zu.

I. *Art. 5 GG*

Die primäre Grundlage der Betätigung in einem Fernsehunternehmen bildet die aus Art. 5 Abs. 1 S. 2 GG garantierte Rundfunkfreiheit. Mittelbar sind auch die aus Art. 5 Abs. 1 S. 1 GG gewährleisteten Rechte der Meinungsfreiheit und Informationsfreiheit von Bedeutung, da der Zweck der Rundfunkfreiheit gerade darin liegt, für Meinungen, Positionen und Fakten von gesellschaftlichem Interesse ein Forum zu schaffen[1165]. Die Rundfunkfreiheit bildet als dienende Freiheit unter den Bedingungen der modernen Massenmedien eine notwendige Ergänzung und Verstärkung der Meinungsfreiheit; sie dient der Aufgabe, freie und umfassende Meinungsbildung durch den Rundfunk zu gewährleisten[1166]. Die allgemeinen Garantien der Meinungsfreiheit und der Informationsfreiheit in Art. 5 Abs. 1 S. 1 GG werden dabei durch die Rundfunkfreiheit nach Art. 5 Abs. 1 S. 2 GG als lex specialis verdrängt. Grundlage für die Rundfunkveranstalter ist daher immer Art. 5 Abs. 1 S. 2 GG[1167].

[1161] So BVerfGE 73, 261 (269) für den Sozialplan; siehe zur Grundrechtsbindung der Tarifparteien auch ausführlich BAG AP Nr. 25 zu § 4 TVG Geltungsbereich.

[1162] Dazu *Jarass/Pieroth*, Art. 1 GG Rn. 31.

[1163] So auch *Richardi* in MünchArbR, § 10 Rn. 27 ff.

[1164] *Jarass/Pieroth*, Vorb. 33 vor Art. 1 GG, Art. 1 GG Rn. 31.

[1165] *Jarass/Pieroth*, Art. 1 GG Rn. 39.

[1166] BVerfGE 57, 296 (319 f.).

[1167] Für die Rundfunkteilnehmer ist hingegen immer Art. 5 Abs. 1 S. 1 GG einschlägig, OVG Hamburg NVwZ 1985, 124 (126).

1. Für den Auftraggeber

Träger der Rundfunkfreiheit sind die öffentlich-rechtlichen Rundfunkanstalten[1168]. Zwar sind sie als juristische Personen des öffentlichen Rechts grundsätzlich nicht grundrechtsgeschützt, da der Grundrechten immanente unmittelbare Bezug zum Menschen fehlt. Eine Ausnahme von diesen Grundsätzen ist jedoch für solche juristische Personen anerkannt, deren Aufgaben unmittelbar einem durch bestimmte Grundrechte geschützten Lebensbereich zugeordnet sind[1169]. Die Rundfunkanstalten genießen Programmautonomie und sind in einer Selbstverwaltung organisiert; als weitere Ordnungsmuster kommen Staatsfreiheit und Binnenpluralismus hinzu. Somit ist ihre Grundrechtsträgerschaft gerechtfertigt und muss auch bei Tarifverträgen als Ausstrahlungswirkung beachtet werden.

Ein wesentlicher Bestandteil der Rundfunkfreiheit ist die Freiheit als Rundfunkkommunikator tätig zu sein. Zur Rundfunkunternehmerfreiheit gehört dabei die Freiheit ein Rundfunkunternehmen zu gründen, zu organisieren und zu betreiben, insbesondere die Programme zu bestimmen und zu gestalten sowie die Finanzierungsart, den fernmeldetechnischen Weg[1170] und die Mitarbeiter[1171] auszuwählen. Auch der Meinungspluralismus und die Ausgewogenheit des Gesamtprogramms sind von dem Grundecht mit umfasst[1172]. Auf andere Grundrechte als Art. 5 Abs. 1 S. 2 GG kann sich die öffentlich-rechtliche Rundfunkanstalt hingegen nicht berufen[1173]. Damit bleibt ihr ein Rückgriff auf die allgemeine Unternehmerfreiheit nach Artt. 12, 14 GG verwehrt.

Der zugelassene[1174] private Rundfunkveranstalter ist ebenfalls Träger des Grundrechts aus Art. 5 Abs. 1 S. 2 GG[1175]. Die für die öffentlich-rechtlichen Rundfunkanstalten spezifische Grundrechtssperre existiert nicht, so dass neben der Rundfunkfreiheit vor allem Artt. 12 und 14 GG in Form der Unternehmerfreiheit in Erwägung zu ziehen sind[1176].

2. Für die arbeitnehmerähnliche Person

Auch der einzelne Rundfunkjournalist ist durch Art. 5 Abs. 1 S. 2 GG insoweit geschützt, als er an der Rundfunkkommunikation in der von ihm gewählten

---

1168 BVerfGE 31, 314 (322).
1169 BVerfGE 31, 314 (322); 59, 231 (254).
1170 BVerfGE 78, 101 (102).
1171 BVerfGE 59, 231 (258 ff.).
1172 BVerfGE 59, 231 (259).
1173 BVerfGE 59, 231 (255); 78, 101 (102); 83, 238 (312).
1174 Ob sich auch ein nicht zugelassener Bewerber darauf berufen kann, ist umstritten, hier jedoch nicht relevant, dazu *Bethge* in Sachs, Art. 5 GG Rn. 112.
1175 BVerfGE 95, 220 (234).
1176 Dazu gleich unten § 6A.II.1.

Funktion oder Rolle teilnehmen kann. Daher kann sich der einzelne Mitarbeiter gegenüber dem Staat ebenso auf sein Grundrecht berufen wie auch Dritte die Ausstrahlungswirkung desselbigen beachten müssen.

Der Grundfreiheitsschutz in der Rundfunkkommunikation soll jedoch nicht den sachnotwendig arbeitsteilig und hierarchisch geordneten Aufbau dadurch sprengen, dass ein Rundfunkunternehmen alles publizieren müsste, was Journalisten produzieren[1177]. Ein Rundfunkjournalist kann sich daher nicht gegenüber dem Unternehmen selbst auf sein Grundrecht aus Art. 5 Abs. 1 S. 2 GG berufen (so genannte „innere Rundfunkfreiheit")[1178]. Dies gilt sowohl gegenüber öffentlich-rechtlichen Anstalten als auch gegenüber Privatveranstaltern[1179]. Eine Differenzierung zwischen den öffentlich-rechtlichen und den privaten Veranstaltern dahingehend, dass eine innere Rundfunkfreiheit bei den privaten zulässig, bei den öffentlich-rechtlichen jedoch wegen der einzuhaltenden Wahrung der Binnenpluralität aufgrund der Entscheidungen des Rundfunkrats unzulässig sei, vermag nicht zu überzeugen[1180]. Zwar besteht bei einem privaten Fernsehunternehmen kein einem Rundfunkrat vergleichbares Gremium, das die gesellschaftlichen Kräfte widerspiegelt. Dies ist jedoch kein taugliches Kriterium, mit dem man die Frage der inneren Rundfunkfreiheit entscheiden könnte. Vielmehr ist unabhängig von der Form des Veranstalters die Tatsache maßgeblich, dass die Bejahung einer inneren Rundfunkfreiheit zu einer Verschiebung der Organisation und der Funktionen führt, die den Zweck eines Fernsehunternehmens konterkariert.

Aufgrund des bestehenden Konflikts der inneren Rundfunkfreiheit in den Fernsehunternehmen wird die Redakteursbeteiligung im öffentlich-rechtlichen Rundfunk durch Dienstanweisungen und Dienstvereinbarungen[1181] teilweise abgesichert. Das bekannteste Beispiel derartiger Vereinbarungen sind die so genannten Redaktionsstatuten, die die Kompetenzen des Unternehmers, Chefredakteurs und der Redaktion abgrenzen und gleichzeitig den Redakteuren Mitspracherechte einräumen[1182]. Diese innerbetrieblichen Regelungen schreiben Redakteursausschüsse oder Redakteursversammlungen vor, in denen spezifische Programmkonflikte thematisiert und gelöst werden sollen. Arbeitnehmerähnliche Personen werden jedoch nicht immer in derartige Dienstanweisungen mit einbezogen[1183]. So sinnvoll derartige Gremien zur Absicherung der grundrechtlichen

---

[1177] *Herrmann*, § 7 Rn. 47.
[1178] Ebenso *Bethge* in Sachs, Art. 5 Rn. 109; *Starck* in v. Mangoldt/Klein/Starck, Art. 5 Rn. 123; a.A. *Dieterich* in ErfK, Art. 5 GG Rn. 95.
[1179] So auch *Bethge* in Sachs, Art. 4 Rn. 111.
[1180] So aber *Fechner*, Rn. 803.
[1181] Siehe zu derartigen Regelungen die Übersicht bei *Stock*, S. 68.
[1182] Redaktionsstatute sind keine Betriebsvereinbarungen. Sie können zwar in einem Tarifvertrag vereinbart werden. In der Regel haben sie aber individualrechtlichen Charakter und liegen als arbeitsvertragliche Einheitsregelung in Form der Gesamtzusage vor, dazu BAG EzA Nr. 73 zu § 118 BetrVG 1972.
[1183] Zur Beteiligung der arbeitnehmerähnlichen Personen innerhalb der Redakteursbeteiligung

Positionen theoretisch sind, so hat die normative Ausgestaltung der Redakteursausschüsse in den Sendern nicht dazu geführt, dass sie in Konflikten eine höhere Bedeutung haben als etwa Personalräte. Sie sind rein tatsächlich nicht zu Institutionen geworden, die die Gewährleistung eines gewissen redaktionellen Spielraums ermöglichen[1184].

II. *Art. 12 Abs. 1 GG*

Neben Art. 5 GG ist Art. 12 Abs. 1 GG sowohl in Form der Unternehmerfreiheit für den Auftraggeber als auch in Form der gewöhnlichen Berufsfreiheit für die arbeitnehmerähnliche Person relevant.

1. Für den Auftraggeber in Form der Unternehmerfreiheit

Unter Art. 12 Abs. 1 GG fällt grundsätzlich die Freiheit, ein Rundfunkunternehmen zu gründen und zu betreiben, da rundfunkunternehmerische Tätigkeit in der Regel berufliche Tätigkeit darstellt. Jedoch kann sich eine öffentlich-rechtliche Anstalt auf dieses Grundrecht nicht stützen, da sie sich als Teil der Staatsorganisation im weitesten Sinne prinzipiell nicht auf Grundrechte berufen kann[1185]. Die privaten Veranstalter können sich hingegen kumulativ zu der Rundfunkunternehmerfreiheit aus Art. 5 Abs. 1 S. 2 GG noch auf dieselbige aus Art. 12 Abs. 1 GG berufen[1186], was jedoch inhaltlich gegenüber der Rundfunkunternehmerfreiheit der öffentlich-rechtlichen Anstalten keinen Unterschied macht[1187].

2. Für die arbeitnehmerähnliche Person

Das Grundrecht der Berufswahl aus Art. 12 Abs. 1 GG ist für die arbeitnehmerähnliche Person betroffen, wenn in einem Tarifvertrag im Rahmen der Anwendbarkeit des Tarifvertrages über den Status der Mitarbeiter entschieden wird. Einschränkungen der Berufsfreiheit der Rundfunkmitarbeiter müssen nach dem Verhältnismäßigkeitsprinzip gerechtfertigt sein; an die Eingriffsvoraussetzungen auf der Ebene der Berufswahl sind besonders hohe Ansprüche zu stellen. Als abzuwägendes Grundrecht steht Art. 12 GG die Rundfunkfreiheit der Rundfunkanstalt gegenüber. Während ein Eingriff in die Berufswahl nur unter strengen Voraussetzungen zulässig ist, kann die Rundfunkfreiheit nach Art. 5 Abs. 2 GG

---

siehe *Stock*, S. 106 ff.

1184 *Götz von Olenhusen*, Medienarbeitsrecht, S. 260; umfassend zu den Redakteursausschüssen siehe *Arnold.*

1185 Siehe dazu schon oben § 6A.I.1.

1186 Zu dem Verhältnis von Art. 5 Abs. 1 S. 2 GG zu Artt. 12, 14 GG bei privaten Rundfunkveranstaltern siehe *Badura*, S. 48 f.

1187 Siehe daher zum Inhalt der Rundfunkunternehmerfreiheit oben § 6A.I.1.

durch allgemeine Gesetze eingeschränkt werden. Dazu gehören auch das allgemeine Arbeitsvertragsrecht, da es nicht auf eine Einschränkung der Rundfunkfreiheit zielt[1188]. Vom geschriebenen Verfassungsrecht her bleibt damit wenig Raum dafür, durch Art. 5 Abs. 1 S. 2 GG die Berufsfreiheit der Mitarbeiter aus Art. 12 GG einzuschränken. Zugegebenermaßen erfordert jedoch die praktische Konkordanz eine Güterabwägung in dem Sinne, dass die Besonderheiten der Berufsfreiheit beim Rundfunk und die Voraussetzungen einer pluralistischen Programmgestaltung bei der Auslegung des Art. 12 GG mitberücksichtigt werden[1189]. Demnach wird die Berufsfreiheit durch die Rundfunkfreiheit und vor allem durch deren Ausgestaltungsgehalt begrenzt[1190].

Die inhaltliche Tätigkeit eines Rundfunkjournalisten betrifft hingegen die ebenfalls durch Art. 12 Abs. 1 GG geschützte Berufsausübung. So ist die Tatsache, dass ein Redakteur den Text seiner Sendungen „frei" gestalten darf, außer durch Art. 5 Abs. 1 S. 2 GG auch durch Art. 12 Abs. 1 GG geschützt. Dabei besteht zwischen Art. 5 und Art. 12 Abs. 1 GG Idealkonkurrenz. Auch in die Berufsausübung kann mittels eines Tarifvertrages eingegriffen werden. Die Rechtfertigung des Eingriffs ist erneut anhand einer Güterabwägung zu ermitteln, wobei jedoch im Gegensatz zu einem Eingriff in die Berufswahl ein milderer Maßstab anzulegen ist.

III. *Sonstige relevante Grundrechte*

Als mögliches relevantes Grundrecht sei noch der durch Art. 14 GG normierte Eigentumsschutz erwähnt. Dieser kann bei Tarifverträgen nicht nur bei den nach allgemeiner Lehre unzulässigen Eigentumseingriffen relevant werden. Die maßgeblichere Rolle spielt Art. 14 GG vor dem Hintergrund, dass dieses Grundrecht auch den Schutz des Urheberrechts beinhaltet.

Ob die Tarifparteien auch unmittelbar an den Gleichheitssatz aus Art. 3 Abs. 1 GG gebunden sind, ist umstritten[1191]. Zumindest gebührt ihnen aus Art. 9 Abs. 3 GG ein weiter Gestaltungsfreiraum und eine Einschätzungsprärogative in Bezug auf die sachlichen Gegebenheiten und betroffenen Interessen. Dabei werden Tarifparteien aufgrund der größeren Sachnähe Gestaltungsmöglichkeiten eröffnet, die dem Gesetzgeber verschlossen sind[1192]. Problematisch ist, wie frei die Tarifparteien bei der Begrenzung des persönlichen Geltungsbereichs eines Tarifvertrages sind[1193]. Nach der Rechtsprechung unterliegen sie nur einer Willkürkon-

[1188] BVerfGE 59, 231 (263 f.).
[1189] Siehe dazu bereits oben § 1.
[1190] *Jarass*, Rn. 41.
[1191] Zum Meinungsstand siehe *Dieterich* in ErfK, Art. 3 GG Rn. 26 ff.
[1192] BAG AP Nr. 37 zu § 622 BGB.
[1193] Siehe dazu noch unten § 20.

trolle[1194]. In der Literatur wird von nahezu keiner Bindung an Art. 3 Abs. 1 GG[1195] über eine Willkürkontrolle[1196] bis zu einer vollen Bindung an Art. 3 Abs. 1 GG[1197] alles vertreten.

B. Staatsverträge

Neben den Grundrechten sind im Rundfunkbereich auch zahlreiche Staatsverträge zu beachten. Nach Artt. 70 Abs. 1, 30 GG liegt die Kompetenz zum Erlass von Rechtsvorschriften im Rundfunkbereich bei den Ländern. In der Praxis haben sich die Länder durch Rundfunkstaatsverträge weitgehend auf einheitliche Regelungen geeinigt. Soweit die Rundfunkstaatsverträge eine Regelung enthalten, kann eine landesgesetzliche Norm nur ergänzend zur Anwendung kommen. Diesen zwischen Bundes- und Landesrecht stehenden kulturkompetenziellen Staatsverträgen kommt aufgrund der vertraglichen Bindung erhöhte Geltungskraft gegenüber einfachem Landesrecht zu. Sie stehen jedoch in ihrem Rang unter dem einfachen Bundesrecht und sind daher an Art. 31 GG zu messen.

Den bedeutendsten Staatsvertrag stellt der Rundfunkstaatsvertrag (RfStV) dar, der sowohl für den öffentlich-rechtlichen als auch für den privaten Rundfunk grundlegende Normen enthält[1198].

I. *Rundfunkstaatsvertrag*

Der Rundfunkstaatsvertrag vom 31. 8. 1991 ist ein Staatsvertrag zwischen allen sechzehn Bundesländern, der einheitliche Regelungen für das duale Rundfunkrecht schafft[1199]. Er beinhaltet neben dem eigentlichen Rundfunkstaatsvertrag (Art. 1) den ARD-Staatsvertrag (Art. 2), den ZDF-Staatsvertrag (Art. 3), den Rundfunkgebührenstaatsvertrag (Art. 4) und den Rundfunkfinanzierungsstaatsvertrag (Art. 5).

Der eigentliche Rundfunkstaatsvertrag enthält in seinem 1. Abschnitt allgemeine Regelungen zu Werbungen und Sponsoring, den allgemeinen Programmgrundsätzen sowie den Kurzberichterstattungen. Im 2. Abschnitt werden die Rechte und Pflichten des öffentlich-rechtlichen Rundfunks normiert. Gemäß ihrem Auftrag nach § 11 Abs. 3 RfStV muss der öffentlich-rechtliche Rundfunk

---

1194 BAG AP Nr. 25 zu § 4 TVG Geltungsbereich.
1195 *Etzel*, NZA 1987 Beil. 1, 19 (21); *Gamillscheg*, S 676.
1196 *Kempen* in Kempen/Zachert, Grundlagen Rn. 224; *Konzen*, ZfA 1975, 401 (426).
1197 *Löwisch/Rieble*, § 1 Rn. 259.
1198 Das Äquivalent hierzu stellt der Mediendienstaatsvertrag dar. Dies ist ein Staatsvertrag zwischen den Bundesländern, der einheitliche Regelungen für die Mediendienste schafft. Er regelt unter anderem den Inhalt des Impressums bei geschäftsmäßigen Mediendiensten.
1199 Ausführlich zum Rundfunkstaatsvertrag siehe *Hartstein/Ring/Kreile/Dörr/Stettner*.

die Meinungsvielfalt sowie die Ausgewogenheit der Programme berücksichtigen. Zur näheren Ausgestaltung dieses Auftrags sind die öffentlich-rechtlichen Anstalten nach § 11 Abs. 4 RfStV verpflichtet, Satzungen oder Richtlinien zu erlassen sowie alle zwei Jahre – erstmals zum 1. 10. 2004 – „einen Bericht über die Erfüllung ihres jeweiligen Auftrags, über die Qualität und Quantität der Angebote und Programme sowie die geplanten Schwerpunkte der jeweils anstehenden programmlichen Leistungen“ zu veröffentlichen[1200]. Im 3. Abschnitt des Rundfunkstaatsvertrages wird der Rechtskreis der privaten Sender geregelt. Diese unterliegen zur Sicherstellung der Meinungsvielfalt nach §§ 25 ff. RfStV bestimmten Regelungen, die Anforderungen an die Gestaltung der einzelnen Programme vorsehen. So werden z.B. Beteiligungen an privaten Sendern gemäß § 26 RfStV begrenzt, um den Meinungswettbewerb zwischen den Programmen zu garantieren und eine vorherrschende Meinungsmacht zu verhindern[1201].

II. *Weitere Staatsverträge*

Bei einigen Staatsverträgen sind nicht alle, sondern nur einzelne Länder beteiligt. So besteht zwischen den Ländern Baden-Württemberg und Rheinland-Pfalz der SWR-Staatsvertrag, durch welchen 1998 die neue Rundfunkanstalt „Südwestrundfunk“ an die Stelle der zuvor bestehenden Sender Süddeutscher Rundfunk und Südwestfunk trat[1202]. Die Länder Sachsen, Sachsen-Anhalt und Thüringen einigten sich im Staatsvertrag über den MDR vom 30.Mai 1991 auf die Veranstaltung von Rundfunk durch den MDR, welcher der Rechtsaufsicht jeweils eines der Länder im zweijährigen Wechsel unterliegt[1203]. Ein derartiger Staatsvertrag besteht auch zwischen den Ländern Schleswig-Holstein, Niedersachsen, Hamburg und Mecklenburg-Vorpommern, die gemeinsam den Norddeutschen Rundfunk unterhalten[1204].

C. Landesrechtliche Vorgaben

Gemäß Artt. 30, 70 Abs. 1 GG sind die Länder grundsätzlich legislatorisch für den Sachbereich Presse und Rundfunk zuständig[1205]. Neben den Landesverfas-

---

[1200] Dieser Absatz des § 11 RfStV wurde erst mit Wirkung zum 1. 4. 2004 eingeführt.

[1201] Zur Überwachung der Vielfalt der Sender und der Vermeidung einer vorherrschenden Meinungsmacht wurde 1997 die Kommission zur Ermittlung der Konzentration im Medienbereich (KEK) gegründet. Bei der Kommission handelt es sich um eine Verwaltungseinrichtung aller Landesmedienanstalten.

[1202] Zu diesem Staatsvertrag ausführlich *Fechner*, NJW 1997, 3211 ff.

[1203] Zu diesem Staatsvertrag ausführlich *Kresse*, Rn. 190 f.

[1204] Staatsvertrag vom 17./18. Dezember 1991; siehe dazu *Merten*, ZUM 2004, 532 ff.

[1205] Dies wurde durch das 1. Rundfunkurteil des Bundesverfassungsgerichts erneut bestätigt, BVerfGE 12, 205 ff.

sungen kommt dabei insbesondere den Landesrundfunkgesetzen und den Landesmediengesetzen Bedeutung zu.

I. *Landesverfassungen*

In landesverfassungsrechtlichen Vorschriften finden sich teilweise „Ergänzungen“ der durch Art. 5 GG gewährleisteten Grundrechte. So regelt Art. 19 Abs. 2 brandenburgische Landesverfassung die Freiheit der Presse, des Rundfunks, des Films und anderer Massenmedien. Art. 11 Abs. 2 S.1 thüringische Landesverfassung nimmt neben diesen Freiheiten noch die Freiheit des Fernsehens explizit in den Schutzbereich mit auf. In Art. 10 Abs. 1 der rheinland-pfälzischen Landesverfassung wird ebenso die Pressefreiheit und die Freiheit der Berichterstattung durch Rundfunk und Film gewährleistet. Da die Medienfreiheit des Grundgesetzes weit auszulegen ist, stellen diese landesverfassungsrechtlichen Regelungen nur scheinbar eine Erweiterung des grundrechtlichen Schutzes dar[1206]. In der Sache decken sich die landesverfassungsrechtlichen Vorschriften inhaltlich mit denen der Bundesverfassung, ein zusätzlicher Schutz wird durch diese sie nicht gewährt.

II. *Landesrundfunkgesetze und Landesmediengesetze*

Auf landesrechtlicher Ebene weitaus wichtiger sind die Rundfunkgesetze, die den Rundfunkstaatsvertrag in Einzelheiten ergänzen und ausgestalten. Alle Landesrundfunkgesetze enthalten weitgehend einheitliche Vorschriften zu den Organen der Rundfunkanstalten. So werden die Kompetenzen der Anstalten unter dem Rundfunkrat, dem Verwaltungsrat und dem Intendant aufgeteilt. Ebenso finden sich in den Landesrundfunkgesetzen Regelungen über die Programmgrundsätze, wobei der wichtigste dieser Grundsätze die Verpflichtung zur Ausgewogenheit des Programms darstellt[1207].

Viele landesrechtlichen Rundfunkgesetze enthalten über die Regelungen für öffentlich-rechtliche Sender hinaus Normen für die Privatrundfunksender. Teilweise sind die Vorschriften für private Sender auch nachträglich in einem gesonderten Mediengesetz normiert. So haben seit dem Jahr 1991 einige Länder Landesmediengesetze[1208] erlassen, welche sich auf die privaten Rundfunksender

[1206] Eine Verkürzung des durch das Grundgesetz garantierten Grundrechts wäre schon wegen des gemäß Art. 31 GG einzuhaltenden Vorrangs des Bundesrechts vor Landesrecht nicht möglich.

[1207] Dazu sind die öffentlich-rechtlichen Anstalten auch bereits durch § 11 Abs. 3 RfStV verpflichtet, dazu oben § 6B.I.

[1208] Zum Teil werden diese auch als Privatrundfunkgesetze bezeichnet. Die Mediengesetze beziehen sich ausschließlich auf den privaten Rundfunk, nicht jedoch, wie der Name suggerieren könnte, auf die „Neuen Medien“.

beziehen. In den Gesetzen sind insbesondere die Zulassungsvoraussetzungen privater Rundfunkveranstalter festgelegt, wofür die Landesmediengesetze ein Lizenzierungsmodell etabliert haben. In einigen Landesmediengesetzen finden sich parallel zu den Regelungen in den Landesrundfunkgesetzen auch Normen zu den Programmgrundsätzen, wobei auch hier zumindest die Rundfunkvollprogramme den Grundsatz der Vielfalt der Meinungen beachten müssen. In den Landesmediengesetzen sind auch Normen zu den Landesmedienanstalten enthalten, die als rechtsfähige Anstalten des öffentlichen Rechts für die staatliche Aufsicht über die Privaten zuständig sind.

Der nordrhein-westfälische Landtag nutzte die den Ländern obliegende Gesetzgebungskompetenz durch die Schaffung des WDR-Gesetzes.

D. Zusammenfassung

Bei der Beurteilung der Tarifverträge ist auf verfassungsrechtlicher Ebene insbesondere die Rundfunkfreiheit nach Art. 5 Abs. 1 S. 2 GG als dienendes Recht zu beachten, die gegenüber der Meinungsfreiheit und der Informationsfreiheit lex specialis ist. Auf Art. 5 Abs. 1 S. 2 GG kann sich trotz der Natur der Grundrechte als Abwehrrechte gegenüber dem Staat neben dem privaten Veranstalter auch die öffentlich-rechtliche Anstalt berufen. Sie sind insoweit umfassend in der Gründung, der Organisation und dem Betreiben eines Fernsehunternehmens geschützt. Die arbeitnehmerähnliche Person in öffentlich-rechtlichen wie in privaten Fernsehunternehmen kann sich gegenüber Dritten und dem Staat ebenfalls auf Art. 5 Abs. 1 S. 2 GG berufen. Gegenüber der Rundfunkanstalt ist ihr das unter dem Stichwort der „inneren Rundfunkfreiheit“ jedoch verwehrt, da dies die Organisation, Rollenverteilung und Funktionsteilung zerstören würde, die für die Durchführung des Unternehmenszweckes „Rundfunk“ wesensnotwendig sind. Auf ihre durch Art. 12 Abs. 1 GG geschützte Berufsfreiheit können sich die Rundfunkmitarbeiter hingegen stützen. Eingriffe in dieses Grundrecht sind nur mittels einer Güterabwägung mit dem kollidierenden Grundrecht zu rechtfertigen. Die öffentlich-rechtliche Anstalt kann sich hingegen neben Art. 5 Abs. 1 S. 2 GG auf die prinzipiell durch Art. 12 Abs. 1 GG geschützte Unternehmerfreiheit nicht stützen, da sie sich als Teil der Staatsorganisation im weitesten Sinne prinzipiell nicht auf Grundrechte berufen kann; dem privatrechtlichen Fernsehunternehmen ist dies jedoch möglich.

Eine relevante Rolle spielen auch die zwischen allen Ländern geschlossenen Staatsverträge, wobei dem Rundfunkstaatsvertrag die größte Bedeutung zukommt. Dieser beinhaltet neben dem eigentlichen Rundfunkstaatsvertrag den ARD-Staatsvertrag, den ZDF-Staatsvertrag, den Rundfunkgebührenstaatsvertrag und den Rundfunkfinanzierungsstaatsvertrag. Daneben existieren noch Staatsverträge, die nur zwischen einzelnen Ländern abgeschlossen wurden wie der SWR-Staatsvertrag und der MDR-Staatsvertrag. Auf rein landesrechtlicher Ebene kommt den Landesverfassungen keine eigenständige inhaltliche Bedeutung zu. Eigene Regelungen für öffentlich-rechtliche Rundfunkanstalten sind in den Landesrundfunkgesetzen enthalten. Diese beinhalten entweder auch Ausführungen zu privaten Rundfunkveranstaltern oder solche werden gesondert in Landesmediengesetzen getroffen.

§ 7 Untersuchte Tarifverträge und Schwerpunkte der Untersuchung

Im Folgenden werden vor dem Hintergrund der soeben geschilderten gesetzlichen Grundlagen die bestehenden Tarifverträge für arbeitnehmerähnliche Personen in Fernsehunternehmen anhand gewählter Schwerpunkte untersucht.

A. Untersuchte Tarifverträge

Dabei lagen der Untersuchung alle geltenden Tarifverträge für arbeitnehmerähnliche Personen in Fernsehunternehmen zugrunde. Berücksichtigung fanden jedoch nur die Tarifverträge der bundesweit ausgestrahlten Sender. Lediglich der Übergangstarifvertrag des Rundfunks Berlin-Brandenburg (RBB)[1209] vom 1.10.2003 wurde trotz bundesweiter Ausstrahlung des Senders nicht mit einbezogen. Dieser Tarifvertrag ordnet zwar auch für arbeitnehmerähnliche Personen in III. die weitere Geltung der Tarifverträge des ORB und des SFB an. Demnach gelten auch für die beim RBB beschäftigten arbeitnehmerähnlichen Personen tarifliche Regelungen. Jedoch gelten diese Tarifverträge zum einen nach III.1. des Überleitungstarifvertrages nur für diejenigen Mitarbeiter, die bereits bei den früheren Unternehmen beschäftigt waren. Zum andern ist ein baldiger Abschluss eines neuen Tarifvertrages für den RBB zu erwarten, so dass es sich bei einer Untersuchung des Tarifvertrages um eine tarifrechtsgeschichtliche Betrachtung handelte.

Die Untersuchung des Tarifvertrages bei n-tv ist zwar insoweit auch eine rechtsgeschichtliche Betrachtung, als er zum Ende 2004 gekündigt wurde. Er entfaltet insoweit nur noch Nachwirkung gemäß § 4 Abs. 5 TVG, da bis jetzt kein neues Tarifwerk abgeschlossen wurde. Dennoch soll dieser Tarifvertrag der Untersuchung zugrunde liegen, da im Gegensatz zu der Situation bei RBB gerade nicht mit dem Abschluss eines neuen Tarifvertrages zu rechnen ist, da insoweit keinerlei Bestrebungen seitens des Unternehmens vorliegen.

Im Einzelnen wurden folgende Tarifverträge in die Untersuchung einbezogen:

1209 Der RBB entstand durch eine Fusion des Sender Freies Berlin (SFB) und des Ostdeutschen Rundfunks Brandenburg (ORB) am 1.5.2003.

- Tarifvertrag des Bayerischen Rundfunks[1210] für arbeitnehmerähnliche Personen vom 1.1.1992 mit den Durchführungs-Tarifverträgen Nr. 1, 2, 3, 5, 6, jeweils i.d.F. vom 1.1.1992, Durchführungs-TV Nr. 4 vom 21.2.1980, Durchführungs-TV Nr. 7 vom 1.1.1996, jeweils Tarifstand 2003

- Tarifvertrag für arbeitnehmerähnliche Personen der Deutschen Welle[1211] vom 6.2.2002 mit den Durchführungs-Tarifverträgen Nr. 1 i.d.F. vom 1.1.1999, Durchführungs-Tarifverträge Nr. 2 bis 4 jeweils vom 1.1.1992;

- Tarifvertrag über die Gewährung von Bestandsschutz der arbeitnehmerähnlichen Personen beim Hessischen Rundfunk[1212] vom 1.4.1981; Tarifvertrag über die Gewährung einer Sondervergütung der arbeitnehmerähnlichen Personen beim Hessischen Rundfunk vom 1.1.1981[1213]; Tarifvertrag über die Gewährung von Sozialleistungen der arbeitnehmerähnlichen Personen beim Hessischen Rundfunk vom 1.1.1981; Tarifvertrag über die Gewährung von Mindestbedingungen der arbeitnehmerähnlichen Personen beim Hessischen Rundfunk vom 1.1.1981;

- Tarifvertrag für freie Mitarbeiterinnen und freie Mitarbeiter des Mitteldeutschen Rundfunks[1214] vom 8.9.1994; Tarifvertrag über den Erwerb und die Abgeltung von Rechten Freier Mitarbeiterinnen und Mitarbeiter des MDR zur Nutzung von Werken in Abruf- und Online-Diensten vom 1.1.2002; Tarifvertrag über die Beteiligung von Arbeitnehmern sowie Freien Mitarbeiterinnen und Mitarbeitern des MDR an den Einnahmen aus der Kabelweitersendung der Programme vom 1.1.1999;

- Tarifvertrag für arbeitnehmerähnliche Personen beim Norddeutschen Rundfunk[1215] vom 30.9.1997 i.d.F. vom 9.3./5.8./11.8. 2004; Tarifvertrag über Urheberrechte arbeitnehmerähnlicher freier Mitarbeiter vom 13.2.2001; Tarifvertrag über den Urlaub für arbeitnehmerähnliche Personen i.d.F. vom 9.3./5.8./11.8. 2004; Tarifvertrag über Zahlungen im Krankheitsfall für arbeitnehmerähnliche Personen i.d.F. vom 30.6. und 18.12.1981; Tarifvertrag über die Zahlungen von Zuschüssen bei Schwangerschaft arbeitnehmerähnlicher Personen i.d.F. vom 30.6.1981; Tarifvertrag über die Beteiligung von Arbeitnehmern und arbeitnehmerähnlicher und auf Produktionsdauer beschäftigter Personen des Norddeut-

---

[1210] Im Folgenden als BR abgekürzt.
[1211] Im Folgenden als DW abgekürzt.
[1212] Im Folgenden als HR abgekürzt.
[1213] Datum des Inkrafttretens, Datum der Unterzeichnung ist 12.8.1981.
[1214] Im Folgenden als MDR abgekürzt.
[1215] Im Folgenden als NDR abgekürzt.

schen Rundfunks (NDR) an den Einnahmen aus der Kabelweitersendung der Programme vom 13.2.2001;

- Tarifvertrag für arbeitnehmerähnliche Personen bei n-tv Nachrichtenfernsehen[1216] vom 1.8.2000;
- Tarifvertrag für die beim Saarländischen Rundfunk[1217] beschäftigten arbeitnehmerähnlichen Personen nach § 12a TVG vom 1.5.1978 i.d.F. vom 1.1.2002;
- Tarifvertrag für arbeitnehmerähnliche Personen beim Südwestrundfunk[1218] vom 1.1.2002; Tarifvertrag über die Urheberrechte freier Mitarbeiter beim Südwestrundfunk vom 1.4.2001;
- Tarifvertrag über den Sozial- und Bestandsschutz von Beschäftigten, die der Westdeutsche Rundfunks[1219] für einzelne Programmvorhaben über lange oder längere Zeit verpflichtet vom 1.4.2002; Durchführungstarifvertrag Nr. 4 - Tarifvertrag über die Urheberrechte arbeitnehmerähnlicher Personen des WDR vom 14.9.1981 i.d.F. vom 1.4.2001; Honorarrahmen des WDR (= Tarifvertrag über Mindestvergütungen) Stand 01.01.2005;
- Bestandsschutztarifvertrag für arbeitnehmerähnliche Personen beim Zweiten Deutschen Fernsehen[1220] vom 1.12.2003; Ergänzungstarifverträge Nr. 1 bis 4 zum Bestandsschutztarifvertrag für arbeitnehmerähnliche Personen jeweils auch vom 1.12.2003.

Bei der Auflistung der Tarifverträge fällt auf, dass der Tarifvertragsabschluss teilweise sehr lange zurückliegt. Man findet aktuelle Tarifverträge aus den achtziger Jahren, den neunziger Jahren, aber auch aus diesem Jahrhundert. So liegen der Analyse die Tarifverträge des hr von 1981, des MDR von 1994, des br von 1996 in der Fassung des Tarifstandes von 2003, des SWR von 1998, der gekündigte Tarifvertrag des n-tv von 2000, der Tarifvertrag des SR von 2001, des WDR von 2001 und des ZDF von 2003 zugrunde. Einige Tarifvertragsparteien sehen den Handlungsbedarf in regelmäßigen Abständen. So wurden die Tarifverträge des ZDF mit Wirkung zum 01.12.2003 geändert, davor zuletzt vor ca. sieben Jahren zum 01.07.1996. Die Tarifverträge des NDR wurden in einem ähnlichen Zeitabstand aktualisiert: die aktuellen Tarifverträge wurden mit Wirkung zum 01.01.2004 geändert, davor zuletzt mit Wirkung zum 01.07.1996. Auch der Tarifvertrag der DW wurde in kürzeren Abständen aktualisiert. Der derzeit mit Wirkung zum 01.07.202 geltende Tarifvertrag wurde zuletzt 1998

[1216] Im Folgenden n-tv abgekürzt.
[1217] Im Folgenden SR abgekürzt.
[1218] Im Folgenden SWR abgekürzt.
[1219] Im Folgenden WDR abgekürzt.
[1220] Im Folgenden ZDF abgekürzt.

geändert. Andere Tarifvertragsparteien sehen seit mehreren Jahren keinen Handlungsbedarf. Warum bei einigen Sendern der Tarifvertragsabschluss bereits einige Jahre zurück liegt, mag daran liegen, dass die Tarifparteien keinen Handlungsbedarf für neue Verhandlungen sehen. Es kann jedoch auch nicht ausgeschlossen werden, dass es gerade bei den auffällig lange zurückliegenden Tarifverträgen doch aktuellere Versionen gibt, diese aber nicht zur Verfügung gestellt werden wollten[1221].

B. Schwerpunkte der Untersuchung

Die Schwerpunkte der Untersuchung wurden zum einen aufgrund der Interessen der arbeitnehmerähnlichen Personen in Fernsehunternehmen und zum andern vor dem Hintergrund der besonders deutlichen Lücken im gesetzlichen Schutzsystem der Arbeitnehmerähnlichen[1222] gesetzt.

Die Reihenfolge der Darstellung orientiert sich an der Gliederung der Rechte der arbeitnehmerähnlichen Person nach dem Gesetz im 2. Teil der Arbeit[1223]. Zwar mag bei einem Vergleich zwischen den gesetzlichen und den tariflichen Ansprüchen auffallen, dass nicht jeder dargestellten gesetzlichen Regelung eine tarifrechtliche Regelung gegenübergestellt werden kann. Vielmehr wird anhand der tariflichen Regelungen deutlich, dass die Tarifparteien sich nur der Regelung von Einzelansprüchen widmen. Diese im Folgenden dargestellten Schwerpunkte beinhalten jedoch alle relevanten Regelungen in den Tarifverträgen. Über die dargestellten Schwerpunkte hinaus, enthalten die Tarifwerke keine inhaltlich relevanten Normen.

Zunächst wird unter § 8 die sozialversicherungsrechtliche Stellung der arbeitnehmerähnlichen Person nach den Tarifverträgen untersucht. Der einzig tarifrechtlich geregelte Fall der Befreiung der Leistungspflicht – die Elternzeit - wird unter § 9 behandelt. Nach der Analyse der diesbezüglichen tariflichen Regelungen werden die im Zusammenhang mit finanziellen Ansprüchen stehenden Tarifnormen erörtert. Dazu gehören neben den Tarifregelungen zur Vergütung unter § 10 auch die Tarifregelungen zu Urheberrechten in § 11 sowie zu Alterszusatzversorgungen in § 12. Im Anschluss daran folgt der Komplex der anspruchserhaltenden Regelungen im Fall des Wegfalls der Leistungspflicht der arbeitnehmerähnlichen Person. Dieser Komplex beinhaltet unter §§ 13 bis 14 die Tarifregelungen zu Zahlungen im Krankheitsfall und Mutterschutz.

[1221] In diesem Zusammenhang soll nicht unerwähnt bleiben, dass mehrere Sender auf die im Rahmen dieser Arbeit nötigen Anfragen nach ihren Tarifverträgen nicht entgegenkommend reagierten.

[1222] Zu dem gesetzlichen Schutz der arbeitnehmerähnlichen Personen siehe oben § 3.

[1223] Siehe dazu § 3 und § 4.

Als tarifrechtlich geregelte Nebenpflicht des Auftraggebers wird im Hinblick auf die in medientypischen Berufen besonders relevante Präsenz der Redakteure und Moderatoren in der Öffentlichkeit unter § 15 der Beschäftigungsanspruch des Erwerbstätigen behandelt. Nach der Untersuchung der Regelungen zur Urlaubsgewährung als Nebenpflicht des Auftraggebers nebst der Vergütung während des Urlaubs unter § 16 folgt der Komplex der Beendigung und Einschränkung des Vertragsverhältnisses unter §§ 17 bis 18 inklusive der dazugehörigen Ankündigungsfristen und Ausgleichszahlungen. Abgerundet wird die Untersuchung der Ansprüche durch eine Betrachtung der tariflichen Ausschlussfristen. Abschließend erfolgt eine Analyse der Normen, die den Anwendungsbereich des Tarifvertrages regeln. Ob die Tarifparteien dabei von ihrer Normsetzungsbefugnis im Rahmen der gesetzlich vorgegebenen Möglichkeiten Gebrauch gemacht haben, wird unter § 20 untersucht.

Von einem Abdruck der Tarifnormen wird bewusst abgesehen. Zum einen würde es den Umfang dieser Arbeit sprengen. Zum andern wird davon ausgegangen, dass sich ein Abdruck aufgrund der detaillierten Darstellung unter den einzelnen Gliederungspunkten mit Verweis auf die Fundstelle in dem jeweiligen Tarifvertrag erübrigt.

§ 8 Sozialversicherung

Der Auftraggeber ist gesetzlich dazu verpflichtet, die arbeitnehmerähnliche Person in der gesetzlichen Kranken, Renten- und Pflegeversicherung zu versichern[1224]. Auf Dienstvertragsbasis oder dienstvertragsähnlicher Basis Beschäftigte müssen zudem in der gesetzlichen Unfallversicherung vom Auftraggeber versichert werden. Insoweit besteht ein weitreichender Schutz der arbeitnehmerähnlichen Person. Lücken ergeben sich durch die fehlende Möglichkeit der Versicherung gegen Arbeitslosigkeit[1225] und im Hinblick auf die Unfallversicherung für die Beschäftigten, die nicht auf dienstvertraglicher oder ähnlicher Grundlage tätig werden.

A. Tarifliche sozialversicherungsrechtliche Ansprüche

An der fehlenden Versicherungsmöglichkeit für den Fall der Arbeitslosigkeit kann auch durch tarifliche Regelungen nichts geändert werden. Jedoch sind zugunsten derjenigen arbeitnehmerähnlichen Selbständigen, die nicht auf Dienstvertragsbasis beschäftigt sind, in beinahe allen Tarifverträgen Vorschriften zu finden, nach denen Leistungen der Unfallversicherung bezuschusst werden. Eine

---

1224 Siehe dazu oben § 3B.

1225 Zur Tatsache, dass Heimarbeiter trotz ihrer Selbständigkeit nach § 13 SGB III versicherbar sind, siehe oben § 3B.

Unterscheidung zwischen gesetzlicher und freiwilliger Unfallversicherung erfolgt insoweit nicht, so dass auch freiwillige Versicherungen bei Berufsgenossenschaften und private Unfallversicherungen bezuschusst werden. Im Einzelnen enthalten bis auf den Tarifvertrag des n-tv und des SWR alle Tarifverträge Regelungen, nach denen im Krankheitsfall nicht nur ein Zuschuss zu den Leistungen der Krankenversicherung, sondern auch zu den Leistungen der Unfallversicherung erfolgt[1226]. Im Ergebnis ist es daher irrelevant, ob eine Erkrankung vorliegt, die in den Bereich der Krankenversicherung fällt oder eine Erkrankung aufgrund eines Unfalls. Die Bezuschussung durch die Anstalt erfolgt in der gleichen Höhe und nach dem gleichen Schema[1227]. Der Tarifvertrag des SWR enthält hingegen nur den Verweis auf die Verpflichtung zur Zahlung von Sozialversicherungsbeiträgen nach dem Gesetz[1228], der Tarifvertrag des n-tv weist gar keine Regelungen hierzu auf. Hingegen das Tarifwerk des HR erneut eine Sondervorschrift, durch welche die arbeitnehmerähnliche Person dieser Anstalt gegenüber den anderen deutlich besser gestellt wird[1229]. Die arbeitnehmerähnliche Person des HR hat nicht nur einen Anspruch auf Zuschuss im unfallbedingten Krankheitsfall wie bei den meisten der übrigen Tarifverträge, sondern einen Anspruch auf Honorarzuschuss zu den Beiträgen der Unfallversicherung[1230]. Der Honorarzuschuss beträgt wie bei der Lebensversicherung und der Rentenversicherung[1231] 7,5 % der dem freien Mitarbeiter im abgelaufenen Kalenderjahr vom HR gezahlten Honorare, jedoch nicht mehr als die Hälfte der vom freien Mitarbeiter aufgewandten Beträge und nicht mehr als 7,5 % des dreizehnfachen höchsten Tarifgehalts der Festangestellten[1232].

B. Ergebnis der Untersuchung

Ein tatsächlicher Zuschuss zu sozialversicherungsrechtlichen Beiträgen wird nur nach den Tarifnormen des HR gewährt, indem Beiträge der arbeitnehmerähnlichen Person zu Unfallversicherungen von dem Auftraggeber bezuschusst werden. Dadurch erhalten auch die arbeitnehmerähnlichen Personen einen Beitrag zur Unfallversicherung, die mangels dienstvertraglicher oder dienstvertragsähn-

---

[1226] 4.2 Durchführungs-TV Nr. 1 des BR; 2. TV über Zahlungen im Krankheitsfall der DW; 5.3.1 TV des MDR; 1.2 TV über Zahlungen im Krankheitsfall für arbeitnehmerähnliche Personen des NDR; 7.2 TV des SR; § 9 Abs. 5 TV des WDR; § 3 Ergänzungs-TV Nr. 2 des ZDF.

[1227] Siehe daher umfassend unten § 13.

[1228] 9.1 TV des SWR; solche Verweise enthalten neben den eben genannten Regelungen über Zuschüsse zu Unfallversicherungen auch folgende Tarifverträge; 6.1 Durchführungs-TV Nr. 1 des BR; § 22 TV der DW; 8.1 TV über Zahlungen im Krankheitsfall für arbeitnehmerähnliche Personen des NDR; 8.1 TV des SR.

[1229] Siehe zu der parallelen Regelung im Fall der Altersversorgung unten § 12A.

[1230] § 3 f) TV über die Gewährung von Sozialleistungen des HR.

[1231] Siehe dazu unten § 12A.

[1232] § 4 TV über die Gewährung von Sozialleistungen des HR.

licher Grundlage nicht unter die gesetzliche Unfallversicherungspflicht nach § 2 Abs. 2 SGB VII fallen. Bis auf n-tv und SWR gibt es bei allen übrigen Unternehmen nur Tarifregelungen, nach denen Leistungen der Unfallversicherung im Schadensfall bezuschusst werden, nicht jedoch die Beiträge zu denselbigen.

§ 9 Elternzeit

Das für Arbeitnehmer mögliche Ruhen des Arbeitsverhältnisses während der Elternzeit nach § 15 BErzGG ist für arbeitnehmerähnliche Personen gesetzlich nicht vorgesehen[1233]. Da dieses Ruhen des Vertragsverhältnisses den Arbeitnehmern jedoch die Möglichkeit bietet, eine Zeit zur Erziehung der Kinder ohne Angst um den Bestand ihres Arbeitsplatzes zu nehmen, wäre eine dementsprechende Regelung in den Tarifverträgen für arbeitnehmerähnliche Personen wünschenswert.

A. Tarifliche Ansprüche auf Elternzeit

Eine sehr umfassende Regelung der Elternzeit findet sich im Tarifvertrag des SWR. Danach kann das arbeitnehmerähnliche Dauerrechtsverhältnis auf Antrag eines Mitarbeiters aufgrund wichtiger Gründe unterbrochen werden[1234]. Die Parteien sollen nach dieser Norm die einzelnen Auswirkungen der Unterbrechung auf die tariflichen Ansprüche schriftlich festhalten. Als unterbrochen gilt das Dauerrechtsverhältnis auch dann, „wenn und solange ein/e Mitarbeiter/in Urlaub für die Betreuung und Erziehung eines Kindes in Anspruch nimmt, für das ihm/ihr Erziehungsgeld gewährt wird oder nur deshalb nicht gewährt wird, weil das Einkommen die gesetzliche Einkommensgrenze übersteigt [...][1235]." Voraussetzung für diese Unterbrechung ist ein mindestens vier Wochen vorangegangener Antrag des Mitarbeiters. Strebt die arbeitnehmerähnliche Person eine Weiterbeschäftigung nach Ablauf der Elternzeit an, so ist mit diesem Antrag die Aufforderung zur Vereinbarung einer Wiederbeschäftigung im bisherigen oder auch geminderten Umfang zu treffen. Dadurch wird dem arbeitnehmerähnlichen Erwerbstätigen die Beschäftigung in dem bisherigen Umfang zugesichert. Eine Tätigkeit im „bisherigen Umfang" liegt vor, wenn die Gesamtvergütung beim SWR im ersten Beschäftigungsjahr nach der Unterbrechung gegenüber dem der Unterbrechung vorausgehenden Beschäftigungsjahr sich nicht um 20% gemindert hat, ohne dass dies von dem Mitarbeiter zu vertreten wäre[1236]. Bei einer Berechnung im Rahmen der Mitteilungsfristen würden die Zeiten der früheren arbeitnehmerähnlichen Tätigkeit an sich unberücksichtigt bleiben, da die Unter-

[1233] Siehe dazu oben § 3E.I.2.b)(a).
[1234] 5.9.1 TV des SWR.
[1235] 5.9.2 TV des SWR.
[1236] So *Götz von Olenhusen*, Freie Mitarbeit, Rn. 161.

brechung dazu führt, dass die Beschäftigungsjahre sich nicht unmittelbar aneinander anschließen. Doch auch für diese vordergründige Schutzlücke enthält der Tarifvertrag aus Sicht der arbeitnehmerähnlichen Personen eine erfreuliche Regelung: Zeiten der früheren arbeitnehmerähnlichen Beschäftigung werden im Rahmen der Mitteilungsfristen angerechnet[1237]. Diese umfassende Regelung der Elternzeit im Tarifvertrag des SWR wird zudem durch einen ausdrücklichen Verweis auf die ergänzend anzuwendenden Normen der §§ 15 ff. BErzGG erweitert[1238], so dass der arbeitnehmerähnlichen Personen beim SWR ein dem Arbeitnehmer entsprechender Schutz in der Elternzeit zukommt.

Eine nicht ganz so umfassende Regelung findet sich in dem Tarifvertrag des ZDF. Danach ruht das arbeitnehmerähnliche Rechtsverhältnis mit der Maßgabe, dass keine Ansprüche aus dem Tarifvertrag entstehen oder geltend gemacht werden können[1239]. Ein ausdrücklicher Anspruch auf Wiederbeschäftigung nach Ablauf der Elternzeit ist zwar nicht normiert. Dieser ist aber auch nicht nötig, da das Verhältnis anders als nach dem Tarifvertrag des SWR nicht unterbrochen wird, sondern nur ruht. Dadurch wird deutlich, dass wie nach § 15 BErzGG die Hauptpflichten der Parteien lediglich suspendiert werden, der Bestand des Vertragsverhältnisses jedoch unberührt bleibt. Durch diese Art der Regelung können anders als bei einer angeordneten Unterbrechung die „ruhenden" Zeiten auch bei der Ermittlung der Mittelungsfristen problemlos mit einkalkuliert werden. Da der Bestand des Verhältnisses unangetastet bleibt, gelten diese Zeiträume bei der Berechnung des Bestandes mit. Im Gegensatz zu dem Tarifvertrag des SWR finden sich hingegen keine kodifizierten tariflichen Möglichkeiten der Verringerung der Tätigkeit. Ein Verweis auf §§ 15 ff. BErzGG würde den tariflichen Schutz noch komplimentieren, fehlt aber in dem Tarifvertrag des ZDF.

Im Tarifvertrag des NDR findet sich keine Regelung zu der Möglichkeit der Elternzeit. Bei der Ermittlung der Dauer der wiederkehrenden Tätigkeit[1240] werden nach dem Tarifvertrag Unterbrechungen aus Anlass der Elternzeit nicht berücksichtigt[1241]. Dem lässt sich zwar entnehmen, dass derartige Unterbrechungen möglich sind. Ob die arbeitnehmerähnliche Person allerdings bei Wiederbeschäftigung einen Anspruch auf Beschäftigung im bisherigen Umfang hat und inwieweit sich die Unterbrechung auf die tariflichen Ansprüche auswirkt, ist nicht normiert. Daher ist vor dem Hintergrund der Rechtsnatur der Unterbrechung davon auszugehen, dass dem Erwerbstätigen ein Anspruch auf Wiederbeschäftigung nicht zusteht. Das Beschäftigungsverhältnis endet und kann einvernehmlich fortgesetzt werden, ohne dass ein diesbezüglicher Anspruch besteht.

1237 5.9.2 TV des SWR.

1238 5.9.2 TV des SWR.

1239 § 4 Ergänzungs-TV des ZDF.

1240 Der Begriff der „wiederkehrenden Tätigkeit" ist entscheidend für die Ermittlung des Bestandsschutzes, siehe dazu unten § 17C.

1241 6.2 TV des NDR.

Während der Unterbrechung hat die arbeitnehmerähnliche Person demnach auch keinerlei tarifliche Ansprüche, da das Beschäftigungsverhältnis gerade nicht besteht und als Anknüpfungspunkt für die Ansprüche dient. Hätten die Parteien die Möglichkeit der Inanspruchnahme tariflicher Ansprüche gewollt, hätten sie dies wie die Tarifparteien des Tarifvertrages beim SWR vereinbart.

Nach dem Tarifvertrag der DW besteht auf Antrag des Mitarbeiters nach Zustimmung der DW bei zwingenden persönlichen Erfordernissen des Mitarbeiters die Möglichkeit, ein Ruhen des arbeitnehmerähnlichen Rechtsverhältnisses zu vereinbaren[1242]. Unter den unbestimmten Rechtsbegriff der „zwingenden persönlichen Erfordernisse" lässt sich auch die Notwendigkeit, die Zeit der Kinderbetreuung und Kindererziehung zu widmen, fassen. Einen Anspruch auf Wiederbeschäftigung regelt die Norm zwar nicht. Jedoch bedarf es einer derartigen Regelung aufgrund der Rechtsnatur des Ruhens nicht. Während des Ruhens kann der Mitarbeiter zwar keine tariflichen Ansprüche geltend machen[1243]. Allerdings wird die Ruhezeit für den Bestand bereits entstandener Rechte nicht negativ gewertet, ein Anwachsen der Rechte findet jedoch auch nicht statt. Anders formuliert bedeutet dies, dass bei der Ermittlung der Mitteilungsfristen[1244] und der Höhe der Ausgleichszahlungen der ruhende Zeitraum aus dem gesamten Dauerrechtsverhältnis herausgenommen wird und dadurch ein zusammenhängendes Vertragsverhältnis besteht.

Eine ähnliche Regelung wie die bei der DW enthält der Tarifvertrag des HR. Das beim HR übliche Dauerrechtsverhältnis kann im gegenseitigen Einvernehmen für eine im Voraus befristete Zeit unterbrochen werden[1245]. Anforderungen an das Vorliegen bestimmter Gründe wie im Tarifvertrag der DW fehlen. Eine Unterbrechung zur Kinderbetreuung und Kindererziehung ist daher beim HR auf diesem Weg tariflich möglich. Da die Unterbrechung von vorneherein zeitlich befristet sein muss, stellt sich die Frage des Anspruchs auf Wiederbeschäftigung nicht.

Nur schwer nachvollziehbar im Kontext der Tarifregelungen des BR ist, dass eine Tarifnorm bezüglich der Elternzeit gänzlich fehlt. Es finden sich überhaupt keine Regelungen zur Elternzeit, zur Unterbrechung oder zum Ruhen des Vertragsverhältnisses generell. Unverständlich ist dies, da die Tarifverträge des BR an mehreren Stellen familienfreundliche Vorschriften aufweisen. So wird dem Ehemann bei Niederkunft der Ehefrau ein bezahlter Sonderurlaub von fünf Tagen gewährleistet[1246] und es gibt einen eigenen Durchführungs-TV[1247], der aus-

---

[1242] § 13 TV der DW.
[1243] § 13 TV der DW.
[1244] Siehe dazu oben § 17A und § 18A.
[1245] § 13 Nr. 4 Bestandsschutz-TV beim HR.
[1246] 2.1 Durchführungs-TV Nr. 3 des BR.
[1247] Durchführungs-TV Nr. 5.

führlich die Zahlung von Familienzuschlägen in nicht geringem Umfang regelt. Warum bei derartig wohlwollender und zahlreicher Berücksichtigung der familiären Umstände eine Regelung zur Elternzeit gänzlich fehlt, bleibt unverständlich.

Die Tarifverträge des MDR, des n-tv, des SR und des WDR enthalten keine Normen zur Elternzeit, es werden auch keine generellen Möglichkeiten der Unterbrechung oder des Ruhens des Vertragsverhältnisses. erwähnt

B. Ergebnis der Untersuchung

Beinahe die Hälfte der Tarifverträge enthalten weder Regelungen zur Elternzeit noch die Möglichkeit der Unterbrechung oder des Ruhens des Vertragsverhältnisses. Bei diesen Unternehmen bleibt es hinsichtlich einer Elternzeit bei dem gänzlich fehlenden Schutz der arbeitnehmerähnlichen Person. Hat der arbeitnehmerähnliche Erwerbstätige in diesen Unternehmen den Wunsch, eine Zeit der Kindererziehung und Kinderbetreuung zu widmen, bleibt ihm nur die Möglichkeit der Beendigung des Vertragsverhältnisses. Diese Beendigung auf Wunsch des Mitarbeiters führt jedoch dazu, dass er zum einen keinen Anspruch auf Wiederbeschäftigung nach der Elternzeit hat und zum andern auch keinerlei Zahlungen wegen Beendigung des Vertragsverhältnisses erhält[1248]. Auch eine Reduzierung der Arbeitszeit ist in diesen Unternehmen nur möglich, wenn der Auftraggeber dazu bereit ist, ein tariflicher Anspruch darauf besteht zumindest nicht.

Ausdrücklich erwähnt wird der Regelungsbereich in drei der zehn untersuchten Tarifverträge. Dabei genießen die arbeitnehmerähnlichen Personen beim SWR hinsichtlich der Elternzeit einen den Arbeitnehmern entsprechenden Schutz. Beim NDR ist ein Unterbrechen für die Elternzeit möglich, nähere Regelungen fehlen.

Ein explizites Ruhen des Verfahrens mit der Folge der Suspendierung der Hauptleistungspflichten wird nach dem Tarifvertrag des ZDF angeordnet, so dass auch hier der Schutz zwar nicht demjenigen nach §§ 15 ff. BErzGG entspricht, diesem aber nahe kommt. Mitarbeiter der DW und des HR müssen auf allgemeine Möglichkeiten der Unterbrechung bzw. des Ruhens des Vertragsverhältnisses zurückgreifen, sie werden aber darüber zumindest zum Teil geschützt und gegenüber der gesetzlichen Regelungslücke besser gestellt.

Wird das Vertragsverhältnis unterbrochen, so wird es nach der Elternzeit von beiden Parteien wieder aufgenommen und fortgesetzt. Liegt der Beschäftigung ein unbefristetes Dienstverhältnis zugrunde, stellt auch das Ruhen die Vertrags-

---

[1248] Siehe dazu unten § 17.

partner vor keine Probleme bei der Umsetzung der tarifvertraglichen Rechte: die Rechte und Pflichten setzen nach deren Wiederaufnahme wieder ein. Bilden jedoch mehrere befristete Vertragsverhältnisse oder Werkverträge die Basis der Vertragsbeziehungen, so sehen sich die Vertragspartner vor dem Problem, wie ein Ruhen des Vertragsverhältnisses praktisch gestaltet werden kann. Tritt der Erwerbstätige in einem laufenden befristeten Vertragsverhältnis mit dem Verlangen nach Elternzeit an den Auftraggeber heran und ruht das Vertragsverhältnis fortan, so endet es bei fehlender anderweitiger Absprache mit dem Ablauf der vertraglich vereinbarten Frist. Um dies zu vermeiden, ist eine Vereinbarung zwischen den Parteien unumgänglich. Dabei können sich die Parteien zum einen dahingehend verständigen, dass das Vertragsverhältnis mit sofortiger Wirkung einvernehmlich aufgehoben wird und für die Zeit der Elternzeit ein befristetes Dienstverhältnis vereinbart wird, das jedoch aufgrund der Elternzeit ruht. Eine andere Möglichkeit mit ähnlichem Inhalt ist, dass das befristete Beschäftigungsverhältnis während des ruhenden Vertragsverhältnisses ausläuft und die Parteien gleich für die sich daran anschließende Zeit ein befristetes – ruhendes - Vertragsverhältnis für die Zeit der Elternzeit vereinbaren. Eine dritte Alternative ist, dass die Vertragsparteien einvernehmlich das Ende des befristeten Vertragsverhältnisses bis zu dem Zeitpunkt verschieben an dem die Elternzeit endet und das Vertragsverhältnis mit Beginn der Elternzeit einvernehmlich ruht.

Bilden mehrere befristete Dienstverhältnisse die Grundlage der Vertragsbeziehungen, sind die aufgezeigten Alternativen gleichwertig und die Entscheidung für eine Möglichkeit hängt von den Präferenzen der Parteien ab. Wird die arbeitnehmerähnliche Person auf der Grundlage mehrerer Werkverträge tätig, hängt eine Entscheidung für eine der Möglichkeiten davon ab, ob das Werk noch vor Beginn der Elternzeit fertig gestellt werden kann. Kann das Werk noch fertig gestellt werden, ist eine Vereinbarung hinsichtlich eines ruhenden Vertragsverhältnisses während der Elternzeit sinnvoll. Kann das Werk nicht mehr fertig gestellt werden, spricht viel für eine sofortige Aufhebung und der Vereinbarung eines ruhenden Vertragsverhältnisses für die Phase der Elternzeit.

§ 10 Vergütung

Grundsätzlich gewährleistet das MindestarbeitsbedG einen Schutz durch Mindestentgelte, wenn Tarifparteien in einem Bereich gänzlich fehlen oder nur eine Minderheit der Arbeitnehmer und Arbeitgeber vertreten. Eine analoge Anwendung des Gesetzes auf arbeitnehmerähnlichen Personen[1249] ist prinzipiell zu bejahen. Da die sinngemäßen Voraussetzungen nach § 1 MindestarbeitsbedG im Moment jedoch nicht erfüllt sind, weil bei öffentlich-rechtlichen wie bei privaten Fernsehunternehmen Tarifparteien bestehen, muss im Folgenden geklärt

[1249] Bis auf die gesondert in § 19 HAG geregelten Heimarbeiter und Handelsvertreter.

werden, ob diese Tarifparteien ihrer Aufgabe der Sicherung von Mindestarbeitsbedingungen durch Mindestentgelte auch nachgekommen sind[1250]. Sollte dies nicht der Fall sein, hilft einer arbeitnehmerähnlichen Person nur noch der Weg über die Schranke der Sittenwidrigkeit der Vergütungshöhe[1251].

A. Tarifliche Vergütungsansprüche

Bei nahezu allen untersuchten öffentlich-rechtlichen Tarifverträgen[1252] existieren Honorarrahmen, Vergütungstabellen oder Mindesthonorartabellen, die der arbeitnehmerähnlichen Person eine Mindestvergütung gewährleisten[1253]. Keine Tarifverträge gibt es bis heute für die Mindesthonorare beim MDR. Dort werden die Honorare immer noch einseitig von der Anstalt bestimmt. Im Vergleich zu den Honoraren der Printmedien sind die Honorare bei den öffentlich-rechtlichen Anstalten um ein Vielfaches höher[1254]. Im Einzelnen soll hier nicht auf die Höhe der zahlreichen einzeln festgelegten Posten nach den tariflichen Tabellen eingegangen werden. Zum einen sind diese ohnehin ständigen Schwankungen unterworfen, so dass ein aktuelles Bild hier nicht dargestellt werden könnte[1255]. Zum andern haben beispielsweise allein die Honorarvergütungstabellen des SR oder des WDR einen Umfang von 27 Seiten. In diesen Auflistungen des SR ist wie bei denjenigen der anderen Anstalten detailliert geregelt wie Moderationsbeiträge, Magazinbeiträge, Kameramänner und Cutter zu vergüten sind[1256]. Dabei gibt es auch unter den öffentlich-rechtlichen Anstalten vor allem abhängig von der Größe der Anstalt erhebliche Unterschiede. Die zurzeit großzügigsten Mindesthonorare werden den arbeitnehmerähnlichen Personen beim WDR gezahlt. Beim WDR werden nach dem einschlägigen Honorarrahmen folgende tarifliche Mindesthonorare gezahlt: Moderation aktuelles Fernsehmagazin (Landesprogramme) bis 30 Minuten € 397,26, über 30 Minuten € 604,96; Fernsehberichte im aktuellen Regionalprogramm bis 1'45 Minuten € 339,75, bis 2'30 Minuten € 459,05, bis 4'00 Minuten € 604,96, bei besonderem Aufwand € 796,14; Magazinbeiträge Fernsehen bis 15 Minuten € 1.548,08; Sprecher im Bild je Minute der Sendung € 20,77, jedoch mindestens € 123,54; Ansager für einen Block von

[1250] Siehe zu dem MindestarbeitsbedG ausführlich oben § 3E.II.1.a).
[1251] Siehe dazu oben § 3E.II.1.b).
[1252] Beim privaten Sender n-tv gibt es keine tariflichen Honorartabellen.
[1253] An dieser Stelle werden nur die bestehenden Festsetzungen für Mindesthonorare behandelt. Inwieweit Beiträge dabei der Anstalt übertragen werden und inwiefern dies auch die wiederholte Sendung eines bereits bezahlten Beitrags umfasst, wird unter § 11 analysiert.
[1254] *Buchholz* spricht gar von paradiesischen Honoraren, *Buchholz*, S. 255.
[1255] Freie Mitarbeiter haben jedoch die Möglichkeit, auf der Homepage des WDR unter http:// www. freienseiten.de / Honorarumfrage, das für ihre Tätigkeit jeweils einschlägige Honorar bei allen Sendern abzufragen und auch mit den anderen Honoraren zu vergleichen. Die hierfür angelegte Datenbank reicht bis in das Jahr 1981 zurück.
[1256] Die Mehrwertsteuer wird von den Sendern nicht zusätzlich zu den genannten Sätzen bezahlt.

sechs Stunden € 208,22; im Produktionsbereich betrugen die Mindesthonorare des WDR zum Beispiel für das Szenenbild eines Fernsehstudios (Entwurf plus Bauüberwachung): pro Woche mindestens € 1.025,67; Kameramann pro Tag € 177,33; Cutterin pro Tag € 159,24.

Eine Besonderheit besteht beim BR, der dem arbeitnehmerähnlichen Erwerbstätigen für Kinder, Enkel und Geschwister, die der Mitarbeiter überwiegend unterhält, einen Familienzuschlag gewährt. Der Familienzuschlag beträgt ab 01.05.2003 € 102,--monatlich[1257].

Möchte man die Honorare der arbeitnehmerähnlichen Person mit der Vergütung der Arbeitnehmer vergleichen, muss man berücksichtigen, dass die Arbeitnehmerähnlichen mit jedem Honorar auch noch Ansprüche auf Urlaubsgeld[1258], Honorarfortzahlung im Krankheitsfall[1259] und einen Zuschuss zur Altersvorsorge[1260] erwerben, die im Ergebnis einem Zuschlag von mindestens 20 % auf die Honorare gleichkommen[1261]. Dadurch liegen die Vergütungen für arbeitnehmerähnliche Erwerbstätige teilweise sogar deutlich über denen für Arbeitnehmer. Zieht man diesen Zuschlag von 20% gedanklich ab und berücksichtigt man zudem, dass die arbeitnehmerähnliche Person ca. 10 % als Vorsorge für den Fall der Arbeitslosigkeit zurücklegen sollte, relativiert sich die gegenüber Arbeitnehmer höhere Vergütung. Zwar liegt die Vergütung immer noch über denen für Arbeitnehmer. Berücksichtigt man aber das wirtschaftliche Risiko des arbeitnehmerähnlichen Selbständigen und die Tatsache, dass er sich nicht wie ein Arbeitnehmer darauf verlassen kann, auch in Zukunft in einem gewissen Umfang beschäftigt zu werden, ist eine derart geringfügige Höhervergütung gerechtfertigt.

B. Ergebnis der Untersuchung

Die Tarifparteien in privaten Fernsehunternehmen sind mangels tariflicher Mindesthonorarvereinbarungen ihrer durch § 1 MindestarbeitsbedG geforderten Aufgabe nicht nachgekommen. Den arbeitnehmerähnlichen Personen bei diesen Unternehmen bleibt damit bei deutlich unterbezahlten Tätigkeiten nur die sehr notdürftige Möglichkeit der Geltendmachung der Sittenwidrigkeit der Vergütung. Beinahe allen arbeitnehmerähnlichen Erwerbstätigen bei den öffentlich-rechtlichen Anstalten kommen hingegen sehr ausdifferenzierte tarifliche Honorarfestsetzungen zugute. Dadurch wird der Mitarbeiter bei diesen Anstalten sehr deutlich gegenüber denjenigen der anderen Unternehmen privilegiert; ihm wird

[1257] 3.1 Durchführungs-TV Nr. 5 des BR.
[1258] Siehe dazu unten § 16C.
[1259] Siehe dazu unten § 13D.
[1260] Siehe dazu unten § 12.
[1261] *Buchholz*, S. 256.

eine Vergütung gewährleistet, die über derjenigen der Arbeitnehmer liegen kann.

§ 11 Urheberrechte

Dem Auftraggeber werden die patentrechtlichen Nutzungs- und Verwertungsrechte an der Erfindung der arbeitnehmerähnlichen Person mangels Anwendbarkeit des ANErfG nur bei entsprechender vertraglicher Vereinbarung eingeräumt[1262]. Einigen sich die Parteien dementsprechend, kann jedoch kein Rückgriff auf das ANErfG genommen werden, um eine nach § 9 ANErfG erzwingbare angemessene Vergütung zu erhalten. Die Vergütungshöhe muss vielmehr vertraglich geregelt werden[1263].

Anders als die patentrechtliche Übertragung und Vergütung ist die Übertragung der urheberrechtlichen Nutzungsrechte der Werke von Autoren, Publizisten und Journalisten auch für arbeitnehmerähnliche Personen teilweise gesetzlich in §§ 31 ff. UrhG geregelt. Eine Übertragung der Nutzungsrechte ergibt sich dabei meist konkludent aus der Art des Vertragsgegenstandes. Der Umfang der Nutzungsrechte wird mangels Anwendbarkeit der §§ 43, 69, 69b UrhG aus dem Vertragszweck geschlossen. Für den Filmbereich bestehen nach §§ 88, 89 UrhG Vermutungen, dass die an der Erstellung des Films beteiligten Personen mit der Gestattung zur Verfilmung dem Hersteller Nutzungsrechte einräumen.

Nach § 32 Abs. 1 S. 1 UrhG besteht eine generelle Vergütungspflicht für die Nutzung von Urheberrechten, nach § 32 Abs. 1 S. 2 UrhG bei fehlender vertraglicher Vereinbarung die Pflicht zu einer angemessenen Vergütung. Insoweit ist die arbeitnehmerähnliche Person zwar zumindest hinsichtlich der Vergütung der urheberrechtlichen Nutzungsrechte gesetzlich geschützt. In der Realität wird die „Angemessenheit" der Vergütung jedoch meist einseitig durch Honorarbedingungen festgelegt. In Anbetracht der Vielzahl von Honorarbedingungen und des bestehenden Ungleichgewichts bei einseitig festgelegten Bedingungen, erscheinen ausgehandelte verbindliche Regelungen in einem Tarifvertrag wie die Tarifnormen betreffend Mindestentgelten[1264] sehr sinnvoll. Dies ergänzend sind auch Vorschriften für Wiederholungs- und Übernahmehonorare für die Parteien zweckmäßig und für die arbeitnehmerähnlichen Personen von Vorteil, da sie auch insoweit nicht auf die einseitig festgelegten Honorarbedingungen angewiesen wären. Auch eine branchenspezifische Regelung der Einzelheiten der Nutzungsrechte in den Tarifverträgen ist zur Rechtssicherheit beider Parteien wünschenswert.

[1262] Siehe dazu umfassend oben § 3E.I.4.
[1263] Siehe dazu umfassend oben § 3E.II.1.d).
[1264] Siehe dazu oben § 8.

A. Tarifliche Regelungen

Trotz dieses bestehenden Handlungsbedarfs sind ausführliche Tarifverträge über Urheber- und Leistungsschutzrechte für Arbeitnehmerähnliche nur beim NDR, SWR und WDR[1265] abgeschlossen worden[1266]. Ein Tarifvertrag über den Erwerb und die Abgeltung von Rechten Freier Mitarbeiter des MDR beschränkt sich auf die Nutzung der Werke in Abruf- und Onlinediensten und beinhaltet auch nur vier Paragraphen. Der Tarifvertrag des SR enthält zwar auch eine Norm, die sich mit Urheber- und Leistungsschutzrechten befasst[1267]. Inhaltlich enthält diese Vorschrift jedoch nur eine Verweisung auf die bisherige Verfahrensweise des SR[1268]. Den freien Mitarbeitern steht zwar auch eine Erlösbeteiligung nach dem MTV des SR zu. Damit sind aber auch die dem SR eingeräumten Nutzungsrechte hinsichtlich der „rundfunkmäßigen" wie auch „außerrundfunkmäßigen" Verwertung abgegolten[1269].

Die Tarifverträge des NDR, SWR und WDR enthalten hingegen ausführliche Vorschriften zu Umfang und Dauer der eingeräumten Rechte sowie der zu zahlenden Vergütung. Die Tarifwerke sind hinsichtlich der eigentlichen Regelungen identisch[1270], so dass eine einheitliche Darstellung erfolgt[1271].

Die urheberrechtlichen Tarifklauseln sind sachlich auf so genannte Vertragswerke beschränkt. Die Rechte an anderen „freien" Werken, die keinen Bezug zu der konkreten vertraglichen Tätigkeit haben, unterliegen nicht dem Regelungsrecht[1272]. Zu den urheberrechtlichen Werken im Sinne der Tarifverträge zählen auch Manuskripte[1273]. Ausgeschlossen sind jedoch Werke, deren Senderechte der Urheber an eine Verwertungsgesellschaft übertragen hat[1274]. Nach 1.4 der Tarifverträge sind Allgemeine Geschäftbedingungen neben den tarifvertraglichen Regelungen unzulässig.

1265 Der TV über die Urheberrechte arbeitnehmerähnliche Personen des WDR wurde bereits am 14.9.1982 geschlossen, zu den Reaktionen darauf siehe *Riepenhausen*, FuR 1982, 20 ff.

1266 Nach *Reber* ging die Bereitschaft der Fernsehunternehmen zum Abschluss derartiger Tarifverträge stetig zurück, *Reber*, S. 57.

1267 9. TV des SR.

1268 9.1 TV des SR.

1269 9.2 TV des SR.

1270 Lediglich die Protokollnotizen unterscheiden sich.

1271 Da auch die Nummerierung der tarifrechtlichen Normen gleich ist, wird im Folgenden nur auf Normen „nach dem jeweiligen Tarifvertrag" verwiesen.

1272 Dies erklärt sich allein bereits vor dem Hintergrund, dass bei Tarifverträgen für arbeitnehmerähnliche Personen sich die Regelungsmacht nur auf solche Rechte erstrecken kann, welche von dem jeweiligen Vertrag tatsächlich betroffen sind, siehe dazu umfassend *Steinberg*, S. 47 ff.

1273 1.1 des jeweiligen Tarifvertrages.

1274 1.4 des jeweiligen Tarifvertrages.

Nach Normierungen über den Vertragsschluss[1275] mit den essentialia negotii[1276] wird die Rechteeinräumung zu Rundfunkzwecken geregelt[1277]. Die ausschließlichen, räumlich und inhaltlich unbeschränkten Rechte für alle Zwecke des Rundfunks sind zwingend zu übertragen, so dass die Nutzung ganz oder teilweise beliebig oft im In- und Ausland erfolgen kann[1278]. Die Rechteeinräumung wird jedoch bei Fernsehproduktionen auf fünf Jahre, bei Fernsehspielen auf sieben Jahre begrenzt[1279]. Fristbeginn ist dabei prinzipiell der Zeitpunkt des Vertragsschlusses, bei Auftragswerken jedoch der Zeitpunkt der Abnahme des Werkes[1280]. Bei Exposés oder sonstigen zur weiteren Bearbeitung bestimmten Werken erlischt das ausschließliche Nutzungsrecht bereits nach zwei Jahren, wenn nicht der Manuskript- bzw. Drehbuchauftrag erteilt wird[1281]. Aufgeweicht wird diese an sich strikte Fristenregelung dadurch, dass bei Vorliegen sachlich zwingender Gründe auch längere Fristen vereinbart werden können[1282]. Für bestimmte Rechte werden ferner einfache Nutzungsrechte am Werk eingeräumt[1283]. Dazu gehören u.a. das Senderecht, das Vervielfältigungsrecht, das Recht zur Nutzung in Abruf- und Onlinediensten sowie das Vortrags-, Aufführungs- und Vorführungsrecht[1284].

Den zweiten Komplex der Rechteeinräumung bildet die Rechteeinräumung zu anderen Zwecken[1285]. Dazu gehören die Nutzung zu Zwecken der Bildungs- und Kulturarbeit[1286], für Kino- und Schmalfilmauswertungen[1287], für audiovisuelle Verwertung und Verwertung mittels Tonträgern[1288] und für die Übertragung zur Verwertung in Datenbanken, in Abruf- und Onlinediensten sowie zur multimedialen Nutzung[1289]. Bei diesen Verwertungszwecken besteht für den Sender

---

1275 2. des jeweiligen Tarifvertrages.
1276 2.2 des jeweiligen Tarifvertrages.
1277 3. des jeweiligen Tarifvertrages.
1278 3.1 des jeweiligen Tarifvertrages.
1279 3.2.1 des jeweiligen Tarifvertrages.
1280 Dadurch liegt der Fristbeginn natürlich größtenteils in der Hand der Anstalt, so auch *Götz von Olenhusen*, Freie Mitarbeit, Rn. 273.
1281 3.2.2 des jeweiligen Tarifvertrages.
1282 3.2.3 des jeweiligen Tarifvertrages; als Beispiel hierfür sind Programmänderungen aus aktuellem Anlass oder produktionstechnisch bedingte Verzögerungen angegeben, durch die eine termingerechte Herstellung der Produktion nicht mehr gewährleistet werden kann.
1283 3.2.4 des jeweiligen Tarifvertrages.
1284 3.3 des jeweiligen Tarifvertrages.
1285 Die Abgrenzung zwischen Nutzung zu Rundfunkzwecken und Nutzung zu anderen Zwecken ist strittig, dazu *Herrmann*, § 10 Rn. 138 ff. Auf den Streit muss hier jedoch aufgrund der ausdifferenzierten Aufzählungen in den Tarifverträgen, was unter Nutzung zu anderen Zwecken zu verstehen ist, nicht eingegangen werden.
1286 4.2 des jeweiligen Tarifvertrages.
1287 4.3 des jeweiligen Tarifvertrages.
1288 4.4 des jeweiligen Tarifvertrages.
1289 4.6 des jeweiligen Tarifvertrages.

prinzipiell eine Nutzungsverpflichtung[1290]. Kommt der Sender nach einer Prüfung dazu, dass eine Nutzung der Werke nicht geplant ist, muss er die Rechte an der Produktion für die vom Mitarbeiter nachgewiesene konkrete Nutzungsmöglichkeit freizugeben[1291]. Auch ein Erlöschen der Nutzungsrechte ist kodifiziert, falls der Sender fünf Jahre nach der Erstsendung das Werk nicht selbst nutzt oder weiter überträgt[1292]. Die Nutzung für Kino- und Schmalfilmauswertungen, für audiovisuelle Verwertung und Verwertung mittels Tonträgern und für die Übertragung zur Verwertung in Datenbanken, in Abruf- und Onlinediensten sowie zur multimedialen Nutzung erfolgt grundsätzlich gegen Entgelt. Jedoch ist auch eine unentgeltliche Nutzung in seltenen, begründeten Ausnahmefällen möglich[1293].

Neben diesen beiden Komplexen der Rechteeinräumungen bestehen weitere tarifliche Befugnisse der Anstalt. So erwirbt diese ein Optionsrecht für Merchandising-Rechte[1294] und ist bei fehlender anderer vertraglicher Vereinbarung grundsätzlich zur Übertragung oder zur Einräumung von Nutzungsrechten auf Dritte berechtigt[1295]. Auch in Auftrags- oder Gemeinschaftsproduktionen darf die Anstalt die übertragenen Rechte einbringen und die Rechte an diesen Produktionen zur Auswertung auf Dritte übertragen, wobei jedoch die Rechte des Urhebers sicherzustellen sind[1296]. Die Urheberpersönlichkeitsrechte sind auch bei grundsätzlich gestatteten Änderungen, Bearbeitungen, Übersetzungen und Synchronisationen des Werkes zu beachten. Dabei sind bestimmte Veränderungen wie die deutschsprachige Synchronisation eines Werkes oder die Fortsetzung von Produktionen wie Serien unter Benutzung der von dem Urheber entwickelten Konzepte oder Figuren zwar nur mit der Einwilligung des Urhebers zulässig[1297]. Jedoch ist die Einwilligung des Urhebers insoweit eingeschränkt als er diese durch Verweis auf § 39 UrhG nicht wider Treu und Glauben versagen darf[1298]. Dadurch wird das Risiko der rechtmäßigen Verweigerung dem Urheber auferlegt. Änderungen des Werkes, seines Titels oder der Produktion sind sogar ohne Einwilligung zulässig, wenn sie z.B. aufgrund produktions- oder sende-

---

1290 4.8 S.1 des jeweiligen Tarifvertrages.

1291 4.8 S.3 des jeweiligen Tarifvertrages.

1292 4.9 des jeweiligen Tarifvertrages, das Erlöschen beschränkt sich jedoch auf Rechteeinräumungen zum Zwecke der Kino- und Schmalfilmauswertungen, für audiovisuelle Verwertung und Verwertung mittels Tonträgern und für die Übertragung zur Verwertung in Datenbanken, in Abruf- und Onlinediensten sowie zur multimedialen Nutzung.

1293 4.10 des jeweiligen Tarifvertrages; laut der zu dieser Norm gehörenden Protokollnotiz sind jedoch Tausch- oder Kompensationsgeschäfte keine Ausnahmefälle.

1294 4.12 des jeweiligen Tarifvertrages; zur Zulässigkeit von Merchandising durch öffentlich-rechtliche Sender siehe *Kröner*, S. 23 ff. m.w.N.

1295 5.1 des jeweiligen Tarifvertrages.

1296 5.2 des jeweiligen Tarifvertrages.

1297 6.2 des jeweiligen Tarifvertrages.

1298 6.2 a.E. des jeweiligen Tarifvertrages.

technischer Erfordernisse geboten sind[1299]. Kann der Mitarbeiter seine Einwilligung nach Treu und Glauben nicht versagen, bedarf es einer Einwilligung im Fall der eben genannten grundlegenden Änderungen erst gar nicht[1300]. Zwar ist der Urheber von derartigen Änderungen unverzüglich zu unterrichten und bei wesentlichen Änderungen sogar vor diesen zu hören[1301]. Da eine fehlende vorherige Anhörung jedoch zum einen keine Folgen nach sich zieht und zum andern diese Anhörungspflicht auch nur als Sollvorschrift formuliert wurde, führen diese Anhörungen nicht zu einer Erweiterung des Urheberschutzes. Vielmehr muss sich vor Augen geführt werden, dass grundlegende Veränderungen schon immer dann einseitig von dem Sender vorgenommen werden können, wenn eine Verweigerung der Einwilligung treuwidrig wäre. Durch diese Umkehrung der Voraussetzungen ist eine Einwilligung gerade bei grundlegenden Veränderungen stets unnötig.

Zugunsten der Urheber verbleiben indessen die von urheberrechtlichen Verwertungsgesellschaften wahrgenommen Zweitwiedergaberechte und Vergütungsansprüche bei ihm. Die nach § 20b UrhG geregelten Einnahmen aus Kabelweitersendungen werden bei allen drei Anstalten und beim MDR in eigenen Tarifverträgen geregelt[1302]. Weiterhin verbleibt dem Urheber das Recht, das Werk bei Ausstellungen u.ä. zu präsentieren[1303]. Nach der Erstsendung darf der Urheber gänzlich frei über eigene Nutzungsrechte verfügen, jedoch besteht eine Anbietungspflicht gegenüber dem Sender[1304]. Würden durch die Nutzung jedoch die überwiegenden und berechtigten Interessen der Anstalt verletzt, sind die Verfügungs- und Nutzungsbefugnis des Mitarbeiters wiederum eingeschränkt[1305].

Nach ausführlichen Regelungen zu Ablieferung und Abnahme von Werken, Verschwiegenheitspflichten und Namensnennungen[1306] enthalten die Tarifverträge allgemeine und spezielle Vergütungsregeln[1307]. Für die Vergütungshöhe und etwaige Folgevergütungen wird auf den jeweils anwendbaren Vergütungstarifvertrag verwiesen[1308]. Für den Bereich des Fernsehens werden unter Verweis

[1299] 6.3 c) des jeweiligen Tarifvertrages.

[1300] 6.3 d) des jeweiligen Tarifvertrages.

[1301] 6.4 des jeweiligen Tarifvertrages.

[1302] Siehe Fußnote zu 7.1 TV des NDR; 7.1 TV des SWR; Protokollnotiz zu 7.1 TV des WDR; Tarifvertrag über die Beteiligung von Arbeitnehmern sowie Freien Mitarbeiterinnen und Mitarbeitern des MDR an den Einnahmen aus der Kabelweitersendung der Programme.

[1303] 7.2 des jeweiligen Tarifvertrages.

[1304] 7.3 des jeweiligen Tarifvertrages.

[1305] 7.4 des jeweiligen Tarifvertrages, ähnlich wie bei der Veränderung trotz fehlender Einwilligung aufgrund berechtigter Interessen des Senders.

[1306] 8 bis 15 des jeweiligen Tarifvertrages.

[1307] 16 des jeweiligen Tarifvertrages.

[1308] 16.1.1 des jeweiligen Tarifvertrages.

auf die Vergütungstarifverträge ausführlich und differenziert die Sätze für Wiederholungen bei der Anstalt selbst und den unterschiedlichen anderen Anstalten der ARD festgelegt[1309]. Daneben wird die Vergütung für Internetnutzungen des Werkes[1310] sowie in gemeinsamen Vergütungsregeln für Fernsehen und Hörfunk die Vergütung für Verwendungen von Teilen der Produktion für Wettbewerbe oder Festivals fixiert[1311]. Bei Produktionstauschvorgängen oder bei einer unentgeltlichen Abgabe der Produktion an eine nicht der ARD angehörenden Sendeanstalt ist dem Urheber ebenfalls eine Vergütung zu zahlen[1312].

Von den übrigen Tarifnormen bleiben noch zwei erwähnenswert. So wird explizit geregelt, dass eine Verpflichtung der Anstalt, das Werk zu nutzen, nicht begründet wird[1313]. Entschließt sich die Anstalt zur Nutzung des Werkes, ist sie berechtigt, anstelle des vorgesehenen Termins für die Produktion oder Sendung des Werkes einen anderen zu bestimmen[1314].

B. Ergebnis der Untersuchung

Nach der Analyse der Tarifverträge zeigt sich ein sehr heterogenes Bild der Urheberrechte der arbeitnehmerähnlichen Person in Fernsehunternehmen. Die Hälfte der vorliegenden Tarifverträge erwähnt Urheber- und Leistungsschutzrechte als Regelungsbereich nicht einmal. Der MDR beschränkt sich darauf, die Verwertung von Werken in Online- und Abrufdiensten sowie die Vergütung bei Kabelweitersendungen zu regeln. In dem Tarifvertrag des SR wird der Themenkomplex zwar angesprochen, viel mehr aber auch nicht. Dahingegen bestehen beim NDR, SWR und WDR ausführliche Tarifverträge zum Urheberrecht. Sehr detailliert werden dabei Rechteeinräumungen zu Rundfunkzwecken und zu anderen Zwecken, Änderungen von Werken, eigene Nutzungsrechte des Urhebers sowie Vergütungen normiert. Für die bei diesen Anstalten tätigen arbeitnehmerähnlichen Personen werden dadurch die gesetzlichen Lücken branchenspezifisch kompensiert. Zwar sind die Rechte zugunsten des jeweiligen Senders auch stellenweise aufgeweicht, wenn die Interessen der Anstalt entgegenstehen. Gerade vor dem Hintergrund der Rundfunkfreiheit[1315] muss den Anstalten jedoch ein Gestaltungsspielraum verbleiben, da sie ansonsten ihrem staatlichen Auftrag nicht gerecht werden können.

[1309] 16.2 des jeweiligen Tarifvertrages.
[1310] 16.13 des jeweiligen Tarifvertrages.
[1311] 16.4 des jeweiligen Tarifvertrages.
[1312] 16.4.8 des jeweiligen Tarifvertrages.
[1313] 22 des jeweiligen Tarifvertrages.
[1314] Dadurch entstandene zusätzliche Aufwendungen des Mitarbeiters werden ausgeglichen, 24 des jeweiligen Tarifvertrages.
[1315] Siehe dazu ausführlich oben § 6A.I.1.

§ 12 Alterszusatzversorgung / Pensionskassen

Die arbeitnehmerähnliche Person bezieht gesetzliche Rente, da sie nach § 2 S. 1 Nr. 9 SGB VI rentenversicherungspflichtig ist[1316]. Daneben existieren für die Erwerbstätigen bei den Anstalten der ARD und beim ZDF Pensionskassen, aus denen Zahlungen als Zusatzversorgung neben den Ansprüchen aus der gesetzlichen Rentenversicherung mit der Vollendung des 65. Lebensjahres geleistet werden[1317]. Für die Erwerbstätigen der privaten Fernsehunternehmen bestehen derartige Einrichtungen nicht. Neben die Zahlungen aus der Pensionskasse treten bei arbeitnehmerähnlichen Erwerbstätigen in öffentlich-rechtlichen Fernsehunternehmen auch tarifliche Ansprüche auf Zahlungen im Rentenfall.

A. Tarifliche Ansprüche auf Alterszusatzversorgung

Den arbeitnehmerähnlichen Erwerbstätigen des WDR wird eine anstaltseigene Altersunterstützung neben den Leistungen aus der Pensionskasse gewährt[1318]. Voraussetzung dafür ist, dass der Erwerbstätige das 65. Lebensjahr vollendet hat und während einer Gesamtdauer von mindestens 25 Jahren oder in den 15 Jahren vor Vollendung des 65. Lebensjahres überwiegend für den WDR tätig war. Ferner muss die arbeitnehmerähnliche Person nachweisen können, dass ihre Gesamt-Jahreseinkünfte einschließlich aller Renten und Unterstützungseinkünfte aufgrund von Rechtsansprüchen sowie etwaiger Zahlungen aus der Altershilfe für freie Mitarbeiter der Deutschen Rundfunkanstalten 13.300 € (bei Verheirateten 15.000 €[1319]) jährlich unterschreiten. Um die Zahlungen der anstaltseigenen Kasse gegenüber dem Erwerbstätigen möglichst gering zu halten, besteht die Verpflichtung der arbeitnehmerähnlichen Person, die Rechtsansprüche auf Renten, Unterstützungseinkünfte und Leistungen aus der Altershilfe der freien Mitarbeiter der deutschen Rundfunkanstalten geltend zu machen[1320]. Diese Verpflichtung wird verständlich, wenn man sich verdeutlicht, wie sich die Höhe des tariflichen Anspruchs ermittelt. Der WDR geht von einer maximalen Höhe des Anspruchs von 13.300 € im Jahr[1321] aus. Subtrahiert man von diesem Betrag alle anderen Ansprüche auf Altersversorgung und bleibt danach noch ein Betrag übrig, so wird dieser vom WDR geleistet[1322]. Hat es der freie Mitarbeiter trotz möglicher Inanspruchnahme unterlassen, in die Pensionskasse für freie Mitarbeiter oder in das Versorgungswerk der Presse einzubezahlen, kann der WDR seine Unterstützungszahlungen um die Leistungen kürzen, die der Beschäftigte

[1316] Siehe dazu ausführlich oben § 2C.I.
[1317] Siehe dazu ausführlich oben § 3E.II.1.f)(b).
[1318] § 11 TV des WDR.
[1319] Sofern nicht auch der Ehepartner nach dem TV des WDR berechtigt ist.
[1320] § 11 Abs. 1 TV des WDR.
[1321] Bei Verheirateten 15.000 €.
[1322] § 11 Abs. 2 TV des WDR.

bei rechtzeitigem Eintritt in diese Institutionen erzielt hätte[1323]. Vergütungen, die der Erwerbstätige beim WDR erzielt hat, werden nur angerechnet, wenn sie den monatlichen Betrag von 260 € überschreiten[1324]. Der Anspruch auf Altersunterstützung entsteht erstmals, wenn die arbeitnehmerähnliche Person das 65. Lebensjahr überschritten hat, die Zahlung erfolgt jedoch erst nach Ablauf eines Jahres für das Vorjahr[1325]. Stirbt der Anspruchsberechtigte, leistet der WDR eine einmalige Unterstützung i.H.v. drei Monatsteilbeträgen[1326], wobei weitere Zahlungen auf Antrag in Härtefällen möglich sind[1327].

Ist der Erwerbstätige bei Vollendung seines 65. Lebensjahres nicht mehr beim WDR beschäftigt, arbeitete er aber beim WDR bis mindestens zur Vollendung seines 55. Lebensjahres und wurde das Vertragsverhältnis von Seiten des WDR beendet, leistet das Unternehmen ebenfalls einen Beitrag zur Sicherung der Altersversorgung. Dies ist allerdings nur dann der Fall, wenn der Erwerbstätige in den letzten 25 Jahren für den WDR tätig war. Die Höhe des Beitrages zur Alterssicherung bemisst sich nach dem zum Zeitpunkt der Beendigung bestehenden jährlichen Mindestbeitrag für eine außerordentliche Mitgliedschaft in der Pensionskasse für freie Mitarbeiter der deutschen Rundfunkanstalten. Dieser Betrag wird mit der Anzahl der noch ausstehenden vollen Jahre bis zur Vollendung des 65. Lebensjahres multipliziert[1328].

Eine dieser Regelung des WDR sehr ähnliche Institutionalisierung einer anstaltseigenen Kasse findet sich bei der DW. Hat die arbeitnehmerähnliche Person bei der DW das 65. Lebensjahr vollendet und war sie während einer Gesamtdauer von mindestens 20 Jahren oder in den 15 Jahren vor Vollendung des 65. Lebensjahres überwiegend für die DW tätig, so hat sie gegen die DW einen Anspruch auf Unterstützungszahlungen, wenn sie nachweislich weniger als 18.000 DM[1329] jährlich an Einkünften bezieht[1330]. Die Höhe der Zahlung ergibt sich aus der Differenz zwischen den Gesamteinkünften des Mitarbeiters und dem Jahresbetrag von 18.000 DM[1331].

Beim HR besteht zwar keine anstaltseigene Kasse wie bei dem WDR und der DW. Allerdings haben die dort beschäftigten arbeitnehmerähnlichen Personen auf Antrag einen Anspruch auf Honorarzuschuss für Lebensversicherungen, so-

1323 § 11 Abs. 3 TV des WDR.
1324 § 11 Abs. 4 TV des WDR.
1325 § 11 Abs. 6 TV des WDR.
1326 § 11 Abs. 7 TV des WDR.
1327 § 11 Abs. 8 TV des WDR.
1328 § 15 TV des WDR.
1329 Bei Ehepartnern 21.000 DM, sofern nicht auch der Ehepartner nach dem Durchführungstarifvertrag Nr. 3 der DW anspruchsberechtigt ist.
1330 1. Durchführungstarifvertrag Nr. 3 der DW.
1331 Bzw. 21.000 DM bei Verheirateten, 2. Durchführungs-TV Nr. 3 der DW.

weit die Versicherungszeit nicht vor Vollendung des 60. Lebensjahres endet[1332]. Ein derartiger Anspruch besteht gleichermaßen für Rentenversicherungen[1333]. Die Höhe der Zuschüsse beträgt bis zu 7,5 % der dem freien Mitarbeiter im abgelaufenen Kalenderjahr vom HR gezahlten Honorare[1334]. Die Höhe überschreitet jedoch nicht mehr als die Hälfte der von dem freien Mitarbeiter in dem gleichen Zeitraum aufgewandten Beträge und nicht mehr als 7,5 % des dreizehnfachen höchsten Tarifgehalts für Festangestellte. Die erstmalige Leistung von Zuschüssen tritt erst ein, wenn der freie Mitarbeiter zwölf Monate beim HR tätig war[1335]. Eine Bezuschussung setzt schließlich auch voraus, dass der freie Mitarbeiter mehr als 6.000 DM[1336] im Kalenderjahr vom HR bezieht. Dies dürfte jedoch wenige arbeitnehmerähnliche Mitarbeiter betreffen, da bei einem derart niedrigen Betrag sicherlich nicht von einer wirtschaftlichen Abhängigkeit im Sinne der Definition des § 12a TVG gesprochen werden kann. Für alle nötigen Angaben hat die arbeitnehmerähnliche Person Nachweise vorzulegen[1337].

Durch diese Möglichkeit der Bezuschussung erhält die arbeitnehmerähnliche Person jeweils maximal ¼ ihrer Zahlungen zu der eigenen privaten Zusatzversorgung vom HR dazu. Diese Leistungen sind zwar nicht mit denjenigen aus einer anstaltseigenen Kasse vergleichbar. Sie stellen aber bei einem parallelen Abschluss von privater Rentenversicherung und Lebensversicherung einen deutlichen finanziellen Bonus dar.

Bei den Anstalten BR, NDR und SWR bestehen derartige tarifliche Zuschussmodelle zwar nur für von der arbeitnehmerähnlichen Person abgeschlossene befreiende Lebensversicherungen[1338], nicht dagegen für Rentenversicherungen. Jedoch leistet die jeweilige Anstalt auch in diesem Fall wie der HR bis zur Höhe von 50 % der nachgewiesenen eigenen Beitragsleistungen Zuschüsse, höchstens jedoch bis zur Höhe der sonst zu zahlenden Arbeitgeberanteile zur Rentenversicherung. Den Erwerbstätigen dieser Anstalten ist es daher zu raten, ihre Altersversorgung maßgeblich über Lebensversicherungen zu finanzieren, da auf diesem Weg bis zur Hälfte der Beiträge vom Auftraggeber übernommen werden, was bei der Finanzierung der Altersversorgung eine erhebliche finanzielle Entlastung bedeuten kann.

In dem Tarifvertrag des ZDF gibt es keine ausdrückliche Vorschrift bezüglich der Alterszusatzversorgung. In dem Regelungszusammenhang der Altersgrenze

---

1332 § 3 c) TV über die Gewährung von Sozialleistungen des HR.
1333 § 3 d) TV über die Gewährung von Sozialleistungen des HR.
1334 § 4 TV über die Gewährung von Sozialleistungen des HR.
1335 § 5 TV über die Gewährung von Sozialleistungen des HR.
1336 Ein öffentlich zugänglicher Tarifvertrag mit €-Beträgen liegt derzeit noch nicht vor.
1337 Der fehlende Nachweis eines Betrages führt nach § 7 des Tarifvertrages dazu, dass dieser Betrag nicht berücksichtigt wird.
1338 6.2 TV des BR; 8.2 TV des NDR; 9.2 TV des SWR.

findet sich ein Abschnitt, wonach das arbeitnehmerähnliche Rechtsverhältnis endet „[...] mit Inanspruchnahme der Rente aus [...] einer Lebensversicherung, bei der sich das ZDF an den monatlichen Beiträgen beteiligt [...]“[1339]. Aus dieser Erwähnung lässt sich zwar die Annahme ableiten, dass im ZDF Zuschüsse zu Altersversorgungen gezahlt werden. In welcher Höhe und unter welchen Voraussetzungen diese gewährleistet werden, ist indessen aus dem Tarifvertrag nicht ersichtlich.

In den Tarifverträgen des BR, NDR, SR und des SWR wird rein deklaratorisch auf die Möglichkeit des Erwerbes und der Aufrechterhaltung der Mitgliedschaft bei der Pensionskasse oder dem Versorgungswerk der Presse hingewiesen[1340]. Dabei wird besonders betont, dass dieser Weg der Sicherung der Alterversorgung auch den arbeitnehmerähnlichen Personen offen steht. Warum in den Tarifwerken explizit erwähnt wird, dass für arbeitnehmerähnliche Personen, die bekanntermaßen der Gruppe der freien Mitarbeiter angehören, die Pensionskasse für freie Mitarbeiter offen steht, erschließt sich dem Leser nicht. Auch der ebenfalls in den jeweiligen Regelungen der Tarifverträge festgehaltene Zusatz, dass die Anstalt den satzungsmäßig vorgeschriebenen Anteil leistet, ist in einem Tarifvertrag aufgrund der rein deklaratorischen Wirkung überflüssig.

Keinerlei Regelungen oder auch nur Erwähnungen der Altersversorgung finden sich in den Tarifverträgen des n-tv und des MDR. Für die arbeitnehmerähnlichen Erwerbstätigen beim MDR stellt sich damit keine andere Situation als bei denjenigen, die sich auf deklaratorische Normen beschränken. Sie bleiben auf ihre Ansprüche auf Zahlungen aus der Pensionskasse oder dem Versorgungswerk verwiesen. Deutlicher wirkt sich die fehlende Regelung für die arbeitnehmerähnlichen Personen bei n-tv aus. Bei ihnen beschränken sich die Rentenleistungen auf die gesetzliche Rente und private Vorsorge, an der sich das Unternehmen nicht beteiligt.

B. Ergebnis der Untersuchung

Anstaltseigene Unterstützungskassen sind in den heutigen Fernsehunternehmen die Seltenheit. Durch sie wird aber z.B. beim WDR und bei der DW gewährleistet, dass die arbeitnehmerähnliche Person ein Minimum an finanzieller Unterstützung erfährt und so ihre Existenz sichern kann. Zwar wird dabei berücksichtigt, ob der arbeitnehmerähnliche Erwerbstätige selbst für seine Altersrente vorgesorgt hat und bei Unterbleiben derselbigen, dies bei dem Rentenanspruch in Abzug gestellt. Jedoch ist die Unterstützung primär unabhängig von irgendwelchen Eigenleistungen. Im Gegensatz dazu stehen die Fernsehunternehmen, die private Vorsorgen der Erwerbstätigen finanziell fördern, indem sie wie beim

---

[1339] § 5 Abs. 5 Bestandsschutz-TV des ZDF.
[1340] 6.3 TV des BR; 8.3 TV des NDR; 8.2 TV des SR; 9.3 TV des SWR.

BR, NDR und SWR Zuschüsse bis zur gleichen Höhe des Beitrags der arbeitnehmerähnlichen Person leisten. Wie hoch dieser Beitrag beim ZDF ist, bleibt hingegen mangels Hinweis im Tarifvertrag nicht bezifferbar. Der SR beschränkt sich in den tarifvertraglichen Regelungen auf rein deklaratorische Hinweise auf seine Verpflichtung zur Zahlung in die Pensionskassen der freien Mitarbeiter. Dies hätte ebenso gut unterbleiben können wie dies auch beim MDR geschehen ist. Den Mitarbeitern des n-tv kommt keine zusätzliche tarifliche Alterszusatzversorgung des Unternehmens zugute. Da sie als Erwerbstätige eines privaten Fernsehunternehmens auch nicht in die Pensionskasse einzahlen und daher auch keine Ansprüche gegen diese haben, bleiben sie auf die gesetzliche Rente und die eigene Vorsorge verwiesen.

§ 13 Ausfallzahlungen im Krankheitsfall

Da der gesetzliche Anspruch auf Entgeltfortzahlung im Krankheitsfall nach §§ 1, 3 EFZG nur zugunsten der Arbeitnehmer gilt, besteht ein Anspruch gegen den Auftraggeber nur in dem engen Rahmen des § 616 BGB. Liegt eine längere Erkrankung vor, sind die arbeitnehmerähnlichen Personen auf Ansprüche auf Zahlung eines Krankengeldes gegen die Krankenkasse verwiesen[1341]. Da die gesetzlichen Krankenkassen[1342] aber zum einen nach dem Regelsatz erst ab dem 43. Tag nach der Erkrankung Zahlungen leisten[1343] und zum andern auch keine 100-prozentige Entgeltfortzahlung im Krankheitsfall sicherstellen[1344], sind tarifliche Regelungen der Entgeltfortzahlung im Krankheitsfall umso wichtiger. Derartige Regelungen wurden auch bei nahezu[1345] allen untersuchten Tarifverträgen getroffen.

A. Voraussetzungen der Ausfallzahlung

Nach § 3 Abs. 3 EFZG entsteht der Anspruch des Arbeitnehmers auf Entgeltfortzahlung im Krankheitsfall nach vierwöchiger ununterbrochener Dauer des Arbeitsverhältnisses. Die Voraussetzungen der Entgeltfortzahlung im Krankheitsfall in den Tarifverträgen für arbeitnehmerähnliche Personen sind hingegen meist weitaus höher. So wird in einem Großteil der Tarifverträge eine wiederkehrende bzw. ununterbrochene Tätigkeit bei der jeweiligen Anstalt in den letzten zwölf Monaten explizit als Voraussetzung genannt[1346]. In anderen Tarifver-

---

[1341] Siehe dazu ausführlich oben § 3E.II.2.c)(b).

[1342] Auch hier kann wieder nur eine Betrachtung der Berechnungen anhand der Leistungen der gesetzlichen Krankenkasse erfolgen, siehe dazu schon oben Fn. 247.

[1343] Wird eine höherer Beitrag als der Regelsatz gezahlt, erfolgt die Zahlung von Krankengeld bereits ab dem 15. Tag, siehe dazu oben § 3B.

[1344] Siehe dazu oben § 3B.

[1345] Alle untersuchten Tarifverträge bis auf denjenigen bei n-tv.

[1346] 1.1 Durchführungs-TV Nr. 1 des BR; 7.1 TV des SR; § 9 Abs. 1 TV des WDR, wobei in

trägen ergeben sich diese Fristen aus der Tatsache, dass die nach der Länge der Tätigkeit bei diesem Unternehmen gestaffelte Dauer der Entgeltfortzahlung erst ab einem Jahr Beschäftigungsdauer normiert wird[1347]. Zwei Tarifverträge enthalten neben der wiederkehrenden Tätigkeit innerhalb der letzten zwölf Monate noch zusätzliche Voraussetzungen. Nach 7.1 Tarifvertrag des SR muss die arbeitnehmerähnliche Person in dem vor der Erkrankung liegenden Beschäftigungsjahr mindestens € 3000 an Honoraren von dem SR erhalten hat. Für die arbeitnehmerähnlichen Erwerbstätigen des ZDF gilt durch die in § 2 Ergänzungstarifvertrag Nr. 2 enthaltene Verweisung auf § 3 Abs. 1 Bestandsschutztarifvertrag eine gegenüber den anderen Tarifverträgen eigentümlichere Regelung. Die arbeitnehmerähnliche Person muss in zwei aufeinander folgenden vorausgegangenen Jahren je einen vollen Jahresurlaubsanspruch geltend gemacht haben oder hätte geltend machen können[1348] und mindestens in einem Jahr für das ZDF wiederkehrend tätig gewesen sein. Damit sind die arbeitnehmerähnlichen Personen beim ZDF deutlich schlechter gestellt als die arbeitnehmerähnlichen Personen der übrigen Fernsehunternehmen, da sie einen Anspruch auf Entgeltfortzahlung erst nach einer eineinhalbjährigen Tätigkeit für das ZDF in Anspruch nehmen können[1349]. Als einziger Tarifvertrag beinhaltet der Tarifvertrag des SWR keine zeitliche Mindestdauer der Beschäftigung als Voraussetzung für die Entgeltfortzahlung im Krankheitsfall. Zwar enthält auch dieser Tarifvertrag eine Staffelung der Dauer der Entgeltfortzahlung, die sich an der Länge der Beschäftigung orientiert. Da diese als unterste Stufe jedoch die Dauer der Beschäftigung bis zu fünf Jahren regelt[1350], besteht eine Mindestdauer der Tätigkeit für den SWR nicht.

B. Beginn der Ausfallzahlung

Erkrankt ein Arbeitnehmer, hat er nach § 3 Abs. 1 EFZG einen Anspruch auf Entgeltfortzahlung ab dem ersten Tag der Erkrankung. Durch die tarifvertraglichen Regelungen sind die arbeitnehmerähnlichen Erwerbstätigen in Fernsehunternehmen den Arbeitnehmern insoweit weitgehend gleichgestellt als auch ihnen in einigen Tarifverträgen eine Entgeltfortzahlung ab dem ersten Tag gewährleistet wird[1351]. Nach einigen Tarifregelungen wird diese Leistung jedoch erst

---

diesem nicht von wiederkehrender/ununterbrochener Tätigkeit die Rede ist, sondern darauf abgestellt wird, ob in den letzten zwölf Monaten vor Erkrankung ein „Beschäftigungsjahr" vorlag. Eine nähere Erläuterung dieses Begriffes fehlt hingegen.

1347 1.1 TV über Zahlungen im Krankheitsfall der DW; § 8 TV über die Gewährung von Sozialleistungen des HR; 5.3.1.a) TV des MDR; 1.1 TV über Zahlungen im Krankheitsfall für arbeitnehmerähnliche Personen des NDR.

1348 Siehe zu der in diesem Zusammenhang relevanten Wartezeit nach dem BUrlG oben § 3E.V.6.a).

1349 Die Wartezeit nach § 4 BUrlG beträgt sechs Monate.

1350 6.1 TV des SWR.

1351 4.1 Durchführungs-TV Nr. 1 des BR; 7.1 TV des SR; da § 8 TV über die Gewährung von

dann rückwirkend bewirkt, wenn die Erkrankung länger als drei[1352] oder teilweise auch sieben Tage[1353] andauert. Die verbleibenden tariflichen Ansprüche auf Ausfallzahlungen im Krankheitsfall gewähren den Arbeitnehmerähnlichen einen Anspruch erst ab dem vierten Tag der Erkrankung[1354]; eine rückwirkende Entgeltfortzahlung auch für die ersten drei Tage der Erkrankung erfolgt nach diesen Tarifverträgen nicht.

C. Dauer der Ausfallzahlung

Die tarifvertraglichen Regelungen in Bezug auf die Dauer der Entgeltfortzahlung orientieren sich grundsätzlich an der „Sechs-Wochen-Regelung" des § 3 Abs. 1 S. 1 EFZG. Die Tarifverträge des BR, des HR und des SR enthalten dabei ausdrücklich eine sechswöchige Fortzahlung der Vergütung[1355]. Die übrigen Tarifverträge legen keine Wochenfristen, sondern Tage als maximale Länge der Entgeltfortzahlung fest. In beinahe allen Tarifverträgen mit derartige Festsetzungen nach Tagen finden sich als maximale Dauer der Entgeltfortzahlung 39 Tage[1356], nur den Beschäftigten beim SWR kommt eine § 3 Abs. 1 EFZG entsprechende Entgeltfortzahlung im Krankheitsfall für 42 Tage zugute[1357].

Bis auf den Tarifvertrag des SR enthalten alle Tarifverträge eine zusätzliche Staffelung der Dauer der Entgeltfortzahlung, die sich an Beschäftigungsjahren orientiert[1358]. So wird eine erste Erhöhung der Dauer der Entgeltfortzahlung ab einer Beschäftigungszeit für die jeweilige Anstalt von fünf Jahren festegelegt[1359]. Die Dauer der Entgeltfortzahlung erhöht sich dadurch meist auf 87 Tage[1360] bzw. unwesentlich höher[1361] . Der Tarifvertrag des BR bestimmt ab fünf

---

Sozialleistungen des HR keine Angaben enthält, ist ebenfalls von einer Entgeltfortzahlung ab dem ersten Tag auszugehen.

[1352] § 3 Ergänzungs-TV Nr. 2 des ZDF; 6.1 TV des SWR.

[1353] 1. TV über Zahlungen im Krankheitsfall der DW.

[1354] 5.3.1 TV des MDR; 1.1 TV über Zahlungen im Krankheitsfall für arbeitnehmerähnliche Personen des NDR; § 9 Abs. 1 TV des WDR.

[1355] 4.1 Durchführungs-TV Nr. 1 des BR; § 8 TV über die Gewährung von Sozialleistungen des HR; 7.1 TV des SR.

[1356] 1.1 TV über Zahlungen im Krankheitsfall der DW; 5.3.1 a) TV des MDR; 1.1 TV über Zahlungen im Krankheitsfall für arbeitnehmerähnliche Personen des NDR; § 9 Abs. 1 TV des WDR; § 2 Ergänzungs-TV Nr. 2 des ZDF.

[1357] 6.1 TV des SWR.

[1358] Eine ähnliche Staffelung findet sich auch in den urlaubsrechtlichen Tarifregelungen, dazu unten § 16A.

[1359] 4.1 Durchführungs-TV Nr. 1 des BR; 1.2 TV über Zahlungen im Krankheitsfall der DW; § 8 TV über die Gewährung von Sozialleistungen des HR; 5.3.1 b) TV des MDR; 1.1 TV über Zahlungen im Krankheitsfall für arbeitnehmerähnliche Personen des NDR; 6.1 TV des SWR; § 9 Abs. 1 TV des WDR; § 2 Ergänzungs-TV Nr. 2 des ZDF.

[1360] 1.2 TV über Zahlungen im Krankheitsfall der DW; 5.3.1 b) TV des MDR; 1.1 TV über Zahlungen im Krankheitsfall für arbeitnehmerähnliche Personen des NDR; § 9 Abs. 1 TV

Jahren Beschäftigung für den BR eine Entgeltfortzahlung von dreizehn Wochen[1362]. Geht man bei der zugrundegelegten Berechnung entsprechend § 3 EFZG von einer Sieben-Tage-Woche aus, errechnet sich eine Entgeltfortzahlung von 101 Tagen. Auch der Tarifvertrag des HR enthält keine tageweise Berechnung, sondern eine Berechnung nach Monaten. So ist eine Entgeltfortzahlung bei einer Beschäftigung ab fünf Jahren für den HR bis zu drei Monaten möglich[1363]. In diesem Fall ergibt sich bei einem zugrundegelegten 30-Tage-Monat eine Entgeltfortzahlung für 90 Tage.

Die meisten Tarifverträge beihalten daneben noch eine zweite Stufe der Erhöhung der Dauer der Entgeltfortzahlung ab einer zehnjährigen Beschäftigung für das jeweilige Unternehmen[1364]. Ab dieser Stufe wird meist eine Festsetzung von ca. 178 Tagen gewählt[1365]. Nur der Tarifvertrag des BR enthält mit zwei weiteren Stufen noch Regelungen, die über die Zehn-Jahres-Grenze hinaus gehen: ab einer Beschäftigung von mehr als 20 Jahren für den BR erfolgt die Entgeltfortzahlung für 39 Wochen, ab einer Beschäftigung von mehr als 25 Jahren für den BR besteht eine Anspruch auf Entgeltfortzahlung für 52 Wochen[1366].

Wird ein Arbeitnehmer infolge derselben Krankheit erneut arbeitsunfähig, erhält er gemäß § 3 Abs. 1 S. 2 EFZG nur dann einen Anspruch auf sechswöchige Fortzahlung der Vergütung, wenn er vor der erneuten Arbeitsunfähigkeit mindestens sechs Monate nicht infolge derselben Krankheit arbeitsunfähig war (§ 3 Abs. 1 S. 2 Nr. 1 EFZG) oder seit Beginn der Arbeitsunfähigkeit infolge derselben Krankheit eine Frist von zwölf Monaten abgelaufen ist (§ 3 Abs. 1 S. 2 Nr. 2 EFZG). Da beinahe alle Tarifverträge den arbeitnehmerähnlichen Personen einen Anspruch auf Entgeltfortzahlung gewähren, sind zugunsten der Unternehmer auch derartige Ausschlussfristen sinnvoll. Dennoch enthalten nur die Tarifverträge des BR, des SR und des WDR Regelungen zur Entgeltfortzahlung

---

des WDR.

1361 88 Tage für Beschäftigte beim ZDF nach § 2 Ergänzungs-TV Nr. 2 des ZDF; 90 Tage für Beschäftigte beim SWR nach 6.1 TV des SWR.

1362 4.1 Durchführungs-TV Nr. 1 des BR.

1363 § 8 TV über die Gewährung von Sozialleistungen des HR.

1364 4.1 Durchführungs-TV Nr. 1 des BR; 1.2 TV über Zahlungen im Krankheitsfall der DW; 5.3.1 c) TV des MDR; 6.1 TV des SWR; § 9 Abs. 1 TV des WDR.

1365 178 Tage werden in folgenden Tarifverträgen festgelegt: 1.2 TV über Zahlungen im Krankheitsfall der DW; § 9 Abs. 1 TV des WDR. 179 Tage lang wird den Beschäftigten des MDR das Honorar fortgezahlt nach 5.3.1 c) TV des MDR. Die arbeitnehmerähnlichen Personen des SWR erhalten 182 Tage Entgeltfortzahlung nach 6.1 TV des SWR. Beim BR erfolgt die Festsetzung erneut nach Wochen: 26 Wochen gemäß 4.1 Durchführungs-TV Nr. 1 des BR. Dies entspricht bei einer zugrunde gelegten 7-Tage-Woche ebenfalls 182 Tage.

1366 Beide Festsetzungen sind in 4.1 Durchführungs-TV Nr. 1 des BR normiert. 39 Wochen entsprechen 273 Tagen, 52 Wochen entsprechen 364 Tagen.

bei Wiederholungskrankheiten[1367]. Diese sind jedoch beinahe wortgleich mit den eben genannten Normen im EFZG.

D. Höhe der Ausfallzahlung

Bis zu einer Dauer von sechs Wochen erhält der Arbeitnehmer eine 100-prozentige Entgeltfortzahlung im Krankheitsfall von dem Arbeitgeber. Die arbeitnehmerähnliche Person hat nach dem Gesetz prinzipiell keinen dem EFZG vergleichbaren Anspruch auf Entgeltfortzahlung. Die tarifvertraglichen Regelungen bieten den arbeitnehmerähnlichen Personen hingegen einen derartigen Anspruch, der jedoch in der Höhe variiert. Grundsätzlich gehen alle Tarifverträge von der Vorjahresvergütung aus und legen anhand dieser mit Hilfe von Prozentzahlen die Vergütungshöhe im Krankheitsfall fest. So wird nach beinahe allen Tarifverträgen die Vorjahresvergütung durch 365[1368] dividiert und somit ein Tagegeld festgesetzt[1369]. Nach vier Tarifverträgen wird den arbeitnehmerähnlichen Erwerbstätigen auf dieser Grundlage eine 100-prozentige Entgeltfortzahlung im Krankheitsfall gewährleistet[1370]. Nach fünf Tarifverträgen dezimiert sich das Ausfallhonorar auf 75 % des Vorjahreseinkommens[1371].

E. Anrechnung des Krankengeldes

Bei der Höhe der Honorarausfallzahlungen ist jedoch zu berücksichtigen, dass diese Leistung in fast allen Fällen nicht alleine vom Auftraggeber getragen wird, sondern nur eine Zuzahlung zu den Leistungen der Krankenkasse erfolgt. An sich leisten die Anstalten einen bestimmten Prozentsatz an Ausfallzahlungen. Auf diesen Satz werden jedoch Leistungen der Krankenkasse angerechnet. Dadurch minimieren sich die tatsächlichen Zahlungen der Anstalt erheblich. Zum Verständnis des Prinzips muss man sich den Grundgedanken des rechtlichen Systems vor Augen halten. Nach dem Gesetz erhält die arbeitnehmerähnliche Person von dem Auftraggeber keine Ausfallzahlungen im Krankheitsfall, sondern ist allein von den Zahlungen der Krankenkasse abhängig. Die Höhe des von der gesetzlichen Krankenkasse bei bestehendem Versicherungsvertrag ge-

---

[1367] 6.1 Durchführungs-TV Nr. 1 des BR; 7.7 TV des SR; § 9 Abs. 2 TV des WDR.

[1368] Laut 2. TV über Zahlungen im Krankheitsfall der DW wird der Divisor 360 gewählt.

[1369] 3.1 Durchführungs-TV Nr. 1 des BR; § 8 TV über die Gewährung von Sozialleistungen des HR; 5.3.2 TV des MDR; 1.2 TV über Zahlungen im Krankheitsfall für arbeitnehmerähnliche Personen des NDR; 7.2 TV des SR; 6.2 TV des SWR, § 9 Abs. 5 TV des WDR; § 3 Nr. 1 Ergänzungs-TV Nr. 2 des ZDF.

[1370] 3.1 Durchführungs-TV Nr. 1 des BR; § 8 TV über die Gewährung von Sozialleistungen des HR; 5.3.2 TV des MDR; § 9 Abs. 5 TV des WDR.

[1371] 2. TV über Zahlungen im Krankheitsfall der DW; 1.2 TV über Zahlungen im Krankheitsfall für arbeitnehmerähnliche Personen des NDR; 7.2 TV des SR; 6.2 TV des SWR; § 3 Nr. 1 Ergänzungs-TV Nr. 2 des ZDF.

zahlten Krankengeldes beträgt als Regelsatz 70 % des regelmäßigen Arbeitsentgelts[1372].

Diese Zahlungen der Krankenkasse werden aufgrund der Tarifregelungen vom Auftraggeber bezuschusst. Nur den arbeitnehmerähnlichen Personen beim BR steht nach 4.1 Durchführungs-TV Nr. 1 in den ersten sechs Wochen der Erkrankung ein Ausgleichshonorar zu, dass alleine vom BR zu zahlen ist, ohne dass eine Anrechnung des Krankengeldes erfolgt. Eine Anrechnung erfolgt nach dem Tarifvertrag des BR erst, wenn die Krankheit länger als sechs Wochen dauert. Nach allen übrigen Tarifverträgen erfolgt eine Anrechnung des Krankengeldes bereits ab dem ersten Tag der Zahlung[1373]. Das Problem für künstlerisch und publizistisch tätige arbeitnehmerähnliche Personen ist bei diesem Modell jedoch, dass die KSK, in welcher diese Erwerbstätigen nach § 1 KSVG pflichtversichert sind, Zahlungen im Krankheitsfall erst ab dem 43. Tag nach der Erkrankung leistet[1374]. Somit besteht zwar eine Krankenversicherung, diese leistet jedoch nicht sofort und kann damit auch nicht mit Leistungen in Abzug gebracht werden. Für die arbeitnehmerähnlichen Personen beim BR stellt dies kein Problem dar, da der BR ohnehin in den ersten 42 Tagen nach der Erkrankung die Entgeltfortzahlung alleine übernimmt. Bei den übrigen Tarifverträgen, nach denen eine Anrechnung ab dem ersten Tag der Ausfallzahlung vorgenommen wird, stellt sich für die Versicherten der KSK ebenso wie für die Nichtversicherten[1375] die Frage, wie sich die fehlende Möglichkeit der Anrechnung auswirkt.

Die Tarifverträge der DW, des HR, des SR und des WDR enthalten Regelungen, nach denen eine Anrechnung nur bei tatsächlichen Ansprüchen auf Zahlung von Krankengeld gegen eine Versicherung erfolgt[1376]. Bestehen solche mangels Mitgliedschaft nicht bzw. bestehen Ansprüche erst auf später einsetzende Zahlungen wie bei den Mitgliedern der KSK, tragen diese Unternehmen die Ausfallzahlung allein. Demnach zahlen der HR und der WDR je 100 % der Vorjahresvergütung, die DW und der SR je 75 % der Vorjahresvergütung alleine.

In fünf Tarifverträgen[1377] wird als fiktive Größe der Berechnung stets ein Höchstsatz der AOK herangezogen. Der dem höchsten Beitrag entsprechende höchste Krankentagegeldanspruch wird fiktiv angerechnet, ohne den Umstand

---

1372 Siehe dazu oben § 3B.

1373 1. TV über Zahlungen im Krankheitsfall der DW; § 8 TV über die Gewährung von Sozialleistungen des HR; 5.3.1 TV des MDR; 1.2 TV über Zahlungen im Krankheitsfall für arbeitnehmerähnliche Personen des NDR; 7.2 TV des SR; 6.1 TV des SWR; § 9 Abs. 1 TV des WDR; § 3 Nr. 1 Ergänzungs-TV Nr. 2 des ZDF.

1374 Siehe dazu schon oben § 3B.

1375 Zu der parallelen Problematik beim Mutterschaftsgeld siehe unten § 14B.

1376 2., 4.2 TV über Zahlungen im Krankheitsfall der DW; § 8 TV über die Gewährung von Sozialleistungen des HR; 7.2 TV des SR; Protokollnotiz zu § 9 Abs. 5 TV des WDR.

1377 Der TV des n-tv enthält keine Regelungen zu Ausfallzahlungen im Krankheitsfall.

zu berücksichtigen, ob eine Zahlung auch tatsächlich für diese Zeit in dieser Höhe erfolgte. Als Anhaltspunkt für eine Größenordnung, in der sich dieser Höchstsatz bewegt, kann man die gesetzlichen Vorgaben nach § 47 Abs. 1 S. 2 SGB V heranziehen, wonach der Höchstsatz des Krankengeldes 90 % des Nettoeinkommens nicht überschreiten darf. So wird nach dem Tarifvertrag des MDR der Höchstsatz der AOK Leipzig von den Leistungen des Unternehmens in Abzug gebracht[1378]. Zwar leistet der MDR eine 100-prozentige Ausfallzahlung im Krankheitsfall. Subtrahiert man davon jedoch den Höchstsatz der AOK Leipzig, fällt der Zuschuss für Nichtversicherte generell und Mitglieder der KSK in den ersten sechs Wochen der Erkrankung sehr gering aus.

Die Anstalten NDR, SWR und ZDF leisten ohnehin schon nur Ausfallzahlungen i.H.v. 75 % der Vorjahresvergütung[1379]. Von diesen Leistungen werden dann bei fehlender Versicherung oder bei Nichtvorlage einer Bescheinigung über die Leistungen der Krankenkasse noch jeweils die Höchstsätze der örtlichen AOK in Abzug gebracht[1380]. Zwar sind die Mitglieder der KSK krankenversichert. Da sie jedoch mangels Zahlungen der Krankenkasse in den ersten 42 Tagen keine Bescheinigung über Leistungen der Krankenkasse vorlegen können, wird das dem höchsten Beitragssatz entsprechende Krankentagegeld der AOK angerechnet. Damit bleibt Nichtversicherten und Mitgliedern der KSK bei Krankheiten, die unterhalb der Grenze von 42 Tagen[1381] bleiben, aufgrund der immensen Abzüge der fiktiven Zahlungen meist ein zu vernachlässigender oder gar kein Anspruch auf Zahlungen im Krankheitsfall gegen die Anstalt. Oftmals bleibt der Anspruch für Nichtversicherte oder Mitglieder der KSK bei Kurzkrankheiten unter 5% ihres täglichen Nettoeinkommens. Zur Verdeutlichung sei auf folgendes Rechenbeispiel verwiesen: Eine im Jahr 1999 beim NDR publizistisch tätige arbeitnehmerähnliche Person ist Mitglied bei der KSK und hatte in den letzten zwölf Monaten eine Bruttovergütung von 74.000 DM. Die vom NDR nach dem Tarifvertrag geleistete Ausfallzahlung im Krankheitsfall beträgt 75 % des Einkommens, dies sind 55.500 DM. 1/365 von 55.500 DM sind 152,05 DM. Abzüglich des Höchstsatzes des Krankentagegeldes der AOK Hamburg (1999) von 148,75 DM verbleibt ein Krankentagegeldanspruch von 3,30 DM. Wäre die Bruttovergütung niedriger, läge z.B. bei 60.000 DM, so hätte der Erwerbstätige nicht einmal diesen Minimalanspruch.

Beim BR wird zwar nach Ablauf von sechs Wochen auch der Höchstsatz der AOK München in Anrechnung gebracht[1382], was sich jedoch nur zum Nachteil

---

[1378] 5.3.2 TV des MDR.
[1379] Siehe dazu oben § 13D.
[1380] 1.2.b) TV über Zahlungen im Krankheitsfall für arbeitnehmerähnliche Personen des NDR: AOK Hamburg; 6.1 TV des SWR: AOK Baden-Württemberg; § 3 Nr. 2 b) Ergänzungs-TV Nr. 2 des ZDF: AOK Mainz.
[1381] Bzw. 15 Tage bei Zahlung des erhöhten Beitrages.
[1382] 4.3 Durchführungs-TV Nr. 1 des BR.

der Nichtversicherten und wie bereits erläutert nicht zum Nachteil der bei der KSK Versicherten auswirkt.

F. Ergebnis der Untersuchung

In den tariflichen Regelungen zeigt sich hinsichtlich der Voraussetzungen des Entstehens des Anspruchs auf Ausfallzahlungen ein sehr homogenes Bild. In nahezu allen Tarifverträgen wird eine wiederkehrende bzw. ununterbrochene Tätigkeit in den letzten zwölf Monaten gefordert. Dadurch werden die arbeitnehmerähnlichen Personen in Fernsehunternehmen gegenüber den Arbeitnehmern deutlich schlechter gestellt, da diesen bereits nach vierwöchiger Tätigkeit ein Anspruch auf Entgeltfortzahlung im Krankheitsfall zusteht. Eine darüber hinausgehende Erschwerung enthält der Tarifvertrag des ZDF, indem er der arbeitnehmerähnlichen Person erst einen Anspruch zuspricht, wenn diese in zwei aufeinanderfolgenden Jahren einen Urlaubsanspruch hatte oder hätte haben können. Diese zusätzlichen Voraussetzungen verschieben die erstmalige Entstehung des Anspruchs sehr zulasten der arbeitnehmerähnlichen Person nach hinten. Nur die arbeitnehmerähnlichen Erwerbstätigen beim SWR profitieren von einer fehlenden Regelung der Voraussetzungen, so dass sie bereits ab Beginn ihrer Tätigkeit Ausfallzahlungen geltend machen können. Liegen die Voraussetzungen vor, haben die arbeitnehmerähnlichen Personen des BR, des SR und des HR einen Anspruch auf Ausfallzahlungen ab dem ersten Tag der Erkrankung. Die Erwerbstätigen der DW, des SWR und des ZDF erhalten Ausfallzahlungen ab dem ersten Tag nur dann, wenn die Erkrankung mehrere Tage dauert. In den Unternehmen MDR, NDR und WDR werden Ausfallzahlungen generell erst ab dem vierten Tag der Erkrankung geleistet. Zwar mag dies auf den ersten Blick bei den doch in den meisten Fällen vorliegenden Kurzerkrankungen unbillig erscheinen. Jedoch muss man beachten, dass sich die arbeitnehmerähnliche Person ihre Zeit in der Regel frei einteilen kann, so dass zumindest bei kürzeren Krankheitszeiten eine Schutzbedürftigkeit nicht in dem Maße besteht. Zudem kann diese Schutzlücke durch Ansprüche der arbeitnehmerähnlichen Person nach § 616 BGB dann kompensiert werden, wenn die Verhinderung vorübergehend ist[1383]. Zu beachten ist dabei aber, dass der Anspruch zwar für eine etwa drei Tage andauernde Erkrankung besteht. Eine Überbrückung der ersten drei oder vier Tage einer länger andauernden Erkrankung, in denen ein tariflicher Anspruch noch nicht besteht, ist jedoch nicht möglich, da der Anspruch aus § 616 BGB bei einer länger andauernden Verhinderung in Gänze entfällt[1384].

Die Dauer der Ausfallzahlungen orientiert sich bei allen Tarifverträgen ungefähr an der Sechs-Wochen-Regelung des § 3 Abs. 1 EFZG. Ab einer Tätigkeit für das jeweilige Unternehmen von fünf Jahren wird die Dauer der Entgeltfortzah-

[1383] Sieh zu § 616 BGB oben § 3E.II.2.c)(d).
[1384] Siehe dazu oben § 3E.II.2.c)(d)(2).

lung in vielen Tarifverträgen mindestens verdoppelt und so den arbeitnehmerähnlichen Personen ein über den gesetzlichen Schutz der Arbeitnehmer hinausgehender Anspruch auf Ausfallzahlungen zugesprochen. Eine besonders großzügige Regelung findet sich im Tarifvertrag des BR, der den Anspruch sogar auf 101 Tage verlängert. Mehr als die Hälfte der Tarifverträge enthalten darüber hinaus noch eine zweite Stufe der Erhöhung der Dauer der Ausfallzahlungen ab einer zehnjährigen Beschäftigung für die jeweilige Anstalt. Durch diese Erhöhung wird der gesetzliche Anspruch der Arbeitnehmer um mehr als das vierfache überboten. Ebenfalls zugunsten der arbeitnehmerähnlichen Erwerbstätigen enthalten viele Tarifverträge keine Begrenzung der Ausfallzahlungen bei Wiederholungskrankheiten, nur in den Tarifverträgen des BR, des SR und des WDR finden sich an § 3 Abs. 1 S. 2 Nr. 2 EFZG angelehnte Regelungen. Die Höhe der Ausfallzahlungen orientiert sich an den Vorjahresvergütungen. Die Hälfte der Unternehmen zahlen 100 % der Vergütung als Tagegeld fort, die andere Hälfte dezimiert den Anspruch auf 75 %. Diese Dezimierung wiegt im Ergebnis jedoch nicht so schwer wie die nach den Tarifverträgen vorzunehmende Anrechnung von Krankentagegeld. Ist eine solche Leistung der Krankenkasse tatsächlich erfolgt, stellt dies kein Problem für die arbeitnehmerähnliche Person dar. Da die Mitglieder der KSK jedoch Zahlungen von der jeweiligen Krankenkasse erst ab dem 43. Tag der Erkrankung erhalten, können solche an sich während dieser Zeit auch nicht tatsächlich angerechnet werden. Für diese Situation wurde in den Tarifverträgen des MDR, des NDR, des SWR und des ZDF die Lösung gewählt, dass unabhängig von tatsächlichen Zahlungen der Höchstsatz der örtlichen AOK an Krankentagegeld in Abzug gestellt wird. Wer keinen Krankengeldanspruch hat, soll nach der Ratio des Tarifvertrags von seiner schlechten Versicherung nicht profitieren. Daher wird diese fehlende Versicherung sanktioniert, was nicht nur sachfremd ist, sondern auch nicht zu den Aufgaben der Tarifparteien gehört. Statt dieser Sanktion wäre bei Nichtversicherten eine Anrechnung des anhand des tatsächlichen Einkommens zugrundegelegten Krankentagegeldes angemessen. Bei Mitgliedern der KSK hingegen sollte eine Anrechnung einer fiktiven Größe unterbleiben, da den in der KSK Pflichtversicherten arbeitnehmerähnlichen Personen schlicht keine andere Wahl bleibt als sich über die KSK zu versichern. Sie haben nur die Möglichkeit durch eine private Zusatzversicherung die Zeit, in denen die KSK nicht leistet, zu überbrücken. Eine private Zusatzversicherung kann jedoch wegen der deutlichen zusätzlichen finanziellen Belastung keine Alternative sein, die als Möglichkeit Anrechnungen fiktiver Zahlungen in Tarifverträgen rechtfertigt. Warum dennoch viele Tarifwerke derartige Anrechnungen enthalten, kann höchstens damit erklärt werden, dass diese vor der nach § 1 KSVG eingeführten Pflichtversicherung für künstlerisch und publizistisch Tätige abgeschlossen wurden. Nichts desto trotz können und sollten auch diese Tarifverträge mittels Änderungs-Tarifverträgen dahingehend modifiziert werden, dass Anrechnungen für Versicherte der KSK nur bei tatsächlich gezahltem Krankentagegeld vorgenommen werden. Man könnte auch den Weg wählen, eine Vorlage der Bescheinigung über Krankenkassenzahlungen generell zwar auch bei Mitgliedern der KSK zu fordern, um dann jedoch bei bescheinigter Nichtzahlung der Krankenkasse eine Anrechnung der Höchstsätze zu unterlassen. Positiv hervorzuheben ist jedoch noch, dass den Beschäftigten beim BR eine sechswöchige Ausfallzahlung i.H.v. 100 % zugute kommt, auf die keine Anrechnung tatsächlicher oder fiktiver Zahlungen der Krankenkasse erfolgt.

Zusammenfassend lässt sich festzuhalten, dass sich hinsichtlich der Voraussetzungen, des Beginns und der Dauer keine so deutlichen Unterschiede in den einzelnen Tarifverträgen ergeben. Die arbeitnehmerähnliche Person wird zwar durch die hohen Voraussetzungen gegenüber den Arbeitnehmern stark benachteiligt. Liegen diese Voraussetzungen jedoch vor, erhalten sie gerade bei langjähriger Tätigkeit für ein Unternehmen eine gegenüber den Arbeitnehmern nach dem Gesetz deutlich länger dauernde Entgeltfortzahlung. Auch wenn nach einigen Tarifverträgen nur eine Ausfallzahlung i.H.v. 75 % erfolgt, schwächt das die Stellung der arbeitnehmerähnlichen Person nicht nachhaltig. Wesentlich schwerer wiegen für Mitglieder der KSK die Anrechnungen fiktiver Krankentagegeldzahlungen, die dazu führen, dass der Erwerbstätige bis zu 42 Tagen nur einen minimalen oder gar keinen Anspruch auf Ausfallzahlungen hat.

§ 14 Beschäftigungsverbote und Vergütung während des Mutterschutzes

Für arbeitnehmerähnliche Erwerbstätige bestehen sowohl gesetzliche Schutzlücken in Bezug auf Beschäftigungsverbote in Zeiträumen und für Tätigkeiten, die Mutter und Kind schaden könnten als auch hinsichtlich des Lohnersatzes während dieser Zeit. Auch das gesetzliche Kündigungsverbot nach § 9 Abs. 1 S. 1 MuSchG greift nicht ein. Eine tarifliche Kompensation dieser Schutzlücke mit einer an § 9 Abs. 1 MuSchG angelehnten Regelung enthalten nur die Tarifverträge des ZDF[1385] und des NDR[1386].

A. Beschäftigungsverbote

Die Beschäftigungsverbote für werdende und stillende Mütter nach §§ 3, 4, 6 MuSchG gelten für arbeitnehmerähnliche Personen nicht. Ihnen steht lediglich ein minimaler Schutz über das Leistungsverweigerungsrecht nach § 275 Abs. 3 BGB zu. Auch muss der Auftraggeber als Teil seiner Nebenpflichten gemäß § 241 Abs. 2 BGB die Gesundheit von Mutter und Kind bei der Zuweisung der Tätigkeit berücksichtigen, wobei sich der konkrete Umfang und die nähere Konkretisierung dieser Pflicht anhand der Wertung aus den Artt. 6 Abs. 4 und 2

1385 § 3 Nr. 2 des Ergänzungs-Tarifvertrages Nr. 3.

1386 § 5 TV über die Zahlung von Zuschüssen bei Schwangerschaft arbeitnehmerähnlicher Personen des NDR.

Abs. 2 S. 1 GG bestimmen. Ein den Arbeitnehmerinnen vergleichbarer Schutz besteht jedenfalls nicht[1387].

In beinahe allen Tarifverträgen finden sich Regelungen, die mit den Schutzfristen des Mutterschutzgesetzes vergleichbar sind. Eine ausführliche Regelung enthält der Tarifvertrag des HR. Danach darf die freie Mitarbeiterin in den Zeiten des § 3 Abs. 1 und 2 MuSchG sowie der §§ 4 und 6 MuSchG keine Tätigkeiten für den HR ausüben[1388]. Ein Großteil der Tarifverträge formuliert das Beschäftigungsverbot zwar nicht derart explizit unter Bezugnahme auf das MuSchG, jedoch deckt es sich inhaltlich mit der Regelung des HR. So wird in den Tarifverträgen der DW, des BR, des MDR, des NDR und des ZDF[1389] nach den Ausführungen über die Zahlung während der schwangerschaftsbedingten Ausfallzeiten[1390] die Regelung getroffen, dass die Mitarbeiterin während der Dauer der Zahlung des Zuschusses keiner erwerbsmäßigen Beschäftigung nachgehen darf. Die verbleibenden Tarifverträge des SR, des SWR und des WDR erwähnen zwar das Verbot der Beschäftigung gar nicht. Diese Tarifverträge enthalten aber Ausführungen zu den Zuzahlungen für die Dauer von sechs Wochen vor und acht Wochen nach der Entbindung[1391]. Da eine Zuzahlung zu der Krankenkassenleistung während eines Beschäftigungsverbotes erfolgt, ergibt sich aus diesen Regelungen das Beschäftigungsverbot während diesen Zeiten.

Der Tarifvertrag des n-tv enthält keinerlei Ausführungen zu dem Thema Mutterschutz.

B. Vergütung

Für die Zeit der Schutzfristen des § 3 Abs. 2 MuSchG und des § 6 Abs. 1 MuSchG wird Arbeitnehmerinnen das von der Krankenkasse nach § 13 MuSchG gezahlte Mutterschaftsgeld gemäß § 14 MuSchG von dem Arbeitgeber derart bezuschusst, dass die Differenz zwischen der krankenversicherungsrechtlichen Leistung und der üblichen Arbeitsvergütung vom Arbeitgeber auszugleichen ist. Als Mutterschaftsgeld wird Arbeitnehmerinnen nur € 13 pro Tag gezahlt; bei arbeitnehmerähnlichen Personen hingegen beträgt das Mutterschaftsgeld wie das Krankengeld 70 % des Einkommens[1392]. Im Unterschied zu den Arbeitnehmerinnen wird die Differenz zum üblichen Lohn jedoch mangels An-

---

[1387] Siehe dazu ausführlich oben § 3E.I.2.a)(b).

[1388] § 8 TV über die Gewährung von Sozialleistungen des HR.

[1389] Nr. 4 Durchführungs-TV Nr. 4 der DW; Nr. 5 Durchführungs-TV Nr. 2 des BR; 5.5.4 TV des MDR; § 4 TV über die Zahlung von Zuschüssen bei Schwangerschaft arbeitnehmerähnlicher Personen des NDR; § 3 Nr. 1 Ergänzungs-Tarifvertrag Nr. 3 des ZDF.

[1390] Siehe dazu gleich ausführlich unten § 14B.

[1391] 7.1 TV des SR; 6.8 TV des SWR; § 10 Abs. 1 und 4 TV des WDR.

[1392] Siehe dazu oben § 3B.

wendbarkeit des MuSchG nicht durch Zahlungen des Auftraggebers ausgeglichen[1393].

Diese deutliche gesetzliche Schutzlücke wird durch beinahe alle bestehenden Tarifverträge bei Fernsehunternehmen kompensiert. Außer den Mitarbeiterinnen bei n-tv haben alle arbeitnehmerähnlichen Erwerbstätigen einen tarifrechtlicher Anspruch gegen den Auftraggeber auf Zuzahlung zu den krankenversicherungsrechtlichen Leistungen[1394]. Die Tarifverträge orientieren sich bei der Festlegung der Höhe der Zuzahlung als Maßstab entweder an der Vorjahresvergütung oder an der Vergütung der letzten zwölf Monate. Wie bei den Ausfallzahlungen im Krankheitsfall[1395] ist jedoch die Höhe des Zuschusses unterschiedlich. In 2/3 aller einen Zuschuss gewährenden Tarifverträge wird der Zuschuss des Auftraggebers derart festgesetzt, dass die schwangere Erwerbstätige eine 100-prozentige Lohnersatzleistung ihrer Vergütung erhält, wobei die von der Krankenkasse gezahlten Leistungen in Abzug gebracht werden[1396]. Nach diesen Tarifverträgen wird der arbeitnehmerähnlichen Person als Zuschuss 1/365 des Jahreseinkommens als Tagessatz gewährt. Das restliche Drittel der Tarifverträge orientiert sich zwar ebenfalls an 1/365[1397] der Jahresvergütung. Jedoch wird den arbeitnehmerähnlichen Personen lediglich ein Anspruch auf Zuschuss i.H.v. 75 % dieses Tagessatzes zugesprochen, bei denen ebenfalls die krankenversicherungsrechtlichen Leistungen in Anrechnung gebracht werden[1398]. Die arbeitnehmerähnlichen Erwerbstätigen haben nach den Tarifverträgen demnach einen Anspruch auf Zahlung der durch 365 dividierten Vorjahresvergütung abzüglich des von der Krankenkasse gezahlten Mutterschaftsgeldes bzw. 75 % dieser errechneten Summe.

Leistet die Krankenkasse mangels Mitgliedschaft kein Mutterschaftsgeld, wird Arbeitnehmerinnen nach § 13 Abs. 2 MuSchG vom Bundesversicherungsamt ein Mutterschaftsgeld gezahlt, welches ebenfalls gemäß § 14 MuSchG bezuschusst wird. Da diese Norm für arbeitnehmerähnliche Personen mangels An-

---

1393 Siehe zu den sozialversicherungsrechtlichen Aspekten oben § 3B und zu den mutterschutzrechtlichen Gesichtspunkten oben § 3E.II.2.c)(c).

1394 3, 4 Durchführungs-TV Nr. 2 des BR; 2 Durchführungs-TV Nr. 4 der DW; § 8 TV über die Gewährung von Sozialleistungen des HR; 5.5.1 und 5.5.2 TV des MDR; § 3 TV über die Zahlung von Zuschüssen bei Schwangerschaft arbeitnehmerähnlicher Personen des NDR; 7.2 TV des SR; 6.8 mit Verweis auf 6.2 TV des SWR; § 10 Abs. 1, 4 TV des WDR; §§ 1, 2 Ergänzungs-TV Nr. 3 des ZDF.

1395 Siehe dazu oben § 13D.

1396 3, 4 Durchführungs-TV Nr. 2 des BR; § 8 TV über die Gewährung von Sozialleistungen des HR; 5.5.1 und 5.5.2 TV des MDR; § 3 TV über die Zahlung von Zuschüssen bei Schwangerschaft arbeitnehmerähnlicher Personen des NDR; § 10 Abs. 1, 4 TV des WDR; §§ 1, 2 Ergänzungs-TV Nr. 3 des ZDF.

1397 Nur in dem TV der DW wird von 1/360 ausgegangen.

1398 2 Durchführungs-TV Nr. 4 der DW; 7.2 TV des SR; 6.8 mit Verweis auf 6.2 TV des SWR.

wendbarkeit des Gesetzes nicht gilt, erhält die arbeitnehmerähnliche Erwerbstätige kein Mutterschaftsgeld, sondern hat nur einen Anspruch auf Sozialhilfe, wenn sie nicht krankenversichert ist[1399]. Da die tarifliche Berechnung immer von einem Abzug der krankenversicherungsrechtlichen Leistungen ausgeht, muss für eine Berechnung bei fehlender krankenversicherungsrechtlicher Zahlung eine andere Größe konstruiert werden[1400]. In den meisten Tarifverträgen wird zur Beseitigung dieser Berechnungslücke wie bei den Ausfallzahlungen im Krankheitsfall[1401] ein bestimmter Satz der Krankenkasse zugrundegelegt. Dieser wird demnach hypothetisch von dem Tagessatz der Vorjahresvergütung abgezogen. Einige der dieser Methode zuzuordnenden Tarifverträge enthalten als Abzugsposten dabei den Höchstsatz, den die örtliche AOK an Pflichtversicherte zahlt[1402]. In anderen Tarifverträgen wird von dem Mindestsatz der örtlichen AOK[1403] oder dem zu zahlenden hypothetischen Betrag aufgrund des realen Einkommens als Berechnungswert[1404] ausgegangen. Hat eine Mitarbeiterin der DW keinen Anspruch gegen eine Krankenversicherung auf Zahlung von Mutterschaftsgeld, findet eine Anrechnung nicht statt[1405]. Demnach erhält die arbeitnehmerähnliche Person wohl den Satz von 75 % des Tagessatzes in seiner Gänze von der DW.

In dem Tarifvertrag des SR findet sich keine explizite Behandlung dieses Problems. Da beim SR als Versicherungsleistung das tatsächlich gezahlte Mutterschaftsgeld nur angerechnet wird, soweit der SR dabei einen Anteil übernimmt[1406], kann eine Anrechnung dann nicht erfolgen, wenn die Krankenkasse tatsächlich nicht leistet[1407]. Eine ausdrückliche Regelung dieses Falles im Tarifvertrag fehlt auch beim HR und beim WDR[1408]. Eine Anrechnung hypothetischer Leistungen der Krankenkasse unterbleibt beim HR und beim WDR jedoch wie im Fall der Entgeltfortzahlung im Krankheitsfall[1409]. Beim HR erfolgt eine Anrechnung nur, sofern und soweit der HR zu den Beiträgen der jeweiligen

---

1399 Dies wird selten der Fall sein, da publizistisch und künstlerisch Tätige nach § 1 KSVG krankenversicherungsrechtlich pflichtversichert sind, dazu oben § 3B.

1400 Zu der parallelen Problematik bei der Anrechnung von Krankengeld auf Zahlungen im Krankheitsfall siehe oben § 13E.

1401 Siehe dazu oben § 13E.

1402 5.5.2 b) TV des MDR: jeweiliger Höchstsatz der AOK Leipzig; 6.2 b) TV des SWR: jeweiliger Höchstsatz der AOK Baden-Württemberg.

1403 4.3 Durchführungstarifvertrag Nr. 2 des BR: Mindestsatz, den AOK München kalendertäglich zahlen würde.

1404 § 3 TV über die Zahlung von Zuschüssen bei Schwangerschaft arbeitnehmerähnlicher Personen des NDR; § 2 Nr. 2 Ergänzungs-TV Nr. 3 des ZDF.

1405 2. Durchführungs-TV Nr. 4 der DW.

1406 7.2 TV des SR.

1407 Diese Lösung ist auch mit dem parallelen Problem bei der Anrechnung des Krankengeldes bei Ausfallzahlungen im Krankheitsfall kompatibel, dazu oben § 13E.

1408 In dem TV des n-tv fehlt jegliche Regelung zur Zahlung von Mutterschaftsgeld, siehe dazu schon oben § 14A.

1409 Siehe dazu oben § 13E.

Versicherung Zuschüsse gewährt hat[1410]. Leistet das Unternehmen keine Zuschüsse, unterbleibt eine Anrechnung fiktiver Größen. Wegen des Gleichlaufs mit der Problematik bei der Ausfallzahlung im Krankheitsfall ist auch beim WDR davon auszugehen, dass eine Anrechnung von Mutterschaftsgeld nur bei tatsächlicher Zahlung erfolgt. Der Tarifvertrag des WDR enthält zwar kein Verweis auf § 9 Abs. 5 des Tarifvertrages, wonach die Anrechnung nur bei tatsächlicher Leistung der Krankenkasse erfolgt[1411]. Hätten die Tarifparteien eine davon abweichende Regelung gewollt, wäre eine solche jedoch explizit getroffen worden.

C. Ergebnis der Untersuchung

Die für arbeitnehmerähnliche Personen durch die fehlende Anwendbarkeit des MuSchG entstehenden gesetzlichen Lücken werden durch tarifliche Regelungen weitestgehend ausgeglichen und die Arbeitnehmerähnlichen insoweit den Arbeitnehmerinnen gleichgestellt. Lediglich das gesetzliche Kündigungsverbot für Arbeitnehmerinnen nach § 9 Abs. 1 S. 1 MuSchG findet sich für arbeitnehmerähnliche Personen nur im Tarifvertrag des ZDF wieder. Die Beschäftigungsverbote nach §§ 3 Abs. 2 und 6 Abs. 1 MuSchG werden von beinahe allen Tarifverträgen aufgegriffen. Zwar wird nicht in allen Tarifverträgen explizit das Beschäftigungsverbot sechs Wochen vor und acht Wochen nach der Entbindung ausgesprochen. Jedoch ergibt sich diese Rechtsfolge konkludent aus den tarifvertraglichen Regelungen über Lohnersatzleistungen während dieser Zeit. Dabei wird in den Tarifverträgen des BR, HR, MDR, NDR, WDR und ZDF eine § 14 MuSchG entsprechende Lösung gefunden, so dass zugunsten arbeitnehmerähnlicher Erwerbstätigen ein Lohnersatz zu 100% erfolgt. Die Tarifverträge der DW, des SR und des SWR enthalten die gleichen Berechungsgrundlagen wie die eben erwähnten Tarifverträge, ein Anspruch besteht jedoch nur auf 75 % des üblichen Tagessatzes als Lohnersatz. Von diesen Zahlungen werden Leistungen der Krankenkasse stets in Abzug gebracht. Da dieses gezahlte Mutterschaftsgeld 70 % des Einkommens beträgt, fallen die Zuzahlungen bei der DW, dem SR und dem SWR sehr gering aus. Ist die arbeitnehmerähnliche Person nicht krankenversichert, legen einige Tarifverträge mangels Zahlungen des Bundesversicherungsamtes nach § 13 Abs. 2 MuSchG den Höchstsatz der ortsansässigen AOK zugrunde. Zwar ist es zur Wahrung der Rechtssicherheit durchaus sinnvoll, eine messbare Grundlage zu benennen und nicht wie einige Tarifverträge auf eine solche zu verzichten. Sachgerechter im Einzelfall ist es jedoch, den hypothetischen Betrag, der an die arbeitnehmerähnliche Person von der Krankenkasse geleistet würde, aufgrund des realen Einkommens des einzelnen Erwerbstätigen zu beziffern und diesen von der Lohnersatzleistung des Auftraggebers zu sub-

[1410] § 8 TV über die Gewährung von Sozialleistungen des HR.

[1411] Dahingegen finden sich in dem TV des WDR ausdrückliche Verweise in § 10 Abs. 2 auf § 9 Abs. 3 und in § 10 Abs. 3 auf § 9 Abs. 4.

trahieren. Bei einer Zugrundelegung des Höchstsatzes liegt eine Ungleichbehandlung gegenüber den versicherten arbeitnehmerähnlichen Personen vor, die wie eine Sanktion des fehlenden Krankenversicherungsstatusses anmutet.

§ 15 Beschäftigungsanspruch

Insbesondere ein journalistisch Erwerbstätiger hat ein Interesse an der tatsächlichen Beschäftigung während eines bestehenden Beschäftigungsverhältnisses[1412]. Gerade in Fernsehunternehmen kann zulasten der arbeitnehmerähnlichen Person der Anspruch auf tatsächliche Beschäftigung verneint werden, wenn dies zu einer unzumutbaren Belastung des Unternehmers führt. Insbesondere für Redakteure und Moderatoren, für welche die Präsenz in der Öffentlichkeit für ihr berufliches Fortkommen unabdingbar ist, führt dies zu einer schwer tragbaren Situation[1413].

A. Tarifliche Beschäftigungsansprüche

Umso wünschenswerter ist es, dass diesem fehlenden gesetzlichen Schutz der arbeitnehmerähnlichen Person in Fernsehunternehmen tarifvertraglich begegnet wird. Eine ausdrückliche diesbezügliche Regelung findet sich jedoch nur im Tarifvertrag des HR. Danach haben „die in einem Dauerrechtsverhältnis stehenden Mitarbeiter einen Anspruch auf Beschäftigung in dem Umfange, dass das ihnen für ihre Tätigkeit vom Hessischen Rundfunk gewährte Entgelt im Kalenderjahr den dem betreffenden Mitarbeiter zustehenden Bestandsschutz erreicht"[1414]. Zwar scheint es auf den ersten Blick, dass der HR mit dieser Tarifnorm - insbesondere mit der Überschrift „Beschäftigungsanspruch" – die Schutzbedürftigkeit der freien Mitarbeiter beim HR hinsichtlich ihrer öffentlichen Präsenz erkannte. Nach dem Wortlaut der Tarifnorm ist jedoch nicht die Sicherung der öffentlichen Präsenz, sondern eine Sicherung des Mindestentgeltes beabsichtigt. Dennoch besteht für die arbeitnehmerähnlichen Personen beim HR nach dieser Norm ein Beschäftigungsanspruch, welcher der Sicherung der öffentlichen Präsenz dient, wenn auch die Zielrichtung der Tarifparteien nach dem Wortlaut eine andere ist.

Eher versteckte Beschäftigungsansprüche im bestehenden Beschäftigungsverhältnis befinden sich in den Tarifverträgen des SR, des SWR und des ZDF. So regeln diese Tarifverträge[1415] im Zusammenhang mit den Altersgrenzen, dass

---

[1412] Der Anspruch auf Weiterbeschäftigung nach Beendigung des vorangegangenen Beschäftigungsverhältnisses wird hier nicht behandelt, hierzu finden sich auch keine Regelungen in den untersuchten Tarifverträgen.

[1413] Siehe zu der Problematik ausführlich oben § 3E.V.1.

[1414] § 7 Bestandsschutz-TV beim HR.

[1415] 5.7 TV des SR; 5.7. TV des SWR; § 5 Abs. 5 Bestandsschutz-TV des ZDF.

„der Anspruch eines Mitarbeiters auf Beschäftigung und Fortzahlung der Vergütung grundsätzlich mit der Vollendung des 65. Lebensjahres endet". Dass die Tarifparteien mit diesem Zusatz einen tatsächlichen Beschäftigungsanspruch normieren wollten, ist sehr zu bezweifeln, da sie einen solchen systematisch eher an einer anderen Stelle platziert hätten als im Zusammenhang mit der altersbedingten Beendigung des Vertragsverhältnisses. Die primäre Zielrichtung der Normen war das Festlegen der Altersgrenze. Betrachtet man jedoch den Wortlaut der Regelung, besteht zugunsten der arbeitnehmerähnlichen Person in einem uneingeschränkten und unbeendeten Beschäftigungsverhältnis ein Beschäftigungsanspruch bis zum Erreichen der Altersgrenze. Dass die Parteien den Beschäftigungsanspruch nicht ausdrücklich, sondern nur in dem geschilderten Zusammenhang regeln, deutet auf die grundsätzliche Anerkennung hin. Die Tarifparteien gehen von diesem Anspruch aus, anders würde die Erwähnung im Zusammenhang mit der Altersgrenze keinen Sinn machen. Ein Beschäftigungsanspruch bis zur Altersgrenze beinhaltet denknotwendig einen Beschäftigungsanspruch in dem bestehenden Vertragsverhältnis. Der Inhalt des Anspruchs muss mangels Angaben in den Tarifverträgen ermittelt werden. Die einzig praktikable und zweckmäßige Lösung kann sein, dass der Anspruch der arbeitnehmerähnlichen Person auf Beschäftigung in der für sie individuell bei diesem Auftraggeber üblichen Höhe besteht. Diese lässt sich anhand von Durchschnittszeiten der letzten Zeiträume ermitteln und sichert dem arbeitnehmerähnlichen Erwerbstätigen die für ihn übliche Präsenz und berufliche Praxis.

Eine ausführliche Regelung zur Beschäftigung der arbeitnehmerähnlichen Person findet sich beim SWR[1416]. Jedoch beinhaltet die entsprechende Vorschrift nur die Verpflichtung des Erwerbstätigen zur Beschäftigung, wenn dies angeordnet oder abgesprochen ist. Ein Anspruch der arbeitnehmerähnlichen Person auf Beschäftigung kann in dieser Vorschrift nicht gesehen werden.

In den Tarifverträgen des BR, des n-tv und der DW findet sich weder ein ausdrücklicher Anspruch noch eine Regelung im Zusammenhang mit der Altersgrenze. Vielmehr enthalten diese Tarifwerke im Kontext mit der Regelung der Tätigkeitsbeendigung nur den Zusatz, dass der Mitarbeiter bis zum Ablauf der Mitteilungsfristen einen Anspruch auf eine bestimmte Geldsumme hat[1417] verbunden mit der Verpflichtung zur Ausübung ihm zeitlich und fachlich zumutbarer Tätigkeiten[1418]. Der Mitarbeiter wird somit bei seinen Ansprüchen nur auf Zahlungsansprüche verwiesen, hinsichtlich der Beschäftigung bestehen nur Verpflichtungen, jedoch keine Ansprüche. Dem Auftraggeber bleibt somit immer die Chance, die arbeitnehmerähnliche Person unter Fortzahlung der Vergütung nicht zu beschäftigen.

1416 § 3 TV über Mindestarbeitsbedingungen des SWR.

1417 Siehe dazu ausführlich unten § 17.

1418 4.2.2 TV des BR; § 9 Abs. 2 TV der DW, 2.3 TV des n-tv.

In den Tarifverträgen des MDR, des NDR und des WDR bestehen nicht einmal versteckte, indirekte Beschäftigungsansprüche oder Beschäftigungsverpflichtungen in einem anderen Regelungszusammenhang. Die arbeitnehmerähnliche Person hat bei diesen Fernsehunternehmen keinen tariflichen Anspruch auf tatsächliche Beschäftigung. Es finden sich lediglich Zahlungsansprüche der arbeitnehmerähnlichen Person[1419] wie im Fall der Ankündigungsfristen[1420] oder des Unterbleibens derselbigen.

B. Ergebnis der Untersuchung

Einen ausdrücklichen Anspruch auf Beschäftigung haben nur die arbeitnehmerähnlichen Erwerbstätigen des HR. Die im Zusammenhang mit dem Erreichen der Altersgrenze normierten Beschäftigungsansprüche bei den Tarifverträgen des SR, des SWR und des ZDF sind ebenfalls als Ansprüche auf Beschäftigung in der Höhe der individuell üblichen Zeiträume auszulegen. Mitarbeiter dieser vier Anstalten genießen insoweit einen den gesetzlichen Regelungen gegenüber verbesserten Schutz ihres Bedürfnisses nach der öffentlichen Präsenz. Für die Mitarbeiter der übrigen Fernsehunternehmen verbleibt es bei dem geringen gesetzlichen Schutz, da die übrigen Tarifverträge entweder nur Beschäftigungsverpflichtungen der Mitarbeiter oder gar keine Regelungen hinsichtlich der tatsächlichen Beschäftigung enthalten. Interessengerecht für beide Vertragsparteien wäre eine Regelung dahingehend, dass ein Beschäftigungsanspruch der arbeitnehmerähnlichen Person in einem annähernden Umfang wie im letzten Jahr besteht, wenn nicht Gründe, die eine außerordentliche oder ordentliche Beendigung unter Berücksichtigung der grundgesetzlich geschützten Rundfunkfreiheit rechtfertigen würden, vorliegen.

§ 16 Urlaub

Die arbeitnehmerähnliche Person ist hinsichtlich ihrer urlaubsrechtlichen Ansprüche zwar bereits durch die Anwendbarkeit des BUrlG wie ein Arbeitnehmer gesetzlich geschützt[1421]. Zum einen stellt das Gesetz jedoch nur Mindeststandards auf, die tariflich noch verbessert werden können. Zum andern sind tarifliche Regelungen auch deshalb von Vorteil, weil bei Anwendung des BUrlG auf arbeitnehmerähnliche Personen Schwierigkeiten bestehen[1422]. Den tariflichen Normen steht die gesetzliche Regelung gemäß § 13 Abs. 1 BUrlG nur hinsicht-

[1419] 5.2.3 und 5.2.4 TV des MDR; 6.3 und 6.4 TV des NDR; § 12 Abs. 7 und § 10 TV des WDR.

[1420] Siehe dazu unten § 17 und § 18.

[1421] Zum gesetzlichen Urlaubsanspruch der arbeitnehmerähnlichen Personen siehe ausführlich oben § 3E.V.6.

[1422] Siehe z.B. die Frage nach dem Selbstbeurlaubungsrecht der arbeitnehmerähnlichen Personen, dazu ausführlich oben § 3E.V.6.b).

lich §§ 1, 2 und 3 Abs. 1 BUrlG entgegen. In den untersuchten Tarifverträgen werden drei Schwerpunkte des Urlaubsrechts in beinahe jedem Tarifvertrag geregelt. Den nächstliegenden Regelungspunkt bildet dabei die Dauer des Urlaubs.

A. Dauer des Urlaubs

Die Urlaubsansprüche gehen in den tariflichen Regelungen meist deutlich über den Mindeststandard nach § 3 Abs. 1 BUrlG i.H.v. 24 Tagen hinaus. Die großzügigsten Regelungen enthalten die Tarifverträge der DW und des WDR mit jeweils einem Jahresurlaub von 31 Tagen[1423]. Einen Jahresurlaub von 30 Tagen ermöglicht n-tv seinen Mitarbeitern[1424]. In dem Tarifvertrag des n-tv wird dabei explizit darauf hingewiesen, dass sich der Urlaubsanspruch auf eine 5-Tage Woche bezieht. Beim MDR wird den arbeitnehmerähnlichen Personen zwar auch ein Jahresurlaub von 30 Tagen gewährleistet[1425]. Jedoch entsteht der Anspruch der arbeitnehmerähnlichen Person erst nach einem Jahr wiederkehrender Tätigkeit für den MDR. Ohne weitere Besonderheiten bei der Dauer des Urlaubs stehen den Mitarbeitern beim SR[1426] 29 Tage, 28 Tage beim ZDF[1427], 27 Tage beim SWR[1428] und 26 Tage Jahresurlaub beim BR[1429] zu. Beim BR besteht daneben noch die Möglichkeit, Sonderurlaub bei der Niederkunft der Ehefrau zu erhalten[1430].

Die arbeitnehmerähnlichen Personen beim NDR haben Anspruch auf Jahresurlaub i.H.v. 25 Tagen[1431]. Jedoch gilt die bis zum 31.12.2004 befristete Regelung, nach der die Urlaubsdauer 28 Tage beträgt, noch bis zum 31.12.2006 fort[1432]. Das einzige Fernsehunternehmen, das keine explizite tarifliche Norm hinsichtlich der Urlaubsdauer enthält, ist der HR. Die freien Mitarbeiter sind zwar verpflichtet, ihre Mitarbeit beim HR so einzurichten, dass sie während mindestens 18 Werktagen im Kalenderjahr keine Aufträge für den HR ausführen[1433]. Bei dieser Zahl an Urlaubstagen handelt es sich jedoch nicht um eine tarifliche Festlegung der Urlaubsdauer. Zum einen würde eine solche i.H.v. 18 Tagen gegen §§ 13 Abs. 1, 3 Abs. 1 BUrlG verstoßen. Zum andern lässt sich bereits aus der Formulierung der Tarifnorm „... während mindestens 18 [...] Tagen..." schließen, dass dadurch der gesetzliche Anspruch nicht reduziert werden sollte. Man-

[1423] 2.1 Urlaubs-TV der DW; § 8 Abs. 5 TV des WDR.
[1424] 3.2 TV des n-tv.
[1425] 5.4.1 a) TV des MDR.
[1426] 6.2 TV des SR.
[1427] § 2 Abs. 1 Ergänzungs-TV Nr. 1 des ZDF.
[1428] 7.1 TV des SWR.
[1429] 2.1 Durchführungs-TV Nr. 3 des BR.
[1430] 2.1 Durchführungs-TV Nr. 3 des BR, siehe dazu auch oben § 9A.
[1431] 2.1 Urlaubs-TV des NDR.
[1432] Die Nachwirkung dieser befristeten Regelung ist jedoch ausgeschlossen.
[1433] § 7 TV über die Gewährung einer Sondervergütung beim HR.

gels anderweitiger aussagekräftigerer Vorschriften sind die beim HR tätigen arbeitnehmerähnlichen Personen auf den gesetzlichen Urlaub i.H.v. 24 Tagen verwiesen.

Die Hälfte der tariflichen Vorschriften gewährleistet höhere Urlaubsansprüche bei Erreichen eines bestimmten Alters. Bereits ab Vollendung des 30. Lebensjahres sichern der BR[1434], der SWR[1435] und das ZDF[1436] mehr Urlaubstage zu. Eine entweder erneute oder einzige Steigerung der Höhe der Urlaubstage tritt laut den tariflichen Regelungswerken beim NDR[1437], SR[1438] und ZDF[1439] nach Vollendung des 40. Lebensjahres ein.

Der MDR differenziert im Gegensatz zu den erwähnten Tarifverträgen nicht nach dem Alter, sondern nach der Tätigkeitsdauer des freien Mitarbeiters für den MDR. Nach fünf Jahren wiederkehrender Tätigkeit für den MDR hat die arbeitnehmerähnliche Person einen Anspruch auf 35 Tage Urlaub[1440], nach zehn Jahren wiederkehrender Tätigkeit für den MDR einen Anspruch auf 40 Tage Urlaub[1441].

Nach § 2 i.V.m. § 7 BUrlG bestimmt der Unternehmer den Zeitraum, in dem er unter Fortzahlung des Entgelts von der Zuweisung von Arbeit absieht. Dies setzt einen Antrag der arbeitnehmerähnlichen Person voraus, dem der Auftraggeber aufgrund der persönlichen Selbständigkeit des Erwerbstätigen weitgehend zu entsprechen hat. Ein Selbstbeurlaubungsrecht besteht nicht[1442]. Auch die meisten tariflichen Regelungen sehen einen Antrag des arbeitnehmerähnlichen Erwerbstätigen vor[1443]. Teilweise genügt es auch, dass der Urlaub angemeldet bzw. angezeigt wird, ohne dass es einer Genehmigung des Unternehmens bedarf[1444]. Dadurch kann der Unternehmer freilich gerade zu Zeiten von Schulferien in personelle Engpässe geraten, denen er nichts entgegensetzen kann.

Nach den landesrechtlichen Vorschriften haben die arbeitnehmerähnlichen Personen teilweise neben dem Anspruch auf Erholungsurlaub auch einen Anspruch

---

[1434] 31 Tage nach 2.1. Durchführungs-TV Nr. 3 des BR.

[1435] 30 Tage nach 7.1. TV des SWR.

[1436] 29 Arbeitstage nach § 2 Abs. 1 Ergänzungs-TV Nr. 1 des ZDF.

[1437] 27 Arbeitstage nach 2.1 des Tarifvertrages über den Urlaub für arbeitnehmerähnliche Personen beim NDR bzw. 31 Arbeitstage nach der bis 31.12.2006 fortgeltenden Regelung.

[1438] 32 Werktage nach 6.2 TV des SR.

[1439] 30 Arbeitstage nach § 2 Abs. 1 Ergänzungs-TV Nr. 1 des ZDF.

[1440] 5.4.1 b) TV des MDR.

[1441] 5.4.1 c) TV des MDR.

[1442] Siehe zu diesen gesetzlichen Rechtsfolgen oben § 3E.V.6.b).

[1443] 3.3 TV des n-tv; 6.3 TV des SR; 7.3 TV des SWR; § 8 Abs. 5 TV des WDR; § 2 Abs. 2 Ergänzungs-TV Nr. 1 des ZDF. Nach 1.4 Urlaubs-TV der DW bedarf es eines Antrages zumindest zur möglichen Gewährung von Urlaubsentgelt.

[1444] 2.2 Durchführungs-TV des BR; 5.4.1 TV des MDR; 2.2 Urlaubs-TV des NDR.

auf Bildungsurlaub[1445]. Eine derartige tarifvertragliche Regelung findet sich nur in einem Tarifvertrag des BR[1446]. Danach fördert der BR die Fort- und Weiterbildung arbeitnehmerähnlicher freier Mitarbeiter. Ein Anspruch auf Freistellung für eine bestimmte Anzahl von Tagen dafür ist jedoch nicht kodifiziert. Nichts desto trotz ist diese Regelung für die arbeitnehmerähnlichen Personen besonders von Vorteil, da ein gesetzlicher Anspruch auf Bildungsurlaub mangels entsprechendem Gesetz in Bayern nicht existiert[1447].

B. Übertragung des Urlaubs

Gemäß § 7 Abs. 3 S. 2 und 3 BUrlG ist die Übertragung des Urlaubs in die ersten drei Monate des nächsten Kalenderjahres möglich, wobei als Übertragungsgrund im Sinne der Norm bei der arbeitnehmerähnlichen Person nur persönliche Gründe in Betracht kommen[1448]. In den tariflichen Regelungen wird teilweise diese Möglichkeit der Übertragung in Ausnahmefällen mit der gleichen Frist übernommen, ohne dass inhaltlich mehr als unwesentliche Veränderungen gegenüber der gesetzlichen Regelung bestünden[1449]. Die meisten Tarifverträge enthalten hingegen eine großzügigere Übertragungsfrist bis zum 30.4. des Folgejahres[1450].

C. Vergütung des Urlaubs

Das Urlaubsentgelt für eine arbeitnehmerähnliche Person ist prinzipiell nach § 11 BUrlG anhand des durchschnittlichen Arbeitsverdienstes der letzten dreizehn Wochen vor Urlaubsbeginn zu berechnen. Da es aufgrund des ständig schwankenden Einkommens des arbeitnehmerähnlichen Erwerbstätigen dabei zu Unbilligkeiten kommen kann, wird die tageweise Berechnung des Urlaubs auf der Grundlage eines längeren als dreimonatigen Zeitraums bevorzugt. Die wünschenswerte Möglichkeit der Jahresberechnung des durchschnittlichen Verdienstes wie bei Heimarbeitern nach § 12 BUrlG ist hingegen nach dem Gesetz nicht möglich[1451].

Umso bemerkenswerter ist es, dass sich die Urlaubsvergütung nach den einzelnen Tarifverträgen ausnahmslos an der Vorjahresvergütung orientiert, wobei als zugrundelegender Maßstab entweder das letzte Kalenderjahr oder die vergange-

---

1445 Siehe dazu oben § 3E.V.7.
1446 Durchführungs-TV Nr.7 des BR.
1447 Siehe dazu oben § 3E.V.7.
1448 Zu diesen gesetzlichen Folgen siehe oben § 3E.V.6.c).
1449 So in 2.4 Durchführungs-TV Nr. 3 des BR; 3.2 Urlaubs-TV des NDR; 6.2 TV des SR.
1450 2.3 Urlaubs-TV der DW; 5.4.1 TV des MDR; 3.3 TV des n-tv; 7.4 TV des SWR; § 8 Abs. 5 TV des WDR; § 2 Abs. 5 Ergänzungs-TV Nr. 1 des ZDF.
1451 Siehe zu der gesetzlichen Lage ausführlich oben § 3E.II.2.c)(a).

nen zwölf Monate gelten. In einigen Tarifverträgen werden dabei Höchstsummen festgelegt, die maximal als Vorjahresvergütung berücksichtigt werden. Derartige Regelungen finden sich i.H.v. 140.000,- DM bei der DW[1452], in Höhe des dreizehnfachen höchsten Tarifgehalts für Festangestellte beim HR[1453], beim SWR bei 130.000,- DM[1454] und beim SR liegt die Grenze bei 62.400 €[1455].

Die Berechnungsfaktoren sind jedoch unterschiedlich. Prinzipiell lassen sich diejenigen tariflichen Regelungen zusammenfassen, die das Einkommen der letzten zwölf Monate oder des letzten Jahres zugrundelegen und dieses durch eine bestimmte Zahl dividieren. Der Quotient aus dieser Berechnung wird sodann mit der Zahl der Urlaubstage multipliziert, um die Höhe des Urlaubsentgelts zu bestimmen. So wird beim BR[1456] und beim SWR[1457] die gesamte Vorjahresvergütung durch 250 geteilt und somit ein Urlaubstag mit 1/250 des letztjährigen Einkommens vergütet. Bei der DW[1458] wurde der Divisor 241 gewählt, beim MDR[1459] 0,3 % der Vorjahresbezüge, bei n-tv[1460] der Divisor 225 und beim SR[1461] 260. Die tariflichen Regelungen beim NDR[1462], WDR[1463] und ZDF[1464] enthalten keinen festgesetzten allgemeingültigen Divisor, durch welchen die Vorjahresvergütung dividiert wird. Vielmehr orientieren sich diese Tarifregelungen an den konkret von dem jeweiligen Erwerbstätigen geleisteten Arbeitstagen. Demnach wird die Vergütung des letzten Kalenderjahres oder der letzten zwölf Wochen durch die Zahl der tatsächlich geleisteten Arbeitstage dividiert und mit den Urlaubstagen multipliziert, um das Urlaubsentgelt zu bemessen.

Eine auf den ersten Blick eigentümliche Vorschrift zur Regelung der Urlaubsvergütung enthält der Tarifvertrag des HR. Die Urlaubsvergütung beträgt 11 % der dem freien Mitarbeiter im abgelaufenen Jahr vom HR gezahlten Hono-

---

1452 3.1 Urlaubs-TV der DW.

1453 § 3 TV über die Gewährung einer Sondervergütung beim HR.

1454 7.5 TV des SWR.

1455 Die Bemessungsgrenze liegt nach dem Tarifvertrag bei der Beitragsbemessungsgrenze der gesetzlichen Rentenversicherung; für das Jahr 2005 beträgt diese 5.200 € monatlich. Hier wurde zwecks Vereinheitlichung dieser Betrag mit zwölf multipliziert, um einheitlich Jahresbeiträge miteinander vergleichen zu können.

1456 3.1 Durchführungs-TV Nr. 3 des BR.

1457 7.5 TV des SWR.

1458 3.1 Urlaubs-TV der DW.

1459 5.4.2 TV des MDR.

1460 3.4 TV des n-tv.

1461 6.4 TV des SR.

1462 3.1 Urlaubs-TV des NDR; beim NDR muss die arbeitnehmerähnliche Person jedoch dringend beachten, dass ein vom NDR abgelehnter Urlaubsvergütungsanspruch innerhalb von vier Monaten nach der Ablehnung schriftlich geltend gemacht werden muss, da er ansonsten nach 3.3 Urlaubs-TV verfällt; siehe zu den sonstigen Ausschlussfristen unten § 19B.

1463 § 8 Abs. 6 TV des WDR.

1464 § 3 Ergänzungs-TV Nr. 1 des ZDF.

rare[1465]. Da im Tarifvertrag des HR eine Regelung zur Urlaubsdauer fehlt, ist von der gesetzlichen Dauer von 24 Urlaubstagen auszugehen[1466]. Für diese 24 Tage erhält die arbeitnehmerähnliche Person 11 % ihrer Vorjahresvergütung, es sei denn diese lag unter 3.067, 73 €[1467]. Doch auch wenn der arbeitnehmerähnliche Erwerbstätige einen geringeren Anspruch auf Urlaub in diesem Jahr geltend macht, erhält er diese erhebliche Summe als Vergütung, da die Urlaubsvergütung nicht tageweise berechnet wird. Nimmt demnach die arbeitnehmerähnliche Person nur drei Tage Urlaub und verzichtet somit auf eine längere Erholung, steht ihr dennoch der volle Urlaubsvergütungsanspruch zu. Dazu kommen beträchtliche Zuzahlungen für berücksichtigungsfähige Kinder[1468] i.H.v. 889,- € pro Kind sowie ein zusätzlicher Sondervergütungsbestandteil i.H.v. 409,03 €[1469]. Nach einer Addition all dieser Bestandteile summiert sich zugunsten der arbeitnehmerähnlichen Person beim HR ein sehr hoher Betrag, der ihr es ermöglicht, die durch den Urlaub entstandene Erwerbspause zu überbrücken.

Eine Sonderzahlung im Zusammenhang mit dem Urlaubsanspruch wird auch arbeitnehmerähnlichen Personen anderer Fernsehunternehmen zugesprochen. Die arbeitnehmerähnlichen Selbständigen beim BR[1470] erhalten ein Urlaubsgeld i.H.v. € 409,03[1471], den arbeitnehmerähnlichen Personen des ZDF steht ein Anspruch auf Sonderzahlung i.H.v. 255,56 € zu[1472]. Zwar keine Sondervergütung im Sinne eines Urlaubsgelds, aber dennoch eine Zahlung im Zusammenhang mit der Urlaubsgewährung leistet der SWR. Der freie Mitarbeiter, der gegenüber dem SWR berechtigt einen Urlaubsanspruch geltend macht, erhält im Folgejahr eine Einmalzahlung i.H.v. 750,- DM[1473].

Beim BR wird den arbeitnehmerähnlichen Personen auch für die Dauer der Fortbildungsmaßnahme ein bestimmter Tagessatz gezahlt[1474] sowie Reisekosten für die niedrigste Beförderungsklasse[1475] übernommen.

1465 § 3 TV über die Gewährung einer Sondervergütung des HR.

1466 Dazu oben § 3E.V.6.b).

1467 § 4 TV über die Gewährung einer Sondervergütung des HR.

1468 Berücksichtigungsfähige Kinder im Sinne des Tarifvertrages sind nach § 3 a)-h) unter anderem alle ehelichen und unehelichen Kinder, die das 18. Lebensjahr noch nicht vollendet haben oder Kinder, die noch nicht das 27. Lebensjahr vollendet haben und einer Schul- oder Berufsausbildung nachgehen.

1469 § 3 TV über die Gewährung einer Sondervergütung des HR.

1470 3.3 Durchführungs-TV Nr. 3 des BR.

1471 Tarifstand ab 1992, zwischen 01.02.1991 und 1992 betrug das Urlaubsgeld € 306,78.

1472 § 2 Ergänzungstarifvertrag Nr. 4 des ZDF.

1473 8. TV des SWR; diese Einmalzahlung des SWR wird nach dem Änderungs-Tarifvertrag Nr. 1 zum Tarifvertrag für arbeitnehmerähnliche Personen dynamisiert. Eine erstmalige Anhebung erfolgt laut Änderungs-Tarifvertrag zum 15.2.2000; die Einmalzahlung gemäß Ziff. 8 wird künftig bei linearen Anhebungen jeweils entsprechend erhöht.

1474 Nach 2.1 Durchführungs-TV Nr. 7 des BR waren dies am 1.1.1996 DM 110,--, der Betrag passt sich jedoch der jeweils vereinbarten Honorarerhöhung an.

D. Ergebnis der Untersuchung

Für die arbeitnehmerähnliche Person ergeben sich aus den tariflichen Regelungen vor allem Vorteile bei der Länge des Urlaubs. Die tariflichen Ansprüche liegen dabei meist deutlich über dem gesetzlichen Minimum, was vor allem auch durch die Erhöhung der Zahl der Urlaubstage nach Erreichen einer bestimmten Altersgrenze erreicht wird. Diese tarifvertraglichen Regelungen sind denen bei den Arbeitnehmern in der Höhe und der Staffelung nachgebildet. Einige Tarifverträge ermöglichen es den arbeitnehmerähnlichen Personen, ihren Urlaub auch ohne einen entsprechenden Antrag antreten zu können und fordern lediglich ein Anzeige. In Bezug auf die Möglichkeit der Übertragung des Urlaubs in das Folgejahr halten viele Tarifparteien an der gesetzlichen Übertragungsfrist fest, einige verlängern diese um einen Monat. Diese beiden Regelungsbereiche erweitern den Rechtskreis jedoch genauso unerheblich wie die tariflichen Urlaubsvergütungen, die ebenfalls der gesetzlichen Regelung weitestgehend ähneln. Positiv hervorzuheben ist dabei jedoch, dass nahezu alle Tarifverträge den Bezugszeitraum anders als das BUrlG auf das vergangene Kalenderjahr ausdehnen und so eine Manipulation des Auftraggebers vermeiden. Finanziell erhebliche Ansprüche haben nur einige Tarifverträge zur Folge, die den arbeitnehmerähnlichen Personen bei einzelnen Unternehmen umfangreiche Sondervergütungen im Zusammenhang mit dem Urlaubsanspruch zusprechen.

§ 17 Beendigung des Vertragsverhältnisses

Nur die zivilrechtlichen Vorschriften schützen die arbeitnehmerähnliche Person vor treuwidriger[1476], willkürlicher[1477] oder sittenwidriger[1478] Kündigung. Zwar können die Tarifparteien die Anwendung des KSchG vereinbaren[1479]. Dies ist jedoch bei keinem der untersuchten Tarifverträge geschehen.

Ein Kündigungsschutz langjähriger Beschäftigter findet sich bei der Hälfte der Tarifverträge. So ist beim HR eine Kündigung nach 15 Jahren[1480], beim BR nach 20 Jahren[1481] und beim NDR[1482], SWR[1483] und ZDF[1484] nach 25 Jahren Beschäftigung für die jeweilige Anstalt nur noch aus wichtigem Grund möglich. Die Tarifverträge des BR, des NDR, des SWR und des ZDF enthalten daneben noch

---

[1475] 2.2 Durchführungs-TV Nr. 7 des BR.

[1476] Siehe dazu oben § 3F.I.6.

[1477] Siehe dazu oben § 3F.I.6.b)(a).

[1478] Siehe dazu oben § 3F.I.5.

[1479] Siehe dazu oben § 3F.I.3.

[1480] § 11 Nr. 5 Bestandsschutz-TV beim HR.

[1481] 4.2.1 TV des BR.

[1482] 6.6 TV des NDR.

[1483] 5.2.2 TV des SWR.

[1484] § 6 Bestandsschutz-TV des ZDF.

eine Privilegierung älterer Erwerbstätiger: ab einem Alter von 55 Jahren ist die ordentliche Kündigung beim BR[1485] bereits nach mindestens zehnjähriger Beschäftigung, beim NDR[1486], SWR[1487] und ZDF[1488] nach fünfzehnjähriger Beschäftigung für die entsprechende Anstalt ausgeschlossen.

Wie bereits dargestellt sind die arbeitnehmerähnlichen Erwerbstätigen durch die Einhaltung von Ankündigungsfristen geschützt[1489]. Die Länge der Mitteilungsfristen bemisst sich dabei sowohl bei einer Kette von Dienstverträgen[1490] als auch bei einer Kette von Werkverträgen[1491] an der Staffelung der Kündigungsfristen nach § 29 HAG. Voraussetzung ist jedoch, dass das Beschäftigungsverhältnis bereits ca. sechs Monaten bis ein Jahr andauert. Beschäftigt der Auftraggeber die arbeitnehmerähnliche Person während dieser Frist nicht sieht er sich bei einem Dienst- wie bei einem Werkvertrag einem Anspruch aus § 615 BGB ausgesetzt. Unterlässt der Auftraggeber eine Ankündigung, ist er in entsprechender Anwendung des § 615 BGB verpflichtet, der arbeitnehmerähnlichen Person für eine der Ankündigungsfrist entsprechend langen Zeit die durchschnittliche Vergütung zu zahlen, auch wenn er ihr keine Aufträge erteilt.

Sowohl die Ankündigungsfristen der Beendigung[1492] als auch die Fortzahlung der Vergütung können jedoch zugunsten der arbeitnehmerähnlichen Person in den Tarifverträgen großzügiger geregelt werden. Zugunsten der Erwerbstätigen sind auch Normen zu Abfindungszahlungen bei Beendigung wünschenswert.

A. Mitteilungsfristen

In viele Tarifverträgen sind Fristen normiert, innerhalb derer der arbeitnehmerähnlichen Person die Beendigung des arbeitnehmerähnlichen Verhältnisses mitgeteilt werden muss[1493]. Die bei allen Tarifverträgen, die eine Mitteilungsfrist

---

1485 Siehe Fn. 1481.
1486 Siehe Fn. 1482.
1487 Siehe Fn. 1483.
1488 Siehe Fn. 1484.
1489 Siehe dazu oben § 3F.I.1.
1490 Siehe dazu oben § 3F.II.2.a).
1491 Siehe dazu oben § 3F.II.2.b).
1492 Untersucht werden soll hier nur der Bestandsschutz bei gewöhnlichen arbeitnehmerähnlichen Rechtsverhältnissen; die auf Rahmenverträgen beruhenden Rechtsverhältnisse sind nicht Gegenstand der Analyse, da insoweit bei den Tarifverträgen Sondervorschriften bestehen, siehe §§ 16 ff. TV der DW. Der Rahmenvertrag zwischen dem HR und den dort tätigen arbeitnehmerähnlichen Personen endet beispielsweise, ohne dass es einer Kündigung bedarf, wenn der Erwerbstätige dauerhaft arbeitsunfähig ist, § 13 Nr. 2 Bestandsschutz-TV des HR.
1493 Zu dem Beschäftigungsanspruch bzw. der Verpflichtung zur Tätigkeit währenddessen siehe oben § 15A.

enthalten[1494], kodifizierten Staffelungen der Fristen sind sehr unterschiedlich. Die minimal einzuhaltende Frist variiert zwischen einem Monat[1495], sechs Wochen[1496] bzw. eineinhalb Monaten[1497] und zwei Monaten[1498]. Diese Frist erhöht sich je nach Tarifvertrag auf bis zu maximal 3[1499], 6[1500], 7[1501], 12[1502], 15[1503], 20[1504] Monate.

Der Tarifvertrag des ZDF enthält keine festgelegte Staffelung, sondern eine Formel zur Berechnung der Mitteilungsfrist in Wochen[1505]. Diese Formel berücksichtigt Größen wie das Lebensalter und die Beschäftigungsjahre. Dabei sollten jedoch nur Betriebszugehörigkeitsjahre in die Berechnung mit einfließen, in denen der Beschäftigte auch die nach dem Tarifvertrag geforderten 84 Tage für das ZDF tätig war[1506]. Legt man der Berechnung ein Lebensalter von 30 Jahren und eine Anzahl von fünf Beschäftigungsjahren zugrunde, errechnet sich eine Mitteilungsfrist von 19,1 Wochen; bei einem Lebensalter von 40 Jahren und einer Beschäftigungsdauer von zehn Jahren eine Frist von 25,6 Wochen, bei einem Alter von 50 Jahren und fünfzehnjähriger Tätigkeit eine Mitteilungsfrist von 32,3 Wochen. Vergleicht man die berechneten Fristen mit denjenigen, die numerisch in den Tarifverträgen festgelegt sind, lässt sich eine ungefähre Entsprechung der Fristenlängen feststellen.

B. Ausgleichszahlungen

Für den Zeitraum der Mitteilungsfristen besteht prinzipiell ein Anspruch auf Ausgleichszahlungen, welcher als Übergangsgeld für arbeitnehmerähnliche Personen die Kündigungsfrist, wie sie für Arbeitnehmer gilt, ersetzt[1507]. Der Anspruch ist aber kein auf Dauer angelegter Tarifanspruch, sondern ein an der Zahl der wiederkehrenden Tätigkeitsjahre orientierter anteiliger Einmalbetrag[1508]. Nach vielen Tarifregelungen erfolgt eine Fortzahlung der durchschnittlichen

[1494] Alle Tarifverträge bis auf denjenigen des NDR.
[1495] 2.2 TV des n-tv; 5.2 TV des SR; 5.2.1 TV des SWR; § 12 Abs. 2 TV des WDR.
[1496] § 11 Bestandsschutz-TV des HR.
[1497] 5.2.3 TV des MDR.
[1498] 4.2.1 TV des BR; § 10 TV der DW.
[1499] 2.2 TV des n-tv.
[1500] 5.2.2 TV des MDR.
[1501] § 12 Abs. 2 TV des WDR.
[1502] § 10 TV der DW; § 11 Bestandsschutz-TV des HR; 5.2.1 TV des SWR.
[1503] 4.2.1 TV des BR.
[1504] 5.2 TV des SR.
[1505] LA x BJ : 16 - (LA x BJ x 0,001); LA = Lebensalter; BJ = Beschäftigungsjahr; § 3 Abs. 2 Bestandsschutz-TV des ZDF.
[1506] BAG AP Nr. 1 zu § 112 LPVG Rheinland-Pfalz.
[1507] BAG AP Nr. 6 zu § 12a TVG.
[1508] BAG AP Nr. 84 zu § 615 BGB; ebenso die Berufungsinstanz in diesem Verfahren LAG Bremen, Urt. v. 7.11.1997 – 4 Sa 338/96 – n.v.; siehe aber dazu **juris**.

Vergütung, welche anhand des Durchschnittseinkommens des vorigen Kalenderjahres oder eines längeren Zeitraums bemessen wird[1509]. Der Tarifvertrag des BR enthält zugunsten der Mitarbeiter eine Wahlmöglichkeit zwischen einer derartigen Berechnung der Ausfallzahlung und einer solchen entsprechend den Ausfallzahlungen bei Einschränkung der Tätigkeit[1510].

Bei der DW wird die Ausgleichszahlung nicht als eine mit den Mitteilungsfristen korrespondierende Fortzahlung der Durchschnittsvergütung geregelt. Stattdessen wird bei den Mitteilungsfristen eine Staffelung festgelegt. Bei einer Beschäftigung ab fünf Jahren beträgt die Ausgleichszahlung die Hälfte eines Monatsdurchschnittsbetrags, für jedes weitere zusammenhängende Beschäftigungsjahr wird dieser Betrag um einen hälftigen Monatsbetrag erhöht[1511]. Ferner wird langjährigen und älteren Mitarbeitern der DW ein Anspruch zugesprochen, der zusätzlich zu den Ausgleichszahlungen einen Zuschlag i.H.v. einem Viertel eines Monatbetrages ab Erreichen einer bestimmten Betriebszugehörigkeit oder eines bestimmten Lebensalters gewährt[1512]. Auch im Tarifvertrag des NDR orientiert sich das Übergangsgeld an der Gesamtdauer der Tätigkeit. Bei einer Tätigkeit zwischen zwei und fünf Jahren werden drei monatliche Durchschnittsbeträge gezahlt, bei einer Tätigkeit zwischen fünf und acht Jahren fünf Monatsbeträge und ab acht Jahren Tätigkeit ein zusätzlicher Monatsbetrag pro weiterem Beschäftigungsjahr[1513]. Zwar ähnelt diese Staffelung der Zahlungen den Staffelungen der Mitteilungsfristen und den währenddessen zu leistenden Ausgleichszahlungen. Jedoch besteht der entscheidende Unterschied darin, dass beim NDR und bei der DW im Gegensatz zu den anderen Anstalten die Zahlungen erst nach Beendigung der Tätigkeit erfolgen, so dass tatsächlich eine Art Abfindungszahlung vorliegt. Ein dementsprechendes Beendigungsgeld spricht auch der WDR seinen arbeitnehmerähnlichen Erwerbstätigen zu[1514]. Dieses ist ebenfalls nach Beschäftigungsjahren gestaffelt und wird in Prozentsätze der Jahresvergütung bemessen[1515].

Auf die Ausgleichszahlungen erfolgt nach den meisten Tarifverträgen eine Anrechnung vergleichbarer Einkünfte[1516] bzw. eine Anrechnung der Verdienste, die

---

[1509] 4.2.2 TV des BR; § 11 Nr. 3 Bestandsschutz-TV des HR; 5.2.4 TV des MDR; 2.3 TV des n-tv; 5.4 TV des SR; 5.2 TV des SWR; § 12 Abs. 10 TV des WDR; § 5 Abs. 1 Bestandsschutz-TV des ZDF.

[1510] Siehe dazu gleich unten § 18A.

[1511] § 11 Abs. 2 TV der DW.

[1512] § 14 TV der DW.

[1513] 6.3 TV des NDR.

[1514] § 13 TV des WDR.

[1515] Die Staffelung beginnt bei 5 Beschäftigungsjahren mit 15% der Jahresvergütung, bei 10 Jahren entspricht das Beendigungsgeld 20 %, bei 20 Jahren liegt es bei 85 % und bei 30 Jahren bei 150 %, gemäß Anlage zu § 13 Abs. 2 S. 1 TV des WDR.

[1516] 4.3 TV des BR; 5.2.4 b) TV des MDR; 2.3 TV des n-tv; 5.4 TV des SR; 5.3 TV des SWR; § 12 Abs. 9 TV des WDR; § 7 Bestandsschutz-TV des ZDF.

bei ordnungsgemäßer Durchführung der Tätigkeit noch hätten erworben werden können[1517].

C. Voraussetzungen der tariflichen Ansprüche

In zahlreichen Tarifverträgen werden für die Ansprüche auf Bestandsschutz zusätzliche Voraussetzungen aufgestellt. Einige Tarifregelungen fordern eine wiederkehrende Tätigkeit im vergangenen oder laufenden Kalenderjahr, wobei nach all diesen Regelungen unter diesem Begriff eine Tätigkeit an mindestens 72 Tagen im Kalenderjahr zu verstehen ist[1518]. Bei den Sendern SR, n-tv und ZDF muss die wiederkehrende Tätigkeit mindestens ein Jahr, beim NDR zwei Jahre vor Antragsstellung auf Zahlung eines Übergangsgeldes vorliegen[1519]. Bei der DW soll die arbeitnehmerähnliche Person mindestens fünf zusammenhängende Beschäftigungsjahre für das Unternehmen gearbeitet haben[1520]. Unter dem Merkmal der „zusammenhängenden Tätigkeit" ist dabei eine wiederkehrende Beschäftigung in dem jeweiligen Zeitraum zu verstehen. Fällt der arbeitnehmerähnliche Erwerbstätige in einem oder mehreren Jahren unter die Minimalgrenze der Anerkennung als arbeitnehmerähnliche Person, fehlt es an einer zusammenhängenden Tätigkeit[1521].

Mehrere Tarifverträge stellen statt oder neben der wiederkehrenden Tätigkeit auf das Merkmal des Beschäftigungsjahres[1522] ab. Nach diesen gilt nur das Tätigkeitsjahr als Beschäftigungsjahr, in dem die arbeitnehmerähnliche Person einen vollen Urlaubsanspruch geltend gemacht hat[1523] oder hätte geltend machen können[1524]. Das Anknüpfen an die hypothetische Möglichkeit der Geltendmachung des Urlaubsanspruchs erscheint nachvollziehbar. Doch auch wenn eine Tarifnorm verlangt, dass ein entsprechender Urlaubsanspruch tatsächlich geltend gemacht wurde, ist dies von der Rechtsprechung nicht beanstandet worden[1525].

[1517] § 10 Nr. 5 Bestandsschutz-TV des HR; 5.2.4 a) TV des MDR; 6.3 TV des NDR; § 7 Bestandsschutz-TV des ZDF. Dies ist indirekt auch 4.2.2 TV des BR, 2.3 TV des n-tv, 5.4 TV des SR und 5.3 TV des SWR zu entnehmen.

[1518] § 9 Abs. 1 TV der DW; 5.2.2 TV des MDR; 6.1 TV des NDR; 5.2 TV des SR; § 6 TV des WDR; § 3 Abs. 1 Bestandsschutz-TV des ZDF.

[1519] Beim NDR ist als zusätzliche Voraussetzung normiert, dass der Erwerb in diesem Jahr 98.000 € nicht übersteigt. Da dieser Betrag auch schon als Maßstab der sozialen Schutzbedürftigkeit bei der Eröffnung des Geltungsbereichs angelegt wurde, ergibt sich in diesem Zusammenhang nichts Neues, siehe dazu vielmehr ausführlich unten § 20C.

[1520] § 11 TV der DW.

[1521] Dazu BAG AP Nr. 38 zu § 1 TVG Tarifverträge: Rundfunk.

[1522] § 6 TV des WDR.

[1523] 5.2.1 TV des SWR; § 6 Abs. 1 TV des WDR; so auch 4.2.1 TV des BR, wonach eine berechtigte Geltendmachung des vollen Urlaubsanspruchs jedoch nur einmal innerhalb der letzten drei Jahre erfolgt sein muss.

[1524] 2.2 TV des n-tv; 5.2 TV des SR.

[1525] So für den Tarifvertrag Radio Bremen für arbeitnehmerähnlichen Personen BAG NZA

Beim HR wird als Voraussetzung für den Bestandsschutz erneut das beim HR vertraglich begründete Dauerrechtsverhältnis gefordert[1526].

D. Ergebnis der Untersuchung

Da gesetzlich außer den zivilrechtlichen Generalklauseln kein materieller Bestandsschutz für die arbeitnehmerähnliche Person besteht, ist es umso schlechter, dass diese gesetzliche Lücke nicht durch Tarifregelungen kompensiert wird. Nur der Ausschluss der ordentlichen Kündigung bei älteren Mitarbeitern oder solchen mit langer Beschäftigungszeit gebietet ein Minimum an materiellem Bestandsschutz. Ansonsten finden sich nur formelle Bestandsschutzregeln in den Tarifverträgen. Als Voraussetzung für die Gewährung von formellem Bestandsschutz knüpfen die Tarifverträge dabei meist an eine bestimmte Tätigkeitsdauer in diesem Jahr oder insgesamt an, die mit den gesetzlichen Voraussetzungen der Anerkennung als arbeitnehmerähnliche Person und dem für den Bestandsschutz nötigen Vertrauenstatbestand vergleichbar sind. Die tariflichen Mitteilungsfristen sind dabei gegenüber den gesetzlichen Kündigungsfristen des § 29 Abs. 4 HAG großzügiger. Die tariflichen Fristen beginnen zwar ähnlich denen nach dem HAG mit einer Minimalfrist von einem Monat. Die arbeitnehmerähnliche Person, die länger bei der Anstalt beschäftigt ist, wird jedoch insoweit durch die Tarifregelungen stärker privilegiert, als die Fristen bei steigender Beschäftigungsdauer schneller ansteigen als nach § 29 Abs. 4 HAG. Auch die maximale Länge der Mitteilungsfristen ist gegenüber der siebenmonatigen Frist nach § 29 Abs. 4 HAG meistens deutlich länger.

Durch die tariflichen Ausgleichszahlungen, die meist eine Fortzahlung der durchschnittlichen Vergütung während der Mitteilungsfristen bestimmen, wird die arbeitnehmerähnliche Person gegenüber dem Gesetz jedoch nicht privilegiert. Beschäftigt der Auftraggeber die arbeitnehmerähnliche Person während der Frist nicht, hat der Erwerbstätige einen Anspruch auf § 615 BGB. Diesem Anspruch entspricht die am meisten verwendete tarifliche Regelung der Fortzahlung der durchschnittlichen Vergütung während der Ankündigungsfrist. Einzig die Tarifverträge der DW, des NDR und des WDR enthalten durch Gewährung eines Übergangsgeldes einen Anspruch, der über denjenigen nach dem Gesetz hinausgeht und einem Abfindungsanspruch eines Arbeitnehmers entspricht. Auch der bestehende Anspruch auf Fortzahlung der Vergütung im Fall des Unterbleibens der Mitteilung stellt die arbeitnehmerähnlichen Personen nicht besser. Ihr auch insoweit ohnehin nach dem Gesetz bestehender Anspruch aus § 615 BGB analog wird nur durch die tariflichen Ansprüche bestätigt.

1999, 777 (779).

1526 §§ 3 ff. Bestandsschutz-TV des HR, siehe dazu noch unten § 20.

§ 18 Einschränkung der Tätigkeit

Schränkt der Auftraggeber seine Auftragsvergabe an die arbeitnehmerähnliche Person ein, so kommt dieser im Dienstvertragsrecht § 615 BGB[1527], im Werkvertragsrecht § 642 Abs. 1 BGB[1528] zugute. Auch der gesetzliche Anspruch auf Beschäftigung[1529] schützt sie daneben zumindest dem Grunde nach vor einer durch mangelnde Auftragsvergabe bedingten Eigenkündigung[1530]. Der Anspruch auf Vergütung wegen Annahmeverzugs ist aber nach dem Gesetz insoweit vage, als nicht erkennbar ist, welcher Verringerungen der Einschränkung die arbeitnehmerähnlichen Person hinnehmen muss und ab welcher Höhe der Einschränkung ein annahmeverzugsbegründender Tatbestand vorliegt. Auch im Vergleich mit den bei der Beendigung üblichen Mitteilungsfristen ist die arbeitnehmerähnliche Person bei der Einschränkung der Tätigkeit nach dem Gesetz schlechter gestellt. Bestehen bei der Beendigung zugunsten des arbeitnehmerähnlichen Erwerbstätigen bereits nach dem Gesetz Ankündigungsfristen, ist er bei einer Einschränkung unvorbereitet, da gesetzlich kein Anspruch auf Mitteilung besteht. Zwar schützt ihn insoweit § 615 BGB durch Fortzahlung der Vergütung. Es käme den Interessen der arbeitnehmerähnlichen Person jedoch näher, wenn sie sich auf die Einschränkung vorbereiten könnte. Sie hätte auf diese Weise zum einen Gewissheit über ihren beruflichen Zustand und zum andern die Chance, sich anderweitig beruflich zu orientieren.

Ob die tariflichen Regelungen nähere Definitionen der relevanten Einschränkung der Tätigkeit sowie eventuell auch erforderliche Ankündigungsfristen enthalten und welche Ausgleichszahlungen von dem Auftraggeber zu leisten sind, wird im Folgenden untersucht.

A. Tarifliche Regelungen

In einigen Tarifverträgen werden zunächst unabhängig vom Geltungsbereich des Tarifvertrages[1531] gesonderte Voraussetzungen für die Ansprüche auf Mitteilung und Ausgleichszahlungen im Fall der Einschränkung festgelegt. Dabei nehmen einige Tarifregelungen auf den Begriff der wiederkehrenden Tätigkeit Bezug, den die meisten mit mindestens 72 Tagen Beschäftigung im vorangegangenen Kalenderjahr definieren[1532]. Beim BR erfolgt eine Ausgleichszahlung prinzipiell

[1527] Siehe dazu oben § 3E.II.2.b)(a).
[1528] Siehe dazu oben § 3E.II.2.a)(b).
[1529] Siehe dazu oben § 3E.V.1.
[1530] Tatsächlich kann es jedoch gerade im Medienbereich aufgrund der Wirkung des Art. 5 Abs. 1 S. 2 GG zugunsten des Unternehmers zu einer Verneinung des Anspruchs kommen, dazu oben § 3E.V.1.
[1531] Siehe dazu im Einzelnen noch unten § 20.
[1532] § 7 Abs. 1 TV der DW; 5.2.2 TV des MDR; 6.1 TV des NDR; § 6 TV des WDR; beim ZDF wird der Begriff durch mindestens 84 Tage definiert, § 3 Abs. 1 Bestandsschutz-TV

nicht, wenn das arbeitnehmerähnliche Rechtsverhältnis weniger als vier Jahre besteht[1533].

Der Umfang der Einschränkung ist sehr unterschiedlich geregelt. Die meisten Tarifverträge orientieren sich dabei an der Vorjahresvergütung, anhand derer Prozentzahlen festgelegt werden. Erfolgt eine Einschränkung, die den Prozentsatz überschreitet, liegt eine tarifvertraglich relevante Minderung vor. Bei der DW, n-tv und SWR wird dieser Prozentsatz auf 20 % festgelegt[1534], beim MDR, SR und WDR auf 25 %[1535]. In dem Tarifwerk des HR wird keine Prozentzahl bestimmt. Vielmehr hat die arbeitnehmerähnliche Person einen Anspruch auf Zahlung eines Ausfallhonorars, wenn der für sie festgelegte Bestandsschutz in dem Kalenderjahr nicht erreicht wird[1536].

Nach den übrigen Tarifregelungen sind die Prozentsätze gestaffelt. Beim NDR und ZDF erfolgt eine Staffelung nach den Beschäftigungsjahren für die Anstalt[1537]. Bei einer Dauer der Tätigkeit für die jeweilige Anstalt von bis zu fünf Jahren liegt nach beiden Tarifverträgen eine wesentliche Einschränkung vor, wenn der Erwerbstätige in dem betreffenden Jahr weniger als 60 % des Jahresdurchschnittshonorars erhält. Liegt eine Tätigkeit zwischen fünf und acht Jahren vor, so erfolgen beim NDR Ausgleichszahlungen, wenn der Erwerb unter 75 % liegt. Beim ZDF ist der Prozentsatz von 75 % erst ab einer Beschäftigungsdauer von zehn Jahren maßgeblich. Bei mehr als acht Jahren für den NDR bzw. bei mehr als zehn Jahren für das ZDF liegt eine wesentliche Einschränkung vor, wenn weniger als 85 % des Jahresdurchschnitts verdient wurde.

Der Tarifvertrag des BR nimmt als Bezugspunkt das Durchschnittseinkommen der letzten fünf Jahre[1538]. Die anhand dieser Größe vorzunehmende Berechnung erfolgt jedoch anders als bei den meisten anderen Anstalten. Als Prozentzahl wird kein fester Prozentsatz gewählt. Stattdessen werden je nach Höhe des Durchschnittseinkommens Abschläge von dem Durchschnittseinkommen vorgenommen. Dadurch wird das Durchschnittsgehalt fiktiv reduziert, so dass leichtere Schwankungen im Gehalt unwesentlich sind[1539]. In das Durchschnittseinkommen werden Einkünfte aus vergleichbaren Tätigkeiten, insbesondere im Medienbereich, mit einbezogen. Der Abschlag wird jedoch nur von den Einkünften des BR vorgenommen[1540]. Lag das Durchschnittseinkommen zwi-

---

des ZDF.

1533 4.4 TV des BR.

1534 § 7 Abs. 2 TV der DW; 2.1 TV des n-tv; 5.2.1 TV des SWR.

1535 5.2.2 TV des MDR; 5.3 TV des SR; § 12 Abs. 5 TV des WDR.

1536 Siehe dazu schon oben § 17B.

1537 6.2 TV des NDR; § 4 Abs. 1 Bestandsschutz-TV des ZDF.

1538 4.3 TV des BR, das entgeltstärkste und das entgeltschwächste Kalenderjahr bleibt dabei unberücksichtigt.

1539 4.3 TV des BR.

1540 4.3 TV des BR.

schen € 51.129,19 und dem höchsten Tarifgehalt erfolgt ein Abschlag von 10%[1541], bei einem Gehalt zwischen € 38.346,89 und € 51.129,19 ein Abschlag von 7,5 % und bei einem Einkommen von € 25.564,59 und € 38.346,89 ein Abschlag von 5 %. Bei einem Einkommen unter € 25.564,59 erfolgt kein Abschlag.

Liegen wesentliche Einschränkungen nach den Berechnungsmethoden vor, so orientieren sich die Fristen für die Ankündigung der Einschränkung an denjenigen für die Beendigung der Tätigkeit, weswegen vollumfänglich darauf verwiesen wird[1542]. In den Anstalten des BR, des HR und des NDR[1543] bestehen jedoch mangels eigenständiger Fristenregelungen oder Verweise auf die Beendigungsfristen gar keine tariflichen Ankündigungsfristen.

Die Ausgleichszahlungen gewährleisten den arbeitnehmerähnlichen Personen parallel zu den Ausgleichszahlungen bei Beendigung der Tätigkeit[1544] meist einen Anspruch auf die Differenz zwischen dem tatsächlichen Gehalt und dem Durchschnittsgehalt des vorangegangenen Beschäftigungsjahres[1545]. Eine Besonderheit enthält insoweit der Tarifvertrag des NDR. Zwar orientieren sich auch diese Regelungen an dem Jahresdurchschnittsverdienst und gewähren pro Monat ein Zwölftel als Übergangsgeld[1546]. Jedoch beinhaltet die tarifliche Norm zudem eine Staffelung nach Beschäftigungsjahren: bei einer Tätigkeit zwischen zwei und fünf Jahren für den WDR werden 3 durchschnittliche Monatsgehälter, bei einer Tätigkeit von fünf bis acht Jahren fünf Durchschnittsgehälter und ab acht Jahren pro Beschäftigungsjahr ein zusätzliches monatliches Durchschnittsgehalt zugesprochen.

Der Tarifvertrag des WDR enthält neben den Ansprüchen auf Ausgleichszahlungen auch noch Ansprüche auf Teilbeendigungsgeld[1547]. Ist der Mitarbeiter mehr als fünf Jahre für den WDR tätig und wird seine Tätigkeit um mehr als 50 % eingeschränkt, besteht ein Anspruch auf Zahlung in Höhe eines bestimmten Prozentsatzes der Differenz zwischen der Jahresvergütung des vorangegangenen und des jetzigen Kalenderjahres[1548].

[1541] Ausgleichszahlungen oberhalb des höchsten Tarifgehalts erfolgen nicht, 4.3 TV des BR.

[1542] Siehe dazu oben § 17A.

[1543] Beim NDR besteht nach 6.2 TV des NDR zwar eine Pflicht zur Mitteilung, jedoch keine Ankündigungsfrist.

[1544] Siehe dazu oben § 17B.

[1545] 4.3 TV des BR; § 7 Abs. 3 TV der DW; 5.2.4 TV des MDR; 2.3 TV des n-tv; 5.4 TV des SR; § 9 Abs. 8 TV des WDR; § 4 Abs. 2 Bestandsschutz-TV des ZDF. Der Bestandsschutz-TV des HR enthält insoweit eine ähnliche Regelung, die sich jedoch an dem konstruierten Modell des Bestandsschutzes beim HR orientiert, dazu oben § 17B.

[1546] 6.3 TV des NDR.

[1547] § 14 TV des WDR.

[1548] Bei einer Beschäftigung ab 5 Jahren beträgt die Höhe 15 % mit anschließendem Steigerungssatz von 1 % pro weiterem Beschäftigungsjahr; die folgende Staffelung führt zu einem maximalen Teilbeendigungsgeld von 90 % bei 20 Beschäftigungsjahren, § 14 Abs. 3

Unabhängig der zuletzt geschilderten Sonderregelungen ist jedoch den Regelungen allen gemein, dass sie der arbeitnehmerähnlichen Person eine Aufstockung der Vergütung bis zum Durchschnittsverdienst gewähren. Dies steht jedoch im Widerspruch dazu, dass bis auf denjenigen des HR alle Tarifverträge minimale Einschränkungen als hinnehmbare Schwankungen deklarieren, indem sie bestimmte prozentual zu bemessende Abschläge unberücksichtigt lassen. Wird beispielsweise die Tätigkeit einer arbeitnehmerähnlichen Person beim WDR um 23 % eingeschränkt, hat sie mangels Wesentlichkeit der Einschränkung im Sinne des Tarifvertrages keinen Anspruch auf Ausgleichszahlungen. Der Kollege, dessen Tätigkeit um 25 % reduziert wird, hat einen Anspruch auf Ausgleichszahlungen bis zur Höhe der Durchschnittsvergütung des vorangegangenen Jahres. Demzufolge werden Mitarbeiter, deren Tätigkeit wesentlich eingeschränkt wird gegenüber denjenigen, die nur eine unwesentliche Einschränkung erfahren, privilegiert. Diese Widersprüchlichkeit wird in dem Tarifvertrag des SWR umgangen, indem die beim SWR hinzunehmenden Schwankungen i.H.v. 20 % von der Durchschnittsvergütung zu subtrahieren sind und nur dieser verminderte Betrag als Ausgleichszahlung ausbezahlt wird[1549].

Ein Problem ergibt sich bei der Einschränkung der Tätigkeit von Mitarbeitern, bei denen nach dem Tarifvertrag nur noch eine Kündigung aus wichtigem Grund zulässig ist[1550]. Ist eine ordentliche Kündigung nach dem Tarifvertrag ausgeschlossen, kann bei fehlender tariflicher Regelung die Tätigkeit des Mitarbeiters immer noch eingeschränkt werden. Zwar sind eventuell Zahlungen bis zum Ablauf bestimmter Fristen zu leisten. Dies ändert jedoch nichts daran, dass sowohl die Tätigkeit als auch die Vergütung nach Ablauf der Fristen eingeschränkt werden. Dies steht jedoch gerade im Widerspruch zu dem materiellen Bestandsschutz, den die Erwerbstätigen nach den Tarifverträgen bei Beendigung der Tätigkeit genießen. Durch eine Einschränkung könnte die Tätigkeit eines ordentlich unkündbaren Mitarbeiters bis auf ein Minimum reduziert werden, ohne dass er sich auf seinen materiellen Bestandsschutz berufen könnte. Dieser Widerspruch wird bei den Tarifverträgen, welche die ordentliche Kündigung ab einer bestimmten Länge der Beschäftigung ausschließen[1551], nur beim ZDF durch eine eindeutige Regelung aufgelöst. Danach kann die Tätigkeit des ordentlich unkündbaren Mitarbeiters höchstens bis zu 85 % der Durchschnittsvergütung der letzten drei vorangegangenen Kalenderjahre eingeschränkt werden[1552]. Nach Sinn und Zweck der Regelung der Unkündbarkeit langjährig Beschäftigter muss jedoch auch bei den Mitarbeitern der anderen Unternehmen ein unantastbarer

---

TV des WDR.

1549 5.4 TV des SWR.

1550 Siehe dazu oben § 17.

1551 4.2.1 TV des BR; § 11 Nr. 5 Bestandsschutz-TV beim HR 6.6 TV des NDR; 5.2.2 TV des SWR; § 6 Bestandsschutz-TV des ZDF.

1552 § 6 Bestandsschutz-TV des ZDF.

Bereich der Einschränkungsmöglichkeiten berücksichtigt werden[1553]. Zwar kann man aus der Unkündbarkeitsregel nicht folgern, dass dem Mitarbeiter auf Dauer eine Tätigkeit und eine Vergütung gewährleistet werden wie er sie in zuvorigen Beschäftigungsjahren erzielte. Nach der Unkündbarkeitsregel darf nur keine Reduzierung auf „Null" erfolgen, eine Fortschreibung des bisherigen Ist-Standes auf Dauer ist dem nicht zu entnehmen. Jedoch greift eine zu deutliche Einschränkung auch den gerade bestandsgeschützten Bereich des Beschäftigungsverhältnisses an, wenn der Erwerbstätige dadurch seinen Status als arbeitnehmerähnliche Person verliert. Zumindest die dafür erforderliche Mindestbeschäftigung mit entsprechender Vergütung muss dem Erwerbstätigen bleiben, um dem gewährleisteten materiellen Bestandsschutz genüge zu tun. Maßstab des Beendigungsschutzes ist daher unter Berücksichtigung des Beendigungsschutzes, dass der „Status" als arbeitnehmerähnliche Person im Sinne des Tarifvertrages aufrecht erhalten bleibt und der Mitarbeiter die tariflichen Rechte einschließlich der Ansprüche aus den Durchführungs-Tarifverträgen behält[1554].

Erfolgt die arbeitnehmerähnliche Tätigkeit auf der Grundlage mehrerer einzelner Verträge, wird die Neuvergabe von Dienst-, Werk- oder ähnlichen Verträgen mit einem gewissen Tätigkeitsumfang auf die geschilderte Weise tarifvertraglich gesichert. Liegt dem Beschäftigungsverhältnis ein dauerhaftes Dienstverhältnis zugrunde, ist die Tätigkeitseinschränkung bei fehlender vertraglicher Abrede auch unter dem Gesichtspunkt des Kündigungsschutzes relevant, da die Einschränkung der vertraglichen Tätigkeit nur mittels Änderungskündigung möglich ist. Spricht der Auftraggeber eine ordentliche Änderungskündigung des Dienstvertrages aus, kann die arbeitnehmerähnlichen Person diese jedoch mangels Anwendbarkeit des § 2 KSchG nur anhand Art. 48 Abs. 2 GG[1555] und anhand §§ 134 i.V. mit einem Verbotsgesetz[1556], 242[1557], 138[1558] BGB überprüfen lassen. Eine Überprüfung einer außerordentlichen Änderungskündigung ist anhand § 626 BGB[1559] möglich.

B. Ergebnis der Untersuchung

Die tariflichen Regelungen zur Einschränkung der Tätigkeit vermehren den Schutz der arbeitnehmerähnlichen Person inhaltlich kaum, sondern tragen in erster Linie durch Konkretisierungen der unbestimmten gesetzlichen Begriffe zur Rechtssicherheit bei. Wann eine Einschränkung relevant ist, konkretisieren die

[1553] So auch BAG AP Nr. 84 zu § 615 BGB.
[1554] BAG AP Nr. 84 zu § 615 BGB.
[1555] Dazu oben § 3F.I.2.e).
[1556] Dazu oben § 3F.I.4.
[1557] Dazu oben § 3F.I.6.
[1558] Dazu oben § 3F.I.5.
[1559] Dazu oben § 3F.III.

Tarifregelungen, indem sie Größen festlegen anhand derer sich die Wesentlichkeit der Einschränkung bestimmen lässt. NDR und ZDF wollen auch bei diesen Festsetzungen die Betriebszugehörigkeit belohnen, indem eine längere Beschäftigungsdauer bei der Festsetzung der Prozentsätze positiv berücksichtigt wird. Interessengerechter im Einzelfall ist dabei hingegen die Regelung des BR, der eine Staffelung der Prozentsätze anhand des erwirtschafteten Einkommens vornimmt und insofern finanziell schwächere Mitarbeiter deutlicher schützt.

Ein erweiterter Schutz wird dadurch erreicht, dass viele Tarifverträge Ankündigungsfristen normieren. Die Höhen der Ausgleichszahlungen orientieren sich hingegen meist an der gesetzlichen Vorgabe des § 615 BGB, da sie auf die durchschnittliche Vergütung Bezug nehmen. Konsequent ist insoweit einzig der Tarifvertrag des SWR, da er die hinnehmbaren Schwankungen auch bei den Ausgleichszahlungen berücksichtigt. Sehr großzügig zeigt sich der WDR, der neben den Ausgleichszahlungen im Fall von starken Einschränkungen auch noch ein Teilbeendigungsgeld gewährt und somit der faktischen Wirkung der Einschränkung sowohl vom gewählten Begriff als auch den finanziellen Einbußen her gerecht wird. Abschließend bleibt noch festzuhalten, dass die Tätigkeit ordentlich unkündbarer Mitarbeiter bei fehlender anderweitiger tariflicher Regelung nur insoweit eingeschränkt werden darf als der Status als arbeitnehmerähnliche Person nicht angetastet wird. Eine explizite Regelung des Problems, inwieweit die Tätigkeit ordentlich unkündbarer Erwerbstätiger eingeschränkt werden kann, findet sich trotz der deutlichen Regelungslücke nur in dem Tarifvertrag des ZDF.

§ 19 Ausschlussfristen

Nach dem Gesetz unterliegen die Ansprüche der arbeitnehmerähnlichen Person grundsätzlich der regelmäßigen dreijährigen Verjährungsfrist nach § 195 BGB, deren Ablauf zu einer Hemmung des Anspruchs führt[1560]. Bei nahezu allen untersuchten Tarifverträgen bestehen jedoch deutlich kürzere Ausschlussfristen[1561], an die beide Parteien[1562] hinsichtlich der Geltendmachung ihrer Ansprüche gebunden sind[1563]. Nur für die arbeitnehmerähnlichen Erwerbstätigen beim HR und beim MDR bleibt es mangels tariflicher Ausschlussfristen bei der Geltung der gesetzlichen Verjährungsregeln.

1560 Siehe dazu oben § 3G.

1561 Synonym verwendete Begriffe sind Verfallfristen, Verwirkungsfristen und Präklusivfristen.

1562 Grundsätzlich sind beide Parteien gebunden, bei expliziter Vereinbarung kann auch nur eine Partei an die Ausschlussfrist gebunden sein, dazu *Bauer*, NZA 1987, 440 ff.

1563 Zu den tariflichen Ausschlussfristen generell *Plüm*, MDR 1992, 14 ff.

A. Wirkung und Voraussetzungen der Ausschlussfrist

Tarifliche Anschlussfristen verfolgen den Zweck, im Rechtsleben eine möglichst große Sicherheit im Zusammenhang mit der Erhebung von Ansprüchen der Vertragsparteien zu erzielen und bezüglich solcher Ansprüche schnellstens Klarheit zu schaffen[1564]. Daher bedarf ein Anspruch zur Einhaltung einer tariflichen Ausschlussfrist nicht der Geltendmachung, wenn der Schuldner den Anspruch z.B. in einer Lohnabrechnung anerkannt hat[1565], da dann bereits Klarheit über diesen Anspruch besteht.

An eine Verfallfrist sind dabei prinzipiell nur die Vertragsparteien gebunden. Ansprüche der Mitarbeiter untereinander[1566] unterliegen ebenso wenig der Frist wie Ansprüche von Familienangehörigen gegen den Auftraggeber[1567]. Durch die Ausschlussfrist wird das Recht ipso iure begrenzt. Anders als die gesetzliche Verjährung führt der Ablauf der tariflichen Frist nicht zu einer dauerhaften Hemmung, sondern zu einem von Amts wegen zu beachtenden Erlöschen des Anspruchs[1568]. Diese Einwendung des Verfalls kann dabei auch einem Rechtsnachfolger des Anspruchsberechtigten entgegengehalten werden, da die übergegangene Forderung mit der Einwendung behaftet ist[1569]. Die Rechtsfolge des Untergangs des Anspruchs ist umso drastischer, wenn man sich zum einen verdeutlicht, dass tarifliche Verfallfristen ohne Rücksicht auf die Kenntnis der Tarifparteien von den Fristen laufen[1570] und zum andern auch bei unverschuldetem Ablauf der Frist dies an dem Untergang des Anspruchs nichts ändert[1571].

[1564] BAG AP Nr. 78 zu § 4 TVG Ausschlussfristen.

[1565] BAG AP Nr. 67, 92, 124 zu § 4 TVG Ausschlussfristen.

[1566] LAG Düsseldorf DB 1970, 1934 f.; LAG Baden-Württemberg DB 1971, 1015 ff.

[1567] So für das Arbeitsrecht BAG AP Rn. 37 zu § 611 BGB Ärzte, Gehaltsansprüche. In dem Fall ging es um Ansprüche der Hinterbliebenen eines Arbeitnehmers auf das tarifliche Sterbegeld.

[1568] BAG AP Nr. 10 zu § 611 BGB Lohnanspruch; AP Nr. 3 zu § 4 TVG Ausschlussfristen. Das Gericht ist aber nicht dazu gehalten, in jedem Fall Nachforschungen anzustellen, ob auf das Vertragsverhältnis ein Tarifvertrag anzuwenden ist, so für das Arbeitsverhältnis BAG AP Nr. 51, 123 zu § 4 TVG Ausschlussfristen.

[1569] So für das Arbeitsrecht BAG AP Nr. 40 zu § 4 TVG Ausschlussfristen; dabei ist jedoch zu bedenken, dass § 613a BGB auf das Verhältnis von arbeitnehmerähnlicher Person zu Auftraggeber nicht anwendbar ist, siehe dazu oben § 3F.V.

[1570] So für das Arbeitsverhältnis BAG AP Nr. 2, 27, 28, 29, 30 zu § 4 TVG Ausschlussfristen; dies gilt ebenso für nicht tarifgebundene Mitarbeiter, in deren Vertrag auf einen Tarifvertrag verwiesen wird, a.A. *Fenski*, BB 1987, 2293 ff.

[1571] A.A. *Hueck/Nipperdey*, Band II 1.Halbband, § 32 III 5 d, nach denen einem Arbeitnehmer, der ohne jedes Verschulden nicht in der Lage war, die Frist zu wahren, die Möglichkeit bleiben muss, bei unverzüglicher Geltendmachung nach Beseitigung des Hindernisses, die Frist zu wahren. Dies widerspricht jedoch dem Zweck einer Ausschlussfrist, Rechtsfrieden und Rechtsklarheit zu schaffen.

Auch ein fehlender Aushang des Tarifvertrages im Betrieb nach § 7 TVG hindert den Lauf der Ausschlussfrist nicht [1572]. Ein Verstoß gegen § 7 TVG kann auch keine Schadensersatzansprüche nach § 823 Abs. 2 BGB nach sich ziehen, da die Norm kein Schutzgesetz im Sinne des § 823 Abs. 2 BGB ist[1573]. Dem Gläubiger bleibt anders als bei einer verjährten Forderung auch nicht die Möglichkeit der Aufrechnung. Sind Ansprüche nach den Ausschlussfristen verfallen, kann mit ihnen keine Aufrechnung mehr erklärt werden, eine analoge Anwendung des § 215 BGB kommt nicht in Betracht[1574].

Die tariflichen Ausschlussfristen stellen damit insofern eine Besonderheit dar als sie erstmalig bei dieser Untersuchung den gesetzlichen Schutz der arbeitnehmerähnlichen Person insgesamt deutlich verringern. Aufgrund dieser Beschneidung der Rechte sind Verfallfristen eng auszulegen[1575]. Werden sehr kurzfristige Verfallfristen vereinbart, wird die Auslegung im Allgemeinen ergeben, dass nicht die Ansprüche selbst beschnitten werden sollen, sondern lediglich eine Frist für eine Nachprüfung einer Abrechnung o.ä. normiert ist[1576]. Bei ungewöhnlich kurzen Fristen ist zu prüfen, ob diese nicht wegen Verstoßes gegen die guten Sitten unwirksam sind[1577]. Von der Ausschlussfrist zu unterscheiden ist die Frist für die Nachprüfung einer Auszahlung oder den Inhalt einer Abrechnung. Bei diesen Fristen handelt es sich nicht um solche, die bei Ablauf zum Untergang des Anspruchs führen, sondern um Fristen für die Beseitigung von Irrtümern über Tatsachen[1578].

Die Zulässigkeit einer tariflichen Ausschlussfrist ergibt sich für tarifliche Rechte aus § 4 Abs. 4 S. 3 TVG[1579]. Sie gehören zu den Inhaltsnormen[1580] und wirken nach Ablauf des Tarifvertrages nach[1581]. Verfallfristen stellen weder einen Verstoß gegen das Unabdingbarkeitsprinzip noch gegen die Bestimmungen des

---

1572 BAG AP Nr. 1 zu § 1 TVG Bezugnahme auf Tarifvertrag; AP Nr. 43 zu § 4 TVG Ausschlussfristen; eine andere Beurteilung ist möglich, wenn in dem Tarifvertrag explizit steht, dass der Beginn der Verfallfrist von dem Aushang des Tarifvertrages im Betrieb abhängig ist, dazu BAG AP Nr. 8 zu § 1 TVG Bezugnahme auf Tarifvertrag.

1573 Im Arbeitsrecht ist umstritten, ob der Lauf der Ausschlussfrist davon abhängt, dass auf die Frist nach § 2 Abs. 1 Nr. 10 NachwG im Arbeitsvertrag hingewiesen wurde. Diese Diskussion ist jedoch in dem Verhältnis zwischen arbeitnehmerähnlicher Person zu Auftraggeber irrelevant, da das NachwG keine Anwendung findet, siehe dazu oben § 3D.III.4.

1574 BAG AP Nr. 2, 4 zu § 390 BGB; der BGH hat inzwischen seine gegenteilige Meinung (BGH AP Nr. 1 zu § 390 BGB) aufgegeben, GSOGH AP Nr. 5,6 zu § 390 BGB.

1575 BAG AP Nr. 10 zu § 611 BGB Lohnanspruch; AP Nr. 30 zu § 4 TVG Ausschlussfristen.

1576 *Schaub/Koch/Linck*, § 205 Rn. 6.

1577 BAG AP Nr. 30 zu § 4 TVG Ausschlussfristen.

1578 So für das Arbeitsrecht BAG AP Nr. 12 zu § 1 TVG Auslegung; dagegen aber *Wank* in Wiedemann, § 4 TVG Rn. 729.

1579 Die Verwirkung tariflicher Rechte ist hingegen nach § 4 Abs. 4 S. 2 TVG ausgeschlossen.

1580 Siehe dazu oben § 4C.III.1.

1581 BAG AP Nr. 27 zu § 4 TVG Ausschlussfristen.

Lohnpfändungsschutzes[1582] dar. Wenngleich nach § 225 BGB Verjährungsfristen durch Parteiabreden verkürzt werden können, ist in Analogie zu § 4 Abs. 4 S. 3 TVG eine Abkürzung der Verjährungsfristen im Hinblick auf tarifliche Ansprüche gleichfalls nur im Tarifvertrag zulässig[1583]. Außertarifliche Ansprüche oder tariflich geregelte Ansprüche von nicht tarifgebundenen Parteien können hingegen auch vertraglichen Verfallfristen unterliegen[1584]. Ausschlussfristen für tariflich geregelte Ansprüche von tarifgebundenen Parteien in individualrechtlichen oder kollektivrechtlichen Regelungen sind hingegen unwirksam[1585]. Jedoch können die Tarifparteien in ihren Tarifverträgen auch normieren, dass sämtliche beiderseitigen Ansprüche aus dem Vertragsverhältnis und solche, die damit in Verbindung stehen, der Ausschlussfrist unterliegen[1586].

B. Tariflichen Ausschlussfristen im Einzelnen

Die Tarifparteien der hier untersuchten Tarifverträge haben jedoch von der Möglichkeit des Ausschlusses der Geltendmachung sämtlicher beiderseitiger Ansprüche nach einer bestimmten Frist keinen Gebrauch gemacht. Die tariflichen Ausschlussfristen beziehen sich allesamt nur auf tarifliche Ansprüche.

Als Anknüpfungspunkt für den Beginn der Ausschlussfrist wird bei nahezu allen tariflichen Regelungen die Anspruchsentstehung festgesetzt. Lediglich der Tarifvertrag des n-tv orientiert sich an der Fälligkeit des Anspruchs. Bei der Fälligkeit des Anspruchs als Anknüpfungspunkt ist zu beachten, dass nur nach Zeitabschnitten oder nach anderen Voraussetzungen entstehende Einzelansprü-

---

1582 Siehe dazu oben § 3E.II.3.b).

1583 *Schaub/Koch/Linck*, § 205 Rn. 3, § 204 Rn. 67, der jedoch auch auf eine gegenteilige Meinung verweist, nach der sich die Zulässigkeit derartiger individualrechtlicher Verjährungsfristen für tarifliche Ansprüche daraus ergebe, dass der ähnlich aufgebaute § 77 Abs. 4 BetrVG noch eine Regelung bezüglich der Abkürzung der Verjährungsfristen enthalte, *Schaub/Koch/Linck*, § 204 Rn. 67.

1584 BAG AP Nr. 1 zu § 241 BGB; dies gilt laut BAG insbesondere auch, wenn die Parteien auf einen Tarifvertrag verweisen, BAG AP Nr. 1 zu § 1 TVG Bezugnahme auf Tarifvertrag.

1585 Andererseits können tarifliche Verfallfristen wegen der möglichen Benachteiligung des Erwerbstätigen auch nicht verlängert werden, so für den Arbeitnehmer LAG Frankfurt AP Nr. 70 zu § 4 TVG Ausschlussfristen.

1586 So für das Arbeitsverhältnis BAG AP Nr. 1, 6, 14, 27, 28, 37, 45 zu § 4 TVG Ausschlussfristen; jedoch unterliegen laut BAG eine Reihe besonders wichtiger Ansprüche dennoch nicht der Verfallklausel, zu der Aufzählung dieser siehe *Schaub/Koch/Linck*, § 205 Rn. 9 f. Die Tarifparteien können ebenso Ausschlussfristen für bereits entstandene gesetzliche Ansprüche normieren, da diese nicht allein auf dem Gesetz, sondern auch auf dem durch das Gesetz gestalteten Vertrag beruhen. Die Unabdingbarkeit gesetzlicher Ansprüche beinhaltet nur die Garantie von Art und Umfang, verhindert aber nicht die der Rechtsklarheit dienende zeitliche Beschränkung des Anspruchs, dazu BAG AP Nr. 81 zu § 611 BGB Urlaubsrecht; AP Nr. 27, 28, 52, 53 zu § 4 TVG Ausschlussfristen.

che der Verfallfrist unterliegen; die Mutter- oder Stammrechte verfallen grundsätzlich nicht[1587]. Bei Schadensersatzansprüchen wegen eigener Schäden beginnt der Fristlauf spätestens in dem Zeitpunkt, in dem der Auftraggeber das Werk abnimmt[1588]. Ansprüche auf Ausgleichszahlungen, z.B. wegen Einschränkung[1589] oder Beendigung[1590] der Tätigkeit werden mit der Einschränkung oder der Beendigung selbst bzw. dem Ablauf der Ankündigungsfrist fällig. Eine dementsprechende Regelung findet sich in §§ 12 Abs. 8[1591], 13 Abs. 4 Tarifvertrag des WDR, wonach der Anspruch auf Ausgleichszahlung bei Beendigung nach Ablauf der Ankündigungsfrist fällig ist bzw. wenn seit der letzten Beschäftigung eine der Ankündigungsfrist entsprechende Zeit verstrichen ist, ohne dass eine weiter Beschäftigung erfolgte[1592]. Auch wenn über die Einschränkung oder Beendigung noch ein Rechtsstreit schwebt, wird der Anspruch auf die Ausgleichszahlung bei der Beendigung fällig[1593].

Die am weitesten verbreitete Regelung der Ausschlussfrist in den untersuchten Tarifverträgen enthält eine sechsmonatige Verfallfrist nach Entstehen des Anspruchs. Diese Ausschlussfrist ist jedoch gehemmt, solange und soweit der Mitarbeiter unverschuldet daran gehindert war, den Anspruch geltend zu machen[1594].

Zur Geltendmachung des Anspruchs gehört bei einer derartigen Formulierung grundsätzlich die Spezifizierung nach Grund und Höhe. Der Anspruch muss nach dem Grunde individualisiert werden, damit der Anspruchsgegner erkennen kann, welche Forderungen erhoben werden[1595]. Dazu gehört grundsätzlich auch die Höhe der Forderung, damit sich der Anspruchsgegner schlüssig werden kann, wie er sich verhalten soll[1596]. Eine rechtliche Begründung ist dabei nicht nötig. Jedoch lassen einzelne Tarifverträge teilweise sogar die Geltendmachung des Anspruchs nur dem Grunde genügen, ohne dass eine genaue Bezifferung der

---

1587 *Schaub/Koch/Linck*, § 205 Rn. 19.

1588 So für das Arbeitsrecht BAG AP Nr. 14 zu § 4 TVG Ausschlussfristen; bei offensichtlichen Mängeln hingegen schon zum Zeitpunkt der Schlechtleistung, BAG AP Nr. 35, 44 zu § 4 TVG Ausschlussfristen, bei versteckten Mängeln erst im Zeitpunkt der Erkennbarkeit, BAG AP Nr. 4 zu § 611 BGB Akkordlohne.

1589 Siehe dazu oben § 18.

1590 Siehe dazu oben § 17.

1591 Dementsprechende Regelungen der Fälligkeit finden sich auch für die Zahlungen bei Beendigung oder bei Teilbeendigung, so für die Beendigung in § 13 Abs. 4 und für die Teilbeendigung in § 14 Abs. 4 TV des WDR.

1592 An diesen Zeitpunkt knüpft für Ansprüche auf Zahlungen wegen Beendigung oder Einschränkung folgerichtig dann auch die Ausschlussfrist an, § 7 Abs. 1 TV des WDR.

1593 So für Abfindungszahlungen auf der Grundlage des § 113 Abs. 3 BetrVG BAG AP Nr. 5 zu § 113 BetrVG 1972.

1594 Derartige Regelungen finden sich in § 24 TV der DW; 13 TV des NDR; 11.2 TV des SR; 10.2 TV des SWR; § 8 Abs. 2) TV des ZDF.

1595 BAG AP Nr. 33, 43, 48, 48, 59 zu § 4 TVG Ausschlussfristen.

1596 BAG AP Nr. 5, 33, 36, 42, 48, 49, 55 zu § 4 TVG Ausschlussfristen.

Anspruchshöhe geltend zu machen ist[1597]. Darüber hinaus ist selbst bei einer geforderten Angabe der Höhe diese dann nicht nötig, wenn dem Schuldner die Höhe bekannt ist[1598] oder wenn der Schuldner durch sein Verhalten bewirkt hat, dass der Gläubiger von seinen Ansprüchen nicht rechtzeitig Kenntnis erhält[1599].

Generell genügt der Gläubiger seiner Geltendmachung durch eine Zahlungsaufforderung[1600], im Fall der Geltendmachung eines Anspruchs auf Entgeltfortzahlung[1601] bedarf es einer erneuten Geltendmachung, wenn der Mitarbeiter zwischenzeitlich gesund war[1602]. Zu ihrer Wirksamkeit muss die Geltendmachung vom Gläubiger oder seinem Bevollmächtigten[1603] bei der zuständigen Stelle erfolgen. Bei den hier untersuchten Tarifverträgen ist dies in den meisten Fällen die Abteilung Honorare und Lizenzen[1604], bei der DW die „zuständige Verwaltungsbehörde" oder bei n-tv und NDR einfach das Unternehmen.

Die bei allen untersuchten Ausschlussfristen geforderte Schriftlichkeit der Geltendmachung[1605] kann ebenso durch ein Fax[1606] oder durch Klageeinreichung gewahrt werden, wenn die Klage innerhalb der Verfallfrist zugestellt wird[1607]. Dies gilt nicht, wenn die Klage unzulässig ist[1608] oder später zurückgenommen wird. Ist dem Mitarbeiter die erforderliche Schriftlichkeit der Geltendmachung nicht bekannt und hat ihn der Auftraggeber nicht darauf hingewiesen, ändert dies nichts an der Unwirksamkeit der Geltendmachung, was bei unterbliebener erneuter formwirksamer Geltendmachung zum Ablauf der Ausschlussfrist führt.

1597 Solche weitergehenden Erleichterungen stehen in § 24 TV der DW; 10.2 TV des SWR; § 8 Abs. 2) TV des ZDF.

1598 BAG AP Nr. 48, 49, 55 zu § 4 TVG Ausschlussfristen; gleiches gilt bei umfangreichen strafbaren Handlungen gegen den Auftraggeber, wenn die Höhe des Schadens dem Auftraggeber bekannt sein musste, so für das Arbeitsrecht BAG AP Nr. 9 zu § 70 BAT.

1599 BAG AP Nr. 5, 27, 37, 44, 49 zu § 4 TVG Ausschlussfristen.

1600 BAG AP Nr. 130 zu § 4 TVG Ausschlussfristen.

1601 Zu den Ansprüchen auf Entgeltfortzahlung siehe oben § 11.

1602 BAG AP Nr. 22 zu § 70 BAT.

1603 Im allgemeinen ist ein Gewerkschaftssekretär bevollmächtigt, Ansprüche der von ihm vertretenen Erwerbstätigen geltend zu machen, so für die bei einer Gewerkschaft organisierten Arbeitnehmer LAG Frankfurt a.M. NZA 1994, 192.

1604 5.3 TV des BR; 11.2 TV des SR; 10.2 TV des SWR; § 7 Abs. 1 TV des WDR; § 8 Abs. 2 TV des ZDF.

1605 Von der Möglichkeit einer zweistufigen Ausschlussfrist haben die Tarifparteien keinen Gebrauch gemacht, zu deren Zulässigkeit BAG AP Nr. 2 zu § 241 BGB.

1606 BAG AP Nr. 153 zu § 4 TVG Ausschlussfristen.

1607 BAG AP Nr. 5 zu § 4 TVG Ausschlussfristen; AP Nr. 3, 4 zu § 496 ZPO; eine Strafanzeige ersetzt jedoch nicht die schriftliche Form, BAG AP Nr. 54 zu § 4 TVG Ausschlussfristen.

1608 BAG AP Nr. 103 zu § 4 TVG Ausschlussfristen.

Die arbeitnehmerähnliche Person kann dem Auftraggeber in dem Fall auch nicht die Einrede der Arglist entgegensetzen[1609].

Der Tarifvertrag des WDR enthält an sich eine der Standardregelung entsprechende Vorschrift, die sogar ebenfalls eine Beschränkung der Geltendmachung dem Grunde nach genügen lässt[1610]. Zum Nachteil der arbeitnehmerähnlichen Person ist jedoch eine Hemmung der Ausschlussfrist durch eine unverschuldete Verhinderung nicht vorgesehen. Auch die Tarifverträge des BR und des SWR enthalten die verbreitete Standardregelung der Ausschlussfrist. Allerdings wird diese Lösung dadurch modifiziert, dass ein Anspruch, der sich auf ein abgelaufenes Kalenderjahr bezieht, spätestens bis zum 31.03. des Folgejahres geltend gemacht werden muss[1611]. Diese Art der Fristberechnung kann im günstigsten Fall der Entstehung des Anspruchs am 1.1. eines Jahres zu einer fünfzehnmonatigen Ausschlussfrist führen. Im schlechtesten Falle des Entstehens des Anspruchs am 31.12. führt dies zu einer Verkürung des Ausschlusses auf nur drei Monate.

Eine diesen Regelungen ähnliche Vorschrift hinsichtlich der Länge der Frist findet sich im Tarifvertrag des NDR. So sind Ansprüche auf Übergangsgeld nach den Bestandsschutzregeln[1612] spätestens bis zum 31. März des jeweiligen Folgejahres schriftlich geltend zu machen[1613]. Sonstige Ansprüche sind nach der bereits beschriebenen Formulierung nach sechs Monaten ausgeschlossen. Damit wird anders als in den Tarifverträgen des BR und des SWR nicht an den Zeitpunkt der Anspruchsentstehung, sondern an den Anspruchsgrund eine unterschiedliche Frist als Rechtsfolge geknüpft.

Eine zwar konsequente, jedoch auch nahezu immer ungünstigere Regelung für arbeitnehmerähnliche Personen findet sich im Tarifvertrag des n-tv. Danach ist eine dreimonatige Ausschlussfrist geregelt, die zugegeben auch die Option der Geltendmachung dem Grunde nach und der Hemmung der Frist beinhaltet[1614]. Zwar ist diese Verfallfrist eindeutig die kürzeste unter den untersuchten Tarifverträgen. Jedoch besteht kein Anlass, diese Frist aufgrund ihrer Kürze als Frist für eine Nachprüfung umzudeuten oder sie gar wegen Verstoßes gegen die guten Sitten als unwirksam anzusehen[1615].

1609 BAG AP Nr. 2, 28 zu § 4 TVG Ausschlussfristen; zu den möglichen Einreden siehe gleich noch unten § 19D.
1610 § 7 Abs. 1 TV des WDR.
1611 5.3 TV des BR; 10.2 TV des SWR.
1612 Siehe dazu oben § 17 und § 18.
1613 13. TV des NDR.
1614 4. TV des BR.
1615 Siehe dazu bereits oben § 19A und die dazugehörigen Fußnoten 1576 und 1577.

C. Ergebnis der Untersuchung

Bis auf zwei Tarifverträge enthalten alle untersuchten Tarifverträge eine Ausschlussfrist, wobei die meisten eine undifferenzierte Verfallfrist von sechs Monaten anordnen. An der Zulässigkeit dieser Standardregelungen wie an der Zulässigkeit der insoweit differenzierenden Vorschriften, die zu kürzeren Fristen führen können, bestehen ebenso wenig Bedenken wie an der zwar kürzesten, aber doch keineswegs unüblichen Frist von drei Monaten bei dem Tarifvertrag des n-tv. Auch die fehlende Möglichkeit der Hemmung der Frist durch eine unverschuldete Verhinderung mag zwar im besonderen Fall zu nicht erwünschten Ergebnissen führen. Dies ist aber kein Grund, das Fehlen eines solchen Zusatzes als unzulässig zu werten. Demnach unterliegen die tariflichen Ansprüche bei allen Mitarbeitern der Fernsehunternehmen bis auf diejenige beim HR und beim MDR nicht der gesetzlichen Verjährungsfrist.

Dies hat eine sehr deutliche Schmälerung des Schutzes der arbeitnehmerähnlichen Personen zur Folge, da die tariflichen Fristen nicht nur kürzer sind als die gesetzliche Verjährungsfrist. Anders als die gesetzliche Frist führt ein Verstreichen der tariflichen Ausschlussfrist auch zum endgültigen Untergang des Anspruchs.

D. Einreden und Einwendungen gegen die Geltendmachung der Ausschlussfrist

Da an der Zulässigkeit der untersuchten Ausschlussfristen keine Bedenken bestehen, bleiben dem Gläubiger nur noch mögliche Einwendungen oder Einreden, um dem Ablauf der Ausschlussfrist und damit dem Untergang seines Anspruchs zu begegnen.

Der Einwand der unzulässigen Rechtsausübung besteht, wenn die arbeitnehmerähnliche Person oder der Auftraggeber darauf vertrauen durfte, dass die andere Partei die Forderung noch erfüllt[1616], wenn der Schuldner den Gläubiger von der fristgerechten Geltendmachung abgehalten hat[1617] oder wenn es sich dem Grunde und der Höhe nach um unstreitige Ansprüche der arbeitnehmerähnlichen Person handelt und diese bei ihrer Aberkennung in eine erhebliche Notlage geraten würde[1618]. In diesen geschilderten Fällen muss aber auf jeden Fall das Verhalten der anderen Partei ursächlich für den Verfall des Anspruchs gewesen sein[1619]. Hat die arbeitnehmerähnliche Person ihrem Auftraggeber einen Mangel der von

[1616] So für das Arbeitsrecht BAG AP Nr. 87 zu § 4 TVG Ausschlussfristen.
[1617] BAG AP Nr. 6 zu § 4 TVG Ausschlussfristen; dies gilt auch, wenn die andere Partei nur unabsichtlich handelte.
[1618] So für das Arbeitsrecht RAG ARS 38, 355 (362).
[1619] BAG AP Nr. 11 zu § 1 TVG: Gaststätten.

ihr ausgeführten Arbeit arglistig verschwiegen, kann der Auftraggeber den Einwand der unzulässigen Rechtsausübung erheben[1620].

Als weiteres Mittel gegen den Fristablauf kann beiden Parteien die Einrede der Arglist zugute kommen. Vor dem Hintergrund der Rechtsnatur der Einrede ergibt sich, dass anders als bei der Einwendung alsbald nach Behebung des Hindernisses Klage zu erheben ist[1621]. Der Auftraggeber kann die Einrede der Arglist erheben, wenn die arbeitnehmerähnliche Person in erheblichem Umfang überzahlt worden ist und sie erkennen konnte, dass sie auf die Vergütung keinen Anspruch hat[1622]. In einem anderen, für die arbeitnehmerähnliche Person häufig vorkommenden Fall, kann sich diese hingegen nicht auf die Einrede der Arglist berufen: Klagt ein arbeitnehmerähnlicher Erwerbstätiger auf Feststellung seines Statusses und wird dieser gerichtlich bestätigt, unterliegen seine Vergütungsansprüche für den streitigen Zeitraum ebenfalls der tariflichen Ausschlussfrist. Auf diese Frist kann sich der Auftraggeber berufen, selbst wenn er dem Mitarbeiter den Status als arbeitnehmerähnliche Person abgesprochen hat; dem Mitarbeiter steht keine Einrede zu[1623].

§ 20 Geltungsbereich

§ 12a TVG normiert, für welche Erwerbstätigen von den Tarifparteien Tarifverträge abgeschlossen werden können[1624]. Dabei obliegt es den Tarifparteien, den Geltungsbereich zu bestimmen. Bei der Definition des Geltungsbereiches sind neben der vertraglichen Grundlage vor allem die wirtschaftliche Abhängigkeit und die soziale Schutzbedürftigkeit des Mitarbeiters entscheidend. Sie können den Geltungsbereich eingrenzen, eine Erweiterung des Anwendungsbereiches über § 12a TVG hat jedoch zur Folge, dass der Tarifvertrag nicht normativ gilt[1625].

A. Vertragsart

Eine unzulässige Erweiterung liegt vor, soweit in tariflichen Bestimmungen die Art der aufgrund des Rechtverhältnisses geleisteten Dienste keinerlei Berücksichtigung findet. Eine Erwähnung der geforderten vertraglichen Grundlagen finden sich auch in nahezu allen Tarifverträgen, die ausnahmslos angelehnt an § 12a Abs. 1 Nr. 1 TVG als Basis einen Dienst- oder Werkvertrag fordern[1626].

[1620] So für das Arbeitsrecht BAG AP Nr. 42 zu § 4 TVG Ausschlussfristen.
[1621] BAG AP Nr. 46 zu § 4 TVG Ausschlussfristen.
[1622] BAG AP Nr. 7 zu § 70 BAT.
[1623] So für das Arbeitsrecht LAG Köln MDR 2000, 340.
[1624] Zu den Voraussetzungen siehe oben § 4B.I.
[1625] Siehe dazu ausführlich oben § 4B.II.
[1626] 1.1.1 TV des BR; § 1 Abs. 1 TV der DW; § 1 Nr. 1 a) Bestandsschutz-TV des HR; 1.1.1

Der Tarifvertrag des MDR stellt jedoch keine Voraussetzung an die vertragliche Tätigkeit. Bei dem Vergleich mit der sozialen Schutzbedürftigkeit eines Arbeitnehmers sind die für den jeweiligen Tätigkeitsbereich typischen Verhältnisse jedoch derart maßgeblich, dass sie bei der Beurteilung, ob durch ein Rechtsverhältnis ein arbeitnehmerähnlicher Status begründet wird, nicht außer acht gelassen werden dürfen[1627]. Da in der die Anspruchsberechtigten regelnden Ziffer 5.1.1 des Tarifvertrages jedoch auf die arbeitnehmerähnlichen Personen im Sinne des § 12a TVG Bezug genommen wird, ist hinsichtlich der vertraglichen Tätigkeiten auf § 12a TVG zurückzugreifen. Gegenüber den nicht von § 12a TVG erfassten Selbständigen entfaltet der Tarifvertrag keine normative Wirkung.

B. Wirtschaftliche Abhängigkeit

In den tariflichen Normen wird hinsichtlich des Tatbestandsmerkmals der wirtschaftlichen Abhängigkeit meist in Anlehnung an § 12a TVG gefordert, dass der Erwerbstätige in den letzten sechs Monaten[1628] mehr als die Hälfte bzw. bei künstlerischen oder journalistischen Tätigkeiten mindestens ein Drittel seines Einkommens von der betreffenden Anstalt bezogen hat[1629]. Zur Berechnung von Einkünften und Fristen werden teilweise auch Tochtergesellschaften mit einbezogen[1630]. Nur der Tarifvertrag des HR[1631] enthält nicht die nach § 12a Abs. 3 TVG geregelte Besonderheit, dass für künstlerisch oder journalistisch Tätige ein Drittel des Einkommens als Nachweis für die wirtschaftliche Abhängigkeit genügt. Dadurch wird der Anwendungsbereich des Tarifvertrages gegenüber den Möglichkeiten nach § 12a TVG eingeschränkt, was jedoch der Normsetzungsbefugnis der Tarifparteien obliegt[1632].

Auch hinsichtlich der gängigen Bezugnahme auf den Zeitraum der letzten sechs Monate enthält der Tarifvertrag des HR eine Ausnahme. Anders als bei den anderen Anstalten, die das Vorliegen eines Dauerrechtsverhältnisses anhand der Umstände beurteilen, wird nach dem Tarifvertrag des HR auf die förmliche Be-

---

TV des NDR; 1.1 TV des n-tv; 1.1 TV des SR; 1.1 TV des SWR; § 1 Abs. 1 TV des WDR; 1 (1) Bestandsschutz-TV ZDF.

1627 BAG AP Nr. 1 zu § 12a TVG.

1628 1.1 TV des BR; § 2 Abs. 2 TV der DW; 5.1.2 TV des MDR; 2. TV des NDR; 1.2 TV des n-tv; 2.1 TV des SR; 2. TV des SWR; § 2 TV des WDR; § 2 Abs. 2 Bestandsschutz-TV des ZDF.

1629 2.1 TV des BR; § 2 Abs. 1 TV der DW; 5.1.2 TV des MDR; 2. TV des NDR; 2.1 und 2.2 TV des SR; 2. TV des SWR; § 2 TV des WDR; § 2 Abs. 2 Bestandsschutz-TV des ZDF.

1630 2.2 TV des BR; 2. TV des NDR; auch verbundene Unternehmen berücksichtigend 1.2 TV des n-tv; zur Einbeziehung von Tochtergesellschaften siehe auch LAG Köln, Urt. v. 26.8.1998 – 2 Sa 1066/97 – n.v.; siehe aber dazu **juris**.

1631 Bestandsschutz-TV des HR.

1632 Siehe dazu oben unter § 4B.II.

gründung eines Dauerrechtsverhältnisses abgestellt[1633]. Ansprüche aus dem Tarifvertrag können erst entstehen, wenn ein Dauerrechtsverhältnis begründet ist[1634]. Ein Dauerrechtsverhältnis kann nach dem Tarifvertrag aber erst begründet werden, wenn der Erwerbstätige zuvor mindestens zwölf Monate für den HR als freier Mitarbeiter tätig war[1635]. Auch durch diese Voraussetzung schränken die Tarifparteien des Tarifvertrages des HR den Anwendungsbereich gegenüber § 12a TVG deutlich ein, wozu sie jedoch aufgrund ihrer Normsetzungsbefugnis ermächtigt sind[1636].

Jegliche Regelung zur wirtschaftlichen Abhängigkeit fehlt im Tarifvertrag des n-tv. Da die den Geltungsbereich regelnde Norm jedoch bestimmt, dass dieser Tarifvertrag für arbeitnehmerähnliche Personen im Sinne des § 12a TVG gilt[1637], ist hinsichtlich der Bestimmung der wirtschaftlichen Abhängigkeit auf § 12a TVG zurückzugreifen[1638]. Gegenüber den nicht von § 12a TVG erfassten Selbständigen entfaltet der Tarifvertrag keine normative Wirkung.

C. Soziale Schutzbedürftigkeit

Das Merkmal der sozialen Schutzbedürftigkeit kann sowohl zeitlich als auch in Bezug auf die Einkünfte näher bestimmt werden. Die meisten der untersuchten Tarifverträge definieren die soziale Schutzbedürftigkeit anhand beider Komponenten. Als zeitlicher Bezugspunkt werden parallel zur Festsetzung der wirtschaftlichen Abhängigkeit meist die vergangenen sechs Monate gewählt[1639]. Innerhalb dieser sechs Monate muss der Erwerbstätige meist mindestens 42 Tage für die jeweilige Anstalt oder die Arbeitsgemeinschaft tätig gewesen sein[1640]. Den Mitarbeitern bei n-tv obliegt eine Tätigkeit zur Anerkennung der sozialen Schutzbedürftigkeit an 46 Tagen[1641], beim SR werden sieben Tage pro Monat in den letzten sechs Monaten festgelegt[1642]. Einzig der Tarifvertrag des MDR nimmt nicht auf die letzten sechs Monate, sondern auf das vorangegangene Ka-

---

1633 Zu dem Dauerrechtsverhältnis nach dem TV des HR siehe auch LAG Hessen, Urt. v. 26.3.2003 – 6 Sa 1250/02 - n.v.; siehe aber dazu **juris**, wobei die Zulässigkeit der Regelung nicht Gegenstand des Verfahrens war.

1634 § 1 Nr. 1 d) Bestandsschutz-TV des HR.

1635 § 4 Nr. 1 Bestandsschutz-TV des HR.

1636 Dazu oben § 4B.II.

1637 § 1 TV des n-tv.

1638 Dazu oben § 4B.I.2.

1639 § 3 TV der DW; 3.1 TV des NDR; 1.2 TV des n-tv; 3.1 TV des SR; 3.1 TV des SWR; § 3 Abs. 1 TV des WDR; § 2 Abs. 3 Bestandsschutz-TV des ZDF.

1640 § 3 TV der DW; 3.1 TV des NDR; 3.1 TV des SWR; § 3 Abs. 1 TV des WDR; § 2 Abs. 3 Bestandsschutz-TV des ZDF.

1641 1.2 TV des n-tv.

1642 3.1 TV des SR.

lenderjahr bezug, in dem die arbeitnehmerähnliche Person an 72 Tagen für die Anstalt oder die Arbeitsgemeinschaft tätig gewesen sein muss[1643].

Im Tarifvertrag des BR ist keine Festsetzung einer bestimmten Anzahl von Tagen erfolgt. Es wird lediglich eine „wiederkehrende Tätigkeit"[1644] gefordert, ohne diesen unbestimmten Begriff näher zu definieren[1645]. Legt man den Begriff der „wiederkehrenden Tätigkeit" aus, so kann hiervon nur bei einer relevanten Anzahl von Tagen wie etwa einer Woche pro Monat ausgegangen werden. Dies entspricht ca. der üblicherweise in Tarifverträgen festgesetzten Anzahl von 42 Tagen innerhalb von sechs Monaten bzw. 72 Tagen innerhalb eines Jahres. Für die Mitarbeiter des HR enthält der Tarifvertrag gar keine zeitliche Komponente. Dies hat keine Auswirkungen. Es steht den Tarifparteien frei, die soziale Schutzbedürftigkeit nur anhand des finanziellen Faktors zu beurteilen: auch nach § 12a TVG beurteilt sich die soziale Abhängigkeit nur anhand der finanziellen Komponente.

Bei der Definition der finanziellen Komponente der sozialen Schutzbedürftigkeit zeigt sich eine erstaunliche Bandbreite. Bezugnehmend auf die letzten sechs Monate sind dabei 60.000 DM[1646], 30.000 €[1647], 35.790,43 €[1648], 45.000 €[1649], 74.000 €[1650] bis hin zu 98.000 €[1651] als maximal zulässiges Einkommen in den tariflichen Regelungen zu finden. Bezugnehmend auf das Kalenderjahr wird im Tarifvertrag des MDR eine Höhe von 120.000 DM festgelegt[1652]. In dem Tarifvertrag des SWR wird normiert, dass der Erwerbstätige in den letzten zwölf Monaten nicht mehr Einnahmen erzielt haben darf als ein Arbeitnehmer, der das höchste Tarifgehalt nach dem Tarifvertrag für Arbeitnehmer beim SWR erhält[1653]. In den Tarifverträgen des BR und des HR finden sich keine tariflichen Höchstgrenzen[1654].

Diese deutlichen Unterschiede erklären sich zum einen durch den Zeitpunkt des Abschlusses des jeweiligen Tarifvertrages. Bei einer Spannbreite von über zehn

---

1643 5.1.3 TV des MDR.
1644 Protokollnotiz zu 2.1 TV des BR.
1645 Dieser Begriff war früher in mehreren Tarifverträgen zu finden, meist wurde er jedoch näher definiert, zu dem verwendeten Begriff in dem TV der DW in der Fassung vom 1.1.1992 siehe LAG Köln, Urt. v. 26.8.1998 – 2 Sa 1066/97 – n.v., siehe aber dazu **juris**.
1646 1.2 TV des n-tv.
1647 Bzw. 60.000 € im vergangenen Jahr nach 3.1 TV des SR.
1648 § 2 Abs. 2 Bestandsschutz-TV des ZDF.
1649 Bzw. 90.000 € im vergangenen Jahr nach § 3 Abs. 1 TV des WDR.
1650 § 3 TV der DW.
1651 3.1 TV des NDR.
1652 5.1.3 TV des MDR.
1653 3.1 TV des SWR.
1654 In dem TV des HR wird nur auf das Dauerrechtsverhältnis abgestellt; beim BR wird nach 1.1 als Voraussetzung für die Eröffnung des Geltungsbereichs nur eine Mindestgrenze des Erwerbs vom BR i.H.v. 5.000 DM in den letzten sechs Monaten festgelegt.

Jahren liegt es nahe, dass das Durchschnittseinkommen unterschiedlich bemessen wird. Zum andern liegt es auch daran, dass einige Tarifverträge in diese finanziellen Betrachtungen alle Einkünfte des Mitarbeiters miteinbeziehen[1655] und dadurch höhere zulässige Gesamtsummen angeben als diejenigen, die nur auf das von der Anstalt bzw. der Arbeitsgemeinschaft gezahlte Einkommen abstellen. So werden in dem Tarifvertrag des MDR explizit alle Erwerbseinkünfte sowie gesetzliche und betriebliche Ruhestandseinkünfte berücksichtigt. Bei den Tarifverträgen des NDR und des WDR werden zunächst alle Einkünfte aus Erwerbstätigkeiten mit einbezogen; durch einen Verweis auf § 22 EStG werden dabei auch nach § 22 S.3 lit. a EStG die Einnahmen aus Rentenbezügen mit einkalkuliert. Eine derartige Berücksichtigung aller Bezüge, die auf Erwerbstätigkeiten beruhen, ist bei der Beurteilung der sozialen Schutzbedürftigkeit unumgänglich. Diese Berücksichtigung kann dazu führen, dass die für einen Arbeitnehmer typische Notwendigkeit, seine Arbeitskraft zur Sicherung seiner wirtschaftlichen Existenz zu verwerten, nicht vorliegt. Dies wird vor folgendem Hintergrund besonders offensichtlich: Nimmt man den Tarifvertrag der DW mit einem zulässigen Höchstgehalt zur Bejahung der sozialen Schutzbedürftigkeit von 74.000 € in sechs Monaten als Beispiel, so kann bei einer künstlerisch oder publizistisch Tätigen die Situation entstehen, dass sie im Jahr von der DW 148.000 € bezieht. Da die wirtschaftliche Abhängigkeit einer derart tätigen Mitarbeiterin bereits nach dem Tarifvertrag bereits bei einem Bezug von einem Drittel der Einnahmen von der Anstalt bejaht wird, kann sie demnach noch 296.000 € aus anderen Erwerbstätigkeiten beziehen. Mit errechneten maximalen Gesamteinkünften von jährlich 444.000 € entfällt die soziale Schutzbedürftigkeit nach dem Tarifvertrag der DW dennoch nicht.

Anhand dieses Beispiels wird deutlich, dass eine Berücksichtigung aller Bezüge bei der Ermittlung der sozialen Schutzbedürftigkeit notwendig ist[1656]. Ansonsten wird der Kreis der arbeitnehmerähnlichen Personen in unzulässiger Weise über den nach § 12a Abs. 1 Nr. 1 TVG erfassten Personenkreis erweitert. Dies gilt für die Tarifverträgen der DW, des n-tv, des SR, des SWR und des ZDF. Die Vorschriften des BR und des HR enthalten keine Höchstgrenzen.

Als Rechtsfolge gelten diese Tarifverträge – also der Tarifvertrag des BR, der DW, des HR, des n-tv, des SR, des SWR und des ZDF nicht normativ für Selbständige, die nicht von § 12a TVG erfasst werden. Bei der Überlegung, welche Selbständigen dies im Hinblick auf die soziale Schutzbedürftigkeit sind, erscheint eine Anlehnung an den Tarifvertrag des MDR, NDR oder WDR sachgerecht: bei einer Berücksichtigung aller Einkünfte aus Erwerbstätigkeit und Renteneinkünften in den letzten sechs Monaten ergibt sich eine soziale Schutzbe-

---

[1655] 5.1.3 TV des MDR; 3.1 TV des NDR; Protokollnotiz zu § 3 Abs. 1 TV des WDR.

[1656] In dem TV des SWR bleiben sogar explizit andere als erwerbsmäßige Einkünfte in vollem Umfang unberücksichtigt, 3.1 TV des SWR.

dürftigkeit bei einem Einkommen zwischen € 45.000 und € 98.000. Dabei sind jedoch leichte Überschreitungen nicht relevant. Auf alle Selbständigen, deren Einkommen deutlich darüber liegt, findet der jeweilige Tarifvertrag nicht normativ, sondern je nach vertraglicher Regelung eventuell kraft Verweisung Anwendung[1657].

D. Ausnahmen

Der persönliche Geltungsbereich kann von den Tarifparteien eingeschränkt werden. Dementsprechend wird in zahlreichen Tarifverträgen eine Negativabgrenzung vorgenommen, durch die Ansprüche einer Vielzahl von Beschäftigten ausgenommen werden. Sind Einschränkungen in dem Geltungsbereich zwar generell möglich, so sind derartige Bereichsausnahmen jedoch vor dem Hintergrund des Art. 3 Abs. 1 GG problematisch[1658]. Eine Tarifnorm ist jedenfalls dann unwirksam, wenn sie für vergleichbare Sachverhalte unterschiedliche Regelungen enthält und sich ein vernünftiger, sich aus der Natur der Sache ergebender einleuchtender Differenzierungsgrund nicht finden lässt[1659]. Bereichsausnahmen finden sich in den Tarifverträgen u.a. für Rentner, Pensionäre oder Arbeitnehmer der jeweiligen Anstalt oder Arbeitnehmer, die bei einem Dritten in Vollzeit beschäftigt sind[1660]. Diese ehemaligen oder anderweitig Erwerbstätigen sind vor dem Hintergrund nicht schutzbedürftig als sie anderweitig durch Renteneinnahmen oder Arbeitsentgelt ausreichend finanzielle Sicherheit genießen. Daher bestehen gegen diese Einschränkungen im Geltungsbereich keine Bedenken. Ferner sind häufig Auszubildende, Praktikanten, Volontäre[1661] und Studenten[1662] vom Geltungsbereich des Tarifvertrages ausgenommen. Bei Auszubildenden, Praktikanten und Volontären ist die Bereichsausnahme zulässig, da bei diesen Beschäftigten nicht die Erwerbstätigkeit, sondern das Ausbildungsziel im Vordergrund steht. Dieses Argument kann jedoch nach der Rechtsprechung des BAG[1663] nicht der Rechtfertigung der Bereichsausnahme von Studenten dienen. Selbst bei Berücksichtigung der Gestaltung des persönlichen Geltungsbereichs

---

[1657] Dazu oben § 4B.II.

[1658] Siehe zu der Bindung der Tarifparteien an Art. 3 Abs. 1 GG oben § 6A.III.

[1659] BAG AP Nr. 20 zu § 47 BAT.

[1660] 1.3.1 TV des BR; § 1 Abs. 2 TV der DW; § 1 Nr. 2 Bestandsschutz-TV des HR; 1.1.2 TV des MDR; 1.2 TV des NDR; nur Arbeitnehmer nach dem MTV des n-tv ausnehmend 1.1 TV des n-tv; 1.2 TV des SR; 1.3 TV des SWR; § 1 Abs. 2 TV des WDR; § 1 Nr. 3 c) Bestandsschutz-TV des ZDF.

[1661] § 1 Abs. 2 TV der DW; § 1 Abs. 2 Bestandsschutz-TV des HR; 1.1.2 TV des MDR; 1.2 TV des NDR; 1.2 TV des SR; 1.3 TV des SWR; § 1 Abs. 2 TV des WDR; § 1 Nr. 3 c) Bestandsschutz-TV des ZDF.

[1662] § 1 Abs. 2 TV der DW; § 1 Abs. 2 Bestandsschutz-TV des HR; 1.2 TV des SR; § 1 Nr. 3 c) Bestandsschutz-TV des ZDF.

[1663] BAG AP Nr. 1 zu § 112 LPVG Rheinland-Pfalz.

eines Tarifvertrages durch die Tarifparteien bis zur Grenze der Willkür[1664], stelle der vollständige Ausschluss von Studenten aus dem Geltungsbereich eines Tarifvertrages für arbeitnehmerähnliche Personen einen Verstoß gegen den Gleichheitssatz des Art. 3 Abs. 1 GG dar[1665]. Die Herausnahme von Studenten aus dem persönlichen Geltungsbereich ist unter keinem Gesichtspunkt plausibel erklärbar. Im Arbeitsrecht wird eine Herausnahme von Werkstudenten aus tariflichen Vergünstigungen im Allgemeinen damit gerechtfertigt, typischerweise fehle Studenten die Perspektive zur Dauerbeschäftigung und sie befänden sich deswegen in einer anderen sozialen Lage als andere Arbeitnehmer. Das Studium sichere vorrangig ihre berufliche Perspektive und werde typischerweise im Wesentlichen durch staatliche, familiäre oder andere Unterhaltsleistungen finanziert[1666]. Diese Begründung kann aber nur im Vergleich zu Arbeitnehmern herangezogen werden. Arbeitnehmerähnliche Personen haben generell demgegenüber in gleicher Weise wie Studenten keine gesicherte wirtschaftliche Grundlage. Sie haben mit Ausnahme der langjährig Beschäftigten keinen Bestandsschutz und keinen Anspruch auf Mindestbeschäftigung. Sie können daher ihren Lebensunterhalt nicht allein durch die Tätigkeit bei der Anstalt sicherstellen. Es gibt deshalb keinen vernünftigen Sachgrund, Studenten von den Regelungen auszuschließen, die für in vergleichbarer sozialer Lage befindliche arbeitnehmerähnliche Personen getroffen werden[1667]. Die Bereichsausnahme der Studenten ist aufgrund ihrer Unzulässigkeit insoweit unwirksam. Ein Student kann sich daher trotz Bereichsausnahme bei tarifrechtlicher Bindung auf die Rechte aus dem Tarifvertrag berufen.

E. Ergebnis der Untersuchung

Bei der Analyse der Normen, die den Geltungsbereich der Tarifverträge eröffnen, zeigt sich ein sehr heterogenes Bild. Die Art des Vertragsverhältnisses wird teilweise nicht berücksichtigt, so in dem Tarifvertrag des MDR. Zur Konkretisierung der wirtschaftlichen Abhängigkeit nehmen nahezu alle Tarifverträge auf § 12a Abs. 1 und Abs. 3 TVG Bezug. Eine Bezugnahme auf § 12a Abs. 3 TVG fehlt jedoch bei dem Tarifvertrag des HR. Die soziale Schutzbedürftigkeit wird hinsichtlich der zeitlichen Komponente weitgehend einheitlich auf meist 42 Beschäftigungstage innerhalb der letzten sechs Monate festgelegt. Beim HR fehlt diese zeitliche Komponente, beim BR ist sie als wiederkehrende Tätigkeit definiert, wobei der Inhalt dieses Begriffes durch Auslegung zu ermitteln ist. Bei der tariflichen Festlegung der finanziellen Komponente der sozialen Schutzbedürftigkeit besteht eine sehr weite Spannbreite. Auch hier finden sich beim BR und HR keine Bestimmungen. Die Tarifverträge des MDR, des NDR und des WDR

[1664] Siehe zu dem Streitstand oben § 6A.III.
[1665] BAG AP Nr. 1 zu § 112 LPVG Rheinland-Pfalz.
[1666] BAG AP Nr. 25 zu § 4 TVG Geltungsbereich.
[1667] BAG AP Nr. 1 zu § 112 LPVG Rheinland-Pfalz.

berücksichtigen bei der sozialen Schutzbedürftigkeit als Einkünfte alle Bezüge aus Erwerbstätigkeit und Ruhestandseinkünfte. Die übrigen Tarifverträge beziehen andere Bezüge nicht mit ein.

Zusammenfassend lässt sich festhalten, dass die Tarifverträge des BR, der DW, des hr, des MDR, des n-tv, des SR, des SWR und des ZDF gegenüber § 12a TVG entweder unzulässige Erweiterungen enthalten oder keinerlei Konkretisierungen eines Merkmals. Die dort beschäftigten Selbständigen müssen daher nicht nur prüfen, ob der Geltungsbereich des Tarifvertrages eröffnet ist, sondern auch, ob sie unter den Anwendungsbereich des § 12a TVG fallen. Erst dann gilt der Tarifvertrag normativ und sie sind nicht auf die mögliche schuldrechtliche Wirkung kraft individualrechtlicher Bezugnahme verwiesen.

Bei den an sich zulässigen Bereichsausnahmen führt bei den Tarifverträgen der DW, des HR, des SR und des ZDF die Ausnahme von Studenten aus dem Geltungsbereich der Tarifverträge wegen Verstoßes gegen Art. 3 Abs. 1 GG zur Unwirksamkeit dieser Bereichsausnahme. Studenten, die bei diesen Unternehmen beschäftigt sind, können sich trotz Bereichsausnahme bei tarifrechtlicher Bindung auf die Tarifregelungen berufen.

§ 21 Zusammenfassung zum 3. Teil

Als wichtigste gesetzliche Grundlage dient allen Beteiligten in Fernsehunternehmen die Rundfunkfreiheit nach Art. 5 Abs. 1 S. 2 GG. Die arbeitnehmerähnliche Person kann sich jedoch nur im Außenverhältnis, nicht aber im Innenverhältnis gegenüber der Anstalt darauf berufen, da dies die Organisation und Funktionsteilung der Anstalt zerstören würde. Auf ihre durch Art. 12 Abs. 1 GG geschützte Berufsfreiheit können sich die Rundfunkmitarbeiter wie die privaten Fernsehanstalten hingegen stützen. Als rechtliche Basis ist neben dem Verfassungsrecht insbesondere der Rundfunkstaatsvertrag zu beachten, der neben dem eigentlichen Rundfunkstaatsvertrag den ARD-Staatsvertrag, den ZDF-Staatsvertrag, den Rundfunkgebührenstaatsvertrag und den Rundfunkfinanzierungsstaatsvertrag beinhaltet. Einzelne Staatsverträge wie der SWR-Staatsvertrag und der MDR-Staatsvertrag sind nur für die jeweiligen Mitarbeiter der Anstalten relevant. Ebenso sind auch die Landesrundfunkgesetzen und die Landesmediengesetzen im Landesgebiet der jeweiligen Anstalt zu beachten.

Die Untersuchung der Tarifverträge ergab in manchen Bereichen eine sehr erstaunliche Regelungsdichte, andere Bereich werden kaum behandelt. Der Themenkomplex der Sozialversicherung wird nur in einem Tarifvertrag aufgegriffen. Die Beiträge des bei diesem Sender Beschäftigten zu Unfallversicherungen werden von dem Auftraggeber bezuschusst. Ansonsten lösen Leistungen der Unfallversicherung im Schadensfall meist eine Bezuschussung aus, Beitragsbezuschussungen erfolgen jedoch nicht. Eine geringfügig größere Regelungsdichte zeigt sich bei dem Regelungsbereich Elternzeit. Zwar enthalten beinahe die Hälfte der Tarifverträge weder Ausführungen zur Elternzeit noch zur möglichen Unterbrechung oder der Vereinbarung des Ruhens des Vertragsverhältnisses. Ein dem Arbeitnehmer vergleichbarer Schutz wird auch ausdrücklich nur in einem Fernsehunternehmen durch eine dementsprechende tarifliche Regelung gewährleistet. Jedoch bleibt den arbeitnehmerähnlichen Erwerbstätigen der übrigen fünf Unternehmen zumindest die allgemeine tarifliche Möglichkeit des Unterbrechens des Vertragsverhältnisses.

Ein ganz anderes Bild zeigt sich bei den finanziellen Regelungen der Tarifverträge. So existieren als Vergütungsregelungen bei beinahe allen öffentlich-rechtlichen Anstalten sehr ausdifferenzierte tarifliche Honorarfestsetzungen, durch welche die Vergütung der arbeitnehmerähnlichen Personen oftmals über derjenigen der Arbeitnehmer liegen kann. Hinsichtlich der Urheberrechte besteht nur sehr punktuell ein ausdifferenzierter Normenkomplex. Ausführliche Regelungen finden sich nur in drei Tarifwerken. Dafür geben diese jedoch sehr detailliert über Rechteeinräumungen zu Rundfunkzwecken und zu anderen Zwecken, zu Änderungen von Werken sowie zu Vergütungen Auskunft. Die finanziellen tariflichen Ansprüche komplimentieren die Tarifregelungen über die Alterszusatzversorgung bzw. die Pensionskassen der Fernsehunternehmen. Neben dem bestehenden Anspruch jeder arbeitnehmerähnlichen Person in öffentlich-rechtlichen Anstalten auf Unterstützung durch die Pensionskassen sind anstaltseigene Unterstützungskassen jedoch nur beim WDR und bei der DW vorhanden. Vier Fernsehunternehmen beschränken sich auf die finanzielle Förderung der eigenen Altersversorgung, die übrigen verweisen nur auf den ohnehin bestehenden Anspruch gegen die Pensionskassen.

Ein sehr homogenes Bild zeigt sich bei der Untersuchung der Tarifverträge bezüglich der Ansprüche auf Ausfallzahlungen im Krankheitsfall. Die Voraussetzungen für das Entstehen der Ansprüche sind bei allen Anstalten sehr hoch, da fast überall eine wiederkehrende bzw. ununterbrochene Tätigkeit in den letzten zwölf Monaten gefordert wird. Der Beginn der Ausfallzahlungen ist jedoch unterschiedlich geregelt, da Zahlungen nicht bei allen Anstalten ab dem ersten Tag der Erkrankung erfolgen. Da die arbeitnehmerähnliche Person bei kürzeren Krankheitszeiten aufgrund ihrer freien Zeiteinteilung nicht in vollem Maße schutzbedürftig ist, führen diese später einsetzenden tariflichen Zahlungen jedoch nicht zur Unwirksamkeit wegen Unbilligkeit der Regelung.

Die Dauer der Zahlung entspricht ungefähr der Sechs-Wochen-Regelung des § 3 Abs. 1 EFZG. Diese Länge kann sich aber bei längerer Betriebszugehörigkeit verlängern, so dass die arbeitnehmerähnlichen Personen insoweit gegenüber den gesetzlichen Ansprüchen der Arbeitnehmer privilegiert sind. Den Erwerbstätigen zugute kommen auch die oftmals fehlenden Begrenzungen der Ausfallzahlungen bei Wiederholungskrankheiten. Unterschiede bei den tariflichen Regelungen ergeben sich in der Höhe der Ausfallzahlungen, welche sich durchweg an den Vorjahresvergütungen orientieren. Auch wenn nach einigen Tarifverträgen statt 100 % nur eine Ausfallzahlung i.H.v. 75 % zu leisten ist, schwächt das die Stellung der arbeitnehmerähnlichen Person nicht nachhaltig. Zu deutlichen finanziellen Einbußen für den Arbeitnehmerähnlichen kommt es vielmehr durch die Anrechnung des Krankengeldes bei der Berechnung der Ausfallzahlung. Nach vielen Tarifverträgen wird pauschal bei fehlenden Krankenversicherungsleistungen der Höchstsatz der örtlichen AOK an Krankentagegeld in Abzug gestellt. Da die KSK erst ab dem 43. Tag der Erkrankung leistet, erhalten deren Mitglieder in den ersten sechs Wochen nahezu keine Ausfallzahlungen. Eine Anrechnung einer fiktiven Größe sollte bei Mitgliedern der KSK unterbleiben, da den in der KSK Pflichtversicherten arbeitnehmerähnlichen Personen schlicht keine andere Wahl bleibt als sich über die KSK zu versichern. Zweckmäßiger als die bestehenden tariflichen Regelungen wäre auch eine Anrechnungen für Versicherte der KSK nur bei tatsächlich gezahltem Krankentagegeld.

Ein paralleles Problem der Pauschalierung der anrechenbaren Tagessätze der Krankenkasse zeigt sich auch bei der Vergütung während des Mutterschutzes. Zwar werden die für arbeitnehmerähnliche Personen durch die fehlende Anwendbarkeit des MuSchG entstehenden gesetzlichen Lücken durch tarifliche Regelungen weitestgehend ausgeglichen. Jedoch wird von der Vergütung während des Mutterschutzes i.H.v. 100 % bzw. teilweise auch hier nur 75 % der tageweise berechneten Vorjahresvergütung bei fehlender Krankenversicherung ebenfalls der Höchstsatz der ortsansässigen AOK in Abzug gestellt. Zwar sind die Mitglieder der KSK insoweit nicht benachteiligt, da Mutterschutzlohn ab dem ersten Tag gezahlt wird. Jedoch wäre auch hier eine andere Lösung im Einzelfall sachgerechter. So liegt es näher wie im Tarifvertrag des ZDF den hypothetischen Betrag, der an die arbeitnehmerähnliche Person bei bestehender Krankenversicherung von der Krankenkasse geleistet würde, aufgrund des realen Einkommens des einzelnen Erwerbstätigen zu beziffern und diesen von der Lohnersatzleistung des Auftraggebers zu subtrahieren.

In anderen Bereichen wie dem Beschäftigungsanspruch gibt es nur in einem Tarifvertrag einen ausdrücklichen Anspruch auf Beschäftigung, vier Anstalten erwähnen das Problem nur im Zusammenhang mit dem Erreichen der Altersgrenze, was aber als Ansprüche auf Beschäftigung in der Höhe der individuell üblichen Zeiträume auszulegen ist. Eine Erweiterung des Rechtskreises für alle arbeitnehmerähnlichen Personen bestehen jedoch bei den tariflichen Urlaubsregelungen. Die Anzahl der tariflichen Urlaubstage ist meist deutlich höher als nach dem Gesetz, was vor allem an der Erhöhung der Zahl der Urlaubstage nach Erreichen einer bestimmten Altersgrenze liegt. Die Höhe der Urlaubsvergütung orientiert sich hingegen an der gesetzlichen Regelung, nur in wenigen Anstalten existieren zusätzliche finanzielle Sondervergütungen im Zusammenhang mit dem Urlaubsanspruch. Positiv ist bei den tariflichen Urlaubsvergütungsnormen aber, dass nahezu alle Tarifverträge den Bezugszeitraum anders als das BUrlG auf das vergangene Kalenderjahr ausdehnen und so eine Manipulation des Auftraggebers vermeiden.

Als Regelungen der Beendigung des Vertragsverhältnisses existieren beinahe nur formelle Bestandsschutznormen. Nur der häufig zu findende Ausschluss der ordentlichen Kündigung bei älteren Mitarbeitern oder solchen mit langer Beschäftigungszeit hebt sich als materielle Tarifnorm ab. Formeller Bestandsschutz wird durch die tariflichen Mitteilungsfristen gewährt, die gegenüber den gesetzlichen Kündigungsfristen des § 29 Abs. 4 HAG großzügiger sind. Dies wirkt sich vor allem bei steigender Beschäftigungsdauer aus, da die tariflichen Fristen schneller ansteigen als diejenigen des § 29 Abs. 4 HAG. Durch die tariflichen Ausgleichszahlungen wird der gesetzliche Schutz nicht erweitert; echte finanzielle Vorteile ergeben sich durch tarifliche Abfindungszahlungen nur bei drei Anstalten.

Die tariflichen Regelungen betreffend die Einschränkung der Tätigkeit lehnen sich an die Beendigungsnormen an. Eine tatsächliche Erweiterung des Rechtskreises zugunsten der arbeitnehmerähnlichen Personen erfolgt jedoch kaum, meist werden nur Größenordnungen zur Konkretisierung der gesetzlichen Rechtsfolgen festgelegt. So werden häufig abstrakte Prozentzahlen unter Einfluss der Länge der Betriebszugehörigkeit normiert, bei denen eine Wesentlichkeit der Einschränkung gegeben sein soll. Die finanzielle Schutzbedürftigkeit wird jedoch besser berücksichtigt, wenn - wie in einzelnen Tarifverträgen geschehen - eine Staffelung der Prozentsätze anhand des erwirtschafteten Einkommens erfolgt.

Eine tatsächliche Verbesserung gegenüber dem gesetzlichen Schutz erfahren die arbeitnehmerähnlichen Personen durch die tariflichen Ankündigungsfristen, wodurch sich der Erwerbstätige auf die Verringerung einstellen kann. Die Höhe der Ausgleichszahlungen korrespondiert jedoch meist wieder exakt mit dem gesetzlichen Anspruch, ein zusätzliches Teilbeendigungsgeld erhalten nur die Mitarbeiter einer Anstalt. Eine Lösung des Problems, inwieweit die Tätigkeit ordentlich unkündbarer arbeitnehmerähnlicher Personen eingeschränkt werden kann, wird nur in einem Tarifvertrag behandelt. Die insoweit lückenhaften Tarifverträge der anderen Anstalten müssen dahingehend ausgelegt werden, dass eine Verringerung der Tätigkeit nur soweit zulässig ist wie der Status als arbeitnehmerähnliche Person nicht berührt wird.

Den Abschluss bilden in den meisten Tarifverträgen die Ausschlussfristen, welche meist eine undifferenzierte Verfallfrist von sechs Monaten normieren. Nur nach den Tarifverträgen des HR und des MDR bleibt es mangels tariflicher Ausschlussfristen bei der gesetzlichen Verjährungsfrist. Für die Mitarbeiter der übrigen Fernsehunternehmen haben die Ausschlussfristen eine sehr deutliche Schmälerung des Schutzes zur Folge.

Regelungen zum Geltungsbereich des Tarifvertrages enthalten alle untersuchten Tarifwerke, jedoch ergibt sich dabei ein sehr heterogenes Bild. Als Ausgangspunkt wird in den meisten Tarifnormen auf § 12a TVG Bezug genommen und eine nähere Konkretisierung der wirtschaftlichen Abhängigkeit sowie der sozialen Schutzbedürftigkeit tariflich bestimmt. Erstaunlich ist dabei zum einen, dass die finanzielle Komponente der sozialen Schutzbedürftigkeit sehr unterschiedlich beurteilt wird. Auffallend ist auch zum andern, dass die meisten Tarifverträge zur Konkretisierung der sozialen Schutzbedürftigkeit in unzulässiger Weise nur Einkünfte bei der jeweiligen Anstalt berücksichtigen, was zu einer unzulässigen Erweiterung des § 12a TVG führt. Daneben hat auch ein Fehlen der Festsetzung der Art des Vertragsverhältnisses in den Tarifverträgen die unzulässige Erweiterung zur Folge. Die Konsequenz für die von dem Geltungsbereich erfassten Personen ist daher stets, dass sie selbst prüfen müssen, ob sie nicht nur von dem Geltungsbereich, sondern auch von § 12a TVG erfasst werden, da nur in diesem Fall der Tarifvertrag zu ihren Gunsten normative Wirkung entfaltet. Die wegen Verstoßes gegen Art. 3 Abs. 1 GG unzulässige Herausnahme der Studenten aus dem Geltungsbereich der Tarifverträge hat als Folge, dass die Studenten bei tarifrechtlicher Bindung dennoch auf die tariflichen Ansprüche berufen können.

§ 22 Entwurf eines Idealtarifvertrages

Mit Hilfe der durch die Analyse der bestehenden tariflichen Regelungen gewonnenen Erkenntnisse soll im Folgenden ein Idealtarifvertrag erstellt werden. Denknotwendig stellt sich bei der Verwendung des Begriffes Idealtarifvertrag die Frage, für welche Partei der Tarifvertrag ideal sein soll. Zwar wäre es möglich, einen die arbeitnehmerähnlichen Personen optimal begünstigenden Tarifvertrag darzustellen. Ein solcher Tarifvertrag würde jedoch von den Sendern mit hoher Wahrscheinlichkeit nicht abgeschlossen werden. Daher wird im Folgenden beispielsweise darauf verzichtet, eine Anwendbarkeit des Kündigungsschutzgesetzes zu normieren. Vielmehr ist es das Ziel, einen möglichst für beide Interessengruppen gangbaren Weg aufzuzeigen. Dabei werden nicht alle möglichen Tarifregelungen, sondern nur die wichtigsten berücksichtigt

Die Reihenfolge der Tarifregelungen folgt anders als bei der Untersuchung nicht der Gliederung im dritten Teil der Arbeit, sondern der gewöhnlichen Gliederung eines Tarifvertrages, wie sie sich bei der Mehrzahl der untersuchten Tarifwerke darstellt, da dies dem Anwender einen Vergleich mit den Normen eines Tarifvertrages erleichtert.

§ 1 Geltungsbereich

(1) Dieser Tarifvertrag gilt für die bei dem Sender[1668] beschäftigten arbeitnehmerähnlichen Personen im Sinne des § 12a TVG.

Dieser Tarifvertrag gilt nicht

a) für unbefristet oder befristet beschäftigte Arbeitnehmer[1669] im Sinne des Manteltarifvertrages für Arbeitnehmer,

b) für sonstige Arbeitsverhältnisse,

c) für Personen, die zur Ausbildung, einschließlich Volontariat und Praktika, beschäftigt werden,

d) für Journalisten, Korrespondenten und Berichterstatter, soweit sie unaufgefordert dem Sender Beiträge liefern, die dieser über die Prüfung hinaus nicht nutzt,

e) für Vollbeschäftigte bei Dritten und Empfänger von Altersversorgung.

(2) Die wirtschaftliche Abhängigkeit des Mitarbeiters im Sinne des § 12a TVG ist gegeben, wenn er entweder bei dem Sender (einschließlich Tochtergesellschaften) oder bei ihm und anderen Rundfunkanstalten, die zur Arbeitsgemeinschaft der öffentlich-rechtlichen Rundfunkanstalten der Bundesrepublik Deutschland (ARD) gehören[1670], mehr als die Hälfte seiner gewerbsmäßigen Gesamtentgelte (brutto und ohne gesonderte Unkostenerstattung) in den letzten sechs Monaten vor Geltendmachung eines Anspruchs aus diesem Tarifvertrag oder seinen Durchführungstarifverträgen bezogen hat. Sofern ein Mitarbeiter künstlerische, schriftstellerische oder journalistische Leistungen erbringt oder an deren Erbringung, insbesondere der technischen Gestaltung solcher Leistungen, unmittelbar mitwirkt, genügt statt der Hälfte ein Drittel der genannten Entgelte.

(3) Die soziale Schutzbedürftigkeit des Mitarbeiters im Sinne des § 12a TVG ist gegeben, wenn er in dem Erwerbszeitraum von sechs Monaten mindestens an 42 Tagen (einschließlich Urlaubstage) für den Sender oder für andere ARD-Anstalten aufgrund vertraglicher Verpflichtung tätig war und seine erwerbsmäßigen Gesamteinkünfte in dem Kalenderjahr vor der Antragstellung nicht mehr als € 98.000,-- betragen haben.

1668 An dieser Stelle ist der Name des jeweiligen Senders einzusetzen, dies gilt auch für die Stellen, bei denen im Folgenden der Begriff „Sender" verwendet wird.

1669 Auf die jeweilige Nennung der weiblichen und männlichen Form der Begriffe wird bei der Darstellung verzichtet. Die Tarifparteien sollten diese Nennung jedoch vornehmen.

1670 Dieser Zusatz ist nur bei Sendern, die zu der Arbeitsgemeinschaft gehören, mit aufzunehmen. Dies gilt auch in den Fällen, in denen im Folgenden die ARD benannt wird.

Zu den erwerbsmäßigen Gesamteinkünften zählen die Einkünfte aus Land- und Forstwirtschaft (§ 2 Abs. 1 Nr. 1 EStG), aus Gewerbebetrieb (§ 2 Abs. 1 Nr. 2 EStG), aus selbständiger Arbeit (§ 2 Abs. 1 Nr. 3 EStG), aus nichtselbständiger Arbeit (§ 2 Abs. 1 Nr. 4 EStG) sowie sonstige Einkünfte im Sinne des § 22 EStG (§ 2 Abs. 1 Nr. 7 EStG).

(4) Die Ansprüche aus diesem Tarifvertrag richten sich nur gegen den Sender. Bemessungsgrundlage für Ansprüche gegen den Sender ist nur das bei ihm erzielte Entgelt. Soweit sich aus der Gesamttätigkeit des Mitarbeiters bei ARD-Anstalten ein weitergehender Zahlungsanspruch errechnet, bleibt dem Mitarbeiter die Geltendmachung des übersteigenden Anteils gegenüber der/den anderen ARD-Anstalt(en) vorbehalten.

(5) Das arbeitnehmerähnliche Rechtsverhältnis mit dem Sender beginnt mit dem Eintritt der Voraussetzungen nach § 1. Dazu bedarf es keiner ausdrücklichen Erklärung oder Feststellung im Einzelfall.

§ 2 Vergütung

Die Vergütung des Mitarbeiters wird in dem Durchführungs-Tarifvertrag Nr. 1 geregelt.

§ 3 Ausfallzahlungen im Krankheitsfall

(1) Weist ein nach § 1 anspruchsberechtigter Mitarbeiter durch Vorlage einer ärztlichen Bescheinigung eine nicht selbstverschuldete, krankheitsbedingte Arbeitsunfähigkeit und deren Dauer nach, so wird ihm vom 1. Krankheitstag nach der Feststellung der Arbeitsunfähigkeit auf Antrag ein Zuschuss zu den Leistungen des Renten-/Kranken-/Unfallversicherungsträgers nach den folgenden Vorschriften gezahlt.

(2) Der Anspruch auf Zahlungen besteht

a) bei bis zu fünf Beschäftigungsjahren im Sinne des § 1 für den Sender für eine Dauer von bis zu 42 Kalendertagen,

b) bei bis zu zehn Beschäftigungsjahren im Sinne des § 1 für den Sender für eine Dauer von bis zu 90 Kalendertagen und

c) nach zehn Beschäftigungsjahren im Sinne des § 1 für den Sender für eine Dauer von bis zu 182 Kalendertagen.

(3) Ein entsprechender Anspruch auf Zuschuss entsteht bei Arbeitsunfähigkeit infolge eines Unfalls und im Falle eines von einer Versorgungsbehörde verordneten oder eines von dem Vertrauensarzt für erforderlich gehaltenen Kur- oder Heilverfahrens.

(4) Der Mitarbeiter erhält pro Krankheitstag einen Zuschuss, der zusammen mit der Leistung des Krankenversicherungsträgers bzw. der gesetzlichen Rentenversicherung oder der gesetzlichen Unfallversicherung 1/365 seiner Vorjahresbezüge beträgt, die er in den letzten 12 Monaten vor Beginn seiner Erkrankung von dem Sender erzielt hat. Bei länger dauernder Erkrankung kann auf Antrag eine Abschlagszahlung geleistet werden.

(5) Als Versicherungsleistung wird das tatsächlich erhaltene Brutto-Krankengeld der Krankenversicherung auf den Anspruch aus Abs. 2 angerechnet, soweit der Sender dazu einen Anteil übernimmt. Über die tatsächlich gezahlten Versicherungsleistungen hat der Mitarbeiter dem Sender einen Nachweis vorzulegen. Ist der Mitarbeiter nicht versichert, wird der Betrag von den Leistungen des Senders in Abzug gebracht, der beim Vorliegen der Voraussetzungen für die Zahlung von Krankentagegeld durch einen gesetzlichen Versicherungsträger[1671] zu zahlen wäre. Weist der Mitarbeiter nach, dass er krankenversichert ist, diese Krankenversicherung jedoch für den betreffenden Zeitraum keine Leistungen erbringt, erfolgt eine Anrechnung nicht.

(6) Wird der Mitarbeiter infolge derselben Krankheit erneut arbeitsunfähig und ist der Anspruch nach Abs. 2 ausgeschöpft, hat er wegen der erneuten Arbeitsunfähigkeit einen weiteren Anspruch nach Abs. 2, wenn er vor der erneuten Arbeitsunfähigkeit mindestens sechs Monate nicht infolge derselben Krankheit arbeitsunfähig war oder seit dem Beginn der ersten Arbeitsunfähigkeit infolge derselben Krankheit eine Frist von 12 Monaten abgelaufen ist.

§ 4 Mutterschutz

(1) Die Beschäftigungsverbote nach §§ 3 Abs. 2, 4 und 6 MuSchG werden zugunsten von arbeitnehmerähnlichen Beschäftigten des Senders entsprechend angewendet. Der Sender verpflichtet sich, der arbeitnehmerähnlichen Erwerbstätigen in diesen Zeiten keine Aufträge zu erteilen, die Erwerbstätige führt in diesen Zeiten keine Aufträge aus.

(2) Die Höhe des Zuschusses, welchen der Sender zu dem Mutterschaftsgeld leistet, bemisst sich nach den um die gesetzlichen Abzüge verminderten Einkünften bei dem Sender in den letzten zwölf Monaten vor Beginn der Schutzfristen im Sinne des Abs. 1. Dabei wird ein Tagessatz von 1/365 dieses Jahreseinkommens zugrunde gelegt.

(3) Der Zuschuss im Sinne des Abs. 2 darf zusammen mit dem von dem Versicherungsträger gezahlten Mutterschaftsgeld 100 % der Bemessungsgrundlage nicht überschreiten. Als anrechnungsfähiges Mutterschaftsgeld gilt das nach der

[1671] An dieser Stelle sollten die Tarifparteien einen konkreten Versicherungsträger benennen, um spätere Auslegungsprobleme zu vermeiden.

Reichsversicherungsordnung bzw. nach anderen gesetzlichen Vorschriften von der zuständigen Krankenkasse tatsächlich gezahlte Mutterschaftsgeld. Leistet kein Krankenversicherungsträger Mutterschaftsgeld im Sinne des Satzes 1, wird der Betrag von den Leistungen des Senders in Abzug gebracht, der beim Vorliegen der Voraussetzungen für die Zahlung von Mutterschaftsgeld durch einen gesetzlichen Krankenversicherungsträger[1672] zu zahlen wäre.

(4) Eine Beendigung oder Reduzierung der Tätigkeit der arbeitnehmerähnlichen Person während der in § 9 Abs. 1 Satz 1 MuSchG genannten Fristen ist unzulässig.

§ 5 Alterszusatzversorgung

(1) Der Sender leistet eine zusätzliche Unterstützungszahlung an Mitarbeiter im Sinne dieses Tarifvertrages, die das 65. Lebensjahr vollendet haben und die während einer Gesamtdauer von mindestens 25 Jahren im Sinne des § 1 des Tarifvertrages für den Sender tätig waren und nachweisen, dass ihre Gesamt-Jahreseinkünfte einschließlich Renten- und Unterstützungszahlungen aufgrund rechtlicher Ansprüche sowie Zahlungen aus der Altershilfe für freie Mitarbeiter der Rundfunkanstalten einschließlich der Ergänzungszahlungen € 13.300,-- (bzw. bei Verheirateten € 15.000,--, sofern nicht der Ehepartner nach diesem Tarifvertrag anspruchsberechtigt ist) jährlich unterschreiten. Ist es dem Mitarbeiter möglich, aus Altersgründen bereits vor Vollendung des 65. Lebensjahres auszuscheiden, so tritt anstelle des 65. Lebensjahres im Sinne des Satzes 1 das jeweils maßgebliche Lebensalter im Zeitpunkt des Renteneintritts.

(2) Die Geltendmachung eines Anspruches nach Abs. 1 setzt voraus, dass der Mitarbeiter seine rechtlichen Ansprüche auf Renten- und Unterstützungseinkünfte geltend macht und etwaige Leistungen der Altershilfe für freie Mitarbeiter der deutschen Rundfunkanstalten einschließlich der Ergänzungszahlungen in Anspruch nimmt.

(3) Die Unterstützungszahlung wird in der Höhe der Differenz zwischen den Gesamteinkünften des Mitarbeiters im Sinne des Abs. 1 und dem Jahresbetrag in Höhe von € 13.300 bzw. € 15.000 bei Verheirateten gezahlt.

(4) Hat es der Mitarbeiter trotz Beitrittsmöglichkeit unterlassen, sich in der Pensionskasse für freie Mitarbeiter oder dem Versorgungswerk der Presse, zu denen der Sender Beitragsanteile leistet, zu versichern, so kann der Sender die Unterstützungszahlung um den Betrag kürzen, die der Mitarbeiter aus den genannten Renten- oder Altersversicherungen bei rechtzeitigem Beitritt erhalten hätte.

[1672] Auch an dieser Stelle sollte ein konkreter Versicherungsträger benannt werden.

(5) Bei dem Sender erzielte Vergütungen, die monatlich einen Betrag von € 260,-- überschreiten, werden auf die Unterstützungszahlung angerechnet. Urlaubsvergütungen im Sinne des § 6 werden nicht angerechnet.

(6) Der Anspruch auf Unterstützungszahlungen entsteht erstmals nach Ablauf des Kalendermonats, in den die Vollendung des 65. Lebensjahres des Mitarbeiters bzw. das nach Abs. 1 Satz 2 maßgebliche Alter fällt. Der Mitarbeiter ist verpflichtet, zur Antragstellung auf Unterstützungszahlungen das von dem Sender ausgehändigte Formular nebst entsprechenden Belegen schriftlich einzureichen.

(7) Die Unterstützungszahlung erfolgt jeweils nach Ablauf eines Kalenderjahres für das Vorjahr. Auf Antrag können dem Mitarbeiter von dem Sender Abschlagszahlungen geleistet werden.

(8) Stirbt der im Sinne des § 5 anspruchsberechtigte Mitarbeiter, leistet der Sender an die Hinterbliebenen eine einmalige Unterstützungszahlung in Höhe von drei Monatsteilbeträgen. Auf diese Leistungen werden anderweitige Einkünfte nicht angerechnet.

(9) In Härtefällen können auf Antrag an Mitarbeiter im Sinne des Abs. 1 auch weitergehende Zahlungen geleistet werden. Dies gilt auch im Invaliditätsfall sowie für Leistungen an Hinterbliebene (Ehegatte und Kinder des verstorbenen Mitarbeiters). Über eine derartige Gewährung entscheidet ein paritätisch besetzter Unterstützungsausschuss.

§ 6 Urlaub

(1) Der Jahresurlaub beträgt

- bis zum vollendeten 30. Lebensjahr 28 Tage
- bis zum vollendeten 40. Lebensjahr 29 Tage
- ab dem vollendeten 40. Lebensjahr 30 Tage.

Hat der Mitarbeiter aufgrund eines anderen Tarifvertrages des Senders im oder für das Urlaubsjahr Urlaub oder eine Urlaubsabgeltung erhalten oder zu beanspruchen, werden diese Urlaubstage auf den in diesem Tarifvertrag geregelten Urlaubsanspruch angerechnet.

(2) Der Urlaub ist von dem Erwerbstätigen nach entsprechendem Antrag und Bewilligung im laufenden Kalenderjahr zu nehmen. Eine Übertragung des Urlaubs auf das nächste Kalenderjahr ist nur möglich, wenn dies aus dringenden betrieblichen oder in der Person des Erwerbstätigen liegenden Gründen gerechtfertigt ist. In diesem Fall ist der Resturlaub des Vorjahres bis zum 30. April des Folgejahres anzutreten.

(3) Der Mitarbeiter erhält vor Urlaubsantritt eine Urlaubsvergütung für den gewährten Urlaub. Das Urlaubsentgelt für die in den Urlaub fallenden Arbeitstage bemisst sich nach dem durchschnittlichen Entgelt, das der freie Mitarbeiter in den letzten zwölf Monaten vor Urlaubsantritt von dem Sender erhalten hat. Bei dieser Berechnung werden auf Antrag Zeiten, in denen der Mitarbeiter unverschuldet an der Tätigkeit verhindert war (Erkrankung, Kur, Heilverfahren, Mutterschutzzeit, Elternzeit) nicht berücksichtigt.

(4) Macht ein Erwerbstätiger im laufenden Kalenderjahr seinen vollen Jahresurlaub geltend, erhält er eine einmalige jährliche Sonderzahlung in Höhe von € 300,--.

(5) Bei Niederkunft der Ehefrau bzw. der Lebenspartnerin erhält der Mitarbeiter einen bezahlten Sonderurlaub von drei Tagen. Bei der Beantragung dieses Sonderurlaubs ist dem Sender die Geburtsurkunde des Kindes vorzulegen.

§ 7 Beschäftigungsanspruch

Die in einem arbeitnehmerähnlichen Dauerrechtsverhältnis zu dem Sender stehenden Mitarbeiter haben nach drei Jahren ununterbrochener arbeitnehmerähnlicher Tätigkeit für den Sender einen Anspruch auf Beschäftigung in dem durchschnittlichen Umfange des vergangenen Jahres abzüglich 20 %. Ein Anspruch auf Beschäftigung besteht nicht, wenn Gründe vorliegen, die eine außerordentliche oder ordentliche Beendigung des Vertragsverhältnisses durch den Auftraggeber unter Berücksichtigung der grundgesetzlich geschützten Rundfunkfreiheit rechtfertigen würden.

§ 8 Beendigung des Vertragsverhältnisses

(1) Ist ein Mitarbeiter regelmäßig mindestens 20 Jahre für den Sender tätig geworden oder hat er das 55. Lebensjahr vollendet und ist er seit mindestens 10 Jahren regelmäßig bei dem Sender beschäftigt gewesen, so kann seine Tätigkeit bei dem Sender nur noch aus wichtigem Grund gekündigt werden.

(2) Beabsichtigt der Sender die Beendigung der Tätigkeit eines arbeitnehmerähnlichen Mitarbeiters, muss er ihm dies vorher schriftlich mitteilen, wenn der Beschäftige in den letzten sechs Monaten die Voraussetzungen des § 1 erfüllte und mindestens seit einem Jahr für den Sender tätig war.

Die Frist für diese Mitteilung beträgt nach

- einem Jahr Tätigkeit im Sinne des § 1 des Tarifvertrages 1,5 Monate zum Monatsende
- fünf Jahren Tätigkeit im Sinne des § 1 des Tarifvertrages 3 Monate zum Monatsende

- zehn Jahren Tätigkeit im Sinne des § 1 des Tarifvertrages 6 Monate zum Monatsende.

(3) Wird die Tätigkeit des arbeitnehmerähnlichen Mitarbeiters von dem Sender beendet, ohne dass die vorgesehene Mitteilung erfolgte, hat der Mitarbeiter für die Dauer der Mitteilungsfrist einen Anspruch auf die Leistungen nach § 8 Abs. 4 des Tarifvertrages. Der Mitarbeiter kann in diesem Fall einen schriftlichen Antrag auf Vorschusszahlung stellen. Beantragt der Mitarbeiter einen Vorschuss, so ist ihm für die Dauer der Frist nach § 8 Abs. 2 mindestens ein Betrag zu zahlen, der monatlich 75 % seiner monatlichen Durchschnittsbezüge im vorangegangenen Kalenderjahr bei dem Sender entspricht. Der Sender kann sich binnen einer Frist von zwei Wochen nach Eingang des schriftlichen Antrags schriftlich zu einer Weiterbeschäftigung bereit erklären, die eine Zahlung nach § 8 Abs. 4 entbehrlich macht. Davon unberührt bleibt der Anspruch des Mitarbeiters auf Vorschusszahlung. Erfolgt die Erklärung des Senders nicht, beginnt die Frist nach § 8 Abs. 2 zwei Wochen nach Eingang des Antrags zu laufen.

(4) Der Mitarbeiter hat für die Dauer der Frist nach § 8 Abs. 2 Anspruch auf die tariflichen Leistungen, insbesondere auf seine monatlichen Durchschnittsbezüge des vorangegangenen Kalenderjahres. Der Anspruch mindert sich,

a) wenn der Mitarbeiter einen ihm während des Laufes der Frist angebotenen angemessenen und zumutbaren Honorarvertrag nicht annimmt, um das damit von dem Sender angebotene Entgelt,

b) um das, was der Mitarbeiter in dieser Zeit durch Verwertung seiner von dem Sender nicht in Anspruch genommenen Arbeitskraft zusätzlich mit einer gleichartigen Tätigkeit im Rundfunk erwirbt.

Angerechnet werden auch Leistungen aus der gesetzlichen Unfallversicherung, soweit der Versicherungsfall während des Laufs der Frist nach § 8 Abs. 2 eintritt. Im Krankheitsfall besteht nur ein Anspruch nach § 3.

(5) Der Mitarbeiter hat einen Anspruch auf Übergangsgeld, wenn

a) bei dem Mitarbeiter fünf zusammenhängende Beschäftigungsjahre im Sinne des § 1 des Tarifvertrages gegeben sind und

b) gegenüber dem Mitarbeiter eine Beendigungsmitteilung im Sinne des § 8 Abs. 2 erklärt wurde oder

c) eine Beendigung der Tätigkeit erfolgte, ohne dass eine Beendigungsmitteilung im Sinne des § 8 Abs. 2 ausgesprochen wurde.

(6) Der Anspruch auf Übergangsgeld wird anhand des durchschnittlichen Einkommens der letzten fünf Beschäftigungsjahre bemessen. Der Anspruch beträgt

bei fünf Beschäftigungsjahren ½ durchschnittliches Monatsgehalt. Dieser Betrag erhöht sich um jeweils ½ durchschnittliches Monatsgehalt pro weiteres Beschäftigungsjahr im Sinne des § 1 des Tarifvertrages.

Das Übergangsgeld erhöht sich

a) um jeweils einen Zuschlag in Höhe von ¼ eines durchschnittlichen Monatseinkommens im Sinne des § 8 Abs. 6 Satz 1 für jedes Beschäftigungsjahr im Sinne des § 1 des Tarifvertrages nach Ablauf des 10. Beschäftigungsjahres,

b) zusätzlich um einen Zuschlag in Höhe von ½ eines durchschnittlichen Monatseinkommens im Sinne des § 8 Abs. 6 Satz 1 für jedes Beschäftigungsjahr im Sinne des § 1 des Tarifvertrages nach Ablauf des 25. Beschäftigungsjahres.

(7) Der Anspruch auf Übergangsgeld wird einen Monat nach der Beendigung des arbeitnehmerähnlichen Dauerrechtsverhältnisses fällig.

(8) Ein Zahlungsanspruch nach § 8 Abs. 5 besteht nicht, wenn der Mitarbeiter die Beendigung der Tätigkeit selbst vorsätzlich verursacht hat. Die Ansprüche nach § 8 Abs. 2 bis 7 bestehen im Falle einer außerordentlichen, fristlosen Kündigung nicht.

§ 9 Einschränkung der Tätigkeit

(1) Beabsichtigt der Sender die wesentliche Einschränkung der Beschäftigung eines regelmäßig für den Sender tätigen Mitarbeiters im Sinne des § 1, gelten die Vorschriften über die Beendigung im Sinne des § 8 Abs. 2 bis 4 entsprechend.

(2) Eine wesentliche Einschränkung der Tätigkeit liegt vor, wenn das von dem Sender in diesem Kalenderjahr bezogene Entgelt des Mitarbeiters gegenüber dem Durchschnittsentgelt des vor der Geltendmachung des diesbezüglichen Anspruches liegenden 5-Kalenderjahre-Zeitraums ohne eigenes Verschulden zurückgeblieben ist. In diesem Fall hat der Mitarbeiter einen Anspruch auf Zahlung der sich insoweit ergebenden Differenz. Bei der Berechnung des Durchschnittseinkommens der letzten 5 Kalenderjahre bleiben das entgeltstärkste und entgeltschwächste Kalenderjahr unberücksichtigt.

Nach Ermittlung des Durchschnittseinkommens werden folgende Abschläge vorgenommen:

a) Einkommen zwischen € 51.129,19 und dem höchsten Tarifgehalt: 10 %

b) Einkommen zwischen € 38.346,89 und € 51.129,19: 7,5 %

c) Einkommen zwischen € 25.564,59 und € 38.346,90: 5 %

d) Einkommen unter € 25.564,59: kein Abschlag

Ausgleichszahlungen oberhalb des höchsten Tarifgehaltes erfolgen nicht. Bei der Berechnung des Abschlags werden vergleichbare Einkünfte bei Dritten angerechnet. Als vergleichbar gelten insbesondere Einkünfte im Medienbereich. Ein Abschlag wird nur von den Einkünften des Senders vorgenommen. Der Abschlag unterbleibt, wenn in einem Zeitraum von 8 Jahren bereits zweimal ein Abschlag stattgefunden hat. Besteht ein arbeitnehmerähnliches Rechtsverhältnis weniger als fünf Jahre vom Beginn der Tätigkeit an, so erfolgt keine Ausgleichszahlung.

(3) Der Mitarbeiter hat einen Anspruch auf Teilbeendigungsgeld, wenn

a) bei dem Mitarbeiter fünf zusammenhängende Beschäftigungsjahre im Sinne des § 1 des Tarifvertrages gegeben sind und

b) die regelmäßig wiederkehrende Tätigkeit um mehr als 50 % vermindert wurde.

(4) Der Anspruch auf Teilbeendigungsgeld wird anhand des durchschnittlichen Einkommens der letzten fünf Beschäftigungsjahre bemessen. Der Anspruch beträgt bei fünf Beschäftigungsjahren ½ durchschnittliches Monatsgehalt. Dieser Betrag erhöht sich um jeweils ½ durchschnittliches Monatsgehalt pro weiteres Beschäftigungsjahr im Sinne des § 1 des Tarifvertrages.

Das Übergangsgeld erhöht sich

a) um jeweils einen Zuschlag in Höhe von ¼ eines durchschnittlichen Monatseinkommens im Sinne des § 9 Abs. 4 Satz 1 für jedes Beschäftigungsjahr im Sinne des § 1 des Tarifvertrages nach Ablauf des 10. Beschäftigungsjahres,

b) zusätzlich um einen Zuschlag in Höhe von ½ eines durchschnittlichen Monatseinkommens im Sinne des § 9 Abs. 4 Satz 1 für jedes Beschäftigungsjahr im Sinne des § 1 des Tarifvertrages nach Ablauf des 25. Beschäftigungsjahres.

(5) Der Anspruch auf Übergangsgeld wird einen Monat nach der Einschränkung des arbeitnehmerähnlichen Dauerrechtsverhältnisses fällig.

(6) Hat der Mitarbeiter die Voraussetzungen des § 8 Abs. 1 erfüllt, so kann ab diesem Zeitpunkt eine Einschränkung höchstens bis zu 85 % der Durchschnittsvergütung der letzten drei vorangegangenen Kalenderjahre vor Erfüllung dieser Voraussetzungen erfolgen, wobei zwischenzeitliche Tariferhöhungen entsprechend berücksichtigt werden. Hierbei sind maximal 220 Tage pro Beschäftigungsjahr berücksichtigungsfähig. Auf Antrag führen Zeiträume, in welchen der

Mitarbeiter an einer Tätigkeit unverschuldet verhindert war (z.B. Erkrankung, Kur, Heilverfahren, Mutterschutz, Elternzeit) nicht zur Minderung der Durchschnittsvergütung. Der in Abs. 5 Satz 1 definierte Bestandsschutz in Höhe von 85 % nimmt an Tariferhöhungen teil, erhöht sich aber nicht durch eine etwaige Mehrbeschäftigung in den Folgejahren.

§ 10 Elternzeit

(1) Auf Antrag des Mitarbeiters und mit Zustimmung des Senders kann bei Vorliegen wichtiger Gründe ein entstandenes arbeitnehmerähnliches Dauerrechtsverhältnis unterbrochen werden, ohne dass die Zeiten der Unterbrechung bei Ansprüchen nach diesem Tarifvertrag in Ansatz gebracht werden. Vor der Unterbrechung wird zwischen den Vertragsparteien schriftlich festgehalten, wie sich die Unterbrechung auf die einzelnen Ansprüche aus dem Tarifvertrag auswirkt.

(2) Das arbeitnehmerähnliche Dauerrechtsverhältnis gilt als unterbrochen im Sinne des § 10 Abs. 1, wenn und solange ein Mitarbeiter Urlaub für die Betreuung und Erziehung eines Kindes in Anspruch nimmt, für das ihm Erziehungsgeld gewährt wird oder nur deshalb nicht gewährt wird, weil das Einkommen die gesetzliche Einkommensgrenze übersteigt, und der Sender vor Antritt des Urlaubs eine Weiterbeschäftigung schriftlich zusagt oder eine solche nach Ablauf des Urlaubs erfolgt. Nimmt der Mitarbeiter die Tätigkeit für den Sender nach diesem Tarifvertrag danach wieder auf, werden die Zeiten der früheren arbeitnehmerähnlichen Beschäftigung bei dem Sender bei der Berechnung der Mitteilungsfristen im Sinne der §§ 8,9 des Tarifvertrages angerechnet.

(3) Der Mitarbeiter hat dem Sender spätestens vier Wochen vor Unterbrechung der Tätigkeit schriftlich mitzuteilen, wenn er eine Unterbrechung zum Zweck der Erziehung eines Kindes beabsichtigt. Die Mitteilung ist zu verbinden mit der Aufforderung an den Sender, eine Vereinbarung über eine Weiterbeschäftigung zu treffen, sofern der Mitarbeiter ein Interesse an einer Weiterbeschäftigung bekundet. Auf die Zeiten der vereinbarten Unterbrechung finden ergänzend die §§ 15 ff. BErzGG entsprechend Anwendung, sofern sich aus diesem Tarifvertrag nichts anderes ergibt.

(4) Wird der Mitarbeiter im Anschluss an die Unterbrechung wegen Erziehung eines Kindes nur noch im verminderten Umfang für den Sender tätig, findet § 9 des Tarifvertrages dann keine Anwendung, wenn der Beschäftigungsrückgang auf Gründen beruht, die von dem Mitarbeiter zu vertreten sind.

§ 11 Urheberrechte

Die Urheber-, Leistungs- und sonstigen Schutzrechte werden in dem Durchführungs-Tarifvertrag Nr. 2 geregelt.

§ 12 Sozialversicherung

(1) Der Mitarbeiter erhält auf Antrag unter Nachweis der von ihm entrichteten Beiträge einen Honorarzuschuss zu den Beiträgen für nachfolgende Versicherungen:

- Versicherungen für den Krankheitsfall
- Tagegeldversicherungen
- Lebensversicherungen, soweit die Versicherungszeit nicht vor Vollendung des 60. Lebensjahres endet
- Rentenversicherungen
- Sterbegeldversicherungen
- Unfallversicherungen.

(2) Die Höhe des Honorarzuschusses beträgt bis zu 10 % der dem Mitarbeiter im abgelaufenen Kalenderjahr vom Sender gezahlten Honorare einschließlich etwaiger Wiederholungshonorare, jedoch nicht mehr als 50 % der von dem Mitarbeiter in dem gleichen Zeitraum für die jeweilige Versicherung aufgewendeten Beiträge und nicht mehr als 10 % des dreizehnfachen höchsten Tarifgehaltes für Arbeitnehmer.

§ 13 Ausschlussfristen

(1) Die Geltendmachung eines Anspruches aus diesem Tarifvertrag setzt voraus, dass der Erwerbstätige die Voraussetzungen gegenüber dem Sender nachweist. Hierfür hat der Erwerbstätige dem Sender die notwendigen Belege oder Bescheinigungen in abgelichteter Form zur Verfügung zu stellen.

(2) Beide Seiten müssen Ansprüche aus diesem Tarifvertrag spätestens sechs Monate nach Entstehen des Anspruchs gegenüber dem anderen Teil geltend machen, andernfalls verfällt der Anspruch. Diese Frist ist für die Dauer einer unverschuldeten Verhinderung des Erwerbstätigen gehemmt.

(3) Konnte eine Partei darauf vertrauen, dass die andere Partei den Anspruch erfüllen wird, kann sich diese nicht auf die Ausschlussfrist berufen. Gleiches gilt, wenn die andere Partei die anspruchsberechtigte Partei von einer fristgerechten Geltendmachung abhielt. Ist der Anspruch dem Grunde und der Höhe nach unstreitig und würde der Mitarbeiter bei Aberkennung des Anspruchs in eine erhebliche Notlage geraten, kann sich der Sender nicht auf die Ausschlussfrist berufen. Hat die arbeitnehmerähnliche Person ihrem Auftraggeber einen Mangel der von ihr ausgeführten Arbeit arglistig verschwiegen, kann sich die arbeitnehmerähnliche Person nicht auf die Ausschlussfrist berufen.

Durchführungs-Tarifvertrag Nr. 1 : Vergütung

Der Vergütungstarifvertrag sollte entsprechend den Tarifnormen des Tarifvertrages über Mindestvergütungen beim WDR folgende Regelungen enthalten:

1. Programmbereich Politik und Zeitgeschehen sowie Kultur und Wissenschaft

- Autorenleistung (unterteilt in die unterschiedlichen Tätigkeiten wie Recherche, Exposé, Manuskript etc.)
- Regieleistung (unterteilt in die Arten der Regie)
- Redaktionelle Leistung
- Reporterleistung (unterteilt in die Arten der Reportage)
- Sonstige Leistungen wie Beratungen, Interviewpartner, Übersetzungen etc.
- Landesprogramme: Aktuelle Fernsehberichterstattung (unterteilt in die Arten der Berichterstattung wie Kommentar, Moderation, Nachrichtenfilm, Reportagen etc.)

2. Programmbereich Fernsehspiel und Familie

- Autorenleistung (unterteilt in die unterschiedlichen Tätigkeiten wie Exposé, Bearbeitung eines dramatischen oder epischen Werks, Übersetzungen, Auftragskompositionen, Arrangements)
- Fernsehspiele, Theateraufzeichnungen (unterteilt in Regieleistungen, Mitwirkungsleistungen, Redaktion, Lektorate)

3. Programmbereiche Unterhaltung

- Autorenleistung
- Show mit Rahmenhandlung (gestaffelt je nach Sendedauer)
- Show ohne Rahmenhandlung (gestaffelt je nach Sendedauer)
- Unterhaltende Information (gestaffelt je nach Sendedauer)
- Kabarett
- Schlager- und Chansontexte
- Konferenzen
- Sketche

- Musikalische Leitungen
- Choreographie
- Redaktionelle Leistungen
- Mitwirkungsleistungen (unterteilt nach der Art der Mitwirkung wie Sänger, Ballett, Instrumentalisten, etc.)

4. Programmbereich Hauptabteilung

- Sprecher im Off
- Sprecher im Bild
- Off-Sprecher im Nachrichtendienst
- Nachrichtensprecher im Bild
- Ansager

5. Programmbereich Herstellungsleitung

- Aufnahmeleiter
- Produktionsleiter
- Skript/Produktionssekretärin pro Woche
- Souffleuse
- Regie-Assistenz
- Kameramann und Assistenten
- Cutter, Bildmeister, Bildmischer und jeweilige Assistenten
- Tonmeister, Tontechniker, Tonassistent und Programmbereich Ausstattung

6. Ausstattung

- Szenenbildner und Assistenten
- Kostümbildner und Assistenten
- Maskenbildner
- Garderobier

- Requisiteur
- Grafik/Trick
- Fotografen

Durchführungs-Tarifvertrag Nr. 2 : Urheberrechte

Der Abschluss eines eigenen Durchführungs-Tarifvertrages über Urheberrechte empfiehlt sich, da dieser Regelungsbereich in Fernsehunternehmen sehr umfassend gestaltet sein muss. Dieser Tarifvertrag sollte entsprechend den Tarifnormen der Tarifverträge über die Urheberrechte der freien Mitarbeiter beim NDR, SWR und WDR folgende Regelungen enthalten:

- Abschluss und Inhalt eines Vertrages zwischen den Vertragsparteien über Urheberrechte
- Rechteeinräumung zu Rundfunkzwecken
- Rechteeinräumung zu anderen Zwecken wie Bildungs- und Kulturarbeit oder Verwertung mittels Tonträger oder Kinoauswertung
- Weiterübertragung von Rechten
- Änderungen, Bearbeitungen, Umgestaltungen und Übersetzungen
- Eigene Nutzungsrechte des Mitarbeiters wie Zweitwiedergaberechte und Vergütungsansprüche
- Ablieferung des Werkes
- Besondere Pflichten des Mitarbeiters wie Hinweise auf mögliche Verletzungen von Programmgrundsätzen oder Persönlichkeitsrechtsverletzungen durch das Werk
- Abnahme
- Eigentumsübertragung / Belegstücke
- Verwendung von Beiträgen Dritter in dem urheberrechtlich geschützten Werk und entsprechende Hinweispflicht gegenüber dem Sender
- Pflicht zur Verschwiegenheit über den Inhalt des Werkes und der daraus entstehenden Produktion oder Sendung
- Freistellung des Mitarbeiters von Schadensersatzansprüchen Dritter, falls die Hinweispflichten von dem Mitarbeiter eingehalten wurden

- Namensnennung des Urhebers bei Veröffentlichung
- Vergütungsvereinbarung bezüglich der Nutzung von Online- und Abrufdiensten, bei der Sendung von Wiederholungen – unterschiedlich je nachdem, von welchem Sender die Wiederholung ausgestrahlt wird -, Vorabausstrahlungen, gesonderte Normen zu Hörfunkbeiträgen, Regelungen zur Verwendung von Teilen der Produktion, Regelungen zur Verwendung bei Forschungs- oder Lehrzwecken, Coproduktionen, zu gesonderten entgeltlichen Verwertungen an Pay-Dienste
- Fälligkeit der Vergütung
- Abtretung und Verpfändung der Ansprüche
- Verjährung entweder gesondert regeln oder auf Ausschlussfrist in dem Tarifvertrag verweisen
- Keine Nutzungsverpflichtung des Senders durch Abschluss des Vertrages
- abweichende Regelungen über Werke mit Kennzeichnungsfunktion wie musikalische Signale, Bilder oder Zeichnungen
- Terminänderungen
- Rückrufsrecht nach § 41 UrhG
- Erfüllungsort am Sitz des Senders

4. Teil: Zusammenfassung der wesentlichen Ergebnisse

1. Zur Gewährleistung der programmlichen Vielfalt ist die Beschäftigung von freien Mitarbeitern in Fernsehunternehmen nötig. Nur durch freie Mitarbeiter kann die ganze Vielfalt der zu vermittelnden Inhalte transportiert und spezielles Fachwissen angeboten sowie andere Meinungen dargestellt werden. Auch das Abwechslungsbedürfnis wie die Aktualität der Berichterstattung bedingen denknotwendig den Rückgriff auf freie Mitarbeiter.

2. Da die arbeitnehmerähnliche Person mangels persönlicher Abhängigkeit nicht unter den Arbeitnehmerbegriff subsumiert werden kann, gehört sie zu den nach § 84 Abs. 1 S. 2 HGB legaldefinierten Selbständigen. Sie bildet keine eigene Gruppe der Erwerbstätigen zwischen den Arbeitnehmern und den Selbständigen. Die Selbständigen sind von den Arbeitnehmern auch im Medienbereich anhand des maßgeblichen Kriteriums der persönlichen Abhängigkeit der Arbeitnehmer zu unterscheiden.

3. Sowohl unechte als auch echte Werklieferungsverträge sind taugliche Vertragsgrundlagen einer arbeitnehmerähnlichen Tätigkeit im Sinne des § 12a TVG. Nach der neuen Formulierung des § 651 BGB im Rahmen der Schuldrechtsreform kann die vom Gesetzgeber vorgegebene Rechtsfolge der vertraglichen Vereinbarung nicht mehr als Differenzierung dienen, da auch auf den unechten Werklieferungsvertrag mittlerweile in erster Linie Kaufrecht anwendbar ist. Eine sinnvolle Unterscheidung kann nicht danach vorgenommen werden, wer das Material zu beschaffen hat. Aufgrund der möglichen Einflussnahme auf die Verteilung der Materialbeschaffung unter den Vertragsparteien darf die Anwendbarkeit des § 12a TVG nicht an der Einordnung des Werklieferungsvertrages als echter oder unechter hängen.

4. Die gesetzlichen Rechtsfolgen der Arbeitnehmerähnlichkeit sind sehr lückenhaft und lassen aufgrund unterschiedlicher Rechtsfolgen für einzelne Gruppen der Arbeitnehmerähnlichen kein einheitliches Gesamtkonzept des Gesetzgebers zur Regelung dieser Erwerbstätigengruppe erkennen.

5. Es ist völlig unverständlich, warum der Gesetzgeber nach wie vor die Heimarbeiter als Sondergruppe der arbeitnehmerähnlichen Personen durch die gesetzlichen Rechtsfolgen gegenüber den übrigen arbeitnehmerähnlichen Personen privilegiert Die Heimarbeiter sind die einzige Gruppe arbeitnehmerähnlicher Personen, die tatsächlich immer vom Gesetzgeber wahrgenommen werden. Aktuell zeigt sich das erneut durch § 6 Abs. 2 AGG, da nur der Auftraggeber als Vertragspartner der Heimarbeiter in den Anwendungsbereich des AGG fällt. Erneut ist nur mittels einer analogen Anwendung einer die Heimarbeiter begünstigenden Vorschrift auf alle Auftraggeber arbeitnehmerähnlicher Personen ein ausreichender Schutz der arbeitnehmerähnlichen Person möglich.

6. Eine Erweiterung des Arbeitnehmerbegriffs dergestalt, dass arbeitnehmerähnliche Personen auch in den Schutzbereich der Arbeitnehmerschutzgesetze einbezogen werden können, ist trotz der Heterogenität der gesetzlichen Rechtsfolgen für arbeitnehmerähnliche Personen abzulehnen.

7. Der gesetzliche Schutz der arbeitnehmerähnlichen Person ist eine Kombination aus Arbeitnehmerschutzgesetzen, zwingenden Schutzpflichten aus § 618 Abs. 1 BGB und dispositiven Schutzpflichten aus § 241 Abs. 2 BGB. Der gesetzliche Schutz der Rechtsgüter der arbeitnehmerähnlichen Person wie Leben und Gesundheit wird zwar auch durch das ArbSchG gewährleistet. Die meisten Schutzlücken werden aber vor allem durch §§ 241 Abs. 2, 618 Abs. 1 BGB geschlossen. Deutliche Schutzlücken entstehen durch die fehlende Mitbestimmung nach dem BetrVG, dem BPersVG und den meisten Landespersonalvertretungsgesetzen.

8. Der rechtliche Schutz basiert zum großen Teil auf schuldrechtlichen Schutzpflichten und der vertraglichen Inhaltskontrolle anhand §§ 307 Abs. 1, 242 BGB. Die Schutzpflichten des Auftraggebers nach § 241 Abs. 2 BGB übernehmen die Funktion der nicht anwendbaren Arbeitnehmerschutzgesetze, dadurch wird aber nicht dieselbe Intensität erreicht. Mangels Anwendbarkeit vieler Arbeitnehmerschutzgesetze greifen sehr oft allgemeine zivilrechtliche Leistungsverweigerungsrechte aus § 275 Abs. 3 oder § 242 BGB ein. Besonders deutliche Schutzlücken bestehen mangels Anwendbarkeit des Kündigungsschutzgesetzes und der meisten Sonderkündigungsschutzrechte beim Bestandsschutz.

9. Der gesetzlicher Schutz der arbeitnehmerähnlichen Person ist nicht nur aufgrund der durchweg unterschiedlichen Behandlung der Heimarbeiter, sondern auch aufgrund der unterschiedlichen Regelungsdichte sehr heterogen. Der Sozialschutz hat kein einheitliches Niveau, teilweise ist er bei Anwendbarkeit der Arbeitnehmerschutzgesetze mit demjenigen der Arbeitnehmer identisch, teilweise ist der Schutz der arbeitnehmerähnlichen Person nicht einmal annähernd vergleichbar mit dem der Arbeitnehmer.

10. Eine Kompensation des fehlenden sozialen Schutzes erfolgt für Künstler und Publizisten durch die Pflichtversicherung in der Künstlersozialversicherung. Dies ist zwar für die in Fernsehunternehmen tätigen Mitarbeiter sehr vorteilhaft. Es ist jedoch unverständlich, warum nicht für alle arbeitnehmerähnlichen Erwerbstätigen eine einheitliche sozialversicherungsrechtliche Regelung erfolgt. Die arbeitnehmerähnlichen Personen erscheinen dadurch auch sozialversicherungsrechtlich als sehr heterogene Gruppe von Beschäftigten, es fehlt erneut an einem Gesamtkonzept im rechtlichen Umgang mit dieser Erwerbstätigengruppe. Gerade eine einheitliche Sozialversicherungspflicht könnte für alle arbeitnehmerähnlichen Personen die soziale Absicherung deutlich erhöhen. Für die Erwerbstätigen wäre die finanzielle Situation ent-

spannter. Sie müssten sich nicht mehr nur auf die eigene soziale Absicherung verlassen und wären nicht mehr hierfür ständig gezwungen, neue Entgeltverhandlungen zu führen, um die Eigenvorsorge zu garantieren.

11. Teilweise führt die fehlende Anwendbarkeit der Arbeitnehmerschutzrechte auch zu Vorteilen für die arbeitnehmerähnliche Person. So muss sie die Klagefrist nach § 4 KSchG nicht einhalten und der Auftraggeber hat mangels Anwendbarkeit des ANErfG nicht bereits kraft Gesetz das Recht zur Inanspruchnahme der Erfindungen des arbeitnehmerähnlichen Erwerbstätigen. Folgerichtig hat aber die arbeitnehmerähnliche Person im Fall der vertraglich eingeräumten Inanspruchnahme auch keinen gesetzlichen Anspruch auf angemessene Vergütung nach § 9 ANErfG. Ein solcher muss vielmehr wie die Inanspruchnahme vertraglich geregelt werden.

12. Der insbesondere zugunsten von Medienmitarbeitern geschaffene § 12a TVG hat in Fernsehunternehmen nur für arbeitnehmerähnliche Personen des öffentlich-rechtlichen Fernsehens Vorteile. Bestehende Tarifverträge wurden nur bei öffentlich-rechtlichen Anstalten abgeschlossen. Nur beim privaten Sender n-tv wurde ebenfalls ein Tarifvertrag auf der Basis des § 12a TVG normiert, der jedoch gekündigt wurde und daher nur noch Nachwirkung entfaltet.

13. Durch fehlende Tarifverträge bei privaten Fernsehunternehmen entsteht ein sehr deutlicher Unterschied zwischen dem Schutz der arbeitnehmerähnlichen Personen in privaten und öffentlich-rechtlichen Fernsehunternehmen.

14. Wenn Tarifregelungen für arbeitnehmerähnliche Erwerbstätige bestehen, kompensieren diese viele gesetzliche Schutzlücken. Teilweise werden die arbeitnehmerähnlichen Personen durch tarifliche Normen sogar gegenüber dem gesetzlichen Schutz der Arbeitnehmer besser gestellt. So sind die Mindestentgelte in Fernsehunternehmen gegenüber denjenigen bei den Printmedien sehr hoch und liegen teilweise über denen für Arbeitnehmer. Jedoch sind die Tarifwerke in sich oftmals unstimmig.

15. Nahezu alle Tarifverträge enthalten Klauseln in Bezug auf die Eröffnung des Geltungsbereichs, die den Anwendungsbereich des Tarifvertrages gegenüber den von § 12a TVG erfassten Selbständigen erweitern. Bei den tariflichen Konkretisierungen der sozialen Schutzbedürftigkeit werden teilweise Einkünfte aus anderer Erwerbstätigkeit und Ruhestandseinkünfte nicht berücksichtigt, sondern nur Einkünfte von dem entsprechenden Unternehmen. Durch diese unzulässige Erweiterung des § 12a TVG gelten die Tarifnormen für die nicht von § 12a TVG erfassten Selbständigen nicht normativ. Eine unzulässige Erweiterung liegt ebenfalls vor, wenn eine Festsetzung der Art des Vertragsverhältnisses nicht erfolgt, was ebenfalls die fehlende normative Wirkung für nicht von § 12a TVG erfassten Erwerbstätigen zur Folge hat.

Bereichsausnahmen der Studenten führen bei einigen Tarifverträgen wegen Verstoßes gegen Art. 3 Abs. 1 GG zur Unwirksamkeit dieser tariflichen Regelungen. Es ist es sehr unverständlich, warum die Rechtsprechung zur Bereichsausnahme bei Tarifverträgen in den Tarifwerken nicht umgesetzt wird.

16. Die Dauer der Ausfallzahlungen im Krankheitsfall ist länger als die gesetzliche Dauer der Entgeltfortzahlung für Arbeitnehmer. Grund dafür ist vor allem, dass sich die Länge an der Tätigkeitsdauer für das Unternehmen bemisst, wodurch der gesetzliche Anspruch der Arbeitnehmer oftmals um mehr als das vierfache überboten wird. Ebenfalls zugunsten der arbeitnehmerähnlichen Personen enthalten viele Tarifverträge keine Begrenzung der Ausfallzahlungen bei Wiederholungskrankheiten. Jedoch sind die Voraussetzungen für die Gewährung von Ausfallzahlungen mit meist geforderten zwölf Monaten ununterbrochener Tätigkeit sehr viel höher als nach dem EFZG.

17. Die tatsächlich geleisteten Ausfallzahlungen der Fernsehunternehmen sind jedoch oft gering oder minimal. Dies liegt daran, dass in den meisten tariflichen Regelungen eine unangemessene Pauschalierung enthalten ist, wenn keine Leistungen der Krankenkasse erfolgen. Oftmals wird in diesem Fall pauschal das Krankengeld zugrundegelegt, das die ortsansässige AOK nach dem Höchstsatz zahlen würde. Für Mitlieder der KSK führt das zu untragbaren Ergebnissen, da ei ihnen zwar eine Mitgliedschaft bei einer Krankenversicherung besteht, die KSK aber erst ab dem 42. Tag der Erkrankung Zahlungen leistet. In vielen Tarifverträgen ist die Tatsache, dass für Künstler und Publizisten eine Versicherungspflicht in der KSK besteht, bei den Entgeltfortzahlungsregeln nicht berücksichtigt. Interessengerecht für die bei der KSK Versicherten wäre es, wenn Anrechnungen nur bei tatsächlich gezahltem Krankentagegeld vorgenommen werden. Zwar sollte auch für Mitglieder der KSK eine Vorlagepflicht der Bescheinigung über Zahlungen der Krankenkasse bestehen. Jedoch dürfte bei bescheinigter Nichtzahlung der Krankenkasse eine Anrechnung der Höchstsätze nicht erfolgen.

18. Die mangelnde Anwendbarkeit des MuSchG auf arbeitnehmerähnliche Personen wird durch die bestehenden tariflichen Regelungen nahezu kompensiert. Nur das fehlende gesetzliche Kündigungsverbot nach § 9 MuSchG wird in den Tarifverträgen nur bei einem Unternehmen aufgegriffen. Wie bei der Entgeltfortzahlung im Krankheitsfall werden Leistungen der Krankenkasse auch beim Mutterschutzgeld angerechnet, so dass die tatsächlichen Leitungen der Unternehmen erneut meist sehr niedrig ausfallen. Erstaunlicherweise wird die Zeit nach dem Mutterschutz in Form der Elternzeit in den Tarifverträgen fast nie thematisiert. Dadurch zeigt sich ein weiteres Mal, dass die Tarifverträge in sich nicht stimmig und folgerichtig sind. Besonders deutlich wird dies in einer Anstalt, nach deren Tarifvertrag einerseits dem

Ehemann bei Niederkunft der Ehefrau Sonderurlaub zugesprochen und dadurch ein familienfreundliches Bild der Anstalt suggeriert wird, andererseits aber Regelungen zur Elternzeit gänzlich fehlen.

19. Neben den gesetzlichen Rentenansprüchen und Ansprüchen auf Zahlungen aus den Pensionskassen bei öffentlich-rechtlichen Fernsehunternehmen existieren nach den Tarifverträgen kaum anstaltseigene Unterstützungskassen.

20. Die tariflichen Ansprüche hinsichtlich der Urlaubsdauer sind meist deutlich höher als das gesetzliche Minimum, was vor allem daran liegt, dass die Zahl der Urlaubstage nach Erreichen einer bestimmten Altersgrenze deutlich steigt. Positiv ist, dass nahezu alle Tarifverträge den Bezugszeitraum anders als das BUrlG auf das vergangene Kalenderjahr ausdehnen und so eine Manipulation des Auftraggebers vermeiden. Für die arbeitnehmerähnliche Person negativ ist, dass nur einzelne Unternehmen ihnen umfangreiche Sondervergütungen im Zusammenhang mit dem Urlaubsanspruch gewähren.

21. Mit nur drei ausführlichen Tarifverträgen existieren erstaunlich wenige Tarifwerke für die Urheberrechte der arbeitnehmerähnlichen Personen, obwohl dies gerade in Fernsehunternehmen eine so wichtige Regelungsmaterie darstellt. Ebenso ist es verwunderlich, dass wenige tarifliche Regelungen zu einem Beschäftigungsanspruch bestehen, da dies zur Klärung dieses maßgeblich von Art. 5 Abs. 1 S. 2 GG bestimmten Bereichs für Medienmitarbeiter wie für Auftraggeber wichtig wäre.

22. Auch die gesetzliche Schutzlücke bezüglich des fehlenden materiellen Bestandsschutzes wird tarifvertraglich nicht kompensiert. Die Anwendbarkeit des KSchG wurde von keinen Tarifparteien trotz diesbezüglicher Möglichkeit vereinbart. Als einzige Regelung des materiellen Bestandsschutzes wird oftmals der Ausschluss der ordentlichen Kündbarkeit für langjährige Mitarbeiter tariflich vereinbart. Formeller Bestandsschutz besteht nach dem Gesetz ohnehin durch die analoge Anwendung der Fristen nach § 29 Abs. 4 HAG für alle arbeitnehmerähnlichen Personen. Die tariflichen Mitteilungsfristen sind den gesetzlichen Fristen gegenüber aber noch großzügiger, da sie bei steigender Beschäftigungsdauer schneller ansteigen als diejenigen nach § 29 Abs. 4 HAG. Auch die maximale Länge der Mitteilungsfristen ist gegenüber der siebenmonatigen Frist nach § 29 Abs. 4 HAG meistens deutlich großzügiger.

23. Die tariflichen Ausgleichszahlungen für die Beendigung des Beschäftigungsverhältnisses sind gegenüber § 615 BGB meist nicht höher. Die bei Arbeitnehmern gängigen Abfindungszahlungen bei Beendigung des Vertragsverhältnisses gibt es zugunsten arbeitnehmerähnlicher Personen tarifvertraglich kaum.

24. Auch der Schutz der arbeitnehmerähnlichen Erwerbstätigen vor Einschränkungen wird tariflich nicht verbessert. Lediglich tarifliche Ankündigungsfristen der Einschränkung der Tätigkeit bereiten die arbeitnehmerähnliche Person auf eine verminderte Beschäftigung mit vermindertem Gehalt vor. Nur bei einem Fernsehunternehmen existiert ein Tarifvertrag, der neben Ausgleichszahlungen auch ein Teilbeendigungsgeld gewährt und somit der faktischen Wirkung der Einschränkung sowohl vom gewählten Begriff als auch den finanziellen Einbußen her gerecht wird. In diesem Themenbereich zeigt sich auch erneut die Unstimmigkeit vieler Tarifverträge in sich. Das Problem der Einschränkung der ordentlich unkündbaren Mitarbeiter wird nur in einem Tarifvertrag geregelt. Trotz Hinweises der Rechtsprechung auf diese Regelungslücke wird von den übrigen Tarifparteien insoweit kein Regelungsbedarf gesehen.

Literaturverzeichnis

Adomeit, Klaus — Die gestörte Vertragsparität – ein Trugbild, NJW 1994, S. 2467 ff.

Annuß, Georg — AGB-Kontrolle im Arbeitsrecht: Wo geht die Reise hin?, BB 2002, 458 ff.

Appel, Clemens / Frantzioch, Petra — Sozialer Schutz in der Selbständigkeit, AuR 1998, S. 93 ff.

Arnold, Karl Hans — Mitbestimmungsformen in Medienbetrieben des deutschsprachigen Raums. Bestandsaufnahme und Vergleich der Verhältnisse in Deutschland, Österreich und der Schweiz, Bochum 1991

Ascheid, Reiner / Preis, Ulrich / Schmidt, Ingrid — Großkommentar zum Kündigungsschutzrecht, 2. Aufl., München 2004

Bader, Peter / Bram, Rainer / Dörner, Hans-Jürgen / Wenzel, Leonhard — Kommentar zum Kündigungsschutzgesetz, Stand Dezember 2005, Neuwied 2005

Badura, Peter — Verfassungsrechtliche Bindungen der Rundfunkgesetzgebung: die Freiheit des Rundfunks und die saarländische Gesetzgebung über private Veranstalter von Rundfunksendungen, Frankfurt a.M. 1980

Baeck, Ulrich / Deutsch, Markus — Arbeitszeitgesetz, 2. Aufl., München 2004

Bamberger, Heinz Georg / Roth, Herbert — Kommentar zum Bürgerlichen Gesetzbuch, Band 1, §§ 1-610, München 2005

Bauer, Jobst-Hubertus — Neue Spielregeln für Aufhebungs- und Abwicklungsverträge durch das geänderte BGB?, NZA 2002, S. 169 ff.

Ders. — Beiderseitige und einseitige Ausschlußfristen, NZA 1987, S. 440 ff.

Bauer, Jobst-Hubertus / Diller, Martin — Wettbewerbsverbote, 3. Aufl., München 2002

Becker, Friedrich / Hillebrecht, Wilfried (Begr.) — KR, Gemeinschaftskommentar zum Kündigungsschutzgesetz und zu sonstigen kündigungsschutzrechtlichen Vorschriften, 7. Aufl., München 2004

Berkowsky, Wilfried — Schuldrecht – Was ändert die Reform im Arbeitsrecht? AuA 2002, S. 11 ff.

Bernhardt, Wolfgang (Begr.) / Krasser, Rudolf Lehrbuch des Patentrechts, 5. Aufl., München 2004

Berning, Harald Die Abhängigkeit des Franchise-Nehmers: Selbständigkeit durch vertikale Gruppenkoordination oder Auflösung des Normalarbeitsverhältnisses, Konstanz 1994

Beuthien, Volker / Wehler, Thomas Stellung und Schutz der freien Mitarbeiter im Arbeitsrecht, RdA 1978, S. 2 ff.

Bezani, Thomas Der arbeitsrechtliche Status von Rundfunk- und Fernsehmitarbeitern, NZA 1997, S. 856 ff.

Bezani, Thomas / Müller, Christoph J. Arbeitsrecht in Medienunternehmen, Köln 1999

Bietmann, Rolf Rundfunkfreiheit und Arbeitnehmerbegriff – Der Beschluß des BverfG, NJW 1982, 1447 und seine Auswirkungen auf die Rechtsprechung des BAG, NJW 1983, S. 200 ff.

Bitter, Walter Zur Stellung der freien Mitarbeiter, RdA 1978, S. 24 ff.

Blaes, Ruth Medienberufe in der Jahrtausendwende, ZUM 2000 (Sonderheft 2000), S. 616 ff.

Blomeyer, Wolfgang / Otto, Klaus Gesetz zur Verbesserung der betrieblichen Altersversorgung, 3. Aufl., München 2004

Bram, Rainer / Rühl, Werner Praktische Probleme des Wiedereinstellungsanspruchs nach wirksamer Kündigung, NZA 1990, S. 753 ff.

Brechmann, Winfried Die richtlinienkonforme Auslegung, München 1994

Brecht, Hans-Theo Heimarbeitsgesetz, München 1977

Brill, Werner Arztbesuche während der Arbeitszeit, NZA 1984, S. 281 ff.

Brors, Christiane „Fremdpersonaleinsatz“ – Wer ist gemäß § 7 S. 2 BetrVG wahlberechtigt?, NZA 2002, S. 123 ff.

Brückmann, Arthur Die Rechte des Geschäftsführers ohne Auftrag, Jena 1903

Buchholz, Goetz Ratgeber Freie – Kunst und Medien, 6. Aufl., Hamburg 2002

Buchner, Herbert Die arbeitnehmerähnliche Person – das unbekannte Wesen, ZUM 2000 (Sonderheft 2000), S. 624 ff.

Ders. Das Recht der Arbeitnehmer, der Arbeitnehmerähnlichen und der Selbständigen – jedem das Gleiche oder jedem das Seine?, NZA 1998, S. 1144 ff.

Buchner, Herbert / Becker, Ulrich Muterschutzgesetz und Bundeserziehungsgeldgesetz, 7. Aufl., München 2003

Busche, Jan Privatautonomie und Kontrahierungszwang, Tübingen 1999

Busse, Rudolf Patentgesetz, 5. Aufl., Berlin 1999

Canaris, Claus-Wilhelm Die Reform des Rechts der Leistungsstörungen, Sondertagung Schuldrechtsmodernisierung, JZ 2001, S. 499 ff.

Ders. Risikohaftung bei schadensgeneigter Tätigkeit in fremdem Interesse, RdA 1966, S. 41 ff.

Cramer, Hartwig Die Rechtsstellung des arbeitnehmerähnlichen Handlungsagenten, Erlangen-Bruck 1940

Däubler, Wolfgang (Hrsg.) Kommentar zum Tarifvertragsgesetz, Baden-Baden 2003

Ders. Die Auswirkungen der Schuldrechtsreform auf das Arbeitsrecht, NZA 2001, S. 1329 ff.

Ders. Kündigungsschutz außerhalb des Kündigungsschutzgesetzes, in: Arbeitsrecht und Arbeitsgerichtsbarkeit, Bilanz und Perspektiven an der Schwelle zum Jahr 2000, Festschrift zum 50-jährigen Bestehen der Arbeitsgerichtsbarkeit in Rheinland-Pfalz, Schmidt, Klaus (Hrsg.), Neuwied 1999, S. 271 ff.

Ders. Das Arbeitsrecht, Band II, 11. Aufl., Reinbek bei Hamburg 1998

Ders. Tarifvertragsrecht, 3. Aufl., Baden-Baden 1993

Ders. Die Haftung des Arbeitnehmers – Grundlagen und Grenzen, NJW 1986, S. 867 ff.

Dedek, Helge Die Beweislastverteilung nach § 619a BGB, ZGS 2002, S. 320 ff.

Degener, Udo Das Fragerecht des Arbeitgebers gegenüber Bewerbern, Berlin 1975

Dersch, Hermann Wechselwirkungen zwischen Arbeitsrecht und Sozialversicherung auf dem Gebiet der Leistung, RdA 1952, S. 53 ff.

Deutsches Institut für Wirtschaftsforschung (DIW) Beschäftigte und wirtschaftliche Lage des Rundfunks in Deutschland 1997/1998, DLM – Schriftenreihe Band 15, Berlin 2000

Dieterich, Thomas Die Arbeitsgerichte zwischen Bundesverfassungsgericht und Europäischem Gerichtshof, NZA 1996, S. 673 ff.

Ders. Grundgesetz und Privatautonomie im Arbeitsrecht, RdA 1995, S. 129 ff.

Dieterich, Thomas / Hanau, Peter / Schaub, Günther (Hrsg.) Erfurter Kommentar zum Arbeitsrecht, 6. Aufl., München 2006

Dieterich, Thomas / Neef, Klaus / Schwab, Brent Arbeitsrecht-Blattei Systematische Darstellungen, Ordner 1, Stand März 2006, Heidelberg 2006

Dirksen, Gebhard Das Feiertagsrecht, Göttingen 1961

Dittmann, Andreas Grundsätze der Arbeitnehmerhaftung, AuA 2002, S. 443 ff.

Dörr, Dieter Wo bleibt die Rundfunkfreiheit, ZUM 2000 (Sonderheft 2000), S. 666 ff.

Ders. Die Rundfunkfreiheit und der Status des freien Mitarbeiters, ZTR 1994, S. 355 ff.

Ders. Die freien Mitarbeiter und die Rundfunkfreiheit, Fortbestehende Divergenzen zwischen dem Bundesverfassungsgericht und der Arbeitsgerichtsbarkeit, in: Festschrift für Werner Thieme zum 70. Geburtstag, Bull, Hans Peter / Seewald, Otfried / Becker, Bernd (Hrsg.), Köln 1993, S. 911 ff.

Dulle, Klaus Rechtsfragen der Telearbeit, Aachen 1999

Eich, Rolf-Achim Die Kollektivierung freier Berufe, DB 1973, S. 1699 ff.

Einem, Hans-Jörg v. „Abhängige Selbständigkeit“, Handlungsbedarf für den Gesetzgeber?, BB 1994, S. 60 ff.

Erman, Walter (Begr.) / Westermann, Harm Peter (Hrsg.) Bürgerliches Gesetzbuch, Band I, 11. Aufl., Köln 2004

Etzel, Gerhard Tarifordnung und Arbeitsvertrag, NZA 1987, Beilage 1, S. 19 ff.

Fastrich, Lorenz Inhaltskontrolle im Arbeitsrecht nach der Bürgschaftsentscheidung des Bundesverfassungsgerichts vom 19.10.1993, RdA 1997, S. 65 ff.

Ders. Richterliche Inhaltskontrolle im Privatrecht, München 1992

Fechner, Frank Medienrecht, 6. Aufl., Tübingen 2005

Ders. Der neue SWR-Staatsvertrag auf dem Prüfstand der Rundfunkfreiheit, NJW 1997, S. 3211 ff.

Fenski, Martin Die Pflicht des Arbeitgebers zum Hinweis auf tarifvertragliche Ausschlußfristen, BB 1987, S. 2293 ff.

Fitting, Karl (Begr.) /Engels, Gerd / Schmidt, Ingrid / Trebinger, Yvonne / Linsenmaier, Wolfgang Betriebsverfassungsgesetz, 23. Aufl., München 2006

Frantzioch, Petra Abhängige Selbständigkeit im Arbeitsrecht, Berlin 2002

Friese, Birgit Urlaubsrecht, München 2003

Fromm, Friedrich (Begr.) / Nordemann, Wilhelm (Begr. und Hrsg.) Urheberrecht, Kommentar zum Urheberrechtsgesetz und zum Urheberrechtswahrnehmungsgesetz, 9. Aufl., Stuttgart 1998

Gagel, Alexander (Hrsg.) Sozialgesetzbuch III: Arbeitsförderung, Band I, München 2004

Gamillscheg, Franz Kollektives Arbeitsrecht, Band I: Grundlagen, Koalitionsfreiheit, Tarifvertrag, Arbeitskampf und Schlichtung, München 1997

Gaul, Dieter Der Betriebsinhaberwechsel und seine einzelvertraglichen Auswirkungen, BB 1979, S. 1666 ff.

Germelmann, Claas-Hinrich / Matthes, Hans-Christoph / Müller-Glöge, Rudi / Prütting, Hans Arbeitsgerichtsgesetz, 5. Aufl., München 2004

Geßler, Ernst / Hefermehl, Wolfgang / Hildebrandt, Wolfgang / Schröder, Georg Schlegelberger, Handelsgesetzbuch, Band 2, §§ 48-104, 5. Aufl., München 1973

Girth, Peter — Zur gesetzlichen Regelung der Tariffähigkeit „arbeitnehmerähnlicher Personen", FuR 1974, S. 510 ff.

Götz von Olenhusen, Albrecht — Medienarbeitsrecht für Hörfunk und Fernsehen, Konstanz 2004

Ders. — Freie Mitarbeit in den Medien, Baden-Baden 2002

Ders. — Die Nichtverlängerungsmitteilung im Medienrecht, ZUM 2002, S. 621 ff.

Ders. — Der Urheber- und Leistungsrechtsschutz der arbeitnehmerähnlichen Personen, GRUR 2002, S. 11 ff.

Ders. — Handbuch des Medienrechts, Versorgungsrecht einschließlich Künstlersozialversicherungsgesetz (KSVG); Band 1: Rundfunk und Fernsehen, Freiburg 1988

Gotthardt, Michael — Arbeitsrecht nach der Schuldrechtsreform, 2. Aufl., München 2003

Grafe, Bernhard — Die Telearbeit, Giessen 1991

Gragert, Nicola / Wiehe, Henning — Das Aus für die freie Auswahl in Kleinbetrieben - § 242 BGB!, NZA 2001, S. 934 ff.

Gragert, Nicola / Kreuzfeldt, Heiko — Sturm auf die Gerichte? – Die Konsequenzen aus dem Beschluß des BverfG zur Kleinbetriebsklausel in § 23 I 2 KSchG, NZA 1998, S. 567 ff.

Griebeling, Gert — Der Arbeitnehmerbegriff und das Problem der „Scheinselbständigkeit", RdA 1998, S. 208 ff.

Gröninger, Karl / Gering, Heinrich / Taubert, Thomas — Gesetz zum Schutze der arbeitenden Jugend, Neuwied 1998

Hanau, Peter / Strick, Kerstin — Qual der Wahl: Arbeitnehmer oder Selbständiger, AuA 1998, S. 185 ff.

Harbauer, Walter (Begr.) / Bauer, Günter / Maier, Karl / Stahl, Peter — Kommentar zu den Allgemeinen Bedingungen für die Rechtsschutzversicherung (ARB 75 und ARB 94/2000), 7. Aufl., München 2004

Hartstein, Reinhard / Ring, Wolf-Dieter / Kreile, Johannes / Dörr, Dieter / Stettner, Rupert — Rundfunkstaatsvertrag Kommentar, Loseblattsammlung, Stand 16. Ergänzungslieferung, München 2003

Hase, Karl von / Lembke, Mark — Das Selbstbeurlaubungsrecht arbeitnehmerähnlicher Personen, BB 1997, S. 1095 ff.

Hennig, Werner (Hrsg.)	Sozialgesetzbuch III: Arbeitsförderung, Arbeitsförderung, Band II, §§ 153-403, Neuwied 2001
Henssler, Martin	Arbeitsrecht und Schuldrechtsreform, RdA 2002, S. 129 ff.
Ders.	Das Leistungsverweigerungsrecht des Arbeitnehmers bei Pflichten- und Rechtsgüterkollisionen, AcP 190 (1990), S. 538 ff.
Henssler, Martin /Muthers, Christof	Arbeitsrecht und Schuldrechtsmodernisierung, ZGS 2002, S. 219 ff.
Henssler, Martin / v. Westphalen, Friedrich Graf von	Praxis der Schuldrechtsreform, Recklinghausen 2002
Henssler, Martin / Willemsen, Heinz Josef / Kalb, Heinz-Jürgen (Hrsg.)	Arbeitsrecht Kommentar, Köln 2004
Herrmann, Günter (Begr.) / Lausen, Matthias	Rundfunkrecht: Fernsehen und Hörfunk mit neuen Medien, München 2004
Herschel, Wilhelm	Neue Fragen zur arbeitnehmerähnlichen Person, AuR 1982, S. 336 ff.
Ders.	Die arbeitnehmerähnliche Person, DB 1977, S. 1185 ff.
Ders.	Die Kündigung der arbeitnehmerähnlichen Freien Mitarbeiter, FuR 1977, 290 ff.
Hesse, Albrecht	Rundfunkrecht, München 2003
Heußner, Hermann	Die freien Mitarbeiter bei Rundfunk und Fernsehen im Sozialversicherungsrecht, RdA 1978, S. 12 ff.
Hilger, Marie Luise	Rundfunkfreiheit und „freie Mitarbeiter", RdA 1981, S. 265 ff.
Hochrathner, Uwe	Anm. zu BAG Urt. V. 20. September 2000 – 5 AZR 61/99 -, ZUM 1991, S. 218 ff.
Höfling, Wolfram	Vertragsfreiheit: eine grundrechtsdogmatische Studie, Heidelberg 1991
Hönn, Günther	Kompensation gestörter Vertragsparität – Ein Beitrag zum inneren System des Vertragsrechts -, München 1982

Hoepffner, Walter L. Der Kündigungsschutz arbeitnehmerähnlicher Personen nach dem Schwerbeschädigtengesetz, BB 1950, S. 141

Hohmeister, Frank Arbeits- und sozialversicherungsrechtliche Konsequenzen eines vom Arbeitnehmer gewonnenen Statusprozesses - Fehlerhafte Rechtsformenwahl bei Begründung eines Mitarbeiterverhältnisses, NZA 1999, S. 1009 ff.

Ders. Scheinselbständige und arbeitnehmerähnliche Selbständige in der Sozialversicherung, NZA 1999, S. 337 ff.

Ders. Zeugnisanspruch für freie Mitarbeiter?, NZA 1998, S. 571 ff.

Ders. Kommentar zum Bundesurlaubsgesetz, Heidelberg 1995

Hohmeister, Frank / Küper, Anja Individualvertragliche Arbeitszeitgestaltung bei der alternierenden Telearbeit, NZA 1998, S. 1206 ff.

Hromadka, Wolfgang Schuldrechtsmodernisierung und Vertragskontrolle im Arbeitsrecht, NJW 2002, S. 2523 ff.

Ders. Zum Arbeitsrecht der arbeitnehmerähnlichen Selbständigen, in: Europas universale rechtspolitische Aufgabe im Recht des dritten Jahrtausends, Festschrift für Alfred Söllner zum 70. Geburtstag, Köbler, Gerhard / Heinze, Meinhard / Hromadka, Wolfgang (Hrsg.), München 2000, S. 461 ff.

Ders. Arbeitnehmerähnliche Personen, NZA 1997, S. 1249 ff.

Ders. Arbeitnehmerbegriff und Arbeitsrecht, NZA 1997, S. 569 ff.

Ders. Das Leistungsbestimmungsrecht des Arbeitgebers, DB 1995, S. 1609 ff.

Huber, Peter / Faust, Florian Schuldrechtsmodernisierung - Einführung in das neue Recht, München 2002

Hueck, Alfred / Nipperdey, Hans Carl Lehrbuch des Arbeitsrechts, II. Band, 1. Halbband, 7. Aufl., Berlin 1967

Dies. Lehrbuch des Arbeitsrechts, I. Band, 7. Aufl., Berlin 1963

Hümmerich, Klaus — Grenzfall des Arbeitsrechts: Kündigung des GmbH-Geschäftsführers, NJW 1995, S. 1177 ff.

Hummel, Marlies — Volkswirtschaftliche Auswirkungen einer gesetzlichen Regelung des Urhebervertragsrechts, ZUM 2001, S. 660 ff.

Dies. — Die Lage der freien publizistischen und künstlerischen Berufe in der Bundesrepublik, München 1990

Immenga, Ulrich / Mestmäcker, Ernst-Joachim — Gesetz gegen Wettbewerbsbeschränkungen, 3. Aufl., München 2001

Institut für Arbeitsmarkt- und Berufsförderung der Bundesanstalt für Arbeit (IAB) — Empirische Befunde zur „Scheinselbständigkeit", NZA 1997, S. 590 ff.

Jacobs, Matthias — Der arbeitnehmerähnliche Selbständige, ZIP 1999, S. 1549 ff.

Jarass, Hans D. — Tarifverträge und Verfassungsrecht – Grundlagenfragen, dargestellt am Beispiel des Streits um den Ladenschluß, NZA 1990, S. 505 ff.

Ders. — In welcher Weise empfiehlt es sich, die Ordnung des Rundfunks und sein Verhältnis zu anderen Medien – auch unter dem Gesichtspunkt der Harmonisierung – zu regeln?, Gutachten für den 56. Deutschen Juristentag, München 1986

Jarass, Hans D. / Pieroth, Bodo — Grundgesetz für die Bundesrepublik Deutschland, 8. Aufl., München 2006

Joussen, Jacob — Arbeitsrecht und Schuldrechtsreform, NZA 2001, S. 745 ff.

Kaiser, Dagmar — Anmerkung zu BAG Großer Senat Beschluss v. 07.09.1994 - GS 1/89 - EWiR 1995, S. 345 f.

Dies. — Anmerkung zu BAG Urteil v. 21.01.1993 – 2 AZR 309/92 - AP Nr. 53 zu § 615 BGB, S. 706 ff.

Kaiser, Heinrich (Begr.) / Dunkl, Hans / Hold, Dieter / Kleinsorge, Georg — Entgeltfortzahlungsgesetz, 5. Aufl., Köln 2000

Kappus, Matthias — Rechtsfragen der Telearbeit, Heidelberg 1986

Keller, Wolfgang — Arbeitnehmerähnliche oder unternehmerähnliche Tätigkeit? - Ein Beitrag zur Rechtsanwendung des § 2 Abs. 2 SGB VII -, NZS 2001, 148 ff.

Kempen, Otto Ernst / Zachert, Ulrich — Tarifvertragsgesetz, Kommentar für die Praxis, 4. Aufl., Frankfurt am Main 2006

Kindle, Ulrike — Der Arbeitgeberverband des privaten Rundfunks, Arbeitgeber 1994, S. 876 f.

Kissel, Otto Rudolf — Arbeitskampfrecht, München 2002

Kittner, Michael — Schuldrecht. Rechtliche Grundlagen, wirtschaftliche Zusammenhänge, 3. Aufl.. München 2003

Ders. — Neues Kündigungsschutzrecht außerhalb des Kündigungsschutzgesetzes, NZA 1998, S. 731 ff.

Kittner, Michael / Däubler, Wolfgang / Zwanziger, Bertram — Kündigungsschutzrecht, 6. Aufl., Frankfurt a.M. 2004

Kittner, Michael / Pieper, Ralf — Arbeitsschutzgesetz - Basiskommentar mit Betriebssicherheitsverordnung -, 3. Aufl., Köln 2003

Knittel, Bernhard — SGB IX – Rehabilitation und Teilhabe behinderter Menschen, Kommentar, Starnberg 2004

Koberski, Wolfgang / Clasen, Lothar / Menzel, Horst — Tarifvertragsgesetz, Loseblattkommentar, Stand November 1999, Neuwied

Körner, Marita — Telearbeit - neue Form der Erwerbsarbeit, alte Regeln?, NZA 1999, S. 1190 ff.

Kollmer, Norbert — Arbeitsschutzgesetz, München 2005

Kollmer, Norbert/ Vogl, Markus — Arbeitsschutzgesetz, 2. Aufl., München 1999

Konzen, Horst — Arbeitsrechtliche Drittbeziehungen – Gedanken über Grundlagen und Wirkungen der „gespaltenen Arbeitgeberstellung“, ZfA 1982, S. 259 ff.

Ders. — Tarifbindung, Friedenspflicht und Kampfparität beim Verbandswechsel des Arbeitgebers, ZfA 1975, S. 401 ff.

Konzen, Horst / Rupp, Hans Heinrich — Anmerkung zu BVerfG 13.1.1982 – Az: 1 BvR 848/77, 1 BvR 1047/77, 1 BvR 916/78, 1 BvR 1307/78, 1 BvR 350/79, 1 BvR 475/80, 1 BvR 902/80, 1 BvR 965/80, 1 BvR 1177/80, 1 BvR 1238/80, 1 BvR 1461/80 - EzA Art. 5 GG Nr. 9, S. 58a ff.

Kraßer, Rudolf — Urheberrecht in Arbeits-, Dienst- und Auftragsverhältnissen, in: Urhebervertragsrecht, Festgabe für Gerhard Schricker zum 60. Geburtstag, Beier, Friedrich-Karl / Götting, Horst-Peter / Lehmann, Michael / Moufang, Rainer (Hrsg.), München 1995, S. 77 ff.

Kresse, Herrmann — Die Rundfunkordnung in den neuen Bundesländern, Stuttgart 1992

Kröner, Lars — Titelmerchandising durch öffentlich-rechtliche Rundfunkanstalten, Münster 1995

Küttner, Wolfdieter (Hrsg.) — Personalbuch 2004, Arbeitsrecht, Lohnsteuerrecht, Sozialversicherungsrecht, 11. Aufl., München 2004

Kunze, Otto — Der neue § 12a des Tarifvertragsgesetzes, UFITA 74 (1975), S. 19 ff.

Ders. — Die Stellung der ständigen freien Mitarbeiter der Rundfunkanstalten in rechtlicher und rechtspolitischer Sicht, in: Freie Mitarbeiter in den Rundfunkanstalten, Vortragsveranstaltung vom 24. und 25. Mai 1973, Brack, Hans / Hübner, Heinz / Oehler, Dietrich / Stern, Klaus, Schriftenreihe des Instituts für Rundfunkrecht an der Universität zu Köln, Band 14, München 1973, S. 55 ff.

Landmann, Robert v. / Rohmer, Gustav (Hrsg.) — Gewerbeordnung und ergänzende Vorschriften, Band 1, Stand März 2006, München 2006

Lampe, Christian — Arbeitsrechtliche Folgen der aufgedeckten Scheinselbständigkeit, RdA 2003, S. 18 ff.

Larenz, Karl — Schuldrecht, Band I, 14. Aufl., München 1987

Lassner, Heribert — Die Altersversorgung des öffentlichen Dienstes, PersR 2003, S. 445 ff.

Laukemann, Marc — Auswirkungen der Regelung zu „Scheinselbständigen" auf freie Journalisten, ZUM 1999, S. 316 ff.

Leibholz, Gerhard — Verfassungsrecht und Arbeitsrecht, in: Zwei Vorträge zum Arbeitsrecht, München 1960, S. 21 ff.

Leinemann, Wolfgang / Linck, Rüdiger — Urlaubsrecht, 2. Aufl., München 2001

Lepke, Achim Begünstigter Personenkreis bei Betriebsübergang, BB 1979, S. 526 ff.

Lewer, Dirk Die Haftung des Werkbestellers nach Dienstleistungsrecht gem. den §§ 618, 619 BGB, JZ 1983, S. 336 ff.

Lieb, Andreas Die Vergütung des Testamentsvollstreckers, Angelbachtal 2004

Lieb, Manfred AGB-Recht und Arbeitsrecht nach der Schuldrechtsmodernisierung, in: Festschrift für Peter Ulmer zum 70. Geburtstag am 2. Januar 2003, Habersack, Mathias / Hommelhoff, Peter / Hüffer, Uwe / Schmidt, Karsten (Hrsg.), Berlin 2003, S. 1231ff.

Ders. Personelle Differenzierungen und Gleichbehandlung, ZfA 1996, S. 319 ff.

Ders. Anm. zu BAG Urt. V. 08. Oktober 1975 – 5 AZR 430/74 -, EzA § 611 BGB Arbeitnehmerbegriff Nr. 4, S. 32a f.

Ders. Die Schutzbedürftigkeit arbeitnehmerähnlicher Personen, RdA 1974, S. 257 ff.

Lindemann, Viola Neuerungen im Arbeitsrecht durch die Schuldrechtsreform, AuR 2002, S. 81 ff.

Lingemann, Stefan Allgemeine Geschäftsbedingungen und Arbeitsvertrag, NZA 2002, 181 ff.

Löffler, Martin (Begr.) / Ricker, Reinhart Handbuch des Presserechts, 5. Aufl., München 2005

Löwisch, Manfred Neuregelungen des Kündigungs- und Befristungsrechts durch das Gesetz zu Reformen am Arbeitsmarkt, BB 2004, S. 154 ff.

Ders. Zweifelhafte Folgen des geplanten Leistungsstörungsrechts für das Arbeitsrecht, NZA 2001, S. 465 ff.

Ders. Grenzen der ordentlichen Kündigung in kündigungsschutzfreien Betrieben, BB 1997, S. 781 ff.

Ders. Befristete Vertragsverhältnisse programmgestaltender Mitarbeiter der Rundfunkanstalten, Beiträge zum Rundfunkrecht Heft 29, 1983

Löwisch, Manfred / Kaiser, Dagmar Betriebsverfassungsgesetz Kommentar, 5. Aufl., Heidelberg 2002

Löwisch, Manfred / Rieble, Volker	Tarifvertragsgesetz, 2. Aufl., München 2004
Löwisch, Manfred / Spinner, Günter	Kommentar zum Kündigungsschutzgesetz, 9. Aufl., Heidelberg 2004
Lorenz, Martin	Kommentar zum Jugendarbeitsschutzgesetz, Heidelberg 1997
Lund, Heinrich	Tarifautonomie für arbeitnehmerähnliche Personen, BABl. 1974, S. 682 ff.
Maier, Claus	Arbeitnehmerähnliche Personen im Tarifrecht, FuR 1973, S. 378 ff.
Mangoldt, Hermann v.(Begr.) / Klein, Friedrich / Starck, Christian (Hrsg.)	Kommentar zum Grundgesetz, 1. Präambel, Art. 1 bis 19, 5. Aufl., München 2005
Mattner, Andreas	Sonn- und Feiertagsrecht, 2. Aufl., Köln 1991
Maus, Wilhelm	Die „freien Mitarbeiter" der Deutschen Rundfunk- und Fernsehanstalten, RdA 1968, S. 367 ff.
Maus, Wilhelm (Begr.) / Schmidt, Klaus	Heimarbeitsgesetz Kommentar, 4. Aufl., München 1998
Mayer, Udo R.	Aktuelles zur Scheinselbständigkeit, in: Recht und soziale Arbeitswelt, Festschrift für Wolfgang Däubler zum 60. Geburtstag, Klebe, Thomas / Wedde, Peter / Wolmerath, Martin (Hrsg.), Frankfurt a.M. 1999, S. 77 ff.
Merten, Maximilian	Rundfunkfreiheit und Datenschutz – Die Funktion und Bedeutung der Rundfunkbeauftragten für den Datenschutz, ZUM 2004, S. 532 ff.
Molitor, Erich / Volmer, Bernhard (Begr.) / Germelmann, Claas-Hinrich	Jugendarbeitsschutzgesetz, 3. Aufl., München 1986
Müller, Henning	Die Lebensversicherung in der Zwangsvollstreckung, Frankfurt am Main 2005
Müller, Klaus	Der Anspruch auf Aufwendungsersatz im Rahmen von Schuldverhältnissen, JZ 1968 S. 769 ff.
Müller-Wenner, Dorothee / Schorn Ulrich	SGB IX Teil 2, Besondere Regelungen zur Teilhabe schwerbehinderter Menschen (Schwerbehindertenrecht), München 2003

Müllner, Wolfgang — Privatisierung des Arbeitsplatzes: Chancen, Risiken und rechtliche Gestaltbarkeit der Telearbeit, Stuttgart 1985

Natzel, Benno — Bundesurlaubsrecht: Handkommentar des gesamten Urlaubsrechts des Bundes für die betriebliche Praxis, 4. Aufl., Düsseldorf 1988

Natzel, Ivo — Schutz des Arbeitnehmers als Verbraucher?, NZA 2002, S. 595 ff.

Neumann, Dirk / Fenski, Martin — Bundesurlaubsgesetz, 9. Aufl., München 2003

Neumann, Dirk / Pahlen, Ronald /Majerski-Pahlen, Monika — Schwerbehindertenrecht, 11. Aufl., München 2005

Neuvians, Nicole — Die arbeitnehmerähnliche Person, Berlin 2002

Oetker, Hartmut — Die Ausprägung der Grundrechte des Arbeitnehmers in der Arbeitsrechtsordnung der Bundesrepublik Deutschland, RdA 2004, S. 8 ff.

Ders. — Neues zur Arbeitnehmerhaftung durch § 619a BGB?, BB 2002, S. 43 ff.

Ders. — Arbeitnehmerähnliche Personen und Kündigungsschutz, in: Arbeitsrecht und Arbeitsgerichtsbarkeit, Bilanz und Perspektiven an der Schwelle zum Jahr 2000, Festschrift zum 50-jährigen Bestehen der Arbeitsgerichtsbarkeit in Rheinland-Pfalz, Schmidt, Klaus (Hrsg.), Neuwied 1999, S. 311 ff.

Ders. — Gibt es einen Kündigungsschutz außerhalb des Kündigungsschutzgesetzes?, AuR 1997, S. 41 ff.

Ory, Stephan / Schmittmann, Jens M. — Freie Mitarbeiter in den Medien, München 2002

Otto, Hansjörg — Kündigungsschutz im Kleinbetrieb, RdA 2002, S. 103 ff.

Ders. — Schranken der Kündigungsfreiheit außerhalb des allgemeinen Kündigungsschutzes, in: Festschrift für Günther Wiese zum 70. Geburtstag, Hanau, Peter / Lorenz, Egon / Matthes, Hans-Christoph (Hrsg.), Neuwied/Kriftel 1998, S. 354 ff.

Ders.	Der Handlungsspielraum der Tarifvertragsparteien bei der Regelung der Vertragsverhältnisse zwischen den Rundfunkanstalten und ihren programmgestaltenden Mitarbeitern nach dem Beschluß des Bundesverfassungsgerichts vom 13. Januar 1982, RdA 1984, S. 261 ff.
Otto, Hansjörg / Schwarze, Roland	Die Haftung des Arbeitnehmers, 3. Aufl., Karlsruhe 1998
Palandt, Otto (Begr.)	Bürgerliches Gesetzbuch, 65. Aufl., München 2006
Pauly, Matthias	Tarifautonomie für Handelsvertreter, Der Handelsvertreter als arbeitnehmerähnliche Person im Sinne des § 12a TVG, Frankfurt a.M. 1992
Pfarr, Heide M.	Die arbeitnehmerähnliche Person, in: Arbeitsrecht in der Bewährung, Festschrift für Karl Kehrmann, Engelen-Kefer, Ursula / Schoden, Michael / Zachert, Ulrich (Hrsg.), Köln 1997, S. 75 ff.
Plander, Harro	Arbeitnehmerähnliche in der Betriebsverfassung, DB 1999, S. 330 ff.
Ders.	Rundfunkfreiheit und Arbeitnehmerstatus, BlStSozArbR 1982, S. 225 ff.
Plöger, Henning	Sonderarbeitsrechte im Pressebereich, Frankfurt a.M. 2003
Plüm, Joachim	Tarifliche Ausschlussfristen im Arbeitsverhältnis, MDR 1992, S. 14 ff.
Preis, Ulrich	Die "Reform" des Kündigungsschutzrechts, DB 2004, S. 70 ff.
Ders.	Arbeitsrecht, Verbraucherschutz und Inhaltskontrolle, Sonderbeilage zu NZA Heft 16/2003, S. 19 ff.
Ders.	Koordinationskonflikte zwischen Arbeits- und Sozialrecht, NZA 2000, S. 914 ff.
Ders.	Der Kündigungsschutz außerhalb des Kündigungsschutzgesetzes, NZA 1997, S. 1256 ff.
Ders.	Der persönliche Anwendungsbereich der Sonderprivatrechte, ZHR 158, 1994, S. 567 ff.
Ders.	Grundfragen der Vertragsgestaltung im Arbeitsrecht, Neuwied 1993

Pullen, Heinz-Jürgen — Anwendbarkeit der Grundsätze der gefahrgeneigten Arbeit auf den GmbH-Geschäftsführer?, BB 1984, S. 989 ff.

Reber, Nikolaus — Die Beteiligung von Urhebern und ausübenden Künstlern an der Verwertung von Filmwerken in Deutschland und den USA, München 1998

Reimer, Eduard (Begr.) / Schade, Hans / Schippel, Helmut — Das Recht der Arbeitnehmererfindung, 7. Aufl., Berlin 2000

Reinecke, Gerhard — Kontrolle Allgemeiner Arbeitsbedingungen nach dem Schuldrechtsmodernisierungsgesetz, DB 2002, S. 583 ff.

Richardi, Reinhard (Hrsg.) — Betriebsverfassungsgesetz, 10. Aufl., München 2006

Ders. — "Scheinselbständigkeit" und arbeitsrechtlicher Arbeitnehmerbegriff, DB 1999, S. 958 ff.

Rieble, Volker — Vereinbarte Betriebsratsstruktur in Unternehmen und Konzern, in: Arbeitsrecht 2001, RWS Forum 21, Bauer, Jobst-Hubertus / Rieble, Volker (Hrsg.), Köln 2002, S. 25 ff.

Ders. — Die relative Verselbständigung von Arbeitnehmern – Bewegung in den Randzonen des Arbeitsrechts, ZfA 1998, S. 327 ff.

Ders. — Arbeitsmarkt und Wettbewerb, Berlin 1996

Rieble, Volker / Klumpp, Steffen — Widerrufsrecht des Arbeitnehmer-Verbrauchers?, ZIP 2002, S. 2153 ff.

Riepenhausen, Bernhard — Neues Sendevertragsrecht - Zu den Tarifverträgen des Westdeutschen Rundfunks über Urheber- und Leistungsschutzrechte arbeitnehmerähnlicher Personen und auf Produktionsdauer Beschäftigter vom 14.9.1981, FuR 1982, S. 20ff.

Ders. — Die ständigen freien Mitarbeiter der Rundfunkanstalten, RdA 1978, S. 17 ff.

Ders. — Tarifverträge für Freie Mitarbeiter der Rundfunkanstalten, FuR 1977, S. 504 ff.

Rosenfelder, Ulrich — Der arbeitsrechtliche Status des freien Mitarbeiters, Berlin 1982

Rost, Friedhelm — Arbeitnehmer und arbeitnehmerähnliche Personen im Betriebsverfassungsrecht, NZA 1999, S. 113 ff.

Roth, Herbert — Die Inhaltskontrolle nichtausgehandelter Individualverträge im Privatrechtssystem, BB 1987, S. 977 ff.

Rüthers, Bernd — Rundfunkfreiheit und Arbeitsrechtsschutz, RdA 1985, S. 129 ff.

Ders. — Programmfreiheit der Rundfunkanstalten und Arbeitsrechtsschutz der freien Mitarbeiter, DB 1982, S. 1869 ff.

Rüthers, Bernd / Beninca, Jürgen — Die Verwirklichung des Tendenzschutzes in Pressebetrieben im Rahmen des Direktionsrechts bei Versetzungen von Redakteuren, AfP 1995, S. 638 ff.

Sachs, Michael (Hrsg.) — Grundgesetz Kommentar, 3. Aufl., München 2003

Schaffeld, Burkhard — Tendenz steigend: Freie Mitarbeiter in den Medien, AuA 1998, S. 408 ff.

Schaub, Günther — Die Neuregelung der Altersversorgung im öffentlichen Dienst, NZA 2002, S. 1119 ff.

Ders. — Rechtsprobleme der Arbeitsverhinderung, AuA 1996, S. 83 ff.

Schaub, Günter / Koch, Ulrich /Linck, Rüdiger — Arbeitsrechts-Handbuch, 11. Aufl., München 2005

Schippel, Helmut — Der persönliche Geltungsbereich des Gesetzes über Arbeitnehmererfindungen und seine Ausdehnung durch Analogie und Parteivereinbarung, GRUR 1959, S. 167 ff.

Schlachter, Monika — Grundsatz des gleichen Entgelts nach Art. 119 EG-Vertrag und der Richtlinie 75/117/EWG, EAS, B 4100, Heidelberg 2002

Schmidt, Klaus / Koberski, Wolfgang / Tiemann, Barbara / Wascher, Angelika — Heimarbeitsgesetz, 4. Aufl., München 1998

Schmidt, Bettina / Schwerdtner, Peter — Scheinselbständigkeit, 2. Aufl., München 2000

Schmitz-Gielsdorf, Uwe — Nichtverlängerung des Bühnenengagementvertrages und Kündigung, ZUM 1992, S. 492 ff.

Schricker, Gerhard (Hrsg.) — Urheberrecht, 2. Aufl., München 1999

Schubert, Claudia	Der Schutz der arbeitnehmerähnlichen Person, Zugleich ein Beitrag zum Zusammenwirken von Arbeits- und Wirtschaftsrecht mit den zivilrechtlichen Generalklauseln, München 2004
Schütz, Friedrich /Hauck, Friedrich	Gesetzliches und tarifliches Urlaubsrecht, Neuwied 1996
Schulin, Bertram (Hrsg.)	Handbuch des Sozialversicherungsrechts, Band II, Unfallversicherungsrecht, München 1996
Schwarzkopf, Dietrich (Hrsg.)	Rundfunkpolitik in Deutschland, Band I, München 1999
Seidel, Norbert	Der Medienmensch im Tarifvertrag, ZUM 2000 (Sonderheft 2000), S. 660 ff.
Ders.	Die arbeitnehmerähnliche Person im Urlaubsrecht, BB 1970, S. 971 ff.
Singer, Reinhard	Arbeitsvertragsgestaltung nach der Reform des BGB, RdA 2003, S. 194 ff.
Söllner, Alfred	Der verfassungsrechtliche Rahmen für Privatautonomie im Arbeitsrecht, RdA 1989, S. 144 ff.
Soergel, Hans Theodor (Begr.) / Siebert, Wolfgang (Hrsg.)	Bürgerliches Gesetzbuch mit Einführungs- und Nebengesetzen, Band 4/1, §§ 516-651, 12. Aufl., Köln 1997
Stahlhacke, Eugen	Anmerkung zu EuGH, Urt. v. 4.10.2001 – Rs. C – 109/00, in: EAS RL 76/207/EWG
Stahlhacke, Eugen / Preis, Ulrich / Vossen, Reinhard	Kündigung und Kündigungsschutz im Arbeitsverhältnis, 8. Aufl., München 2002
Staudinger, Julius von (Begr.)	Julius von Staudingers Kommentar zum Bürgerlichen Gesetzbuch, §§ 134-163 BGB, 13. Bearb., Berlin 2003, §§ 255-304 BGB, 13. Bearb., Berlin 2004, §§ 611-615 BGB, Neubearbeitung 2005, Berlin 2005, §§ 616-630 BGB, Berlin 2002, §§ 652-704 BGB, 13. Bearb., Berlin 1995
Stein, Friedrich / Jonas, Martin (Hrsg.)	Kommentar zur Zivilprozessordnung, Band 8, §§ 828-915h, 22. Aufl., Tübingen 2004
Stein, Axel	Tarifvertragsrecht, Stuttgart 1997
Steinberg, Katrin	Urheberrechtliche Klauseln in Tarifverträgen, Baden-Baden 1998
Stern, Klaus / Bethge, Herbert	Die Rechtstellung des Intendanten der öffentlich-rechtlichen Rundfunkanstalten, München 1972

Stock, Martin — Innere Medienfreiheit – Ein modernes Konzept der Qualitätssicherung, Baden-Baden 2001

Stürmer, Klaus — Bewerbung und Schwangerschaft, NZA 2001, S. 526 ff.

Thees, Thomas — Das Arbeitnehmer-Persönlichkeitsrecht als Leitidee des Arbeitsrechts, Berlin 1995

Thüsing, Gregor — Tarifvertragliche Chimären - - Verfassungsrechtliche und arbeitsrechtliche Überlegungen zu den gemeinsamen Vergütungsregeln nach § 36 UrhG n.F., GRUR 2002, S. 203 ff.

Ders. — Handlungsbedarf im Diskriminierungsrecht - Die Umsetzungserfordernisse auf Grund der Richtlinien 2000/78/EG und 2000/43/EG, NZA 2001, S. 1061 ff.

Udsching, Peter (Bandhrsg.) / Hauck, Karl / Noftz, Wolfgang (Hrsg.) — SGB IV - Gemeinsame Vorschriften für die Sozialversicherung, Loseblattkommentar, Berlin 2005

Ulmer, Peter / Brander, Erich / Hensen, Horst-Dieter — Kommentar zum AGB-Gesetz, 9. Aufl., Köln 2001

Urban, Sandra — Der Kündigungsschutz außerhalb des Kündigungsschutzgesetzes, Berlin 2001

Volmer, Bernhard / Gaul, Dieter — Arbeitnehmererfindungsgesetz, 2. Aufl., München 1983

Voß, Peter — Freie Mitarbeit in den Medien, ZUM 2000 (Sonderheft 2000), S. 614 ff.

Wachter, Gustav — Wesensmerkmale der arbeitnehmerähnlichen Personen, Berlin 1980

Wackerbarth, Ulrich — Entgelt für Betriebstreue, Köln 1995

Wank, Rolf — Technischer Arbeitsschutz in der EU im Überblick, EAS, B 6000, Heidelberg 2002

Ders. — § 7 Abs. 1 und 4 SGB IV, AuR 2001, S. 291 ff.

Ders. — Kommentar zum technischen Arbeitsschutz, München 1999

Ders. — Die Kündigung außerhalb des Kündigungsschutzgesetzes, in: Arbeitsrecht und Sozialpartnerschaft: Festschrift für Peter Hanau, Isenhardt, Udo / Preis, Ulrich (Hrsg.), Köln 1999, S. 295 ff.

Ders. Telearbeit, Heidelberg 1997

Ders. Anm. zu BAG Urt. v. 16. Februar 1989 - 2 AZR 347/88 -, EzA § 138 BGB Nr. 23, S. 11 ff.

Ders. Arbeitnehmer und Selbständige, München 1988

Wedde, Peter / Kunz, Olaf Entgeltfortzahlungsgesetz, 3. Aufl., Frankfurt a.M. 2003

Wiedemann,Herbert (Hrsg.) Tarifvertragsgesetz, 6. Aufl., München 1999

Wiegand, Bernd Kommentar zum Schwerbehindertengesetz, Band I, Wiesbaden 2001

Wlotzke, Otfried Neuerungen im gesetzlichen Arbeitsrecht, DB 1974, S. 2252 ff.

Wohlgemuth, Hans H. Fragerecht und Erhebungsrecht: - Zu den Grenzen des Informationsbeschaffungsrechts des Arbeitgebers -, AuR 1992, 46 ff.

Wolf, Manfred Inhaltskontrolle von Arbeitsverträgen am Beispiel der Befristung einzelner Arbeitsbedingungen, RdA 1988, S. 270 ff.

Ders. Rechtsgeschäftliche Entscheidungsfreiheit und vertraglicher Interessenausgleich, Tübingen 1970

Zöller, Richard (Begr.) Zivilprozessordnung, 25. Aufl., Köln 2005

Zöllner, Wolfgang Regelungsspielräume im Schuldvertragsrecht, AcP 196 (1996), S. 1 ff.

Studien zum deutschen und europäischen Medienrecht

Herausgegeben von Dieter Dörr und Udo Fink
mit Unterstützung der Dr. Feldbausch Stiftung

Band 1 Peter Charissé: Die Rundfunkveranstaltungsfreiheit und das Zulassungsregime der Rundfunk- und Mediengesetze. Eine verfassungs- und europarechtliche Untersuchung der subjektiv-rechtlichen Stellung privater Rundfunkveranstalter. 1999.

Band 2 Dieter Dörr: Umfang und Grenzen der Rechtsaufsicht über die Deutsche Welle. 2000.

Band 3 Claudia Braml: Das Teleshopping und die Rundfunkfreiheit. Eine verfassungs- und europarechtliche Untersuchung im Hinblick auf den Rundfunkstaatsvertrag, den Mediendienste-Staatsvertrag, das Teledienstegesetz und die EG-Fernsehrichtlinie. 2000.

Band 4 Dieter Dörr, unter Mitarbeit von Mark D. Cole: *Big Brother* und die Menschenwürde. Die Menschenwürde und die Programmfreiheit am Beispiel eines neuen Sendeformats. 2000.

Band 5 Martin Stock: Medienfreiheit in der EU-Grundrechtscharta: Art. 10 EMRK ergänzen und modernisieren! 2000.

Band 6 Wolfgang Lent: Rundfunk-, Medien-, Teledienste. Eine verfassungsrechtliche Untersuchung des Rundfunkbegriffs und der Gewährleistungsbereiche öffentlich-rechtlicher Rundfunkanstalten unter Berücksichtigung einfachrechtlicher Abgrenzungsfragen zwischen Rundfunkstaatsvertrag, Mediendienstestaatsvertrag und Teledienstegesetz. 2001.

Band 7 Torsten Schreier: Das Selbstverwaltungsrecht der öffentlich-rechtlichen Rundfunkanstalten. 2001.

Band 8 Dieter Dörr: Sport im Fernsehen. Die Funktionen des öffentlich-rechtlichen Rundfunks bei der Sportberichterstattung. 2000.

Band 9 Dieter Dörr (Hrsg.): www.otello.de. Klassik nur noch im Internet oder per pay? Symposium aus Anlass des 85. Geburtstages von Professor Dr. Heinz Hübner. 2000.

Band 10 Markus Nauheim: Die Rechtmäßigkeit des Must-Carry-Prinzips im Bereich des digitalisierten Kabelfernsehens in der Bundesrepublik Deutschland. Illustriert anhand des Vierten Rundfunkänderungsstaatsvertrages. 2001.

Band 11 Stefan Sporn: Die Ländermedienanstalt. Zur Zukunft der Aufsicht über den privaten Rundfunk in Deutschland und Europa. 2001.

Band 12 Christian Ebsen: Fensterprogramme im Privatrundfunk als Mittel zur Sicherung von Meinungsvielfalt. 2003.

Band 13 Dieter Dörr / Stephanie Schiedermair: Rundfunk und Datenschutz. Die Stellung des Datenschutzbeauftragten des Norddeutschen Rundfunks. Eine Untersuchung unter besonderer Berücksichtigung der verfassungsrechtlichen und europarechtlichen Vorgaben. 2002.

Band 14 Dieter Dörr (Hrsg.): Rundfunk über Gebühr. Die Finanzierung des öffentlich-rechtlichen Rundfunks im Zeitalter der technischen Konvergenz. 3. Mainzer Mediengespräch. 2003.

Band 15 Dieter Dörr / Stephanie Schiedermair: Die Deutsche Welle. Die Funktion, der Auftrag, die Aufgaben und die Finanzierung heute. 2003.

Band 16 Frauke Blechschmidt: Das Instrumentarium audiovisueller Politik der Europäischen Gemeinschaft aus kompetenzrechtlicher Sicht. 2003.

Band 17 Christine Jury: Die Maßgeblichkeit von Art. 49 EG für nationale rundfunkpolitische Ordnungsentscheidungen unter besonderer Berücksichtigung von Art. 151 EG. Eine Untersuchung am Beispiel öffentlich-rechtlicher Spartenkanäle. 2005.

Band 18 Sabine Groh: Die Bonusregelungen des § 26 Abs. 2 S. 3 des Rundfunkstaatsvertrages. 2005.

Band 19 Sylke Wagner: Das *Websurfen* und der Datenschutz. Ein Rechtsvergleich unter besonderer Berücksichtigung der Zulässigkeit sogenannter *Cookies* und *Web Bugs* am Beispiel des deutschen und U.S.-amerikanischen Rechts. 2006.

Band 20 Stephanie Reese: Der Funktionsauftrag des öffentlich-rechtlichen Rundfunks vor dem Hintergrund der Digitalisierung. Zur Konkretisierung des Funktionsauftrages in § 11 Rundfunkstaatsvertrag. 2006.

Band 21 Henrike Maaß: Der Dokumentarfilm – Bürgerlichrechtliche und urheberrechtliche Grundlagen der Produktion. 2006.

Band 22 Dorit Bosch: Die „Regulierte Selbstregulierung" im Jugendmedienschutz-Staatsvertrag. Eine Bewertung des neuen Aufsichtsmodells anhand verfassungs- und europarechtlicher Vorgaben. 2007.

Band 23 Johannes Gerhard Reitzel: Arbeitsrechtliche Aspekte der Arbeitnehmerähnlichen im Rundfunk. 2007.

Band 24 Ulf Böge / Jürgen Doetz / Dieter Dörr / Rolf Schwartmann: Wieviel Macht verträgt die Vielfalt? Möglichkeiten und Grenzen von Medienfusionen. 2007.

Band 25 Valérie Schüller: Die Auftragsdefinition für den öffentlich-rechtlichen Rundfunk nach dem 7. und 8. Rundfunkänderungsstaatsvertrag. 2007.

Band 26 Simone Naumann: Die arbeitnehmerähnliche Person in Fernsehunternehmen. 2007.

Band 27 Nathalie Hellmuth: ARTE – Europa auf Sendung. Verfassungsrechtliche Rahmenbedingungen für die Beteiligung von ARD und ZDF an supranationalen Gemeinschaftssendern am Beispiel des Europäischen Kulturkanals ARTE. 2007.

Band 28 Dieter Dörr / Stephanie Schiedermair: Ein kohärentes Konzentrationsrecht für die Medienlandschaft in Deutschland. 2007.

www.peterlang.de

For the avoidance of doubt, input of the whole or any part of this publication
into any generative artificial intelligence model, chatbot, program, software or technology
is expressly prohibited without the prior written consent of the publisher.

Printed by
CPI books GmbH, Leck

FSC
www.fsc.org
MIX
Papier | Fördert
gute Waldnutzung
FSC® C083411

Kolibri 360 GmbH
Ferdinand-Jühlke-Straße 7
99095 Erfurt, Deutschland
produktsicherheit@kolibri360.de